EUL VERLAG

Reihe: Steuer, Wirtschaft und Recht · Band 339

Herausgegeben von vBP StB Prof. Dr. Johannes Georg Bischoff, Wuppertal, Dr. Alfred Kellermann, Vorsitzender Richter (a. D.) am BGH, Karlsruhe, Prof. (em.) Dr. Günter Sieben, Köln, und WP StB Prof. Dr. Dr. h. c. Norbert Herzig, Köln

Dr. Stefan Stein

Verlagerung von Forschungs- und Entwicklungsfunktionen in multinationalen Konzernen

Eine entscheidungstheoretische Untersuchung von Outbound-Verlagerungen in die Niederlande

Mit einem Geleitwort von Prof. Dr. Kai-Uwe Marten, Universität Ulm

EUL VERLAG

Bibliografische Information der Deutschen Nationalbibliothek

Die Deutsche Nationalbibliothek verzeichnet diese Publikation in der Deutschen Nationalbibliografie; detaillierte bibliografische Daten sind im Internet über <http://dnb.d-nb.de> abrufbar.

Dissertation, Universität Ulm, 2014

ISBN 978-3-8441-0325-0
1. Auflage Mai 2014

JOSEF EUL VERLAG GmbH
Brandsberg 6
53797 Lohmar
Tel.: 0 22 05 / 90 10 6-6
Fax: 0 22 05 / 90 10 6-88
E-Mail: info@eul-verlag.de
http://www.eul-verlag.de

Bei der Herstellung unserer Bücher möchten wir die Umwelt schonen. Dieses Buch ist daher auf säurefreiem, 100% chlorfrei gebleichtem, alterungsbeständigem Papier nach DIN 6738 gedruckt.

Meinen Eltern

und

Jenny

Geleitwort

In Zusammenhang mit der Neuordnung der Wertschöpfungskette innerhalb international tätiger Konzerne ist seit geraumer Zeit vermehrt auch eine Verlagerung und Zentralisierung immaterieller Wirtschaftsgüter zu beobachten. Neben betriebswirtschaftlichen Entscheidungsgründen liegen diesen Restrukturierungen nicht selten auch steuerliche Motive zur Schaffung einer steuereffizienten Unternehmensstruktur zugrunde. Die Ausnutzung des internationalen Steuergefälles durch Funktionsverlagerungen stellt hierbei ein zentrales Gestaltungsinstrument der internationalen Konzernsteuerplanung dar.

Im Unterschied zu einer Vielzahl der europäischen Mitgliedsstaaten existieren in Deutschland keine Regelungen für eine steuerliche Innovationsförderung. Die Gewährung steuerlicher Innovationsförderungen im Ausland kann daher für forschende Unternehmen in Deutschland Anreize zur Verlagerung ihrer F&E-Funktionen schaffen. Den Interessen der Konzerne nach einer steuereffizienten Ausgestaltung der Wertschöpfungskette steht das Bestreben des deutschen Fiskus zur Sicherung des Besteuerungssubstrats entgegen. Durch eine Bewertung des Transferpakets als Ganzes gemäß § 1 Abs. 3 Satz 9 AStG soll eine umfassende Besteuerung sämtlicher im Inland geschaffener Werte sichergestellt werden.

Herr Stein greift in seiner Dissertation diese Entwicklungen mit dem Ziel auf, die Zweckmäßigkeit und die Ausgestaltung einer Outbound-Verlagerung von F&E-Funktionen in die Niederlande auf Basis eines entscheidungstheoretischen Forschungsansatzes zu untersuchen. Mittels einer kasuistischen Veranlagungssimulation kann er die Steuerwirkungen verschiedener Alternativen der Verlagerung von F&E-Funktionen in die Niederlande aufzeigen und Tendenzaussagen über deren relative Vorteilhaftigkeit ableiten. Der quantitativen Untersuchung vorangestellt widmet sich Herr Stein einer fundierten Analyse der steuerlichen Vorschriften zu grenzüberschreitenden Funktionsverlagerungen und entwickelt ein Verfahren zur Bewertung von F&E-Funktionen.

Herr Stein greift in seiner Dissertation ein sehr aktuelles Thema auf, welches sowohl aus wissenschaftlicher als auch praktischer Sicht von hoher Relevanz ist. Die Arbeit illustriert in hervorragender und sehr anschaulicher Art und Weise die Facettenvielfalt der Betriebswirtschaftlichen Steuerlehre und ist als Lektüre sehr zu empfehlen.

Ulm, im Januar 2014

Professor Dr. Kai-Uwe Marten

Vorwort

Die Arbeit entstand im Rahmen meiner Tätigkeit als wissenschaftlicher Mitarbeiter am Institut für Rechnungswesen und Wirtschaftsprüfung von Herrn Professor Dr. Kai-Uwe Marten an der Universität Ulm. Sie wurde im November 2013 von der Fakultät für Mathematik und Wirtschaftswissenschaften als Dissertation angenommen.

Von den vielen Personen, die mich seit Beginn meines Promotionsprojekts unterstützt haben, gilt mein besonderer Dank meinem akademischen Lehrer, Herrn Professor Dr. Kai-Uwe Marten, für die fachliche Begleitung und persönliche Unterstützung sowie für die Anfertigung des Erstgutachtens. Des Weiteren danke ich ihm für die Unterstützung bei der Vorbereitung auf das Steuerberaterexamen. Für die Übernahme des Zweit- und Drittgutachtens möchte ich Herrn Professor Dr. Heribert M. Anzinger und Herrn Professor Dr. Holger Kahle danken. Für ihre wertvollen Anmerkungen und ihre Bereitschaft zur Diskussion danke ich Frau Professor Dr. Annette G. Köhler, Martin Trost und Gert-Jan Hop.

Ein besonderer Dank gilt auch meinen Institutskollegen – Bärbel Engelhardt, Franz Grimmeisen, Isabell Häcker-Kruck, Matthias Hezler, Elena Klezel, Lisa Kram, Kristina Lehmann, Daniela Maccari-Peukert, Benedikt Müller, Florian Niederberger, Patrick Paulitschek, Nicole Ratzinger-Sakel, Karsten Rauch, Albert Riedl, Andreas Röck, Martin Schönberger, Philipp Schönfeld, Benedikt Sipple, Michael Spindler, Sarina Sterk, Marco Wagner, Sebastian Wagner, Felix Weiser, Malte Wessels und Roland Wiese – für die fruchtbare und freundschaftliche Zusammenarbeit. Ein weiterer Dank gilt den studentischen Hilfskräften, die mich im Rahmen meiner Arbeit unterstützt haben.

Von Herzen danke ich meiner Familie und meinen Freunden, die mich durch die Höhen und Tiefen der Promotion begleitet und liebevoll unterstützt haben. Insbesondere möchte ich meinen Eltern, Claudia und Dietmar Stein, und meinen beiden Geschwistern, Thomas und Cathrin Stein, für die vielen schönen gemeinsamen Stunden, die aufmunternden Worte und den großen Rückhalt danken. Nicht zuletzt gilt mein Dank meiner Freundin, Jennifer Diestegge, die mir über all die Jahre bedingungslos zur Seite stand und zu jeder Zeit die passenden Worte fand.

In Dankbarkeit widme ich diese Arbeit meinen Eltern und Jenny.

Ulm, im Januar 2014

Dr. Stefan Stein

Inhaltsübersicht

Inhaltsübersicht ... **XI**
Inhaltsverzeichnis ... **XIII**
Abbildungsverzeichnis ... **XXI**
Tabellenverzeichnis ... **XXIII**
Verzeichnis der Beispiele ... **XXVII**
Abkürzungsverzeichnis ... **XXIX**
Symbolverzeichnis ... **XXXVII**

1 Einführung ... **1**
1.1 Einleitende Bemerkungen ... 1
1.2 Motivation und Zielsetzung der Arbeit ... 3
1.3 Aufbau der Arbeit ... 6

2 Grundlagen der Untersuchung ... **9**
2.1 Einordnung in die Betriebswirtschaftliche Steuerlehre ... 9
2.2 Theoretischer Bezugsrahmen ... 14
2.3 Überblick über den Stand der Forschung ... 32
2.4 Abgrenzung des Untersuchungsgegenstands ... 35

3 Besteuerung grenzüberschreitender Funktionsverlagerungen ... **45**
3.1 Besteuerungsgrundsätze ... 46
3.2 Tatbestandsmerkmale grenzüberschreitender Funktionsverlagerungen ... 76
3.3 Rechtsfolgen grenzüberschreitender Funktionsverlagerungen ... 99
3.4 Gesetzliche Preisanpassungsklausel ... 123
3.5 Funktionsverlagerungen im niederländischen Steuerrecht ... 132
3.6 Zwischenergebnis ... 150

4 Besteuerung grenzüberschreitender Verlagerungen von F&E-Funktionen .. **155**
4.1 Grundlagen und Rahmenbedingungen der F&E ... 155
4.2 Abgrenzung einer F&E-Funktion ... 182
4.3 Transferpaketbewertung bei F&E-Funktionen ... 185
4.4 Gesetzliche Preisanpassungsklausel ... 188

5 Verfahren zur Bewertung von F&E-Funktionen ... **191**
5.1 Vorüberlegungen ... 191
5.2 Prämissen ... 202
5.3 Ermittlung fremdvergleichskonformer Einigungspreise ... 212
5.4 Ermittlung fremdvergleichskonformer Lizenzgebühren ... 254
5.5 Zwischenergebnis ... 259

6 Quantitative Untersuchung ... 263
6.1 Methodische Grundlagen ... 264
6.2 Beschreibungsmodell ... 271
6.3 Erklärungsmodell ... 302
6.4 Entscheidungsmodell ... 396
6.5 Einschränkungen der Aussagekraft der Ergebnisse der quantitativen Untersuchung ... 405

7 Zusammenfassung und Ausblick ... 411

A. Anhang ... 417
A.1 Bewertungsformeln ... 417
A.2 Einflussparameter und Auswertungen des Erklärungsmodells für den Basisfall ... 418
A.3 Ergebnisse des Erklärungsmodells für die Sensitivitätsanalysen ... 422
A.4 Ergebnisse des Entscheidungsmodells ... 428

Verzeichnis der Gesetze, Verordnungen, Richtlinien und sonstigen Rechnungslegungs- und Bewertungsstandards ... 435

Verzeichnis der Verwaltungsvorschriften ... 443

Rechtsprechungsverzeichnis ... 447

Literaturverzeichnis ... 453

Inhaltsverzeichnis

Inhaltsübersicht XI
Inhaltsverzeichnis XIII
Abbildungsverzeichnis XXI
Tabellenverzeichnis XXIII
Verzeichnis der Beispiele XXVII
Abkürzungsverzeichnis XXIX
Symbolverzeichnis XXXVII

1 Einführung 1
1.1 Einleitende Bemerkungen 1
1.2 Motivation und Zielsetzung der Arbeit 3
1.3 Aufbau der Arbeit 6

2 Grundlagen der Untersuchung 9
2.1 Einordnung in die Betriebswirtschaftliche Steuerlehre 9
2.1.1 Wertungsbasierte steuerliche Aussagensysteme 9
2.1.1.1 Steuersystemlehre 10
2.1.1.2 Steuerrechtsgestaltungslehre 10
2.1.2 Wirkungsbasierte steuerliche Aussagensysteme 11
2.1.2.1 Steuerwirkungslehre 11
2.1.2.2 Steuerplanungslehre 12
2.2 Theoretischer Bezugsrahmen 14
2.2.1 Entscheidungstheorie 14
2.2.1.1 Dekomposition von Entscheidungsproblemen 15
2.2.1.1.1 Handlungsalternativen 16
2.2.1.1.2 Umweltzustände 18
2.2.1.1.3 Wirkungen von Handlungsalternativen und Umwelteinflüssen 19
2.2.1.1.4 Ziele und Präferenzen 20
2.2.1.2 Aufbau eines Entscheidungsmodells 23
2.2.2 Entscheidungstheorie und Konzernsteuerplanung 25
2.2.2.1 Das Zielsystem der Konzernsteuerplanung 26
2.2.2.1.1 Vermeidung konzerninduzierter Steuermehrbelastungen 27
2.2.2.1.2 Nutzung konzerninduzierter Steuerminderbelastungen 29
2.2.2.2 Funktionsverlagerung als Instrument der Konzernsteuerplanung 30
2.3 Überblick über den Stand der Forschung 32
2.4 Abgrenzung des Untersuchungsgegenstands 35

3 Besteuerung grenzüberschreitender Funktionsverlagerungen 45
3.1 Besteuerungsgrundsätze 46
3.1.1 Fremdvergleichsgrundsatz 47
3.1.2 Arten des Fremdvergleichs 48
3.1.2.1 Uneingeschränkter Fremdvergleich 49
3.1.2.2 Eingeschränkter Fremdvergleich 50
3.1.2.3 Hypothetischer Fremdvergleich 52
3.1.3 Fremdvergleichsmethoden 54
3.1.3.1 Geschäftsfallbezogene Standardmethoden 55
3.1.3.2 Geschäftsfallbezogene Gewinnmethoden 59
3.1.4 Korrekturnormen im deutschen Steuerrecht 61
3.1.4.1 Verdeckte Gewinnausschüttung 63
3.1.4.2 Verdeckte Einlage 64
3.1.4.3 Einkünfteberichtigung nach § 1 AStG 66
3.1.4.4 Regelungskonkurrenz der Korrekturnormen 67
3.1.5 Abkommensrechtliche Regelungen 68
3.1.6 Europarechtliche Regelungen 71
3.2 Tatbestandsmerkmale grenzüberschreitender Funktionsverlagerungen 76
3.2.1 Transferpaket 78
3.2.1.1 Funktionsbegriff im Außensteuergesetz 78
3.2.1.1.1 Funktionsabgrenzung 80
3.2.1.1.2 Funktionseingrenzung 81
3.2.1.1.3 Funktionsverlagerungen im Kontext der OECD Richtlinien 83
3.2.1.2 Wirtschaftsgüter und sonstige Vorteile 84
3.2.1.3 Chancen und Risiken 87
3.2.2 Verlagerungsarten 87
3.2.3 Verlagerungsformen 92
3.2.3.1 Eigentumsübertragung 93
3.2.3.2 Pauschallizenz 94
3.2.3.2.1 Nutzungsüberlassung 96
3.2.3.2.2 Übertragung des wirtschaftlichen Eigentums 96
3.2.3.3 Umsatzlizenz 98
3.3 Rechtsfolgen grenzüberschreitender Funktionsverlagerungen 99
3.3.1 Transferpaketbewertung 100
3.3.1.1 Ermittlung der Grenzpreise 100
3.3.1.1.1 Reingewinne 101
3.3.1.1.2 Bewertungsrelevante Steuern 103
3.3.1.1.3 Kapitalisierungszeitraum 105
3.3.1.1.4 Kapitalisierungszinssatz 107
3.3.1.1.4.1 Basiszinssatz 109
3.3.1.1.4.2 Risikozuschlag 110

3.3.1.1.5 Handlungsalternativen ... 112
3.3.1.2 Fremdvergleichskonformer Einigungspreis ... 113
3.3.1.2.1 Wahrscheinlichster Einigungspreis ... 114
3.3.1.2.2 Mittelwertansatz ... 115
3.3.1.2.3 Kein Einigungsbereich ... 116
3.3.2 Einzelbewertung der Bestandteile des Transferpakets ... 117
3.3.2.1 Öffnungsklausel: Erste Alternative ... 118
3.3.2.2 Öffnungsklausel: Zweite Alternative ... 119
3.3.2.3 Öffnungsklausel: Dritte Alternative ... 120
3.4 Gesetzliche Preisanpassungsklausel ... 123
3.4.1 Tatbestandsmerkmale ... 124
3.4.1.1 Wesentliche immaterielle Wirtschaftsgüter und sonstige Vorteile ... 125
3.4.1.2 Erhebliche Abweichung der Gewinnentwicklung ... 125
3.4.1.3 Zehnjähriger Überwachungszeitraum ... 127
3.4.2 Rechtsfolgen ... 128
3.4.3 Öffnungsklauseln ... 130
3.4.3.1 Bewertungssicherheit im Zeitpunkt der Verlagerung ... 130
3.4.3.2 Vertragliche Preisanpassungsklauseln ... 131
3.4.3.3 Umsatz- oder gewinnabhängige Lizenzvereinbarungen ... 132
3.5 Funktionsverlagerungen im niederländischen Steuerrecht ... 132
3.5.1 Besteuerungsgrundsätze ... 133
3.5.1.1 Fremdvergleichsgrundsatz ... 133
3.5.1.2 Verrechnungspreiskorrektur ... 135
3.5.2 Besteuerung grenzüberschreitender Funktionsverlagerungen ... 135
3.5.3 Nachträgliche Preisanpassungsklauseln ... 137
3.5.4 Vermeidung von Doppelbesteuerungen ... 138
3.5.4.1 Bilaterale Regelungen ... 139
3.5.4.1.1 Gewinnabgrenzung zwischen verbundenen Unternehmen ... 139
3.5.4.1.2 Dividenden ... 140
3.5.4.1.3 Zinsen ... 141
3.5.4.1.4 Lizenzgebühren ... 142
3.5.4.2 Multilaterale und supranationale Regelungen ... 142
3.5.4.2.1 Schiedsverfahrenskonvention ... 143
3.5.4.2.1.1 Funktionsverlagerung durch Eigentumsübertragung ... 144
3.5.4.2.1.2 Funktionsverlagerung durch Pauschallizenz ... 145
3.5.4.2.1.3 Funktionsverlagerung durch Umsatzlizenz ... 147
3.5.4.2.2 Mutter-Tochter-Richtlinie ... 148
3.5.4.2.3 Zins- und Lizenzgebührenrichtlinie ... 149
3.6 Zwischenergebnis ... 150

4 Besteuerung grenzüberschreitender Verlagerungen von F&E-Funktionen.. 155
4.1 Grundlagen und Rahmenbedingungen der F&E ... 155
4.1.1 Funktionale Abgrenzung der F&E ... 155
4.1.2 Finanzierungs- und institutionenbezogene Abgrenzung der F&E ... 158
4.1.3 Spezifische Risiken der F&E ... 161
4.1.4 Vergütung der F&E-Tätigkeit ... 164
4.1.4.1 Eigentumsübertragung ... 164
4.1.4.2 Nutzungsüberlassung ... 165
4.1.4.3 Dienstleistungsvergütung ... 167
4.1.5 Interne Planung und Kontrolle der F&E ... 168
4.1.6 Steuerliche Förderung der F&E ... 170
4.1.6.1 Deutschland ... 171
4.1.6.2 Niederlande ... 172
4.1.6.2.1 Verminderung der Lohnsteuer- und Sozialversicherungsabgaben 173
4.1.6.2.2 F&E-Abzugsbetrag ... 175
4.1.6.2.3 Innovationsbox ... 177
4.1.6.2.3.1 Voraussetzungen für die steuerliche Förderung ... 178
4.1.6.2.3.2 Höhe der steuerlichen Förderung ... 181
4.2 Abgrenzung einer F&E-Funktion ... 182
4.3 Transferpaketbewertung bei F&E-Funktionen ... 185
4.3.1 Reingewinne nach Steuern ... 186
4.3.2 Kapitalisierungszeitraum ... 186
4.3.3 Kapitalisierungszinssatz ... 188
4.4 Gesetzliche Preisanpassungsklausel ... 188

5 Verfahren zur Bewertung von F&E-Funktionen ... 191
5.1 Vorüberlegungen ... 191
5.1.1 Geeignetes kapitalwertorientiertes Bewertungsverfahren ... 191
5.1.2 Abbildung der F&E-Risiken ... 197
5.1.2.1 Entwicklungsrisiko ... 198
5.1.2.2 Vergütungsrisiko ... 200
5.1.2.3 Verwertungsrisiko ... 201
5.2 Prämissen ... 202
5.3 Ermittlung fremdvergleichskonformer Einigungspreise ... 212
5.3.1 Grenzpreisermittlung beim verlagernden Unternehmen ... 213
5.3.1.1 (Negative) Gewinnpotenziale der F&E-Phase ... 213
5.3.1.1.1 Operative Free Cashflows vor Steuern ... 213
5.3.1.1.2 Besteuerungseffekte bei reiner Eigenfinanzierung ... 214
5.3.1.1.3 Fremdfinanzierungsbedingte Steuervorteile ... 216
5.3.1.1.4 Funktionsrestwert ... 217
5.3.1.2 (Positive) Gewinnpotenziale der Verwertungsphase ... 220

5.3.1.2.1 Operative Free Cashflows vor Steuern ... 220
5.3.1.2.2 Besteuerungseffekte bei reiner Eigenfinanzierung ... 221
5.3.1.2.3 Fremdfinanzierungsbedingte Steuervorteile ... 222
5.3.1.3 Marktwert des Fremdkapitals ... 223
5.3.1.4 Grenzpreis ... 223
5.3.2 Grenzpreisermittlung beim aufnehmenden Unternehmen ... 227
5.3.2.1 (Negative) Gewinnpotenziale der F&E-Phase ... 228
5.3.2.1.1 Operative F&E-Tätigkeit vor Steuern ... 228
5.3.2.1.2 Besteuerungseffekte bei reiner Eigenfinanzierung ... 228
5.3.2.1.3 Steuervorteile aus der Vereinbarung einer Pauschallizenz ... 234
5.3.2.1.4 Fremdfinanzierungsbedingte Steuervorteile ... 235
5.3.2.1.5 Funktionsrestwert ... 235
5.3.2.2 (Positive) Gewinnpotenziale der Verwertungsphase ... 237
5.3.2.2.1 Operative Verwertungstätigkeit vor Steuern ... 237
5.3.2.2.2 Besteuerungseffekte bei reiner Eigenfinanzierung ... 238
5.3.2.2.3 Fremdfinanzierungsbedingte Steuervorteile ... 242
5.3.2.2.4 Korrekturterm ... 242
5.3.2.3 Grenzpreis ... 253
5.3.3 Einigungspreis ... 254
5.4 Ermittlung fremdvergleichskonformer Lizenzgebühren ... 254
5.4.1 Lizenzraten bei Vereinbarung einer Pauschallizenz ... 256
5.4.2 Lizenzraten bei Vereinbarung einer Umsatzlizenz ... 258
5.5 Zwischenergebnis ... 259

6 Quantitative Untersuchung ... 263
6.1 Methodische Grundlagen ... 264
6.1.1 Komplexität und Validität des Modells ... 264
6.1.2 Vollständigkeit des Untersuchungsumfangs ... 265
6.1.3 Exaktheit der Ergebnisse ... 266
6.1.4 Vergleichbarkeit der Ergebnisse ... 268
6.1.5 Mehrperiodische Betrachtungsweise ... 269
6.1.6 Variabilität der Ergebnisse ... 270
6.2 Beschreibungsmodell ... 271
6.2.1 Aktionsraum ... 271
6.2.1.1 Unterlassungsalternative ... 272
6.2.1.2 Verlagerungsalternativen ... 272
6.2.2 Zustandsraum ... 274
6.2.2.1 Ökonomische Einflussfaktoren im Basisfall ... 274
6.2.2.1.1 Finanzplanung und Liquiditätsrechnung ... 276
6.2.2.1.2 Exogene Einflussfaktoren ... 278

6.2.2.1.2.1 Abgrenzung der F&E-Phasen und der Verwertungsszenarien ... 278
6.2.2.1.2.2 Vermögens- und Kapitalausstattung ... 282
6.2.2.1.2.3 Ertrags- und aufwandsspezifische Einflussfaktoren ... 283
6.2.2.1.2.4 Bewertungsspezifische Einflussfaktoren ... 286
6.2.2.2 Ermittlung des zu versteuernden Einkommens ... 288
6.2.2.2.1 Steuerrechtliche Ansatz- und Bewertungsvorschriften ... 289
6.2.2.2.1.1 Wirtschaftsgüter des Anlage- und Umlaufvermögens ... 289
6.2.2.2.1.2 Eigenkapital ... 291
6.2.2.2.1.3 Fremdkapital ... 291
6.2.2.2.2 Steuerbilanzgewinn ... 292
6.2.2.2.3 Außerbilanzielle Hinzurechnungen und Kürzungen ... 296
6.2.2.2.3.1 Verrechnungspreiskorrektur ... 296
6.2.2.2.3.2 Steuerfreie Beteiligungserträge ... 297
6.2.2.2.3.3 Steuerliche Förderung von Forschung und Entwicklung ... 298
6.2.2.2.3.4 Steuern ... 299
6.2.2.3 Ermittlung des Gewerbeertrags ... 300
6.3 Erklärungsmodell ... 302
6.3.1 Abgrenzung maßgeblicher Besteuerungs- und Zinseffekte ... 303
6.3.2 Basisfall ... 306
6.3.2.1 Trendszenario ... 307
6.3.2.1.1 Steuerwirkungen aus der Ausübung der F&E-Tätigkeit ... 310
6.3.2.1.1.1 Unterlassungsalternative ... 310
6.3.2.1.1.2 Verlagerungsalternativen: Ebene des Tochterunternehmens ... 311
6.3.2.1.1.3 Verlagerungsalternativen: Ebene des Mutterunternehmens ... 319
6.3.2.1.2 Steuerwirkungen aus der Verwertung der F&E-Ergebnisse ... 322
6.3.2.1.2.1 Unterlassungsalternative ... 322
6.3.2.1.2.2 Verlagerungsalternativen: Ebene des Tochterunternehmens ... 323
6.3.2.1.2.3 Verlagerungsalternativen: Ebene des Mutterunternehmens ... 328
6.3.2.2 Positivszenario ... 332
6.3.2.2.1 Steuerwirkungen aus der Ausübung der F&E-Tätigkeit ... 335
6.3.2.2.2 Steuerwirkungen aus der Verwertung der F&E-Ergebnisse ... 335
6.3.2.2.2.1 Unterlassungsalternative ... 335
6.3.2.2.2.2 Verlagerungsalternativen: Ebene des Tochterunternehmens ... 335
6.3.2.2.2.3 Verlagerungsalternativen: Ebene des Mutterunternehmens ... 339
6.3.2.3 Negativszenario ... 342
6.3.2.3.1 Steuerwirkungen aus der Ausübung der F&E-Tätigkeit ... 344
6.3.2.3.2 Steuerwirkungen aus der Verwertung der F&E-Ergebnisse ... 345
6.3.2.3.2.1 Unterlassungsalternative ... 345
6.3.2.3.2.2 Verlagerungsalternativen: Ebene des Tochterunternehmens ... 345
6.3.2.3.2.3 Verlagerungsalternativen: Ebene des Mutterunternehmens ... 348

6.3.2.4 Abbruchsszenarien ... 351
6.3.2.4.1 Unterlassungsalternative ... 353
6.3.2.4.2 Verlagerungsalternativen: Ebene des Tochterunternehmens ... 354
6.3.2.4.3 Verlagerungsalternativen: Ebene des Mutterunternehmens ... 361
6.3.2.5 Zusammenfassung und Zwischenfazit der Steuerwirkungsanalysen für den Basisfall ... 366
6.3.3 Sensitivitätsanalysen ... 370
6.3.3.1 Variation der phasenspezifischen Übergangswahrscheinlichkeiten ... 371
6.3.3.2 Variation der Szenariowahrscheinlichkeiten ... 380
6.3.3.3 Variation der Lizenzsätze ... 387
6.3.3.4 Zusammenfassung und Zwischenfazit der Steuerwirkungsanalysen für die Variationsrechnungen ... 392
6.4 Entscheidungsmodell ... 396
6.4.1 Entscheidungsregeln ... 396
6.4.1.1 Entscheidungsregeln bei Risikoneutralität ... 398
6.4.1.2 Entscheidungsregeln bei Risikoaversion ... 399
6.4.2 Vorteilhaftigkeit einer Verlagerungsalternative bei Risikoneutralität ... 402
6.4.3 Vorteilhaftigkeit einer Verlagerungsalternative bei Risikoaversion ... 403
6.5 Einschränkungen der Aussagekraft der Ergebnisse der quantitativen Untersuchung ... 405

7 Zusammenfassung und Ausblick ... 411

A. Anhang ... 417
A.1 Bewertungsformeln ... 417
A.2 Einflussparameter und Auswertungen des Erklärungsmodells für den Basisfall ... 418
A.3 Ergebnise des Erklärungsmodells für die Sensitivitätsanalysen ... 422
A.4 Ergebnisse des Entscheidungsmodells ... 428

Verzeichnis der Gesetze, Verordnungen, Richtlinien und sonstigen Rechnungslegungs- und Bewertungsstandards ... 435

Verzeichnis der Verwaltungsvorschriften ... 443

Rechtsprechungsverzeichnis ... 447

Literaturverzeichnis ... 453

Abbildungsverzeichnis

Abb. 1.1: Aufbau der vorliegenden Arbeit 8
Abb. 2.1: Einordnung der eigenen Arbeit in die Betriebswirtschaftliche Steuerlehre 14
Abb. 2.2: Wirkungszusammenhänge in Entscheidungssituationen 22
Abb. 2.3: Aufbau eines Entscheidungsmodells 24
Abb. 2.4: Zielsystem der Konzernsteuerplanung 30
Abb. 2.5: Untersuchungsgegenstand 44
Abb. 3.1: Hierarchie der Fremdvergleichsarten 48
Abb. 3.2: Regelungskonkurrenz der Korrekturnormen 68
Abb. 3.3: Funktionsverlagerungsarten 92
Abb. 3.4: Verlagerungsformen 99
Abb. 3.5: Konzeption und Rechtsfolgen der Preisanpassungsklausel 129
Abb. 3.6: Vergleich der Besteuerung von Funktionsverlagerungen 154
Abb. 4.1: Vergleich der F&E-spezifischen Risiken 163
Abb. 4.2: Einfacher Stage-Gate-Prozess 169
Abb. 5.1: Abbildung des Entwicklungsrisikos im binären Entscheidungsbaum 202
Abb. 5.2: Anwendung der Innovationsbox bei Fremdfinanzierung 244
Abb. 6.1: Ablauf der F&E-Phase 279
Abb. 6.2: Strukturierung der Steuerwirkungsanalyse im Basisfall 307
Abb. 6.3: Relative Veränderung der Vermögensendwerte im Trendszenario 309
Abb. 6.4: Veränderung der Steuerbemessungsgrundlagen während der F&E-Phase 312
Abb. 6.5: Einigungspreise für die Verlagerungsalternativen im Basisfall 315
Abb. 6.6: Relative Veränderung der Vermögensendwerte im Positivszenario 334
Abb. 6.7: Relative Veränderung der Vermögensendwerte im Negativszenario 344
Abb. 6.8: Relative Veränderung der Vermögensendwerte in den Abbruchsszenarien 352
Abb. 6.9: Einigungspreise bei einer Variation der Übergangswahrscheinlichkeiten 372
Abb. 6.10: Relative Veränderung der Vermögensendwerte in den Verwertungsszenarien bei einer Variation der Übergangswahrscheinlichkeiten 374
Abb. 6.11: Relative Veränderung der Vermögensendwerte in den Abbruchsszenarien bei einer Variation der Erfolgswahrscheinlichkeiten 377
Abb. 6.12: Relative Veränderung der Erwartungswerte der Vermögensendwerte bei einer Variation der Übergangswahrscheinlichkeiten 379
Abb. 6.13: Einigungspreise bei einer Variation der Szenariowahrscheinlichkeiten 381

Abb. 6.14: Relative Veränderung der Vermögensendwerte in den Verwertungsszenarien bei einer Variation der Szenariowahrscheinlichkeiten 383

Abb. 6.15: Relative Veränderung der Vermögensendwerte in den Abbruchsszenarien bei einer Variation der Szenariowahrscheinlichkeiten 385

Abb. 6.16: Relative Veränderung der Erwartungswerte der Vermögensendwerte bei einer Variation der der Szenariowahrscheinlichkeiten 386

Abb. 6.17: Einigungspreise bei einer Variation der Lizenzsätze 388

Abb. 6.18: Relative Veränderung der Vermögensendwerte in den Verwertungsszenarien bei einer Variation der Lizenzsätze 390

Abb. 6.19: Relative Veränderung der Vermögensendwerte in den Abbruchsszenarien bei einer Variation der Lizenzsätze 391

Abb. 6.20: Relative Veränderung des Erwartungswerts der Vermögensendwerte bei einer Variation der Lizenzsätze 392

Tabellenverzeichnis

Tab. 3.1: Bilanzielle Vermögensnachteile bei verdeckten Gewinnausschüttungen .. 64

Tab. 3.2: Steuerbilanzielle Wirkungen einlagefähiger Vermögensvorteile 65

Tab. 4.1: Risikoverteilung bei verschiedenen Vergütungsformen der F&E 167

Tab. 4.2: Entwicklung der Begünstigungsschwelle 182

Tab. 4.3: Tätigkeits- und objektbezogene Abgrenzung von F&E-Funktionen 184

Tab. 6.1: Ermittlung des Liquiditätssaldos 277

Tab. 6.2: Übergangs- und Abbruchswahrscheinlichkeiten 280

Tab. 6.3: Eintrittswahrscheinlichkeiten der Verwertungsszenarien 281

Tab. 6.4: Funktionsbezogene Vermögens- und Kapitalausstattung 283

Tab. 6.5: Phasenbezogene F&E-Aufwendungen pro Jahr 284

Tab. 6.6: Zinssätze und Kapitalkosten 287

Tab. 6.7: Aufteilung des korrigierten Einigungspreises 288

Tab. 6.8: Folgebewertung der Wirtschaftsgüter des Anlage- und Umlaufvermögens 291

Tab. 6.9: Ermittlung des bilanziellen Eigenkapitals 291

Tab. 6.10: Ausschüttbarer Gewinn gemäß § 27 Abs. 1 Satz 5 KStG 294

Tab. 6.11: Ermittlung des steuerlichen Jahresüberschusses im Gesamtkostenverfahren 295

Tab. 6.12: Ermittlung des zu versteuernden Einkommens 299

Tab. 6.13: Steuerbelastungsvergleich im Trendszenario 308

Tab. 6.14: Steuerliche F&E-Förderungen während der F&E-Phase 314

Tab. 6.15: Abschreibungsbedingte Steuervorteile während der F&E-Phase 316

Tab. 6.16: Steuerwirkungen aus der Vereinbarung einer Pauschallizenz 318

Tab. 6.17: Fremdfinanzierungsbedingte Steuervorteile während der F&E-Phase 318

Tab. 6.18: Verlagerungsinduzierte Steuerwirkungen während der F&E-Phase 321

Tab. 6.19: Zinsaufwendungen während der F&E-Phase 322

Tab. 6.20: Steuerpflichtige Nettoverwertungserträge beim forschenden Unternehmen im Trendszenario 324

Tab. 6.21: Steuerwirkung aus der Vereinbarung einer Umsatzlizenz im Trendszenario 329

Tab. 6.22: Gesamtsteuerwirkung nachträglicher Preisanpassungen im Trendszenario 330

Tab. 6.23: Steuerbelastung aus den Beteiligungserträgen im Trendszenario 331

Tab. 6.24: Zinssalden und daraus resultierende Steuerwirkungen im Trendszenario 332

Tab. 6.25: Steuerbelastungsvergleich im Positivszenario 333

Tab. 6.26: Steuerpflichtige Nettoverwertungserträge beim forschenden Unternehmen im Positivszenario 336

Tab. 6.27: Steuerwirkungen nachträglicher Preisanpassungen beim Tochterunternehmen im Positivszenario ... 338
Tab. 6.28: Gesamtsteuerwirkung aus einer Umsatzlizenz im Positivszenario ... 339
Tab. 6.29: Gesamtsteuerwirkung nachträglicher Preisanpassungen im Positivszenario ... 340
Tab. 6.30: Steuerbelastung aus den Beteiligungserträgen im Positivszenario ... 341
Tab. 6.31: Zinssalden und daraus resultierende Steuerwirkungen im Positivszenario ... 342
Tab. 6.32: Steuerbelastungsvergleich im Negativszenario ... 343
Tab. 6.33: Steuerpflichtige Nettoverwertungserträge beim forschenden Unternehmen im Negativszenario ... 346
Tab. 6.34: Steuerwirkung nachträglicher Preisanpassungen beim Tochterunternehmen im Negativszenario ... 348
Tab. 6.35: Vergleich der Unternehmensteuersatzeffekte im Negativszenario ... 349
Tab. 6.36: Gesamtsteuerwirkung nachträglicher Preisanpassungen im Negativszenario ... 350
Tab. 6.37: Zinssalden und daraus resultierende Steuerwirkungen im Negativszenario ... 351
Tab. 6.38: Steuerwirkungen aus den operativen F&E-Aufwendungen in den Abbruchsszenarien ... 353
Tab. 6.39: Abschreibungsbedingte Steuervorteile in den Abbruchsszenarien ... 354
Tab. 6.40: Fremdfinanzierungsbedingte Steuervorteile in den Abbruchsszenarien ... 354
Tab. 6.41: Steuerliche F&E-Förderungen in den Abbruchsszenarien ... 355
Tab. 6.42: Abschreibungsbedingte Steuervorteile beim Tochterunternehmen in den Abbruchsszenarien ... 357
Tab. 6.43: Steuervorteile einer Pauschallizenzvereinbarung beim Tochterunternehmen in den Abbruchsszenarien ... 358
Tab. 6.44: Steuerwirkung nachträglicher Preisanpassungen beim Tochterunternehmen in den Abbruchsszenarien ... 359
Tab. 6.45: Fremdfinanzierungsbedingte Steuervorteile beim Tochterunternehmen in den Abbruchsszenarien ... 360
Tab. 6.46: Gesamtsteuerbelastung bei einer Übertragung des Eigentums an den Bestandteilen des Transferpakets in den Abbruchsszenarien ... 362
Tab. 6.47: Gesamtsteuerbelastung einer Nutzungsüberlassung in den Abbruchsszenarien ... 363
Tab. 6.48: Gesamtsteuerwirkung nachträglicher Preisanpassungen in den Abbruchsszenarien ... 364
Tab. 6.49: Zinssalden und daraus resultierende Steuerwirkungen in den Abbruchsszenarien ... 366
Tab. 6.50: Auswirkungen der Besteuerungseffekte auf den Vermögensendwert ... 368

Tab. A1: Szenariobezogene Verwertungserträge im Basisfall ... 418

Tab. A2: Steuerbelastungsvergleich bei Abbruch der F&E-Tätigkeit nach der ersten klinischen Testphase ... 419

Tab. A3: Steuerbelastungsvergleich bei Abbruch der F&E-Tätigkeit nach der zweiten klinischen Testphase ... 420

Tab. A4: Steuerbelastungsvergleich bei Abbruch der F&E-Tätigkeit nach der dritten klinischen Testphase ... 421

Tab. A5: Ergebnisse der kasuistischen Veranlagungssimulation bei einer Variation der Übergangswahrscheinlichkeiten ... 423

Tab. A6: Ergebnisse der kasuistischen Veranlagungssimulation bei einer Variation der Szenariowahrscheinlichkeiten ... 425

Tab. A7: Ergebnisse der kasuistischen Veranlagungssimulation bei einer Variation der Lizenzsätze ... 427

Tab. A8: Risikoneutrale Entscheidung bei einer Variation der Übergangswahrscheinlichkeiten ... 428

Tab. A9: Risikoneutrale Entscheidung bei einer Variation der Szenariowahrscheinlichkeiten ... 428

Tab. A10: Risikoneutrale Entscheidung bei einer Variation der Lizenzsätze ... 428

Tab. A11: Risikoaverse Entscheidung bei einer Variation der Übergangswahrscheinlichkeiten ... 430

Tab. A12: Risikoaverse Entscheidung bei einer Variation der Szenariowahrscheinlichkeiten ... 432

Tab. A13: Risikoaverse Entscheidung bei einer Variation der Lizenzsätze ... 433

Verzeichnis der Beispiele

Beispiel 1: Gewinnpotenziale der F&E-Phase bei reiner Eigenfinanzierung 216
Beispiel 2: Grenzpreisermittlung beim verlagernden Unternehmen 226
Beispiel 3: Cashflows aus der Besteuerung im Verlauf der F&E-Phase 233
Beispiel 4: Steuerwirkungen aus einer Inanspruchnahme der Innovationsbox....... 241
Beispiel 5: Berücksichtigung eines Korrekturbetrags: Erste Fallgruppe 246
Beispiel 6: Berücksichtigung eines Korrekturbetrags: Zweite Fallgruppe.............. 247
Beispiel 7: Berücksichtigung eines Korrekturbetrags: Dritte und vierte Fallgruppe.. 249
Beispiel 8: Berücksichtigung eines Korrekturbetrags: Fünfte Fallgruppe 251
Beispiel 9: Berücksichtigung eines Korrekturbetrags: Sechste Fallgruppe 252

Abkürzungsverzeichnis

A

a. A.	anderer Ansicht
Abb.	Abbildung
ABl.	Amtsblatt
Abs.	Absatz
ADS	Adler, Düring, Schmaltz
AEUV	Vertrag über die Arbeitsweise der Europäischen Union
AfA	Absetzung für Abnutzung
AktG	Aktiengesetz
Anm.	Anmerkung(en)
AO	Abgabenordnung
APA	Advance Pricing Agreements
APV	Adjusted Present Value
Art.	Artikel
AStG	Außensteuergesetz
Aufl.	Auflage

B

ber.	berichtigt
betr.	betreffend
BewG	Bewertungsgesetz
BFH	Bundesfinanzhof
BGB	Bürgerliches Gesetzbuch
BGBl.	Bundesgesetzblatt
BGH	Bundesgerichtshof
BGHZ	Entscheidungen des Bundesgerichtshofs in Zivilsachen
BilMoG	Bilanzrechtsmodernisierungsgesetz
BIP	Bruttoinlandsprodukt
BMBF	Bundesministerium für Bildung und Forschung
BMF	Bundesministerium der Finanzen
BNB	Beslissingen in belastingzaken
BR	Bundesrat

BStBl.	Bundessteuerblatt
BT	Bundestag
Buchst.	Buchstabe
BVerfG	Bundesverfassungsgericht
BVerfGE	Entscheidungen des Bundesverfassungsgerichts
BW	Burgerlijk Wetboek
bzw.	beziehungsweise

C

CAPM	Capital Asset Pricing Model
CDU	Christlich Demokratische Union
CSU	Christlich-Soziale Union

D

d. h.	das heißt
DBA	Doppelbesteuerungsabkommen
DBA-NL	Doppelbesteuerungsabkommen zwischen Deutschland und dem Königreich der Niederlande
DCF	Discounted Cashflow
Drucks.	Drucksache
DStR	Deutsches Steuerrecht
DT	Deutschland

E

EBIT	Earnings before interest and taxes
EBITDA	Earnings before interest, taxes, depreciation and amortization
EFG	Entscheidungen der Finanzgerichte
EG	Europäische Gemeinschaft
EGV	Vertrag zur Gründung der Europäischen Gemeinschaft
EPÜ	Europäisches Patentübereinkommen
EStÄR	Einkommensteuer-Änderungsrichtlinie
EStG	Einkommensteuergesetz
EStR	Einkommensteuer-Richtlinien
et al.	et alii

etc.	et cetera
ETÜ	Verlagerung der F&E-Funktion durch Eigentumsübertragung
EU	Europäische Union
EuGH	Europäischer Gerichtshof
EUV	Vertrag über die Europäische Union
e. V.	eingetragener Verein
EWG	Europäische Wirtschaftsgemeinschaft

F

FAUB	Fachausschusses für Unternehmensbewertung und Betriebswirtschaft des Instituts der Wirtschaftsprüfer in Deutschland (IDW) e.V.
F&E	Forschung und Entwicklung
f.	folgende
FG	Finanzgericht
FR	Finanz-Rundschau
FRL	Fusionsrichtlinie
FVerlV	Funktionsverlagerungsverordnung

G

GAufzV	Gewinnabgrenzungsaufzeichnungsverordnung
gem.	gemäß
GeschMG	Gesetz über den rechtlichen Schutz von Mustern und Modellen
GewSt	Gewerbesteuer
GewStG	Gewerbesteuergesetz
GewStR	Gewerbesteuer-Richtlinien
GF	Grundlagenforschung
GG	Grundgesetz
ggf.	gegebenenfalls
GmbH	Gesellschaft mit beschränkter Haftung
GmbHG	Gesetz betreffend die Gesellschaften mit beschränkter Haftung
GoB	Grundsätze ordnungsmäßiger Buchführung
GRUR	Gewerblicher Rechtsschutz und Urheberrecht

H

H	Hinweis
HGB	Handelsgesetzbuch
Hrsg.	Herausgeber
http	hypertext transfer protocol

I

i. Allg.	im Allgemeinen
i. d. F.	in der Fassung
i. d. R.	in der Regel
i. H. d.	in Höhe des
i. H. v.	in Höhe von
i. S. d.	im Sinne des
i. S. e.	im Sinne eines
i. S. v.	im Sinne von
i. V. m.	in Verbindung mit
IDW S	IDW Standard
IDW	Institut der Wirtschaftsprüfer in Deutschland e.V.

J

Jg.	Jahrgang
Jr.	Junior
JStG	Jahressteuergesetz

K

KapG	Kapitalgesellschaft
KPMG	Klynveld Peat Marwick Goerdeler
KSt	Körperschaftsteuer
KStG	Körperschaftsteuergesetz
KStH	Körperschaftsteuer-Hinweise
KStR	Körperschaftsteuer-Richtlinie

M

M&A	Mergers and Acquisitions
m. E.	meines Erachtens
mind.	mindestens
MTR	Mutter-Tochter-Richtlinie
MwStSystRL	Mehrwertsteuer-Systemrichtlinie

N

NE	Neuentwicklung
Neg.	Negativszenario
n. F.	neue Fassung
NL	Niederlande
Nr.	Nummer(n)
NV	nicht veröffentlicht
NZG	Neue Zeitschrift für Gesellschaftsrecht

O

OECD	Organisation für wirtschaftliche Zusammenarbeit und Entwicklung
OECD-MA	Musterabkommen der OECD
OLG	Oberlandesgericht

P

p. a.	per anno
PatG	Patentgesetz
PL	Verlagerung der F&E-Funktion durch Vereinbarung einer Pauschallizenz, bei der das wirtschaftliche Eigentum an den Bestandteilen des Transferpakets auf das niederländische Tochterunternehmen übergeht
PL-NÜ	Verlagerung der F&E-Funktion durch Vereinbarung einer Pauschallizenz, bei der die Bestandteile des Transferpakets dem niederländischen Tochterunternehmen zur Nutzung überlassen werden
Pos.	Positivszenario
PwC	PricewaterhouseCoopers

R

R	Richtlinie
RDA	Aftrek investeringen en exploitatiekosten innovatie
RGBl.	Reichsgesetzblatt
Rn.	Randnummer
Row	Rijksoctrooiwet

S

S	Standard
S&O	Speur- en ontwikkelingswerk
S.	Seite(n)
sbA	sonstiger betrieblicher Aufwand
sbE	sonstiger betrieblicher Ertrag
SE	Societas Europa
Slg.	Sammlung der Rechtsprechung des Gerichtshofes und des Gerichts Erster Instanz
sog.	so genannte
SolZ	Solidaritätszuschlag
SolZG	Solidaritätszuschlagsgesetz
SPD	Sozialdemokratische Partei Deutschlands
Stb.	Staatsblad van het Koninkrijk der Nederlanden
Stcrt.	Staatscourant

T

Tab.	Tabelle
Trend.	Trendszenario
Tz.	Textziffer

U

u. a.	unter anderem
UA	Unterlassungsalternative
UL	Verlagerung der F&E-Funktion durch Vereinbarung einer Umsatzlizenz, bei der das wirtschaftliche Eigentum an den Bestandteilen des Transferpakets auf das niederländische Tochterunternehmen übergeht

UL-NÜ	Verlagerung der F&E-Funktion durch Vereinbarung einer Umsatzlizenz, bei der die Bestandteile des Transferpakets dem niederländischen Tochterunternehmen zur Nutzung überlassen werden
u. U.	unter Umständen
UntStRefG	Unternehmensteuerreformgesetz
URL	Uniform Resource Locator
US	United States

V

v.	von/vom
v. Chr.	vor Christus
vgl.	vergleiche
VS	Verlagerungssteuer
VWG-FVerl	Verwaltungsgrundsätze Funktionsverlagerung

W

WBSO	Wet Bevordering Speur- en Ontwikkelingswerk
WE	Weiterentwicklung
Wet DB	Wet op de dividendbelasting
Wet IB	Wet inkomstenbelasting
Wet Vpb	Wet op de vennootschapsbelasting
WVA	Wet vermindering afdracht loonbelasting en premie voor de volksverzekeringen
www	world wide web

Z

z. B.	zum Beispiel
ZEW	Zentrum für Europäische Wirtschaftsforschung
ZiLiRi	Zins- und Lizenzgebühren-Richtlinie
z. T.	zum Teil

Symbolverzeichnis

$\Leftrightarrow$	äquivalent zu
§	Paragraf
%	Prozent
$\sum$	Summe
&	und
$\in$	Element von
α	Verhandlungsstärke des verlagernden Unternehmens
$1-\alpha$	Verhandlungsstärke des aufnehmenden Unternehmens
A	Ereignis, dass es zu einer Einstellung der F&E-Funktion kommt
$\bar{A}$	Komplementärereignis zu A, dass es zu keiner Einstellung der F&E-Funktion kommt
A_k	Handlungsalternative k
$AfA_{i,t}$	Abschreibungen in Periode t unter der Bedingung, dass die F&E-Tätigkeit nach der F&E-Phase i eingestellt wird
$AfA_{j,t}$	Abschreibung in Periode t des Verwertungsszenarios j
AfA_t^{GoF}	Abschreibung auf den funktionsbezogenen Geschäftswert in Periode t
$AK_{i,t}^{IWG}$	Anschaffungskosten der immateriellen Wirtschaftsgüter
$AK_{i,t}^{WG}$	Anschaffungskosten der materiellen Wirtschaftsgüter
APV	Adjusted Present Value
aSV^{DT}	Barwert der abschreibungsbedingten Steuervorteile beim verlagernden Unternehmen
AUS	Funktionsausgliederung
AUS^K	Verlagerungsalternativen ausschließlich der Funktionsausgliederung
β_k	Beta-Faktor der betrachteten Investition k
B	Ereignis, dass eine Nutzungsüberlassung vorliegt
$\bar{B}$	Komplementärereignis, dass eine Eigentumsübertragung vorliegt
$BS_{j,t}$	Begünstigungsschwelle in Periode t des Verwertungsszenarios j bei reiner Eigenfinanzierung
$BS_{j,t}^{FK}$	Begünstigungsschwelle in Periode t des Verwertungsszenarios j bei (anteiliger) Fremdfinanzierung

$BS_{j,t-1}$	Begünstigungsschwelle am Ende der Periode t−1 des Verwertungsszenarios j bei reiner Eigenfinanzierung
$BS_{j,t-1}^{FK}$	Begünstigungsschwelle am Ende der Periode t−1 des Verwertungsszenarios j bei (anteiliger) Fremdfinanzierung
$BW_{i,t}^{GoF}$	Buchwert des funktionsbezogenen Geschäftswerts in Periode t
$BW_{i,t}^{IWG}$	Buchwerte der immateriellen Wirtschaftsgüter in Periode t
$BW_{i,t}^{WG}$	Buchwerte der materiellen Wirtschaftsgüter in Periode t
C	Ereignis, dass eine Funktionsausgliederung vorliegt
$\overline{C}$	Komplementärereignis, dass keine Funktionsausgliederung vorliegt
$cov(r_k,r_M)$	Kovarianz der Rendite der Investition k mit der Rendite des Marktportfolios M
€	Euro
e_{km}	Ergebnis für die Handlungsalternative k im Umweltszenario m
e_m^*	bestmögliches Ergebnis im Umweltszenario m
$EBT_{i,t}$	Vorsteuergewinn der Periode t bei reiner Eigenfinanzierung unter der Bedingung, dass die F&E-Tätigkeit nach der F&E-Phase i eingestellt wird
$EBT_{j,t}$	Vorsteuergewinn der Periode t bei reiner Eigenfinanzierung im Verwertungsszenario j
EP	Einigungspreis für das verlagerte Transferpaket
EP^{kor}	korrigierter Einigungspreis für das verlagerte Transferpaket
$FB_{i,t}$	Förderbetrag durch die Verminderung der Lohnsteuer- und Sozialversicherungsabgaben in Periode t unter der Bedingung, dass die F&E-Tätigkeit nach der F&E-Phase i eingestellt wird
$FCF_{i,t}^S$	Free Cashflows vor Steuern der Periode t unter der Bedingung, dass die F&E-Tätigkeit nach der F&E-Phase i eingestellt wird
$FCF_{j,t}^S$	Free Cashflows vor Steuern der Periode t aus der Verwertung der F&E-Ergebnisse im Verwertungsszenario j
FCF_t	Free Cashflows in Periode t
FK_0	Marktwert des Fremdkapitals im Bewertungszeitpunkt t=0
$FK_{i,t-1}$	Fremdkapitalbestand am Ende der Periode t−1 unter der Bedingung, dass die F&E-Tätigkeit nach der F&E-Phase i eingestellt wird
$FK_{j,t-1}$	Fremdkapitalbestand am Ende der Periode t−1 im Verwertungsszenario j
FK_{t-1}	Fremdkapitalbestand am Ende der Periode t−1

$FP_{i,t}^{IWG}$	Fremdvergleichspreise der immateriellen Wirtschaftsgüter in Periode t
$FP_{i,t}^{WG}$	Fremdvergleichspreise der materiellen Wirtschaftsgüter in Periode t
$G_{F\&E}^{DT}$	Gewinnpotenziale der F&E-Phase für das verlagernde Unternehmen
$G_{F\&E}^{DT,EK}$	Gewinnpotenziale der F&E-Phase bei reiner Eigenfinanzierung für das verlagernde Unternehmen
$G_{F\&E}^{DT,EK,S}$	Gewinnpotenziale der F&E-Phase bei reiner Eigenfinanzierung für das verlagernde Unternehmen ohne Berücksichtigung der Steuerwirkungen
$G_{F\&E}^{NL}$	Gewinnpotenziale der F&E-Phase für das aufnehmende Unternehmen
$G_{F\&E}^{NL,EK}$	Gewinnpotenziale der F&E-Phase bei reiner Eigenfinanzierung für das aufnehmende Unternehmen
$G_{F\&E}^{NL,EK,S}$	Gewinnpotenziale der F&E-Phase bei reiner Eigenfinanzierung für das aufnehmende Unternehmen ohne Berücksichtigung der Steuerwirkungen
G_{V}^{DT}	Gewinnpotenziale der Verwertungsphase für das verlagernde Unternehmen
$G_{V}^{DT,EK}$	Gewinnpotenziale der Verwertungsphase bei reiner Eigenfinanzierung für das verlagernde Unternehmen
$G_{V}^{DT,EK,S}$	Gewinnpotenziale der Verwertungsphase bei reiner Eigenfinanzierung für das verlagernde Unternehmen ohne Berücksichtigung der Steuerwirkungen
G_{V}^{NL}	Gewinnpotenziale der Verwertungsphase für das aufnehmende Unternehmen
$G_{V}^{NL,EK}$	Gewinnpotenziale der Verwertungsphase bei reiner Eigenfinanzierung für das aufnehmende Unternehmen
$G_{V}^{NL,EK,S}$	Gewinnpotenziale der Verwertungsphase bei reiner Eigenfinanzierung für das aufnehmende Unternehmen ohne Berücksichtigung der Steuerwirkungen
GoF_0	Buchwert des funktionsbezogenen Geschäftswerts
GP^{DT}	Grenzpreis für das Transferpaket als Ganzes beim verlagernden Unternehmen
$GP^{DT,VS}$	Grenzpreis für das Transferpaket Ganzes beim verlagernden Unternehmen vor Berücksichtigung einer Verlagerungssteuer
GP^{NL}	Grenzpreis für das Transferpaket als Ganzes beim aufnehmenden Unternehmen
$h_{i,t}^{Ges}$	Gesamtarbeitszeit der forschenden Arbeitnehmer in Periode t während der F&E-Phase i
$h_{i,t}^{Qual}$	Arbeitsstunden in Periode t während der F&E-Phase i, die auf qualifizierende F&E-Tätigkeiten entfallen

H	Periode, in der die Voraussetzungen einer der Fallgruppen für die Berücksichtigung des Korrekturbetrags erfüllt sind
$HK_{i,t}$	Veränderung der Begünstigungsschwelle in Periode t während der F&E-Phase bei reiner Eigenfinanzierung
$HK_{i,t}^{FK}$	Veränderung der Begünstigungsschwelle in Periode t während der F&E-Phase bei (anteiliger) Fremdfinanzierung
$HK_{j,t}$	Veränderung der Begünstigungsschwelle in Periode t während des Verwertungsszenarios j bei reiner Eigenfinanzierung
$HK_{j,t}^{FK}$	Veränderung der Begünstigungsschwelle in Periode t des Verwertungsszenarios j bei (anteiliger) Fremdfinanzierung
HS	gemeindespezifischer Hebesatz
i	Index für die F&E-Phasen
I	letzte F&E-Phase vor einem erfolgreichen Abschluss der F&E-Tätigkeit
$I_A(\omega)$	Indikatorvariable für die Funktionseinstellung in t=t*
$I_B(\omega)$	Indikatorvariable für die Vereinbarung einer Nutzungsüberlassung
$I_C(\omega)$	Indikatorvariable für das Vorliegen einer Funktionsausgliederung
$INV_{i,t}$	Saldo der Investitionen und Desinvestitionen in das Anlagevermögen in Periode t unter der Bedingung, dass die F&E-Tätigkeit nach der F&E-Phase i eingestellt wird
j	Index für die verschiedenen Verwertungsszenarien (j = 1, …, 3)
k	Index für die Ausprägungen der Handlungsalternativen (k = 1,…, K)
$KOR_{i,t}^{PL\text{-}NÜ}$	Korrekturbeträge auf Pauschallizenzraten in Periode t bei einer Nutzungsüberlassung der Bestandteile des Transferpakets unter der Bedingung, dass die F&E-Tätigkeit nach der F&E-Phase i eingestellt wird
$KOR_{j,t}^{UL\text{-}NÜ}$	Korrekturbeträge auf umsatzabhängige Lizenzraten in Periode t des Verwertungsszenarios j bei einer Nutzungsüberlassung der Bestandteile des Transferpakets
$KSt_{i,t}^{NL}$	Vorteile aus der regulären Körperschaftsbesteuerung in Periode t unter der Bedingung, dass die F&E-Tätigkeit nach der F&E-Phase i eingestellt wird
KT	Korrekturterm
KT_t	Korrekturterm in Periode t
λ	Parameter für die Risikoneigung der Entscheidungsträger

μ	Erwartungswert
μ_k	Erwartungswert der Rendite einer Investition k
μ_M	Erwartungswert der Rendite des Marktportfolios M
$\mu(A_k)$	Erwartungswert für die Handlungsalternative k
m	Index für die Ausprägungen der Umweltszenarien (m = 1,…, M)
max()	Maximum-Operator
min()	Minimum-Operator
$\mathbb{N}$	Menge der natürlichen Zahlen
p_i	Wahrscheinlichkeit für einen Abbruch der F&E-Tätigkeit nach einer F&E-Phase i
$1-p_i$	Wahrscheinlichkeit für einen erfolgreichen Abschluss einer F&E-Phase i
p_m	Eintrittswahrscheinlichkeit für das Umweltszenario m
$PK_{i,t}$	Personalaufwendungen für forschende Arbeitnehmer in Periode t unter der Bedingung, dass die F&E-Tätigkeit nach der F&E-Phase i eingestellt wird
$PK_{i,t}^S$	Personalaufwendungen für forschende Arbeitnehmer vor Berücksichtigung einer Verminderung der Lohnsteuer- und Sozialversicherungsabgaben in Periode t unter der Bedingung, dass die F&E-Tätigkeit nach der F&E-Phase i eingestellt wird
q_j	Eintrittswahrscheinlichkeit für ein Verwertungsszenario j
$QPK_{i,t}$	qualifizierende Personalaufwendungen in Periode t unter der Bedingung, dass die F&E-Tätigkeit nach der F&E-Phase i eingestellt wird
r^{EK}	Kapitalkostensatz bei reiner Eigenfinanzierung
r^{FK}	Fremdkapitalzinssatz
$r^{F\&E}$	Kapitalisierungszinssatz der F&E-Phase
r^H	Habenzinssatz für das Fremdkapital
r^i	(quasi-)risikoloser Zinssatz
r^{PL}	fremdüblicher Lizenzsatz einer Pauschallizenzvereinbarung, bei der das wirtschaftliche Eigentum an den Bestandteilen des Transferpakets auf das aufnehmende Unternehmen übergeht
$r^{PL,NÜ}$	fremdüblicher Lizenzsatz einer Pauschallizenzvereinbarung im Falle einer Nutzungsüberlassung der Bestandteile des Transferpakets

r^{UL}	fremdüblicher Lizenzsatz einer umsatzabhängigen Lizenzvereinbarung
r^{V}	Kapitalisierungszinssatz der Verwertungsphase
R^{DT}	Restwert der F&E-Funktion beim verlagernden Unternehmen
R^{NL}	Restwert der F&E-Funktion beim aufnehmenden Unternehmen
σ	Standardabweichung
$\sigma(A_k)$	Standardabweichung der Ergebnisverteilung der Handlungsalternative k;
σ_M^2	Varianz der Rendite des Marktportfolios M
s^{DT}	Unternehmensteuersatz in Deutschland
s^{GewSt}	Gewerbesteuersatz
s^{KSt}	Körperschaftsteuersatz
s^{Nl}	Unternehmensteuersatz in den Niederlanden
s^{SolZ}	Solidaritätszuschlagssatz
s^{Unt}	Unternehmensteuersatz
$S_{F\&E}^{NL}$	Barwert der Cashflows aus der Besteuerung bei reiner Eigenfinanzierung während der F&E-Phase beim aufnehmenden Unternehmen
$S_{i,t}^{DT}$	Cashflows aus der Besteuerung bei reiner Eigenfinanzierung in Periode t unter der Bedingung, dass die F&E-Tätigkeit nach der F&E-Phase i eingestellt wird
$S_{j,t}^{DT}$	Cashflows aus der Besteuerung der Verwertungserträge bei reiner Eigenfinanzierung in Periode t des Verwertungsszenarios j
S_V^{NL}	Barwert der Cashflows aus der Besteuerung bei reiner Eigenfinanzierung während der Verwertungsphase beim aufnehmenden Unternehmen
SMZ	Steuermesszahl
$SVPL^{NL}$	Barwert der Steuervorteile aus den erfolgswirksam zu erfassenden Zinskomponenten im Falle der Vereinbarung einer Pauschallizenz
t	Index für die Zeit in Jahren
t*	Periode, in der die F&E-Funktion eingestellt wird
T	Endpunkt des Betrachtungszeitraums
T€	Tausend Euro
TK_0	Schließungs- und/oder Transaktionskosten
TS	Tax Shield
$TS_{F\&E}^{DT}$	Tax Shield der F&E-Phase beim verlagernden Unternehmen

$TS_{F\&E}^{NL}$	Tax Shield der F&E-Phase beim aufnehmenden Unternehmen
TS_{V}^{DT}	Tax Shield der Verwertungsphase beim verlagernden Unternehmen
TS_{V}^{NL}	Tax Shield der Verwertungsphase beim aufnehmenden Unternehmen
$U_L(A_k)$	Präferenzfunktion für die Laplace-Regel
$U_\mu(A_k)$	Präferenzfunktion für die Erwartungswert-Regel
$U_{\mu,\sigma}(A_k,\lambda)$	Präferenzfunktion für die (μ,σ)-Regel
$U_R(A_k)$	Präferenzfunktion für die relative Minimax-Regret-Regel
UB	Unterschiedsbetrag
$UE_{j,t}$	Umsatzerlöse aus der Verwertung der F&E-Ergebnisse in Periode t des Verwertungsszenarios j
$WK_{j,t}$	Wertkomponente des Korrekturterms in Periode t des Verwertungsszenarios j
$x_{j,t}$	Differenzbetrag zwischen den Nettoverwertungserträgen der Periode t und dem Wert der Begünstigungsschwelle am Ende der Periode $t-1$ bei (anteiliger) Fremdfinanzierung
X	Zeitpunkt des erfolgreichen Abschlusses der F&E-Tätigkeit
$y_{j,t}$	Differenzbetrag zwischen den Nettoverwertungserträgen der Periode t und dem Wert der Begünstigungsschwelle am Ende der Periode $t-1$
$ZiKo_t^{PL}$	Zinskomponente einer Pauschallizenzrate in Periode t

1 Einführung

1.1 Einleitende Bemerkungen

Die Konstituierung eines einheitlichen europäischen Binnenmarkts und die Dynamisierung der globalen Geschäftsbeziehungen haben in den vergangenen Jahrzehnten zu einem enormen Anstieg der Bedeutung multinationaler Konzerne geführt.[1] Die Globalisierung führt zu einer Verstärkung des internationalen Wettbewerbs, welcher Konzerne zu einer stetigen Überwachung und Anpassung der eigenen Strukturen verpflichtet. Durch Restrukturierungsmaßnahmen innerhalb multinationaler Konzerne können u. a. Standortvorteile genutzt, Synergien gehoben oder aber auch neue Absatz- und Beschaffungsmärkte erschlossen werden.[2] Im Rahmen von Restrukturierungen ist der grenzüberschreitenden Verlagerung betrieblicher Funktionen eine große Bedeutung beizumessen.[3] Während ursprünglich vorwiegend mobile betriebliche Funktionen – wie beispielsweise Beschaffung, Produktion und Vertrieb – in das Ausland verlagert wurden, ist in der jüngeren Vergangenheit vermehrt auch die grenzüberschreitende Transferierung und Zentralisierung weniger mobiler Forschungs- und Entwicklungsfunktionen (F&E-Funktionen) zu beobachten.[4]

Die Stärkung der F&E in Europa bildet ein wichtiges Ziel des Vertrags von Lissabon.[5] Neben den direkten Fördermaßnahmen[6] nennt die Europäische Kommission die steuerliche Förderung der F&E, welche forschende Unternehmen gleichermaßen unterstützt, als eine weitere wichtige Säule der Innovationsförderung.[7] Die steuerliche Förderung soll forschende Unternehmen zur Ausweitung ihrer F&E-Tätigkeit motivieren und die Attraktivität eines Forschungsstandortes für ausländische Unternehmen erhöhen. Im Unterschied zu Deutschland[8] haben die Mehrzahl der EU-Mitgliedstaaten Regelungen

---

[1] Vgl. *Becker, J.-A./Sandlos, D.* (2013), S. 154; *OECD (Hrsg.)* (2010b), Vorwort, Tz. 1.

[2] Siehe *Hervé, Y. et al.* (2012), S. 552; *OECD (Hrsg.)* (2010b), Tz. 9.4; *OECD (Hrsg.)* (2013a), S. 7 f.

[3] So auch *Herzig, N.* (2003), S. S87-S89; *OECD (Hrsg.)* (2010b), Tz. 9.1.

[4] Vgl. *Gerybadze, A.* (1997), S. 17-21; *Reger, G.* (1999), S. 2 f. Dementgegen *Bundesregierung (Hrsg.)* (2007), S. 84, wonach F&E-Funktionen in der Vergangenheit eher selten verlagert wurden.

[5] Vgl. *Art. 179-190 AEUV*. Als Ziel schlägt die Europäische Kommission vor, dass bis zum Jahr 2020 3 % des BIP der Mitgliedstaaten der Europäischen Union (EU-Mitgliedstaaten) für die Förderung von F&E aufgewendet werden sollen. Vgl. *Europäische Kommission (Hrsg.)* (2010), S. 5.

[6] Vgl. hierzu etwa *Spengel, C./Elschner, C.* (2010), S. 2.

[7] Siehe *Europäische Kommission (Hrsg.)* (2010), S. 16.

[8] In Deutschland basiert die F&E-Förderung auf einer direkten Förderung. Die Aufwendungen zur Förderung der F&E in Deutschland betrugen im Jahr 2010 rund 2,82 % des BIP. Vgl. hierzu *BMBF (Hrsg.)* (2012), S. 401.

für eine steuerliche Förderung von F&E implementiert.[9] Durch die unterschiedliche Ausgestaltung bzw. das Fehlen einer steuerlichen F&E-Förderung kommt es zu einer Steuerarbitrage zwischen den verschiedenen Mitgliedstaaten. Diese kann durch forschende Unternehmen ausgenutzt werden, indem diese ihre F&E-Funktionen[10] dorthin verlagern, wo besonders vorteilhafte steuerliche Subventionen gewährt werden. Hierdurch hat sich der Wettbewerb der Steuersysteme zwischen den Mitgliedstaaten auf die steuerliche F&E-Förderung ausgeweitet.[11]

Im Rahmen der Verlagerung betrieblicher Funktionen in das Ausland geht i. d. R. auch ein Wertschöpfungspotenzial auf die aufnehmende (Konzern-)Gesellschaft über.[12] Aufgrund des im Steuerrecht vorherrschenden Trennungsprinzips[13] bei der Besteuerung von Kapitalgesellschaften können künftige, im Zusammenhang mit der verlagerten Funktion erzielte Gewinne ausschließlich im Ansässigkeitsstaat der funktionsaufnehmenden Gesellschaft besteuert werden. Ohne eine angemessene Vergütung der zusammen mit einer Funktion verlagerten Wirtschaftsgüter und sonstigen Vorteile könnten in Deutschland geschaffene Wertschöpfungsbeiträge im Ausland verwertet werden, ohne dass diese in Deutschland einer Besteuerung unterliegen würden. Insbesondere bei Transaktionen zwischen Konzerngesellschaften fehlt oftmals ein marktüblicher Interessengegensatz, sodass die Gefahr einer nicht fremdüblichen Verrechnungspreisbestimmung besteht.

Vor diesem Hintergrund sah sich der deutsche Gesetzgeber veranlasst, die Besteuerung von Funktionsverlagerungen im Rahmen des Unternehmensteuerreformgesetz 2008 (UntStRefG) explizit zu regeln. In Einklang mit den internationalen Verrechnungspreisgrundsätzen[14] fordert § 1 Abs. 1 Satz 1 AStG den Ansatz fremdüblicher Verrechnungspreise bei Geschäftsbeziehungen zwischen Konzerngesellschaften. Ergänzend kodifiziert § 1 Abs. 3 Satz 9 AStG, dass der Fremdvergleichspreis für eine in das Ausland verlagerte Funktionen im Grundsatz auf der Basis eines Preises für das verlagerte Transferpaket[15] als Ganzes zu bestimmen ist. Hierdurch soll die Erfassung und Besteuerung schwer identifizierbarer und bewertbarer (immaterieller) Wirtschaftsgüter und sonstiger Vorteile gewährleistet werden. Durch die grundsätzliche Negierung des Einzelbewer-

---

[9] Siehe *Jacobs, O. H. et al. (Hrsg.)* (2011), S. 143.

[10] Zum Begriff der F&E-Funktion wird im Rahmen dieser Arbeit der Begriff F&E-Tätigkeit synonym verwendet.

[11] Vgl. *Kessler, W. et al.* (2008), S. 1237.

[12] Vgl. *Bundesregierung (Hrsg.)* (2007), S. 84.

[13] Siehe zum Trennungsprinzip Abschnitt 2.2.2.1.1.

[14] Vgl. *Art. 9 OECD-MA; OECD (Hrsg.)* (2010b), Tz. 1.1-1.5.

[15] Siehe zur Definition des Begriffs Transferpaket Abschnitt 3.2.1.

tungsgrundsatzes bei Funktionsverlagerungen vollzog der Gesetzgeber einen Paradigmenwechsel. Die deutsche Regelung zur Besteuerung von Funktionsverlagerungen in § 1 Abs. 3 Satz 9 AStG stellt auch international ein Novum[16] dar und ist daher mit einer großen Vielzahl von Anwendungsproblemen – insbesondere aufgrund der erheblichen Gefahr internationaler Doppelbesteuerungen[17] – verbunden.

1.2 Motivation und Zielsetzung der Arbeit

Wie einleitend dargestellt, können ausländische Forschungsstandorte durch die Einführung steuerlicher F&E-Förderungen für deutsche Unternehmen an Attraktivität gewinnen. Dies gilt insbesondere für Unternehmen, welche in Deutschland keine direkte F&E-Förderung erhalten und durch eine Verlagerung ihrer F&E-Funktionen ins Ausland von der weitestgehend projektunspezifischen und technologieoffenen steuerlichen F&E-Förderung profitieren können.[18]

Die Entscheidung über eine Verlagerung der F&E in das Ausland ist überaus komplex und bedarf einer fundierten Entscheidungsgrundlage.[19] Zur Beurteilung der Vorteilhaftigkeit einer Funktionsverlagerung müssen die Entscheidungsträger innerhalb eines multinationalen Konzerns eine Gesamtbetrachtung sämtlicher im Zusammenhang mit der Funktionsverlagerung stehender Einflussgrößen durchführen, um das Entscheidungsproblem einer rationalen Lösung zuführen zu können. Da die Wirkungszusammenhänge zwischen diesen Einflussgrößen oftmals einen hohen Komplexitätsgrad aufweisen, können Aussagen über die Vorteilhaftigkeit einer Funktionsverlagerung oftmals nur auf der Grundlage von Modellrechnungen getroffen werden.[20] Hierbei sind den Vorteilen einer Funktionsverlagerung insbesondere die Folgen der extensiven Regelungen des § 1 Abs. 3 Satz 9 AStG zur Besteuerung von Funktionsverlagerungen und ggf. auch

---

[16] Vgl. hierzu die Ausführungen in Kapitel IX Business Restructurings in den OECD-Verrechnungspreisrichtlinien zu business activities sowie die Ausführungen in Abschnitt 3.2.1.1.3. Siehe ergänzend auch *Wehnert, O./Sano, Y.* (2010), S. 53-57.

[17] So auch *Baumhoff, H.* (2012), S. 397; *Baumhoff, H. et al.* (2007b), S. 1652; *Blumers, W.* (2007), S. 1761; *Bödefeld, A./Kuntschik, N.* (2007), S. 263; *Frischmuth, M.* (2007b), S. 461; *Frischmuth, M.* (2009a), S. 175; *Frotscher, G.* (2008), S. 54 f.; *Haas, W.* (2008), S. 523; *Hey, J.* (2007), S. 1308; *Jahndorf, C.* (2008), S. 111; *Jenzen, H.* (2007), S. 3135; *Kahle, H.* (2007), S. 654; *Kaminski, B.* (2007), S. 598 f.; *Oestreicher, A.* (2009), S. 80; *Roser, F.* (2008), S. 36 f.; *Strahl, M.* (2008), S. 15864; *Wehnert, O./Sano, Y.* (2010), S. 57; *Welling, B./Tiemann, K.* (2008), S. 69; *Wulf, M.* (2007), S. 2282.

[18] Zur selektiven Wirkung der direkten F&E-Förderung in Deutschland siehe etwa *Arbeitsgruppe „Steuerliche F&E-Förderung"* (2009), S. 180; *Jacobs, O. H. et al. (Hrsg.)* (2011), S. 143; *Spengel, C. et al.* (2009), S. 31-34.

[19] Vgl. hierzu die Ausführungen in Abschnitt 2.2.

[20] So *Klein, R./Scholl, A.* (2011), S. 4 f.

weitere Transaktionskosten gegenüberzustellen und mit der Unterlassungsalternative einer Funktionsfortführung in Deutschland zu vergleichen.

Betrachtet man die Ausführungen des Gesetzgebers[21], des Bundesministeriums der Finanzen (BMF)[22] sowie der einschlägigen Fachliteratur zur steuerlichen Behandlung von Funktionsverlagerungen nach § 1 Abs. 3 Satz 9 AStG, so ist festzustellen, dass sich diese bisher nicht detailliert mit der Verlagerung von F&E-Funktionen befasst haben.[23] Gerade aber vor dem Hintergrund der Einführung einer steuerlichen F&E-Förderung im europäischen Ausland und der damit verbundenen Attraktionskraft für forschende deutsche Unternehmen dürften Verlagerungen von F&E ins Ausland in der Zukunft an Bedeutung gewinnen. Zu klären ist daher, ob die bislang gewonnen Erkenntnisse über Funktionsverlagerungen auch uneingeschränkt auf die Besteuerung der Verlagerung von F&E-Funktionen übertragbar sind.

F&E-Funktionen unterscheiden sich von anderen betrieblichen Funktionen wie Beschaffung, Produktion und Vertrieb, da die F&E den Ausgangspunkt des Wertschöpfungsprozesses bildet und die konkrete F&E-Tätigkeit im Zeitpunkt der Verwertung der Innovationen i. d. R. bereits beendet ist. Eine unmittelbare Zurechnung der Erfolgsbeiträge aus der Verwertung der Innovationen ist daher i. d. R. nicht möglich. Darüber hinaus ist die Ausübung einer F&E-Funktion im Vergleich zu anderen betrieblichen Funktionen mit einem erheblich höheren Risiko verbunden, wodurch eine ex ante Bestimmung des Wertschöpfungsbeitrags und damit verbunden eines fremdvergleichsüblichen Verrechnungspreises erschwert wird.[24] Die Ausführungen zeigen, dass aufgrund der Spezifika von F&E-Funktionen Zweifel an einer uneingeschränkten Übertragbarkeit der bisherigen Erkenntnisse zur Besteuerung grenzüberschreitender Funktionsverlagerungen auf F&E-Funktionen bestehen. Vor diesem Hintergrund besteht das erste Ziel dieser Arbeit in der eingehenden Auseinandersetzung mit den normativen Rahmenbedingungen mit einem besonderen Fokus auf die Besonderheiten von F&E-Funktionen. Diese Untersuchung erfolgt auf der Grundlage einer normendeskriptiven Analyse, in welcher die Anforderungen an eine fremdvergleichskonforme Verrechnungspreisermittlung bei grenzüberschreitenden Funktionsverlagerungen herausgearbeitet werden. Die Bedeu-

---

[21] Vgl. *§ 1 AStG*; *Bundesregierung (Hrsg.)* (2007), S. 84.
[22] Vgl. *BMF (Hrsg.)* (2010), S. 774.
[23] Siehe auch die Ausführungen in Abschnitt 2.3.
[24] Siehe zu den F&E-spezifischen Risiken und deren Abbildung bei der Transferpaketbewertung die Abschnitte 4.1.3 und 5.1.2.

tung einer fremdvergleichskonformen Verrechnungspreisermittlung bei Funktionsverlagerungen wird des Weiteren dadurch untermauert, dass diese bei künftigen Außenprüfungen schwerpunktmäßig überprüft werden sollen.[25]

In diesem Kontext ist auch zu beurteilen, ob auf der Grundlage der vom BMF[26] für anwendbar erklärten Bewertungsverfahren (Ertragswertverfahren oder Discounted Cashflow Verfahren (DCF-Verfahren)) angemessene Grenzpreise für F&E-Funktionen bestimmt werden können. Beide Verfahren basieren auf dem Kapitalwertkalkül[27] und sind daher zur Bewertung von Funktionen grundsätzlich geeignet. Allerdings weisen F&E-Funktionen eine sich stetig verändernde Risikostruktur[28] auf, deren pauschale Berücksichtigung durch einen Risikozuschlag oftmals nicht sachgerecht ist.[29] Vor diesem Hintergrund besteht das zweite Ziel der vorliegenden Arbeit in der Entwicklung eines Verfahrens zur Bewertung von F&E-Funktionen. Dieses soll zum einen eine sachgerechte Abbildung der komplexen Risikostruktur von F&E-Funktionen ermöglichen und zum anderen die bewertungsspezifischen Besonderheiten im Zusammenhang mit den steuerlichen F&E-Fördermaßnahmen abbilden.

Betrachtet man die quantitativen[30] Forschungsarbeiten zu grenzüberschreitenden Funktionsverlagerungen, so zeigt sich, dass in diesen F&E-Funktionen nicht explizit untersucht werden.[31] Ferner werden die steuerlichen Konsequenzen von Funktionsverlagerungen nur für typisierte ausländische Steuerrechtssysteme analysiert. Darüber hinaus fokussieren die Arbeiten überwiegend auf Eigentumsübertragungen. Andere Verlagerungsformen, wie z. B. Nutzungsüberlassungen, werden nur z. T. in den Untersuchungen berücksichtigt.

Die Ausführungen machen deutlich, dass eine Forschungslücke bezüglich der quantitativen Untersuchung über die steuerliche Vorteilhaftigkeit der Verlagerung von F&E-Funktionen aus Deutschland in das Ausland (Outbound-Verlagerung) existiert. Ein weiteres Ziel dieser Arbeit ist es daher, einen Beitrag zur Schließung dieser Forschungslücke zu leisten, indem auf der Grundlage einer quantitativen Untersuchung Steuerwir-

[25] Vgl. *Baumhoff, H.* (2012), S. 396; *Deloitte (Hrsg.)* (2010), S. 9; *Freudenberg, M./Peters, H. M.* (2009), S. 822; *Looks, C./Scholz, C. M.* (2007), S. 2541.
[26] Vgl. *BMF (Hrsg.)* (2010), S. 774, Tz. 87-89.
[27] Siehe zum Begriff des Kapitalwertkalküls *IDW S 1.101*.
[28] Im Zusammenhang mit der F&E bestehen ein Entwicklungsrisiko, ein Vergütungsrisiko und ein Verwertungsrisiko. Ausführlich zu den verschiedenen Risikoarten siehe Abschnitt 4.1.3.
[29] Siehe hierzu die Ausführungen in Abschnitt 5.1.2.
[30] Vgl. z. B. *Bredow, A. v.* (2011); *Heining, B.* (2009); *Reichl, A.* (2013); *Zimmermann, P.* (2013).
[31] Siehe hierzu auch Abschnitt 2.3.

kungen aus der Outbound-Verlagerung von F&E-Funktionen in die Niederlande, losgelöst von anderen betriebs- und finanzwirtschaftlichen Aspekten, quantifiziert werden.[32] Mittels der gewonnenen Erkenntnisse sollen Tendenzaussagen über die Vorteilhaftigkeit einer Verlagerung von F&E-Funktionen in die Niederlande getroffen werden.

1.3 Aufbau der Arbeit

Die vorliegende Arbeit gliedert sich in sieben aufeinander aufbauende Kapitel. Zunächst wurde in Kapitel 1 die zugrunde liegende Problemstellung skizziert und die sich daraus ergebende Zielsetzung der Arbeit motiviert. In dem nachfolgenden Kapitel 2 werden die methodischen Grundlagen für die weiteren Untersuchungen dargestellt. Nach einer Einordnung der eigenen Arbeit in die Betriebswirtschaftliche Steuerlehre in Abschnitt 2.1 wird in Abschnitt 2.2 der zugrunde liegende Forschungsansatz beschrieben. Zunächst werden die Anforderungen an entscheidungstheoretische Untersuchungen i. Allg. erläutert, um darauf aufbauend die Bedeutung der Entscheidungstheorie bei der Konzernsteuerplanung hervorzuheben. Abschnitt 2.3 zeigt den aktuellen Stand der Forschung zu grenzüberschreitenden Funktionsverlagerungen. Kapitel 2 endet mit einer detaillierten Abgrenzung des Untersuchungsgegenstands sowie einer Erläuterung der für die weiteren Untersuchungen zu treffenden Prämissen.

Kapitel 3 befasst sich mit der Besteuerung grenzüberschreitender Funktionsverlagerungen zwischen verbundenen Unternehmen eines multinationalen Konzerns. Zunächst stellt Abschnitt 3.1 die Grundsätze für die Besteuerung grenzüberschreitender Geschäftsbeziehungen in multinationalen Konzernen dar. Hierbei bildet der Fremdvergleichsgrundsatz das maßgebende Prinzip. Aufbauend auf einer Beschreibung der allgemeinen Besteuerungsgrundsätze werden in den Abschnitten 3.2 bis 3.4 die normativen Vorgaben des deutschen Steuerrechts zur Besteuerung grenzüberschreitender Funktionsverlagerungen dargestellt. Zunächst erfolgt in Abschnitt 3.2 eine Erläuterung der Tatbestandsmerkmale einer Funktionsverlagerung i. S. d. § 1 Abs. 3 Satz 9 AStG. Der folgende Abschnitt 3.3 befasst sich inhaltlich mit der Beschreibung und Analyse der Rechtsfolgen bei grenzüberschreitenden Funktionsverlagerungen, wobei zwischen der Bewertung eines Transferpakets als Ganzes und einer Einzelbewertung der verlagerten Wirtschaftsgüter in den Ausnahmefällen des § 1 Abs. 3 Satz 10 AStG unterschieden

---

[32] Für eine Begründung der Untersuchung von Outbound-Verlagerungen in die Niederlande siehe Prämisse 2.2.

wird. Im Falle einer erheblichen Abweichung der tatsächlichen Gewinnentwicklung während eines zehnjährigen Überwachungszeitraums von der Gewinnentwicklung, die der Verrechnungspreisbestimmung im Verlagerungszeitpunkt zugrunde lag, ordnet § 1 Abs. 3 Satz 11 und 12 AStG im Grundsatz die Berücksichtigung einer obligatorischen gesetzlichen Preisanpassungsklausel an. Die Darstellung der Regelungen zur gesetzlichen Preisanpassungsklausel ist Gegenstand des Abschnitts 3.4. Zum Abschluss des Kapitels werden in Abschnitt 3.5 die niederländischen Grundsätze der Besteuerung grenzüberschreitender Funktionsverlagerungen den deutschen Regelungen zur Besteuerung grenzüberschreitender Funktionsverlagerungen gegenübergestellt. Abschnitt 3.6 fasst die zentralen Ergebnisse des Kapitels zusammen.

Bezugnehmend auf die Ausführungen in Kapitel 3 zur Besteuerung grenzüberschreitender Funktionsverlagerungen i. Allg. werden in Kapitel 4 die Besonderheiten der Besteuerung grenzüberschreitender Verlagerungen von F&E-Funktionen erörtert. Zu Beginn des Kapitels erfolgt in Abschnitt 4.1 eine Erläuterung der Grundlagen und der (steuerlichen) Rahmenbedingungen der F&E. Besondere Bedeutung ist der Definition des Begriffs der F&E beizumessen, da diese eine wesentliche Grundlage für die weiteren Abschnitte dieses Kapitels bildet. In einem ersten Schritt erfolgt in Abschnitt 4.2 eine Abgrenzung von F&E-Funktionen i. S. d. § 1 Abs. 3 Satz 9 AStG. In einem zweiten Schritt werden in Abschnitt 4.3 die allgemeinen Grundsätze der Transferpaketbewertung auf F&E-Funktionen übertragen und deren Spezifika herausgestellt. Abschnitt 4.4 stellt die Besonderheiten im Zusammenhang mit der Anwendung der gesetzlichen Preisanpassungsklausel bei F&E-Funktionen heraus.

Im Anschluss an die normendeskriptive Analyse im dritten und vierten Kapitel wird in Kapitel 5 ein Verfahren zur Bewertung von F&E-Funktionen entwickelt. Zu Beginn des Kapitels in Abschnitt 5.1 erfolgen Vorüberlegungen zur Wahl eines geeigneten Bewertungsverfahrens sowie zur Abbildung der F&E-spezifischen Risiken. Abschnitt 5.2 definiert die Prämissen, welche dem Bewertungsverfahren zugrunde liegen und eine Ableitung fremdvergleichskonformer Einigungspreise im hypothetischen Fremdvergleich gewährleisten sollen. Abschnitt 5.3 bildet den Hauptteil des fünften Kapitels. In diesem wird ein Verfahren zur Bewertung von F&E-Funktionen sukzessive entwickelt, welches die F&E-spezifischen Besonderheiten sowie die Auswirkungen der verschiedener Verlagerungsalternativen auf die Grenzpreise beim verlagernden sowie beim aufnehmenden Unternehmen berücksichtigt. Die Ableitung fremdüblicher Lizenzraten für die verlagerten Bestandteile des Transferpakets auf der Grundlage des Einigungspreises für das Transferpaket als Ganzes ist Gegenstand des Abschnitts 5.4. Abschließend enthält Abschnitt 5.5 eine Zusammenfassung der wesentlichen Erkenntnisse des fünften Kapitels.

Unter Verwendung dieser Erkenntnisse schließt sich in Kapitel 6 eine quantitative Untersuchung an. Im Rahmen derer werden die Steuerwirkungen aus der Outbound-Verlagerung von F&E-Funktionen in die Niederlande ermittelt und Tendenzaussagen über die relative Vorteilhaftigkeit verschiedener Handlungsalternativen abgeleitet. Zu Beginn werden in Abschnitt 6.1 die Anforderungen an quantitative Untersuchungen i. Allg. erläutert. Daran anschließend wird das Beschreibungsmodell in Abschnitt 6.2 bestimmt. Hierbei sind die verschiedenen Handlungsalternativen im Zusammenhang mit einer Funktionsverlagerung sowie die maßgebenden ökonomischen Einflussfaktoren und steuerrechtlichen Rahmenbedingungen zu eruieren. Aufbauend auf dem Beschreibungsmodell werden in Abschnitt 6.3 im Rahmen eines Erklärungsmodells die Steuerwirkungen quantifiziert und erläutert. Abschließend werden in Abschnitt 6.4 die Ergebnisse des Erklärungsmodells unter Berücksichtigung der monetären Zielsetzung marktwirtschaftlicher Unternehmen gewürdigt und Tendenzaussagen über die relative Vorteilhaftigkeit von Handlungsmöglichkeiten abgeleitet. Abschnitt 6.5 enthält Einschränkungen bezüglich der Aussagekraft der Ergebnisse der quantitativen Untersuchung.

In Kapitel 7 werden die zentralen Ergebnisse der Arbeit zusammengefasst und ein Ausblick für weitere Forschungsfelder gegeben. Die nachstehende Abb. 1.1 stellt den Aufbau der Arbeit schematisch dar.

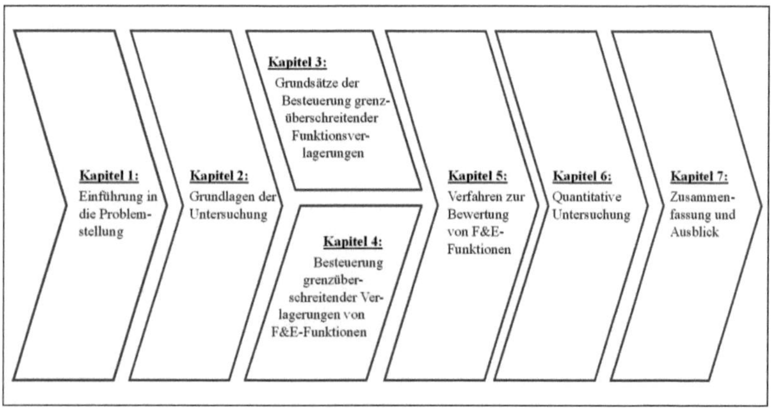

Abb. 1.1: Aufbau der vorliegenden Arbeit

2 Grundlagen der Untersuchung

2.1 Einordnung in die Betriebswirtschaftliche Steuerlehre

Werden ökonomische und steuerliche Problemstellungen verknüpft und aus mikroökonomischer Perspektive untersucht, sind die entsprechenden Fragestellungen der Betriebswirtschaftlichen Steuerlehre[33] zuzuordnen.[34] Die Betriebswirtschaftliche Steuerlehre ist insofern eine Teildisziplin der Allgemeinen Betriebswirtschaftslehre.[35] Sie hat die Untersuchung ökonomischer Entscheidungen unter Berücksichtigung von Steuern zum Ziel und ist für eine Vielzahl von Entscheidungen im institutionellen und funktionalen Bereich der Unternehmungen von Bedeutung.[36] Im Rahmen der Betriebswirtschaftlichen Steuerlehre unterscheidet *Wagner*[37] zwei Forschungsrichtungen:

- wertungsbasierte steuerliche Aussagensysteme und
- wirkungsbasierte steuerliche Aussagensysteme.

2.1.1 Wertungsbasierte steuerliche Aussagensysteme

Die wertungsbasierten steuerlichen Aussagensysteme gründen auf wertungsorientierten Aussagekategorien. Zu unterscheiden ist dabei zwischen Aussagen bezüglich des geltenden Rechts und Aussagen, die sich auf künftiges Recht beziehen.[38] So dienen wertungsorientierte Aussagen der Vermittlung fundierten Wissens über das Steuerrechtssystem und die Steuerrechtsnormen de lege lata (Steuersystemlehre). Mithilfe der Methodik der Rechtsauslegung können Aussagen über die Konsistenz des Steuernormengefüges in Bezug auf zentrale Prinzipien des Steuerrechts (z. B. das Leistungsfähigkeitsprinzip[39]) abgeleitet werden. Auf der Grundlage der Erkenntnisse über das zu untersuchende Steuerrechtssystem bzw. einzelner Steuerrechtsnormen können auch wertungs-

---

[33] Beziehen sich Untersuchungen nicht ausschließlich auf das nationale Steuerrecht, sondern werden grenzüberschreitende Sachverhalte betrachtet, welche unter dem Einfluss verschiedener Steuersysteme stehen, wird von der Internationalen Betriebswirtschaftlichen Steuerlehre gesprochen. So etwa *Kleineidam, H.-J.* (1968), S. 16 f.; *Kleineidam, H.-J.* (1970), S 106; *Kußmaul, H.* (1995), S. 7 f.; *Lühn, A.* (2009), S. 7.

[34] So *Kosiol, E.* (1961), S. 134; *Wagner, F. W.* (2004), S. 237.

[35] Vgl. *Brähler, G.* (2006), S. 14; *Fischer, L. et al.* (1980), S. 700; *Grotherr, S.* (1995), S. 101; *Jacobs, O. H.* (2004), S. 251; *Kleineidam, H.-J.* (1970), S. 106; *Kußmaul, H.* (1995), S. 10; *Lühn, A.* (2009), S. 7; *Rose, G.* (1992), S. 27; *Wöhe, G.* (1990), S. 233.

[36] Siehe *Brähler, G.* (2006), S. 14; *Grotherr, S.* (1995), S. 101; *König, R.* (2004), S. 261; *Wöhe, G.* (1990), S. 233.

[37] Vgl. *Wagner, F. W.* (2004), S. 238.

[38] Vgl. *Wagner, F. W.* (2004), S. 245 f.

[39] Ausführlich zum Leistungsfähigkeitsprinzip siehe etwa *Weber-Grellet, H.* (2001), S. 162-170.

orientierte Aussagen, welche begründete Kritik am bestehenden Steuerrecht üben, getroffen werden (Steuerrechtsgestaltungslehre).

2.1.1.1 Steuersystemlehre

Die Steuersystemlehre bildet das Fundament der Betriebswirtschaftlichen Steuerlehre und ist Voraussetzung jeder ökonomisch-steuerrechtlich geprägten Untersuchung.[40] Ihr Ziel liegt in der Vermittlung fundierter Kenntnisse über das Steuerrechtssystem sowie über die Steuerrechtsnormen.[41] Aufgrund der Komplexität des Steuerrechtssystems sowie den damit verbundenen Problemen bei der Auslegung von Gesetzestexten sind für die Darstellung uni- und bilateraler sowie supranationaler Steuerrechtsnormen sowohl Gesetzestexte, Gesetzesmaterialien und Doppelbesteuerungsabkommen sowie Vertragsmuster, Kommentierungen und Richtlinien der OECD als auch Urteile der nationalen Gerichte sowie des EuGH zu berücksichtigen. Ergänzend können Anweisungen der Finanzverwaltungen herangezogen werden, welche für die Finanzverwaltungen, nicht aber für die Steuerpflichtigen und die Gerichte, Bindungswirkung entfalten.[42] Darüber hinaus sind auch die Auffassungen im Fachschrifttum zu steuerrechtlichen Sachverhalten zu berücksichtigen.

2.1.1.2 Steuerrechtsgestaltungslehre

Die mit der Steuerrechtsgestaltungslehre verbundene Zielsetzung besteht darin, begründete Kritik am Steuerrecht de lege lata zu üben und dem Gesetzgeber Empfehlungen für die Gestaltung des Steuerrechts de lege ferenda zu unterbreiten.[43] Hierzu sollen auf der Grundlage betriebswirtschaftlicher Erkenntnisse, welche z. B. aus der Steuerwirkungslehre gewonnen werden können, die Erreichung der Gesetzesziele durch den Steuerge-

---

[40] Erst in der jüngeren Literatur wird die Steuersystemlehre den Forschungszielen der Betriebswirtschaftlichen Steuerlehre vermehrt zugerechnet. Vgl. *Fischer, L. et al.* (1980), S. 700; *Grotherr, S.* (1995), S. 101 f.; *Kußmaul, H.* (1995), S. 4; *Lühn, A.* (2009), S. 7. A. A. hierzu *Hundsdoerfer, J. et al.* (2008), S. 63, die die Steuersystemlehre zwar als notwendige Vorbedingung der betriebswirtschaftlichen Forschung, nicht jedoch als eigenes Forschungsziel betrachten.

[41] Zur internationalen Steuersystemlehre, welche die nationalen Steuersysteme mehrerer Länder untersucht, siehe etwa *Kleineidam, H.-J.* (1970), S. 113-115.

[42] Verwaltungsanweisungen sollen eine einheitliche Rechtsanwendung und eine gleichmäßige Besteuerung gewährleisten und Zweifelsfragen der Besteuerung klären. Sie haben den rechtlichen Rang einer allgemeinen Weisung i. S. v. *Art. 108 Abs. 3 Satz 2* und *Art. 85 Abs. 3 GG*, weshalb diese ausschließlich Bindungswirkung für die Finanzbehörden entfalten. Vgl. hierzu auch *Kußmaul, H.* (2010), S. 218.

[43] Vgl. *Fischer, L. et al.* (1980), S. 700; *Fischer, L. et al.* (2005), S. 7; *Grotherr, S.* (1995), S. 102; *Kußmaul, H.* (1995), S. 9; *Rose, G.* (1992), S. 19. Ausführlich zur historischen Entwicklung der Rechtskritik siehe *Schmiel, U.* (2005), S. 7-9.

setzgeber sowie die Gesetzesziele selbst kritisch überprüft werden.[44] Zugleich können auch wertungsbasierte Aussagen aus der Interpretation von Rechtsnormen mithilfe der Methodik der Rechtsauslegung abgeleitet werden, auf deren Grundlage die Konsistenz steuerrechtlicher Regelungen zu den zentralen Steuerrechtsprinzipien beurteilt werden kann.[45] Die Betriebswirtschaftliche Steuerlehre weist in diesem Zusammenhang einen normativen Charakter auf, sodass teilweise auch bei Fragestellungen bezüglich der Steuerrechtsgestaltung von der normativen Betriebswirtschaftlichen Steuerlehre[46] gesprochen wird. *Dziadkowski* misst der wissenschaftlichen Kritik an bestehenden Steuerrechtsnormen große Bedeutung bei, da „der Gesetzgeber mangels ausreichender Ausstattung allein nicht in der Lage ist, die ökonomischen Wirkungen von Steuernormen und deren Änderungen zu erkennen."[47]

2.1.2 Wirkungsbasierte steuerliche Aussagensysteme

Mithilfe wirkungsbasierter steuerlicher Aussagensysteme sollen die Entscheidungs- und Verteilungswirkungen steuerlicher Einflüsse mikroökonomisch untersucht werden. Vorzugsweise sollten den Untersuchungen modelltheoretische oder empirische Ansätze zu Grunde gelegt werden, da diese die Ableitung allgemeingültiger Aussagen ermöglichen. Aufgrund der Komplexität und der Verschiedenheit von Steuersystemen sowie der Schwierigkeiten im Zusammenhang mit der Testbarkeit steuerlicher Hypothesen, scheiden die vorangestellten Forschungsansätze oftmals aus.[48] Sind weder modelltheoretische noch empirische Ansätze anwendbar, können Steuerwirkungen auch durch kasuistisch-numerische Simulationsrechnungen oder deskriptive Darstellungen abgebildet werden.[49]

2.1.2.1 Steuerwirkungslehre

Die Steuerwirkungslehre hat zum Ziel, aufbauend auf den Erkenntnissen der Steuersystemlehre, die einzelwirtschaftlichen Entscheidungs-, Verhaltens- und Wettbewerbswirkungen[50] unter der besonderen Berücksichtigung von Steuern zu untersuchen und

---

[44] Vgl. *Hundsdoerfer, J. et al.* (2008), S. 65; *Schmiel, U.* (2009), S. 1202 f.
[45] So *Wagner, F. W.* (2004), S. 238 f.
[46] Vgl. *Lühn, A.* (2009), S. 7.
[47] *Dziadkowski, D.* (1982), S. 2050.
[48] So z. B. *Hundsdoerfer, J. et al.* (2008), S. 64.
[49] Siehe *Wagner, F. W.* (2004), S. 238.
[50] Vgl. *Lammersen, L.* (2005), S. 5.

darzustellen.[51] Sie weist in Bezug auf das Steuerrecht de lege lata einen erklärenden Charakter und in Bezug auf das Steuerrecht de lege ferenda einen prognostizierenden Charakter auf.[52] Mithilfe empirischer, modelltheoretischer oder kasuistisch-numerischer Untersuchungen[53] können die Steuerwirkungen als Ursache-Wirkungs-Zusammenhänge (Kausalzusammenhänge) formuliert werden.[54] Dem auf Basis der Steuerwirkungslehre gewonnenen Wissen über den Einfluss der Besteuerung sowie den Verhaltensreaktionen von Entscheidungsträgern ist aus wirtschaftswissenschaftlicher Sicht ein eigener Erkenntniswert beizumessen.[55] Ferner können aufbauend auf den Erkenntnissen aus der Steuerwirkungslehre weitergehende Forschungsfragen in anderen Forschungsgebieten der Betriebswirtschaftlichen Steuerlehre – z. B. der Steuerrechtsgestaltungslehre[56] oder der Steuerplanungslehre – untersucht werden.

2.1.2.2 Steuerplanungslehre

Die Steuerplanungslehre ist das Forschungsfeld der Betriebswirtschaftlichen Steuerlehre, dem in der Literatur[57] große Bedeutung beigemessen wird. Sie knüpft an die Erkenntnisse der Steuersystemlehre und der Steuerwirkungslehre an[58] und versucht darauf aufbauend, die unternehmerischen Handlungen ex ante steuereffizient zu gestalten.[59] Hierzu müssen erklärende Ursache-Wirkungs-Zusammenhänge in gestaltende Ziel-Mittel-Systeme zur Ableitung von Handlungsempfehlungen für die Entscheidungsträger einer Unternehmung überführt werden.[60] Die Handlungsempfehlungen stützen sich dabei i. d. R. auf mathematische Modelle oder kasuistisch-numerische Simulationsrechnungen, welche den Einfluss der Besteuerung auf unternehmerische Handlungsalternativen quantifizieren und vorteilhafte Gestaltungsmaßnahmen aufzeigen.[61] Häufig kom-

---

[51] Vgl. *Fischer, L. et al.* (1980), S. 700; *Grotherr, S.* (1995), S. 101; *Haberstock, L.* (1984), S. 261 f.; *Heinhold, M.* (1979), S. 5; *Hundsdoerfer, J. et al.* (2008), S. 64; *König, R.* (2004), S. 260; *Rose, G.* (1992), S. 17; *Wagner, F. W.* (1984), S. 201 f.

[52] Zur Erklärungsfunktion der Internationalen Betriebswirtschaftlichen Steuerlehre siehe *Kleineidam, H.-J.* (1970), S. 113 und 115 f.

[53] Vgl. zur Methodenwahl in der Betriebswirtschaftslehre auch *Kosiol, E.* (1961), S. 133.

[54] So *Schmiel, U.* (2009), S. 1195.

[55] So *Hundsdoerfer, J. et al.* (2008), S. 64.

[56] Siehe hierzu *Hundsdoerfer, J. et al.* (2008), S. 65.

[57] Vgl. etwa *Brähler, G.* (2006), S. 16; *Fischer, L. et al.* (1980), S. 700; *Höhn, E.* (1977), S. 170; *Jacobs, O. H.* (2004), S. 251; *Rödder, T.* (1988), S. 2.

[58] So auch *Rose, G.* (1992), S. 19; *Schmiel, U.* (2009), S. 1195. A. A. *König, R.* (2004), S. 260, der davon ausgeht, dass die Steuerwirkungslehre auf den Erkenntnissen der Steuerplanungslehre aufbaut.

[59] Vgl. *Grotherr, S.* (1995), S. 101 f.; *Kußmaul, H.* (1995), S. 9; *Schmiel, U.* (2010), S. 465.

[60] Vgl. *Fülbier, R. U.* (2004), S. 267; *Rödder, T.* (1988), S. 10; *Rose, G.* (1992), S. 19; *Schmiel, U.* (2009), S. 1195.

[61] Vgl. *Heinhold, M.* (1979), S. 7-10; *Wagner, F. W.* (1984), S. 201.

men hierbei Steuerbarwert- oder Steuerendwertanalysen zur Anwendung.[62] Die Qualität der Handlungsempfehlungen hängt allerdings maßgeblich von den Prämissen des Modells ab, da die konkreten Handlungsempfehlungen nur im Rahmen der Modellprämissen uneingeschränkte Gültigkeit besitzen.[63] Ob die Entscheidungsträger die Handlungsempfehlungen auf die Realität übertragen, hängt von deren subjektiven Einschätzung hinsichtlich der Güte des Modells ab[64] und ist nicht Gegenstand von Untersuchungen der Betriebswirtschaftlichen Steuerlehre.

Die vorliegende Arbeit ist der Internationalen Betriebswirtschaftlichen Steuerlehre zuzuordnen. In den Kapiteln 3 und 4 werden die steuerrechtlichen Rahmenbedingungen in Deutschland und den Niederlanden dargestellt, welche für eine Untersuchung über die steuerliche Vorteilhaftigkeit der Verlagerung einer F&E-Funktion von Deutschland in die Niederlande von Bedeutung sind. Kapitel 5 widmet sich daran anschließend der Entwicklung eines Verfahrens zur Bewertung von F&E-Funktionen unter besonderer Berücksichtigung der normativen Vorgaben. Vor dem Hintergrund der mit den Kapiteln 3 bis 5 verbundenen Zielsetzung sind diese Teile der Arbeit dem Forschungsgebiet der Steuersystemlehre zuzuordnen. Im Rahmen einer kasuistischen Veranlagungssimulation in Kapitel 6 werden verschiedene Alternativen der Verlagerung von F&E-Funktionen in die Niederlande untersucht und deren steuerliche Auswirkungen auf den Vermögensendwert dargestellt. Durch einen Vergleich der Vermögensendwerte können die Steuerwirkungen verschiedener Handlungsalternativen quantifiziert werden (Steuerwirkungslehre). Abschließend werden die ermittelten Steuerwirkungen vor dem Hintergrund der üblichen Zielsetzung marktwirtschaftlicher Unternehmen[65] gewürdigt, sodass Tendenzaussagen über die Vorteilhaftigkeit verschiedener Handlungsalternativen getroffen werden können (Steuerplanungslehre).

In dem nachstehenden Schaubild wird die Einordnung der Arbeit in die Betriebswirtschaftliche Steuerlehre nochmals grafisch veranschaulicht, wobei die Steuerrechtsgestaltungslehre der Vollständigkeit halber abgebildet wird (grau abgesetzt).

---

[62] So z. B. *Wagner, F. W.* (1984), S. 207.
[63] Vgl. *Hundsdoerfer, J. et al.* (2008), S. 64.
[64] Vgl. *Hundsdoerfer, J. et al.* (2008), S. 64; zustimmend *Schmiel, U.* (2009), S. 1202.
[65] Siehe hierzu die Ausführungen in Abschnitt 2.2.2.

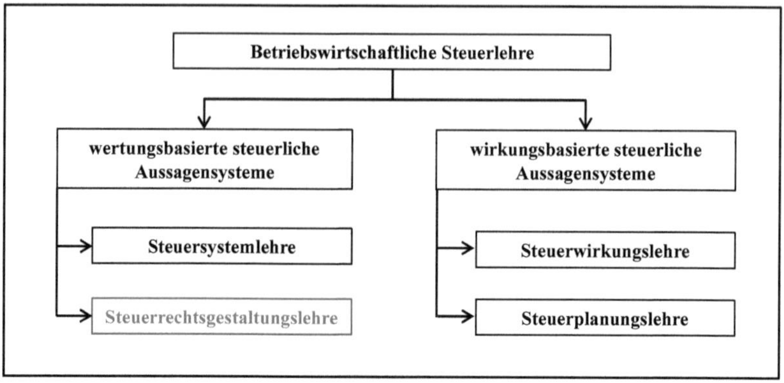

Abb. 2.1: Einordnung der eigenen Arbeit in die Betriebswirtschaftliche Steuerlehre

2.2 Theoretischer Bezugsrahmen

2.2.1 Entscheidungstheorie

Ein bedeutendes Forschungsziel der Betriebswirtschaftslehre respektive der Betriebswirtschaftlichen Steuerlehre besteht in der Untersuchung des – dem menschlichen Handeln immanenten – Strebens nach Einkommen.[66] Um dieses Bestreben erforschen zu können, greift die Betriebswirtschaftliche Steuerlehre oftmals auf die Erkenntnisse der betriebswirtschaftlichen Entscheidungstheorie zurück.[67] Der Zweck der betriebswirtschaftlichen Entscheidungstheorie liegt einerseits in der Gewinnung von Erkenntnissen über die tatsächlichen Entscheidungsdeterminanten und andererseits in der rationalen Lösungsfindung komplexer Entscheidungsprobleme.[68] Es lassen sich zwei Forschungsströmungen unterscheiden, welche hinsichtlich ihrer Zielsetzungen divergieren und im Folgenden kurz skizziert werden.[69]

Die *deskriptive Entscheidungstheorie* hat die Beschreibung und Erklärung tatsächlich verwirklichter Sachverhalte zum Ziel und analysiert, wie Entscheidungen in der Realität getroffen wurden und worin die Gründe für das jeweilige Entscheidungsverhalten lie-

[66] Vgl. *Schneider, D.* (1995), S. 1.
[67] Vgl. *Brähler, G.* (2006), S. 13; *Kosiol, E.* (1961), S. 133; *Wöhe, G.* (1990), S. 227 f.
[68] Vgl. *Eisenführ, F. et al.* (2012), S. 1 f.; *Saliger, E.* (2003), S. 1.
[69] Vgl. zur Abgrenzung der beiden Forschungsströmungen *Jung, H.* (2010), S. 184; *Kaminski, B./ Strunk, G.* (2012), S. 4; *Laux, H. et al.* (2012), S. 17-19; *Saliger, E.* (2003), S. 1.

gen.[70] Die Erkenntnisse der deskriptiven Entscheidungstheorie dienen insbesondere der Prognose zukünftiger Entscheidungen sowie der Erforschung von Entscheidungsprozessen.[71]

Die *präskriptive Entscheidungstheorie* befasst sich im Gegensatz dazu mit der Fragestellung, wie Entscheidungen unter rationalen Gesichtspunkten getroffen werden sollten.[72] Sie zielt somit nicht auf die Analyse empirisch beobachtbarer Sachverhalte ab, sondern versucht vielmehr Einfluss auf Entscheidungsprozesse zu nehmen und eine rationale Entscheidungsfindung bei noch nicht verwirklichten Sachverhalten herbeizuführen. Durch die Entwicklung formaler, logischer Regeln zur Entscheidungsfindung sollen Entscheidungsträger in die Lage versetzt werden, unter Berücksichtigung aller bewertungsrelevanten Einflussfaktoren (Ziele, Handlungsalternativen und Umweltzustände), Gestaltungsalternativen in eine eindeutige Präferenzordnung zu überführen.[73]

2.2.1.1 Dekomposition von Entscheidungsproblemen

Durch Planung sollen Entscheidungsträger in die Lage versetzt werden, geeignete Handlungsalternativen zur bestmöglichen Erreichung ihrer Zielvorstellungen zu identifizieren,[74] wodurch ein Schutz vor (unternehmerischem) Misserfolg[75] erreicht werden soll. Die Beurteilung verschiedener unternehmerischer Handlungsalternativen ist oftmals mit der Lösung komplexer Entscheidungsprobleme verbunden, bei denen der Entscheidungsträger über zum Teil unvollkommene Informationen verfügt.[76] Betriebliche Entscheidungsprobleme sind daher nicht trivial und können i. d. R. nur mithilfe von Modellrechnungen gelöst werden.[77]

Die Abbildung des gesamten realen Systems zur Lösung eines Entscheidungsproblems im Rahmen eines Totalmodells ist aufgrund der damit verbundenen Komplexität nicht möglich.[78] Daher liegen Untersuchungen der Betriebswirtschaftlichen Steuerlehre stets

---

[70] Vgl. *Bamberg, G. et al.* (2012), S. 3-5; *Bea, X. F.* (2009), S. 334; *König, R.* (2004), S. 260; *Laux, H. et al.* (2012), S. 17; *Ossadnik, W.* (2008), S. 9.
[71] Vgl. *Rehkugler, H./Schindel, V.* (1990), S. 13; *Saliger, E.* (2003), S. 1.
[72] Vgl. *Bamberg, G. et al.* (2012), S. 5; *Bea, X. F.* (2009), S. 333; *Kahle, E.* (2001), S. 24; *Laux, H. et al.* (2012), S. 18 f.; *Wöhe, G./Döring, U.* (2013), S. 88.
[73] Vgl. *Brähler, G.* (2006), S. 26; *Eisenführ, F. et al.* (2012), S. 3 f.; *Ossadnik, W.* (2008), S. 9.
[74] Vgl. *Klein, R./Scholl, A.* (2011), S. 1 f.
[75] Siehe *Adam, D./Witte, T.* (1979), S. 381.
[76] Vgl. auch *Rödder, T.* (1988), S. 8.
[77] Vgl. *Klein, R./Scholl, A.* (2011), S. 4 f.
[78] Vgl. *Bamberg, G. et al.* (2012), S. 13; *Laux, H. et al.* (2012), S. 53; *Rödder, T.* (1988), S. 2; *Wagner, F. W.* (1984), S. 205.

Partialmodelle zugrunde,[79] welche einen für die Untersuchung relevanten Ausschnitt des realen Systems abbilden und somit zu einer modellhaften Vereinfachung des Entscheidungsproblems führen. Allerdings liegen auch den Partialmodellen aufgrund der Verknüpfung einer Vielzahl unterschiedlicher Einflussfaktoren oftmals komplexe Entscheidungsprobleme zugrunde, welche zur Lösungsfindung weiter vereinfacht werden müssen. Eine Vereinfachung wird durch eine Dekomposition des Entscheidungsproblems in die nachstehenden, teilweise aufeinander aufbauenden Komponenten erreicht, welche isoliert voneinander untersucht werden können:[80]

- Handlungsalternativen
- Umweltzustände
- Wirkungen von Handlungsalternativen und Umwelteinflüssen
- Ziele und Präferenzen.

Die Untergliederung in die vier genannten Komponenten schließt eine weitere Dekomposition des Entscheidungsproblems jedoch nicht aus. Vielmehr ist eine weitere Untergliederung innerhalb der einzelnen Komponenten oftmals erforderlich.[81]

2.2.1.1.1 Handlungsalternativen

Zu Beginn des Entscheidungsprozesses müssen der Status quo des Entscheidungsumfelds untersucht und die Ziele der Entscheidungsträger generiert und festgelegt werden (Bestimmung des Zielsystems), wodurch eine hinreichend genaue Formulierung des Entscheidungsproblems gewährleistet wird.[82] Zur bestmöglichen Erreichung der formulierten Zielvorgaben sind Handlungsalternativen zu ermitteln, welche den Entscheidungsträgern tatsächlich zur Auswahl stehen (wertende Entscheidungsprämissen[83]).[84] Um das Ausscheiden bestmöglicher Handlungsmöglichkeiten bei der Suche nach Handlungsalternativen auszuschließen, sind zunächst sämtliche dem Entscheidungsträger theoretisch zur Verfügung stehende und der Problemlösung dienende Handlungsalternativen zu bestimmen.[85] Mittels einer Vorselektion sollen abhängig von der Problem-

[79] So auch *Lühn, A.* (2009), S. 56.
[80] Vgl. *Eisenführ, F. et al.* (2012), S. 20.
[81] Vgl. *Eisenführ, F. et al.* (2012), S. 20; *Saliger, E.* (2003), S. 6.
[82] So auch *Laux, H. et al.* (2012), S. 13 f.
[83] Vgl. *Szyperski, N./Winand, U.* (1974), S. 40.
[84] Vgl. *Adam, D./Witte, T.* (1979), S. 129; *Bea, F. X.* (2009), S. 336; *Klein, R./Scholl, A.* (2011), S. 8 f.
[85] Da die Anzahl der Handlungsalternativen oftmals unbegrenzt ist, müssen auch dem Suchprozess von Handlungsalternativen Ziele und Erwartungen – wie jeder Entscheidung – zugrunde liegen, welche

stellung die zur Verfügung stehenden Handlungsalternativen auf eine kleinere Menge zu untersuchender Alternativen reduziert werden.[86]

Die Menge der tatsächlich in die Entscheidungsfindung einbezogenen Handlungsalternativen bildet den Aktionsraum der Entscheidungsträger.[87] Dieser stellt zusammen mit der Problemdefinition und der damit verbundenen Festlegung des Zielsystems die kreative Komponente des Entscheidungsprozesses dar.[88] Die Entwicklung des Aktionsraums soll unter Berücksichtigung nachstehender Prinzipien erfolgen, welche eine konsistente Lösungsfindung ermöglichen:[89]

a) Das *Prinzip der Vollständigkeit des Aktionsraums* fordert, dass dem Entscheidungsträger alle zur Verfügung stehenden, zielrelevanten Handlungsalternativen bekannt sein müssen.[90] Die Unterlassungsalternative ist daher ebenfalls im Aktionsraum zu berücksichtigen.[91] Dieses Prinzip erfährt durch die begrenzte menschliche Informationsaufnahme- und -verarbeitungskapazität jedoch gewisse Einschränkungen.[92]
b) Das *Prinzip der Abgeschlossenheit des Aktionsraums* impliziert, dass dem Entscheidungsträger sämtliche Informationen über alle berücksichtigten Handlungsalternativen vorliegen und somit keine entscheidungsrelevanten Informationen und Alternativen unberücksichtigt bleiben.[93]
c) Das *Prinzip der vollständigen Erfassung der Ergebnisse* soll gewährleisten, dass die erzielbaren Folgen der Handlungsalternativen im Ergebnisraum berücksichtigt werden.
d) Der Aktionsraum muss ferner derart beschaffen sein, dass der Entscheidungsträger aus den möglichen Alternativen genau eine Alternative wählen muss und die

einen Abbruch des Suchprozesses ermöglichen, wenn die Qualität der Handlungsalternativen zufriedenstellend ist und weitere Suchläufe keine wesentliche Verbesserung der Entscheidung bewirken können oder die Kosten weiterer Suchläufe den Nutzen weiterer Handlungsalternativen übersteigen. Vgl. hierzu *Eisenführ, F. et al.* (2012), S. 21; *Engels, W.* (1962), S. 84.

86 So auch *Heigl, A.* (1970), S. 56; *Paulus, H. J.* (1978), S. 161 f.; *Rödder, T.* (1988), S. 3. Zustimmend *Saliger, E.* (2003), S. 4 f., der sich für eine Eliminierung dominierter Alternativen bereits bei der Alternativengenerierung ausspricht. A. A. *Brähler, G.* (2006), S. 45; *Szyperski, N./Winand, U.* (1974), S. 41, die sich für eine Berücksichtigung aller Alternativen im Aktionsraum aussprechen.

87 Vgl. *Saliger, E.* (2003), S. 4; *Wöhe, G./Döring, U.* (2013), S. 90 f.

88 Vgl. *Szyperski, N./Winand, U.* (1974), S. 4.

89 In enger Anlehnung an *Brähler, G.* (2006), S. 44 f.; *Rehkugler, H./Schindel, V.* (1990), S. 22-26.

90 Vgl. *Kahle, E.* (2001), S. 49; *Saliger, E.* (2003), S. 4.

91 Vgl. *Bamberg, G. et al.* (2012), S. 16.

92 Vgl. *Engels, W.* (1962), S. 84.

93 Vgl. *Szyperski, N./Winand, U.* (1974), S. 23. Aufgrund der Komplexität von Entscheidungssituationen muss oftmals ein künstlich geschlossener Aktionsraum unterstellt werden, indem bewusst auf die Erfassung sämtlicher Entscheidungsvariablen verzichtet wird.

gleichzeitige Realisierung anderer Alternativen ausgeschlossen ist (*Prinzip der vollkommenen Alternativenstellung/Exklusionsprinzip*).[94]

2.2.1.1.2 Umweltzustände

Als weitere Determinante eines Entscheidungsproblems sind die Umweltzustände zu berücksichtigen. Umweltzustände sind exogene, nicht durch die Entscheidungsträger beeinflussbare Faktoren, die bei der Lösung des Entscheidungsproblems als Datum berücksichtigt werden müssen (faktische Entscheidungsprämissen[95]).[96] Die Umweltzustände umfassen beispielsweise ökonomische Einflussfaktoren (z. B. erzielbare Verkaufserlöse, Zinssätze oder konjunkturelle Entwicklungen) oder die normativen Vorgaben eines Rechtsraums.[97] Kennt ein Entscheidungsträger die Umweltzustände und kann er diese mit Sicherheit prognostizieren, folgt aus jeder Handlungsalternative eine eindeutige Ergebnisausprägung (Entscheidung unter Sicherheit).[98] Diese Annahme ist in der Realität nur in seltenen Fällen zutreffend, da betriebliche Entscheidungen gewöhnlich von Faktoren der Umwelt beeinflusst werden, welche die Entscheidungsträger nicht mit Sicherheit abschätzen können.[99] Die Unsicherheit in Bezug auf die zukünftigen Umweltzustände kann durch die Menge aller möglichen Ausprägungen eines Umweltzustandes abgebildet werden, von denen eine mit Sicherheit eintreten wird.[100] Sind für den Eintritt der einzelnen Ausprägungen eines Umweltzustandes keine Wahrscheinlichkeiten bekannt, liegt eine Entscheidungssituation unter Ungewissheit vor.[101] Durch die Bestimmung von (subjektiven) Eintrittswahrscheinlichkeiten für die möglichen Ausprägungen eines Umweltzustandes können unsichere Entscheidungen in eine Entscheidung unter Risiko überführt werden.[102]

---

[94] Vgl. *Bamberg, G. et al.* (2012), S. 16; *Engels, W.* (1962), S. 83; *Kruschwitz, L.* (2011), S. 33; *Laux, H. et al.* (2012), S. 5 f.; *Saliger, E.* (2003), S. 4.

[95] Vgl. *Szyperski, N./Winand, U.* (1974), S. 40.

[96] Vgl. *Adam, D./Witte, T.* (1979), S. 129; *Bea, F. X.* (2009), S. 334 f.; *Heinhold, M.* (1979), S. 57; *Klein, R./Scholl, A.* (2011), S. 10; *Wöhe, G./Döring, U.* (2013), S. 88.

[97] Zur Berücksichtigung der normativen Vorgaben im Zustandsraum siehe *Kleineidam, H.-J.* (1968), S. 3; *Kleineidam, H.-J.* (1970), S. 105; *Rödder, T.* (1988), S. 10.

[98] So *Bamberg, G. et al.* (2012), S. 41 f.; *Wöhe, G./Döring, U.* (2013), S. 89.

[99] Vgl. zur Bedeutung der Entscheidung unter Sicherheit bei betrieblichen Entscheidungen *Kahle, E.* (2001), S. 115 f.; *Klein, R./Scholl, A.* (2011), S. 17.

[100] Vgl. *Eisenführ, F. et al.* (2012), S. 23.

[101] Siehe *Klein, R./Scholl, A.* (2011), S. 43 f.; *Nöll, B./Wiedemann, A.* (2011), S. 41.

[102] Vgl. *Kaminski, B./Strunk, G.* (2012), S. 5 f.

Die Menge aller entscheidungsrelevanten Umweltzustände bildet den Zustandsraum.[103] Dieser muss den nachstehenden Prinzipien genügen, um eine konsistente Entscheidungsfindung zu gewährleiten:[104]

a) Das *Prinzip der vollständigen Ausschöpfung der Ereignisse* stellt in Entsprechung zu den Handlungsalternativen sicher, dass die für das Entscheidungsproblem maßgebliche Umwelt durch alle möglichen Umweltzustände abgebildet wird.[105]
b) Das *Prinzip der Exklusion* fordert, dass sich die betrachteten Umweltzustände gegenseitig ausschließen,[106] wodurch die Eindeutigkeit der Entscheidungen gewährleistet wird.
c) Das *Prinzip der nutzenrelevanten Zerlegung* ist bei der praktischen Modellbildung von Bedeutung, da nicht jeder marginale Unterschied zwischen möglichen Umweltkonstellationen als eigenständiger Umweltzustand im Zustandsraum erfasst werden kann.[107] Vielmehr müssen gleichartige Umweltkonstellationen zusammengefasst werden, ohne dass dies zu einer entscheidungserheblichen Verzerrung des Entscheidungsprozesses führt.[108]

2.2.1.1.3 Wirkungen von Handlungsalternativen und Umwelteinflüssen

Die Ausprägungen der Umweltzustände beeinflussen die Vorteilhaftigkeit der bestehenden Handlungsalternativen, sodass zur Lösung eines Entscheidungsproblems die Wirkungszusammenhänge zwischen den verschiedenen Einflussfaktoren bestimmt werden müssen. Durch die Verknüpfung der Handlungsalternativen aus dem Aktionsraum mit den verschiedenen Ausprägungen des Zustandsraums als kartesisches Produkt[109] werden die Konsequenzen der einzelnen Alternativen eindeutig bestimmt.[110] Die Ergebnisse aller möglichen Kombinationen der Elemente des Aktionsraums und der des Zustandsraums determinieren den Ergebnisraum,[111] welcher als Entscheidungsmatrix operationa-

---

[103] Vgl. *Bamberg, G. et al.* (2012), S. 18; *Saliger, E.* (2003), S. 6; *Wöhe, G./Döring, U.* (2013), S. 91.
[104] In enger Anlehnung an *Brähler, G.* (2006), S. 51 f.; *Rehkugler, H./Schindel, V.* (1990), S. 29-33.
[105] So auch *Rehkugler, H./Schindel, V.* (1990), S. 30; *Saliger, E.* (2003), S. 6.
[106] Vgl. *Klein, R./Scholl, A.* (2011), S. 10.
[107] Vgl. *Rehkugler, H./Schindel, V.* (1990), S. 30-32.
[108] Grundsätzlich kritisch aber zustimmend *Saliger, E.* (2003), S. 6.
[109] Vgl. *Szyperski, N./Winand, U.* (1974), S. 40.
[110] In Anlehnung an *Kußmaul, H.* (2010), S. 142; *Rehkugler, H./Schindel, V.* (1990), S. 17; *Wöhe, G./ Döring, U.* (2013), S. 91.
[111] Vgl. *Bamberg, G. et al.* (2012), S. 22-26; *Heinen, E.* (1971), S. 432.

lisiert werden kann. Zur Ableitung konsistenter Entscheidungen müssen die Ausprägungen des Ergebnisraums den nachstehenden Prinzipien genügen:[112]

a) Nach dem *Prinzip der Exaktheit der Ergebnisse* müssen die Konsequenzen genau berechnet werden. Anderenfalls ist die Bestimmung von Handlungsempfehlungen nicht oder nur eingeschränkt möglich.
b) Das *Prinzip der Vollständigkeit der Ergebnisse* erfordert die vollständige Erfassung aller Kombinationsmöglichkeiten zwischen den Handlungsalternativen des Aktionsraums und den Umweltzuständen des Zustandsraums, damit bei der Entscheidung über die vorteilhafteste Aktionsmöglichkeit keine ggf. vorteilhaftere Handlungsalternative ausgeschlossen wird.
c) Durch das *Prinzip der entscheidungsträgerbezogenen Beschreibung der Ergebnisse* wird sichergestellt, dass ausschließlich Konstellationen im Ergebnisraum Berücksichtigung finden, welche der Entscheidungsträger auch tatsächlich realisieren kann.

2.2.1.1.4 Ziele und Präferenzen

Das Zielsystem einer Entscheidungssituation dient der Abbildung eines wünschenswerten, noch nicht realisierten Zustands,[113] der als Ergebnis des Entscheidungsprozesses angestrebt werden soll. Durch die Formulierung konkreter Ziele werden angestrebte Soll-Zustände eindeutig beschrieben, welche durch eine – den Entscheidungsträgern tatsächlich zur Verfügung stehende – Handlungsalternative bestmöglich erreicht werden sollen.[114] Erst die Aufstellung eines konsistenten Zielsystems ermöglicht es den Entscheidungsträgern, Ziel-Mittel-Aussagen zu treffen. Indem die Soll-Zustände mit den erwarteten Ergebnissen der Alternativen des Aktionsraums unter Berücksichtigung der verschiedenen Umweltzustände verglichen werden, kann das Ausmaß der Zielerreichung durch die einzelnen Handlungsalternativen bestimmt werden.[115] Unter der Voraussetzung, dass das Entscheidungsproblem operationalisierbar und die Ergebnisse zumindest ordinal messbar sind, können die Alternativen in eine eindeutige und wider-

---

[112] In enger Anlehnung an *Brähler, G.* (2006), S. 55 f.; *Rehkugler, H./Schindel, V.* (1990), S. 37-41.
[113] So *Szyperski, N./Winand, U.* (1974), S. 46.
[114] Vgl. *Heinen, E.* (1971), S. 430.
[115] Vgl. *Kußmaul, H.* (2010), S. 142; *Ossadnik, W.* (2008), S. 15.

spruchsfreie Relation zueinander gesetzt werden (Präferenzrelation).[116] Die Analyse und Präzisierung des Zielsystems stellt einen zentralen Problemkreis entscheidungstheoretischer Untersuchungen dar,[117] da Unschärfen bei unpräzise formulierten Zielsystemen auftreten können, die den Aussagegehalt der gewonnenen Erkenntnisse vermindern.

Die Beschreibung der Ziele und Präferenzen ist auch für die Alternativengenerierung von elementarer Bedeutung. Der Prozess der Alternativengenerierung dient der Entwicklung von Problemlösungsmöglichkeiten, welche der Überwindung der Diskrepanz zwischen einem gegebenen Anfangszustand und dem angestrebten Zielzustand dienen.[118] Aus der Vielzahl unternehmerischer Handlungsalternativen sind die in Bezug auf das Zielsystem entscheidungsrelevanten Handlungsalternativen zu identifizieren. Eine präzise Zielformulierung ermöglicht die zielgerichtete und somit ressourcenschonende Bestimmung von Handlungsalternativen.

Einer Entscheidungssituation können ein Ziel oder mehrere Ziele, die ein Zielsystem bilden, zugrunde liegen. Die gesamten Zielvorgaben einer Entscheidungssituation bilden den Zielraum, welcher wiederum bestimmten Prinzipien genügen muss:[119]

a) Das *Prinzip der Vollständigkeit* impliziert, dass durch die formulierten Ziele sämtliche für den Entscheidungsträger bedeutenden Aspekte erfasst werden.
b) Das *Prinzip der Redundanzfreiheit* erfordert, dass sich die Ziele inhaltlich nicht überschneiden dürfen. Anderenfalls könnte es aufgrund von Doppelzählungen zu einer Ungleichbehandlung einzelner Ziele und somit zu einer Verzerrung der Ergebnisse kommen.
c) Nach dem *Prinzip der Messbarkeit* muss das Ausmaß der Zielerreichung möglichst genau und zutreffend ermittelt werden, sodass Unschärfebereiche bei der Messung nur gering ausfallen.[120]
d) Besteht ein Zielraum aus mehreren Einzelzielen, muss der Entscheidungsträger für die jeweiligen Ziele Präferenzen formulieren, welche eine eindeutige Ordnung der Ziele ermöglichen. Hierbei ist wichtig, dass die Formulierung der Prä-

---

[116] Siehe hierzu *Heinen, E.* (1971), S. 431; *Laux, H. et al.* (2012), S. 41 f.; *Rehkugler, H./Schindel, V.* (1990), S. 55-58; *Rödder, T.* (1988), S. 3 f.; *Saliger, E.* (2003), S. 21-24; *Szyperski, N./Winand, U.* (1974), S. 26.

[117] Vgl. hierzu auch *Heinen, E.* (1971), S. 431; *Laux, H. et al.* (2012), S. 54 f.

[118] So etwa *Rödder, T.* (1988), S. 8.

[119] Siehe zu den Prinzipien des Zielraums *Bamberg, G. et al.* (2012), S. 30-32; *Keeney, R. L.* (1996), S. 82-87; *Klein, R./Scholl, A.* (2011), S. 135 f.; *Rehkugler, H./Schindel, V.* (1990), S. 52-57.

[120] Vgl. *Szyperski, N./Winand, U.* (1974), S. 47.

ferenzen in Bezug auf die einzelnen Zielsetzungen unabhängig voneinander erfolgt. Diese Anforderung wird durch das *Prinzip der Präferenzunabhängigkeit* sichergestellt.

e) Das *Prinzip der Einfachheit* fordert, dass ein Zielraum möglichst wenige Ziele umfassen sollte, da die Ermittlung der Präferenzen sowie die Bewertung der Handlungsalternativen mit einer steigenden Anzahl von Einzelzielen komplexer werden. Durch die Aggregation von Einzelzielen sollten Entscheidungsträger versuchen, die Anzahl von Zielen im Zielraum zu reduzieren, um den Komplexitätsgrad zu vermindern. Es muss allerdings sichergestellt werden, dass trotz der Aggregation weiterhin alle relevanten Ziele vollständig abgebildet werden.

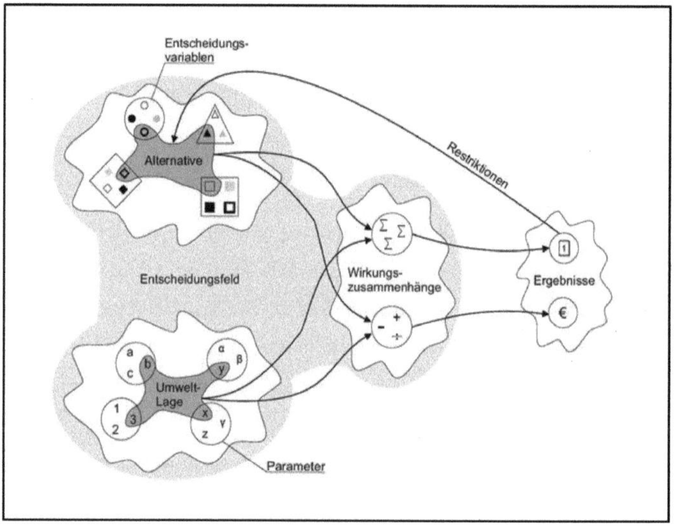

Abb. 2.2: Wirkungszusammenhänge in Entscheidungssituationen
(Quelle: *Klein, R./Scholl, A.* (2011), S. 139)

Abb. 2.2 veranschaulicht grafisch die sukzessive Lösungsfindung bei komplexen Entscheidungsproblemen. In der Abbildung wird der Aktionsraum durch vier Entscheidungsvariablen (große geometrische Formen) mit jeweils verschiedenen Ausprägungen (kleine geometrische Formen) abgebildet, sodass sich eine konkrete Handlungsalternative (rote Unterlegung) aus der Kombination von jeweils einer Ausprägung der verschiedenen Entscheidungsvariablen ergibt. Entsprechend wird der Zustandsraum durch vier Umweltvariablen (Kreise) mit jeweils drei verschiedenen Ausprägungen (lateinische und griechische Buchstaben) repräsentiert. Durch die Wahl einer konkreten Ausprägung einer jeden Umweltvariablen wird ein eindeutiger Umweltzustand beschrieben (rote Unterlegung). Die möglichen Ausprägungen des Ergebnisraums (Kreise) werden durch die Wirkungszusammenhänge zwischen den Ausprägungen des Aktionsraums und den Ausprägungen des Zustandsraums (mathematische Symbole) determiniert, aus denen unter Berücksichtigung der Zielvorgaben und Präferenzen die vorteilhafteste Alternative auszuwählen ist.[121]

2.2.1.2 Aufbau eines Entscheidungsmodells

Als Entscheidungshilfe bei der unternehmerischen Planung werden mathematische Entscheidungsmodelle herangezogen, welche die Ableitung von Ziel-Mittel-Aussagen ermöglichen. „Als `Entscheidungsmodell` bezeichnen wir im Folgenden ganz allgemein das Ergebnis eines Versuches, die für wesentlich gehaltenen Elemente und Beziehungen einer als `Problem´ empfundenen Handlungssituation in einer formalisierten Sprache so zu definieren, dass aus dem resultierenden Strukturkomplex die Problemlösung als logische Implikation abgeleitet werden kann.“[122] Die Komplexität betrieblicher Entscheidungen schließt eine simultane Erfassung aller relevanten Einflussfaktoren i. d. R. aus. Zur Vereinfachung wird das zugrunde liegende Entscheidungsproblem in drei aufeinander aufbauende Teilmodelle zerlegt (diskursive Methode oder Methode der Problemzerlegung), welche isoliert untersucht und gelöst werden können:[123]

1. *Beschreibungsmodell:* Im Rahmen des Beschreibungsmodells – als erste Komponente des Entscheidungsmodells – sind der Aktions- und der Zustandsraum zu bestimmen. Vor dem Hintergrund einer zielführenden Parametersuche sind die Handlungsalternativen und Umweltzustände stets unter Berücksichtigung der konkreten Zielsetzungen auszuwählen. Das Beschreibungsmodell erfasst die Grundbausteine eines Entscheidungsmodells und bildet die Ausgangssituation für die Ableitung weiterer Teilmodelle.[124]
2. *Erklärungsmodell:* Aufbauend auf dem Beschreibungsmodell werden im Erklärungsmodell die Handlungsalternativen mit den verschiedenen Umweltauspră-

---

[121] Vgl. zu diesem Absatz *Klein, R./Scholl, A.* (2011), S. 138-140.

[122] *Bretzke, W.-R.* (1980), S. 8.

[123] Siehe hierzu auch *Bamberg, G. et al.* (2012), S. 14 f.; *Brähler, G.* (2006), S. 41 f.; *Heinen, E.* (1971), S. 431 f.; *Klein, R./Scholl, A.* (2011), S. 41 f.; *Saliger, E.* (2003), S. 6 f.

[124] Vgl. *Bamberg, G. et al.* (2012), S. 14 f.

gungen des Zustandsraums durch ein kartesisches Produkt verknüpft. Hierdurch können Ursache-Wirkungs-Zusammenhänge zwischen unabhängigen Parametern und davon abhängigen Variablen beschrieben werden. Die Ergebnisse aller möglichen Kombinationen der Elemente des Aktionsraums und der des Zustandsraums determinieren den Ergebnisraum. Mithilfe des Erklärungsmodells werden die Konsequenzen verschiedener Handlungsalternativen unter Berücksichtigung unsicherer Umwelteinflüsse erfasst. Hieraus resultiert eine Verdichtung der Informationen, welche die Grundlage für einen Vergleich der Handlungsalternativen bildet.[125]

3. *Entscheidungsmodell:* Durch die Ergänzung des Erklärungsmodells um eine Zielfunktion, welche die Zielvorstellungen und Präferenzen der Entscheidungsträger entsprechend abbildet, ergibt sich das Entscheidungsmodell.[126] Auf der Grundlage des Entscheidungsmodells können Aussagen über die Vorteilhaftigkeit einer Alternative in Bezug auf das zugrunde liegende Zielsystem getroffen werden. Die persönlichen Vorstellungen des Entscheidungsträgers bezüglich der Entscheidungssituation werden durch eine eindeutige und operationale Zielfunktion abgebildet, wodurch eine Ordnung und Auswahl der Alternativen ermöglicht wird.[127]

Zur Veranschaulichung wird der sukzessive Aufbau eines Entscheidungsmodells im nachstehenden Schaubild grafisch dargestellt.

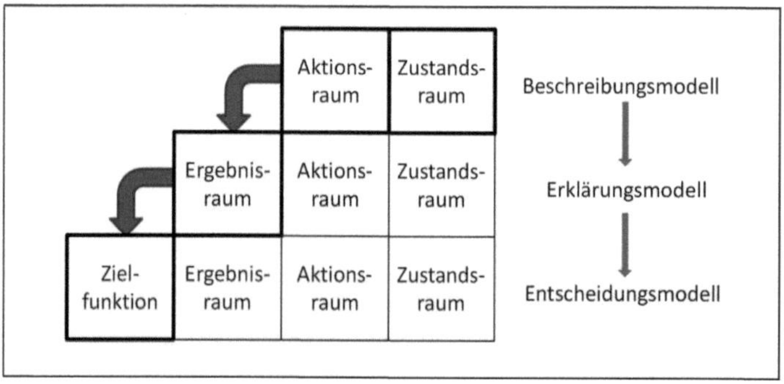

Abb. 2.3: Aufbau eines Entscheidungsmodells
(Quelle: *Brähler, G.* (2006), S. 43)

[125] Zu den Ausführungen bezüglich des Erklärungsmodells siehe *Adam, D./Witte, T.* (1979), S. 381; *Heinen, E.* (1971), S. 432; *Klein, R./Scholl, A.* (2011), S. 33 f.
[126] Vgl. *Heinen, E.* (1971), S. 432; *Klein, R./Scholl, A.* (2011), S. 33 f.
[127] Vgl. *Adam, D./Witte, T.* (1979), S. 382.

2.2.2 Entscheidungstheorie und Konzernsteuerplanung

Die letzten Jahrzehnte waren geprägt durch ein Zusammenwachsen der Märkte und eine Internationalisierung der Unternehmenstätigkeit. Durch die Entkopplung von Waren- und Finanzströmen, die steigende Bedeutung der Informationstechnologien sowie die Liberalisierung der Märkte und dem damit einhergehenden Abbau von Handelsbarrieren kam es zu einer signifikanten Ausdehnung grenzüberschreitender Geschäftsbeziehungen, wodurch die Bedeutung internationaler Konzerne stark anstieg.[128] Während die wirtschaftlichen Aktivitäten eine Internationalisierung durch die Globalisierung erfuhren, haben die Steuersysteme i. Allg. keine vergleichbare Anpassung durchgemacht. Sie stützen sich grundsätzlich weiterhin auf die Besteuerungshoheit des jeweiligen Einzelstaats, welche sich aus dem völkerrechtlichen Souveränitätsprinzip[129] ableiten lässt.[130] Die Kontroverse zwischen der Globalisierung der Wirtschaft und der nationalen Ausrichtung der Besteuerung kann zutreffend mit «business goes global, taxes stay local» beschrieben werden.

Während im europäischen Binnenmarkt eine Harmonisierung im Bereich der Umsatz- und der Verbrauchsteuern bereits weit fortgeschritten ist,[131] ist derzeit und in absehbarer Zukunft in Ermangelung eines internationalen Einigungswillens im Bereich der Ertragsteuern keine Rechtsangleichung zu erwarten.[132] Die nationalen Steuerrechtssysteme unterscheiden sich ertragsteuerlich oftmals hinsichtlich der Steuersätze, der Ermittlung der Steuerbemessungsgrundlage oder der Gewährung steuerlicher Subventionen[133]. Da Steuern dem Oberziel marktwirtschaftlicher Unternehmen zur Maximierung der langfristigen Gewinnerzielung (Unternehmenswertmaximierung)[134] entgegenstehen, besteht für diese Unternehmen ein Anreiz, durch betriebliche Dispositionen die zwischenstaatliche Steuerarbitrage zu ihren Gunsten zu nutzen.[135]

---

[128] Vgl. *Jacobs, O. H. et al. (Hrsg.)* (2011), S. 1084 f.; *Oestreicher, A.* (2000), S. 1-4.

[129] Grundlegend zum Souveränitätsbegriff im internationalen Steuerrecht *Bühler, O.* (1964), S. 130-137.

[130] Vgl. *Endres, D. et al.* (2009), S. 2501; *Jacobs, O. H. et al. (Hrsg.)* (2011), S. 1171; *Oestreicher, A.* (2000), S. 5; *Scheffler, W.* (2009), S. 233.

[131] Die Harmonisierung im Bereich der Umsatzsteuer erfolgte durch die verpflichtende Umsetzung der Mehrwertsteuersystemrichtlinie in das nationale Einzelstaatenrecht der EU-Mitgliedstaaten.

[132] Vgl. *Becker, J.-A./Sandlos, D.* (2013), S. 154; *Jacobs, O. H. et al. (Hrsg.)* (2011), S. 911.

[133] Z. B. die Gewährung steuerlicher Begünstigungen für forschende Unternehmen. Siehe hierzu die Ausführungen in Abschnitt 4.1.6.

[134] Vgl. *Kaminski, B./Strunk, G.* (2012), 13 f.; *Stein, V./Vitale, A.* (2011), S. 141; *Wagner, F. W.* (1984), S. 202; *Wöhe, G./Döring, U.* (2013), S. 30 f.

[135] Vgl. *Jacobs, O. H. et al. (Hrsg.)* (2011), S. 911.

Können Entscheidungsträger zwischen mehreren Alternativen zur Nutzung der zwischenstaatlichen Steuerarbitrage wählen, existiert ein Entscheidungsproblem.[136] Zur Vermeidung willkürlicher – u. U. im Widerspruch zum Oberziel marktwirtschaftlicher Unternehmen stehender – Gestaltungen[137] ist das Entscheidungsproblem einer rationalen Lösung zuzuführen. Hierzu sind die Handlungsalternativen zu eruieren, deren steuerliche Konsequenzen zu ermitteln und unter Berücksichtigung des definierten Zielsystems durch die Konzernsteuerplanung zu bewerten.

2.2.2.1 Das Zielsystem der Konzernsteuerplanung

Der Definition des Zielsystems bei betrieblichen Entscheidungsproblemen ist – wie in Abschnitt 2.2.1.1.4 erläutert – große Bedeutung beizumessen. Die Bestimmung des Zielsystems stellt eine anspruchsvolle Aufgabe dar, da oftmals verschiedene, z. T. konkurrierende Ziele gleichzeitig verfolgt werden. Die Abbildung des gesamten Zielsystems in einem Totalmodell ist aufgrund der damit verbundenen Komplexität bei betrieblichen Entscheidungssituationen nicht möglich.[138] Stattdessen werden in Einklang mit dem Oberziel stehende Partialziele eruiert, welche getrennt voneinander in verschiedenen Partialmodellen untersucht werden können. Das Oberziel einer Maximierung der langfristigen Gewinnerzielung wird durch eine Vielzahl von Faktoren determiniert (z. B. Umsätze, Aufwendungen, Steuern, Innovationsgrad, Produktportfolio etc.),[139] welche selbst Gegenstand einer Optimierung sein können und somit Partialziele der unternehmerischen Planung bilden können.

Steuern führen i. d. R. zu einer Definitivbelastung und schmälern den Gewinn. Sie werden daher in die strategische Planung der Unternehmen einbezogen und sind häufig Gegenstand von Optimierungsüberlegungen.[140] Das Ziel der Konzernsteuerplanung besteht in der Minimierung der Steuergesamtbelastung des Konzerns über einen ex ante definierten Zeitraum, welches ein dem Oberziel untergeordnetes Partialziel darstellt.[141] Die-

[136] Vgl. Abschnitt 2.2.1.

[137] So beispielsweise schon *Heigl, A.* (1970), S. 53.

[138] So etwa *Gutekunst, G.* (2005), S. 42; *Lühn, A.* (2009), S. 56; *Spengel, C.* (1995), S. 7.

[139] Siehe hierzu *Stein, V./Vitale, A.* (2011), S. 143.

[140] Vgl. *Grotherr, S.* (2011), S. 5; *Jacobs, O. H. et al. (Hrsg.)* (2011), S. 911; *Stein, V./Vitale, A.* (2011), S. 141; *Wagner, F. W.* (1984), S. 202. Siehe zu den aktuellen Entwicklungen auf Ebene der OECD zur Vermeidung einer agressiven Steuerplanung, welche mit einer Aushölung der steuerlichen Bemessungsgrundlage und Gewinnverlagerungen verbunden ist, *OECD (Hrsg.)* (2013a). Siehe ergänzend *Gillamariam, D./Binding, J.* (2013), S. 1153-1158; *Musil, A./Schulz, J.* (2013), S. 2205-2211; *Piltz, D. J.* (2013), S. 681 f.; *Rödder, T./Pinkernell, R.* (2013), S. 619-623.

[141] Vgl. *Bredow, A. v.* (2011), S. 189; *Jacobs, O. H. et al. (Hrsg.)* (2011), S. 916.

ses ist jedoch zu abstrakt, um daraus konkrete Handlungsempfehlungen für betriebliche Entscheidungsträger ableiten zu können.[142] Das Partialziel einer Minimierung der Konzernsteuergesamtbelastung ist daher durch Zwischenziele zu konkretisieren:[143]

- Vermeidung konzerninduzierter Steuermehrbelastungen;
- Nutzung konzerninduzierter Steuerminderbelastungen.

2.2.2.1.1 Vermeidung konzerninduzierter Steuermehrbelastungen

Ein Konzern besteht aus dem Zusammenschluss rechtlich selbstständiger Unternehmen, die eine wirtschaftliche Einheit bilden (Einheitstheorie).[144] Betriebswirtschaftlich wird diese Betrachtungsweise dadurch begründet, dass eine enge rechtliche und wirtschaftliche Verflechtung zwischen den Unternehmen besteht, die grundsätzlich die Erreichung zentral vorgegebener, übergeordneter Ziele der Konzernleitung ermöglichen soll. Das Steuerrecht folgt der betriebswirtschaftlichen Einheitstheorie nicht, sondern knüpft die Besteuerung an die zivilrechtliche Rechtsfähigkeit der einzelnen Konzernunternehmen (Trennungsprinzip).[145] Dennoch können ausgeschüttete Gewinne sowohl auf Ebene der Tochtergesellschaft als auch auf Ebene der Muttergesellschaft besteuert werden. Die steuerliche Berücksichtigung ein und derselben Gewinne auf jeder Konzernstufe hat eine konzernbedingte Steuermehrbelastung zur Folge, deren negative Auswirkungen auf das Oberziel mit steigender Tiefe der Konzernstruktur ansteigen (Mehrfachbesteuerung bei Kettenausschüttungen). Allerdings werden ausschüttungsbedingte Doppelbesteuerungen aufgrund ihrer negativen Auswirkungen auf die internationalen Geschäfts- und Handelsbeziehungen häufig durch eine Steuerfreistellung der Ausschüttungen auf Anteilseignerebene abgemildert.[146] Darüber hinaus können Konzerne durch die Reduzierung von Zwischengesellschaften konzerninduzierte Steuermehrbelastungen durch ausschüttungsbedingte Doppelbesteuerungen vermindern.[147]

---

[142] Vgl. *Lühn, A.* (2009), S. 20.

[143] So etwa *Heinen, E.* (1976), S. 103; *Kessler, W.* (2008), Rn. 14.

[144] Vgl. etwa *Bossert, M./Manz, U. L.* (1997), S. 255 f.; *Busse von Colbe, W.* (2013), § 297 HGB, Rn. 2; *Fröschle, G./Kroner, M.* (2012), § 297 HGB, Rn. 190-192; *Kessler, W.* (2008), Rn. 2; *Oestreicher, A.* (2000), S. 31-34; *Schildbach, T.* (2008), S. 45. Der Einheitstheorie folgt die handelsrechtliche Rechnungslegung für die Erstellung des Konzernabschlusses. Siehe auch *§ 18 AktG; § 297 HGB.*

[145] Vgl. *Grotherr, S.* (2011), S. 19; *Jacobs, O. H. et al. (Hrsg.)* (2011), S. 551; *Kluge, V.* (2000), Rn. 135; *König, R.* (2004), S. 261; *Menck, T.* (2012), Rn. 1.55; *Oestreicher, A.* (2000), S. 31-34.

[146] Vgl. beispielsweise *§ 8b KStG* und *Art. 13 Wet Vpb* als einzelstaatliche Regelungen in Deutschland und in den Niederlanden, *Art. 10 OECD-MA* als bilaterale Regelung und die Mutter-Tochter-Richtlinie als supranationale Rechtsvorschrift zur Abmilderung ausschüttungsbedingter Doppelbesteuerungen.

[147] Vgl. *Lühn, A.* (2009), S. 23.

Beurteilen Staaten grenzüberschreitende steuerliche Sachverhalte unterschiedlich, können positive Qualifikations- und Zurechnungskonflikte hervorgerufen werden.[148] Diese führen zu Steuermehrbelastungen aufgrund von Doppelbesteuerungen. Qualifikationskonflikte können auftreten, wenn sich Ausdrücke des Einzelstaatenrechts materiellrechtlich unterscheiden und unterschiedliche Rechtsfolgen in den einzelnen Ländern implizieren.[149] Demgegenüber werden Doppelbesteuerungen aufgrund einer abweichenden Zurechnung steuerlicher Tatbestände zu einem Steuersubjekt im Rahmen von Zurechnungskonflikten erfasst, sodass die Steuerfolgen nach dem nationalen Recht der Ansässigkeitsstaaten unterschiedlich beurteilt werden.[150] Zurechnungskonflikte treten häufig bei konzerninternen Geschäftsbeziehungen auf, wenn ein Ansässigkeitsstaat die vereinbarten Verrechnungspreise korrigiert und der andere Staat keine betragsgleiche Gegenkorrektur vornimmt.[151] Der Konzernsteuerplanung kommt in diesem Kontext die Aufgabe zu, positive Qualifikations- und Zurechnungskonflikte zu identifizieren und Maßnahmen[152] einzuleiten, um Doppelbesteuerungen zu vermeiden.[153]

Betriebsausgaben mindern das zu versteuernde Einkommen grundsätzlich nur, wenn diese in einem unmittelbaren Zusammenhang mit steuerpflichtigen Einnahmen stehen. Von diesem Grundsatz abweichend sind in einigen Ländern Betriebsausgaben im Zusammenhang mit dem Halten von Beteiligungen abzugsfähig, obwohl die laufenden Beteiligungserträge (Dividenden) steuerfrei gestellt werden. Durch die gezielte Gründung von Zwischengesellschaften in Staaten, die kein Abzugsverbot für Betriebsausgaben im Zusammenhang mit dem Halten von Beteiligungen vorsehen, kann eine Abzugsfähigkeit dieser Betriebsausgaben sichergestellt und dadurch die Steuerbelastung gesenkt werden (Deduction Shopping).[154]

---

[148] Ausführlich zu den Begriffen Qualifikationskonflikt und Zurechnungskonflikt siehe *Mössner, J. M.* (2012a), Rn. 1.185; *Schaumburg, H.* (2011), Rn. 16.82; *Vogel, K.* (2008), Einleitung, Rn. 149-181d.

[149] Vgl. *Mössner, J. M.* (2012a), Rn. 1.185; *Schaumburg, H.* (2011), Rn. 16.82; *Vogel, K.* (2008), Einleitung, Rn. 151-153.

[150] Vgl. *Schaumburg, H.* (2011), Rn. 16.82; *Vogel, K.* (2008), Einleitung, Rn. 181a.

[151] So auch *Vogel, K.* (2008), Einleitung, Rn. 181b.

[152] Als Maßnahme zur Vermeidung von Zurechnungskonflikten können z. B. Vorabvereinbarungen über die Verrechnungspreise mit den beteiligten Finanzverwaltungen der Ansässigkeitsstaaten (Advance Pricing Agreements (APA)) getroffen werden. Vgl. zu den APA etwa *Borstell, T.* (2011a), Rn. 113; *Schaumburg, H.* (2011), Rn. 16.104-16.107.

[153] Vgl. *Lühn, A.* (2009), S. 27 f.

[154] Vgl. *Brähler, G.* (2012), S. 378 f.; *Jacobs, O. H. et al. (Hrsg.)* (2011), S. 1035.

2.2.2.1.2 Nutzung konzerninduzierter Steuerminderbelastungen

Die Anknüpfung der Besteuerung an die zivilrechtliche Rechtsfähigkeit der Konzernunternehmen kann zu konzerninduzierten Steuerminderbelastungen führen, indem negative Qualifikations- und Zurechnungskonflikte zwischen einzelstaatlichen Regelungen ausgenutzt werden.[155] Zu einer doppelten Nichtbesteuerung kommt es immer dann, wenn aus grenzüberschreitenden Geschäftsvorfällen erzielte Einkünfte nicht oder nur teilweise besteuert werden, da die Rechtsordnungen der betroffenen Staaten jeweils eine Freistellung oder Nichterfassung der Einkünfte regeln.[156] Es kommt dann zu sog. weißen Einkünften. Diese können beispielsweise entstehen, wenn ein grenzüberschreitender Geschäftsvorfall infolge einer unterschiedlichen Zurechnung eines Steuerguts in keinem Staat der Besteuerung unterliegt.[157] Der Konzernsteuerplanung kommt in diesem Kontext die Aufgabe zu, negative Qualifikations- und Zurechnungskonflikte zu identifizieren und durch geeignete Gestaltungen auszunutzen.[158]

Eine Vielzahl von Steuerrechtssystemen sehen eine intertemporale Verlustverrechnung durch Verlustrücktrag und/oder Verlustvortrag vor.[159] Aufgrund des daraus resultierenden Zinseffekts (Timing Effekte[160]) ist eine zeitnahe Verlustverrechnung einer Verlustverrechnung nach mehreren Perioden vorzuziehen. Die Konzernsteuerplanung zielt auf eine zeitnahe Verrechnung der Verluste ab, indem Verluste gezielt Konzerngesellschaften zugewiesen werden, die in einem Staat mit Regelungen zum Verlustrücktrag ansässig sind und die in den Vorperioden ein positives zu versteuerndes Einkommen hatten. Die Entscheidungsträger haben allerdings bei der Planung zeitliche und wertmäßige Restriktionen hinsichtlich der Möglichkeiten zur Verlustverrechnung zu berücksichtigen.

Die effektivste und zugleich aufwendigste Gestaltungsmaßnahme der Konzernsteuerplanung besteht in der Nutzung der zwischenstaatlichen Steuerarbitrage durch eine

---

[155] Vgl. etwa *Mössner, J. M.* (2012b), Rn. 2.251-2.252; *Schaumburg, H.* (2011), Rn. 12.10. Siehe hierzu allerdings die Bestrebungen der OECD zur Vermeidung einer doppelten Nichtbesteuerung von Einkünften *OECD (Hrsg.)* (2013a), S. 15 f. Siehe ergänzend *Rödder, T./Pinkernell, R.* (2013), S. 620 f.
[156] Vgl. *Jankowiak, I.* (2009), S. 273; *Kollruss, T.* (2007), S. 467-477.
[157] So *Mössner, J. M.* (2012b), Rn. 2.252.
[158] Vgl. *Jacobs, O. H. et al. (Hrsg.)* (2011), S. 1300 f.
[159] Siehe zum Verlustvortrag im deutschen Steuerrecht *§ 10d Abs. 1 und 2 EStG* und im niederländischen Steuerrecht *Ernst & Young (Hrsg.)* (2013), S. 914.
[160] Vgl. *Jacobs, O. H. et al. (Hrsg.)* (2011), S. 1313.

Allokation von Erträgen in Niedrigsteuerländern.[161] Als alternative Handlungsmöglichkeiten zur Ausnutzung der zwischenstaatlichen Steuerarbitrage stehen den Entscheidungsträgern insbesondere die Gestaltung der Liefer- und Leistungsbedingungen bei konzerninternen Transaktionen (Verrechnungspreise) sowie die Outbound-Verlagerung von Betrieben, Teilbetrieben oder Funktionen zur Disposition.[162]

Abb. 2.4 veranschaulicht das Zielsystem der Konzernsteuerplanung in multinationalen Konzernen grafisch.

Abb. 2.4: Zielsystem der Konzernsteuerplanung

2.2.2.2 Funktionsverlagerung als Instrument der Konzernsteuerplanung

Die Gewinne von Konzernkapitalgesellschaften sind aufgrund des international anerkannten Trennungsprinzips nur im Ansässigkeitsstaat zu versteuern, sodass dieses eine Abschirmwirkung gegenüber dem steuerlichen Zugriff durch den Ansässigkeitsstaat des

[161] Anschaulich hierzu *Brähler, G.* (2012), S. 393 f.; *Herzig, N.* (2003), S. S87-S89. Siehe bezüglich der Bestrebungen der OECD zur Vermeidung von Einkünfteverlagerungen auf funktionsarme Gesellschaften in Niedrigsteuerländer *OECD (Hrsg.)* (2013a), S. 18. Ergänzend hierzu siehe *Musil, A./Schulz, J.* (2013), S. 2207 f.; *Rödder, T./Pinkernell, R.* (2013), S. 622.

[162] Vgl. etwa *Endres, D.* (1997), S. 101; *Grotherr, S.* (2011), S. 10; *Herzig, N.* (2003), S. S88.

Gesellschafters entfaltet.[163] Die Abschirmwirkung kann durch die Konzernsteuerplanung ausgenutzt werden, indem Funktionen einschließlich der dazugehörigen Gewinnpotenziale auf ausländische Konzerngesellschaften verlagert werden.[164] Durch die Funktionsverlagerung kommt es oftmals zu einer Neustrukturierung der Wertschöpfungskette und damit verbunden zu einer Veränderung der Chancen- und Risikoaufteilung innerhalb des Konzerns.[165] Aufgrund der Veränderungen im Wertschöpfungsprozess ist der funktionsaufnehmenden Gesellschaft entsprechend der ausgeübten Geschäftstätigkeiten und der getragenen Risiken ein höherer Anteil am zukünftigen unternehmerischen Erfolg zuzuordnen.[166] Die Erträge aus der Funktionsausübung werden ausschließlich der funktionsausübenden Konzerngesellschaft zugerechnet und unterliegen somit nur in deren Ansässigkeitsstaat der Besteuerung, mit der Folge, dass die zwischenstaatliche Steuerarbitrage ausgenutzt werden kann.[167]

Steuerpolitisch motivierte Funktionsverlagerungen zwischen Konzerngesellschaften ohne eine sachgerechte Besteuerung der übergehenden Gewinnpotenziale im Staat ihrer wirtschaftlichen Verursachung stehen jedoch im Widerspruch zum Fremdvergleichsgrundsatz.[168] Da zusammen mit einer Funktion oftmals ein erhebliches Gewinnpotenzial in das Ausland übergeht, werden von staatlicher Seite große Anstrengungen unternommen, den Wertetransfer im Zusammenhang mit einer Funktionsverlagerung vollumfänglich zu besteuern. Konzernintern vereinbarte Verrechnungspreise kommen nicht auf einem aktiven Markt zustande und können durch konzernpolitische Zielvorgaben zugunsten des Konzerns beeinflusst werden. Die hierdurch hervorgerufene Minderung des nationalen Steuersubstrats führt nach Auffassung des deutschen Gesetzgebers zu Wettbewerbsverzerrungen, die nicht geduldet werden könnten.[169] Durch das UntStRefG wurde die steuerliche Verrechnungspreisbestimmung bei grenzüberschreitenden Funktionsverlagerungen erstmals explizit geregelt,[170] um das steuerliche Gestaltungspotenzial im Zusammenhang mit der Verlagerung von Funktionen in Niedrigsteuerländer zu ver-

[163] Vgl. etwa *BFH* (2004), S. 14. Siehe auch *Henkel, U.* (2012), Rn. 1; *Jacobs, O. H. et al. (Hrsg.)* (2011), S. 434; *Kluge, V.* (2000), Rn. 135-137; *Schaumburg, H.* (2011), Rn. 10.1.

[164] Vgl. Abschnitt 2.2.2.1.2.

[165] Vgl. *Borstell, T./Wehnert, O.* (2011), Rn. 7-12.

[166] Zur Abhängigkeit des zurechenbaren Erfolgsanteils aus einer Geschäftsbeziehung von den ausgeübten Funktionen und den getragenen Risiken siehe *OECD (Hrsg.)* (2010b), Tz. 1.23.

[167] Vgl. auch die Ausführungen in Abschnitt 2.2.2.1.2.

[168] Vgl. zum Fremdvergleichsgrundsatz die Ausführungen in Abschnitt 3.1.1.

[169] Vgl. *Bundesregierung (Hrsg.)* (1971), S. 16.

[170] Vgl. *§ 1 Abs. 3 Satz 9 AStG.*

ringern.[171] § 1 Abs. 3 Satz 9 AStG soll sicherstellen, dass sämtliche stille Reserven im Zusammenhang mit der verlagerten Funktion aufgedeckt und der deutschen Besteuerung unterworfen werden.[172]

Zur Beurteilung der Vorteilhaftigkeit einer Funktionsverlagerung ins Ausland sind den Vorteilen der Verlagerung (z. B. künftige Steuersatzvorteile[173]) die Kosten der Verlagerung (z. B. Transaktionskosten oder aperiodische, verlagerungsbedingte Steuermehrbelastungen[174]) gegenüberzustellen.[175] Ziel der Konzernsteuerplanung ist es, die Handlungsalternative zu bestimmen, die unter Berücksichtigung sämtlicher Einflussfaktoren im Vergleich zur Funktionsfortführung den größten Vorteil bietet.

2.3 Überblick über den Stand der Forschung

Wie im Rahmen der einleitenden Ausführungen in Kapitel 1 dargelegt wurde, bilden Preisvereinbarungen zwischen verbundenen Unternehmen derzeit einen Schwerpunkt steuerlicher Außenprüfungen. Aufgrund der Komplexität sowie der großen Bedeutung der Besteuerung grenzüberschreitender Funktionsverlagerungen ist zu erwarten, dass dieses Thema bei künftigen Außenprüfungen weiter an Relevanz gewinnen wird.[176] Die Bedeutung dieser Regelung spiegelt sich auch in der Vielzahl an Publikationen zu diesem Thema wider, welche die verschiedensten Facetten der Besteuerung grenzüberschreitender Funktionsverlagerung beleuchten.[177] Trotz der zahlreichen Veröffentlichungen wurde die Verlagerung von F&E-Funktionen in der wissenschaftlichen Fachliteratur bislang nur unzureichend betrachtet. Nachstehend wird ein kurzer, chronologischer Überblick über veröffentlichte Dissertationen zur Rechtslage seit dem Inkrafttreten des UntStRefG gegeben, denen in Bezug auf die vorliegende Untersuchung besondere Bedeutung beizumessen ist.

Die Arbeit von *Zech*[178] basiert auf einer systematisch-normativen und rechtssprachlichen Untersuchung der Besteuerung von Funktionsverlagerungen nach § 1 Abs. 3

[171] Vgl. *Bundesregierung (Hrsg.)* (2007), S. 34.
[172] Vgl. *Bundesregierung (Hrsg.)* (2007), S. 84.
[173] Vgl. *Scheffler, W.* (2009), S. 543 f.
[174] Vgl. *Scheffler, W.* (2009), S. 542-549.
[175] Vgl. *Baumhoff, H.* (2003), S. 5.
[176] Vgl. *Baumhoff, H.* (2012), S. 396; *Deloitte (Hrsg.)* (2010), S. 9; *Freudenberg, M./Peters, H. M.* (2009), S. 822; *Looks, C./Scholz, C. M.* (2007), S. 2541.
[177] Zahlreiche Erkenntnisse dieser Publikationen sind im Rahmen der Erstellung der vorliegenden Untersuchung eingeflossen.
[178] Vgl. *Zech, T.* (2009).

Satz 9 AStG. Die Analyse der maßgeblichen Rechtsnormen des deutschen Steuerrechts erfolgt mithilfe der Methoden der Rechtsauslegung. Der Autor kann auf der Grundlage seiner Untersuchungsergebnisse zeigen, dass Inkonsistenzen bzw. Regelungslücken infolge z. T. unpräziser Formulierungen im Gesetzestext sowie der Funktionsverlagerungsverordnung bestehen, welche eine widerspruchsfreie Rechtsanwendung erschweren. *Zech* formuliert aufbauend auf seinen Untersuchungsergebnissen konkrete Vorschläge zur Präzisierung des Gesetzes- und Verordnungswortlauts in Bezug auf die Besteuerung grenzüberschreitender Funktionsverlagerungen.

Die von *Heining*[179] verfasste Dissertation basiert auf einem investitionstheoretischen Ansatz. Die der Arbeit zugrunde liegende Zielsetzung besteht in der Herleitung von Entscheidungsmodellen für grenzüberschreitende Funktionsverlagerungen in Kapitalgesellschaftskonzernen. Die Entscheidungsmodelle sind als klassische Partialmodelle (Kapitalwertmodelle) ausgestaltet, denen neben dem deutschen Steuerrecht ein hypothetisches, dem deutschen Steuerrecht entsprechendes ausländisches Steuerrecht zugrunde gelegt wird. Mithilfe eines Entscheidungsmodells identifiziert der Autor die ertragsteuerlichen Wirkungen aus der Besteuerung von Funktionsverlagerungen und ermittelt darauf aufbauend deren Einfluss auf die unternehmerische Entscheidungsfindung.

Die Dissertation von *Bredow, v.*[180] gliedert sich in zwei Teile. Im ersten Teil erfolgt eine Untersuchung der Rechtsnormen zur Besteuerung grenzüberschreitender Funktionsverlagerungen unter besonderer Berücksichtigung des im Jahr 2010 neu in die OECD-Verrechnungspreisrichtlinien aufgenommenen Kapitels IX zu Verrechnungspreisaspekten bei Unternehmensrestrukturierungen. Aufbauend auf den daraus gewonnenen Erkenntnissen werden die Steuerwirkungen aus Outbound-Verlagerungen von Funktionen auf Grundlage eines klassischen Paritalmodells untersucht. Ferner werden vorzugswürdige Handlungsmöglichkeiten sowohl für den Steuerpflichtigen als auch den Gesetzgeber abgeleitet.

Als weitere Arbeit ist die Dissertation von *Wortmann*[181] zu nennen. Gegenstand der Arbeit ist eine kritische ökonomische und rechtliche Analyse der normativen Rahmenbedingungen für grenzüberschreitende Funktionsverlagerungen, auf deren Grundlage Schwachstellen des geltenden Rechts aufgezeigt und Gestaltungsmöglichkeiten zur Re-

[179] Vgl. *Heining, B.* (2009).
[180] Vgl. *Bredow, A. v.* (2011).
[181] Vgl. *Wortmann, P.* (2011).

duzierung der Steuerbelastung aus der Funktionsverlagerung entwickelt werden. Neben dem Regelfall der Outbound-Verlagerung werden auch die bis dato wenig beachteten Fälle der Inbound-Verlagerung diskutiert.

Die Arbeit von *Imhof*[182] gründet auf einer betriebswirtschaftlichen und steuerrechtlichen Analyse der steuerrechtlichen Regelungen zu Business Restructurings. Das Ziel der Arbeit besteht in der Würdigung des Steuerrechts de lege lata in Bezug auf die Besteuerung von Einzelwirtschaftsgütern, Funktionen und Teilbetrieben bei Outbound-Verlagerungen. Hierzu stellt der Autor in einem ersten Schritt die nationalen Besteuerungstatbestände und Rechtsfolgen für grenzüberschreitende Unternehmensrestrukturierungen dar und analysiert diese, um daraus eine Aussage über die Erforderlichkeit des § 1 Abs. 3 Satz 9 AStG zur Sicherstellung der Besteuerung in Deutschland geschaffener Werte ableiten zu können. Darauf aufbauend werden die nationalen Rechtsvorschriften mit den internationalen sowie den US-amerikanischen Besteuerungsvorschriften für grenzüberschreitende Unternehmensrestrukturierungen verglichen. Auf Grundlage der im Rahmen der betriebswirtschaftlichen und steuerrechtlichen Analyse gewonnenen Erkenntnisse werden abschließend Vorschläge zur Fortentwicklung der deutschen Rechtsvorschriften zur Besteuerung von grenzüberschreitenden Unternehmensrestrukturierungen formuliert.

Der Dissertation von *Kasten*[183] liegt im Kern eine normendeskriptive Analyse des § 1 AStG zu Grunde. Die mit der Analyse verbundene Zielsetzung besteht darin, Schwachstellen der Besteuerung grenzüberschreitender Funktionsverlagerungen aufzudecken und konkrete Gestaltungsempfehlungen zur Verbesserung des Steuerrechts de lege ferenda zu entwickeln. Weiterhin werden alternative Handlungsmöglichkeiten für eine steuereffiziente Funktionsverlagerung ins Ausland betrachtet und deren jeweilige Vorteilhaftigkeit gegenüber einer Funktionsfortführung in Deutschland aufgezeigt. Als Verlagerungsalternativen werden dabei neben der Verlagerung von Funktionen auf Basis schuldrechtlicher Geschäftsbeziehungen auch Funktionsverlagerungen gegen Gewährung von Gesellschaftsrechten sowie Funktionsverlagerungen zwischen Stammhaus und Betriebsstätte untersucht.

---

[182] Vgl. *Imhof, M.* (2012).
[183] Vgl. *Kasten, C.* (2012).

Reichl[184] untersucht in seiner Arbeit die Angemessenheit von Verrechnungspreisen im Zusammenhang mit der Verlagerung immaterieller Wirtschaftsgüter in multinationalen Konzernen. Den ersten Hauptteil der Untersuchung bildet eine Analyse der steuerrechtlichen Regelungen und der Dispositionsfreiheit des Steuerpflichtigen im Zusammenhang mit der Verlagerung immaterieller Wirtschaftsgüter. Hierbei werden zwei mögliche Verlagerungsformen, die Eigentumsübertragung und die Nutzungsüberlassung, unterschieden. Den zweiten Hauptteil der Untersuchung bildet eine quantitative Steuerwirkungsanalyse, im Rahmen derer ausgehend von einem Grundmodell die steuerlichen Konsequenzen bei einer Variation einzelner Einflussparameter sowohl für Outbound- als auch für Inbound-Verlagerungen quantifiziert und beschrieben werden. Auf Basis der gewonnen Erkenntnisse leitet *Reichl* Tendenzaussagen über die Vorteilhaftigkeit einzelner Handlungsalternativen ab.

Der Dissertation von *Zimmermann*[185] liegt die Zielsetzung zugrunde, die Auswirkungen der deutschen Regelungen zur Besteuerung grenzüberschreitender Funktionsverlagerungen auf die Verlagerungsentscheidung in Outbound-Fällen zu untersuchen. Dazu erfolgt zunächst eine Darstellung und Analyse der maßgeblichen Normen des deutschen Steuerrechts sowie der Verrechnungspreisgrundsätze der OECD. Des Weiteren werden die Regelungen des § 1 AStG auf ihre Europarechtskonformität überprüft. Im zweiten Teil der Arbeit definiert *Zimmermann* ein Entscheidungsmodell, auf dessen Grundlage die Steuerwirkungen einer Funktionsverlagerung analysiert werden. Ausgehend von einem Ausgangsfall werden die Einflüsse steuerlicher und wirtschaftlicher Verlagerungsbarrieren einerseits sowie die Auswirkung der Ausnutzung von Gestaltungsspielräumen andererseits auf die Funktionsverlagerungsentscheidung verglichen.

2.4 Abgrenzung des Untersuchungsgegenstands

Gegenstand der vorliegenden Arbeit ist die Untersuchung der Vorteilhaftigkeit steuerlicher Handlungsalternativen im Zusammenhang mit Outbound-Verlagerungen von F&E-Funktionen zwischen Konzernkapitalgesellschaften in die Niederlande. Die Grundlage hierfür bildet eine normendeskriptive Analyse der nationalen, bilateralen und gemeinschaftsrechtlichen Steuerrechtsvorschriften für Funktionsverlagerungen.[186] Darauf auf-

[184] Vgl. *Reichl, A.* (2013).
[185] Vgl. *Zimmermann, P.* (2013).
[186] Siehe hierzu Kapitel 3 und 4.

bauend wird ein Bewertungsverfahren entwickelt, welches eine strukturierte Einbeziehung der F&E-spezifischen Risiken und der steuerlichen F&E-Fördermaßnahmen in die Ermittlung eines fremdvergleichskonformen Verrechnungspreises für das verlagerte Transferpaket als Ganzes ermöglicht. Unter Bezugnahme auf die Ergebnisse der normendeskriptiven Analyse und des entwickelten Bewertungsverfahrens für F&E-Funktionen wird ein Simulationsmodell für Outbound-Verlagerungen in die Niederlande erstellt. Das Modell ist als kombinatorisches Partialmodell (Vermögensendwertmodell)[187] ausgestaltet, welches auf der Grundlage vollständiger Finanzpläne Ursache-Wirkungs-Zusammenhänge für verschiedene Handlungsalternativen ermittelt. Durch die Berücksichtigung der Zielsetzung der Konzernsteuerplanung werden aus den ermittelten Steuerwirkungen Mittel-Zweck-Aussagen abgeleitet, welche den betrieblichen Entscheidungsträgern als Entscheidungshilfe dienen können.[188]

Aufgrund der Komplexität betrieblicher Entscheidungen im Zusammenhang mit grenzüberschreitenden Verlagerungsvorgängen kann das reale System nicht im Rahmen eines Totalmodells abgebildet werden.[189] Die Untersuchung erfolgt daher auf der Grundlage eines Partialmodells, weshalb der Untersuchungsumfang präzise ab- und eingegrenzt werden muss. Dies erfordert die Bestimmung von Prämissen[190], welche im Folgenden dargestellt und erläutert werden.[191]

<u>*Prämisse 2.1:*</u> Gegenstand der Untersuchung sind Funktionsverlagerungen i. S. d. § 1 Abs. 3 Satz 9 AStG zwischen Konzerngesellschaften in der Rechtsform einer Kapitalgesellschaft. Der statutarische Sitz und der Ort der Geschäftsleitung der jeweiligen Gesellschaft liegen ausschließlich im Staat ihrer Ansässigkeit.

Die Eingrenzung der Untersuchung auf Funktionsverlagerungen zwischen Kapitalgesellschaften erfolgt vor dem Hintergrund, dass die überwiegende Anzahl multinationaler Konzerne in der Rechtsform einer Kapitalgesellschaft organisiert sind.[192] Eine zusätzliche Betrachtung von Personengesellschaften und Betriebsstätten würde die Komplexität

[187] Zur Begründung für die Verwendung eines Vermögensendwertmodells siehe Abschnitt 6.1.3.
[188] Vgl. die Ausführungen in Abschnitt 2.2.1.2.
[189] So etwa *Gutekunst, G.* (2005), S. 42; *Lühn, A.* (2009), S. 56; *Spengel, C.* (1995), S. 7.
[190] Als Prämisse werden auch der Arbeit zugrunde liegende Vorgehensweisen betrachtet.
[191] Siehe Abschnitt 6.5 für eine Darstellung der Einschränkungen der Aussagekraft der Untersuchungsergebnisse infolge der getroffenen Prämissen.
[192] Vgl. *Etzbach, M.* (2006), S. 46; *Jacobs, O. H. et al. (Hrsg.)* (2011), S. 1252.

des Modells signifikant erhöhen.[193] Erwähnt sei an dieser Stelle, dass § 1 Abs. 3 Satz 9 AStG entsprechend auch für Funktionsverlagerungen zwischen Stammhaus und Betriebsstätte sowie zwischen Personengesellschaften Anwendung findet.[194]

Die Besteuerung von Konzernkapitalgesellschaften erfolgt entsprechend deren zivilrechtlichen Selbstständigkeit nach dem Trennungsprinzip. Demnach sind vorbehaltlich einer Gewinnausschüttung Gewinne und Verluste ausschließlich im Ansässigkeitsstaat[195] der Konzerngesellschaft steuerlich zu berücksichtigen. Um durch eine doppelte Ansässigkeit von Kapitalgesellschaften hervorgerufene Besteuerungsprobleme auszugrenzen, liegen der statutarische Sitz und der Ort der Geschäftsleitung bei den betrachteten Kapitalgesellschaften ausschließlich im Ansässigkeitsstaat.

Die vorliegende Arbeit untersucht Verlagerungen von F&E-Funktionen zwischen verbundenen Unternehmen auf der Grundlage schuldrechtlicher Geschäftsbeziehungen i. S. v. § 1 Abs. 4 AStG. Dementsprechend werden grenzüberschreitende Gestaltungen unter Anwendung des Umwandlungssteuerrechts[196] nicht betrachtet, da diesen gesellschaftsvertragliche Vereinbarungen zugrunde liegen.[197]

<u>*Prämisse 2.2:*</u> Die Muttergesellschaft hat ihren statutarischen Sitz und den Ort der Geschäftsleitung in Deutschland und führt die F&E-Funktion vor der Verlagerung aus. Die Tochtergesellschaft hat ihren statutarischen Sitz und den Ort der Geschäftsleitung in den Niederlanden und ist Empfänger der F&E-Funktion.

Aus dem völkerrechtlichen Souveränitätsprinzip lässt sich eine Besteuerungshoheit der einzelnen Staaten ableiten.[198] Aufgrund der autonomen Ausgestaltung des nationalen Steuerrechts[199] können Steuerrechtsnormen zwischen den souveränen Einzelstaaten erheblich differieren. Die Betrachtung sämtlicher nationaler Steuerrechtsordnungen

---

[193] So auch *Lühn, A.* (2009), S. 73.

[194] Vgl. *§ 1 Abs. 5 AStG.*

[195] Zur unbeschränkten Steuerpflicht von Kapitalgesellschaften im Staat ihrer Ansässigkeit siehe für Deutschland *§ 1 KStG* und für die Niederlande *Art. 2 Abs. 1 Wet Vpb.*

[196] Zum Verhältnis des Umwandlungssteuerrechts zu *§ 1 AStG* bei der Übertragung von Sachgesamtheiten siehe *Zech, T.* (2009), S. 295-298.

[197] Eine Analyse grenzüberschreitender Gestaltungen im Zusammenhang mit betrieblichen Funktionen unter Anwendung des Umwandlungssteuerrechts findet sich etwa bei *Kasten, C.* (2012), S. 309-317.

[198] Vgl. *Bühler, O.* (1964), S. 130; *Endres, D. et al.* (2009), S. 2501; *Jacobs, O. H. et al. (Hrsg.)* (2011), S. 1171; *Oestreicher, A.* (2000), S. 5; *Scheffler, W.* (2009), S. 233.

[199] Eine Einschränkung dieses Grundsatzes ergibt sich für die Mitgliedstaaten der EU durch das europäische Primär- und Sekundärrecht, welches einen unbedingten Vorrang gegenüber dem innerstaatlichen Recht aufweist. Vgl. hierzu statt vieler *Schaumburg, H.* (2011), Rn. 3.38-3.41.

weltweit ist aufgrund ihrer Verschiedenheit nicht möglich, sodass eine Begrenzung der zu berücksichtigenden Länder notwendig ist. Als Ansässigkeitsstaaten der verbundenen Unternehmen werden dieser Arbeit Deutschland und die Niederlande zugrunde gelegt. Die Berücksichtigung der Niederlande wird damit begründet, dass deutsche Unternehmen im europäischen Vergleich die höchsten ausländischen Direktinvestitionen in den Niederlanden tätigen.[200] Die Niederlande weisen des Weiteren besonders geeignete wirtschaftliche und steuerliche Rahmenbedingungen für die Durchführung von F&E-Tätigkeiten auf[201] und grenzen unmittelbar an das deutsche Staatsgebiet.

<u>*Prämisse 2.3*</u>: Die deutsche Muttergesellschaft ist an der niederländischen Tochtergesellschaft zu 100 % beteiligt.

Die Annahme einer Beteiligung im Umfang von 100 % an der niederländischen Tochtergesellschaft gewährleistet, dass die Steuerwirkungen einer Funktionsverlagerung nur für die deutsche Muttergesellschaft – und nicht auch für weitere Anteilseigner – zu ermitteln sind. Wären weitere Anteilseigner an der niederländischen Tochtergesellschaft beteiligt, müssten auch deren Ziele und Präferenzen in die Untersuchung einbezogen werden.

Eine 100 %-Beteiligung stellt des Weiteren sicher, dass das Tatbestandsmerkmal der Geschäftsbeziehung mit einer nahestehenden Person als Voraussetzung für die Anwendung des § 1 Abs. 3 Satz 9 AStG erfüllt ist. Ein Nahestehen ist gemäß § 1 Abs. 2 Nr. 1 AStG unwiderlegbar zu vermuten, wenn eine (juristische) Person zu mindestens 25 % am Kapital einer anderen (juristischen) Person beteiligt ist. Darüber hinaus qualifiziert diese Beteiligungsquote stets für die Steuerfreistellung von Dividenden aus Schachtelbeteiligungen.[202]

---

[200] Vgl. *Deutsche Bundesbank (Hrsg.)* (2013b), S. 12 f.

[201] So *Scheunemann, M. P./Dennisen, A.* (2010), S. 409. Ein internationaler Vergleich der steuerlichen Förderung von F&E-Tätigkeiten findet sich u. a. bei *Jacobs, O. H. et al. (Hrsg.)* (2011), S. 141-148; *Spengel, C. et al.* (2009), S. 69-81.

[202] Die Mindestbeteiligungsquote als Tatbestandsvoraussetzung für die Steuerfreistellung von Dividenden aus Schachtelbeteiligungen muss in Deutschland gemäß *§ 8b Abs. 1 Satz 1* und *Abs. 4 Satz 1 KStG* mehr als 10 % und in den Niederlanden gemäß *Art. 13 Abs. 1-3 Wet Vpb* mehr als 5 % betragen. Siehe hierzu auch Abschnitt 6.2.2.2.3.2.

<u>*Prämisse 2.4:*</u> F&E-Funktionen stellen grundsätzlich keinen (Teil-)Betrieb im steuerlichen Sinne dar, sodass sich die im Modell simulierten Bestands-, Zahlungs-, und Ertragsgrößen sowie die daraus resultierenden Steuerwirkungen auf die betrachtete F&E-Funktion beziehen.

Eine Funktion i. S. v. § 1 Abs. 3 Satz 9 AStG „ist eine Geschäftstätigkeit, die aus einer Zusammenfassung gleichartiger betrieblicher Aufgaben besteht, die von bestimmten Stellen oder Abteilungen eines Unternehmens erledigt werden.“ [203] Sie ist i. d. R. nicht mit einem (Teil-)Betrieb identisch, sondern bildet eine geringere Aggregationseinheit innerhalb eines Unternehmens.[204] Für die Ermittlung der Grenzpreise im hypothetischen Fremdvergleich[205] sowie die Quantifizierung der Steuerwirkungen aus der Verlagerung einer F&E-Funktion müssen Bestands-, Zahlungs- und Ertragsgrößen für die verlagerte Funktion bestimmt werden. Hierzu sind insbesondere funktionsbezogene Steuerbemessungsgrundlagen[206] für alle Perioden innerhalb des Betrachtungszeitraums zu ermitteln. Der Berechnung der funktionsbezogenen Steuerbemessungsgrundlagen liegen vereinfachende Annahmen zugrunde, da das zu versteuernde Einkommen der Körperschaft – und nicht einer einzelnen Funktion – den Anknüpfungspunkt für die Ertragsteuern bildet.[207] Eine positive funktionsbezogene Steuerbemessungsgrundlage führt unabhängig vom zu versteuernden Einkommen des Konzernunternehmens im Modell zu einer Steuerschuld. Demgegenüber folgt aus einer negativen funktionsbezogenen Steuerbemessungsgrundlage eine Steuererstattung, da die Annahme getroffen wird, dass ein Verlust aus der Funktionsausübung unmittelbar mit Gewinnen aus anderen Funktionen desselben Konzernunternehmens ausgeglichen werden kann (sofortiger Verlustausgleich). Eine explizite Erfassung der exogenen Einkünfte aus anderen Funktionen erfolgt allerdings nicht.[208]

---

[203] *§ 1 Abs. 1 Satz 1 FVerlV.*

[204] So auch *Bredow, A. v.* (2011), S. 69. Vgl. zur Abgrenzung einer Funktion i. S. v. *§ 1 Abs. 3 Satz 9 AStG* Abschnitt 3.2.1.1.

[205] Siehe zum hypothetischen Fremdvergleich Abschnitt 3.1.2.3.

[206] Vgl. *IDW S 5.45.*

[207] Anknüpfungspunkt der Ertragsbesteuerung bei Kapitalgesellschaften ist das zu versteuernde Einkommen. Vgl. *§ 7 Abs. 1 KStG*; *R 29 Abs. 1 KStR*; *Art. 7 Abs. 1 Wet Vpb.* Bezogen auf eine Funktion entsprechen sich das zu versteuernde Einkommen und der steuerliche Gewinn, sodass im Folgenden die Begriffe (körperschaftsteuerlicher) Gewinn und zu versteuerndes Einkommen im Zusammenhang mit der Besteuerung von Funktionen synonym verwendet werden.

[208] Ähnlich *Lühn, A.* (2009), S. 147; *Scheffler, W.* (2013), S. 204.

<u>*Prämisse 2.5:*</u> Es werden nur die ertragsteuerlichen Auswirkungen der Outbound-Verlagerung einer F&E-Funktion in die Niederlande betrachtet.

Die verlässliche Ermittlung der Steuerwirkungen aus der Verlagerung einer F&E-Funktion in die Niederlande sowie die darauf aufbauende Ableitung von Handlungsempfehlungen erfordern grundsätzlich eine vollständige Berücksichtigung der steuerrechtlichen Rahmenbedingungen sowie sämtlicher Steuerarten, sofern diese einen entscheidungserheblichen Einfluss auf die Verlagerungsentscheidung haben.[209]

Innerhalb der EU sind supranationale Rechtsvorschriften bei der Steuerplanung zu beachten. Art. 113 AEUV regelt die Harmonisierung der Umsatzsteuer und der sonstigen indirekten Steuern zur Gewährleistung eines funktionierenden EU-Binnenmarkts. Die EU-einheitliche Anwendung des Bestimmungslandprinzips sowie die Möglichkeit eines grenzüberscheitenden Vorsteuerabzugs führt zu einer weitest gehenden Steuerneutralität im Bereich der Umsatzsteuer.[210] Weiterhin ist eine Angleichung der Verbrauchsteuerregelungen in den EU-Staaten weit vorangeschritten, obgleich eine vollständige Harmonisierung in diesem Bereich bisher noch nicht vollzogen werden konnte.[211] Ferner ist in Art. 28 AEUV eine Zollunion geregelt, welche es den EU-Mitgliedstaaten untersagt, untereinander Ein- und Ausfuhrzölle zu erheben. Hingegen konnte in Bezug auf die Regelungen zur Ertragsbesteuerung in den einzelnen EU-Mitgliedstaaten keine Vereinheitlichung erzielt werden.[212]

Im Modell werden daher ausschließlich Ertragsteuern berücksichtigt, da sich diese zwischen den beiden betrachteten Staaten unterscheiden und folglich untersuchungsrelevant sind. Zölle und die Umsatzsteuer sind aufgrund der EU-weiten Harmonisierung sowie der Schaffung einer Zollunion grundsätzlich nicht entscheidungserheblich und werden daher nicht berücksichtigt. Des Weiteren werden Grund- und Verbrauchsteuern ausgeblendet, da diese bei Funktionsverlagerungen i. d. R. von untergeordneter Bedeutung sind.

---

[209] Siehe hierzu auch *Jacobs, O. H./Spengel, C.* (2000), S. 335.

[210] Siehe *Rat der EG (Hrsg.)* (2006).

[211] Siehe hierzu *Jacobs, O. H. et al. (Hrsg.)* (2011), S. 165 f.

[212] Derzeit bestehen jedoch Bestrebungen zur Einführung einer gemeinsamen konsolidierten Körperschaftsteuerbemessungsgrundlage innerhalb der EU. Siehe hierzu etwa *Förster, G./Krauß, S.* (2011); *Jacobs, O. H. et al. (Hrsg.)* (2011), S. 237-251; *Kahle, H./Dahlke, A.* (2011); *Schaumburg, H.* (2011), Rn. 3.58; *Spengel, C./Oestreicher, A.* (2009), S. 774 f.

Prämisse 2.6: Nach der Verlagerung führt die niederländische Tochtergesellschaft die F&E-Funktion aus. Im Falle eines erfolgreichen Abschlusses lizenziert diese die F&E-Ergebnisse an die deutsche Muttergesellschaft.

Die Ausübung einer F&E-Funktion ist mit erheblichen Risiken verbunden, sodass die Ergebnisse der F&E-Tätigkeit ex ante unsicher sind.[213] Bei einem erfolgreichen Abschluss sind diese der Gesellschaft zuzurechnen, auf deren Rechnung und Gefahr die F&E-Tätigkeit ausgeführt wird. Um die Ergebnisse der Handlungsalternativen mit denen der Unterlassungsalternative vergleichen zu können, werden im Falle einer Verlagerung der F&E-Funktion in die Niederlande die F&E-Ergebnisse an die deutsche Muttergesellschaft lizenziert und von dieser durch Weiterlizenzierung an andere Konzerngesellschaften verwertet (Durchleitungsrechte). Die niederländische Tochtergesellschaft erhält dafür eine fremdvergleichskonforme, umsatzabhängige Lizenzgebühr.[214]

Prämisse 2.7: Die Kapitalgesellschaften verfügen zu Beginn des Betrachtungszeitraums über ein deterministisches funktionsbezogenes Eigenkapital. Während des Betrachtungszeitraums kann der deutschen Muttergesellschaft kein weiteres Eigenkapital zugeführt werden.

Unternehmen sind für die Anteilseigner Mittel zum Zweck und dienen der Erfüllung ihrer finanziellen Bedürfnisse. Zur Beurteilung der Vorteilhaftigkeit einzelner Handlungsalternativen sind deren steuerliche Konsequenzen daher auch grundsätzlich auf Ebene der Gesellschafter zu ermitteln.[215] Dies gilt jedoch nur insoweit, als dass die alternativen Handlungsmöglichkeiten die Höhe der Steuerzahlungen bei den Gesellschaftern beeinflussen. Natürliche Personen als Gesellschafter sind in die Untersuchung einzubeziehen, wenn die Muttergesellschaft entweder in der Rechtsform einer Personengesellschaft[216] firmiert oder eine Kapitalgesellschaft ist und ihr während des Betrachtungszeitraums Eigen- oder Fremdkapital durch die Gesellschafter zugeführt wird.[217]

---

213 Siehe für eine Erläuterung der verschiedenen F&E-Risiken Abschnitt 4.1.3.

214 Zur Fremdüblichkeit der Vereinbarung von Umsatzlizenzen siehe etwa *Groß, M.* (2011), Rn. 103; *Schaumburg, H.* (2011), Rn. 16.372.

215 Vgl. *Jacobs, O. H.* (1991), S. 269; *König, R.* (2004), S. 261; *Wagner, F. W.* (1984), S. 202 f.

216 Die Personengesellschaft ist selbst nicht Subjekt der Einkommensbesteuerung. Vielmehr ist sie Subjekt der Gewinnerzielung, soweit durch sie die Merkmale eines Besteuerungstatbestands verwirklicht werden, welche den Gesellschaftern für deren Besteuerung zuzurechnen sind. Sie ist Steuerrechtssubjekt bei der Feststellung der Einkunftsart und der Einkünfteermittlung. Vgl. *BFH* (1995), S. 617, Rn. 53.

217 Vgl. *Kiesewetter, D./Dietrich, M.* (2007), S. 238-240.

Wird hingegen auf eine Kapitalzufuhr durch natürliche Personen als Gesellschafter verzichtet und ist die Besteuerung der Muttergesellschaft unabhängig von der Besteuerung auf Gesellschaftsebene, so kann bei Kapitalgesellschaftskonzernen auf eine Einbeziehung der Anteilseignerebene verzichtet werden.[218] Die Besteuerung der Ausschüttungen auf Anteilseignerebene stellt in diesen Fällen eine lineare Transformation der entscheidungserheblichen Zahlungsmittelüberschüsse dar, welche die Präferenzrelation der Handlungsalternativen nicht verändert und somit entscheidungsneutral ist. Da annahmegemäß der deutschen Muttergesellschaft während des Betrachtungszeitraums kein Kapital durch die natürlichen Gesellschafter zugeführt wird und auch sonst keine gesellschafts- oder schuldrechtlichen Geschäftsvorfälle erfolgen, kann die Anteilseignerebene aus der Untersuchung ausgeklammert werden.

Die Annahme einer Nichtzuführung von (Beteiligungs-)Kapital durch den unmittelbaren Anteilseigner während des Betrachtungszeitraums gewährleistet eine grundsätzliche Unabhängigkeit der Untersuchung von Finanzierungsalternativen.[219] Nur in Fällen, in denen die niederländische Tochtergesellschaft am Ende des Betrachtungszeitraums in t=T ein negatives funktionsbezogenes Eigenkapital aufweist, erfolgt im Modell eine offene Kapitaleinlage durch die deutsche Muttergesellschaft.

Prämisse 2.8: Ein Liquiditätsbedarf während des Betrachtungszeitraums wird durch die Aufnahme von externem Fremdkapital gedeckt. Die Höhe des Fremdkapitals ergibt sich endogen aus dem Modell und ist von Periode zu Periode variabel. Der Fremdkapitalbestand der Vorperiode wird mit dem Fremdkapitalzinssatz (r^{FK}) verzinst.

Übersteigen die Auszahlungen während einer Periode die Liquiditätsbestände zuzüglich der Einzahlungen, ergibt sich ein Liquiditätsbedarf. Dieser wird durch die Aufnahme von Fremdkapital[220] bei externen Kapitalgebern (z. B. Banken) gedeckt.[221] Alternative

---

[218] Vgl. *Lühn, A.* (2009), S. 68 f.; *Roeder, A.* (2008), S. 206.

[219] Durch die Unabhängigkeit der Untersuchung von konzerninternen Finanzierungsalternativen soll eine Überlagerung der Steuerwirkungen aus der Funktionsverlagerung durch steuerliche Finanzierungseffekte verhindert und somit die Aussagekraft der Ergebnisse gesteigert werden. Bezüglich der Steuerwirkungen aus verschiedenen Finanzierungsformen wird an dieser Stelle verwiesen auf *Scheffler, W.* (2009), S. 339-416; *Scheffler, W.* (2013), S. 152-217; *Schneeloch, D.* (2011), S. 219-286.

[220] Ausführlich zu den verschiedenen Möglichkeiten der Fremdkapitalzurechnung zu einer Funktion siehe *Luckhaupt, H.* (2013), S. 257-259.

[221] Entsprechend *Schäfer, H.* (2005), S. 206; *Spengel, C.* (1995), S. 326 f.

externe Finanzierungsmöglichkeiten werden nicht betrachtet.[222] Der Steuerpflichtige kann der Finanzverwaltung gegenüber darlegen, wie der höhere Fremdfinanzierungsgrad der F&E-Funktion im Vergleich zum Gesamtunternehmen zustande kommt und welche Auswirkungen sich auf den Kapitalisierungszinssatz ergeben.[223] Der Fremdkapitalbestand (FK_t) ist während des Betrachtungszeitraums variabel und ergibt sich aus dem Fremdkapitalbestand der Vorperiode (FK_{t-1}) zuzüglich des negativen Liquiditätssaldos am Ende einer Periode t.[224] Der Fremdkapitalbestand wird mit dem Fremdkapitalzinssatz (r^{FK}) verzinst.[225] Die Fremdkapitalzinsen sind der F&E-Funktion direkt zurechenbar.

Prämisse 2.9: Finanzielle Überschüsse einer Periode werden primär zur Tilgung von finanziellen Verbindlichkeiten verwendet.

Die primäre Verwendung eines Liquiditätsüberschusses zur Tilgung von Verbindlichkeiten gegenüber externen Kapitalgebern erweist sich als vorteilhaft, wenn der Anlagezinssatz (r^H) geringer ist als der Fremdkapitalzinssatz (r^{FK}).[226] Vor diesem Hintergrund ist die Annahme einer vorzugsweisen Verrechnung von finanziellen Überschüssen mit finanziellen Verbindlichkeiten zweckmäßig.

Prämisse 2.10: Bestehen am Ende einer Periode t keine Verbindlichkeiten gegenüber externen Kapitalgebern, schüttet die niederländische Tochtergesellschaft die überschüssigen liquiden Mittel an die deutsche Muttergesellschaft aus. Auf Ebene der deutschen Muttergesellschaft werden Liquiditätsüberschüsse thesauriert und zinsbringend bei externen Kapitalnehmern zu einem Anlagezinssatz in Höhe von r^H per anno angelegt.

---

[222] Dies stellt eine vereinfachende Prämisse dar, da forschende Unternehmen i. d. R. einen geringen Verschuldungsgrad aufweisen. Siehe *Grabowski, H. G./Vernon, J. M.* (1990), S. 807; *Myers, S. C./ Howe, C. D.* (1997), S. 20. Die Wahl der Finanzierung der Geschäftstätigkeit steht in der Disposition der betrieblichen Entscheidungsträger und ist von der Finanzverwaltung m. E. grundsätzlich anzuerkennen. Einschränkend *Luckhaupt, H.* (2013), S. 258.

[223] Siehe hierzu *BMF (Hrsg.)* (2010), S. 774, Rn. 94. Die Auswirkungen der Fremdfinanzierung auf den Kapitalisierungszinssatz hängen von Finanzierungsprämissen ab, die der Transferpaketbewertung zugrunde gelegt werden. Vgl. hierzu Abschnitt 5.1.1.

[224] Zur Bestimmung des Liquiditätssaldos siehe Abschnitt 6.2.2.1.1.

[225] Der Fremdkapitalzinssatz wird während des Betrachtungszeitraums sowohl bei der niederländischen Tochtergesellschaft als auch bei der deutschen Muttergesellschaft aus Vereinfachungsgründen als konstant angenommen. Diese Annahme dient der Vereinfachung und kann jederzeit variiert werden.

[226] Vgl. *Schäfer, H.* (2005), S. 210 f.

Zur Beurteilung der Vorteilhaftigkeit steuerlicher Handlungsalternativen müssen monetäre Ziele definiert und der Grad der Zielerreichung auf der Basis eines eindeutigen Vorteilhaftigkeitskriteriums bestimmt werden.[227] Der Vermögensendwert auf Ebene der deutschen Muttergesellschaft bildet die zu maximierende Größe, welche den Saldo der Ein- und Auszahlungen während eines ex ante definierten Betrachtungszeitraums erfasst.[228] Deswegen werden im Modell die Liquiditätsüberschüsse der niederländischen Tochtergesellschaft am Ende einer Periode an die deutsche Muttergesellschaft ausgeschüttet.[229] Alternative Mittelverwendungsmöglichkeiten der niederländischen Tochtergesellschaft (z. B. Gewinnthesaurierungen) stehen nicht im Fokus der Untersuchung und werden daher aus Gründen der Komplexitätsreduktion im Modell nicht betrachtet. Auf Ebene der deutschen Muttergesellschaft werden Liquiditätsüberschüsse bei externen Kapitalnehmern nach Tilgung der finanziellen Verbindlichkeiten zu einem Anlagezinssatz (r^H) angelegt.

Abb. 2.5 stellt den Untersuchungsgegenstand sowie die der Untersuchung zugrunde liegenden Prämissen grafisch dar.

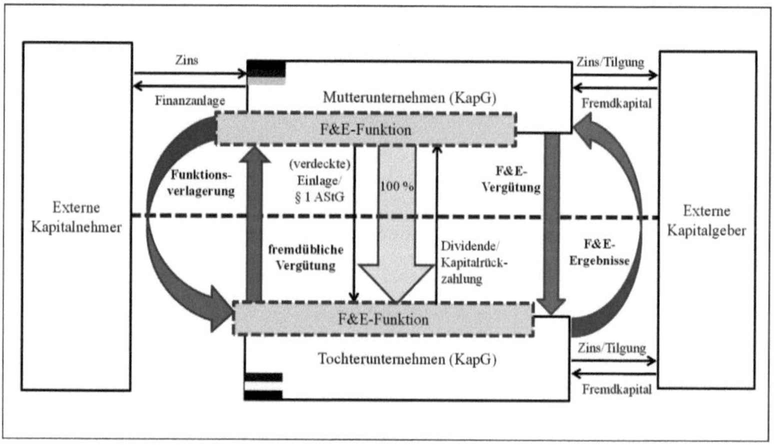

Abb. 2.5: Untersuchungsgegenstand

[227] Vgl. *Schneeloch, D.* (2011), S. 7.
[228] Siehe hierzu auch die Ausführungen in Abschnitt 6.1.3.
[229] Handels- und gesellschaftsrechtliche Ausschüttungsbeschränkungen werden nicht berücksichtigt. Im Modell wird ein ausreichender Bestand an Gewinnvorträgen und Rücklagen unterstellt.

3 Besteuerung grenzüberschreitender Funktionsverlagerungen

Mit der Neuregelung des § 1 AStG im Rahmen des UntStRefG wurden im deutschen Steuerrecht erstmals Regelungen zur Verrechnungspreisbestimmung bei grenzüberschreitenden Liefer- und Leistungsbeziehungen zwischen Konzernunternehmen kodifiziert. Das mit der Neuregelung verbundene Ziel des Gesetzgebers bestand darin, ein erhöhtes Maß an Rechtssicherheit zu erreichen und die Besteuerung in Deutschland geschaffener Werte sicherzustellen.[230] Insbesondere die Regelungen zur steuerlichen Erfassung von Funktionsverlagerungen, welche bis dato nach Auffassung des Gesetzgebers nicht hinreichend klar kodifiziert waren, wurden zur Sicherstellung einer sachgerechten Besteuerung des Wertetransfers ins Ausland konkretisiert.[231] Darüber hinaus sollte die Attraktivität von Steuersubstratverlagerungen ins Ausland durch negative Steueranreize verringert werden.[232]

Zur Sicherstellung einer einheitlichen Abgrenzung der Einkünfte zwischen verbundenen Unternehmen veröffentlichte das BMF am 12. August 2008 eine „Verordnung zur Anwendung des Fremdvergleichsgrundsatzes nach § 1 Abs. 1 des Außensteuergesetzes in Fällen grenzüberschreitender Funktionsverlagerungen (Funktionsverlagerungsverordnung – FVerlV)", wodurch die Regelungen des § 1 AStG insbesondere in Bezug auf die Besteuerung von Funktionsverlagerungen eine Konkretisierung erfahren sollten. Ergänzend zu der Rechtsverordnung veröffentlichte das BMF am 13. Oktober 2010 ein Schreiben über die „Grundsätze für die Prüfung der Einkunftsabgrenzung zwischen nahestehenden Personen in Fällen von grenzüberschreitenden Funktionsverlagerungen (Verwaltungsgrundsätze Funktionsverlagerung)"[233] (VWG-FVerl), welches die Verwaltungsauffassung zur Behandlung grenzüberschreitender Funktionsverlagerungen widerspiegelt.

Die mit diesem Kapitel verbundene Zielsetzung besteht darin, die Vorschriften zur Besteuerung grenzüberschreitender Funktionsverlagerungen darzustellen und zu analysieren. Hierzu werden zunächst in Abschnitt 3.1 die Grundlagen der Besteuerung grenzüberschreitender Geschäftsbeziehungen erläutert. Abschnitt 3.2 widmet sich der Darstellung der Tatbestandsmerkmale für die Besteuerung einer Funktionsverlagerung nach

[230] Vgl. *Bundesregierung (Hrsg.)* (2007), S. 84.
[231] Vgl. *Bundesregierung (Hrsg.)* (2007), S. 34.
[232] Vgl. *Bundesregierung (Hrsg.)* (2007), S. 1.
[233] *BMF (Hrsg.)* (2010), S. 774.

§ 1 Abs. 3 Satz 9 AStG. Danach werden in Abschnitt 3.3 die Rechtsfolgen aus einer Funktionsverlagerung ins Ausland erörtert und in Abschnitt 3.4 die Regelungen des § 1 Abs. 3 Satz 11 und 12 AStG zur gesetzlichen Preisanpassungsklausel beleuchtet. Im Anschluss an die Erläuterung der deutschen Regelungen zur Besteuerung grenzüberschreitender Funktionsverlagerungen wird in Abschnitt 3.5 die Besteuerung grenzüberschreitender Funktionsverlagerungen in den Niederlanden analysiert. Das Kapitel schließt mit einer Zusammenfassung der zentralen Erkenntnisse.

3.1 Besteuerungsgrundsätze

Eine verursachungsgerechte Einkünftezuordnung zwischen Konzernkapitalgesellschaften erfolgt durch die Abrechnung der Leistungsbeziehungen mithilfe konzerninterner Verrechnungspreise auf jeder Stufe des Wertschöpfungsprozesses.[234] Die zwischen verbundenen Unternehmen vereinbarten Verrechnungspreise müssen steuerrechtlich den Preisen entsprechen, die unabhängige Transaktionspartner am freien Markt einer vergleichbaren Geschäftsbeziehung zugrunde legen würden.[235] In Abhängigkeit von der Verfügbarkeit und der Qualität von Informationen und Daten vergleichbarer Markttransaktionen können verschiedene Arten des Fremdvergleichs sowie unterschiedliche Methoden der Verrechnungspreisermittlung differenziert werden.

Trotz der rechtlichen Selbstständigkeit der einzelnen Konzerngesellschaften können diese aufgrund ihrer gesellschaftsrechtlichen Verflechtung gleichgerichtete Interessen haben.[236] Dies hat zur Folge, dass konzerninterne Geschäftsbeziehungen nicht durch die üblichen Interessengegensätze zwischen Dritten geprägt sind und Einkünfte zulasten eines Staates in einen anderen verlagert werden können.[237] Um derartigen Einkünfteverlagerungen entgegenzuwirken, bestehen für steuerliche Zwecke national wie international Regelungen zur Korrektur nicht fremdvergleichskonformer Verrechnungspreise.

---

[234] Allgemein zur Einkünftezuordnung bei grenzüberschreitenden Geschäftsbeziehungen zwischen Konzernkapitalgesellschaften *Jacobs, O. H. et al. (Hrsg.)* (2011), S. 551; *Schaumburg, H.* (2011), Rn. 18.80.

[235] Vgl. *§ 1 Abs. 1 Satz 1 AStG*; *Art. 8b Abs. 1 Wet Vpb*; *Art. 9 Abs. 1 OECD-MA*.

[236] Vgl. *Jacobs, O. H. et al. (Hrsg.)* (2011), S. 551; *Pohl, C.* (2013), § 1 AStG, Tz. 4; *Schaumburg, H.* (2011), Rn. 18.80.

[237] Vgl. *Brähler, G.* (2012), S. 393 f.; *Schaumburg, H.* (2011), Rn. 18.80; *Vögele, A./Fischer, W. W.* (2011), Rn. 11.

3.1.1 Fremdvergleichsgrundsatz

Geschäftsbeziehungen unter Dritten liegen Interessengegensätze zugrunde, da beide Parteien ihren Nutzen aus einer Transaktion maximieren möchten. Die Preise, zu denen die Transaktionen ausgeführt werden, unterliegen grundsätzlich den Kräften des freien Marktes,[238] wodurch es zu einer angemessenen Gewinnverteilung zwischen den Geschäftsparteien kommt. Abweichend davon fehlt es bei Geschäftsbeziehungen zwischen Konzerngesellschaften an einem Interessensausgleichsmechanismus des freien Marktes. Bedingt durch die wirtschaftlichen und gesellschaftsrechtlichen Verflechtungen können die Preise für die Leistungsverrechnung zwischen Konzerngesellschaften zur Ausnutzung der zwischenstaatlichen Steuerarbitrage gestaltet werden.[239] Um derartigen Einkünfteverlagerungen entgegenzuwirken, müssen konzerninterne Verrechnungspreise für steuerliche Zwecke hinsichtlich ihrer kaufmännischen und finanziellen Bedingungen vergleichbaren Transaktionen zwischen unabhängigen Unternehmen entsprechen (Fremdvergleichsgrundsatz).

Dem Fremdvergleichsgrundsatz liegt ein Opportunitätskostenansatz zugrunde, wonach ökonomisch handelnde Unternehmen sämtliche verfügbaren Alternativen in ihr Entscheidungskalkül einbeziehen und die Alternative auswählen, die dem Unternehmen den größten Nutzen stiftet.[240] Der Fremdvergleichsgrundsatz soll eine steuerliche Gleichbehandlung von konzerninternen Geschäftsbeziehungen und Geschäftsbeziehungen am freien Markt sicherstellen. Er wirkt somit präventiv gegen Steuergestaltungsmöglichkeiten in multinationalen Konzernen,[241] die eine Verzerrung der Wettbewerbsposition zur Folge haben können[242]. Zur Durchsetzung des Fremdvergleichsgrundsatzes sind sowohl national[243] als auch international[244] Regelungen für eine Berichtigung von Verrechnungspreisen kodifiziert worden.[245] In diesem Kontext übernimmt der Fremdvergleichsgrundsatz eine Doppelfunktion: Einerseits dient er der Identifikation nicht

---

[238] Vgl. *OECD (Hrsg.)* (2010b), Tz. 1.2.

[239] Vgl. *Brähler, G.* (2012), S. 393 f.; *Jacobs, O. H. et al. (Hrsg.)* (2011), S. 735; *Schaumburg, H.* (2011), Rn. 18.80; *Vögele, A./Fischer, W. W.* (2011), Rn. 11.

[240] Vgl. *OECD (Hrsg.)* (2010b), Tz. 1.34.

[241] Vgl. *Pohl, C.* (2013), § 1 AStG, Tz. 5.

[242] Vgl. *OECD (Hrsg.)* (2010b), Tz. 1.8.

[243] Vgl. etwa *§ 1 Abs. 1 Satz 1 AStG*, *§ 8 Abs. 3 Satz 2 KStG* und *§ 8 Abs. 3 Satz 3-6 KStG* für Deutschland und *Art. 8b Abs. 1 Wet Vpb* für die Niederlande.

[244] Vgl. *Art. 9 Abs. 1 OECD-MA*.

[245] Ausführlich zur Verrechnungspreiskorrektur nach nationalen und internationalen Rechtsvorschriften siehe die Abschnitte 3.1.4 und 3.1.5.

fremdüblicher Geschäftsbedingungen zwischen Konzerngesellschaften und bildet andererseits den Maßstab für die Verrechnungspreiskorrektur.

3.1.2 Arten des Fremdvergleichs

Der Fremdvergleichsgrundsatz ist abstrakt formuliert und wird im deutschen Steuerrecht durch drei Arten des Fremdvergleichs präzisiert.[246] Zwischen den Fremdvergleichsarten besteht eine eindeutige Anwendungshierarchie, die durch die Verfügbarkeit und die Qualität von Informationen und Daten aus vergleichbaren Markttransaktionen bestimmt wird. Innerhalb der jeweiligen Fremdvergleichsart können unterschiedliche Methoden zur Ermittlung fremdvergleichskonformer Verrechnungspreise zur Anwendung kommen.[247] Den Einfluss der verfügbaren Informationen und Daten aus vergleichbaren Markttransaktionen auf die Anwendbarkeit der Fremdvergleichsarten und der Fremdvergleichsmethoden stellt die nachfolgende Abb. 3.1 dar.

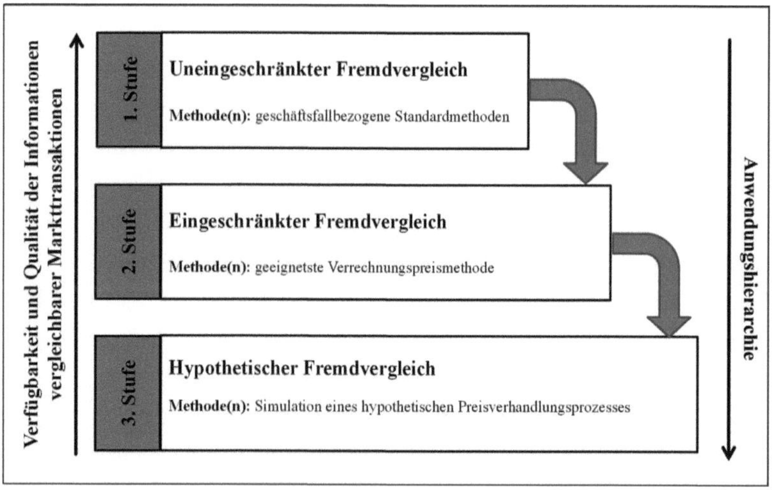

Abb. 3.1: Hierarchie der Fremdvergleichsarten
(Quelle: *Stein, S. et al.* (2013), S. 494)

[246] Siehe *§ 1 Abs. 3 AStG.*
[247] Siehe für eine Beschreibung der einzelnen Verrechnungspreismethoden Abschnitt 3.1.3.

3.1.2.1 Uneingeschränkter Fremdvergleich

§ 1 Abs. 3 Satz 1 AStG regelt, dass primär ein uneingeschränkter Fremdvergleich durchzuführen ist. Voraussetzung für diesen ist, dass einerseits die Bedingungen zwischen den konzerninternen Geschäftsbeziehungen und den dazu vergleichbaren Markttransaktionen uneingeschränkt vergleichbar sind und andererseits die erforderlichen Daten und Informationen auch verfügbar sind. Eine weitergehende Konkretisierung findet sich im Schreiben des BMF „Grundsätze für die Prüfung der Einkunftsabgrenzung zwischen nahestehenden Personen mit grenzüberschreitenden Geschäftsbeziehungen in Bezug auf Ermittlungs- und Mitwirkungspflichten, Berichtigungen sowie auf Verständigungs- und EU-Schiedsverfahren (Verwaltungsgrundsätze-Verfahren)"[248]. Demnach liegt ein uneingeschränkter Fremdvergleich vor, wenn die Geschäftsbedingungen der kontrollierten Transaktion identisch zu denen einer Markttransaktion sind oder etwaige Unterschiede keine wesentlichen Auswirkungen auf die Preisbildung haben.[249] Ferner ist von einem uneingeschränkten Fremdvergleich auszugehen, wenn zwar die Geschäftsbedingungen nicht vollständig übereinstimmen, aber durch entsprechende Anpassungen[250] vollständig angeglichen werden können.[251]

Zur Beurteilung der Vergleichbarkeit von Transaktionen ist eine Vergleichbarkeitsanalyse einschließlich einer Funktionsanalyse durchzuführen. Im Rahmen derer werden u. a. die Geschäftsbedingungen, die ausgeübten Funktionen und Verantwortlichkeiten sowie die übernommenen Risiken sowohl für die kontrollierte als auch für die unkontrollierte Transaktion identifiziert und miteinander verglichen.[252] Die Ergebnisse der Vergleichbarkeitsanalyse bilden die Grundlage für die Wahl geeigneter Vergleichstransaktionen, aus denen fremdvergleichskonforme Preise für die kontrollierte Transaktion abgeleitet werden können. Die Ermittlung eines punktuellen Fremdvergleichspreises ist i. d. R. nicht möglich.[253] Vielmehr ergibt sich aus der Beobachtung mehrerer

---

[248] *BMF (Hrsg.)* (2005), S. 570.
[249] Vgl. *BMF (Hrsg.)* (2005), S. 570, Tz. 3.4.12.7 Buchst. a.
[250] Grundsätzlich kritisch zur Berücksichtigung von Anpassungen beim uneingeschränkten Fremdvergleich *Förster, H.* (2011), S. 22; *Kaminski, B.* (2011), S. 437.
[251] In der Literatur wird zum Teil angemerkt, dass aufgrund der hohen Anforderungen an die uneingeschränkte Vergleichbarkeit in der Praxis der uneingeschränkte Fremdvergleich nur in sehr seltenen Fällen zur Anwendung kommt. Vgl. z. B. *Baumhoff, H. et al.* (2007a), S. 1463; *Kasten, C.* (2012), S. 32; *Schreiber, R.* (2006), S. S143.
[252] Vgl. *OECD (Hrsg.)* (2010b), Tz. 1.33-1.63. Siehe ebenfalls *Jacobs, O. H. et al. (Hrsg.)* (2011), S. 561-566; *Vögele, A./Fügemann, H.* (2011), Rn. 85-133.
[253] Vgl. *BFH* (2001), S. 171, Rn. 54; *Borstell, T.* (2011b), Rn. 35; *OECD (Hrsg.)* (2010b), Tz. 1.13; *Pohl, C.* (2013), § 1 AStG, Rn. 109.

Vergleichstransaktionen eine Bandbreite von Fremdvergleichspreisen, die einen vergleichbaren Verlässlichkeitsgrad aufweisen.[254] Abweichungen zwischen den Fremdvergleichspreisen können einerseits aus der Verschiedenheit der Transaktionsbedingungen und andererseits aus der Tatsache, dass auch unabhängige Unternehmen bei vergleichbaren Bedingungen nicht immer denselben Preis vereinbaren, resultieren.[255]

Da sämtliche uneingeschränkt vergleichbaren Marktpreise innerhalb dieser Bandbreite als fremdvergleichskonform zu qualifizieren sind, kann der Steuerpflichtige den für sich vorteilhaftesten Fremdvergleichspreis auswählen.[256] Liegt einer kontrollierten Transaktion allerdings ein Verrechnungspreis zugrunde, der außerhalb der Bandbreite liegt, können die Finanzbehörden eine Korrektur des Preises auf den Median der identifizierten Fremdvergleichspreise vornehmen.[257] Eine Anpassung auf den für den Steuerpflichtigen vorteilhaftesten Fremdvergleichspreis innerhalb der Bandbreite ist unter den Bedingungen des § 1 Abs. 3 Satz 4 AStG nicht möglich. Der Begründung zum UntStRefG folgend sei eine Verrechnungspreiskorrektur auf den Median sachgerecht, da anderenfalls „das deutsche Besteuerungsrecht ohne sachliche Begründung ungerechtfertigt zugunsten der ausländischen Besteuerung geschmälert werden“[258] könnte. Diese Regelung steht allerdings im Widerspruch zur Rechtsprechung des BFH[259], welcher bei uneingeschränkt vergleichbaren Fremdvergleichspreisen eine Anpassung auf den für den Steuerpflichtigen vorteilhaftesten Wert anerkannt hat.[260] Ferner wird die Gleichwertigkeit uneingeschränkt vergleichbarer Fremdvergleichspreise innerhalb der Bandbreite, welche § 1 Abs. 3 Satz 1 AStG implizit unterstellt, im Falle einer Verrechnungspreiskorrektur auf den Median negiert.[261]

3.1.2.2 Eingeschränkter Fremdvergleich

Können keine uneingeschränkt vergleichbaren Fremdvergleichspreise beobachtet werden, ist gemäß § 1 Abs. 3 Satz 2 AStG auf einer zweiten Stufe zu prüfen, ob zumindest

---

[254] Vgl. *§ 1 Abs. 3 Satz 1 Halbsatz 2 AStG*; *OECD (Hrsg.)* (2010b), Tz. 3.55.
[255] Vgl. *BFH* (2001), S. 171, Rn. 54.
[256] Vgl. *Baumhoff, H. et al.* (2007a), S. 1463; *Jacobs, O. H. et al. (Hrsg.)* (2011), S. 643; *Schilling, D./ Kandels, C.* (2012a), S. 1100; *Wassermeyer, F. et al.* (2013), § 1 AStG, Anm. V37.
[257] Vgl. *§ 1 Abs. 3 Satz 4 AStG*. Ausführlich hierzu auch *Wassermeyer, F. et al.* (2013), § 1 AStG, Anm. V46-V50.
[258] *Bundesregierung (Hrsg.)* (2007), S. 85.
[259] Vgl. *BFH* (2001), S. 171, 11. Leitsatz.
[260] Vgl. z. B. *Bödefeld, A./Kuntschik, N.* (2007), S. 245 f.
[261] Zur Kritik an der Korrektur auf den Median vgl. u. a. *Baumhoff, H. et al.* (2007a), S. 1463; *Pohl, C.* (2013), § 1 AStG, Rn. 111; *Wassermeyer, F. et al.* (2013), § 1 AStG, Anm. V50.

eingeschränkt vergleichbare Fremdvergleichspreise ermittelt werden können. Eine Definition des Begriffs eingeschränkt vergleichbarer Fremdvergleichswerte ist im AStG nicht kodifiziert. Nach Verwaltungsauffassung sei eine Beurteilung hinsichtlich der Güte des Informations- und Datenmaterials von den Produkten, Dienstleistungen, übernommenen Funktionen und Risiken abhängig, die allerdings einzelfallbezogen zu erfolgen habe.[262] Nach *Kußmaul/Ruiner*[263] liege eine eingeschränkte Vergleichbarkeit vor, wenn zwar vergleichbare Markttransaktionen beobachtet werden können, das Informations- und Datenmaterial allerdings einen geringeren Zuverlässigkeitsgrad als beim uneingeschränkten Fremdvergleich aufweist. Abzugrenzen von der eingeschränkten Vergleichbarkeit des Informations- und Datenmaterials ist deren Unvergleichbarkeit. Diese liege nach Auffassung des BMF vor, wenn preisrelevante Bedingungen der zu vergleichenden Transaktionen in erheblichem Ausmaß voneinander abweichen, sodass eine Berichtigung der Unterschiede durch Anpassungsrechnungen nicht möglich ist.[264] Ferner seien Transaktionen unvergleichbar, wenn Vergleichsdaten nur lückenhaft oder unvollständig erhoben werden können oder deren Validität so gering ist, dass diese keine Aussagekraft besitzen.

Ein punktueller Fremdvergleichspreis kann beim eingeschränkten Fremdvergleich meist nicht bestimmt werden, sodass die ermittelten eingeschränkt vergleichbaren Fremdvergleichspreise eine Bandbreite bilden.[265] Allerdings ist die Bandbreite im Vergleich zum uneingeschränkten Fremdvergleich aufgrund der geringeren Informations- und Datenqualität regelmäßig größer.[266] Die geringere Güte des Informations- und Datenmaterials ist gemäß § 1 Abs. 3 Satz 3 AStG durch eine Einengung der Bandbreite zu kompensieren. Die Einengung kann durch statistische Verfahren (Verengung der maßgebenden Bandbreite auf die Interquartile Range[267]) oder durch Kontrollrechnungen unter Verwendung anderer Fremdvergleichsmethoden erfolgen.[268] Insofern sind beim eingeschränkten Fremdvergleich nicht alle beobachteten Preise, sondern lediglich die Preise

---

[262] Vgl. *BMF (Hrsg.)* (2005), S. 570, Tz. 3.4.12.7 Buchst. c.

[263] Vgl. *Kußmaul, H./Ruiner, C.* (2010a), S. 499.

[264] Vgl. *BMF (Hrsg.)* (2005), S. 570, Tz. 3.4.12.7 Buchst. b.

[265] Vgl. *§ 1 Abs. 3 Satz 3 AStG.*

[266] Vgl. *Bundesregierung (Hrsg.)* (2007a), S. 85.

[267] Bei der Einengung der Bandbreite auf die Interquartile Range werden die kleinsten 25 % und die größten 25 % der Vergleichswerte von der Betrachtung ausgenommen. Siehe hierzu auch *Kaminski, B.* (2007), S. 596; *Kroppen, H.-K./Rasch, S.* (2001), S. 322; *Wassermeyer, F. et al.* (2013), § 1 AStG, Anm. V42.

[268] Vgl. *BMF (Hrsg.)* (2005), S. 570, Tz. 3.4.12.5 Buchst. c und d.

innerhalb der verengten Bandbreite als fremdvergleichskonform zu erachten.[269] Entspricht der vereinbarte Verrechnungspreis keinem der Fremdvergleichspreise innerhalb der eingeengten Bandbreite, kann eine Korrektur des Verrechnungspreises auf den Median der Fremdvergleichspreise durch die Finanzbehörden erfolgen.[270]

3.1.2.3 Hypothetischer Fremdvergleich

Aufgrund der Heterogenität von Geschäftsbedingungen ist die Ermittlung eines Fremdvergleichspreises auf der Grundlage eines uneingeschränkten oder eingeschränkten Fremdvergleichs bei Funktionsverlagerungen oftmals nicht möglich.[271] In diesen Fällen ist der Fremdvergleichspreis im Rahmen eines hypothetischen Fremdvergleichs durch Simulation eines Preisbildungsprozesses[272] zu bestimmen.[273] Bezugnehmend auf die Grundsätze der klassischen Preistheorie ist im hypothetischen Fremdvergleich ein Einigungsbereich zu bestimmen, innerhalb dessen sich die Geschäftsparteien auf einen Einigungspreis verständigen. Der Einigungsbereich wird durch den Grenzpreis des Verkäufers (Mindestpreis) und den Grenzpreis des Käufers (Höchstpreis) beschränkt.[274]

Der Grenzpreis stellt ein Opportunitätskostenkalkül dar und wird maßgeblich durch die Gewinnerwartungen der Geschäftsparteien determiniert. Er spiegelt beim Verkäufer den Preis wider, den dieser mindestens aus der Geschäftsbeziehung erzielen muss, um sich gegenüber der Unterlassungsalternative nicht schlechter zu stellen. Beim Käufer repräsentiert dieser den Wert, den der Käufer maximal aus dem übertragenen Gegenstand erwirtschaften kann. Der fremdvergleichskonforme Einigungspreis ist unter Bezugnahme auf die individuelle Verhandlungsstärke der Geschäftsparteien zu ermitteln und muss dem Fremdvergleichspreis mit höchster Wahrscheinlichkeit entsprechen.[275] Sofern

---

[269] Dieses Vorgehen zur Einengung der Bandbreite steht in Einklang mit den OECD-Verrechnungspreisrichtlinien. Vgl. *OECD (Hrsg.)* (2010b), Tz. 3.57. Zustimmend *Förster, H.* (2011), S. 22; *Schreiber, R.* (2006), S. S144. Kritisch zur Anwendung der Interquartile Range *Baumhoff, H. et al.* (2007a), S. 1463; *Finsterwalder, O.* (2005), S. 769; *Werra, M.* (2005), S. 21.

[270] Vgl. *§ 1 Abs. 3 Satz 4 AStG.*

[271] Die Ermittlung (un)eingeschränkt vergleichbarer Fremdvergleichspreise kann auf Basis von Datenbankanalysen erfolgen. Aufgrund der hohen Anforderungen an diese ist allerdings eine Bestimmung zufriedenstellender Ergebnisse nur unter sehr restriktiven Voraussetzungen möglich. Ausführlich hierzu siehe *Wahl, A./Preisser, H.* (2008), S. 51-59; *Wellens, L.* (2010), S. 156 f.

[272] Vgl. *Kroppen, H.-K. et al.* (2007), S. 309.

[273] Vgl. *§ 1 Abs. 3 Satz 5-7 AStG.* Siehe hierzu auch *OECD (Hrsg.)* (2013b), Tz. 171-196. Kritisch zur nachrangigen Anwendung des hypothetischen Fremdvergleichs *Baumhoff, H. et al.* (2007a), S. 1462.

[274] Vgl. *§ 1 Abs. 3 Satz 6 AStG*; *OECD (Hrsg.)* (2010b), Tz. 9.81; *OECD (Hrsg.)* (2013b), Tz. 175. Übersteigt der Grenzpreis des Verkäufers den Grenzpreis des Käufers ergibt sich kein Einigungsbereich. Siehe zu diesem Problemkreis Abschnitt 3.3.1.2.3.

[275] Vgl. *§ 1 Abs. 3 Satz 6 Halbsatz 1 AStG.*

ein wahrscheinlichster Fremdvergleichspreis nicht festgestellt werden kann, ist der Mittelwert der beiden Grenzpreise als Einigungspreis anzusetzen.[276]

Im Rahmen des hypothetischen Fremdvergleichs wird ein Einigungspreis durch bloßes „Nachdenken"[277] ermittelt. Zur Vermeidung von Preisbeeinflussungen durch die gesellschaftsrechtliche Verflechtung zwischen den Geschäftsparteien sind dem Verkäufer und dem Käufer die Handlungsmaxime eines ordentlichen und gewissenhaften Geschäftsleiters zugrunde zu legen (Rechtsfigur des doppelt ordentlichen und gewissenhaften Geschäftsleiters).[278] Die Rechtsfigur des ordentlichen und gewissenhaften Geschäftsleiters bildet einen Maßstab für das vernünftige Verhalten von unabhängigen Geschäftspartnern[279] und wurde durch die Rechtsprechung des BFH[280] zur verdeckten Gewinnausschüttung entwickelt. Dieser unterliegt der Verpflichtung, „im Rahmen der durch die Gesellschafter gesetzten Vorgaben den Gesellschaftszweck aktiv zu verfolgen."[281] Liegt dem Gesellschaftszweck eine wirtschaftliche Zielsetzung zugrunde, so muss auch der Geschäftsleiter sein Handeln an diesen Maßstäben ausrichten und den Nutzen aus einer Geschäftsbeziehung, unabhängig von gesellschaftsrechtlichen Verflechtungen, für das Unternehmen maximieren.

Die Rechtsfigur des ordentlichen und gewissenhaften Geschäftsleiters ist in § 1 Abs. 1 Satz 3 AStG kodifiziert und bildet den Maßstab fremdvergleichskonformen Verhaltens bei Geschäftsbeziehungen zwischen verbundenen Unternehmen. Sie erfährt in § 1 Abs. 1 Satz 3 AStG eine „Überhöhung" dergestalt, dass die Kenntnis aller wesentlichen Umstände der Geschäftsbeziehung zu unterstellen ist. Dies impliziert eine vollständige Informationstransparenz, welche ausweislich der Gesetzesbegründung[282] zum UntStRefG der Vermeidung willkürlicher Fremdvergleichspreise aufgrund gesellschaftsrechtlicher Verflechtungen zwischen den Geschäftsparteien dienen soll. Die Kodifizierung einer vollständigen Informationstransparenz in § 1 Abs. 1 Satz 3 AStG wird

[276] Vgl. *§ 1 Abs. 3 Satz 6 Halbsatz 2 AStG.*
[277] *Baumhoff, H.* (2013), § 1 AStG, Anm. 361; *Bödefeld, A./Kuntschik, N.* (2007), S. 244; *Wellens, L.* (2010), S. 155.
[278] Der BFH hat erstmals in seinem Urteil zur „Nur-Pensionszusage" vom 17. Mai 1995 die Denkfigur des ordentlichen und gewissenhaften Geschäftsleiters zur Beurteilung der Fremdüblichkeit einer Vereinbarung auf beide Vertragsparteien angewendet. Vgl. *BFH* (1995), S. 204. Siehe zur Rechtsfigur des doppelt ordentlichen und gewissenhaften Geschäftsleiters auch *Borstell, T.* (2011b), Rn. 92-95; *Wassermeyer, F.* (2001), S. 636. Vergleichbar hierzu auch *OECD (Hrsg.)* (2013b), Tz. 175.
[279] Vgl. *Wassermeyer, F.* (2001), S. 637.
[280] Vgl. ständige Rechtsprechung seit *BFH* (1967), S. 626.
[281] *BFH* (1991), S. 359, Rn. 16.
[282] Vgl. *Bundesregierung (Hrsg.)* (2007a), S. 85.

im Fachschrifttum[283] stark kritisiert, da bei Geschäftsvorfällen zwischen unabhängigen Unternehmen aufgrund der Unvollkommenheit der Märkte keine Informationstransparenz vorherrsche und somit diese Annahme dem Fremdvergleichsgrundsatz widerspreche.

Der begründeten Kritik im Fachschrifttum an der Regelung des § 1 Abs. 1 Satz 3 AStG ist allerdings entgegenzusetzen, dass eine Integration strategischer Verhandlungsvorteile aufgrund von Informationsasymmetrien in den fiktiven Preisbildungsprozess nur schwer möglich ist. [284] Deshalb führt deren Erfassung nicht notwendigerweise zu einer Steigerung der Verlässlichkeit von Fremdvergleichspreisen. Vielmehr ist nach hier vertretener Auffassung eine Kodifizierung des Kenntnisstands über die wesentlichen Umstände einer Geschäftsbeziehung vor dem Hintergrund der Zielsetzung eines weitestgehend pragmatischen[285] Steuererhebungsverfahrens und zur Vermeidung von Auseinandersetzungen zwischen den Finanzbehörden und dem Steuerpflichtigen zweckmäßig. Weiherhin steigert dies die Rechtssicherheit, da eine Objektivierung des Kenntnisstands über die wesentlichen Umstände einer Geschäftsbeziehung auf Basis von Fremdvergleichsdaten m. E. nur selten möglich sein wird.[286]

3.1.3 Fremdvergleichsmethoden

Die Ermittlung von Fremdvergleichspreisen kann auf der Grundlage unterschiedlicher Fremdvergleichsmethoden erfolgen, deren jeweilige Eignung im Einzelfall durch die Verfügbarkeit und die Qualität von Daten aus vergleichbaren Markttransaktionen determiniert wird. Sind Fremdvergleichsdaten uneingeschränkt vergleichbar, kommen

---

[283] Vgl. *Bödefeld, A./Kuntschik, N.* (2007), S. 248-250; *Ditz, X./Liebchen, D.* (2012), S. 1472; *Frischmuth, M.* (2007c), S. 486; *Frischmuth, M.* (2009a), S. 176; *Jenzen, H.* (2007), S. 3135; *Kaminski, B.* (2007), S. 595; *Kroppen, H.-K. et al.* (2007), S. 327; *Kroppen, H.-K./Nientimp, A.* (2008), S. 849; *Piltz, D. J.* (2008), S. 151 f.; *Strahl, M.* (2008), S. 15862; *Wassermeyer, F.* (2007), S. 536; *Wellens, L.* (2010), S. 155; *Wulf, M.* (2007), S. 2280 f. Relativierend *Jahndorf, C.* (2008), S. 107.

[284] Mithilfe von mathematischen Modellen aus der Spieltheorie (z. B. dem Rubinstein-Verhandlungsmodell oder der Nash-Kalai-Lösung) können fiktive Verhandlungsergebnisse unter vereinfachenden Annahmen ermittelt werden. Allerdings vermögen diese Modelle nicht sämtliche strategischen Elemente eines Verhandlungsprozesses abzubilden. Ein erster Ansatz zur spieltheoretischen Bestimmung eines Einigungspreises im hypothetischen Fremdvergleich findet sich bei *Looks, C./Köhler, H.* (2009), S. 317-325.

[285] Aufgrund des Massenprozesses der Steuerveranlagung sind Typisierungen und Vereinfachungen bei der Steuerveranlagung vorzunehmen, sodass der Aufwand im Zusammenhang mit der Steuerveranlagung für die Finanzverwaltung und den Steuerpflichtigen angemessen ist. Vgl. hierzu *BVerfG* (1963), S. 1, Rn. 58; *BVerfG* (1988), S. 214, Rn. 40; *BVerfG* (1991), S. 348, Rn. 40.

[286] Die Anstrengungen der Marktteilnehmer zur Verringerung von Informationsasymmetrien (z. B. durch Due Diligence Prüfungen) – und damit verbunden auch deren Kenntnisse über die wesentlichen Umstände einer Geschäftsbeziehung – können zwischen einzelnen Transaktionen erheblichen differieren.

vorrangig die geschäftsfallbezogenen Standardmethoden nach § 1 Abs. 3 Satz 1 AStG zur Anwendung.[287] Ermöglichen die beobachtbaren Fremdvergleichsdaten hingegen nur einen eingeschränkten Fremdvergleich,[288] ist aus den zugelassenen Fremdvergleichsmethoden (geschäftsfallbezogene Standardmethoden und geschäftsfallbezogene Gewinnmethoden) die Methode zu identifizieren, mit welcher die verlässlichsten Fremdvergleichspreise bestimmt werden können.[289] In den folgenden Abschnitten werden zunächst die geschäftsfallbezogenen Standardmethoden und daran anschließend die geschäftsfallbezogenen Gewinnmethoden beschrieben.

3.1.3.1 Geschäftsfallbezogene Standardmethoden

Den geschäftsfallbezogenen Standardmethoden liegt ein Opportunitätskostenkalkül zugrunde, welches eine Ableitung von Marktpreisen oder Gewinnspannen zur Bestimmung fremdvergleichskonformer Verrechnungspreise ermöglicht.[290] Unter Berücksichtigung der Quantität und der Qualität von Informationen und Daten aus vergleichbaren Markttransaktionen können drei geschäftsfallbezogene Standardmethoden[291] unterschieden werden, welche untereinander grundsätzlich gleichrangig sind:

- Preisvergleichsmethode;
- Wiederverkaufspreismethode;
- Kostenaufschlagsmethode.

Die geschäftsfallbezogenen Standardmethoden stellen zur Bestimmung von Fremdvergleichspreisen auf tatsächlich beobachtbare Preise oder Bruttomargen vergleichbarer Markttransaktionen ab. Sind in Bezug auf die preisbestimmenden Determinanten allerdings keine oder keine hinreichend vergleichbaren Markttransaktionen beobachtbar,

---

287 Seit der Veröffentlichung der überarbeiteten Verrechnungspreisrichtlinien der OECD im Juli 2010 ist auf die am besten geeignete Verrechnungspreismethode zur Bestimmung eines verlässlichen Fremdvergleichspreis abzustellen. Der prinzipielle Anwendungsvorrang der Standardmethoden wurde aufgegeben. Vgl. *OECD (Hrsg.)* (2010b), Tz. 1.9, Tz. 2.2 und Tz. 2.4. Insofern steht der Vorrang der Standardmethoden nach *§ 1 Abs. 3 Satz 1 AStG* beim uneingeschränkten Fremdvergleich in einem Widerspruch zum internationalen Konsens. Siehe hierzu auch *Stein, S. et al.* (2013), S. 492 f. Relativierend *Förster, H.* (2011), S. 21.

288 Können keine zumindest eingeschränkt vergleichbaren Fremdvergleichsdaten identifiziert werden, kommt keine der Fremdvergleichsmethoden zur Anwendung. Der Fremdvergleichspreis wird stattdessen im Rahmen eines hypothetischen Fremdvergleichs bestimmt.

289 Siehe hierzu Abb. 3.1 auf S. 48.

290 Vgl. *Oestreicher, A.* (2000), S. 35.

291 Ausführlich zu den geschäftsfallbezogenen Standardmethoden siehe *Baumhoff, H.* (2013), § 1 AStG, Anm. 383-542; *Becker, K.* (2009), Art. 9 OECD-MA, Rn. 38-40; *Hülshorst, J./Mank, K.* (2013), Rn. 44-258; *Jacobs, O. H. et al. (Hrsg.)* (2011), S. 572-585; *Kußmaul, H./Ruiner, C.* (2010b), S. 605-611; *OECD (Hrsg.)* (2010b), Tz. 2.12-2.55.

sinkt die Verlässlichkeit der Standardmethoden. Dies gilt insbesondere im Hinblick auf die Bestimmung von Preisen für immaterielle Wirtschaftsgüter, die häufig eine einzigartige Umsatz- und Kostenstruktur aufweisen.[292]

Preisvergleichsmethode

Die Preisvergleichsmethode bestimmt Fremdvergleichspreise auf der Grundlage unmittelbar beobachtbarer Preisvereinbarungen bei vergleichbaren Geschäftsbeziehungen am freien Markt und vergleicht diese mit dem vereinbarten Verrechnungspreis zwischen nahestehenden Unternehmen.[293] Die unmittelbare Bezugnahme auf Marktpreise erfordert eine Vergleichbarkeit der wesentlichen preisbestimmenden Faktoren zwischen dem kontrollierten und dem unkontrollierten Geschäft.[294] Sofern Unterschiede zwischen den preisbestimmenden Faktoren existieren, müssen diese durch sachgerechte Anpassungen beseitigt werden können.[295] Als fremdvergleichskonform sind sämtliche Preisvereinbarungen zwischen unabhängigen Geschäftspartnern in vergleichbaren Transaktionen zu erachten. Dies gilt unabhängig davon, ob die Marktpreise aus Geschäftsvorfällen zwischen einem Konzernunternehmen und einem Dritten (innerer Preisvergleich) oder aus Geschäftsvorfällen unter fremden Dritten (äußerer Preisvergleich) abgeleitet werden.[296] Wegen den hohen Anforderungen an die Vergleichbarkeit der Geschäftsbedingungen bei der Preisvergleichsmethode sind die Fremdvergleichspreise aufgrund der besseren Datenverfügbarkeit vorzugsweise auf der Grundlage des inneren Fremdvergleichs zu ermitteln.[297] Der innere Preisvergleich stellt die theoretisch exakteste und in der Durchführung zweckmäßigste Verfahrensweise zur Bestimmung von Fremdvergleichspreisen dar.[298] Jedoch führen bereits kleine Abweichungen in den Geschäftsbedingungen zu signifikanten Preisunterschieden, wodurch die Verlässlichkeit der Fremdvergleichspreise gemindert wird. In praxi ist daher der Anwendungsbereich der Preisvergleichsmethode – im Wesentlichen auf standardisierte Güter oder Dienstleistungen – begrenzt.[299]

---

[292] Vgl. *OECD (Hrsg.)* (2010b), Tz. 1.9; *OECD (Hrsg.)* (2013b), Tz. 156 f.
[293] Vgl. *Baumhoff, H.* (2013), § 1 AStG, Anm. 396; *BMF (Hrsg.)* (1983), S. 218, Tz. 2.2.2; *OECD (Hrsg.)* (2010b), Tz. 2.13; *Vögele, A./Raab, J.* (2011b), Rn. 3.
[294] Vgl. *Baumhoff, H.* (2013), § 1 AStG, Anm. 396; *Jacobs, O. H. et al. (Hrsg.)* (2011), S. 578; *OECD (Hrsg.)* (2010b), Tz. 2.15.
[295] So etwa *Baumhoff, H.* (2013), § 1 AStG, Anm. 396.
[296] Vgl. *Baumhoff, H.* (2013), § 1 AStG, Anm. 401-406; *BMF (Hrsg.)* (1983), S. 218, Tz. 2.2.2; *Jacobs, O. H. et al. (Hrsg.)* (2011), S. 577; *Kußmaul, H./Ruiner, C.* (2010a), S. 499 f.; *OECD (Hrsg.)* (2010b), Tz. 3.24; *Pohl, C.* (2013), § 1 AStG, Rn. 78; *Vögele, A./Raab, J.* (2011b), Rn. 4-13.
[297] So etwa auch *Jacobs, O. H. et al. (Hrsg.)* (2011), S. 577.
[298] Vgl. *Baumhoff, H.* (2013), § 1 AStG, Anm. 357; *OECD (Hrsg.)* (2010b), Tz. 2.14.
[299] Vgl. *Baumhoff, H.* (2013), § 1 AStG, Anm. 411 f.; *Jacobs, O. H. et al. (Hrsg.)* (2011), S. 578.

Wiederverkaufspreismethode

Die Wiederverkaufspreismethode basiert im Gegensatz zur Preisvergleichsmethode auf einer einseitigen, retrograden Ermittlung des Fremdvergleichspreises.[300] Die Ausgangsgröße für die Verrechnungspreisbestimmung bildet der Wiederverkaufspreis. Dieser entspricht dem Preis, den ein Wiederverkäufer am freien Markt durch die Weiterveräußerung – ohne eine (wesentliche) Veränderung der Eigenschaften – des Guts erzielen kann.[301] Der erzielbare Wiederverkaufspreis kann der Geschäftsbeziehung zwischen Konzernunternehmen allerdings nicht unmittelbar zugrunde gelegt werden, da dieser einen Gewinnanteil des Wiederverkäufers (Handelsspanne) enthält. Er ist um einen fremdüblichen Gewinnanteil des Wiederverkäufers zu kürzen.[302]

Die Handelsspanne soll einen Ausgleich für die vom Wiederverkäufer im Zusammenhang mit dem Verkauf aufgewendeten Kosten zuzüglich eines in Bezug auf die ausgeübten Funktionen angemessenen Gewinnzuschlags gewährleisten.[303] Für die Bestimmung fremdüblicher Handelsspannen können die Handelsspannen herangezogen werden, die ein konzerninterner Wiederverkäufer (innerer Betriebsvergleich) oder ein konzernfremder Wiederverkäufer (äußerer Betriebsvergleich) unter vergleichbaren Geschäftsbedingungen erzielen könnte.[304] Weichen die Geschäftsbedingungen des kontrollierten und des unkontrollierten Geschäfts voneinander ab, müssen die daraus resultierenden Auswirkungen auf die Handelsspanne durch entsprechende Anpassungen korrigiert werden. [305] Die Handelsspanne ist bei der Wiederverkaufspreismethode die preisbestimmende Determinante, weshalb Unterschiede in den ausgeübten Funktionen der Wiederverkäufer einen stärkeren Einfluss auf die Preisbildung haben als bei der Preisvergleichsmethode.[306] Dementgegen wirken sich Produktunterschiede nur in geringem Umfang aus.[307]

---

[300] Vgl. *Jacobs, O. H. et al. (Hrsg.)* (2011), S. 579; *Kußmaul, H./Ruiner, C.* (2010b), S. 607.

[301] Vgl. *BMF (Hrsg.)* (1983), S. 218, Tz. 2.2.3; *OECD (Hrsg.)* (2010b), Tz. 2.14; *Vögele, A. et al.* (2011), Rn. 101 f.

[302] Vgl. *Baumhoff, H.* (2013), § 1 AStG, Anm. 416; *Jacobs, O. H. et al. (Hrsg.)* (2011), S. 579; *Vögele, A. et al.* (2011), Rn. 102.

[303] Vgl. *BMF (Hrsg.)* (1983), S. 218, Tz. 2.2.3; *OECD (Hrsg.)* (2010b), Tz. 2.21; *Vögele, A. et al.* (2011), Rn. 106.

[304] Vgl. *Baumhoff, H.* (2013), § 1 AStG, Anm. 422; *Jacobs, O. H. et al. (Hrsg.)* (2011), S. 579; *Kußmaul, H./Ruiner, C.* (2010b), S. 608.

[305] So auch *Jacobs, O. H. et al. (Hrsg.)* (2011), S. 580 f.; *Oestreicher, A.* (2000), S. 38; *Vögele, A. et al.* (2011), Rn. 113.

[306] Vgl. *Baumhoff, H.* (2013), § 1 AStG, Anm. 424.

[307] So auch *Becker, K.* (2009), Art. 9 OECD-MA, Rn. 39.

Kostenaufschlagsmethode

Im Rahmen der Kostenaufschlagsmethode wird der Fremdvergleichspreis ausgehend von den Kosten, welche beim veräußernden Unternehmen im Zusammenhang mit der Transaktion entstehen, progressiv ermittelt. Die zu berücksichtigenden Kosten sind auf Basis von Kalkulationsmethoden zu bestimmen, die der Verkäufer üblicherweise auch der Preispolitik gegenüber Dritten zugrunde legt.[308] Sofern keine vergleichbaren Lieferungen oder Leistungen gegenüber Dritten erbracht werden, erfolgt die Kostenermittlung nach betriebswirtschaftlichen Grundsätzen.[309] Den ermittelten Gesamtkosten ist in einem zweiten Schritt ein betriebs- oder branchenüblicher Gewinnaufschlagsatz bezogen auf die Gesamtkosten (Kalkulationszuschlag) hinzuzurechnen,[310] sodass dem Verkäufer ein angemessener Gewinn aus der Transaktion verbleibt.

Der fremdübliche Gewinnaufschlag ist eine zur Kostenbasis proportionale Verhältnisgröße, die aus vergleichbaren Markttransaktionen abgeleitet wird.[311] Er orientiert sich an der Funktions- und Risikoverteilung zwischen den Geschäftsparteien.[312] Vorzugsweise ist der Gewinnaufschlag aus den Zuschlagssätzen abzuleiten, die die Konzerngesellschaft gegenüber Dritten berechnet (innerer Betriebsvergleich). Ist ein innerer Betriebsvergleich nicht möglich, sind branchenübliche Gewinnaufschläge als Vergleichswerte heranzuziehen, die unabhängige Unternehmen bei vergleichbaren Geschäften durchsetzen können (äußerer Betriebsvergleich).[313]

Die Kostenaufschlagsmethode ist bevorzugt anzuwenden, wenn für die konzernintern gelieferten Produkte keine vergleichbaren Marktpreise existieren.[314] Sie stellt oftmals die allein anwendbare Standardmethode dar.[315] Da der Gewinnaufschlag die preisbestimmende Einflussgröße ist, wird der Fremdvergleichspreis stärker durch die ausgeübten Funktionen und weniger durch Produktunterschiede beeinflusst.

---

[308] Vgl. *Jacobs, O. H. et al. (Hrsg.)* (2011), S. 582.

[309] Vgl. *BMF (Hrsg.)* (1983), S. 218, Tz. 2.2.4. Siehe ergänzend *Jacobs, O. H. et al. (Hrsg.)* (2011), S. 582; *Kußmaul, H./Ruiner, C.* (2010b), S. 609; *Vögele, A./Raab, J.* (2011b), Rn. 163 f.

[310] Vgl. *BMF (Hrsg.)* (1983), S. 218, Tz. 2.2.4; *OECD (Hrsg.)* (2010b), Tz. 2.39.

[311] Der BFH erachtet einen Gewinnaufschlag i. H. v. 10 % bis 15 % als nicht unangemessen. Vgl. *BFH* (1960), S. 731. Abweichend zur BFH-Rechtsprechung erachtet die Finanzverwaltung einen Gewinnaufschlag i. H. v. 5 % bis 10 % als grundsätzlich angemessen. Vgl. *BMF (Hrsg.)* (1984), S. 458, IV. Betriebsstättengewinn.

[312] Vgl. *Jacobs, O. H. et al. (Hrsg.)* (2011), S. 584; *Vögele, A./Raab, J.* (2011b), Rn. 234.

[313] Vgl. *BMF (Hrsg.)* (1983), S. 218, Tz. 2.2.4; *Jacobs, O. H. et al. (Hrsg.)* (2011), S. 584; *OECD (Hrsg.)* (2010b), Tz. 2.40; *Oestreicher, A.* (2000), S. 39; *Vögele, A./Raab, J.* (2011b), Rn. 234.

[314] Vgl. *BMF (Hrsg.)* (1983), S. 218, Tz. 2.1.3 und Tz. 3.2.3.2; *Kußmaul, H./Ruiner, C.* (2010b), S. 610.

[315] So *Jacobs, O. H. et al. (Hrsg.)* (2011), S. 584.

3.1.3.2 Geschäftsfallbezogene Gewinnmethoden

Die geschäftsfallbezogenen Gewinnmethoden bestimmen die Fremdvergleichspreise, indem der (erwartete) Gewinn aus einer Transaktion mithilfe eines angemessenen Maßstabs auf die beteiligten Konzernunternehmen aufgeteilt wird.[316] Durch die Bezugnahme auf fremdübliche Gewinnsätze bzw. -spannen können diese auch dann zur Anwendung kommen, wenn die Daten- und Informationsqualität vergleichbarer Markttransaktionen für die Anwendung der transaktionsbezogenen Standardmethoden nicht ausreichend ist.[317] Im Unterschied zu den internationalen Verrechnungspreisgrundsätzen sind die geschäftsfallbezogenen Gewinnmethoden gemäß § 1 Abs. 3 Satz 1 AStG bei Vorliegen uneingeschränkt vergleichbarer Fremdvergleichsdaten gegenüber den geschäftsfallbezogenen Standardmethoden nachrangig anzuwenden.[318]

Die Anwendung der Gewinnmethoden ist sowohl vom BMF[319] als auch von der OECD[320] auf die geschäftsfallbezogene Gewinnaufteilungsmethode und die geschäftsfallbezogene Nettomargenmethode begrenzt. Globale Gewinnmethoden werden hingegen strikt abgelehnt,[321] weshalb diese im Folgenden nicht beschrieben werden.

<u>Geschäftsfallbezogene Gewinnaufteilungsmethode</u>

Bei der geschäftsfallbezogenen Gewinnaufteilungsmethode ist im Rahmen einer ex ante Betrachtung der erwartete Gewinn aus einer Geschäftsbeziehung zu bestimmen und unter Verwendung eines angemessenen Verteilungsschlüssels auf die am Wertschöpfungsprozess beteiligten Konzernunternehmen aufzuteilen.[322] Der Verteilungsschlüssel bemisst sich nach den zu erbringenden Leistungen, den eingesetzten (immateriellen) Wirtschaftsgütern sowie den ausgeübten Funktionen und übernommenen Risiken.[323] Er ermöglicht die Zuordnung eines Teilgewinns zu jedem Konzernunternehmen, den unabhängige Vertragsparteien bei vergleichbaren Geschäftsvorfällen erwartet hätten.[324] Die geschäftsfallbezogene Gewinnaufteilungsmethode kann in mehrere Ausprägungs-

---

[316] Vgl. *Baumhoff, H.* (2013), § 1 AStG, Anm. 543.
[317] Vgl. *Jacobs, O. H. et al. (Hrsg.)* (2011), S. 588.
[318] Vgl. *Stein, S. et al.* (2013), S. 492 f.
[319] Vgl. *BMF (Hrsg.)* (2005), S. 570, Tz. 3.4.10.3.
[320] Vgl. *OECD (Hrsg.)* (2010b), Tz. 2.56-2.149.
[321] Vgl. *BMF (Hrsg.)* (2005), S. 570, Tz. 3.4.10.3 Buchst. d; *OECD (Hrsg.)* (2010b), Tz. 1.16-1.19.
[322] Vgl. *OECD (Hrsg.)* (2010b), Tz. 2.108 und Tz. 2.116.
[323] Vgl. *OECD (Hrsg.)* (2010b), Tz. 2.132-2.140.
[324] Vgl. *OECD (Hrsg.)* (2010b), Tz. 2.115.

formen unterschieden werden, wobei international die Beitragsmethode und die Restgewinnmethode bevorzugt anzuwenden sind.[325]

Bei der Beitragsmethode wird der Gewinn aus einem Geschäftsvorfall im Verhältnis der Wertschöpfungsbeiträge der beteiligten Konzernunternehmen aufgeteilt.[326] Diese sind vorzugsweise aus vergleichbaren Marktdaten abzuleiten. Ist dies nicht möglich, erfolgt die Gewinnaufteilung im Verhältnis der relativen Werte der Funktionen, die an der Wertschöpfung beteiligt sind.[327] Bei der Restgewinnmethode werden die Gewinne im Unterschied zur Beitragsmethode in einem zweistufigen Prozess verteilt.[328] Auf der ersten Stufe wird jedem an dem Geschäftsvorfall beteiligten Konzernunternehmen eine Mindestrendite (Basisgewinn) entsprechend der Wertbeiträge der Routinefunktionen zugeordnet. Der sich als Differenz zwischen dem Gesamtgewinn und dem verteilten Basisgewinn ergebende Restgewinn wird auf einer zweiten Stufe entsprechend der individuellen Wertschöpfungsbeiträge der Konzerngesellschaften aufgeteilt.[329] Der Verteilungsschlüssel kann beispielsweise auf dem Wert der verwendeten immateriellen Wirtschaftsgüter, dem eingesetzten Kapital oder dem an der Transaktion beteiligten Personal basieren.

Die geschäftsfallbezogene Gewinnaufteilungsmethode ermöglicht auch dann eine Bestimmung von Fremdvergleichspreisen, wenn zu einer konzerninternen Transaktion keine vergleichbaren Transaktionen am Markt beobachtet werden können.[330] Insbesondere bei der Preisbestimmung für immaterielle Wirtschaftsgüter oder hochintegrierte und komplexe Aktivitäten kann die geschäftsfallbezogene Gewinnaufteilungsmethode vorteilhaft sein.[331] Das deutsche Steuerrecht regelt in § 1 Abs. 3 Satz 5-7 AStG die Anwendung des hypothetischen Fremdvergleichs als „Ultima Ratio“, wenn keine zumindest eingeschränkt vergleichbaren Fremdvergleichspreise bestimmt werden können.[332]

Der hypothetische Fremdvergleich steht somit in einem gewissen Spannungsfeld zur geschäftsfallbezogenen Gewinnaufteilungsmethode. Aufgrund der expliziten gesetzli-

---

[325] Vgl. *Oestreicher, A.* (2000), S. 69. Eine Darstellung weiterer geschäftsfallbezogener Gewinnmethoden findet sich z. B. bei *Sieker, K.* (2013), Art. 9 OECD-MA, Rn. 263-265.

[326] Ausführlich zur Beitragsmethode siehe *Baumhoff, H.* (2013), § 1 AStG, Anm. 554; *Jacobs, O. H. et al. (Hrsg.)* (2011), S. 595; *Vögele, A. et al.* (2011), S. 351-357.

[327] Vgl. *OECD (Hrsg.)* (2010b), Tz. 2.119.

[328] Ergänzende Hinweise zur Restgewinnmethode finden sich etwa bei *Baumhoff, H.* (2013), § 1 AStG, Anm. 555; *Jacobs, O. H. et al. (Hrsg.)* (2011), S. 595 f.; *Vögele, A. et al.* (2011), S. 334-350.

[329] Vgl. *OECD (Hrsg.)* (2010b), Tz. 2.121.

[330] Vgl. *Baumhoff, H.* (2013), § 1 AStG, Anm. 556.

[331] Vgl. *OECD (Hrsg.)* (2010b), Tz. 2.109 und Tz. 2.112.

[332] Vgl. *Bundesregierung (Hrsg.)* (2007), S. 84.

chen Regelung des hypothetischen Fremdvergleichs dürfte dieser m. E. der geschäftsfallbezogenen Gewinnmethode vorzuziehen sein, sofern keine hinreichend vergleichbaren Marktdaten für die Fremdvergleichspreisermittlung beobachtet werden können.

<u>Geschäftsfallbezogene Nettomargenmethode</u>

Die Bestimmung des Fremdvergleichspreises erfolgt bei der geschäftsfallbezogenen Nettomargenmethode unter Zugrundelegung einer Nettomarge, die unabhängige Geschäftspartner aus vergleichbaren Transaktionen erzielen würden.[333] Diese leitet sich aus dem Verhältnis des Nettogewinns zu einer geeigneten Bezugsbasis (z. B. Umsatz, Kosten oder Kapital) ab.[334] Die Ermittlung einer marktüblichen Nettomarge kann – entsprechend der Wiederverkaufspreis- und der Kostenaufschlagsmethode – auf Grundlage eines inneren oder äußeren Betriebsvergleichs erfolgen, wobei dem inneren Betriebsvergleich wiederum ein Anwendungsvorrang beizumessen ist.[335]

Die geschäftsfallbezogene Nettomargenmethode vergleicht die Gewinnmarge aus einer Geschäftsbeziehung zwischen verbundenen Unternehmen mit Gewinnmargen aus Geschäftsbeziehungen zwischen unabhängigen Transaktionsparteien. Diese Methode unterscheidet sich gegenüber der Wiederverkaufspreismethode und der Kostenaufschlagsmethode nur dadurch, dass diese auf Nettomargen und die beiden geschäftsfallbezogenen Standardmethoden auf Bruttomargen zur Bestimmung von Fremdvergleichspreisen abstellen. Dennoch ist die geschäftsfallbezogene Nettomargenmethode nach Auffassung des BMF gegenüber den Standardmethoden im uneingeschränkten Fremdvergleich nachrangig anzuwenden und hat vornehmlich für die Preisbestimmung bei Unternehmen mit Routinefunktionen Bedeutung.[336]

3.1.4 Korrekturnormen im deutschen Steuerrecht

Unternehmen sind in der Ausgestaltung und Abwicklung ihrer operativen Geschäfte grundsätzlich frei und können durch die Finanzbehörden nicht am Abschluss schuld-

---

[333] Weitergehende Ausführungen zur geschäftsfallbezogenen Nettomargenmethode finden sich etwa bei *Baumhoff, H.* (2013), § 1 AStG, Anm. 561-569; *Becker, K.* (2009), Art. 9 OECD-MA, Rn. 43; *Jacobs, O. H. et al. (Hrsg.)* (2011), S. 588-592; *OECD (Hrsg.)* (2010b), Tz. 2.58-2.107; *Vögele, A./Raab, J.* (2011c), Rn. 275-282.

[334] Vgl. *OECD (Hrsg.)* (2010b), Tz. 2.58.

[335] Vgl. *Baumhoff, H.* (2013), § 1 AStG, Anm. 564; *Jacobs, O. H. et al. (Hrsg.)* (2011), S. 592; *OECD (Hrsg.)* (2010b), Tz. 2.58.

[336] Vgl. *BMF (Hrsg.)* (2005), S. 570, Tz. 3.4.10.3. Buchst. b. Zur Bedeutung der geschäftsfallbezogenen Nettomargenmethode in der Praxis siehe auch *Bernhardt, L. et al.* (2011), S. 1185-1188; *Vögele, A./ Raab, J.* (2011c), Rn. 281 f.

rechtlicher Verträge mit verbundenen Unternehmen gehindert werden (Grundsatz der unternehmerischen Dispositionsfreiheit).[337] Die unternehmerische Dispositionsfreiheit ist bei der Beurteilung von grenzüberschreitenden Geschäftsbeziehungen anzuerkennen, da diesen i. d. R. wirtschaftliche Erwägungen zugrunde liegen. In Ausnahmefällen kann jedoch von der Maßgeblichkeit der abgeschlossenen Vereinbarungen abgewichen und eine Umqualifikation der tatsächlichen Geschäfte vorgenommen werden. Voraussetzung hierfür ist, dass entweder der tatsächliche wirtschaftliche Gehalt eines Geschäfts von seiner äußeren Form abweicht oder die Bedingungen einer Geschäftsbeziehung zwischen verbundenen Unternehmen von jenen Abweichen, die unabhängige Unternehmen bei vergleichbaren Transaktionen vereinbaren würden.[338]

Eine Verrechnungspreiskorrektur steht dem Grundsatz der unternehmerischen Dispositionsfreiheit somit nicht entgegen. Die Finanzbehörden sind im Rahmen der gesetzlichen Vorgaben zur Anpassung von Verrechnungspreisen befugt, sofern die vereinbarten Geschäftsbedingungen nicht angemessen sind. Als Maßstab für die Angemessenheit der Geschäftsbedingungen wird dem Grunde und der Höhe nach auf den Fremdvergleichsgrundsatz abgestellt. Dieser determiniert das Ausmaß der Verrechnungspreiskorrektur.[339]

Im deutschen Steuerrecht existieren verschiedene Rechtsvorschriften zur Korrektur von Einkünften auf einer zweiten, der Einkünfteermittlung nachgelagerten Ebene.[340] Maßgebend für die Verrechnungspreiskorrektur nach innerstaatlichem Recht sind die in einem Wirkungsverbund zueinander stehenden Regelungen über die verdeckte Gewinnausschüttung gemäß § 8 Abs. 3 Satz 2 KStG, die verdeckte Einlage gemäß § 8 Abs. 3 Satz 3-6 KStG sowie die Berichtigung von Einkünften bei grenzüberschreitenden Geschäftsbeziehungen gemäß § 1 AStG. Die verdeckte Gewinnausschüttung und die verdeckte Einlage sind sowohl auf rein nationale als auch auf grenzüberschreitende Sachverhalte anzuwenden, während sich die Regelungen zur Berichtigung von Einkünften nach § 1 AStG nur auf Geschäftsbeziehungen mit dem Ausland beschränken.

---

[337] Vgl. *BMF (Hrsg.)* (1983), S. 218, Tz. 2.1.2; *BMF (Hrsg.)* (2010), S. 774, Rn. 145; *OECD (Hrsg.)* (2010b), Tz 1.64 und Tz. 9.163. Siehe ergänzend *Jacobs, O. H. et al. (Hrsg.)* (2011), S. 850-852; *Reichl, A.* (2013), S. 191-227; *Werra, M.* (2009), S. 82 f.

[338] Vgl. *BFH* (2010), S. 20, Orientierungssatz; *BMF (Hrsg.)* (2010), S. 774, Rn. 146-148; *OECD (Hrsg.)* (2010b), Tz. 1.65 und Tz. 9.168. Ausführlich hierzu siehe *Reichl, A.* (2013), S. 191-227.

[339] Siehe hierzu Abschnitt 3.1.1.

[340] Vgl. z. B. *BFH* (1990), S. 875; *BFH* (2001), S. 171, 1. Orientierungssatz; *BMF (Hrsg.)* (2002), S. 603, Rn. 2; *BMF (Hrsg.)* (2005), S. 570, Tz. 5.2; *Jacobs, O. H. et al. (Hrsg.)* (2011), S. 761; *Wassermeyer, F.* (2001), S. 633; *Wassermeyer, F.* (2010), S. 1959-1963; *Wassermeyer, F.* (2013c), § 1 AStG, Anm. 807-812.

3.1.4.1 Verdeckte Gewinnausschüttung

Die Rechtsfolgen der verdeckten Gewinnausschüttung sind in § 8 Abs. 3 Satz 2 KStG geregelt, ohne dass der Begriff der verdeckten Gewinnausschüttung gesetzlich definiert wird. Der BFH geht in seiner ständigen Spruchpraxis[341] von einer verdeckten Gewinnausschüttung aus, wenn eine Vermögensminderung oder eine verhinderte Vermögensmehrung bei einer Kapitalgesellschaft eintritt, die durch das Gesellschaftsverhältnis veranlasst ist, sich auf die Höhe des Unterschiedsbetrags[342] gemäß § 4 Abs. 1 Satz 1 EStG auswirkt und nicht im Zusammenhang mit einer offenen Gewinnausschüttung steht.[343] Eine Veranlassung durch das Gesellschaftsverhältnis wird i. d. R. angenommen, wenn eine Kapitalgesellschaft ihrem Gesellschafter einen Vermögensvorteil gewährt, den sie unter sonst gleichen Umständen einem Dritten nicht gewährt hätte (Fremdvergleich),[344] wobei das Verhalten eines ordentlichen und gewissenhaften Geschäftsleiters[345] den Beurteilungsmaßstab bildet.

Kapitalgesellschaften sind eigenständige Rechtssubjekte,[346] welche schuldrechtliche Liefer- und Leistungsbeziehungen mit ihren unmittelbaren Anteilseignern eingehen können. Stehen die Bedingungen einer Geschäftsbeziehung zwischen einer Kapitalgesellschaft und ihren Gesellschaftern nicht in Einklang mit dem Fremdvergleichsgrundsatz und resultiert hieraus ein bilanzieller Vermögensnachteil für die Gesellschaft, ist der unangemessene Teil der vereinbarten Vergütung als verdeckte Gewinnausschüttung zu qualifizieren. Eine verdeckte Gewinnausschüttung liegt z. B. bei einer unentgeltlichen oder verbilligten Übertragung von Wirtschaftsgütern[347] oder einer unentgeltlichen oder verbilligten Erbringung von Dienstleistungen[348] an die Gesellschafter vor. Die nachstehende Tab. 3.1 enthält die vier alternativen Fallkonstellationen, die zu einem bilanziellen Vermögensnachteil auf Ebene der Kapitalgesellschaft führen können:

---

[341] Vgl. *BFH* (1989), S. 631, 1. Leitsatz; *BFH* (1989), S. 673, Rn. 10; *BFH* (1990), S. 795, Rn. 11; *BFH* (1991), S. 434, Rn. 14; *BFH* (1994), S. 549, Rn. 20; *BFH* (1997), S. 402, Rn. 11; *BFH* (2000), S. 545, Rn. 8; *BFH* (2002), S. 131, Rn. 7; *BFH* (2002), S. 329, Rn. 9; *BFH* (2004), S. 1010, Rn. 11.

[342] Seit *BFH* (2002), S. 131 wurde das Definitionsmerkmal einer „Minderung des Einkommens" durch das Merkmal, dass sich eine Minderung auf den Unterschiedsbetrag gemäß *§ 4 Abs. 1 Satz 1 EStG* auswirken muss, ersetzt.

[343] Darauf bezugnehmend *R 36 Abs. 1 KStR.*

[344] Vgl. ständige Rechtsprechung seit *BFH* (1967), S. 626, Leitsatz.

[345] Zur Rechtsfigur des ordentlichen und gewissenhaften Geschäftsleiters siehe Abschnitt 3.1.2.3.

[346] Vgl. *§ 1 Abs. 1 Satz 1 AktG*; *§ 13 GmbHG*; *Merkt, H.* (2010), § 13 GmbHG, Rn. 3-13.

[347] Vgl. *BFH* (1986), S. 63.

[348] Vgl. *BFH* (1997), S. 161.

Der Vorgang führt zu einer			
Vermögensminderung durch		verhinderten Vermögensmehrung durch	
Verminderung eines Aktivpostens	Erhöhung eines Passivpostens	Nichterhöhung eines Aktivpostens	Nichtverminderung eines Passivpostens

Tab. 3.1: Bilanzielle Vermögensnachteile bei verdeckten Gewinnausschüttungen (Quelle: *Lang, F.* (2013), § 8 Abs. 3 KStG, Teil C, Rn. 65)

Liegt eine verdeckte Gewinnausschüttung dem Grunde nach vor, darf diese gemäß § 8 Abs. 3 Satz 2 KStG das Einkommen der Kapitalgesellschaft nicht mindern. Der Betrag der verdeckten Gewinnausschüttung ist dem Steuerbilanzgewinn bei der Ermittlung des zu versteuernden Einkommens außerbilanziell wieder hinzuzurechnen.[349] Den Maßstab für die Bemessung der verdeckten Gewinnausschüttung bildet der gemeine Wert i. S. d. § 9 Abs. 2 BewG,[350] wobei ungewöhnliche und persönliche Verhältnisse im Unterschied zu § 9 Abs. 2 Satz 3 BewG bei der Wertermittlung Berücksichtigung finden müssen.[351] Die außerbilanzielle Hinzurechnung der verdeckten Gewinnausschüttung soll gewährleisten, dass Liefer- oder Leistungsbeziehungen zwischen der Kapitalgesellschaft und ihren Gesellschaftern wie unter Dritten abgerechnet werden und es zu einer vollständigen Aufdeckung der stillen Reserven kommt.

3.1.4.2 Verdeckte Einlage

Die verdeckte Einlage ist in § 8 Abs. 3 Satz 3-6 KStG kodifiziert, ohne deren Tatbestandsmerkmale explizit zu regeln. Unter Bezugnahme auf die Spruchpraxis des BFH[352] liegt eine verdeckte Einlage vor, wenn ein Gesellschafter der Kapitalgesellschaft außerhalb einer gesellschaftsrechtlichen Einlage einen Vermögensvorteil zuwendet und diese Zuwendung durch das Gesellschaftsverhältnis veranlasst ist. Die Veranlassung einer Zuwendung durch das Gesellschaftsverhältnis ist anzunehmen, wenn ein Nichtgesell-

[349] Vgl. *BFH* (1994), S. 366, 4. Leitsatz; *BMF (Hrsg.)* (2002), S. 603, Rn. 2.

[350] Siehe *H 37 „Hingabe von Wirtschaftsgütern" KStH*. Der BFH stellt auf das Verhalten eines ordentlichen und gewissenhaften Geschäftsleiters ab und betont die Bewertung nach dem Fremdvergleichsgrundsatz, wobei sich gemeiner Wert und Fremdvergleichspreis in zahlreichen Fällen – aber nicht immer – entsprechen. So z. B. *BFH* (2005), S. 882, Rn. 15; *BFH* (2006), S. 1202, Rn. 9; *Gosch, D.* (2009a), § 8 KStG, Rn. 381.

[351] Vgl. *BFH* (1974), S. 306, Rn. 11.

[352] Vgl. z. B. *BFH* (1974), S. 123, Rn. 12; *BFH* (1983), S. 744, 3. Orientierungssatz; *BFH* (1984), S. 227, 1. Orientierungssatz; *BFH* (1992), S. 333, 1. Orientierungssatz. Siehe auch *R 40 Abs. 1 KStR*.

schafter bei Anwendung der Sorgfalt eines ordentlichen und gewissenhaften Geschäftsleiters den Vermögensvorteil nicht gewährt hätte (Fremdvergleich).[353]

Gegenstand einer verdeckten Einlage können im deutschen Steuerrecht ausschließlich bilanzierungsfähige Vermögensvorteile sein. Diese können sich aus

- einer unentgeltlichen oder verbilligten Übertragung von Wirtschaftsgütern an die Gesellschaft (Unterpreislieferungen),
- einer Übertragung von Wirtschaftsgütern an einen Gesellschafter zu einem unangemessen hohen Entgelt (Überpreislieferungen) oder
- einer überhöhten Vergütung von Leistungen an einen Gesellschafter (Überpreisleistungen) ergeben.[354]

In Ermangelung einer Bilanzierungsfähigkeit sind Nutzungsvorteile durch die Gesellschafter – z. B. aus der unentgeltlichen Nutzungsüberlassung eines Wirtschaftsguts, aus der Erbringung einer (teilweise) unentgeltlichen Dienstleistung[355] oder aus un- oder niedrigverzinslichen Darlehen[356] – nicht als verdeckte Einlage zu qualifizieren.[357] Tab. 3.2 enthält die verschiedenen steuerbilanziellen Wirkungen einlagefähiger Vermögensvorteile, welche Indiz für das Vorliegen einer verdeckten Einlage sind.

Die verdeckte Einlage führt			
zum Ansatz eines Aktivpostens	zur Erhöhung eines Aktivpostens	zum Wegfall eines Passivpostens	zur Verminderung eines Passivpostens

Tab. 3.2: Steuerbilanzielle Wirkungen einlagefähiger Vermögensvorteile

Verdeckte Einlagen erhöhen gemäß § 8 Abs. 3 Satz 3 KStG das Einkommen der Kapitalgesellschaft nicht. Wurde der Steuerbilanzgewinn durch die verdeckte Einlage erhöht, muss diese Erhöhung durch eine außerbilanzielle Kürzung wieder rückgängig gemacht werden.[358] Zur Bewertung der verdeckten Einlage ist durch Verweisung des

---

[353] Vgl. z. B. *BFH* (1970), S. 442, Rn. 24; *BFH* (1974), S. 123, Rn. 12; *BFH* (1992), S. 333, Rn. 22. Siehe auch *R 40 Abs. 3 Satz 2 KStR.*

[354] So *Scheffler, W.* (2009), S. 433.

[355] Vgl. *BFH* (1989), S. 633.

[356] Vgl. *BFH* (1987), S. 348.

[357] Siehe auch *H 37 „Nutzungsvorteile" KStH.* Vgl. ergänzend *Schaumburg, H.* (2011), Rn. 18.96 f.

[358] Vgl. *R 40 Abs. 2 Satz 1 KStR.*

§ 8 Abs. 1 KStG auf die Grundsätze des § 6 Abs. 1 Nr. 5 EStG abzustellen. Demnach sind verdeckte Einlagen mit dem Teilwert[359] zu bewerten.[360]

Auf Gesellschaftsebene ist die durch den Ansatz oder die Erhöhung eines aktiven Bilanzpostens oder den Wegfall oder die Verminderung eines passiven Bilanzpostens eingetretene Vermögensmehrung durch eine außerbilanzielle Kürzung in Höhe der verdeckten Einlage wieder rückgängig zu machen.[361] Auf Gesellschafterebene führt die verdeckte Einlage im Einlagezeitpunkt zu einer entsprechenden Erhöhung der Anschaffungskosten der Beteiligung,[362] wodurch es zu einer vollständigen Aufdeckung und Versteuerung der stillen Reserven kommt. Gleichzeitig kommt es einlagebedingt zu einer Erhöhung des steuerlichen Einlagekontos nach § 27 Abs. 1 KStG.[363]

3.1.4.3 Einkünfteberichtigung nach § 1 AStG

Aufgrund der gesellschaftsrechtlichen Verflechtung besteht ein erhöhtes Risiko, dass konzerninternen Geschäftsbeziehungen vom Fremdvergleichsgrundsatz abweichende Geschäftsbedingungen zugrunde gelegt werden, um Einkünfte zwischen verbundenen Unternehmen zu verlagern. Die hierdurch eintretende Minderung des nationalen Steuersubstrats führt nach Auffassung des deutschen Gesetzgebers zu Wettbewerbsverzerrungen, die nicht geduldet werden könnten.[364] Grundtatbestand einer Einkünfteberichtigung nach § 1 AStG ist demnach, dass Einkünfte aus einer Geschäftsbeziehung zwischen verbundenen Unternehmen infolge des fehlenden Interessengegensatzes zulasten des deutschen Staates gemindert werden.[365]

Der Anwendungsbereich des § 1 AStG ist auf grenzüberschreitende Sachverhalte begrenzt, während die verdeckte Gewinnausschüttung und die verdeckte Einlage sowohl auf nationale als auch auf grenzüberschreitende Sachverhalte anwendbar sind. Dies ist darauf zurückzuführen, dass das vordergründige Ziel des § 1 AStG in der Verhinderung

---

[359] Nach *§ 6 Abs. 1 Satz 3 EStG* ist der Teilwert definiert als der Betrag, „den ein Erwerber des ganzen Betriebs im Rahmen des Gesamtkaufpreises für das einzelne Wirtschaftsgut ansetzen würde; dabei ist davon auszugehen, dass der Erwerber den Betrieb fortführt."

[360] Vgl. hierzu etwa *BFH* (1966), S. 690; *BFH* (1997), S. 307.

[361] Vgl. *Schaumburg, H.* (2011), Rn. 18.98.

[362] Vgl. *§ 6 Abs. 6 Satz 2 EStG*; *BFH* (2004), S. 19, 1. Leitsatz; *BFH* (2005), S. 618, 1. Orientierungssatz; *BFH* (2005), S. 822, Rn. 29.

[363] Vgl. *Heger, K.* (2009), § 27 KStG, Rn. 13; *Vögele, A./Fischer, W. W.* (2011), Rn. 143. Für eine Beschreibung der Regelungen zum steuerlichen Einlagekonto nach *§ 27 Abs. 1 KStG* siehe Abschnitt 6.2.2.2.2.

[364] Vgl. *Bundesregierung (Hrsg.)* (1971), S. 16.

[365] Vgl. *§ 1 Abs. 1 Satz 1 AStG.*

von Einkünfteverlagerungen in das Ausland zulasten des deutschen Besteuerungssubstrats liegt.[366] Bei Einkünftekorrekturen zugunsten des Steuerpflichtigen ist § 1 AStG hingegen nicht einschlägig.[367]

Resultiert aus der Vereinbarung eines nicht fremdüblichen Verrechnungspreises eine Gewinnminderung bei der deutschen Gesellschaft, ist diese durch eine außerbilanzielle Hinzurechnung zu korrigieren.[368] Der Korrekturbetrag entspricht dem Unterschiedsbetrag zwischen dem vereinbarten Verrechnungspreis und dem Fremdvergleichspreis, wodurch eine vollständige Aufdeckung und Besteuerung der stillen Reserven in Deutschland sichergestellt werden soll. Im Unterschied zur verdeckten Einlage fingiert § 1 AStG keinen Einlagevorgang, sodass aus der Einkünftekorrektur nach § 1 AStG keine nachträglichen Anschaffungskosten entstehen.[369] Allerdings ist der Korrekturbetrag in einem außerbilanziellen Merkposten zu erfassen, welcher im Falle von Rückerstattungen oder einer Veräußerung der Beteiligung ertragsmindernd aufzulösen ist.[370]

3.1.4.4 Regelungskonkurrenz der Korrekturnormen

Die verdeckte Gewinnausschüttung und die verdeckte Einlage schließen sich tatbestandlich gegenseitig aus, sodass zwischen diesen keine Regelungskonkurrenz bestehen kann. Im Unterschied zum Verhältnis dieser beiden Korrekturnormen zueinander, überschneiden sich die Anwendungsbereiche der verdeckten Gewinnausschüttung und des § 1 AStG sowie der verdeckten Einlage und des § 1 AStG teilweise. Dies kann zu einer Regelungskonkurrenz führen, sofern die Rechtsfolgen aufgrund unterschiedlicher Korrekturmaßstäbe (Fremdvergleichspreis, gemeiner Wert, Teilwert) und/oder abweichender Regelungen hinsichtlich der bilanziellen Erfassung von Korrekturbeträgen (z. B. Einkünftekorrektur nicht bilanzierungsfähiger Nutzungsvorteile) nicht identisch sind.[371]

Das nachstehende Schaubild stellt diese Regelungskonkurrenz grafisch dar.

---

[366] Vgl. *Jacobs, O. H. et al. (Hrsg.)* (2011), S. 746; *Kraft, G.* (2009), § 1 AStG, Rn. 10; *Schaumburg, H.* (2011), Rn. 18.104.

[367] Vgl. *Frischmuth, M.* (2007b), S. 464; *Greil, S.* (2009b), S. 569; *Schaumburg, H.* (2009), S. 879; *Schreiber, R.* (2013), Anm. 245.

[368] Vgl. *BFH* (1990), S. 875, Rn. 27; *BMF (Hrsg.)* (1983), S. 218, Tz. 8.1.1 Buchst. c.

[369] Vgl. *BFH* (1990), S. 875, 2. Leitsatz.

[370] Vgl. *BMF (Hrsg.)* (1983), S. 218, Tz. 8.3.2; *Kraft, G.* (2009), § 1 AStG, Rn. 154.

[371] Vgl. hierzu *Jacobs, O. H. et al. (Hrsg.)* (2011), S. 750 f.; *Kraft, G.* (2009), § 1 AStG, Rn. 157; *Looks, C. et al.* (2009), S. 2349; *Zech, T.* (2009), S. 100-110.

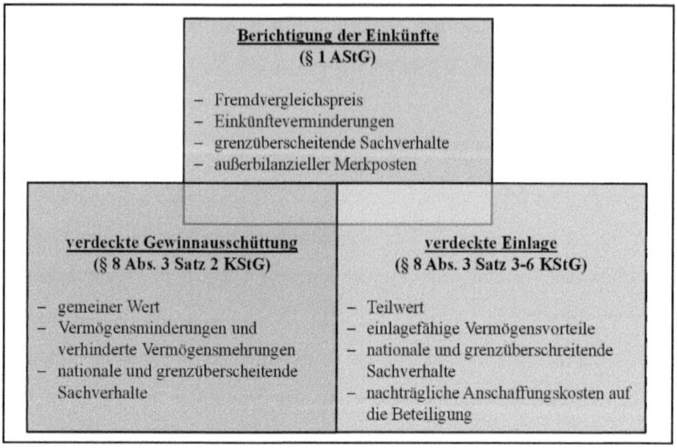

Abb. 3.2: Regelungskonkurrenz der Korrekturnormen
(in Anlehnung an: *Bredow, A. v.* (2011), S. 22)

Die Regelungskonkurrenz zwischen den verschiedenen Korrekturnormen wird durch § 1 Abs. 1 Satz 4 AStG aufgelöst. Demnach ist § 1 AStG im Rahmen einer Idealkonkurrenz subsidiär zu den anderen Korrekturnormen anzuwenden, sofern dieser zu einer weitergehenden Berichtigung führt.[372] Insbesondere bei Geschäftsvorfällen, die sowohl in den Anwendungsbereich des § 8 Abs. 3 Satz 3 KStG als auch in den Anwendungsbereich des § 1 AStG fallen, kann es zu einer weitergehenden Korrektur durch § 1 AStG kommen. Dies ist darauf zurückzuführen, dass der Fremdvergleichspreis aufgrund der Berücksichtigung eines Gewinnaufschlags oftmals über dem Teilwert liegt.[373] Im Ergebnis resultiert aus der Idealkonkurrenz der Korrekturnormen eine Meistbegünstigung des deutschen Fiskus.[374]

3.1.5 Abkommensrechtliche Regelungen

Doppelbesteuerungsabkommen (DBA) sind auf Gegenseitigkeit beruhende völkerrechtliche Verträge zwischen gleichberechtigten Staaten, in welchen die Besteuerungsbefugnisse der Vertragsstaaten und die Einkunftsabgrenzung bei konzerninternen Geschäfts-

[372] Vgl. *Bödefeld, A./Kuntschik, N.* (2007), S. 254; *Bundesregierung (Hrsg.)* (2007), S. 85; *Frischmuth, M.* (2007c), S. 486; *Hofacker, M.* (2009), § 1 AStG, Rn. 23; *Jacobs, O. H. et al. (Hrsg.)* (2011), S. 752; *Pohl, C.* (2013), § 1 AStG, Rn. 18.

[373] Vgl. *Bernhardt, L. et al.* (2007), S. 717; *Kaminski, B.* (2007), S. 595; *Kraft, G.* (2009), § 1 AStG, Rn. 157; *Scheffler, W.* (2009), S. 436. Siehe hierzu auch die Ausführungen zur Ermittlung des Fremdvergleichspreises im Rahmen des hypothetischen Fremdvergleichs in Abschnitt 3.1.2.3.

[374] Vgl. *Looks, C. et al.* (2009), S. 2349 f.; *Strahl, M.* (2008), S. 15862; *Wassermeyer, F. et al.* (2013), § 1 AStG, Anm. V12.

beziehungen einvernehmlich geregelt werden.[375] DBA erlangen durch die Zustimmung im Bundestag und Bundesrat sowie deren Ratifikation Rechtsnormcharakter.[376] Sie haben den Rang von Bundesgesetzen.[377] DBA sind als leges speciales gegenüber dem innerstaatlichen Steuerrecht grundsätzlich[378] vorrangig anzuwenden.[379] DBA sind kein Kollisionsrecht[380], welches die Anwendung des Steuerrechts lediglich eines Vertragsstaats vorschreibt.[381] Vielmehr teilen sie nach herrschender Meinung in Fällen konkurrierender Besteuerungsansprüche die Besteuerungsquellen zwischen den Vertragsstaaten auf, indem die Steuererhebung für einzelne Einkunftsarten in einem der Vertragsstaaten eingeschränkt wird.[382]

Das nationale Steuerrecht der Vertragsstaaten und das Abkommensrecht sind „zwei in sich geschlossene Rechtskreise“[383], welche getrennt voneinander zu betrachten sind. DBA können das Steuerrecht eines Staates nicht erweitern und somit auch keinen Besteuerungsanspruch in einem Staat begründen, der im innerstaatlichen Recht nicht vorgesehen ist.[384] Vielmehr treten die Rechtsfolgen bilateraler steuerlicher Abkommen nur unter der Voraussetzung ein, dass sowohl die Tatbestandsvoraussetzungen des nationalen Rechts als auch die des Abkommensrechts erfüllt sind.[385] Durch bilaterale Regelungen zur Aufteilung der Besteuerungsbefugnisse sowie zur Einkünfteabgrenzung bei konzerninternen Geschäftsbeziehungen können Doppelbesteuerungen und Steuerumgehungen größtenteils vermieden werden.[386]

Die deutschen DBA orientierten sich weitestgehend an dem Musterabkommen der OECD zur Vermeidung von Doppelbesteuerungen (OECD-MA). Zur effektiven Ver-

---

375 Vgl. *Vogel, K.* (2008), Einleitung, Rn. 45.

376 Für Deutschland bildet *Art. 59 Abs. 2 GG* die entsprechende Rechtsgrundlage. Ausführlich hierzu siehe *Schaumburg, H.* (2011), Rn. 16.20 und Rn. 16.29; *Vogel, K.* (2008), Einleitung, Rn. 53-57.

377 Vgl. *Haase, F.* (2009), Einleitung, Rn. 58.

378 Zu den Grenzen der Derogationswirkung und den Möglichkeiten eines treaty override siehe *Schaumburg, H.* (2011), Rn. 16.38 f.

379 Vgl. *§ 2 Abs. 1 AO.*

380 Ausführlich zum Begriff des Kollisionsrecht im internationalen Privatrecht vgl. u. a. *Schotten, G./Schmellenkamp, C.* (2007), Rn. 10-23.

381 Vgl. *Vogel, K.* (2008), Einleitung, Rn. 68; *Wassermeyer, F.* (2013a), Vorbemerkung, Rn. 7.

382 Vgl. *Haase, F.* (2009), Einleitung, Rn. 54; *Jacobs, O. H. et al. (Hrsg.)* (2011), S. 83 f.; *Schaumburg, H.* (2011), Rn. 16.5-16.9; *Vogel, K.* (2008), Einleitung, Rn. 70.

383 *BFH* (1971), S. 379, Rn. 18.

384 Vgl. z. B. *BFH* (1971), S. 379, Rn. 18; *BFH* (1980), S. 531, 2. Leitsatz; *BFH* (1981), S. 517, 1. Leitsatz; *BFH* (2012), S. 324, Orientierungssatz. Siehe ergänzend *Eigelshoven, A.* (2008), Art. 9 OECD-MA, Rn. 18; *Jacobs, O. H. et al. (Hrsg.)* (2011), S. 752; *Kraft, G.* (2009), § 1 AStG, Rn. 44; *Pohl, C.* (2013), § 1 AStG, Rn. 11; *Wassermeyer, F.* (2013b), Art. 9 OECD-MA, Rn. 4; *Wassermeyer, F.* (2013c), § 1 AStG, Anm. 99.

385 Vgl. *Vogel, K.* (2008), Einleitung, Rn. 90.

386 Vgl. *OECD (Hrsg.)* (2010a), Art. 1 OECD-MA, Tz. 7.

meidung von Doppelbesteuerungen kommt einer möglichst einheitlichen Ausgestaltung und Auslegung der DBA große Bedeutung zu. Zu diesem Zweck hat die OECD ein Musterabkommen[387] erarbeitet, welches als Vorlage für den Abschluss von DBA dienen und somit eine weitgehend einheitliche Ausgestaltung und Interpretation bilateraler Abkommen zwischen Industriestaaten sicherstellen soll.[388] Die Grundsätze der internationalen Gewinnabgrenzung zwischen verbundenen Unternehmen sind in Art. 9 OECD-MA geregelt. Der Zweck des Art. 9 OECD-MA besteht einerseits in der Verringerung der negativen Folgen wirtschaftlicher Doppelbesteuerung für multinationale Konzerne und andererseits in einer gerechten Verteilung der Besteuerungsansprüche zwischen den Vertragsstaaten.[389]

Art. 9 Abs. 1 OECD-MA ermächtigt die Vertragsstaaten zur Durchführung einer Verrechnungspreiskorrektur dem Grunde nach, sofern die Geschäftsbedingungen zwischen verbundenen Unternehmen von denen abweichen, die unabhängige Unternehmen bei vergleichbaren Geschäften vereinbaren würden. Die Rechtsgrundlage für die Einkünftekorrektur bildet das nationale Steuerrecht (keine self executing Wirkung).[390] Gleichzeitig begrenzt dieser das Ausmaß der Verrechnungspreiskorrektur der Höhe nach auf den Fremdvergleichspreis.[391] Art. 9 Abs. 1 OECD-MA ist insofern Erlaubnis- und Verbotsnorm zugleich.[392] Die Ermächtigung zur einseitigen Berichtigung von Verrechnungspreisen durch Art. 9 Abs. 1 OECD-MA kann dazu führen, dass Gewinne aus einer Transaktion teilweise doppelt besteuert werden.

Die Erstkorrektur erfolgt unabhängig von der steuerlichen Würdigung des Sachverhalts im Ausland. Vollzieht der andere Staat keine betragsgleiche Gegenkorrektur, kommt es zu einer wirtschaftlichen Doppelbesteuerung[393] für einen Teil des Gewinns aus der konzerninternen Geschäftsbeziehung. Zur Vermeidung wirtschaftlicher Doppel-

---

[387] Das OECD-MA ist ein Abkommensmuster und entfaltet daher keine Rechtsverbindlichkeit. Allerdings dient das OECD-MA häufig als Blaupause bei der Ausgestaltung von DBA zwischen (Industrie-) Staaten, welche die Rechtsgrundlage für die Aufteilung der Besteuerungsrechte bilden.

[388] Vgl. statt vieler *OECD (Hrsg.)* (2010b), Tz. 2 f.; *Vogel, K.* (2008), Einleitung, Rn. 124.

[389] Siehe *Schaumburg, H.* (2011), Rn. 16.316.

[390] Vgl. *BFH* (2012), S. 324, Orientierungssatz; *Eigelshoven, A.* (2008), Art. 9 OECD-MA, Rn. 18 f.; *Haase, F.* (2009), Einleitung, Rn. 92; *Jacobs, O. H. et al. (Hrsg.)* (2011), S. 758 f.; *Wassermeyer, F.* (2013c), § 1 AStG, Anm. 99.

[391] Vgl. *Jacobs, O. H. et al. (Hrsg.)* (2011), S. 755; *Wassermeyer, F.* (2013c), § 1 AStG, Anm. 98 f.

[392] So *Wassermeyer, F.* (2013b), Art. 9 OECD-MA, Rn. 3.

[393] Eine wirtschaftliche Doppelbesteuerung liegt vor, wenn ein Steuerobjekt innerhalb desselben Zeitraums von mehr als einem Staat besteuert wird und keine Identität des Steuersubjekts gegeben ist. Vgl. *Bühler, O.* (1964), S. 32-34; *Jacobs, O. H. et al. (Hrsg.)* (2011), S. 3; *Vogel, K.* (2008), Einleitung, Rn. 4; *Wagner, M.* (2009), Art. 23A OECD-MA, Rn. 1.

besteuerungen verpflichtet Art. 9 Abs. 2 OECD-MA[394] den anderen Vertragsstaat zur Durchführung einer betragsgleichen Verrechnungspreiskorrektur.[395] Voraussetzung ist allerdings, dass die Erstkorrektur aus dessen Sicht angemessen ist und diese beim erstkorrigierenden Staat zu einer tatsächlichen Steuererhöhung geführt hat.[396] Art. 9 Abs. 2 OECD-MA sieht keine explizite Korrekturmethode vor,[397] sondern überlässt es den Vertragsstaaten, entsprechende Regelungen zu vereinbaren. Die Kommentierung zu Art. 9 Abs. 2 OECD-MA[398] nennt als geeignete Methoden zur Durchführung betragsgleicher Gegenkorrekturen die Veranlagungsänderung oder eine entsprechende Anwendung[399] der Anrechnungs- oder Freistellungsmethode nach Art. 23 OECD-MA. Auch die betragsgleiche Gegenkorrektur nach Art. 9 Abs. 2 OECD-MA entfaltet keine self executing Wirkung, weshalb diese nur auf der Grundlage einzelstaatlicher Steuerrechtsnormen erfolgen kann. Das deutsche Steuerrecht regelt in § 1 AStG nur eine Korrektur zulasten des Steuerpflichtigen, sodass für die betragsgleiche Gegenkorrektur im deutschen Steuerrecht die Rechtsgrundlage fehlt. Daher kann eine Verrechnungspreiskorrektur zugunsten des Steuerpflichtigen nur im Rahmen einer Änderung der Veranlagung aufgrund einer Billigkeitsmaßnahme gemäß § 163 AO erfolgen.[400]

3.1.6 Europarechtliche Regelungen

Die Europäische Union ist eine „völkerrechtlich grundierte internationale Organisation, deren konstitutionelle Grundlage ein völkerrechtlicher Vertrag zwischen den Mitglied-

---

[394] Sofern ein konkretes DBA keine dem *Art. 9 Abs. 2 OECD-MA* entsprechende Formulierung enthält, geht die Mehrheit der Staaten davon aus, dass eine betragsgleiche Gegenkorrektur auch im Rahmen von Verständigungsverfahren bewirkt werden kann. Vgl. *OECD (Hrsg.)* (2010a), Art. 25 OECD-MA, Tz. 11. Siehe auch *BMF (Hrsg.)* (1983), S. 218, Tz. 1.2.4.

[395] Das am 18. September 1960 in Kraft getretene Abkommen zur Vermeidung der Doppelbesteuerung auf dem Gebiete der Steuern vom Einkommen und vom Vermögen sowie verschiedener sonstiger Steuern und zur Regelung anderer Fragen auf steuerlichem Gebiete zwischen Deutschland und den Niederlanden (DBA-NL) enthält noch keine zu *Art. 9 Abs. 2 OECD-MA* vergleichbare Regelung, weshalb sich derzeit für die Vertragsstaaten keine Verpflichtung zur Vermeidung wirtschaftlicher Doppelbesteuerungen aus dem DBA ergibt. Allerdings wurde ein neues DBA zwischen Deutschland und den Niederlanden am 14. April 2012 unterzeichnet, welches nunmehr auch Bestimmungen zur Gegenberichtung entsprechend *Art. 9 Abs. 2 OECD-MA* enthält. Dieses wird allerdings frühestens zum 1. Januar 2014 in Kraft treten. Vgl. hierzu *Schröder, H.* (2012), S. 49-51.

[396] Vgl. *Eigelshoven, A.* (2008), Art. 9 OECD-MA, Rn. 159; *OECD (Hrsg.)* (2010a), Art. 9 OECD-MA, Tz. 5; *Schaumburg, H.* (2011), Rn. 16.319. Eine Verpflichtung zur Durchführung einer betragsgleichen Gegenkorrektur kann sich aufgrund eines Verständigungsverfahrens gemäß *Art. 25 Abs. 2 OECD-MA* oder eines Schiedsverfahrens gemäß *Art. 25 Abs. 5 OECD-MA* ergeben. Ausführlich zu bilateralen Verständigungen siehe *Bär, U.* (2009), S. 185-260.

[397] Vgl. *Eigelshoven, A.* (2008), Art. 9 OECD-MA, Rn. 176.

[398] Vgl. *OECD (Hrsg.)* (2010a), Art. 9 OECD-MA, Tz. 7.

[399] Vgl. *Eigelshoven, A.* (2008), Art. 9 OECD-MA, Rn. 175.

[400] Siehe *Wassermeyer, F.* (2013b), Art. 9 OECD-MA, Rn. 382; *Wassermeyer, F.* (2013c), § 1 AStG, Anm. 99.

staaten ist."[401] Sie besitzt eine eigene Rechtsordnung, welche neben der jeweiligen nationalen Rechtsordnung für die Mitgliedstaaten verbindlich ist.[402] Um Kollisionen zwischen den nationalen Rechtsordnungen und der supranationalen EU-Rechtsordnung zu vermeiden, wurde durch die Rechtsprechung des EuGH[403] eine Vorrangigkeit des Gemeinschaftsrechts gegenüber dem Einzelstaatenrecht entwickelt, welche durch die deutschen Gerichte[404] anerkannt wird.

Auch im Verhältnis zu bilateralen Verträgen zwischen zwei Mitgliedstaaten besteht grundsätzlich ein Anwendungsvorrang des Gemeinschaftsrechts.[405] Gemäß Art. 4 EUV sind die Mitgliedstaaten zur loyalen Zusammenarbeit verpflichtet und haben daher beim Abschluss ihrer DBA mit anderen Mitgliedstaaten zu berücksichtigen, dass diese keine Beeinträchtigung der Grundfreiheiten gemäß Art. 26 AEUV zur Folge haben[406]. Sofern die bilateralen Regelungen in Einklang mit dem EU-Recht stehen, ist eine Aufteilung der Besteuerungsrechte durch bilaterale Abkommen europarechtskonform.[407] Davon ist auch dann auszugehen, wenn ein DBA dem Steuerpflichtigen ein weitreichenderes Recht gewährt als die Regelungen des europäischen (Sekundär-)Rechts.[408] *Wassermeyer* konstatiert, dass das vorrangig anzuwendende Gemeinschaftsrecht zwar durch DBA erweitert, nicht aber beschränkt werden kann.[409] Insofern ist bei der Beurteilung grenzüberschreitender Sachverhalte innerhalb der EU neben dem Einzelstaatenrecht und den DBA auch das Gemeinschaftsrecht zu berücksichtigen.

Im Hinblick auf die Vermeidung von Doppelbesteuerungen hat der EuGH[410] entschieden, dass Doppelbesteuerungen nicht per se gegen das Gemeinschaftsrecht verstoßen.[411] Die Abwendung der negativen Folgen der Doppelbesteuerung für das Funktionieren des europäischen Binnenmarkts liege – sofern keine gemeinschaftsrechtliche Regelung exis-

---

[401] *Streinz, R. et al.* (2010), S. 46.
[402] Vgl. *Schaumburg, H.* (2011), Rn. 3.15-3.20.
[403] Vgl. *EuGH* (1964), S. 1251, 3. Leitsatz; *EuGH* (1969), S. 1, 1. Leitsatz; *EuGH* (1970), S. 1125, 1. Leitsatz; *EuGH* (1972), S. 529, 1. und 2. Leitsatz; *EuGH* (1978), S. 629, 3. Leitsatz.
[404] Vgl. *BFH* (1988), S. 701, 1. Orientierungssatz; *BVerfG* (1971), S. 145, Tz. 95; *BVerfG* (1992), S. 191, Tz. 45; *BVerfG* (1995), S. 203, Tz. 107.
[405] Vgl. *Haase, F.* (2009), Einleitung, Rn. 75.
[406] Vgl. *EuGH* (1999), S. I-6161, Rn. 57 f.
[407] Vgl. *EuGH* (2002), S. I-413, Rn. 32 f.
[408] Ein Steuerpflichtiger kann sich z. B. auf die Regelung eines DBA zur Erhebung von Quellensteuern auf Dividenden aus Schachtelbeteiligungen berufen, wenn diese für ihn günstiger ist als die Mutter-Tochter-Richtlinie. Vgl. *Haase, F.* (2009), Einleitung, Rn. 75.
[409] Siehe *Wassermeyer, F.* (2013a), Vorbemerkung, Rn. 18. Entsprechend auch *Haase, F.* (2009), Einleitung, Rn. 75.
[410] Vgl. *EuGH* (2006), S. I-10967, Rn. 24. Entsprechend *Art. 65 Abs. 1 Buchst. a AEUV.*
[411] Vgl. *EuGH* (2006), S. I-10967, Rn. 24.

tiert – im Verantwortungsbereich der Mitgliedstaaten und kann durch den Abschluss bilateraler DBA erreicht werden.[412] Der Abschluss von DBA hat gegenüber supranationalen Normen oder multinationalen Abkommen den Vorteil, dass diese flexibler ausgestaltet und daher besser an die Besonderheiten des jeweiligen innerstaatlichen Steuerrechts angepasst werden können.[413]

Die Harmonisierung der direkten Steuern innerhalb der EU erfolgt weitestgehend auf der Grundlage von Richtlinien[414] (sekundäres Gemeinschaftsrecht), welche durch die Mitgliedstaaten verpflichtend in nationales Recht umgesetzt werden müssen.[415] Es existieren allerdings nur wenige EU-Richtlinien im Bereich der direkten Steuern, weshalb es bislang nur zu einer Harmonisierung in eng umrissenen Steuerfragen innerhalb der EU gekommen ist.[416] Für die Ertragsbesteuerung multinationaler Konzerne sind von besonderer Bedeutung:

- Die Fusionsrichtlinie,
- die Mutter-Tochter-Richtlinie und
- die Zins- und Lizenzgebührenrichtlinie.

Durch die **Fusionsrichtlinie (FRL)** vom 23. Juli 1990 erfolgt eine Harmonisierung des Umwandlungssteuerrechts innerhalb der EU.[417] Das Regelungsziel der Richtlinie besteht im Wesentlichen darin, die Steuerneutralität von grenzüberschreitenden und ausländischen Umwandlungsvorgängen sowie der Sitzverlagerung von Societas Europea sicherzustellen, um derartige Umstrukturierungen zu erleichtern.[418] Dies ergibt sich unmittelbar aus Art. 4 FRL, wonach weder Umwandlungen noch Sitzverlagerungen innerhalb der EU zu einer Aufdeckung stiller Reserven führen dürfen. Für Outbound-Verlagerungen von F&E-Funktionen hat die Fusions-Richtlinie grundsätzlich keine Be-

[412] Vgl. *EuGH* (2006), S. I-10967, Rn. 23.

[413] Vgl. *Wassermeyer, F.* (2013a), Rn. 17.

[414] EU-Richtlinien sind für jeden Mitgliedstaat, an den sie gerichtet sind, in Bezug auf das Regelungsziel verbindlich, wobei den nationalen Gesetzgebungsorganen die Wahl der Form und der Mittel zur Erreichung des Ziels offen steht. Eine einseitige Abweichung eines Mitgliedstaats von einer EU-Richtlinie ist nicht möglich. Vgl. *Art. 288 Abs. 3 Satz 1 AEUV*; *EuGH* (2003), S. I-9409, Tz. 26-28. Siehe zum Rang supranationaler Normen etwa *Schaumburg, H.* (2011), Rn. 3.28-3.42.

[415] Die Harmonisierungskompetenz der EU in Bezug auf direkte Steuern kann aus *Art. 115 AEUV* abgeleitet werden, sofern sich diese „unmittelbar auf die Errichtung oder das Funktionieren des Binnenmarkts auswirken". Siehe hierzu auch *Seiler, C.* (2012), Art. 113 AEUV, Rn. 50-54.

[416] Vgl. *Seiler, C.* (2012), Art. 113 AEUV, Rn. 54.

[417] Die Fusionsrichtlinie wurde durch das Gesetz über steuerliche Begleitmaßnahmen zur Einführung der Europäischen Gesellschaft und zur Änderung weiterer steuerlicher Vorschriften vom 7. Dezember 2006 in deutsches Recht umgesetzt.

[418] Ausführlich zu den Regelungszielen der Fusionsrichtlinie siehe etwa *Jacobs, O. H. et al. (Hrsg.)* (2011), S. 173-179; *Schaumburg, H.* (2011), Rn. 3.61-3.64; *Voß, R.* (2013), Rn. 105-132.

deutung, da diesen – im Unterschied zu Umwandlungen – i. Allg. keine gesellschaftsvertraglichen Vereinbarungen, sondern schuldrechtliche Geschäftsbeziehungen zugrunde liegen.[419]

Die **Mutter-Tochter-Richtlinie (MTR)** vom 23. Juli 1990 zielt darauf ab, die negativen Folgen aus einer Mehrfachbesteuerung von Dividenden zwischen Kapitalgesellschaften zu vermeiden.[420] Voraussetzung für das Vorliegen eines Mutter-Tochter-Verhältnisses ist gemäß Art. 3 Abs. 1 Buchst. a MTR eine Mindestbeteiligung von 10 % am Kapital einer anderen Gesellschaft. Eine Mehrfachbesteuerung wird in diesen Fällen dadurch vermieden, dass auf Ebene der Tochtergesellschaft keine Quellensteuer auf Ausschüttungen erhoben wird[421] und auf Ebene der Muttergesellschaft Ausschüttungen keiner Besteuerung unterliegen[422]. Die Mutter-Tochter-Richtlinie hat für Outbound-Verlagerungen von F&E-Funktionen auf eine Tochtergesellschaft insofern Bedeutung, als sie die Ausschüttung von Gewinnen, welche auf die Funktionsausübung bei der Tochtergesellschaft zurückzuführen sind, steuerfrei stellt.

Die **Zins- und Lizenzgebühren-Richtlinie (ZiLiRi)** vom 3. Juni 2003 hat zum Ziel, die steuerlichen Hindernisse im Zusammenhang mit der Zahlung von Zinsen und Lizenzgebühren in multinationalen Konzernen aufgrund von Doppelbesteuerungen zu beseitigen.[423] Art. 1 Abs. 1 ZiLiRi regelt die Steuerbefreiung von Lizenzgebühren und Zinsen im Ansässigkeitsstaat des Schuldners, sofern der Empfänger dieser Zahlungen ebenfalls ein in einem anderen Mitgliedstaat der EU ansässiges Unternehmen ist.[424] Dies gewährleistet, dass grenzüberschreitende Finanzbeziehungen zwischen verbundenen Unternehmen im europäischen Binnenmarkt gegenüber gleichartigen Finanzbe-

---

[419] Siehe hierzu auch Prämisse 2.1.

[420] Ausführlich zu den Regelungszielen der Mutter-Tochter-Richtlinie siehe *Jacobs, O. H. et al. (Hrsg.)* (2011), S. 167-173; *Schaumburg, H.* (2011), Rn. 3.65-3.68; *Tischbirek, W.* (2008), Art. 10 OECD-MA, Rn. 174-177; *Voß, R.* (2013), Rn. 133-140.

[421] Vgl. *Art. 5 MTR*. In Deutschland werden Dividendenzahlungen gemäß *§§ 43b Abs. 1 EStG* auf Antrag ab einer Beteiligungsquote von 10 % von der Kapitalertragsteuer entlastet. Die Befreiung von der Quellensteuer ist in den Niederlanden an eine Mindestbeteiligungsquote von 5 % gebunden.Vgl. *Art. 4 Abs. 1 Wet DB*. Siehe ergänzend *Ernst & Young (Hrsg.)* (2013), S. 909.

[422] Vgl. *Art. 4 Abs. 1 MTR*. Dividendeneinkünfte bei Kapitalgesellschaften werden in Deutschland gemäß *§ 8b Abs. 1* i. V. m. *Abs. 4 Satz 1 KStG* ab einer Mindestbeteiligungsquote von 10 % und in den Niederlanden gemäß *§ 13 Abs. 1-3 Wet Vpb* ab einer Mindestbeteiligungsquote von 5 % von der Steuer befreit.

[423] Siehe ergänzend zu den Regelungszielen der Zins- und Lizenzgebühren-Richtlinie *Jacobs, O. H. et al. (Hrsg.)* (2011), S. 179-182; *Pöllath, R./Lohbeck, A.* (2008), Art. 12 OECD-MA, Rn. 13; *Schaumburg, H.* (2011), Rn. 3.69-3.71; *Voß, R.* (2013), Rn. 142.

[424] Die Zins- und Lizenzgebühren-Richtlinie wurde in Deutschland in *§ 50g EStG* umgesetzt. Entsprechend stellt auch das niederländische Steuerrecht Zinsen und Lizenzgebühren beim Schuldner von der Besteuerung frei. Vgl. *Ernst & Young (Hrsg.)* (2013), S. 915.

ziehungen innerhalb eines Mitgliedstaates steuerlich nicht schlechter gestellt werden.[425] Die Steuerfreistellung von Zinsen und Lizenzgebühren beim Schuldner hat für Outbound-Verlagerungen eine wesentliche Bedeutung, da Funktionen gemäß § 1 Abs. 2 Satz 1 FVerlV sowohl durch eine Übertragung als auch eine Nutzungsüberlassung der wesentlichen Bestandteile des Transferpakets verlagert werden können.[426]

Ergänzend zu den dargestellten Richtlinien haben die Mitgliedstaaten auf der Grundlage des außer Kraft getretenen Art. 293 EGV ein Übereinkommen über die Beseitigung der Doppelbesteuerung im Falle von Gewinnberichtigungen zwischen verbundenen Unternehmen (**Schiedsverfahrenskonvention**) abgeschlossen. Dieses ist ein multilateraler völkerrechtlicher Vertrag, welchem der höhere Rang des Gemeinschaftsrechts nicht zusteht.[427] Die mit der Schiedsverfahrenskonvention verbundene Zielsetzung besteht in der Beseitigung wirtschaftlicher Doppelbesteuerungen zwischen den Mitgliedstaaten der EU.[428] Die Konvention findet gemäß Art. 1 Schiedsverfahrenskonvention ausschließlich in Fällen nicht abgestimmter einseitiger Einkünfteberichtigungen bei verbundenen Unternehmen Anwendung. Sie gewährt den betroffenen Unternehmen einen Rechtsanspruch auf Vermeidung wirtschaftlicher Doppelbesteuerungen, sofern eine Einigung nicht anderweitig herbeigeführt werden kann.[429] Zur Beseitigung wirtschaftlicher Doppelbesteuerungen regelt die Schiedsverfahrenskonvention ein mehrstufiges Verfahren. In einem ersten Schritt ist gemäß Art. 5 Schiedsverfahrenskonvention eine einvernehmliche Lösung zwischen den Vertragsstaaten anzustreben, indem der erstberichtigende Vertragsstaat den anderen Vertragsstaat rechtzeitig über die beabsichtigte Verrechnungspreiskorrektur unterrichtet. Kann eine einvernehmliche Einigung nicht erzielt werden, ist in einem zweiten Schritt auf Antrag innerhalb von drei Jahren ein Verständigungsverfahren zwischen den Finanzverwaltungen der betroffenen Vertragsstaaten einzuleiten.[430] Gelingt eine Verständigung zwischen den Vertragsstaaten über den strittigen Sachverhalt nicht innerhalb von zwei weiteren Jahren, ist gemäß Art. 7

---

[425] Siehe erster Erwägungsgrund der ZiLiRi.

[426] Ausführlich hierzu siehe Abschnitt 3.2.3.

[427] Vgl. *Kempf, A./Gelsdorf, F.* (2012), S. 334 f.; *Lehner, M.* (2008), Art. 25 OECD-MA, Rn. 301; *Schaumburg, H.* (2011), Rn. 3.74; *Voß, R.* (2013), Rn. 64.

[428] Siehe erster Erwägungsgrund der Schiedsverfahrenskonvention. Vgl. ergänzend auch *Jacobs, O. H. et al. (Hrsg.)* (2011), S. 203-205; *Lehner, M.* (2008), Art. 25 OECD-MA, Rn. 301-304; *Schaumburg, H.* (2011), Rn. 3.74-3.78.

[429] Vgl. *Art. 5-7 Schiedsverfahrenskonvention.*

[430] Vgl. *Art. 6 Schiedsverfahrenskonvention.*

Schiedsverfahrenskonvention ein obligatorisches Schiedsverfahren mit Einigungszwang einzuleiten.

Die Schiedsverfahrenskonvention räumt multinationalen Konzernen einen Rechtsanspruch[431] auf Vermeidung wirtschaftlicher Doppelbesteuerungen ein und hat eine erhebliche Bedeutung für grenzüberschreitende Funktionsverlagerungen. Die große Bedeutung resultiert daraus, dass die meisten deutschen DBA – und auch das DBA-NL[432] – einerseits keine dem Art. 9 Abs. 2 OECD-MA nachgebildete Regelung zur Durchführung einer betragsgleichen Gegenkorrektur enthalten und andererseits auch keinen Rechtsanspruch auf Einleitung eines Verständigungs- oder Schiedsverfahrens mit Einigungszwang begründen.[433] Ein weiterer Vorteil der Schiedsverfahrenskonvention gegenüber einem DBA-Verständigungsverfahrens ist in der expliziten Regelung einer vergleichsweise knappen Verständigungsfrist von zwei Jahren zu sehen.[434]

3.2 Tatbestandsmerkmale grenzüberschreitender Funktionsverlagerungen

Die Geschäftsbedingungen – insbesondere die Verrechnungspreise – bei grenzüberschreitenden Funktionsverlagerungen zwischen verbundenen Unternehmen eines multinationalen Konzerns müssen gemäß § 1 Abs. 3 Satz 9 i. V. m. Abs. 1 Satz 1 AStG in Einklang mit dem Fremdvergleichsgrundsatz stehen. Nach Auffassung des deutschen Gesetzgebers spiegelt die Summe der Fremdvergleichspreise für die verlagerten Einzelwirtschaftsgüter den Fremdvergleichspreis einer Funktion oftmals nicht angemessen wider. Deshalb ist ein Fremdvergleichspreis für alle mit der Funktion verlagerten Wirtschaftsgüter und sonstigen Vorteile sowie den damit korrespondierenden Chancen und Risiken als Ganzes (Transferpaketbewertung[435]) festzustellen.[436]

Entsprechend der Hierarchie der Fremdvergleichsarten ist die Angemessenheit eines vereinbarten Verrechnungspreises zwischen verbundenen Unternehmen zunächst auf der Grundlage (un-)eingeschränkt vergleichbarer Markttransaktionen zu bestimmen. Aufgrund der Einzigartigkeit betrieblicher Funktionen wird es i. d. R. allerdings nicht

---

[431] Die Schiedsverfahrenskonvention unterliegt als multilateraler völkerrechtlicher Vertrag nicht der Jurisdiktion des EuGH, weshalb die tatsächliche Durchsetzbarkeit der Ansprüche aus der Schiedsverfahrenskonvention in der Praxis z. T. erheblichen Einschränkungen unterliegt. Vgl. *Schaumburg, H.* (2011), Rn. 3.78.

[432] *Art. 9 Abs. 2 DBA-NL 2012* sieht eine zu *Art. 9 Abs. 2 OECD-MA* vergleichbare Formulierung vor.

[433] Vgl. *Jacobs, O. H. et al. (Hrsg.)* (2011), S. 204; *Schaumburg, H.* (2011), Rn. 3.75.

[434] Vgl. *Jacobs, O. H. et al. (Hrsg.)* (2011), S. 204.

[435] Ausführlich zur Transferpaketbewertung siehe Abschnitt 3.3.1.

[436] Vgl. *Bundesregierung (Hrsg.)* (2007), S. 86.

möglich sein, zumindest eingeschränkt vergleichbare Markttransaktionen festzustellen.[437] Aufgrund des Fehlens vergleichbarer Markttransaktionen stellt der hypothetische Fremdvergleich den Regelfall für die Ermittlung von Fremdvergleichspreisen bei Funktionsverlagerungen dar.[438]

Als Tatbestandsvoraussetzungen für eine Transferpaketbewertung der verlagerten Funktion im Rahmen eines hypothetischen Fremdvergleichs regelt § 1 Abs. 3 Satz 9 i. V. m. Abs. 1 Satz 1 AStG, dass

- eine Funktion einschließlich der dazugehörigen Chancen und Risiken sowie den zu deren Ausübung notwendigen Wirtschaftsgütern und sonstigen Vorteilen (Transferpaket)
- im Rahmen einer Geschäftsbeziehung[439]
- mit einer nahestehenden Person[440]
- ins Ausland[441]

verlagert werden muss.

---

[437] So auch *BMF (Hrsg.)* (2010), S. 774, Rn. 62; *Haas, W.* (2009), S. 723; *Jenzen, H.* (2007), S. 3120; *Kahle, H.* (2007), S. 649; *Kaminski, B.* (2007), S. 599; *Luckhaupt, H.* (2013), S. 255; *Menninger, J./Wellens, L.* (2012), S. 11; *Oestreicher, A.* (2009), S. 89; *Peter, M. et al.* (2008), S. 864; *Schilling, D./Kandels, C.* (2012a), S. 1065; *Scholz, C. M.* (2007), S. 521. *Strahl* vertritt hingegen implizit die Auffassung, dass zumindest eingeschränkt vergleichbare Fremdvergleichswerte nicht nur in Ausnahmenfällen am Markt festgestellt werden können. Siehe *Strahl, M.* (2008), S. 15863.

[438] Die Regelung des *§ 1 Abs. 3 Satz 9 AStG* ist somit nur anzuwenden, wenn für eine konkrete Funktionsverlagerung keine zumindest eingeschränkt vergleichbaren Marktpreise identifiziert werden können. Vgl. *Kroppen, H.-K.* (2009), S. 861.

[439] Unter einer Geschäftsbeziehung i. S. v. *§ 1 Abs. 1 Satz 1 AStG* sind sämtliche wirtschaftlichen Vorgänge zwischen nahestehenden Personen zu erfassen, die eine gegenseitige Leistungsverpflichtung begründen. Vgl. *§ 1 Abs. 4 Satz 1 Nr. 1 AStG; Kraft, G.* (2009), § 1 AStG, Rn. 630. Gesellschaftsvertragliche Vereinbarungen stellen hingegen keine Geschäftsbeziehung dar, da diese ein Nahestehen erst begründen. Vgl. *§ 1 Abs. 4 Satz 1 Nr. 1 Buchst. b AStG*; *BFH* (1990), S. 875, 1. Leitsatz; *BFH* (2000), S. 720, Rn. 9. Gesellschaftsvertragliche Vereinbarungen sind nach ihrem wirtschaftlichen Gehalt und nicht nach der äußeren Form zu beurteilen. Vgl. *Kraft, G.* (2009), § 1 AStG, Rn. 632; *Pohl, C.* (2013), § 1 AStG, Tz. 191. Verdeckte Einlagen sind nicht notwendigerweise als gesellschaftsvertragliche Vereinbarungen zu klassifizieren, weshalb derartige Vorgänge auch als Geschäftsbeziehung im außensteuerlichen Sinne erfasst werden können. Vgl. *Pohl, C.* (2013), § 1 AStG, Tz. 190. A. A. hierzu *Bernhardt, L. et al.* (2007), S. 717.

[440] Der Begriff der nahestehenden Person ist in *§ 1 Abs. 2 AStG* geregelt. Ein Nahestehen i. S. v *§ 1 Abs. 2 AStG* wird stets begründet, wenn eine Gesellschaft zu mindestens 25 % am Kapital einer anderen Gesellschaft unmittelbar oder mittelbar beteiligt ist. Da diese Voraussetzung durch Prämisse 2.3 für die vorliegende Untersuchung als erfüllt anzusehen ist, wird auf eine weitergehende Erläuterung des Begriffs der nahestehenden Person verzichtet.

[441] Eine Abgrenzung des Auslandsbegriffs kann sowohl geografisch als Negativabgrenzung des Inlandsbegriffs gemäß *§ 1 Abs. 1 Satz 2 EStG* als auch im Hinblick auf den vorrangigen Besteuerungszugriff erfolgen. Vgl. *Vögele, A./Raab, J.* (2011a), Rn. 201.

3.2.1 Transferpaket

Der Begriff des Transferpakets bildet den Anknüpfungspunkt für die Verrechnungspreisermittlung bei grenzüberschreitenden Funktionsverlagerungen. Ein Transferpaket i. S. d. § 1 Abs. 3 Satz 9 AStG besteht aus „einer Funktion und den mit dieser Funktion zusammenhängenden Chancen und Risiken sowie den Wirtschaftsgütern und Vorteilen, die das verlagernde Unternehmen dem übernehmenden Unternehmen zusammen mit der Funktion überträgt oder zur Nutzung überlässt, und den in diesem Zusammenhang erbrachten Dienstleistungen."[442] Die Definition berücksichtigt, dass der einheitliche Vorgang einer Funktionsverlagerung regelmäßig mehrere Geschäftsvorfälle umfasst, die in einer derart engen Verbindung zueinander stehen, dass eine isolierte Betrachtung der einzelnen Geschäftsvorfälle nicht sachgerecht wäre.[443] Im Folgenden werden die Begriffe „Funktion", „Wirtschaftsgüter und sonstige Vorteile" sowie „Chancen und Risiken" als wesentliche Bestandteile des Transferpakets beleuchtet.

3.2.1.1 Funktionsbegriff im Außensteuergesetz

Der Begriff der Funktion ist ein unbestimmter Rechtsbegriff, welcher im AStG nicht näher erläutert wird.[444] Als Tatbestandsmerkmal des § 1 Abs. 3 Satz 9 AStG muss dieser allerdings inhaltlich hinreichend abgrenzbar sein, um die Rechtsfolgen einer Transferpaketbewertung auslösen zu können.[445] Dies resultiert aus dem Prinzip der Gesetzmäßigkeit der Besteuerung, welches durch den Grundsatz der Normenklarheit und -bestimmtheit konkretisiert wird.[446] Demzufolge muss die Erhebung einer Steuer durch eine eindeutige Bestimmung der Tatbestandsvoraussetzungen und der Rechtsfolgen von Gesetzes wegen legitimiert sein.[447] Nach Ansicht des BVerfG[448] soll hierdurch sichergestellt werden, „dass die gesetzesausführende Verwaltung für ihr Verhalten steuernde und begrenzende Handlungsmaßstäbe vorfindet [...] und dass die Gerichte die Rechtskontrolle durchführen können"[449]. Weiterhin muss es Steuerpflichtigen durch hinrei-

---

[442] *§ 1 Abs. 3 FVerlV.*
[443] Vgl. *BMF (Hrsg.)* (2010), S. 774, Rn. 29.
[444] Vgl. *Micker, L.* (2010), S. 829 f.
[445] Vgl. *Schaumburg, H.* (2011), Rn. 3.1-3.3.
[446] Vgl. zum Grundsatz der Normenklarheit *Krüger, R.* (2008), S. 2520 f.
[447] Vgl. *BVerfG* (1958), S. 282, Rn. 73; *BVerfG* (1961), S. 153, Rn. 6; *BVerfG* (1965), S. 253, Rn. 44; *BVerfG* (1978), S. 343, Rn. 79; *BVerfG* (1986), S. 388, Rn. 29.
[448] Vgl. *BVerfG* (2004), S. 33, Rn. 102; *BVerfG* (2005), S. 348, Rn. 118-120; *BVerfG* (2007), S. 168, Rn. 94 f.
[449] *BVerfG* (2004), S. 33, Rn. 102.

chend klare und bestimmt ausgestaltete Rechtsvorschriften möglich sein, die eigene Steuerlast vorausberechnen zu können.[450]

Der Funktionsbegriff im AStG ist der Betriebswirtschaftslehre entlehnt, sodass zu dessen Konkretisierung auf die betriebswirtschaftlichen und organisationstheoretischen Definitionsansätze Bezug genommen werden könnte. In der Betriebswirtschaftslehre umfasst eine Funktion i. d. R. eine aus der Arbeitsteilung resultierende Bündelung mehrerer eigenständiger betrieblicher Teilaufgaben, die zur Erfüllung der Unternehmensziele beitragen.[451] Die Dimensionierung der Aufgabenbereiche kann vertikal entlang des Wertschöpfungsprozesses anhand der Gleichartigkeit der auszuführenden Aktivitäten (z. B. F&E, Beschaffung, Produktion, Vertrieb) oder horizontal anhand des konkreten Ergebnisses des Wertschöpfungsprozesses oder dem Ort der Leistungserbringung erfolgen.[452] Aufgrund der zahlreichen Abgrenzungskriterien existiert in der betriebswirtschaftlichen Fachliteratur allerdings keine einheitliche Begriffsdefinition.[453] Eine Bezugnahme des Steuergesetzgebers auf einen allgemein verständlichen und unmittelbar zugänglichen Begriff liegt demnach nicht vor.[454]

Der in § 1 Abs. 3 Satz 9 AStG verwendete Funktionsbegriff ist daher für steuerliche Zwecke zu konkretisieren. Die inhaltliche Ausfüllung des unbestimmten Rechtsbegriffs der Funktion erfolgt durch § 1 Abs. 1 FVerlV. Dieser definiert eine Funktion als

- „eine Geschäftstätigkeit, die aus einer Zusammenfassung gleichartiger betrieblicher Aufgaben besteht, die von bestimmten Stellen oder Abteilungen eines Unternehmens erledigt werden.
- Sie ist ein organischer Teil eines Unternehmens, ohne dass ein Teilbetrieb im steuerlichen Sinn vorliegen muss."[455]

Die Begriffsdefinition besteht aus zwei Teilen. Der erste Definitionsteil füllt den Funktionsbegriff inhaltlich aus und nennt die konkreten Abgrenzungsmerkmale (Funktionsabgrenzung). Der zweite Definitionsteil dient der weiteren Begriffspräzisierung und betont die Bedeutung der Funktion in der Organisationsstruktur des Unternehmens als

---

[450] Vgl. *BVerfG* (1965), S. 253, Rn. 44; *BVerfG* (1978), S. 343, Rn. 79.
[451] Vgl. *Eisele, F.* (2003), S. 12 f.; *Hofmann, M.* (1968), S. 225; *Krallmann, H. et al.* (2002), S. 278.
[452] Vgl. *Borstell, T./Schäperclaus, J.* (2008), S. 276; *Bredow, A. v.* (2011), S. 55; *Eisele, F.* (2003), S. 18-20.
[453] Eine Darstellung verschiedener betriebswirtschaftlicher Abgrenzungen des Funktionsbegriffs findet sich z. B. bei *Eisele, F.* (2003), S. 9-26.
[454] Vgl. auch *Imhof, M.* (2012), S. 160; *Wolter, H./Pitzal, C.* (2008), S. 795.
[455] *§ 1 Abs. 1 Satz 1 und 2 FVerlV.*

Ganzes. Erst durch die Bezugnahme auf den organisatorischen Teil eines Unternehmens werden Funktionen gegenüber einer zusammenhangslosen Bündelung von Einzelwirtschaftsgütern abgegrenzt und der Mindestumfang einer Funktion abstrakt bestimmt (Funktionseingrenzung).

3.2.1.1.1 Funktionsabgrenzung

Der steuerrechtliche Funktionsbegriff gemäß § 1 Abs. 1 FVerlV weist Parallelen zu den betriebswirtschaftlichen und organisationstheoretischen Definitionsansätzen auf.[456] Eine Funktion ist demnach Ausfluss der Arbeitsteilung innerhalb eines (multinationalen) Unternehmens, die ein Bündel gleichartiger betrieblicher Aufgaben umfasst. Funktionen sind Teil der unternehmerischen Gesamtaufgabe, welche regelmäßig durch (eingeschränkte) Entscheidungs-, Weisungs- und Ausführungsbefugnisse gekennzeichnet sind.

Notwendige Voraussetzung für das Bestehen einer Funktion ist die Ausübung gleichartiger betrieblicher Aufgaben. Die Bündelung mehrerer unterschiedlicher Aufgaben kann demnach keine Funktion begründen.[457] Nach welchen Kriterien die Gleichartigkeit von betrieblichen Aufgaben zu beurteilen ist, ergibt sich weder aus dem Gesetz noch aus der FVerlV. Eine Konkretisierung enthalten allerdings die VWG-FVerl, wonach eine Geschäftstätigkeit[458] „tätigkeitsbezogen und objektbezogen"[459] abzugrenzen ist. Diese Abgrenzungsmerkmale haben ihren Ursprung in der Organisationslehre und erfordern eine Funktionsabgrenzung sowohl anhand der Gleichartigkeit der auszuführenden Aktivitäten als auch anhand des konkreten Outputs. Eine Gleichartigkeit betrieblicher Aufgaben i. S. v. § 1 Abs. 1 Satz 1 FVerlV ist demnach anzunehmen, wenn die betrieblichen Aufgaben zweckgerichtet dazu dienen, einen Wertschöpfungsbeitrag[460] in Bezug auf einen konkreten Output zu liefern.[461] Zur Veranschaulichung führen die VWG-

[456] So auch *Wolter, H./Pitzal, C.* (2008), S. 797.
[457] Vgl. *Wolter, H./Pitzal, C.* (2008), S. 797.
[458] Bei einer engen Auslegung des Begriffs Geschäftstätigkeit ist ein erwerbsmäßiges Tätigwerden auf einem externen Markt zur Erzielung von finanziellen Überschüssen notwendig. Vgl. hierzu *Frischmuth, M.* (2008), S. 865. Die Finanzverwaltung legt diesen Begriff allerdings weit aus, sodass auch bereits das Tätigwerden gegenüber verbundenen Unternehmen eine Geschäftstätigkeit i. S. v. *§ 1 Abs. 1 Satz 1 FVerlV* begründet. Vgl. *BMF (Hrsg.)* (2010), S. 774, Rn. 17. Entsprechend *Borstell, T./Schäperclaus, J.* (2008), S. 280; *Kahle, H.* (2009b), S. 558; *Micker, L.* (2010), S. 830; *Oestreicher, A.* (2009), S. 82.
[459] Siehe *BMF (Hrsg.)* (2010), S. 774, Rn. 16.
[460] Vgl. hierzu *BMF (Hrsg.)* (2005), S. 570, Tz. 3.4.11.5.
[461] Im Schrifttum wird hingegen überwiegend die Auffassung vertreten, dass die Gleichartigkeit betrieblicher Aufgaben nur tätigkeitsbezogen, nicht aber auch objektbezogen abzugrenzen sei. Siehe hierzu

FVerl[462] exemplarisch die „Produktion eines bestimmten Produkts oder einer bestimmten Produktgruppe“ sowie den „Vertrieb eines bestimmten Produkts, einer bestimmten Produktgruppe oder eine bestimmte Geschäftstätigkeit für eine bestimmte Region“ als mögliche Funktionen i. S. v. § 1 Abs. 3 Satz 9 AStG an.

Losgelöst von der Diskussion um die Gleichartigkeit betrieblicher Aufgaben für das Vorliegen einer Funktion hat die Funktionsabgrenzung auf der niedrigsten Aggregationsstufe zu erfolgen.[463] Dies ergibt sich auch aus dem Gesetzeswortlaut des § 1 Abs. 3 Satz 9 AStG, der explizit auf Funktionsverlagerungen und nicht auf die Verlagerung von Teilfunktionen abstellt. Eine Aufspaltung von Funktionen in kleinere Einheiten ist demnach nicht möglich.[464] Bezüglich der beispielhaften Nennung von Funktionen in den VWG-FVerl[465] ist insoweit anzumerken, dass bei einer tätigkeits- und objektbezogenen Abgrenzung z. B. die Produktion einer bestimmten Produktgruppe bereits eine Kumulation mehrerer Geschäftstätigkeiten (z. B. Produktion des Produkts A und des Produkts B) darstellt, die bereits jede für sich die Merkmale einer Funktion erfüllen können.

Von der Tatbestandsseite eindeutig zu unterscheiden, ist die Erfassung von Funktionen auf der Rechtsfolgenseite. Werden mehrere nach tätigkeits- und objektbezogenen Kriterien abgrenzbare Funktionen in einem einheitlichen Vorgang verlagert, ist eine Zusammenfassung der Funktionen zu einer größeren Bewertungseinheit u. U. zweckmäßig. Dies gilt insbesondere dann, wenn aus der Gesamtbetrachtung der verlagerten Funktionen ein anderes Risiko für das aufnehmende Unternehmen resultiert als bei einer isolierten Betrachtung der einzelnen Funktionen.

3.2.1.1.2 Funktionseingrenzung

Im Zusammenhang mit der tätigkeits- und objektbezogenen Abgrenzung einer Geschäftstätigkeit besteht die Gefahr einer Atomisierung des Funktionsbegriffs.[466] Dies ist

---

Borstell, T. (2010), S. 1013; *Borstell, T./Schäperclaus, J.* (2008), S. 282; *Brüninghaus, D./Bodenmüller, R.* (2009), S. 1286; *Frischmuth, M.* (2009b), S. 677 f.; *Imhof, M.* (2012), S. 161; *Looks, C./Freudenberg, M.* (2009), S. 2515; *Nestler, A./Schaflitzl, A.* (2011), S. 235.

[462] Siehe *BMF (Hrsg.)* (2010), S. 774, Rn. 16.

[463] So auch *Bredow, A. v.* (2011), S. 99 f.

[464] Vgl. *Zech, T.* (2009), S. 185 f. A. A. hierzu *Kaminski, B.* (2011), S. 436.

[465] Siehe *BMF (Hrsg.)* (2010), S. 774, Rn. 16.

[466] Zum Begriff der Funktionsatomisierung sowie der Kritik hieran vgl. etwa *Blumers, W.* (2010), S. 20; *Borstell, T./Schäperclaus, J.* (2008), S. 276; *Frischmuth, M.* (2009b), S. 677; *Kahle, H.* (2009b), S. 558; *Wolter, H./Pitzal, C.* (2008), S. 796.

darauf zurückzuführen, dass der Mindestumfang an betrieblichen Aufgaben, die zur Entstehung einer Funktion zusammengefasst werden müssen, nicht eindeutig definiert ist.[467] Zur Vermeidung einer zu weit gehenden Erfassung von Geschäftsvorfällen als Funktionsverlagerungen nach § 1 Abs. 3 Satz 9 AStG wird der Funktionsbegriff durch § 1 Abs. 1 Satz 2 FVerlV eingegrenzt.[468] Demnach muss eine Zusammenfassung gleichartiger betrieblicher Aufgaben in einem Umfang erfolgen, der einen organischen Teil des Unternehmens begründet.[469] Von einem organischen Teil des Unternehmens ist der Begründung zur FVerlV folgend auszugehen, wenn eine Funktion über eine gewisse Eigenständigkeit verfügt, die eine Zurechnung von Erträgen und Aufwendungen zulässt, und die Gewinnauswirkungen aus der Funktionsausübung sachgerecht abgegrenzt werden können.[470] Die Zurechnung von Erträgen und Aufwendungen auf einzelne Funktionen kann dabei auf der Grundlage von Sparten- oder Segmentrechnungen, Kosten- und Leistungsrechnungen oder Profitcenterrechnungen erfolgen.[471]

Eine Funktion stellt einen organischen Teil des Unternehmens dar, ohne dass ein Teilbetrieb im steuerlichen Sinne vorliegen muss.[472] Ein Teilbetrieb ist ausweislich der ständigen Spruchpraxis des BFH[473] „bei einem mit einer gewissen Selbständigkeit ausgestatteten, organisch geschlossenen Teil des Gesamtbetriebes [...], der für sich lebensfähig ist", anzunehmen. Eine eigenständige Lebensfähigkeit liege vor, wenn „von ihm aus seiner Natur nach eine eigenständige betriebliche Tätigkeit ausgeübt werden kann."[474] Der (Teil-)Betrieb muss demnach eine Organisationsstruktur aufweisen, die es ihm ermöglicht, selbstständig Einzahlungsüberschüsse zu erwirtschaften. *Borstell/ Schäperclaus* schließen daraus, dass von einem Teilbetrieb sämtliche betrieblichen Funktionen ausgeführt werden müssen.[475] Im Unterschied zum Teilbetrieb ist eine ein-

---

[467] Vgl. *Borstell, T./Schäperclaus, J.* (2008), S. 277.
[468] Vgl. *BMF (Hrsg.)* (2008), S. 10 und S. 14.
[469] Vgl. *BMF (Hrsg.)* (2008), S. 10; kritisch *Brüninghaus, D./Bodenmüller, R.* (2009), S. 1286, welche davon ausgehen, dass nahezu jede betriebliche Aktivität als organischer Teil eines Unternehmens deklariert werden kann.
[470] Vgl. *BMF (Hrsg.)* (2008), S. 10; *BMF (Hrsg.)* (2010), S. 774, Rn. 18.
[471] Vgl. *BMF (Hrsg.)* (2010), S. 774, Rn. 85 und Rn. 166. A. A. *Brüninghaus, D./Bodenmüller, R.* (2009), S. 1286, die eine hinreichend sichere Bewertbarkeit fordern und eine künstliche Zuteilung von Aufwendungen und Erträgen, z. B. über Ertrags- und Aufwandsschlüsselungen, auf Geschäftstätigkeiten strikt ablehnen.
[472] Ausführlich zur Abgrenzung einer Funktion vom steuerlichen Teilbetrieb siehe *Bredow, A. v.* (2011), S. 63-69; *Zech, T.* (2009), S. 193-196.
[473] *BFH* (1977), S. 595, Rn. 14; *BFH* (1996), S. 409, 6. Orientierungssatz; *BFH* (1998), S. 735, 2. Orientierungssatz; *BFH* (1999), S. 123, Rn. 42; *BFH* (2003), S. 838, Rn. 12; *BFH* (2008), S. 145, Rn. 23.
[474] *BFH* (1998), S. 735, 2. Orientierungssatz.
[475] Vgl. *Borstell, T./Schäperclaus, J.* (2008), S. 280.

zelne Funktion daher nicht selbstständig lebensfähig, da eine selbstständige Lebensfähigkeit erst durch das Zusammenwirken mehrerer Funktionen begründet wird.[476]

Als Ergebnis kann festgestellt werden, dass eine Funktion einen organischen Teil des Unternehmens darstellt, welcher aus der Zusammenfassung gleichartiger betrieblicher Aufgaben resultiert. Sie ist eine dem Teilbetrieb untergeordnete, nicht selbstständig lebensfähige Einheit,[477] die über eine gewisse Eigenständigkeit verfügt und insofern mehr als ein Bündel von Wirtschaftsgütern darstellt. Eine weitergehende, allgemeingültige Präzisierung des Funktionsbegriffs ist nicht möglich, sodass einzelfallbezogen auf der Grundlage der dargestellten Kriterien festzustellen ist, ob die Merkmale einer Funktion vorliegen oder nicht.

3.2.1.1.3 Funktionsverlagerungen im Kontext der OECD Richtlinien

Funktionsverlagerungen sind entsprechend der allgemeinen Systematik der OECD zur Anwendung des Fremdvergleichsgrundsatzes zu beurteilen. Besondere Bedeutung für die Behandlung von Funktionsverlagerungen sei nach Auffassung des BMF den Aussagen der OECD bezüglich „Business Restructurings“ in Kapitel IX der OECD-Verrechnungspreisrichtlinien beizumessen.[478] Im zweiten Teil des Kapitel IX „Arm's length compensation for the restructuring itself“[479] befassen sich diese u. a. mit der Verlagerung von Geschäftstätigkeiten (activities) innerhalb von multinationalen Konzernen. In Abweichung zum sonst üblichen Einzelbewertungsgrundsatz kann es bei der Verlagerung einer activity – vergleichbar den deutschen Verrechnungspreisgrundsätzen – erforderlich sein, den Fremdvergleichspreis auf Basis einer Gesamtbewertung zu ermitteln.[480] Eine Gesamtbewertung ist durchzuführen, wenn der Fremdvergleichspreis für die verlagerte activity durch die Summe der Einzelverrechnungspreise der verlagerten Wirtschaftsgüter nicht angemessen widergespiegelt wird. Zur Beurteilung der Angemessenheit einer Gesamtbewertung sind alle wertrelevanten Faktoren zu berücksichtigen, die auch bei vergleichbaren Geschäftsbeziehungen zwischen unabhängigen Geschäftsparteien vergütet werden würden. Im Zusammenhang mit der Verlagerung einer

---

[476] So auch *Oestreicher, A./Hundeshagen, C.* (2008b), S. 1693; *Roeder, A.* (2013), Anm. 158; *Wolter, H./Pitzal, C.* (2008), S. 796. A. A. *Zech, T.* (2009), S. 195.
[477] So auch *Bredow, A. v.* (2011), S. 69.
[478] Vgl. *BMF (Hrsg.)* (2010), S. 774, Rn. 10.
[479] *OECD (Hrsg.)* (2010b), Tz. 9.48-9.122.
[480] Vgl. *OECD (Hrsg.)* (2010b), Tz. 9.93 f. Vgl. auch *Freudenberg, M./Ludwig, C.* (2011), S. 218 f.

activity kann es zum Übergang eines Geschäftswerts kommen, welcher auch zwischen unverbundenen Unternehmen in entsprechendem Umfang vergütet werden würde.[481]

Für die internationale Anerkennung der deutschen Funktionsverlagerungsbesteuerung ist allerdings von Bedeutung, ob durch die Begriffe der Funktion und der activity dieselben Verlagerungsvorgänge erfasst werden.[482] Der Begriff der activity wird in den OECD-Verrechnungspreisrichtlinien nicht näher definiert. Die Gesamtbewertung ist an die Verlagerung eines ongoing concern geknüpft, welcher den Begriff der activity inhaltlich präzisiert. Unter einem ongoing concern versteht die OECD eine „functioning, economically integrated business unit"[483], welche eine Vielzahl von Wirtschaftsgütern sowie die Möglichkeit zur Ausübung verschiedener Funktionen umfasst und mit Risiken verbunden ist. Trotz der sprachlichen Nähe zur Begriffsdefinition des Transferpakets fällt auf, dass für einen ongoing concern die Ausübung mehrerer Funktionen (functions) erforderlich ist. Ein ongoing concern ist demnach nicht identisch mit einer einzelnen Funktion,[484] sondern gleicht eher einem steuerlichen (Teil-)Betrieb.[485]

Zusammenfassend kann festgestellt werden, dass sich die Begriffsdefinitionen zwischen einer Funktion i. S. d. § 1 Abs. 3 Satz 9 AStG und einer activity i. S. d. OECD-Verrechnungspreisrichtlinien inhaltlich unterscheiden. Die Transferpaketbewertung bei Funktionsverlagerungen steht somit nicht in Einklang mit der Auslegung des Fremdvergleichsgrundsatzes durch die OECD bei Unternehmensrestrukturierungen. Daher birgt die Transferpaketbewertung bei Funktionsverlagerungen i. S. d. § 1 Abs. 3 Satz 9 AStG eine erhöhte Gefahr wirtschaftlicher Doppelbesteuerungen.[486]

3.2.1.2 Wirtschaftsgüter und sonstige Vorteile

Bestandteile des Transferpakets i. S. d. § 1 Abs. 3 Satz 9 AStG sind auch Wirtschaftsgüter und sonstige Vorteile. Während der unbestimmte Rechtsbegriff des Wirtschaftsguts durch die Rechtsprechung des BFH hinreichend definiert ist, ist der als Tatbestands-

---

[481] Vgl. *Baumhoff, H./Puls, M.* (2009), S. 79; *Werra, M.* (2009), S. 85. Siehe zur Möglichkeit der Übertragung eines Goodwills unterhalb der Schwelle einer activity *OECD (Hrsg.)* (2013b), Tz. 290-292.

[482] Ausführlich zur Abgrenzung der beiden Begriffe siehe *Bredow, A. v.* (2011), S. 95-98; *Welling, B.* (2009), S. 989 f.

[483] *OECD (Hrsg.)* (2010b), Tz. 9.93.

[484] Ähnlich *Welling, B.* (2009), S. 990.

[485] Vgl. *Baumhoff, H.* (2012), S. 397; *Baumhoff, H. et al.* (2011), S. 165; *Baumhoff, H./Puls, M.* (2009), S. 80; *Bredow, A. v.* (2011), S. 98; *Luckhaupt, H.* (2010b), S. 2019; *PwC (Hrsg.)* (2011), S. 65; *Werra, M.* (2009), S. 86.

[486] Vgl. *Baumhoff, H./Puls, M.* (2009), S. 81; *Bredow, A. v.* (2011), S. 100; *Luckhaupt, H.* (2010b), S. 2020; *Werra, M.* (2009), S. 81. A. A. wohl *Greil, S.* (2009a), S. 61 f.

merkmal angeführte Rechtsbegriff der sonstigen Vorteile bislang unbestimmt. Aufgrund der gesonderten Nennung in § 1 Abs. 3 Satz 9 AStG ist davon auszugehen, dass sich Wirtschaftsgüter materiell von sonstigen Vorteilen unterscheiden.[487]

Ein Wirtschaftsgut bildet das steuerrechtliche Pendant zum handelsrechtlichen Vermögensgegenstand.[488] Der Wirtschaftsgutbegriff wird als unbestimmter Rechtsbegriff ohne eine Definition in den Steuergesetzen verwendet. Zu dessen Konkretisierung hat der BFH in seiner ständigen Rechtsprechung Abgrenzungsmerkmale entwickelt. Als Wirtschaftsgut sind demnach Sachen und Rechte (Gegenstände i. S. d. bürgerlichen Rechts) sowie tatsächliche Zustände, konkrete Möglichkeiten oder Vorteile für den Betrieb zu betrachten, für deren Erwerb ein Kaufmann ein Entgelt entrichten würde.[489] Wirtschaftsgüter müssen selbstständig bewertbar sein und einen wirtschaftlichen Wert haben, sodass einem Unternehmen aus dessen Verwendung ein greifbarer Nutzen zufließt.[490] Ferner müssen Wirtschaftsgüter auch übertragbar sein, wobei es auf eine Einzelveräußerbarkeit nicht ankommt. Vielmehr ist es ausreichend, wenn eine Übertragbarkeit in Verbindung mit der Veräußerung eines Betriebs möglich ist.[491]

Sonstige Vorteile stellen nach *Schreiber* wirtschaftliche Vorteile dar, die ein Unternehmen innehat, ohne dass sich diese bereits zu einem Wirtschaftsgut konkretisiert haben.[492] Sie sind im Rahmen einer Einzelpreisbestimmung häufig nicht erkennbar, sondern werden erst durch die Betrachtung der insgesamt übergehenden Chancen und Risiken sichtbar.[493] Dennoch seien unabhängige Geschäftsparteien nach Verwaltungsauffassung bereit, für die Erlangung dieser Vorteile im Zusammenhang mit der Verlagerung einer Funktion ein Entgelt zu entrichten.[494] Sonstige Vorteile spiegeln sich insbesondere in den Gewinnchancen der geschäftswertbildenden Faktoren[495] (z. B. günstiger Zugang

---

[487] So auch z. B. *Zech, T.* (2009), S. 369.
[488] Siehe hierzu *BFH* (1975), S. 13, Rn. 32-34.
[489] Vgl. *BFH* (1965), S. 414, Rn. 12; *BFH* (1969), S. 291, Rn. 25; *BFH* (1979), S. 734; *BFH* (1992), S. 977, Rn. 11; *BFH* (1997), S. 808, Rn. 13.
[490] Vgl. *BFH* (1965), S. 414, Rn. 12; *BFH* (1979), S. 734, Rn. 27; *BFH* (1997), S. 808, Rn. 13.
[491] Vgl. *BFH* (1992), S. 977, Rn. 11; *BFH* (1997), S. 808, Rn. 13.
[492] Vgl. *Schreiber, R.* (2013), Anm. 51.
[493] Vgl. *BMF (Hrsg.)* (2008), S. 12.
[494] Vgl. *BMF (Hrsg.)* (2010), S. 774, Rn. 29. Zustimmend *Schreiber, R.* (2013), Anm. 52.
[495] Vgl. *BFH* (1993), S. 224, Rn. 9; *BFH* (1996), S. 576, Rn. 11; *BFH* (2001), S. 771, Rn. 14; *OECD (Hrsg.)* (2010b), Tz. 9.93.

zum Einkaufs- und/oder Absatzmarkt, Synergieeffekte, Reputation des Unternehmens, spezielle betriebliche Organisation und Qualität der Belegschaft) – wider.[496]

Geschäftswertbildende Faktoren sind prinzipiell keiner selbstständigen Bewertung zugänglich,[497] sondern gehen im Geschäfts- oder Firmenwert auf. Der Geschäfts- oder Firmenwert (Goodwill) wird im Steuerrecht entsprechend zu § 246 Abs. 1 Satz 4 HGB als der Mehrwert definiert, welcher einem gewerblichen Unternehmen über den Substanzwert der einzelnen materiellen und immateriellen Wirtschaftsgüter abzüglich der Schulden hinaus innewohnt.[498] Er ist Ausdruck der Gewinnchancen eines Unternehmens, soweit diese durch einen aktiven Geschäftsbetrieb gesichert erscheinen und nicht bereits durch materielle oder immaterielle Wirtschaftsgüter verkörpert werden.[499] Dessen Wert bestimmt sich auf der Grundlage von Gewinnaussichten, welche durch besondere Vorteile höher oder gesicherter erscheinen als bei einem anderen Unternehmen mit sonst vergleichbaren Wirtschaftsgütern.[500]

Durch die Berücksichtigung sonstiger Vorteile bei der Definition des Transferpakets in § 1 Abs. 3 Satz 9 AStG zielt der Gesetzgeber offenbar auf die Erfassung eines funktionsbezogenen Geschäftswerts bei grenzüberschreitenden Funktionsverlagerungen ab.[501] Ob im Zusammenhang mit der Verlagerung einer Funktion tatsächlich ein funktionsbezogener Geschäftswert übergehen kann und folglich unter Dritten vergütet werden würde, ist im Fachschrifttum jedoch umstritten.[502]

---

[496] Vgl. *BMF (Hrsg.)* (2010), S. 774, Rn. 29. Nach Auffassung der OECD in ihrem Entwurf zu Verrechnungspreisaspekten im Zusammenhang mit immateriellen Vermögenswerten gelten geschäftswertbildende Faktoren, wie Synergien, Marktumstände und -vorteile, Lohnniveau und Qualität der Belegschaft, mangels Eigentum oder Beherrschbarkeit durch ein Unternehmen nicht als separierbare immaterielle Werte. Diesen sei allerdings bei der Festlegung von Verrechnungspreisen, z. B. im Rahmen der Vergleichbarkeitsanalyse, Rechnung zu tragen. Vgl. *OECD (Hrsg.)* (2013b), Tz. 1-23 und Tz. 63 f. Siehe ergänzend *Rouenhoff, A.* (2012), S. 654 f. Gegen eine Berücksichtigung geschäftswertbildender Faktoren unter den sonstigen Vorteilen siehe *IDW (Hrsg.)* (2010), S. 326.

[497] Vgl. *BFH* (1985), S. 176, 3. Orientierungssatz.

[498] Vgl. *BFH* (1993), S. 224, Rn. 9; *BFH* (1996), S. 576, Rn. 11; *BFH* (2001), S. 771, Rn. 12; *BFH* (2009), S. 609, Rn. 14.

[499] Vgl. *BFH* (1966), S. 456, Rn. 15; *BFH* (1979), S. 369, Rn. 14; *BFH* (1996), S. 576, Rn. 11; *BFH* (2009), S. 609, Rn. 14.

[500] Vgl. *BFH* (1993), S. 224, Rn. 9; *BFH* (1996), S. 576, Rn. 11.

[501] So auch *Frischmuth, M.* (2009a), S. 174; *Kahle, H.* (2009a), S. 384; *Zimmermann, P.* (2013), S. 70 f.

[502] Vgl. etwa *Baumhoff, H. et al.* (2011), S. 165; *Baumhoff, H.* (2012), S. 402 f.; *Becker, J.-A./Sandlos, D.* (2013), S. 158; *Blumers, W.* (2007), S. 1761; *Kaminski, B.* (2011), S. 440. Grundsätzlich für die Möglichkeit einer Übertragung geschäftswertbildender Faktoren unterhalb der Teilbetriebsschwelle sprechen sich wohl aus *Bredow, A. v.* (2011), S. 69-74; *Kahle, H.* (2007), S. 651; *Levedag, C.* (2010), S. 106-111; *OECD (Hrsg.)* (2013b), Tz. 292; *Schreiber, R.* (2013), Anm. 66. Siehe hierzu auch *BFH* (2001), S. 771.

3.2.1.3 Chancen und Risiken

Ein weiteres wesentliches Element des Transferpakets sind die damit übergehenden Chancen und Risiken, d. h. die – sich auch in den sonstigen Vorteilen widerspiegelnden – Gewinnpotenziale.[503] Chancen und Risiken werden dabei als die Wahrscheinlichkeit für das Eintreten günstiger und ungünstiger Umweltzustände bei Entscheidungssituationen unter Unsicherheit verstanden.[504] Durch die Berücksichtigung der gemeinsam mit einer Funktion übergehenden Chancen und Risiken im Transferpaket sollen sämtliche ins Ausland übergehende Gewinnpotenziale erfasst und der deutschen Besteuerung unterworfen werden.

Die Übertragung von Chancen und Risiken stellt somit ein Tatbestandsmerkmal der Funktionsverlagerungsbesteuerung nach § 1 Abs. 3 Satz 9 AStG dar. Sofern keine Chancen und Risiken zusammen mit einer Funktion übertragen werden, kommt es auch zu keiner Verlagerung von Gewinnpotenzialen ins Ausland, welche die Zahlung eines zusätzlichen Entgelts rechtfertigen würde. In diesen Fällen ist es ausreichend, wenn die verlagerten Einzelwirtschaftsgüter mit ihren Einzelverrechnungspreisen angesetzt werden.[505] Die Notwendigkeit einer Bewertung des Transferpakets als Ganzes wird maßgebend durch die gewählte Art der Funktionsverlagerung und der damit einhergehenden Veränderung der Chancen- und Risikoaufteilung zwischen den verbundenen Unternehmen bestimmt. In dem nachfolgenden Abschnitt 3.2.2 werden daher die verschiedenen Arten einer Funktionsverlagerung aufgezeigt und deren jeweilige Auswirkungen auf die Chancen- und Risikoverteilung zwischen verbundenen Unternehmen erläutert.

3.2.2 Verlagerungsarten

In Abhängigkeit von den Chancen und Risiken sowie den immateriellen Wirtschaftsgütern und sonstigen Vorteilen, die zusammen mit einer Funktion ins Ausland verlagert werden, können verschiedene Verlagerungsarten unterschieden werden. Eine Differenzierung kann entsprechend den folgenden Verlagerungsarten vorgenommen werden:[506]

---

[503] Vgl. *BMF (Hrsg.)* (2008), S. 12.
[504] Vgl. *Borstell, T./Schäperclaus, J.* (2008), S. 277.
[505] Vgl. *BMF (Hrsg.)* (2008), S. 16.
[506] Die Einteilung der verschiedenen Fallkonstellationen erfolgt in der Literatur nicht immer einheitlich. Im Allgemeinen können Funktionsverlagerungen in die hier aufgeführten Fallgruppen unterschieden werden. Siehe für eine Darstellung der Verlagerungsalternativen *Baumhoff, H. et al.* (2007b), S. 1650; *Borstell, T./Wehnert, O.* (2011), Rn. 75-80; *Frischmuth, M.* (2007a), S. 387; *Frotscher, G.* (2008),

- Funktionsausgliederung;
- Funktionsabspaltung;
- Funktionsabschmelzung;
- Funktionsverdoppelung.

Funktionsausgliederung

Bei einer Funktionsausgliederung wird eine Funktion einschließlich aller Chancen und Risiken sowie den zur Funktionsausübung erforderlichen Wirtschaftsgütern und sonstigen Vorteilen unter Aufgabe der Funktion im Inland auf ein verbundenes Unternehmen ins Ausland verlagert.[507] Nach der Verlagerung verfügt das aufnehmende Unternehmen über alle Entscheidungskompetenzen, um die Funktion als Strategieträger[508] eigenverantwortlich ausüben zu können. Die Funktion geht somit vollständig auf das übernehmende Unternehmen über und wird beim verlagernden Unternehmen eingestellt.[509]

Für die Bewertung einer Funktionsausgliederung sind die Grundsätze des § 1 Abs. 3 Satz 9 AStG anzuwenden. Denn im Zusammenhang mit der Ausgliederung einer Funktion werden i. d. R. erhebliche Gewinnpotenziale ins Ausland transferiert, welche durch eine Gesamtbewertung des verlagerten Transferpakets erfasst werden sollen.

Funktionsabspaltung

Eine Funktionsabspaltung ist dadurch gekennzeichnet, dass ein Strategieträger unter Beibehaltung der Entscheidungskompetenzen einen Teil der unternehmerischen Tätigkeit auf ein verbundenes Unternehmen überträgt.[510] Die mit einer Funktion zusammenhängenden Chancen und Risiken verbleiben im Wesentlichen beim verlagernden Unternehmen. Das aufnehmende Unternehmen trägt bei einer Funktionsabspaltung nur gerin-

S. 50; *Jahndorf, C.* (2008), S. 101; *Jenzen, H.* (2007), S. 3121; *Kahle, H.* (2007), S. 648; *Kahle, H.* (2009b), S. 560; *Kaminski, B.* (2007), S. 599; *Kraft, G.* (2009), § 1 AStG, Rn. 384-390; *Kroppen, H.-K. et al.* (2007), S. 308; *Rödder, T.* (2007), S. 15; *Schreiber, R.* (2013), Anm. 52; *Zech, T.* (2009), S. 210-280.

507 Vgl. u. a. *Baumhoff, H. et al.* (2007b), S. 1650; *Borstell, T./Wehnert, O.* (2011), Rn. 75; *Frischmuth, M.* (2007a), S. 387; *Jenzen, H.* (2007), S. 3121; *Kaminski, B.* (2007), S. 599; *Kraft, G,* (2009), § 1 AStG, Rn. 384; *Schreiber, R.* (2013), Anm. 52.

508 Als Strategieträger sind solche Unternehmen zu qualifizieren, die über die zur Durchführung von Geschäften wesentlichen materiellen und immateriellen Wirtschaftsgüter verfügen, die für den Unternehmenserfolg entscheidenden Funktionen ausüben und die wesentlichen Risiken tragen. Vgl. *BMF (Hrsg.)* (2005), S. 570, Tz. 3.4.10.2 Buchst. b.

509 Vgl. *Borstell, T./Jamin, C.* (2008), Rn. 351; *Kraft, G.* (2009), § 1 AStG, Rn. 384.

510 Vgl. u. a. *Baumhoff, H. et al.* (2007b), S. 1650; *Borstell, T./Wehnert, O.* (2011), Rn. 76; *Jahndorf, C.* (2008), S. 101; *Jenzen, H.* (2007), S. 3121; *Kaminski, B.* (2007), S. 599; *Kraft, G.* (2009), § 1 AStG, Rn. 386; *Schreiber, R.* (2013), Anm. 52.

ge Risiken und führt die Geschäftstätigkeit im Rahmen einer sog. Routinefunktion aus. Dieses erzielt aus der Funktionsausübung grundsätzlich keine Verluste, sondern geringe, aber relativ konstante Gewinne.[511] Die Vereinbarung einer Auftragsforschung[512] stellt ein typisches Beispiel für eine Funktionsabspaltung dar.[513]

Für die Ausübung der abgespaltenen Funktion erhält das aufnehmende Unternehmen i. d. R. eine Vergütung auf Basis der Kostenaufschlagsmethode.[514] Diese beinhaltet eine Vergütung für die entstandenen Kosten sowie einen angemessenen Gewinnaufschlag für die ausgeführte Routinefunktion. Die zur Ausübung der Funktion erforderlichen (immateriellen) Wirtschaftsgüter werden dem aufnehmenden Unternehmen meist unentgeltlich zur Verfügung gestellt.[515] Da die immateriellen Wirtschaftsgüter und sonstigen Vorteile sowie die Chancen und Risiken beim verlagernden Unternehmen verbleiben, kommt es durch die Funktionsabspaltung zu keiner Verlagerung von wesentlichen Gewinnpotenzialen ins Ausland. Zur Vermeidung einer übermäßigen Anwendung der Transferpaketbesteuerung auf Geschäftsvorfälle zwischen verbundenen Unternehmen können die verlagerten Wirtschaftsgüter bei Funktionsabspaltungen einzeln bewertet werden.[516]

Funktionsabschmelzung

Wird eine Funktion einschließlich aller Chancen und Risiken sowie den zur Funktionsausübung erforderlichen Wirtschaftsgütern und sonstigen Vorteilen auf ein verbundenes Unternehmen ins Ausland verlagert und übt das inländische Unternehmen die Funktion nach der Verlagerung im Rahmen einer dienstvertraglichen Vereinbarung als Unternehmen mit Routinefunktionen weiter aus, liegt eine Funktionsabschmelzung vor.[517] Zur Veranschaulichung kann eine Funktionsabschmelzung in zwei unmittelbar miteinander verknüpfte Verlagerungsvorgänge aufgespalten werden. Zunächst erfolgt eine Funktionsausgliederung, bei der eine Funktion einschließlich aller Chancen und Risiken sowie den zur Funktionsausübung erforderlichen Wirtschaftsgütern und sonstigen Vorteilen auf ein verbundenes Unternehmen ins Ausland verlagert wird. Anschließend spal-

---

[511] Vgl. *BMF (Hrsg.)* (2005), S. 570, Tz. 3.4.10.2 Buchst. a; *Rasch, S./Schmidtke, R.* (2009), S. 93.
[512] Siehe zur Auftragsforschung die Ausführungen in den Abschnitten 4.1.2 und 4.1.4.3.
[513] Vgl. *Engler, G.* (2011b), Rn. 64; *Jacobs, O. H. et al. (Hrsg.)* (2011), S. 1170.
[514] Vgl. *BMF (Hrsg.)* (1983), S. 218, Tz. 5.3; *BMF (Hrsg.)* (2010), S. 774, Rn. 66. Siehe zur Kostenaufschlagsmethode auch Abschnitt 3.1.3.1.
[515] Vgl. *Borstell, T./Wehnert, O.* (2011), Rn. 76; *Schreiber, R.* (2013), Anm. 52.
[516] Vgl. *§ 1 Abs. 3 Satz 10 erste Alternative AStG*. Ausführlich hierzu Abschnitt 3.3.2.1.
[517] Vgl. *Baumhoff, H.* (2003), S. 5; *Borstell, T./Wehnert, O.* (2011), Rn. 79; *Jenzen, H.* (2007), S. 3121; *Kraft, G.* (2009), § 1 AStG, Rn. 385.

tet das aufnehmende Unternehmen die Geschäftstätigkeit auf das verlagernde Unternehmen wieder ab, sodass dieses die ursprünglich ausgeübte Geschäftstätigkeit im Rahmen einer Routinefunktion fortführen kann. Die Vergütung der konzerninternen Leistungsbeziehungen zwischen diesen beiden Unternehmen erfolgt nach der Verlagerung i. d. R. nach der Kostenaufschlagsmethode.[518]

Besondere Bedeutung ist der Funktionsabschmelzung bei der Zentralisierung von Verantwortlichkeiten und immateriellen Wirtschaftsgütern innerhalb multinationaler Konzerne beizumessen,[519] da hierdurch Restrukturierungen ohne eine materielle Veränderung der unternehmerischen Aufgaben im Wertschöpfungsprozess vorgenommen werden können. Dennoch kann es im Rahmen einer Funktionsabschmelzung zu einer Verlagerung von Gewinnpotenzialen kommen.[520] Zur Gewährleistung einer umfassenden Besteuerung in Deutschland geschaffener Werte ist das verlagerte Transferpaket bei Funktionsabschmelzungen gemäß § 1 Abs. 3 Satz 9 AStG als Ganzes zu bewerten.[521]

Funktionsverdoppelung

Funktionsverdoppelungen unterscheiden sich gegenüber den anderen Verlagerungsarten dahingehend, dass keine Funktion verlagert, sondern eine Funktion unter Verwendung der Wirtschaftsgüter und sonstigen Vorteile des inländischen Unternehmens im Ausland neu aufgenommen wird.[522] Es kommt folglich durch die Aufnahme der Funktion im Ausland zu keiner Funktionseinschränkung im Inland. Erfolgt im Nachgang zu der Funktionsverdoppelung innerhalb eines Überwachungszeitraums von fünf Jahren[523] eine Funktionseinschränkung beim verlagernden Unternehmen und ist diese unmittelbar auf die Funktionsverdoppelung zurückzuführen, erfolgt eine nachträgliche Umqualifikation des Vorgangs in eine Funktionsverlagerung nach § 1 Abs. 3 Satz 9 AStG.[524] Zur Unterbindung übermäßiger Umqualifikationen sehen die VWG-FVerl eine Bagatellregelung vor, wonach eine geringfügige Einschränkung der Funktionsausübung beim abgebenden

[518] Vgl. *Brüninghaus, D.* (2006), S. S133.
[519] Vgl. *OECD (Hrsg.)* (2010b), Tz. 9.2.
[520] Ausführlich hierzu siehe *Zech, T.* (2009), S. 238-250.
[521] *Micker* vertritt hingegen die Auffassung, dass Funktionsabschmelzungen aufgrund der ausbleibenden Funktionseinstellung nicht als Funktionsverlagerungen i. S. v. *§ 1 Abs. 3 Satz 9 AStG* zu qualifizieren sind. Vgl. *Micker, L.* (2010), S. 833.
[522] Vgl. *Borstell, T.* (2009), S. 329; *Borstell, T./Jamin, C.* (2008), Rn. 362; *Kaminski, B.* (2007), S. 599.
[523] Die Überwachung einer möglichen nachträglichen Funktionsverlagerung über einen Zeitraum von fünf Jahren dürfte in zahlreichen Fällen mit erheblichen administrativen Problemen verbunden sein. So auch *Borstell, T.* (2009), S. 331; *Borstell, T.* (2010), S. 1006; *Freudenberg, M./Peters, H. M.* (2009), S. 824; *Haas, W.* (2008), S. 521; *Kahle, H.* (2009b), S. 559.
[524] Vgl. *§ 1 Abs. 6 Satz 2 FVerlV.*

Unternehmen innerhalb eines Überwachungszeitraums unschädlich ist.[525] Von einer geringfügigen Funktionseinschränkung ist auszugehen, wenn der Umsatz aus der Funktionsausübung in keinem Wirtschafsjahr während eines Fünfjahreszeitraums gegenüber dem Umsatz im letzten vollen Wirtschaftsjahr vor der Verlagerung um mehr als eine Million € absinkt.[526]

Nach § 1 Abs. 6 Satz 1 FVerlV werden Funktionsverdoppelungen vom Anwendungsbereich der Transferpaketbewertung nach § 1 Abs. 3 Satz 9 AStG ausgenommen,[527] da infolge der Möglichkeit einer uneingeschränkten Funktionsfortführung im Inland typisierend von keiner Verlagerung wesentlicher Gewinnpotenziale ins Ausland ausgegangen wird. Für die verlagerten Wirtschaftsgüter und erbrachten Dienstleistungen im Zusammenhang mit der Funktionsverdoppelung sind in Anwendung des Fremdvergleichsgrundsatzes angemessene Einzelverrechnungspreise zu ermitteln.[528]

Der Funktionsverdoppelung ist im Zusammenhang mit der Verlagerung von F&E-Funktionen m. E. nur eine geringe Bedeutung beizumessen. Eine F&E-Tätigkeit ist im Unterschied zu anderen Funktionen (z. B. Vertriebsfunktionen) i. d. R. nicht duplizierbar, da mit der Verlagerung einer F&E-Funktion grundsätzlich auch eine Funktionseinschränkung beim verlagernden Unternehmen einhergeht.

Funktionsneuaufnahme

Von den dargestellten Verlagerungsarten zu unterscheiden ist die sog. Funktionsneuaufnahme.[529] Voraussetzung einer Funktionsverlagerung ist, dass die entsprechende Funktion bereits vor der Verlagerung durch das verlagernde Unternehmen ausgeübt worden ist.[530] Bei einer Funktionsneuaufnahme wird hingegen eine Funktion neu errichtet, die bislang von keiner anderen Konzerngesellschaft ausgeübt wurde. Im Zusammenhang mit der Neuaufnahme einer Funktion kommt es somit zu keiner Einschränkung der Funktionsausübung im Inland, weshalb der Anwendungsbereich des § 1 Abs. 3 Satz 9 AStG nicht eröffnet ist. Vielmehr sind Einzelverrechnungspreise für

---

[525] Vgl. *BMF (Hrsg.)* (2010), S. 774, Rn. 48.

[526] Vgl. *BMF (Hrsg.)* (2010), S. 774, Rn. 49.

[527] Vgl. *§ 1 Abs. 6 Satz 2 FVerlV*. Siehe ergänzend auch *Baumhoff, H. et al.* (2007b), S. 1650; *BMF (Hrsg.)* (2008), S. 13; *BMF (Hrsg.)* (2010), Rn. 42; *Borstell, T.* (2010), S. 1002; *Haas, W.* (2009), S. 722; *Kraft, G.* (2009), § 1 AStG, Rn. 388; *Zech, T.* (2009), S. 209.

[528] Vgl. *BMF (Hrsg.)* (2008), S. 13; *BMF (Hrsg.)* (2010), Rn. 44; *Frischmuth, M.* (2007a), S. 387.

[529] So auch *BMF (Hrsg.)* (2010), S. 774, Rn. 57; *Kraft, G.* (2009), § 1 AStG, Rn. 382.

[530] Vgl. *Baumhoff, H./Bodenmüller, R.* (2011), S. 550; *Eisele, F.* (2003), S. 26 f.; *Kraft, G.* (2009), § 1 AStG, Rn. 382; *Wolter, H./Pitzal, C.* (2008), S. 795.

die zur Neuaufnahme der Funktion übertragenen oder zur Nutzung überlassenen Wirtschaftsgüter sowie für die erbrachten Dienstleistungen unter Berücksichtigung des Fremdvergleichsgrundsatzes anzusetzen.[531]

Abb. 3.3 veranschaulicht die Verlagerung immaterieller Wirtschaftsgüter sowie der Chancen und Risiken für die Verlagerungsarten und die Funktionsneuaufnahme.

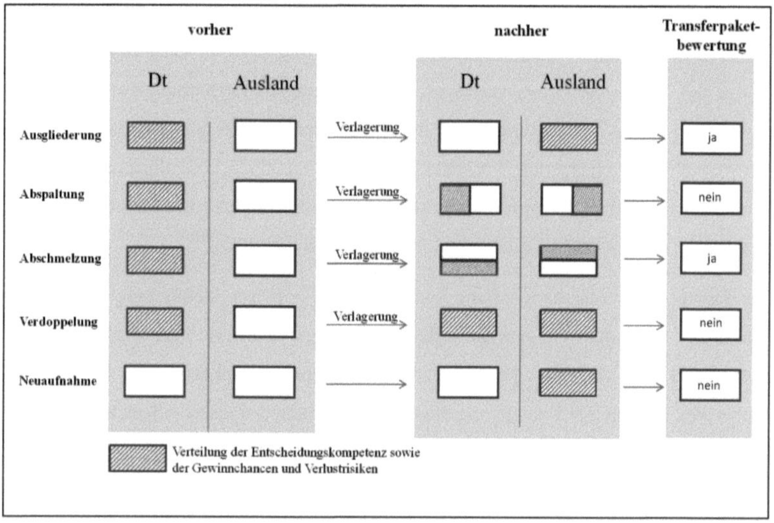

Abb. 3.3: Funktionsverlagerungsarten
(in Anlehnung an: *Bernhardt, L. et al.* (2010), S. 454)

3.2.3 Verlagerungsformen

Eine Funktionsverlagerung i. S. d. § 1 Abs. 3 Satz 9 AStG ist gemäß § 1 Abs. 2 Satz 1 FVerlV anzunehmen, wenn ein Transferpaket auf ein verbundenes Unternehmen übertragen wird oder die Bestandteile des Transferpaktes diesem zeitlich befristet[532] zur Nutzung überlassen werden. Ob der Verlagerung eine Eigentumsübertragung oder eine zeitlich befristete Nutzungsüberlassung zugrunde liegt, ist steuerrechtlich sowohl nach der bürgerlich-rechtlichen Natur als auch nach dem wirtschaftlichen Gehalt des Verlagerungsvorgangs zu beurteilen. In Einzelfällen kann diese Abgrenzung allerdings mit erheblichen Schwierigkeiten verbunden sein. Besteht Unklarheit über die tatsächliche

---

[531] Vgl. *BMF (Hrsg.)* (2010), S. 774, Rn. 57.
[532] Vgl. *§ 1 Abs. 2 Satz 2 FVerlV.*

Verlagerungsform, kann gemäß § 4 Abs. 2 FVerlV auf Antrag eine Nutzungsüberlassung unterstellt werden.[533]

Den Entscheidungsträgern stehen im Kern drei alternative Verlagerungsformen zur Auswahl, welche unterschiedliche Steuerwirkungen implizieren und daher im Folgenden getrennt voneinander untersucht werden:

- Funktionsverlagerung durch Eigentumsübertragung;
- Funktionsverlagerung durch Vereinbarung einer Pauschallizenz;
- Funktionsverlagerung durch Vereinbarung einer Umsatzlizenz.[534]

3.2.3.1 Eigentumsübertragung

Die steuerbilanzielle Zuordnung der Bestandteile des Transferpakets erfolgt auf der Grundlage der Eigentumsverhältnisse nach Durchführung der Funktionsverlagerung. Das Eigentum als übergeordneter Begriff kann in das rechtliche und das wirtschaftliche Eigentum unterschieden werden. Für die steuerbilanzielle Zuordnung von Wirtschaftsgütern ist zunächst grundsätzlich das rechtliche Eigentum maßgebend.[535] Hiervon abweichend kann das wirtschaftliche Eigentum für eine Bilanzierung genügen, sofern ein anderer als der rechtliche Eigentümer die tatsächliche Sachherrschaft in der Weise ausübt, dass er den rechtlichen Eigentümer wirtschaftlich von der Einwirkung auf ein Wirtschaftsgut während der voraussichtlichen Nutzungsdauer des Wirtschaftsguts ausschließen kann.[536] Nach der Rechtsprechung des BFH ist dies i. d. R. der Fall, wenn Eigenbesitz, Gefahr, Nutzen und Lasten auf den Erwerber übergehen.[537]

---

[533] *§ 4 Abs. 2 FVerlV* erfasst ausschließlich Zweifelsfälle und ist daher nicht anwendbar, wenn die Übertragung von Wirtschaftsgütern oder sonstigen Vorteilen vertraglich eindeutig vereinbart wurde. So *Oestreicher, A./Hundeshagen, C.* (2009b), S. 840.

[534] Neben den beiden hier betrachteten Lizenzarten existieren in der Praxis zahlreiche weitere Lizenzarten. Ein Überblick findet sich bei *Engler, G.* (2011e), Rn. 414. Im internationalen Geschäftsgebaren ist insbesondere die Umsatzlizenz weit verbreitet. Vgl. *Groß, M.* (2011), Rn. 103; *OECD (Hrsg.)* (2013b), Tz. 197; *Schaumburg, H.* (2011), Rn. 16.372. Daneben finden auch sog. Pauschallizenzen – insbesondere beim Transfer von Know-how – regelmäßig Anwendung. Vgl. *Engler, G.* (2011e), Rn. 423; *OECD (Hrsg.)* (2013b), Tz. 197; *Winzer, W.* (2010), Rn. 718. Ferner sind diese beiden Lizenzarten besonders geeignet, die unterschiedlichen steuerrechtlichen Konsequenzen aus einer Funktionsverlagerung in Abhängigkeit von der Ausgestaltung der Lizenzvereinbarung darzustellen, weshalb eine Fokussierung auf diese beiden Lizenzarten zweckmäßig erscheint. Siehe zur grundsätzlichen Anerkennung der vertraglichen Vereinbarungen *OECD (Hrsg.)* (2013b), Tz. 126.

[535] Vgl. *§ 39 Abs. 1 AO*; *Koenig, U.* (2009), § 39 AO, Rn. 10; *Ratschow, E.* (2012), § 39 AO, Rn. 1.

[536] Vgl. *§ 39 Abs. 2 Nr. 1 Satz 1 AO.* Siehe ergänzend *Koenig, U.* (2009), § 39 AO, Rn. 14-10; *Ratschow, E.* (2012), § 39 AO, Rn. 16-28.

[537] Vgl. z. B. *BFH* (1977), S. 553, 2. Orientierungssatz; *BFH* (1991), S. 398, Rn. 16; *BFH* (2009), S. 757, Leitsatz. Siehe auch *§ 446 BGB*.

Im Falle einer Funktionsverlagerung durch Eigentumsübertragung an den Bestandteilen des Transferpakets geht definitionsgemäß das rechtliche – und das wirtschaftliche Eigentum – auf das aufnehmende Unternehmen über. Dies hat zur Folge, dass das aufnehmende Unternehmen die erworbenen Wirtschaftsgüter und sonstigen Vorteile beliebig verwenden und andere Unternehmen von deren Nutzung ausschließen kann.[538] Die Bestandteile des Transferpakets sind beim aufnehmenden Unternehmen erfolgsneutral durch die Aktivierung der Anschaffungskosten[539] zu erfassen.[540] Entsprechend dem Grundsatz der sachlichen Abgrenzung werden die Anschaffungskosten über die betriebsgewöhnliche Nutzungsdauer abgeschrieben.[541] Beim verlagernden Unternehmen führt die Eigentumsübertragung an den Bestandteilen des Transferpakets zu einer Aufdeckung der stillen Reserven, woraus eine unmittelbare Steuerwirkung resultiert.

3.2.3.2 Pauschallizenz

Hauptgegenstand eines Lizenzvertrags ist i. Allg. die Gewährung einer Erlaubnis des rechtlichen Eigentümers an einen Dritten zur Nutzung und Verwertung des Lizenzgegenstands.[542] Für die steuerliche Behandlung von Lizenzvereinbarungen ist sowohl auf die bürgerlich-rechtliche Natur der Lizenzverträge als auch auf deren wirtschaftlichen Gehalt abzustellen.[543] Eine Abgrenzung zwischen Nutzungsüberlassung und Übertragung der Bestanteile eines Transferpaktes hat auch im Rahmen von Lizenzvereinbarungen nach den Kriterien des wirtschaftlichen Eigentums i. S. d. § 39 Abs. 2 AO zu erfol-

---

[538] Vgl. *Baumhoff, H./Greinert, M.* (2009), S. 544.

[539] Siehe *§ 6 Abs. 1 Nr. 1 EStG* i. V. m. *§§ 253 Abs. 1 Satz 1* und *255 Abs. 1 HGB*. Erfolgt die Eigentumsübertragung an den Bestandteilen des Transferpakets zu nicht fremdüblichen Preisen, sind die vereinbarten Verrechnungspreise zu berichtigen und die Anschaffungskosten entsprechend zu korrigieren. Besondere Bedeutung ist in diesem Zusammenhang der betragsgleichen Gegenkorrektur und bei innereuropäischen Geschäftsbeziehungen zwischen verbundenen Unternehmen auch der Schiedsverfahrenskonvention beizumessen. Siehe zur Verrechnungspreiskorrektur Abschnitt 3.1.4.

[540] Das Abkommensrecht enthält i. Allg. keine Regelungen für die wirtschaftliche Zurechnung von Wirtschaftsgütern, weshalb es aus steuerlicher Sicht bei grenzüberschreitenden Sachverhalten zu Zurechnungskonflikten mit der Folge von Nicht-, Minder- oder Mehrfachbesteuerungen kommen kann. Vgl. *Borstell, T./Jamin, C.* (2008), Rn. 358.

[541] Ausführlich hierzu siehe *Frischmuth, M.* (2007b), S. 460 f.

[542] Vgl. *Bartenbach, K.* (2007), Tz. 38; *Pfaff, D./Nagel, S.* (2010), Tz. 7.

[543] So auch die Rechtsprechung des BFH zum Finanzierungs-Leasing in *BFH* (1970), S. 264, Rn. 33. Siehe ergänzend hierzu *Ratschow, E.* (2012), § 39 AO, Rn. 24. Ein Auseinanderfallen von wirtschaftlicher und rechtlicher Eigentümerschaft an einem Lizenzgegenstand ist daher grundsätzlich möglich. Aufgrund der hohen Anforderungen an den wirtschaftlichen Eigentümer dürften wirtschaftliches und rechtliches Eigentum bei immateriellen Wirtschaftsgütern in praxi allerdings nur selten auseinander fallen. So *Dürrfeld, A./Wingendorf, P.* (2005), S. 466; *Pfaff, D. et al.* (2010), Rn. 552.

gen.[544] Sofern ein exklusiver Lizenzvertrag über einen ex ante bestimmten Zeitraum abgeschlossen wird und der Lizenznehmer bei normalem Verlauf den Lizenzgeber auf Dauer wirtschaftlich von Einwirkungen auf den Lizenzgegenstand ausschließen kann, hat eine Zurechnung beim Lizenznehmer zu erfolgen.[545] Diese Voraussetzung ist dann als erfüllt anzusehen, wenn dem Herausgabeanspruch des abgebenden Unternehmens nach Ablauf einer unkündbaren Vertragslaufzeit keine wirtschaftliche Bedeutung mehr beizumessen ist.[546] Ist ein exklusiver Lizenzvertrag hingegen jederzeit kündbar[547] oder entspricht die Vertragsdauer bei einer unkündbaren exklusiven Lizenzvereinbarung nicht weitestgehend[548] der betriebsgewöhnlichen Nutzungsdauer (zeitweise Funktionsverlagerung[549]) des Lizenzgegenstands, ist eine bloße Nutzungsüberlassung ohne Übertragung des wirtschaftlichen Eigentums zu unterstellen.[550]

Bei einer Pauschallizenz erhält der Lizenzgeber einen ex ante festgelegten Betrag, welcher unabhängig von den Umsätzen als Einmalzahlung oder in Raten während der Laufzeit des Lizenzvertrags geleistet werden kann.[551] Bei der Pauschallizenz liegt es grundsätzlich im Risikobereich des Lizenznehmers, wenn der Wert der Nutzungen den Wert

---

[544] Vgl. *Baumhoff, H.* (2010), S. 151 f.; *Baumhoff, H./Greinert, M.* (2009), S. 545; *Borstell, T./Jamin, C.* (2008), Rn. 356; *Hagemann, T.* (2012), S. 628 f.; *Hervé, Y. et al.* (2012), S. 554; *Kaminski, B.* (2011), S. 441. Hierzu a. A. *Engler, G.* (2011d), Rn. 338-341. In Bezug auf Funktionsverlagerungen ist die Zuordnung des wirtschaftlichen Eigentums nach *§ 39 Abs. 2 Nr. 1 AO* weder gesetzlich geregelt noch durch die Rechtsprechung entschieden oder durch Verwaltungsanweisungen konkretisiert. Für die steuerliche Behandlung von Lizenzvereinbarungen für Bestandteile eines Transferpakets kann auf die Rechtsprechung des BFH zum wirtschaftlichen Eigentum sowie die Leasing-Erlasse der Finanzverwaltung Bezug genommen werden. Dies erscheint insofern gerechtfertigt, als die Grundsätze der Leasing-Erlasse (insbesondere *BMF (Hrsg.)* (1971), S. 264) entsprechend auch auf immaterielle Wirtschaftsgüter – Filmrechte (siehe *BMF (Hrsg.)* (2001), S. 175) – Anwendung finden.

[545] Entsprechend zum Finanzierungs-Leasing *BFH* (1970), S. 264, Rn. 77.

[546] Vgl. *Borstell, T./Jamin, C.* (2008), Rn. 356. Dies kann unterstellt werden, wenn die Lizenz während der Vertragslaufzeit nicht gekündigt werden kann, die Vertragslaufzeit mindestens 90% der betriebsgewöhnlichen Nutzungsdauer des Lizenzgegenstands beträgt und die Lizenzraten voraussichtlich zur Deckung der Anschaffungs- oder Herstellungskosten des Lizenzgegenstands ausreichen. In diesem Fall ist dem Restwert des Lizenzgegenstands am Ende der Vertragslaufzeit i. d. R. nur noch ein geringer wirtschaftlicher Wert beizumessen. Entsprechend zum Finanzierungs-Leasing *BMF (Hrsg.)* (1971), S. 264, Tz. III Nr. 1 Buchst. a.

[547] In diesen Fällen besitzt das aufnehmende Unternehmen keine gesicherte Rechtsposition, die es diesem ermöglicht, das verlagernde Unternehmen als rechtlichen Eigentümer der Bestandteile des Transferpakets auf Dauer von wirtschaftlichen Einwirkungen auszuschließen. Vgl. zur ordentlichen Kündigung von Lizenzverträgen *Gitter, W.* (1988a), S. 431 f.; *Gitter, W.* (1988b), S. 458; *Loewenheim, U./Nordemann, J. B.* (2010), Rn. 15.

[548] D. h. dass der Zeitraum der Lizenzvereinbarung nicht zumindest 90 % der betriebsgewöhnlichen Nutzungsdauer des Lizenzgegenstands beträgt.

[549] Vgl. *§ 1 Abs. 2 Satz 2 FVerlV.*

[550] Ausführlich zu diesem Problemkreis siehe *Baumhoff, H.* (2010), S. 152 f.; *Baumhoff, H./Greinert, M.* (2009), S. 545; *Borstell, T./Jamin, C.* (2008), Rn. 357.

[551] Vgl. *Engler, G.* (2011e), Rn. 423.

der Einstandszahlung nicht erreicht.[552] Dies gilt nur dann nicht, wenn eine Pauschallizenz mit Ratenzahlung vereinbart und der Lizenzvertrag kurzfristig kündbar ist. In den folgenden beiden Abschnitten werden die steuerrechtlichen Folgen einer Funktionsverlagerung durch Vereinbarung einer Pauschallizenz beschrieben, wobei danach differenziert wird, ob das wirtschaftliche Eigentum an den Bestandteilen eines Transferpakets übergeht oder diese lediglich zur Nutzung überlassen werden.

3.2.3.2.1 Nutzungsüberlassung

Die Nutzungsüberlassung ist als schwebendes Geschäft[553] zu beurteilen, welches aufgrund der widerlegbaren Annahme einer Gleichwertigkeit der ausstehenden Leistungsverpflichtungen grundsätzlich keinen Niederschlag in der Bilanz findet.[554] Die fremdvergleichskonformen Lizenzzahlungen sind im Jahr ihrer wirtschaftlichen Verursachung beim verlagernden Unternehmen ertragswirksam und beim aufnehmenden Unternehmen aufwandswirksam zu erfassen.[555] Erfolgt die Zahlung der Pauschallizenz nicht in Raten, sondern als Einmalzahlung mit Vertragsabschluss, ist die Einmalzahlung beim verlagernden Unternehmen passiv und beim funktionsaufnehmenden Unternehmen aktiv abzugrenzen und über die Laufzeit des Lizenzvertrags anteilig erfolgswirksam aufzulösen.[556] In Ermangelung eines Übergangs des wirtschaftlichen Eigentums an den Bestandteilen des Transferpakets im Falle einer Nutzungsüberlassung sind die Wirtschaftsgüter auch nach der Funktionsverlagerung weiterhin dem verlagernden Unternehmen zuzurechnen.

3.2.3.2.2 Übertragung des wirtschaftlichen Eigentums

Kann das aufnehmende Unternehmen aufgrund der vertraglichen Bedingungen das verlagernde Unternehmen zumindest für einen wesentlichen Teil der betriebsgewöhnlichen Nutzungsdauer der Bestandteile des Transferpakets von einer wirtschaftlichen Einwir-

[552] Vgl. *Eichmann, H.* (2010), § 31 GeschMG, Rn. 18.

[553] Schwebende Geschäfte sind auf einen Leistungsaustausch gerichtete Rechtsverhältnisse, in denen der Verpflichtete seine Leistungspflicht noch nicht (vollständig) erfüllt hat. Vgl. hierzu *BFH* (1997), S. 735, Rn. 36; *BFH* (2004), S. 866, Rn. 9; *BFH* (2005), S. 298, Rn. 17; *BFH* (2007), S. 557, Rn. 22-25.

[554] Vgl. *OLG Düsseldorf* (2010), S. 1355. Siehe auch *Anzinger, H. M.* (2013), Rn. 1687; *Bordewin, A./ Tonner, N.* (2008), S. 20; *Buciek, K.* (2013), § 5 EStG, Rn. 879; *Kozikowski, M./Huber, F.* (2012), § 247 HGB, Rn. 392; *Pfaff, D. et al.* (2010), Rn. 551.

[555] Entsprechend zum Finanzierungs-Leasing *BFH* (1992), S. 904, 1. Leitsatz; *BMF (Hrsg.)* (1971), S. 264, Tz. IV Nr. 1 und Nr. 2. Vgl. auch *Baumhoff, H.* (2010), S. 154.

[556] Vgl. *§ 5 Abs. 5 EStG*. Siehe ergänzend *Kuebart, J.* (1995), S. 40.

kung ausschließen, kommt es zu einem Übergang des wirtschaftlichen Eigentums auf das aufnehmende Unternehmen. Bei Vereinbarung einer Pauschallizenz (mit Ratenzahlung) gleicht der Verlagerungsvorgang steuerrechtlich einer Eigentumsübertragung (mit Ratenzahlung). Im Verlagerungszeitpunkt kommt es folglich beim verlagernden Unternehmen zu einer Auflösung und Versteuerung stiller Reserven. Korrespondierend sind die Bestandteile des Transferpakets mit ihren fremdvergleichskonformen Anschaffungskosten zu aktivieren und über deren betriebsgewöhnliche Nutzungsdauer aufwandswirksam abzuschreiben.[557]

Liegt der Funktionsverlagerung eine Pauschallizenz mit Ratenzahlung zugrunde, aktiviert das verlagernde Unternehmen eine Kaufpreisforderung i. H. d. fremdvergleichskonformen Verrechnungspreises für das verlagerte Transferpaket. Korrespondierend passiviert das aufnehmende Unternehmen eine betragsgleiche Kaufpreisverbindlichkeit. Die aktivierte Kaufpreisforderung und die passivierte Kaufpreisverbindlichkeit entsprechen dem Barwert der künftig zu entrichtenden Lizenzraten.[558] Die Pauschallizenzraten sind in eine erfolgsneutrale Tilgungskomponente und in eine erfolgswirksame Zinskomponente ($ZiKo_t^{PL}$) aufzuspalten. Die Tilgungskomponenten mindern über die Dauer des Lizenzvertrags die Kaufpreisforderung beim verlagernden Unternehmen und die passivierte Kaufpreisverbindlichkeit beim aufnehmenden Unternehmen.[559]

Bei der Aufteilung der Lizenzraten ist zu beachten, dass sich die Zinskomponenten infolge der Tilgungsleistungen im Zeitablauf verringern und sich die Tilgungskomponenten entsprechend erhöhen.[560] Die Ermittlung der Zinskomponente kann grundsätzlich nach der Barwertvergleichsmethode oder der Zinsstaffelmethode[561] erfolgen.[562] Bei der Barwertvergleichsmethode werden die Zinskomponenten aus der Differenz zwischen den Barwerten der passivierten Verbindlichkeiten zu Beginn und am Ende einer Periode

[557] Dies setzt eine korrespondierende steuerliche Beurteilung des Sachverhalts bei der aufnehmenden Gesellschaft im Ausland voraus. Treten jedoch Zurechnungskonflikte auf, kann daraus eine Nicht-, Minder- oder Mehrfachbesteuerung resultieren. Vgl. *Borstell, T./Jamin, C.* (2008), Rn. 358.

[558] Vgl. *Kempf, T./Walter-Yadegardjam, T.* (2008), Rn. 113. Da für das verlagerte Transferpaket als Ganzes regelmäßig keine Lizenzraten am Markt beobachtet werden können, müssen diese grundsätzlich im Rahmen eines hypothetischen Fremdvergleichs auf der Basis des Einigungspreises nach *§ 1 Abs. 3 Satz 3 AStG* ermittelt werden. Vgl. auch *Bernhardt, L. et al.* (2009), S. 247 f. Ausführlich hierzu siehe Abschnitt 5.4.

[559] Siehe hierzu auch *BMF (Hrsg.)* (1971), S. 264, Tz. V Nr. 2.

[560] Entsprechend zum Finanzierungs-Leasing *BMF (Hrsg.)* (1971) S. 264, Tz. V Nr. 1.

[561] Vgl. *Bordewin, A./Tonner, N.* (2008), S. 102; *Kempf, T./Walter-Yadegardjam, T.* (2008), Rn. 119 f.

[562] Siehe auch *BMF (Hrsg.)* (1973), S. 16.

abgeleitet. Alternativ kann der Zinsanteil der Periode t auch auf Grundlage der Annuitätenmethode entsprechend der nachstehenden Formel bestimmt werden:

$$\text{ZiKo}_t^{PL} = \text{EP} \cdot \frac{(1 + r^{FK})^X - (1 + r^{FK})^{t-1}}{(1 + r^{FK})^X - 1} \cdot r^{FK} \tag{3.1}$$

mit

ZiKo_t^{PL}	=	Zinskomponente der Pauschallizenzraten in einer Periode t;
EP	=	Einigungspreis für das verlagerte Transferpaket;
r^{FK}	=	Fremdkapitalzinssatz;
t	=	Index für die Zeit in Jahren, wobei X das Ende der Lizenzvereinbarung determiniert.

Der Tilgungsanteil in einer Periode t ergibt sich somit aus der Differenz zwischen der entrichteten Pauschallizenzrate und der Zinskomponente. Diese mindert sukzessive die Kaufpreisforderung beim verlagernden Unternehmen bzw. die Kaufpreisverbindlichkeit beim aufnehmenden Unternehmen, bis diese am Ende der Vertragslaufzeit der Pauschallizenz vollständig getilgt sind.

3.2.3.3 Umsatzlizenz

Bei der Umsatzlizenz besteht die Lizenzgebühr in einem ex ante festgelegten Prozentsatz der tatsächlich erzielten Umsätze[563] des Lizenznehmers.[564] Die Lizenzgebühr entwickelt sich i. d. R. proportional zu den tatsächlich erzielten Umsätzen, sodass der Lizenzgeber gleichermaßen an positiven wie negativen Preisentwicklungen partizipiert. Insofern ist der Abschluss eines umsatzabhängigen Lizenzvertrags sowohl für den Lizenznehmer als auch den Lizenzgeber ein „gewagtes Geschäft"[565]. Dies ist darauf zurückzuführen, dass das Ausmaß der wirtschaftlichen Verwertbarkeit des Lizenzgegenstands ex ante nicht mit Sicherheit festgestellt werden kann.

Die Vereinbarung einer Nutzungsüberlassung der Bestandteile des Transferpakets gegen eine umsatzabhängige Vergütung führt i. Allg. dazu,[566] dass das Eigentum an den lizen-

[563] Eine umsatzabhängige Lizenzgebühr bezieht sich nicht auf den Gesamtumsatz eines Unternehmens, sondern ist auf Umsätze begrenzt, die (un-)mittelbar im Zusammenhang mit dem Lizenzgegenstand stehen. Vgl. *Osterrieth, C.* (2010), Rn. 113.

[564] Vgl. *Osterrieth, C.* (2010), Rn. 110; *Winzer, W.* (2010), Rn. 720.

[565] *BGH* (1957), S. 597.

[566] Ob es bei Vereinbarung einer umsatzabhängigen Lizenz zu einem Übergang des wirtschaftlichen Eigentums an den Bestandteilen des Transferpakets kommen kann, ist nicht abschließend geklärt. Aufgrund der Unsicherheiten in Bezug auf die tatsächlich erzielbaren Lizenzerträge ist es ungewiss, ob diese zur Deckung der Anschaffungskosten für die lizenzierten Wirtschaftsgüter während einer un-

zierten Bestandteilen des Transferpakets beim verlagernden Unternehmen verbleibt.[567] Dieses muss auch nach der Verlagerung die bilanzierungspflichtigen Wirtschaftsgüter erfassen und über die Nutzungsdauer aufwandswirksam abschreiben. Die umsatzabhängigen Lizenzraten sind entsprechend ihrer wirtschaftlichen Verursachung steuerrechtlich mit den Fremdvergleichspreisen beim verlagernden Unternehmen als Ertrag und beim aufnehmenden Unternehmen als Aufwand zu berücksichtigen.[568]

Abb. 3.4 fasst die betrachteten Funktionsverlagerungsformen grafisch zusammen.

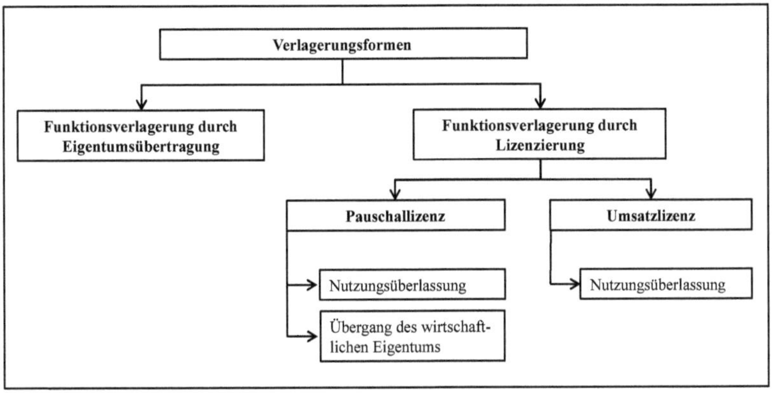

Abb. 3.4: Verlagerungsformen

3.3 Rechtsfolgen grenzüberschreitender Funktionsverlagerungen

Die Besteuerung grenzüberschreitender Funktionsverlagerungen erfolgt gemäß § 1 Abs. 3 Satz 9 AStG im Regelfall auf der Grundlage einer Bewertung des Transferpakets als Ganzes (siehe Abschnitt 3.3.1). Dies ermöglicht eine umfassende quantitative Erfassung und Besteuerung sämtlicher im Zusammenhang mit der Funktionsverlagerung stehender Werte, ohne dass diese einzeln identifiziert und bewertet werden müs-

kündbaren Lizenzdauer ausreichen. Eine unmittelbare Anwendung der Leasing-Grundsätze ist daher zumindest fraglich. Zudem wäre in diesen Fällen bei einer Übertragung des wirtschaftlichen Eigentums eine unmittelbare Gewinnrealisierung ausgeschlossen, da es aufgrund der Abhänigkeit von der Entstehung künftiger Umsatzerlöse an einer für die Annahme einer Gewinnrealisierung erforderlichen Bestimmtheit mangelt. Siehe *BFH* (2002), S. 532, Rn. 31; *Fabian, R./Farle, V.* (2009), Rn. 32. Die steuerlichen Folgen unterscheiden sich beim verlagernden Unternehmen insofern grundsätzlich nicht gegenüber einer Nutzungsüberlassung. Vor diesem Hintergrund wird die Übertragung des wirtschaftlichen Eigentums an den Bestandteilen des Transferpakets im Falle der Vereinbarung einer Umsatzlizenz im Weiteren nicht näher untersucht.

[567] Siehe hierzu auch die Ausführungen in Abschnitt 3.2.3.2.

[568] Entsprechend zum Finanzierungs-Leasing *BFH* (1992), S. 904, 1. Leitsatz; *BMF (Hrsg.)* (1971), S. 264, Tz. IV Nr. 1 und Nr. 2.

sen.[569] Unter den besonderen Voraussetzungen der Öffnungsklauseln gemäß § 1 Abs. 3 Satz 10 AStG kann von dem Gesamtbewertungsgrundsatz abgewichen und eine Einzelbewertung der verlagerten Wirtschaftsgüter und im Zusammenhang mit der Funktionsverlagerung erbrachten Dienstleistungen vorgenommen werden (siehe Abschnitt 3.3.2).

3.3.1 Transferpaketbewertung

Für Funktionsverlagerungen können i. d. R. keine zumindest eingeschränkt vergleichbaren Markttransaktionen beobachtet werden. Daher erfolgt die Ermittlung des Verrechnungspreises für das verlagerte Transferpaket grundsätzlich im Rahmen eines hypothetischen Fremdvergleichs durch die Simulation eines Preisverhandlungsprozesses zwischen ordentlichen und gewissenhaften Geschäftsleitern i. S. d. § 1 Abs. 1 Satz 3 AStG. Hierzu ist ein Einigungsbereich zu bestimmen, welcher durch die Grenzpreise des verlagernden Unternehmens (Mindestpreis) und des aufnehmenden Unternehmens (Höchstpreis) determiniert wird.[570] Ist das verlagernde Unternehmen jedoch nicht mehr in der Lage, die Funktion in Zukunft betriebswirtschaftlich sinnvoll auszuüben, wird der Mindestpreis für das verlagerte Transferpaket durch den Liquidationswert der Bestandteile des Transferpakets – einschließlich der Schließungskosten – bestimmt.[571] In einem zweiten Schritt ist ein Einigungspreis unter Berücksichtigung der jeweiligen Verhandlungsstärke der Geschäftsparteien innerhalb des Einigungsbereichs zu ermitteln.

3.3.1.1 Ermittlung der Grenzpreise

Die Grenzpreise müssen aus Sicht der beteiligten Unternehmen in Übereinstimmung mit den Reingewinnen stehen, die zum Zeitpunkt der Verlagerung aus der Ausübung der Funktion erwartet werden können und der Funktion zuzuordnen sind (Gewinnpotenziale).[572] Das Gewinnpotenzial ist gemäß § 1 Abs. 4 FVerlV eine Barwertgröße. Sie spiegelt den Wert der erwarteten Reingewinne nach Steuern aus der Funktionsausübung im Verlagerungszeitpunkt wider, die mit einem angemessenen Kapitalisierungszinssatz diskontiert werden.

[569] Vgl. auch *Bodenmüller, R.* (2004), S. 208; *Serg, O.* (2006), S. 203 f.
[570] Vgl. zum hypothetischen Fremdvergleich Abschnitt 3.1.2.3.
[571] Vgl. *§ 7 Abs. 2 FVerlV; BMF (Hrsg.)* (2010), S. 774, Rn. 120. Aufgrund der geringen Bedeutung des Liquidationswerts als Mindestpreis für das Transferpaket bei Verlagerungen von F&E-Funktionen wird im Folgenden auf eine weitergehende Diskussion des Liquidationswerts verzichtet.
[572] Vgl. *§ 3 Abs. 1 FVerlV.*

Die Bestimmung der Gewinnpotenziale kann in Abhängigkeit von den verfügbaren Informationen auf Basis der indirekten oder der direkten Methode erfolgen.[573] Bei der indirekten Methode leiten sich die Gewinnpotenziale einer Funktion aus der Differenz zwischen dem Gesamtwert eines Unternehmens vor und nach der Verlagerung ab. Folglich sind zur Ermittlung der Gewinnpotenziale für jedes der beiden Konzernunternehmen zwei Unternehmensbewertungen – in Summe somit vier Unternehmensbewertungen[574] – vorzunehmen. Bei der direkten Methode erfolgt die Ermittlung der Gewinnpotenziale indes durch eine unmittelbare Aufwands- und Ertragszurechnung zu der verlagerten Funktion, sodass für die betroffenen Konzernunternehmen jeweils nur eine Transferpaketbewertung durchzuführen ist. Aufgrund des i. d. R. geringeren Bewertungsaufwands bei der direkten Methode ist diese der indirekten Methode zur Ermittlung der Gewinnpotenziale bei grenzüberschreitenden Funktionsverlagerungen grundsätzlich vorzuziehen.[575]

3.3.1.1.1 Reingewinne

Den Ausgangspunkt für die Bestimmung der Gewinnpotenziale bilden gemäß § 1 Abs. 4 FVerlV die Reingewinne nach Steuern, die in den Verfügungsbereich eines ordentlichen und gewissenhaften Geschäftsleiters gelangen.[576] Diese sind im Rahmen einer zukunftsorientierten Betrachtung mithilfe einer Funktionsanalyse und innerbetrieblicher Planrechnungen zu bestimmen.[577]

Der Gewinnbegriff stammt aus dem pagatorischen Rechnungswesen und wird als Saldo der Erträge und Aufwendungen einer Periode definiert. Diese Größe enthält periodisierte Ergebnisbeiträge. Der Begriff der Reingewinne i. S. v. § 1 Abs. 4 FVerlV unterscheidet sich daher vom pagatorischen Gewinnbegriff, denn die Reingewinne bestimmen sich aus den erwarteten funktionsbezogenen Jahresergebnissen, die um nicht zahlungs-

---

[573] Vgl. *BMF (Hrsg.)* (2010), S. 774, Rn. 31 f.; *Schreiber, R.* (2013), Anm. 51. Siehe zur indirekten und direkten Methode auch *IDW S 1.13*.

[574] Vgl. *Baumhoff, H. et al.* (2008), S. 1950; *Blumers, W.* (2007), S. 1762; *Jenzen, H.* (2007), S. 3125; *Piltz, D. J.* (2008), S. 158; *Schilling, D.* (2011a), S. 709; *Vögele, A.* (2010), S. 422.

[575] So auch *Blumers, W.* (2007), S. 1762; *Luckhaupt, H.* (2013), S. 256 f.; *Oestreicher, A./Hundeshagen, C.* (2009a), S. 148 f.; *Piltz, D. J.* (2008), S. 158. Allerdings kann die Aufwands- und Ertragszuordnung zu einer einzelnen Funktion bei der direkten Methode z. T. mit erheblichen Schwierigkeiten verbunden sein. Vgl. *Baumhoff, H. et al.* (2007b), S. 1652; *Baumhoff, H. et al.* (2008), S. 1950; *Günter, S.* (2007), S. 1086.

[576] Vgl. *BMF (Hrsg.)* (2010), S. 774, Rn. 31.

[577] Vgl. *§ 1 Abs. 3 Satz 6 Halbsatz 1 AStG*.

wirksame Ergebnisbeiträge korrigiert werden müssen.[578] Reingewinne enthalten daher keine Periodisierungen und entsprechen prinzipiell den finanziellen Überschüssen (Cashflows[579]), die aus der Ausübung der verlagerten Funktion erzielt werden können. Die Berücksichtigung finanzieller Überschüsse bei der Ermittlung der Gewinnpotenziale steht in Einklang mit dem Fremdvergleichsgrundsatz,[580] denn auch den kapitalwertorientierten Bewertungsverfahren liegen i. d. R. finanzielle Überschüsse und keine Gewinne zugrunde.[581]

Gemäß § 3 Abs. 2 Satz 1 FVerlV kann das Gewinnpotenzial auch erzielbare Synergieeffekte[582] und Standortvorteile im Zusammenhang mit der Funktionsausübung enthalten. Dies ist sachgerecht, denn auch unabhängige Geschäftsparteien beziehen sämtliche Ausprägungen des Entscheidungsfelds in die Ermittlung ihrer subjektiven Konzessionsbereitschaft ein.[583] Synergieeffekte sind in diesem Kontext finanzielle Vorteile[584] oder Nachteile[585] (Dissynergien), die durch das Zusammenwirken von mindestens zwei Funktionen entstehen und zu einer Veränderung der finanziellen Überschüsse gegenüber einer isolierten Betrachtung führen können.[586] Standortvorteile ergeben sich unabhängig von der Ausübung weiterer Funktionen und sind auf spezifische regionale Gegebenheiten zurückzuführen (z. B. Lohn- und Materialkostenunterschiede, Qualität des verfügbaren Personals und der Infrastruktur, Steuerbelastungsunterschiede oder auch steuerliche Subventionen).[587] Da die Grenzpreise subjektive Entscheidungswerte darstellen, sind Synergieeffekte und Standortvorteile unabhängig davon zu berücksichtigen, ob sie im Verlagerungszeitpunkt bereits existiert haben oder erst durch die Verlagerung beim funktionsaufnehmenden Unternehmen entstehen.[588]

---

[578] Vgl. *BMF (Hrsg.)* (2010), S. 774, Rn. 31. Siehe auch *Baumhoff, H. et al.* (2011), S. 166.

[579] Da der Begriff „Reingewinne" deckungsgleich mit den Begriffen „finanzielle Überschüsse" und „Cashflows" ist, werden diese im Folgenden synonym verwendet.

[580] So auch *Baumhoff, H. et al.* (2008), S. 1949; *Jenzen, H.* (2007), S. 3125; *Rasch, S./Schmidtke, R.* (2009), S. 96.

[581] Vgl. *IDW S 1.24* und *1.101*; *IDW S 5.23*. Siehe auch *Greinert, M.* (2009), 757; *Günter, S.* (2007), S. 1086; *Looks, C./Scholz, C. M.* (2007), S. 2544; *Oestreicher, A./Hundeshagen, C.* (2009a), S. 148; *Roeder, A.* (2008), S. 206.

[582] Zur Berücksichtigung von Synergieeffekten siehe *IDW S 1.50*.

[583] Vgl. *Drukarczyk, J./Schüler, A.* (2009), S. 87.

[584] Z. B. eine Kostenreduktion durch Skaleneffekte bei der Beschaffung oder durch höhere Maschinenauslastungen.

[585] Z. B. Reibungsverluste oder höhere Personalkosten infolge einer Funktionsverlagerung.

[586] Vgl. *IDW S 1.33*.

[587] Vgl. *BMF (Hrsg.)* (2010), S. 774, Rn. 93. Zustimmend *Schilling, D.* (2011b), S. 1536 f.

[588] Vgl. *IDW S 1.50*. Ebenso *Schilling, D.* (2011b), S. 1537.

Der Kritik im Fachschrifttum[589] an der Einbeziehung ausländischer Synergieeffekte und Standortvorteile in die deutsche Steuerbemessungsgrundlage beim verlagernden Unternehmen ist grundsätzlich zuzustimmen. Allerdings ist es nach hier vertretener Auffassung konzeptionell verfehlt, eine Korrektur dieser Vorteile bei der Ermittlung der finanziellen Überschüsse durchzuführen. Die Gewinnpotenziale determinieren die Konzessionsbereitschaft der Geschäftsparteien und müssen als subjektive Entscheidungswerte sämtliche Vorteile (und Nachteile) berücksichtigen.[590] Stattdessen sollte eine Besteuerung ausschließlich im Ausland erzielbarer Vorteile in Deutschland im Rahmen der Simulation des Verhandlungsprozesses auf der zweiten Stufe des hypothetischen Fremdvergleichs vermieden werden.[591]

3.3.1.1.2 Bewertungsrelevante Steuern

Die Gewinnpotenziale umfassen die Reingewinne nach Steuern, weshalb Steuerzahlungen bei der Ermittlung der finanziellen Überschüsse mindernd zu berücksichtigen sind.[592] Es sind hierbei alle tatsächlich festgesetzten oder künftig voraussichtlich festzusetzenden Steuerzahlungen[593] – vermindert um erwartete Steuerermäßigungsansprüche – einzubeziehen.[594] Dem Grunde nach sollen Ertragsteuern gleichermaßen für das funktionsausübende Unternehmen und für dessen Anteilseigner erfasst werden. Typisierend erlaubt die Finanzverwaltung, dass bei Funktionsverlagerungen zwischen

[589] Siehe *Baumhoff, H. et al.* (2007b), S. 1652; *Blumers, W.* (2007), S. 1761; *Bödefeld, A./Kuntschik, N.* (2007), S. 263; *Frischmuth, M.* (2007b), S. 461; *Frotscher, G.* (2008), S. 54 f.; *Günter, S.* (2007), S. 1086 f.; *Haas, W.* (2008), S. 523; *Hey, J.* (2007), S. 1308; *Jahndorf, C.* (2008), S. 111; *Jenzen, H.* (2007), S. 3135; *Kahle, H.* (2007), S. 654; *Kroppen, H.-K.* (2013), Anm. 137; *Oestreicher, A.* (2009), S. 80; *Roser, F.* (2008), S. 36 f.; *Strahl, M.* (2008), S. 15864; *Welling, B./Tiemann, K.* (2008), S. 69; *Wulf, M.* (2007), S. 2282.

[590] Vgl. *IDW S 1.48-1.67.*

[591] So auch *Schilling, D.* (2011b), S. 1537; *Vögele, A.* (2010), S, 421 f.

[592] Vgl. *BMF (Hrsg.)* (2008), S. 12; *BMF (Hrsg.)* (2010), S. 774, Rn. 31-36; *IDW S 1.44.* Ebenso *OECD (Hrsg.)* (2013b), Tz. 196.

[593] Demnach müssen auch Steuervorteile, die beim aufnehmenden Unternehmen aus der Abschreibung der verlagerten Wirtschaftsgüter und sonstigen Vorteile resultieren, bei der Bestimmung der Gewinnpotenziale berücksichtigt werden. Vgl. *Fischer, W. W./Freudenberg, M.* (2012), S. 170-173; *Greil, S.* (2011), S. 159 f.; *Heining, B.* (2009), S. 129; *IDW S 5.47; Nestler, A./Schaflitzl, A.* (2011), S. 237; *OECD (Hrsg.)* (2013b), Tz. 196; *Oestreicher, A./Hundeshagen, C.* (2008a), S. 149; *Oestreicher, A./Hundeshagen, C.* (2008b), S. 1698 f.; *Oestreicher, A./Wilcke, D.* (2010b), S. 468; *Oestreicher, A./Wilcke, D.* (2010c), S. 1714 f.; *Schilling, D.* (2011a), S. 713 f.; *Schilling, D.* (2011b), S. 1539. A. A. hierzu *Baumhoff, H.* (2012), S. 399 f.; *Baumhoff, H. et al.* (2011), S. 168 f.; *Greinert, M./Reichl, A.* (2011), S. 1182-1187; *Kroppen, H.-K.* (2013), Anm. 137; *Menninger, J./Wellens, L.* (2012), S. 13.

[594] Vgl. *BMF (Hrsg.)* (2010), S. 774, Rn. 33. Zustimmend, dass bei der Ermittlung der Gewinnpotenziale die effektive Steuerbelastung maßgebend ist, etwa *Roeder, A.* (2013), Anm. 155. Diesbezüglich a. A. *Fischer, W. W./Freudenberg, M.* (2012), S. 170.

verbundenen Unternehmen eines Kapitalgesellschaftskonzerns auf eine Berücksichtigung der Ertragsbesteuerung bei den Gesellschaftern verzichtet werden kann.[595]

Dies ist zu begrüßen, da im internationalen Vergleich eine Berücksichtigung der persönlichen Ertragsteuern der Gesellschafter bei der Bewertung eher unüblich ist.[596] Teilweise wird im Schrifttum auch die Auffassung vertreten, dass die Berücksichtigung der persönlichen Ertragsteuern der Gesellschafter bei der Ermittlung eines fremdvergleichskonformen Verrechnungspreises im hypothetischen Fremdvergleich gänzlich verfehlt sei.[597] Denn ausweislich des Gesetzeswortlauts sei nicht auf die Entscheidungswerte der Gesellschafter, sondern auf die Entscheidungswerte der Gesellschaften abzustellen. Daher sind die ertragsteuerlichen Konsequenzen bei den Gesellschaftern im Rahmen der Ermittlung eines fremdvergleichskonformen Verrechnungspreises prinzipiell zu vernachlässigen.

Für die Berechnung des Mindestpreises beim verlagernden Unternehmen fordert die Finanzverwaltung auch eine Einbeziehung der Steuerbelastung, welche aus der Veräußerung der Bestandteile des Transferpakets resultiert.[598] Diese Behandlung ergibt sich aus der Indifferenzprämisse des hypothetischen Fremdvergleichs, wonach der Mindestpreis des Einigungsbereichs dem Barwert der Gewinnpotenziale beim verlagernden Unternehmen entsprechen muss. Nur unter Einbeziehung einer Verlagerungssteuer sei ein ordentlicher und gewissenhafter Geschäftsleiter indifferent zwischen der Veräußerung und der Fortführung einer Funktion.[599] Die Besteuerung des Veräußerungsgewinns mindert die tatsächlich aus einer Funktionsverlagerung erzielbaren Erlöse, weshalb ein ordentlicher und gewissenhafter Geschäftsleiter die erwartete Steuerbelastung bei der Grenzpreisermittlung werterhöhend berücksichtigen würde.[600] Die Verlagerungssteuer bestimmt sich aus der Differenz zwischen dem endgültigen Grenzpreis für das Transferpaket als Ganzes (GP^{DT}) und den Buchwerten der Bestandteile des Transferpakets im Verlagerungszeitpunkt t=0 (BW_0^{IWG}, BW_0^{WG}) multipliziert mit dem Unternehmen-

[595] Vgl. *BMF (Hrsg.)* (2010), S. 774, Rn. 34. Entsprechend auch *IDW S 1.30 und 1.45*.

[596] Vgl. *Looks, C./Scholz, C. M.* (2007), S. 2545; *Nestler, A./Schaflitzl, A.* (2011), S. 237.

[597] Vgl. *Fischer, W. W./Freudenberg, M.* (2012), S. 170; *Greil, S.* (2011), S. 158; *Greinert, M./Reichl, A.* (2011), S. 1183; *Roeder, A.* (2013), Anm. 155. A. A. *Oestreicher, A./Hundeshagen, C.* (2009b), S. 836.

[598] Vgl. *BMF (Hrsg.)* (2010), S. 774, Rn. 118. Entsprechend *OECD (Hrsg.)* (2013b), Tz. 196.

[599] Vgl. *Greil, S.* (2011), S. 159; *Jacobs, O. H. et al. (Hrsg.)* (2011), S. 611 f.; *Oestreicher, A./Hundeshagen, C.* (2008b), S. 1698; *Oestreicher, A./Hundeshagen, C.* (2009b), S. 836; *Oestreicher, A./ Wilcke, D.* (2010c), S. 1714; *Schilling, D.* (2011a), S. 712; *Schilling, D.* (2011b), S. 1539.

[600] So *Oestreicher, A./Wilcke, D.* (2010b), S. 468; *Schilling, D.* (2011b), S. 1539. A. A. *Fischer, W./Freudenberg, M.* (2012), S. 171.

steuersatz des verlagernden Unternehmens (s^{DT}). Die Verlagerungssteuer ist in die Grenzpreisermittlung beim verlagernden Unternehmen einzubeziehen und dem vorläufigen Grenzpreis vor Berücksichtigung der Verlagerungssteuer ($GP^{DT,VS}$) hinzuzurechnen:[601]

$$GP^{DT} = \frac{GP^{DT,VS} - (BW_0^{IWG} + BW_0^{WG}) \cdot s^{DT}}{(1 - s^{DT})} \quad . \tag{3.2}$$

Die Fremdüblichkeit der Berücksichtigung einer Verlagerungssteuer beim verlagernden Unternehmen wird im Schrifttum z. T. erheblich angezweifelt.[602] Ferner sei die Berücksichtigung einer Verlagerungssteuer nicht durch den Gesetzeswortlaut gedeckt. Dieser beziehe explizit nur die Reingewinne aus der Funktionsausübung in die Grenzpreisermittlung ein, weshalb auch nur die Steuern aus der laufenden Besteuerung berücksichtigt werden dürften.[603] Weiterhin könne die Verlagerungssteuer auch nicht als Kosten der Schließung[604] i. S. v. § 7 Abs. 1 Satz 1 FVerlV qualifiziert werden, sodass prinzipiell auf eine grenzpreiserhöhende Erfassung der Verlagerungssteuer beim verlagernden Unternehmen verzichtet werden sollte.[605] Anderenfalls könne daraus eine signifikante Erhöhung[606] des Grenzpreises beim verlagernden Unternehmen mit der Folge resultieren, dass oftmals kein Einigungsbereich zustande kommt.[607]

3.3.1.1.3 Kapitalisierungszeitraum

Der Kapitalisierungszeitraum spiegelt die Dauer der voraussichtlichen ökonomischen Nutzbarkeit einer Funktion wider. Dieser bestimmt sich auf der Grundlage der tatsächlichen Gegebenheiten, wobei nach § 6 FVerlV grundsätzlich von einem unbeschränkten Kapitalisierungszeitraum auszugehen ist. Dies sei nach Verwaltungsauffassung gerecht-

601 Vgl. *BMF (Hrsg.)* (2010), S. 774, Rn. 118; *Greil, S.* (2011), S. 159. Siehe zur Herleitung dieser Formel Anhang A.1 auf S. 417.

602 Vgl. *Baumhoff, H.* (2012), S. 400; *Baumhoff, H. et al.* (2011), S. 168; *Ditz, X./Liebchen, D.* (2012), S. 1472; *Fischer, W. W./Freudenberg, M.* (2012), S. 169-171; *Greinert, M./Reichl, A.* (2011), S. 1182-1187; *Menninger, J./Wellens, L.* (2012), S. 13. Hierzu a. A. *Greil, S.* (2011), S. 159; *Schilling, D.* (2011b), S. 1539.

603 Vgl. *Fischer, W. W./Freudenberg, M.* (2012), S. 169 f.; *Greinert, M./Reichl, A.* (2011), S. 1184.

604 Vgl. zu den Schließungskosten auch die Ausführungen in Abschnitt 3.3.1.1.5.

605 Vgl. *Ditz, X./Liebchen, D.* (2012), S. 1472; *Fischer, W. W./Freudenberg, M.* (2012), S. 169 f.; *Greinert, M./Reichl, A.* (2011), S. 1184.

606 Die Einbeziehung der Verlagerungssteuer führt bei einem unterstellten Unternehmensteuersatz von 29,475 % zu einer Erhöhung des Mindestpreises für das verlagerte Transferpaket um rund 41,8 %, sofern der Buchwert der verlagerten Bestandteile des Transferpakets einen Wert von Null aufweist.

607 Vgl. *Ditz, X./Liebchen, D.* (2012), S. 1471; *Fischer, W. W./Freudenberg, M.* (2012), S. 171 f.; *Greinert, M./Reichl, A.* (2011), S. 1185 f.

fertigt, da „auch für Betriebs- oder Teilbetriebsveräußerungen nach betriebswirtschaftlichen Grundsätzen ein unbegrenzter Kapitalisierungszeitraum angewandt wird und Funktionsverlagerungen solchen Vorgängen ähnlich sind.“[608] Ferner sei die Annahme eines unbegrenzten Kapitalisierungszeitraums zur Gewährleistung einer rechtssicheren Bewertung erforderlich.[609] *Roeder* merkt diesbezüglich kritisch an, dass eine „willkürliche gesetzliche Normierung des Kapitalisierungszeitraums gerade nicht zu einer Erhöhung der Rechtssicherheit insgesamt [führt.]“[610] Erachtet der ausländische Staat einen anderen als den gesetzlich vorgeschriebenen Kapitalisierungszeitraum als fremdüblich, so sinkt die Rechtssicherheit in diesem Staat. Letztlich gehe eine Erhöhung der Rechtssicherheit in Deutschland zulasten der Rechtssicherheit im Ausland.[611]

Vom Grundsatz des unbeschränkten Kapitalisierungszeitraums kann abgewichen und ein begrenzter Kapitalisierungszeitraum angenommen werden, sofern der Steuerpflichtige diesen glaubhaft[612] machen kann.[613] Die Annahme eines begrenzten Kapitalisierungszeitraums kann nach Auffassung der Finanzverwaltung sachgerecht sein, je weiter die verlagerte Funktion unterhalb der Schwelle eines Teilbetriebs liegt.[614] Als Indiz für einen begrenzten Kapitalisierungszeitraum können beispielsweise der Technologie- oder Produktlebenszyklus, die Dauer eines Patentschutzes oder eines Vertriebsrechts sowie die Befristung einer Funktionsverlagerung[615] herangezogen werden.[616]

Funktionen bilden zwar einen organischen Teil eines Unternehmens, sind grundsätzlich aber nicht selbstständig lebensfähig.[617] Erst durch das Zusammenwirken mehrerer Funktionen entsteht ein selbstständig lebensfähiger (Teil-)Betrieb, dessen Wert aufgrund seiner Selbstständigkeit i. d. R. unter Berücksichtigung eines unbegrenzten Kapitalisierungszeitraums zu ermitteln ist.[618] Insofern ist der Transferpaketbewertung entge-

---

[608] *BMF (Hrsg.)* (2008), S. 21.

[609] Vgl. *BMF (Hrsg.)* (2008), S. 21.

[610] *Roeder, A.* (2013), Anm. 157.

[611] Vgl. *Roeder, A.* (2013), Anm. 157.

[612] Eine Tatsache gilt als glaubhaft gemacht, wenn deren Bestehen eine höhere Wahrscheinlichkeit aufweist als deren Nichtbestehen. Vgl. *BMF (Hrsg.)* (2010), S. 774, Rn. 40. Siehe zur Glaubhaftmachung als herabgesetztes Beweismaß auch *Bödefeld, A./Kuntschik, N.* (2007), S. 252; *Haas, W.* (2009), S. 724; *Kroppen, H.-K. et al.* (2007), S. 316; *Pohl, C.* (2010a), S. 359.

[613] Vgl. *§ 6 FVerlV*; *BMF (Hrsg.)* (2010), S. 774, Rn. 109 f.

[614] Vgl. *BMF (Hrsg.)* (2010), S. 774, Rn. 109 f.

[615] Vgl. *§ 1 Abs. 2 Satz 2 FVerlV.*

[616] Vgl. *Baumhoff, H. et al.* (2007b), S. 1653; *BMF (Hrsg.)* (2010), S. 774, Rn. 109 f.; *Borstell, T./Wehnert, O.* (2011), Rn. 544; *Kraft, G.* (2009), § 1 AStG, Rn. 420.

[617] Siehe Abschnitt 3.2.1.1.2.

[618] Vgl. *Oestreicher, A./Hundeshagen, C.* (2008b), S. 1693; *Roeder, A.* (2013), Anm. 158; *Wolter, H./Pitzal, C.* (2008), S. 796.

gen § 6 FVerlV im Regelfall ein begrenzter Kapitalisierungszeitraum zugrunde zu legen und nur im Falle der Verlagerung eines (Teil-)Betriebs ein unendlicher Kapitalisierungszeitraum zu unterstellen.[619] Als fremdüblicher Kapitalisierungszeitraum einer Funktion wird in der Literatur meist eine Spanne von drei bis fünf Jahren angeführt.[620] Nach *Frotscher* kann davon abweichend ein Kapitalisierungszeitraum von zehn bis 15 Jahren anzunehmen sein, wenn im Zusammenhang mit der Funktionsverlagerung ein neuer Standort entsteht.[621]

Oftmals weisen die Bestandteile des Transferpakts eine unterschiedliche Nutzungsdauer auf, weshalb es nach Auffassung der Finanzverwaltung sachgerecht sein kann, sich bei der Ermittlung des Kapitalisierungszeitraums grundsätzlich an der längsten Nutzungsdauer zu orientieren.[622] Im Einzelfall ist es jedoch möglich, dass am Ende der tatsächlichen Lebensdauer einer Funktion nicht sämtliche Wirtschaftsgüter und sonstigen Vorteile wirtschaftlich verbraucht sind. Insbesondere bei einer vorzeitigen Funktionseinstellung kann es zu einer Verkürzung der tatsächlichen Funktionslebensdauer gegenüber dem erwarteten Kapitalisierungszeitraum im Zeitpunkt der Verlagerung kommen. Für die werthaltigen Wirtschaftsgüter und sonstigen Vorteile ist im Zeitpunkt einer vorzeitigen Funktionseinstellung ein angemessener Wert festzusetzen, welcher bei der Ermittlung der Gewinnpotenziale dem Barwert der diskontierten Reingewinne nach Steuern als Restwert hinzuzurechnen ist.[623]

3.3.1.1.4 Kapitalisierungszinssatz

Die erwarteten finanziellen Überschüsse aus der Funktionsausübung können nicht mit Sicherheit prognostiziert werden und sind somit risikobehaftet. Das Ausmaß der Unsicherheit im Zusammenhang mit der Ausübung der unternehmerischen Tätigkeit wird durch die positiven (Chancen) und die negativen (Risiken) Abweichungen zwischen den

---

[619] Vgl. *Baumhoff, H.* (2012), S. 399; *Baumhoff, H. et al.* (2008), S. 1951; *Baumhoff, H. et al.* (2011), S. 167; *Borstell, T./Wehnert, O.* (2011), Rn. 541-547; *Ditz, X.* (2006), S. 1628; *Finsterwalder, O.* (2004), S. 767; *Günter, S.* (2007), S. 2087; *Jacobs, O. H. et al. (Hrsg.)* (2011), S. 608 f.; *Jenzen, H.* (2007), S. 3126; *Menninger, J./Wellens, L.* (2012), S. 13; *Oestreicher, A./Hundeshagen, C.* (2008b), S. 1693; *Oestreicher, A./Hundeshagen, C.* (2009a), S. 150; *Oestreicher, A./Hundeshagen, C.* (2009b), S. 831; *Schilling, D.* (2011b), S. 1537; *Vögele, A.* (2010), S. 420.

[620] Vgl. *Baumhoff, H.* (2013), § 1 AStG, Anm. 593; *Baumhoff, H. et al.* (2007b), S. 1653; *Frotscher, G.* (2008), S. 56; *Günter, S.* (2007), S. 1087.

[621] Vgl. *Frotscher, G.* (2008), S. 56.

[622] Vgl. *BMF (Hrsg.)* (2010), S. 774, Rn. 110.

[623] Vgl. hierzu auch *IDW S 1.87; Schneeloch, D.* (2011), S. 70.

erwarteten und den erzielbaren finanziellen Überschüssen determiniert.[624] Da Investoren Risiken im Sinne einer Verlustgefahr[625] grundsätzlich stärker gewichten als Investitionschancen (Risikoaversion), verlangen diese eine Verzinsung des investierten Kapitals als Entschädigung für das eingegangene Risiko.[626] Rational handelnde, risikoaverse Investoren wählen aus alternativen Investitionsanlagen stets diejenige aus, die unter Berücksichtigung des Risikos den größten Nutzen stiftet. Sie sind zwischen zwei Investitionsalternativen, welche sich hinsichtlich ihres Risikos unterscheiden, indifferent, wenn aus der riskanteren Alternative eine entsprechend höhere Verzinsung des investierten Kapitals zu erwarten ist. Es besteht insofern ein positiver Zusammenhang zwischen dem Risikoausmaß und der Höhe des Zinssatzes für das investierte Kapital.[627]

Die Unsicherheit im Zusammenhang mit der Ausübung einer Funktion kann bei der Bestimmung der Gewinnpotenziale i. Allg. durch einen funktions- und risikoäquivalenten Kapitalisierungszinssatz abgebildet werden.[628] Dessen Ermittlung liegt ein Alternativanlagegedanke zugrunde, wonach die erzielbaren finanziellen Überschüsse aus der betrachteten Investition mit denen aus der besten Alternativinvestition unter Berücksichtigung des jeweils zugrunde liegenden Risikos verglichen werden. Der Kapitalisierungszinssatz repräsentiert die Renditeerwartungen aus einer zur Investition alternativen Anlagemöglichkeit und determiniert die Mindestverzinsung des eingesetzten Kapitals.[629]

In Abhängigkeit vom Zweck der Bewertung und der damit verbundenen Bewertungsperspektive sind die Kapitalisierungszinssätze unterschiedlich zu bestimmen. Bei subjektiven Entscheidungswerten kann der Kapitalisierungszinssatz auf der Grundlage der individuellen Risikopräferenzen der Investoren ermittelt werden (individualistisches Verfahren).[630] Für die Ableitung des Kapitalisierungszinssatzes wird indes überwiegend auf das von *Sharpe*[631]*, Lintner*[632] *und Mossin*[633] entwickelte Capital Asset Pricing

---

[624] Vgl. etwa *Drukarczyk, J./Schüler, A.* (2009), S. 37.
[625] Siehe hierzu *Baetge, J. et al.* (2012), S. 379.
[626] Vgl. *IDW S 1.88.* Siehe auch *Kuhner, C./Maltry, H.* (2006), S. 51.
[627] Vgl. *Göppl, H.* (1980), S. 239; *Schultze, W.* (2003), S. 262.
[628] Vgl. *§ 1 Abs. 3 Satz 6 AStG.* Siehe ergänzend *Ballwieser, W.* (2011), S. 103; *Drukarczyk, J./Schüler, A.* (2009), S. 58 f.; *IDW S 1.91.*
[629] Vgl. *Hachmeister, D.* (2000), S. 94; *IDW S 1.114*; *Kuhner, C./Maltry, H.* (2006), S. 80; *Mandl, G./ Rabel, K.* (1997), S. 289; *Schultze, W.* (2003), S. 41-43.
[630] Vgl. *IDW S 1.123.*
[631] Vgl. *Sharpe, W. F.* (1964).
[632] Vgl. *Lintner, J.* (1965).
[633] Vgl. *Mossin, J.* (1966).

Model (CAPM)[634] zurückgegriffen, welches wegen seiner Kapitalmarktorientierung objektive Marktdaten verwendet.[635] Aus einem diversifizierten Aktienportfolio vergleichbarer Unternehmen ist eine risikoäquivalente Alternativrendite abzuleiten, welche die Mindestverzinsung des investierten Kapitals repräsentiert. Im Kapitalmarktgleichgewicht bestimmt sich die risikoäquivalente Alternativrendite eines risikoaversen Investors aus dem risikolosen Basiszinssatz zuzüglich eines Risikozuschlags für die nicht diversifizierbaren (systematischen) Risiken der betrachteten Investition.[636]

3.3.1.1.4.1 Basiszinssatz

Der Basiszinssatz repräsentiert die am Markt stets erzielbare Mindestrendite aus einer alternativen, risikolosen Mittelverwendung,[637] welche auf Basis des Zinssatzes für quasi-risikolose[638] Alternativinvestitionen (z. B. Renditen öffentlicher Staatsanleihen höchster Bonität bzw. risikolose Nullkuponanleihen (Spot Rates)) ermittelt werden kann.[639] Grundlegende Bedeutung für die Bestimmung des Basiszinssatzes hat vor allem das Prinzip der Laufzeitäquivalenz.[640] Demnach muss die Laufzeit einer quasi-risikolosen Alternativanlage dem Kapitalisierungszeitraum der Funktion entsprechen. Bei einem begrenzten Kapitalisierungszeitraum ist die Feststellung eines laufzeitäquivalenten, risikolosen Basiszinssatzes i. d. R. unproblematisch. Dies gilt insbesondere, wenn der Kapitalisierungszeitraum einer Funktion innerhalb der fremdüblichen Bandbreite von drei bis fünf Jahren liegt.[641] Anderenfalls, wenn der Grenzpreisermittlung ein unbegrenzter Kapitalisierungszeitraum zugrunde zu legen ist, gestaltet sich die Bestimmung des risikolosen Basiszinssatzes mangels einer Beobachtbarkeit fristenkongruen-

---

[634] Im Rahmen der vorliegenden Arbeit sollen nur die Grundzüge des CAPM erläutert werden. Für weitergehende Ausführungen zum CAPM wird auf die umfassende Literatur verwiesen. Vgl. z. B. *Baetge, J. et al.* (2012), S. 381-393; *Kruschwitz, L.* (2011), S. 357-380; *Mandl, G./Rabel, K.* (1997), S. 289-310; *Perridon, L. et al.* (2012), S. 271-281; *Schultze, W.* (2003), S. 271-276.

[635] Vgl. *Ballwieser, W.* (2011), S. 97; *Mandl, G./Rabel, K.* (1997), S. 288 f. Aufgrund des Fremdvergleichsgrundsatzes ist nach hier vertretener Auffassung auch bei der Ermittlung der Grenzpreise für ein verlagertes Transferpaket grundsätzlich das CAPM zur Bestimmung des Kapitalisierungszinssatzes anzuwenden. Anderenfalls ist die Verwendung fremdüblicher Kapitalisierungszinssätze nur schwer nachweisbar. Ähnlich *Oestreicher, A./Hundeshagen, C.* (2008a), S. 1640.

[636] Vgl. *IDW S 1.115*.

[637] Vgl. *Drukarczyk, J./Schüler, A.* (2009), S. 209.

[638] Vollständig risikolose Renditen können am Markt nie erzielt werden, da es einen Schuldner mit absoluter Bonität nicht geben kann. So *Moxter, A.* (1983), S. 146.

[639] Vgl. *Baetge, J. et al.* (2012), S. 372-379; *Ballwieser, W.* (2011), S. 85; *BMF (Hrsg.)* (2010), S. 774, Rn. 104; *Drukarczyk, J./Schüler, A.* (2009), S. 211; *IDW S 1.116 f.*; *Kemper, T. et al.* (2012), S. 648.

[640] Siehe hierzu *Ballwieser, W.* (2011), S. 85-92; *Kuhner, C./Maltry, H.* (2006), S. 86-88; *Schultze, W.* (2003), S. 249-258.

[641] Siehe hierzu Abschnitt 3.3.1.1.3.

ter, quasi-risikoloser Alternativinvestitionen schwieriger. Die Finanzverwaltung fordert in diesen Fällen den risikolosen Basiszinssatz basierend auf den Werten der Zinsstrukturkurve zu extrapolieren.[642] Die Extrapolation einer unendlichen Zinsstrukturkurve kann auf Basis verschiedener Ansätze erfolgen, wobei im Schrifttum eine konstante Fortschreibung der letzten beobachtbaren Spot Rate für alle nachfolgenden Jahre grundsätzlich bevorzugt wird.[643]

3.3.1.1.4.2 Risikozuschlag

Dem risikolosen Basiszinssatz ist ein funktions- und risikoäquivalenter Zuschlag hinzuzurechnen, welcher die Unsicherheiten im Zusammenhang mit der Funktionsausübung adäquat abbilden soll.[644] Der Risikozuschlag stellt eine Prämie an die Eigenkapitalgeber für die übernommenen Risiken im Zusammenhang mit der Investition dar. Für die Transferpaketbewertung ist der Risikozuschlag i. Allg. aus den Renditeerwartungen und den damit im Zusammenhang stehenden Risiken für das Gesamtunternehmen zu bestimmen, da entsprechende Informationen und Daten für vergleichbare Funktionen am Markt i. d. R. nicht beobachtet werden können.[645]

Die Ableitung marktüblicher Risikozuschläge erfolgt in der Bewertungspraxis üblicherweise auf der Grundlage des CAPM. Dieses basiert auf einem Vergleich der erwarteten Rendite aus einem betrachteten Wertpapier und der erwarteten Rendite des Marktportfolios[646] unter besonderer Berücksichtigung des systematischen Risikos.[647] Das systematische Risiko beruht auf Einflüssen des Kapitalmarkts[648] und repräsentiert die Marktrisiken, denen sämtliche Investitionen gleichermaßen unterliegen.[649] Daneben existiert noch ein investitionsspezifisches, vom Kapitalmarkt unabhängiges Risiko (unsystematisches Risiko).[650] Das unsystematische Risiko kann durch Diversifikation ver-

---

[642] Vgl. *BMF (Hrsg.)* (2010), S. 774, Rn. 105.

[643] Vgl. *Ballwieser, W.* (2011), S. 88; *Reese, R. /Wiese, J.* (2007), S. 45.

[644] Vgl. *§ 5 Abs. 1 Satz 1 FVerlV*; *IDW S 1.115*.

[645] Vgl. *BMF (Hrsg.)* (2010), S. 774, Rn. 106. Siehe hierzu auch *Günter, S.* (2007), S. 1087; *Oestreicher, A./Hundeshagen, C.* (2009a), S. 150 f.

[646] Das Marktportfolio umfasst sämtliche Wertpapiere entsprechend ihres wertmäßigen Anteils am Gesamtwert aller Wertpapiere.

[647] In der Bewertungspraxis ist eine exakte Ermittlung des Marktrisikos und der Marktrisikoprämie nicht möglich. Vielmehr sind diese i. d. R. auf Basis von Aktienindizes zu approximieren. Vgl. *Pankoke, T./ Petersmeier, K.* (2009), S. 117.

[648] Dies sind z. B. Inflation, Konjunktur oder politische Ereignisse.

[649] Vgl. *Ernst, D. et al.* (2010), S. 56; *Kuhner, C./Maltry, H.* (2006), S. 162; *Mandl, G./Rabel, K.* (1997), S. 290; *Schultze, W.* (2003), S. 268.

[650] Dies sind insbesondere Managementfehler, Insolvenzrisiken oder Wettbewerbsnachteile.

mieden werden, weshalb im CAPM unterstellt wird, dass der Markt dieses nicht vergütet.[651]

Unter den Prämissen des CAPM[652] ergibt sich der Risikozuschlag aus dem Produkt der Marktrisikoprämie, welche die Prämie für die Übernahme des mit dem Marktportfolio verbundenen Risikos widerspiegelt, und dem relativen Risikomaß β. Das relative Risikomaß β ergibt sich als Kovarianz zwischen den erwarteten Renditen der betrachteten Investition k und der erwarteten Rendite des Marktportfolios M, dividiert durch die Varianz der erwarteten Rendite des Marktportfolios:[653]

$$\beta_k = \frac{cov(r_k,r_M)}{\sigma_M^2} \tag{3.3}$$

$$\mu_k = r^i + (\mu_M - r^i) \cdot \beta_k \tag{3.4}$$

mit

β_k	=	Beta-Faktor der betrachteten Investition k;
$cov(r_k,r_M)$	=	Kovarianz der Rendite der Investition k mit der Rendite des Marktportfolios M;
μ_k	=	Erwartungswert der Rendite der Investition k;
μ_M	=	Erwartungswert der Rendite des Marktportfolios M;
r^i	=	(quasi-)risikoloser Basiszinssatz;
σ_M^2	=	Varianz der Rendite des Marktportfolios M.

Nimmt das relative Risikomaß β einen Wert von eins an, entspricht das systematische Risiko der betrachteten Investition dem Risiko des Marktportfolios. Ist der β-Wert hingegen größer (kleiner) als eins, ist das systematische Risiko der Investition höher (niedriger) als das Risiko des Marktportfolios. Dies bedeutet, dass die Renditen der betrachteten Investition eine stärkere Schwankung aufweisen als die Renditen des Marktportfolios. Bei einem β-Wert von Null entspricht die Renditeerwartung der betrachteten Investition dem risikolosen Basiszinssatz, da deren Renditeerwartungen unabhängig von den systematischen Risiken des Gesamtmarkts ist.[654]

---

[651] Vgl. *Ballwieser, W.* (2011), S. 98; *Ernst, D. et al.* (2010), S. 57; *Kuhner, C./Maltry, H.* (2006), S. 162; *Mandl, G./Rabel, K.* (1997), S. 290; *Perridon, L. et al.* (2012), S. 279; *Schultze, W.* (2003), S. 268.

[652] Zu den Prämissen des CAPM siehe *Baetge, J. et al.* (2012), S. 382; *Ernst, D. et al.* (2010), S. 71 f.; *Mandl, G./Rabel, K.* (1997), S. 291; *Perridon, L. et al.* (2012), S. 271 f.

[653] Vgl. *IDW S 1.121.*

[654] Vgl. zu diesem Abschnitt *Baetge, J. et al.* (2012), S. 383; *Mandl, G./Rabel, K.* (1997), S. 297.

3.3.1.1.5 Handlungsalternativen

Den Geschäftsparteien tatsächlich zur Verfügung stehende Handlungsalternativen sind gemäß § 7 Abs. 1 Satz 2 und Abs. 4 Satz 2 FVerlV bei der Ermittlung des Funktionsgrenzpreises zu berücksichtigen. Hieraus kann allerdings keine Einschränkung der unternehmerischen Dispositionsbefugnis des Unternehmens durch die Finanzverwaltung abgeleitet werden.[655] Vielmehr ist für den tatsächlich verwirklichten Sachverhalt ein Fremdvergleichspreis zu ermitteln. Hierbei sind Handlungsalternativen zu berücksichtigen, da auch ein ordentlicher und gewissenhafter Geschäftsleiter mehrere Handlungsalternativen eruieren und die Alternative mit dem größten monetären Nutzen auswählen würde.[656] Das Vorliegen mehrerer alternativer Handlungsmöglichkeiten kann zu einer Stärkung der Verhandlungsposition führen und somit die Bestimmung des Einigungspreises beeinflussen.[657] Eine Ermittlung sämtlicher Handlungsalternativen ist allerdings nicht erforderlich. Stattdessen ist es nach Auffassung der Finanzverwaltung ausreichend, wenn offensichtlich vorteilhaftere Handlungsalternativen im hypothetischen Fremdvergleich Berücksichtigung finden.[658]

Die tatsächlich bestehenden Handlungsalternativen können sich beim verlagernden und beim aufnehmenden Unternehmen unterscheiden. Das verlagernde Unternehmen übt die Funktion vor Durchführung der Restrukturierung aus, sodass diesem die unveränderte Fortführung oder die Aufgabe der Funktion als Handlungsalternativen zur Auswahl stehen. Hingegen stellt die Funktionsverlagerung auf ein anderes Unternehmen keine realistische Handlungsmöglichkeit dar,[659] da insoweit ein innerer Preisvergleich[660] möglich und der Anwendungsbereich des hypothetischen Fremdvergleichs nicht eröffnet wäre. Diese Alternativen stehen dem aufnehmenden Unternehmen nicht zur Verfügung. Stattdessen kann dieses anstelle eines Erwerbs der Funktion eine vergleichbare Funktion selbst neu aufbauen.

---

[655] Vgl. *BFH* (2004), S. 46, Rn. 36; *BMF (Hrsg.)* (2008), S. 22; *Kroppen, H.-K.* (2009), Anm. 162; *OECD (Hrsg.)* (2010b), Tz. 1.64.
[656] Vgl. *BMF (Hrsg.)* (2008), S. 18; *BMF (Hrsg.)* (2010), S. 774, Rn. 96.
[657] Vgl. *BFH* (2004), S. 181, Rn. 16. Siehe auch *Borstell, T./Wehnert, O.* (2011), Rn. 257; *OECD (Hrsg.)* (2013b), Tz. 317.
[658] Vgl. *BMF (Hrsg.)* (2010), S. 774, Rn. 96 und Rn. 117. Siehe diesbezüglich auch *OECD (Hrsg.)* (2010b), Tz. 9.64.
[659] So auch *Bodenmüller, R./Hülster, T.* (2010), S. 652.
[660] Siehe Abschnitt 3.1.3.1.

Im Zusammenhang mit den unterschiedlichen Handlungsalternativen können beim verlagernden Unternehmen Schließungskosten – z. B. in Form von Leerstandskosten, Abbruch- und Verschrottungskosten, Umweltkosten, Sozialplankosten für ausscheidende Mitarbeiter oder Schadenersatzansprüche – anfallen.[661] Diese wirken sich auf die der Transferpaketbewertung zugrunde liegende Indifferenzbetrachtung zwischen Funktionsfortführung und Funktionsverlagerung aus. Deshalb würde ein ordentlicher und gewissenhafter Geschäftsleiter des verlagernden Unternehmens diese Kosten bei der Grenzpreisermittlung entsprechend berücksichtigen.[662] Dies gilt allerdings nur, wenn die Schließungskosten nicht bereits in den erwarteten Reingewinnen enthalten sind.[663] Besteht kein unmittelbarer Zusammenhang zwischen der Funktionsverlagerung und den Schließungskosten, müssen diese nicht in die Grenzpreisermittlung einbezogen werden.[664]

3.3.1.2 Fremdvergleichskonformer Einigungspreis

In den vorangegangenen Abschnitten wurden die Grundsätze für die Ermittlung der Funktionsgrenzpreise beim verlagernden und beim aufnehmenden Unternehmen erläutert. Die beiden Grenzpreise determinieren grundsätzlich einen Einigungsbereich, innerhalb dessen sich ordentliche und gewissenhafte Geschäftsleiter auf einen Einigungspreis einigen würden. Im hypothetischen Fremdvergleich ist ein der Einigung vorausgehender Verhandlungsprozess zu simulieren. Das Ergebnis des Verhandlungsprozesses ist ein Einigungspreis, welcher dem Fremdvergleichsgrundsatz mit höchster Wahrscheinlichkeit entspricht. Ermöglichen die Umstände des Einzelfalls hingegen keine Ermittlung eines wahrscheinlichsten Einigungspreises, bildet der Mittelwert des Einigungsbereichs den fremdvergleichskonformen Einigungspreis. Problematisch – weil gesetzlich nicht kodifiziert – ist indes die Einigungspreisfindung in Fällen, in denen die Grenze der Konzessionsbereitschaft des aufnehmenden Unternehmens unterhalb der des verlagernden Unternehmens liegt und sich kein Einigungsbereich ergibt.

---

661 Vgl. *Freudenberg, M./Peters, H. M.* (2008), S. 1425; *Kroppen, H.-K.* (2013), Tz. 161.

662 Vgl. *BMF (Hrsg.)* (2008), S. 21 f.

663 So auch *Bodenmüller, R./Hülster, T.* (2010), S. 654, die allerdings davon ausgehen, dass die Schließungskosten regelmäßig bei der Ermittlung der Reingewinne berücksichtigt werden.

664 Siehe *Brüninghaus, D.* (2006), S. S135; *Brüninghaus, D./Bodenmüller, R.* (2009), S. 1288.

3.3.1.2.1 Wahrscheinlichster Einigungspreis

Der Einigungspreis entspricht gemäß § 1 Abs. 3 Satz 7 Halbsatz 1 AStG grundsätzlich dem Preis innerhalb des Einigungsbereichs, welcher mit höchster Wahrscheinlichkeit zwischen unabhängigen Geschäftsparteien unter vergleichbaren Bedingungen vereinbart werden würde. Er spiegelt das Ausmaß der Gewinnpotenziale wider, welche ordentliche und gewissenhafte Geschäftsleiter aufgrund ihrer individuellen Verhandlungsstärke[665] aus der Geschäftsbeziehung sichern könnten. Dies führt letztlich zu einer fremdvergleichskonformen Aufteilung des Einigungsbereichs, weshalb die individuelle Verhandlungsstärke der Geschäftsparteien einen maßgebenden Einfluss auf den Einigungspreis hat.[666] In deren Ermittlung sind die rechtlichen und wirtschaftlichen Verhältnisse der Geschäftsparteien[667] einzubeziehen, wobei Vor- und Nachteile, die aus der gesellschaftsvertraglichen Verflechtung der beiden Konzernunternehmen resultieren, nach Auffassung des BMF unberücksichtigt bleiben müssen.[668]

Der Steuerpflichtige hat den wahrscheinlichsten Einigungspreis glaubhaft zu machen, indem er die unterstellten Einflussfaktoren auf den Verhandlungsprozess aufzeigt und deren Plausibilität nachvollziehbar darlegt. Die Glaubhaftmachung eines wahrscheinlichsten Einigungspreises ist i. d. R. mit erheblichen Schwierigkeiten verbunden. *Baumhoff et al.* [669] weisen darauf hin, dass der Wahrscheinlichkeitsbegriff aus der Statistik stammt und die beobachtbare Häufigkeit einer Merkmalsausprägung bei theoretisch unendlich wiederholbaren Vorgängen wiedergibt. Im Rahmen eines fiktiven Preisverhandlungsprozesses könne insofern kein wahrscheinlichster Wert glaubhaft gemacht werden, da Verlagerungsvorgänge nicht beliebig oft wiederholt und somit Häufigkeiten nicht beobachtet werden könnten. Daher sei es trotz des herabgesetzten Beweismaßes der Glaubhaftmachung unklar, wie ein Wert mit höchster Wahrscheinlichkeit im hypothetischen Fremdvergleich festzustellen sei.[670]

Neben objektiven Wahrscheinlichkeiten können auch subjektive Wahrscheinlichkeiten zur Bestimmung eines fremdvergleichskonformen Einigungspreises verwendet werden.

---

[665] Siehe zu den Einflussfaktoren, welche die Verhandlungsstärke der Geschäftsparteien beeinflussen können, etwa *Roeder, A.* (2008), S. 207.

[666] Vgl. *Borstell, T./Wehnert, O.* (2011), Rn. 541. Siehe auch *OECD (Hrsg.)* (2013b), Tz. 317-319.

[667] Z. B. die Marktposition, die Vermögens- und Ertragslage, alternative Handlungsmöglichkeiten, Synergien und Standortvorteile oder das eigenbetriebliche Interesse an der Durchführung der Verlagerung.

[668] Vgl. *BMF (Hrsg.)* (2010), S. 774, Rn. 128. Differenzierend *OECD (Hrsg.)* (2013b), Tz. 18-23.

[669] Vgl. *Baumhoff, H. et al.* (2008), S. 1951.

[670] Vgl. *Baumhoff, H. et al.* (2007a), S. 1465; *Jenzen, H.* (2007), S. 3127; *Kahle, H.* (2007), S. 653.

Diese leiten sich aus Vermutungen oder inneren Überzeugungen der Entscheidungsträger ab und sind daher i. d. R. bestimmbar. Da der hypothetische Fremdvergleich die Bestimmung objektiver Wahrscheinlichkeiten per Definition ausschließt, ist es nach hier vertretener Auffassung zweckmäßig, der Glaubhaftmachung eines wahrscheinlichsten Einigungspreises subjektive Wahrscheinlichkeiten zugrunde zu legen. Zur Stützung des – unter Verwendung subjektiver Wahrscheinlichkeiten – ermittelten Einigungspreises könnte ergänzend auf Modelle der kooperativen Spieltheorie[671] oder der vollständigen Konkurrenz[672] zurückgegriffen werden, welche unter vereinfachenden Annahmen die Modellierung einer fiktiven Verhandlungssituation ermöglichen. So kann z. B. mithilfe der Nash-Kalai-Gleichgewichtlösung[673] die Annahme, dass ein Einigungspreis bei gleicher Verhandlungsstärke nahe dem Mittelwert des Einigungsbereichs wahrscheinlicher ist als ein Einigungspreis am Rande des Einigungsbereichs, spieltheoretisch gestützt werden.[674]

3.3.1.2.2 Mittelwertansatz

Ist dem Steuerpflichtigen aufgrund der Umstände des Einzelfalls die Glaubhaftmachung eines dem Fremdvergleich mit höchster Wahrscheinlichkeit entsprechenden Einigungspreises nicht möglich, ist der Mittelwert des Einigungsbereichs als fremdvergleichskonformer Einigungspreis anzunehmen.[675] Die hälftige Aufteilung des Einigungsbereichs entspricht betriebswirtschaftlich der Schiedsrichterlösung.[676] Sie steht dem Grunde nach auch in Einklang mit den Zinsurteilen des BFH[677] sowie dem Urteil des FG Münster vom 16. März 2006[678], in welchem eine hälftige Teilung von Kostenvorteilen zwischen einem Auftraggeber und einem Lohnfertigungsunternehmen als fremdvergleichskonform anerkannte wurde.[679] *Kroppen*[680] vertritt hingegen die Auffassung, dass der Mit-

[671] Zur Verwendung spieltheoretischer Modelle bei der Ermittlung des Einigungspreises siehe *Looks, C./Köhler, H.* (2009), S. 317-325; *Martini, J. T.* (2007), S. 71-78.
[672] Einen Ansatz zur Ermittlung eines fremdvergleichskonformen Einigungspreises unter Verwendung des Modells der vollständigen Konkurrenz, welches in der Wohlfahrtsökonomik zur Analyse von realen Marktprozessen angewendet wird, findet sich bei *Thier, C.* (2012), S. 495-502.
[673] Vgl. hierzu *Kalai, E.* (1977), S. 129-133.
[674] Vgl. *Looks, C./Köhler, H.* (2009), S. 319 f.
[675] Vgl. *§ 1 Abs. 3 Satz 7 Halbsatz 2 AStG.*
[676] So *Baumhoff, H. et al.* (2007a), S. 1465; *Wassermeyer, F. et al.* (2013), § 1 AStG, Anm. V62.
[677] Vgl. *BFH* (1990), S. 649, Rn. 19; *BFH* (1994), S. 725, 4. Leitsatz.
[678] Vgl. *FG Münster* (2006), S. 1562, 2. Orientierungssatz.
[679] Zustimmend *Wassermeyer, F. et al.* (2013), § 1 AStG, Anm. V62.
[680] Vgl. *Kroppen, H.-K.* (2013), Anm. 110.

telwertansatz gegen die jüngere Rechtsprechung des BFH[681] verstoße, wonach sich ein Fremdvergleichspreis an dem für den Steuerpflichtigen günstigsten Wert – und nicht am Mittelwert – einer Preisbandbreite zu orientieren habe.

Die Grenzpreise der Geschäftsparteien als Determinanten der Konzessionsbereitschaft umfassen sämtliche im Zusammenhang mit der verlagerten Funktion stehende Gewinnpotenziale einschließlich der Synergieeffekte und Standortfaktoren.[682] Die Aufteilung dieser Vor- und Nachteile erfolgt erst im Rahmen der Ermittlung des Einigungspreises. Während bei einer Ermittlung des Einigungspreises nach § 1 Abs. 3 Satz 7 Halbsatz 1 AStG durch die Berücksichtigung der individuellen Verhandlungsstärke eine angemessene Aufteilung der Vor- und Nachteile zwischen den Staaten grundsätzlich möglich ist, wird dies bei Anwendung des Mittelwertansatzes regelmäßig nicht der Fall sein. Denn durch die gesetzliche Anordnung einer hälftigen Teilung des Einigungsbereichs in § 1 Abs. 3 Satz 7 Halbsatz 2 AStG kommt es zu einer hälftigen Besteuerung der im Ausland realisierten Synergien und Standortvorteile durch den deutschen Fiskus. Hierin wird im Schrifttum überwiegend ein Verstoß gegen das internationale Quellenprinzip gesehen,[683] woraus sich erhebliche Doppelbesteuerungskonflikte ergeben können.[684]

3.3.1.2.3 Kein Einigungsbereich

Übersteigt der Mindestpreis des verlagernden Unternehmens den Höchstpreis des aufnehmenden Unternehmens, so ergibt sich kein Einigungsbereich (negativer Einigungsbereich). Dieser Zustand kann sich insbesondere aus der Berücksichtigung einer Verlagerungssteuer und der damit verbundenen Erhöhung des Grenzpreises beim verlagernden Unternehmen ergeben.[685] In diesen Fällen würde es zu keiner Funktionsverlagerung

[681] Vgl. *BFH* (2001), S. 171, 11. Leitsatz.
[682] Vgl. hierzu Abschnitt 3.3.1.1.1.
[683] Vgl. *Frotscher, G.* (2008), S. 53; *Hey, J.* (2007), S. 1308. Relativierend *Jahndorf, C.* (2008), S. 111.
[684] So auch *Baumhoff, H. et al.* (2007b), S. 1652; *Blumers, W.* (2007), S. 1761; *Bödefeld, A./Kuntschik, N.* (2007), S. 263; *Frischmuth, M.* (2007b), S. 461; *Frotscher, G.* (2008), S. 54 f.; *Haas, W.* (2008), S. 523; *Hey, J.* (2007), S. 1308; *Jahndorf, C.* (2008), S. 111; *Jenzen, H.* (2007), S. 3135; *Kahle, H.* (2007), S. 654; *Oestreicher, A.* (2009), S. 80; *Roser, F.* (2008), S. 36 f.; *Strahl, M.* (2008), S. 15864; *Welling, B./Tiemann, K.* (2008), S. 69; *Wulf, M.* (2007), S. 2282. Zu den Möglichkeiten der Vermeidung wirtschaftlicher Doppelbesteuerungen bei grenzüberschreitenden Geschäftsvorfällen siehe die Abschnitte 3.1.5 und 3.1.6.
[685] Vgl. *Ditz, X./Liebchen, D.* (2012), S. 1472; *Fischer, W. W./Freudenberg, M.* (2012), S. 171 f.; *Greinert, M./Reichl, A.* (2011), S. 1185 f.

zwischen unabhängigen Geschäftsparteien kommen und ein Fremdvergleich wäre weder in seiner tatsächlichen noch in seiner hypothetischen Form möglich.[686]

Trotz des Nichtzustandekommens eines Einigungsbereichs werden auch in diesen Fällen Funktionsverlagerungen zwischen verbundenen Unternehmen durchgeführt. Eine Ursache hierfür kann sein, dass sich zusätzliche Vorteile für den Gesamtkonzern aus der Verlagerung ergeben, die von anderen Konzernunternehmen als den unmittelbar beteiligten Geschäftsparteien realisiert werden können.[687] Eine sachgerechte Besteuerung könne nach *Imhof* nur dann gewährleistet werden, wenn eine nutznießende Konzerngesellschaft, welche nicht unmittelbar an der Transaktion beteiligt ist, eine Ausgleichszahlung leistet „und so für fremdvergleichskonforme Verhältnisse zwischen den Beteiligten sorgt."[688] Ob eine derartige Ausgleichszahlung jedoch durch eine nicht an der Transaktion beteiligte Konzerngesellschaft mit dem Fremdvergleichsgrundsatz vereinbar ist, ist nach hier vertretener Auffassung – insbesondere wenn sich aufgrund der Verlagerungssteuer ein negativer Einigungsbereich ergibt – zweifelhaft.

3.3.2 Einzelbewertung der Bestandteile des Transferpakets

Als Ausnahme vom Regelfall der Bewertung des Transferpakets als Ganzes sieht § 1 Abs. 3 Satz 10 AStG drei Öffnungsklauseln vor, welche dem Steuerpflichtigen unter bestimmten Voraussetzungen eine Einzelbewertung ermöglichen. Die Ermittlung der Einzelverrechnungspreise hat entsprechend den allgemeinen Bewertungsgrundsätzen gemäß § 1 Abs. 3 Satz 1-8 AStG zu erfolgen, wonach diese primär auf Grundlage (un-) eingeschränkt vergleichbarer Fremdvergleichswerte zu bestimmen sind.[689] Ist dies nicht möglich,[690] kommt der hypothetische Fremdvergleich als Ultima Ratio zur Anwendung.

In den folgenden Abschnitten werden die Tatbestandsmerkmale der drei Öffnungsklauseln dargestellt und deren Bedeutung für die Besteuerung von Funktionsverlagerungen erläutert.

---

686 Vgl. *Baumhoff, H. et al.* (2007a), S. 1464; *Blumers, W.* (2007), S. 1760; *Fischer, W. W./Freudenberg, M.* (2012), S. 172; *Kraft, G.* (2009), § 1 AStG, Rn. 303; *Roeder, A.* (2008), S. 206; *Wassermeyer, F. et al.* (2013), § 1 AStG, Anm. V57. Siehe ergänzend *OECD (Hrsg.)* (2013b), Tz. 132.

687 Vgl. *Imhof, M.* (2012), S. 206; *Roeder, A.* (2008), S. 206.

688 *Imhof, M.* (2012), S. 206.

689 Vgl. *BMF (Hrsg.)* (2008), S. 17; *BMF (Hrsg.)* (2010), S. 774, Rn. 69.

690 Der hypothetische Fremdvergleich findet insbesondere auf einzigartige und wertvolle immaterielle Wirtschaftsgüter Anwendung, da diese i. d. R. nicht Gegenstand von Markttransaktionen sind und folglich für sie nur selten (un-)eingeschränkt vergleichbare Fremdvergleichspreise beobachtet werden können. Vgl. *OECD (Hrsg.)* (2013b), Tz. 156. Siehe diesbezüglich auch Abschnitt 3.1.2.3.

3.3.2.1 Öffnungsklausel: Erste Alternative

Die Öffnungsklausel gemäß § 1 Abs. 3 Satz 10 erste Alternative AStG soll den Aufwand im Zusammenhang mit der Verrechnungspreisermittlung bei Funktionsverlagerungen mit geringer Bedeutung vermindern.[691] Insbesondere werden Funktionsverlagerungen durch die erste Öffnungsklausel erfasst, bei denen keine wesentlichen immateriellen Wirtschaftsgüter und sonstigen Vorteile in das Ausland verlagert werden. Die Wesentlichkeit in Bezug auf die verlagerten immateriellen Wirtschaftsgüter und sonstigen Vorteile bestimmt sich durch ein qualitatives und ein quantitatives Merkmal, welche im Zeitpunkt der Verlagerung kumulativ erfüllt sein müssen.[692] Nach dem qualitativen Merkmal müssen die immateriellen Wirtschaftsgüter und sonstigen Vorteile für die Ausübung der verlagerten Funktion erforderlich[693] sein.[694] Das quantitative Merkmal als zweite Komponente der Wesentlichkeit erfordert, dass die Fremdvergleichspreise der immateriellen Wirtschaftsgüter und sonstigen Vorteile, für sich oder für mehrere immaterielle Wirtschaftsgüter und sonstige Vorteile zusammen, mehr als 25 % der Einzelverrechnungspreise sämtlicher Bestandteile des Transferpakets betragen.[695]

Zur Vermeidung einer zu weitgehenden Behandlung von Geschäftsvorfällen als Funktionsverlagerungen i. S. d. § 1 Abs. 3 Satz 9 AStG regelt § 2 Abs. 2 Satz 1 FVerlV, dass eine Verlagerung wesentlicher immaterieller Wirtschaftsgüter und sonstiger Vorteile prinzipiell nicht anzunehmen ist, wenn die verlagerte Funktion ausschließlich gegenüber dem abgebenden Unternehmen ausgeübt wird und die Vergütung für die Funktionsausübung nach der Kostenaufschlagsmethode erfolgt.[696] Hierdurch sollen Funktionsverlagerungen auf Unternehmen mit Routinefunktionen, welche geringe Risiken tragen und daher nur ein Tätigkeitsentgelt für ihre Leistungen erhalten, von der aufwendigen Transferpaketbewertung ausgenommen werden.[697]

---

[691] Vgl. *Bundesregierung (Hrsg.)* (2007), S. 86.

[692] Vgl. *BMF (Hrsg.)* (2008), S. 12; *Bödefeld, A./Kuntschik, N.* (2007), S. 278.

[693] Siehe zum Begriff der Erforderlichkeit *Zech, T.* (2009), S. 88, der dann von einer Erforderlichkeit ausgeht, wenn ein immaterielles Wirtschaftsgut oder ein Vorteil „unablässig notwendig" ist.

[694] Vgl. *§ 1 Abs. 3 Satz 10 erste Alternative AStG*; *§ 1 Abs. 5 FVerlV*.

[695] Vgl. *§ 1 Abs. 5 FVerlV*; *BMF (Hrsg.)* (2008), S. 12; *BMF (Hrsg.)* (2010), S. 774, Rn. 38. Zur Bestimmung der quantitativen Wesentlichkeitsschwelle ist keine Transferpaketbewertung neben der Einzelbewertung der verlagerten Wirtschaftsgüter und Dienstleistungen durchzuführen. Vielmehr ist es ausreichend, den Transferpaketpreis sachgerecht zu schätzen. Vgl. *BMF (Hrsg.)* (2010), S. 774, Rn. 75. Ähnlich *Kroppen, H.-K.* (2013), Anm. 112.1.

[696] Eine Prüfung der Tatbestandsmerkmale des *§ 1 Abs. 3 Satz 10 erste Alternative AStG* ist nicht erforderlich. Vgl. hierzu *Kroppen, H.-K.* (2013), Anm. 113.

[697] Vgl. *BMF (Hrsg.)* (2008), S. 16.

In diesen Fällen kommt es zu keiner signifikanten Verlagerung von Gewinnpotenzialen ins Ausland, weshalb der Fremdvergleichspreis für das verlagerte Transferpaket adäquat durch die Einzelverrechnungspreise abgebildet wird. § 1 Abs. 3 Satz 10 erste Alternative AStG beschränkt expressis verbis die Bestimmung von Einzelverrechnungspreisen auf Wirtschaftsgüter und Dienstleistungen. Eine Einzelbewertung der sonstigen Vorteile – welche oftmals nur im Rahmen einer Transferpaketbewertung quantifiziert werden können – ist nicht durchzuführen.[698]

3.3.2.2 Öffnungsklausel: Zweite Alternative

Eine Einzelbewertung ist nach § 1 Abs. 3 Satz 10 zweite Alternative AStG möglich, wenn die Summe der Einzelverrechnungspreise dem Fremdvergleichspreis für das Transferpaket als Ganzes entspricht und der Steuerpflichtige dies gegenüber der Finanzverwaltung glaubhaft machen kann.[699] Dieses Tatbestandsmerkmal ist erfüllt, wenn die kumulierten Einzelverrechnungspreise zu einem Gesamtpreis innerhalb des Einigungsbereichs führen und Gründe für eine Abweichung zwischen diesem und dem Einigungspreis nach § 1 Abs. 3 Satz 7 AStG aufgezeigt werden können. Erst der Vergleich der Preisansätze ermöglicht die Fremdüblichkeit der Einzelverrechnungspreise gegenüber der Finanzverwaltung glaubhaft zu machen.[700] Allerdings erfordert die Feststellung des Einigungsbereichs die Durchführung einer Transferpaketbewertung,[701] wodurch der Aufwand im Zusammenhang mit der Anwendung der zweiten Öffnungsklausel steigt.

Die zweite Öffnungsklausel hat besondere Bedeutung für die Glaubhaftmachung eines bestimmten Preises innerhalb des Einigungsbereichs, sofern nach § 1 Abs. 3 Satz 7 Halbsatz 1 AStG unter Berücksichtigung der individuellen Verhandlungsstärke kein wahrscheinlichster Einigungspreis festgestellt werden kann.[702] Den Vorteilen aus der Anwendung der zweiten Öffnungsklausel steht allerdings ein erheblicher Bewertungsaufwand gegenüber, da sowohl eine Einzelbewertung der verlagerten Wirtschaftsgüter und erbrachten Dienstleistungen als auch eine Bewertung des verlagerten Transfer-

---

[698] Vgl. *Nestler, A./Schaflitzl, A.* (2011), S. 237.

[699] Vgl. auch *§ 2 Abs. 3 Satz 2 FVerlV*; *BMF (Hrsg.)* (2010), S. 774, Rn. 72; *Bundesregierung (Hrsg.)* (2007), S. 86.

[700] Vgl. *BMF (Hrsg.)* (2008), S. 17.

[701] Vgl. *BMF (Hrsg.)* (2008), S. 16; *BMF (Hrsg.)* (2010), S. 774, Rn. 72.

[702] Vgl. *BMF (Hrsg.)* (2010), S. 774, Rn. 72; *Kaminski, B.* (2011), S. 438; *Oestreicher, A./Wilcke, D.* (2010a), S. 228; *PwC (Hrsg.)* (2011), S. 54 f.; *Richter, A./Welling, B.* (2008), S. 74.

pakets als Ganzes erforderlich ist. Es ist daher für den jeweiligen Einzelfall abzuwägen, ob der Nutzen den Aufwand aus der Anwendung der Öffnungsklausel übersteigt.[703]

3.3.2.3 Öffnungsklausel: Dritte Alternative

Durch das Gesetz zur Umsetzung steuerlicher EU-Vorgaben sowie zur Änderung steuerlicher Vorschriften wurde § 1 Abs. 3 Satz 10 AStG um eine weitere Öffnungsklausel ergänzt. Die mit der Ergänzung des Gesetzeswortlauts verbundene Zielsetzung bestand darin, die negativen Folgen der Transferpaketbesteuerung für den F&E-Standort Deutschland zu beseitigen.[704] Dies sollte dadurch erreicht werden, dass anstelle einer Bewertung des Transferpakets als Ganzes Einzelverrechnungspreise für die Bestandeile des Transferpakets angesetzt werden können, wenn

- zumindest ein wesentliches immaterielles Wirtschaftsgut Bestandteil des verlagerten Transferpakets ist und
- dieses genau bezeichnet werden kann.

Ein Tatbestandsmerkmal der dritten Öffnungsklausel ist die Verlagerung zumindest eines wesentlichen immateriellen Wirtschaftsguts. Der Gesetzeswortlaut stellt expressis verbis auf immaterielle Wirtschaftsgüter ab, sodass wesentliche sonstige Vorteile auf der Tatbestandsebene ohne Bedeutung sind. Weiterhin impliziert der Ausdruck zumindest, dass ein oder mehrere immaterielle Wirtschaftsgüter, die Bestandteil des Transferpaktes sind, für sich betrachtet das Wesentlichkeitskriterium erfüllen müssen. Im Unterschied zur ersten Öffnungsklausel ist eine Zusammenfassung mehrerer unwesentlicher immaterieller Wirtschaftsgüter zum Überschreiten der quantitativen Wesentlichkeitsgrenze grundsätzlich nicht möglich.[705] Eine Ausnahme von diesem Grundsatz besteht nach Auffassung der Finanzverwaltung für immaterielle Wirtschaftsgüter, für die eine Einzelbewertung aufgrund ihrer engen Verbindung ökonomisch nicht sinnvoll durch-

---

[703] Im Fachschrifttum werden aufgrund des Bewertungsaufwands erhebliche Zweifel an der Praktikabilität der zweiten Öffnungsklausel geäußert. Vgl. *Baumhoff, H. et al.* (2007b), S. 1653; *Bödefeld, A./Kuntschik, N.* (2007), S. 279; *Borstell, T./Wehnert, O.* (2011), Rn. 580; *Jahndorf, C.* (2008), S. 108; *Kahle, H.* (2007), S. 655; *Kaminski, B.* (2011), S. 438; *Kraft, G.* (2009), § 1 AStG, Rn. 445; *Kroppen, H.-K. et al.* (2007), S. 319; *Kroppen, H.-K.* (2012), Anm. 119; *Schilling, D.* (2012), S. 307; *Wulf, M.* (2007), S. 2284.

[704] Vgl. *Bundesregierung (Hrsg.)* (2010), S. 8 f.

[705] Vgl. *BMF (Hrsg.)* (2010), S. 774, Rn. 80.

führbar wäre.[706] In diesen Fällen kann für die Beurteilung der Wesentlichkeit eine Zusammenfassung dieser immateriellen Wirtschaftsgüter erfolgen.

Da § 1 Abs. 3 Satz 10 Halbsatz 2 AStG die Wesentlichkeit nicht explizit definiert, wird die Auffassung vertreten, dass die Wesentlichkeitsdefinition des § 1 Abs. 5 FVerlV sinngemäß auf die dritte Öffnungsklausel zu übertragen ist.[707] Ein immaterielles Wirtschaftsgut ist demnach wesentlich, wenn es qualitativ zur Funktionsausübung erforderlich ist und dessen Fremdvergleichspreis die quantitative Wesentlichkeitsgrenze in Höhe von 25 % des Gesamtpreises der Bestandteile des Transferpakets übersteigt. Nach Auffassung der Finanzverwaltung kann aus Praktikabilitätsgründen die Glaubhaftmachung der quantitativen Wesentlichkeitsgrenze auf Grundlage einer Schätzung des Transferpaketpreises erfolgen.[708]

Sind die Tatbestandsvoraussetzungen erfüllt, ist nach § 1 Abs. 3 Satz 10 Halbsatz 2 AStG eine Bewertung der Bestandteile des Transferpakets mit ihren Einzelverrechnungspreisen möglich. Im Unterschied zu den ersten beiden Öffnungsklauseln stellt die dritte Öffnungsklausel auf eine Einzelbewertung der Bestandteile des Transferpakets ab, welches neben den verlagerten Wirtschaftsgütern und erbrachten Dienstleistungen auch sonstige Vorteile umfasst.[709] Sonstige Vorteile sind einer Einzelbewertung i. Allg. nicht zugänglich,[710] weshalb deren konkrete Quantifizierung unklar ist.[711] Der Finanzverwaltung folgend sollen die sonstigen Vorteile bei der Bewertung der verlagerten immateriellen Wirtschaftsgüter im hypothetischen Fremdvergleich jedoch miterfasst werden.[712] Demnach müssen sonstige Vorteile aus Synergien zwischen den verlagerten Wirtschaftsgütern, einem günstigen Zugang zum Einkaufs- und/oder Absatzmarkt, einer

---

[706] Vgl. *BMF (Hrsg.)* (2010), S. 774, Rn. 80 mit Hinweis auf die Ausführungen der OECD zu package deals in *OECD (Hrsg.)* (2010b), Tz. 3.9-3.12.

[707] Vgl. *BMF (Hrsg.)* (2010), S. 774, Rn. 75; *Borstell, T./Wehnert, O.* (2011), Rn. 582; *Lenz, M./Rautenstrauch, G.* (2010), S. 699; *Peter, M. et al.* (2011), S. 181; *Pohl, C.* (2010a), S. 358; *Schilling, D.* (2011b), S. 1534. A. A. *Baumhoff, H.* (2012), S. 402; *Baumhoff, H. et al.* (2011), S. 169; *Freudenberg, M./Ludwig, C.* (2010), S. 1270; *IDW (Hrsg.)* (2010), S. 326; *Kroppen, H.-K.* (2013), Anm. 125 f.

[708] Vgl. *BMF (Hrsg.)* (2010), S. 774, Rn. 75.

[709] Vgl. *BMF (Hrsg.)* (2010), S. 774, Rn. 76; *Bundesregierung (Hrsg.)* (2010), S. 16.

[710] Nach dem Diskussionsentwurf der OECD zu Verrechnungspreisaspekten im Zusammenhang mit immateriellen Vermögenswerten ist eine getrennte Vergütung für geschäftswertbildende Faktoren, wie Synergien oder Marktumstände, nicht mit dem Fremdvergleichsgrundsatz vereinbar. Diesen sei allerdings bei der Festlegung von Verrechnungspreisen, z. B. im Rahmen der Vergleichbarkeitsanalyse, Rechnung zu tragen. Vgl. *OECD (Hrsg.)* (2013b), Tz. 1-23 und Tz. 63 f.

[711] Grundsätzlich ergibt sich der Fremdvergleichspreis für die sonstigen Vorteile als Residualgröße, welche nach der Verteilung des Fremdvergleichspreises für das Transferpaket als Ganzes auf die verlagerten Wirtschaftsgüter und erbrachten Dienstleistungen verbleibt. So auch *Schilling, D.* (2012), S. 311.

[712] Vgl. *BMF (Hrsg.)* (2010), S. 774, Rn. 76. Siehe ergänzend *Borstell, T./Wehnert, O.* (2011), Rn. 583; *Nestler, A./Schaflitzl, A.* (2011), S. 237.

speziellen betrieblichen Organisation, der Qualität der Belegschaft etc. in die Ermittlung der Grenzpreise für die verlagerten immateriellen Wirtschaftsgüter einbezogen werden.[713] Im Ergebnis werden sich die Summe der Einzelverrechnungspreise für die Bestandteile des Transferpakets und der Preis für das Transferpaket als Ganzes bei Anwendung der dritten Öffnungsklausel i. d. R. entsprechen, sodass es trotz dieser Öffnungsklausel im Grundsatz bei der Transferpaketbetrachtung bleibt.[714]

Diese Ansicht wird im Schrifttum jedoch mehrheitlich abgelehnt, soweit kein (Teil-) Betrieb im steuerlichen Sinne verlagert wird.[715] Begründet wird dies damit, dass einerseits die Fremdvergleichspreise für sonstige Vorteile nicht einzeln, sondern nur als Residualgröße bestimmt werden können und andererseits die Entstehungsgeschichte, die rechtssystematische Stellung sowie der Sinn und Zweck der dritten Öffnungsklausel die Berücksichtigung sonstiger Vorteile ausschließe.[716]

Es konnte gezeigt werden, dass vielfältige Auslegungsprobleme im Zusammenhang mit der dritten Öffnungsklausel bestehen, welche sich in den dargestellten Auffassungen im Fachschrifttum widerspiegeln. Nach hier vertretener Auffassung ergibt sich aus dem Gesetzeswortlaut eine eindeutige Verpflichtung zur Berücksichtigung sonstiger Vorteile bei der dritten Öffnungsklausel. Daher ist der Auffassung der Finanzverwaltung und sich dieser anschließenden Vertreter im Fachschrifttum zu folgen. Aufgrund der Erfassung geschäftswertbildender Faktoren bei der Einzelbewertung immaterieller Wirtschaftsgüter im Rahmen eines hypothetischen Fremdvergleichs dürfte die Anwendung der dritten Öffnungsklausel m. E. grundsätzlich zu keinen oder nur geringfügigen Erleichterungen für die Steuerpflichtigen führen.

---

[713] Grundsätzlich kritisch zur Möglichkeit der Einbeziehung sonstiger Vorteile bei der Einzelbewertung immaterieller Wirtschaftsgüter *Blumers, W.* (2007), S. 1761; *PwC (Hrsg.)* (2011), S. 55.

[714] Vgl. hierzu auch *Borstell, T./Wehnert, O.* (2011), Rn. 582; *Peter, M. et al.* (2011), S. 182-184; *Pohl, C.* (2010a), S. 360; *PwC (Hrsg.)* (2011), S. 66; *Zech, T.* (2011), S. 137. Gestützt wird diese Auffassung durch den Bericht des Finanzausschusses zum Entwurf eines Gesetzes zur Umsetzung steuerlicher EU-Vorgaben sowie zur Änderung steuerlicher Vorschriften, wonach die Ergänzung der Öffnungsklauseln um eine dritte Alternative eine Änderung der Bewertungsmethode, nicht aber eine Änderung der Besteuerungsbasis zur Folge habe. Vgl. *Bundesregierung (Hrsg.)* (2010), S. 8.

[715] Vgl. *Baumhoff, H.* (2012), S. 402; *Baumhoff, H. et al.* (2010), S. 1312 f.; *Becker, J.-A./Sandlos, D.* (2013), S. 158; *Ditz, X.* (2011), S. 130; *Freudenberg, M./Ludwig, C.* (2010), S. 1270; *IDW (Hrsg.)* (2010), S. 327; *Kaminski, B.* (2011), S. 440; *Kroppen, H.-K.* (2013), Anm. 127 f.; *Kroppen, H.-K./ Rasch, S.* (2010), S. 319 f.; *Lenz, M./Rautenstrauch, G.* (2010), S. 698; *Luckhaupt, H.* (2010b), S. 2018; *Oestreicher, A./Wilcke, D.* (2010a), S. 230.

[716] Vgl. statt vieler *Kroppen, H.-K./Rasch, S.* (2010), S. 318-323.

3.4 Gesetzliche Preisanpassungsklausel

Unterschiedliche Erwartungen der Geschäftsparteien über die zukünftigen Geschäftsentwicklungen können bei Unternehmenstransaktionen ein Hindernis darstellen. Die Erwartungen werden maßgeblich durch die verfügbaren Informationen bestimmt, die den Geschäftsparteien i. Allg. nicht gleichermaßen bekannt sind (Informationsasymmetrie). Wegen der langjährigen Geschäftsausübung stehen dem Verkäufer regelmäßig umfassendere Informationen über das Veräußerungsobjekt zur Verfügung, weshalb dieser einen Verhandlungsvorteil gegenüber dem Käufer hat.[717] Zur Überwindung des durch die Informationsasymmetrie häufig existierenden Transaktionshindernisses können bedingte Kaufpreiszahlungen – z. B. in Form von Earn-Out-Klauseln[718] – vereinbart werden. Diese knüpfen die endgültige Kaufpreiszahlung z. T. an die wirtschaftliche Entwicklung des Transaktionsgegenstands in den Folgejahren der Veräußerung (ergebnisabhängige Preisvereinbarung).[719] Earn-Out-Klauseln führen zu einem Abbau von Informationsasymmetrien zwischen den Geschäftsparteien und schützen den meist schlechter informierten Käufer.[720] Hierdurch kann die Wahrscheinlichkeit für einen positiven Abschluss der Verhandlungen erhöht werden.[721]

In Anlehnung an das Konzept bedingter Kaufpreiszahlungen regelt § 1 Abs. 3 Satz 11 und 12 AStG für grenzüberschreitende Geschäftsbeziehungen die Berücksichtigung einer gesetzlichen Preisanpassungsklausel, sofern die Preisermittlung im hypothetischen Fremdvergleich zu erfolgen hat und erhebliche Unsicherheiten im Zusammenhang mit der Bewertung bestehen. Denn ein ordentlicher und gewissenhafter Geschäftsleiter würde nach Auffassung des Gesetzgebers bei einer erhöhten Unsicherheit bezüglich der künftigen Gewinnpotenziale grundsätzlich auf eine entsprechende Anpassungsregelung drängen.[722] Sofern allerdings für den konkreten Einzelfall glaubhaft gemacht werden kann, dass keine erheblichen Unsicherheiten im Zusammenhang mit der Preisermittlung bestehen oder eine fremdvergleichskonforme vertragliche Anpassungsrege-

---

[717] Vgl. *Greil, S.* (2009b), S. 567; *Lacher, J./Poppe, H.* (1988), S. 1762; *Tallau, C.* (2009), S. 8; *Weiser, F.* (2004), S. 512.

[718] Neben Earn-Out-Klauseln können auch andere Preisanpassungsklauseln in Abhängigkeit vom Verhandlungsstand und der jeweiligen Zielsetzung vereinbart werden. Ein umfassender Überblick findet sich bei *Gaßmann, J.* (2009), S. 61-123.

[719] Vgl. etwa *Baums, T.* (1993), S. 1273; *Gaßmann, J.* (2009), S. 105.

[720] Vgl. z. B. *Kahle, H.* (2009a), S. 384 f.; *Scholz, C. M.* (2007), S. 523 f.; *Vischer, M.* (2002), S. 510.

[721] Vgl. *Ihlau, S./Gödecke, S.* (2010), S. 687 f.; *Labbé, M.* (2004), S. 117 f.; *Tallau, C.* (2009), S. 8.

[722] Vgl. *Bundesregierung (Hrsg.)* (2007), S. 86 f.; *OECD (Hrsg.)* (2013b), Tz. 200 f. Empirische Untersuchungen zeigen jedoch, dass vertragliche Anpassungsklauseln bei Fusionen und M&A-Transaktionen eher selten vereinbart werden. Vgl. etwa *Cain, M. D. et al.* (2011); *Datar, S. et al.* (2001).

lung getroffen wurde, kann sich der Steuerpflichtige von der Anwendung der gesetzlichen Preisanpassungsklausel exkulpieren.[723]

Im Folgenden werden in Abschnitt 3.4.1 zunächst die Tatbestandsmerkmale für die Anwendung der gesetzlichen Preisanpassungsklausel und daran anschließend in Abschnitt 3.4.2 die Rechtsfolgen einer nachträglichen Preisanpassung erläutert. Eine Darstellung der Voraussetzungen für die Befreiung von der gesetzlichen Preisanpassungsklausel ist Gegenstand des Abschnitts 3.4.3.

3.4.1 Tatbestandsmerkmale

Der Preisbestimmung im hypothetischen Fremdvergleich liegt prinzipiell eine erhöhte Unsicherheit zugrunde,[724] da diese nicht auf (un-)eingeschränkt vergleichbaren Marktdaten beruht, sondern auf Basis eines hypothetischen Preisbildungsprozesses unter Berücksichtigung der Rechtsfigur des ordentlichen und gewissenhaften Geschäftsleiters erfolgt. Der Preisbildung liegen daher trotz umfassender Dokumentationspflichten oftmals Annahmen zugrunde, welche die Finanzverwaltung nicht hinreichend verifizieren kann. Hieraus ergibt sich eine weitere Ebene der Informationsasymmetrie, die zwischen dem Steuerpflichtigen und den Finanzbehörden besteht und die der Steuerpflichtige zur Beeinflussung des Fremdvergleichspreises ausnutzen kann.[725] Vor diesem Hintergrund erachtet *Greil* die Kodifizierung einer gesetzlichen Preisanpassungsklausel zur Vermeidung eines kollektiv schädlichen Verhaltens durch den Steuerpflichtigen und zur Gewährleistung einer sachgerechten Gewinnaufteilung zwischen den Geschäftsparteien als legitim.[726] Bei einer Preisermittlung im Rahmen eines hypothetischen Fremdvergleichs ermächtigt die gesetzliche Preisanpassungsklausel die Finanzbehörden zur Durchführung einer nachträglichen Verrechnungspreiskorrektur, sofern

- wesentliche immaterielle Wirtschaftsgüter und sonstige Vorteile Gegenstand einer Transaktion sind;
- die tatsächliche Gewinnentwicklung erheblich von den der Verrechnungspreisbestimmung zugrunde gelegten Gewinnerwartungen abweicht;
- die erhebliche Gewinnabweichung innerhalb von zehn Jahren eintritt.

[723] Vgl. *§ 1 Abs. 3 Satz 11 AStG.*
[724] Vgl. *BMF (Hrsg.)* (2010), S. 774, Rn. 85; *Bundesregierung (Hrsg.)* (2007), S. 85.
[725] Vgl. *Looks, C./Scholz, C. M.* (2007), S. 2542; *Oestreicher, A./Wilcke, D.* (2010c), S. 1718.
[726] So auch *Greil, S.* (2009b), S. 568.

3.4.1.1 Wesentliche immaterielle Wirtschaftsgüter und sonstige Vorteile

Tatbestandsmerkmal für die Anwendung der gesetzlichen Preisanpassungsklausel ist die grenzüberschreitende Verlagerung wesentlicher immaterieller Wirtschaftsgüter und sonstiger Vorteile zwischen verbundenen Unternehmen im Rahmen einer schuldrechtlichen Beziehung. Materielle Wirtschaftsgüter werden hingegen von einer nachträglichen Preisanpassung nicht berührt, da einerseits deren Bewertung nur mit relativ geringen Unsicherheiten verbunden ist und anderseits durch diese keine erheblichen Gewinnpotenziale ins Ausland verlagert werden können. Aus dem Verweis von § 1 Abs. 3 Satz 11 AStG auf § 1 Abs. 3 Satz 5 und 9 AStG folgt, dass die gesetzliche Preisanpassungsklausel für Transferpakete und wesentliche immaterielle Einzelwirtschaftsgüter gleichermaßen anwendbar ist.[727]

Werden zusammen mit einer Funktion wesentliche immaterielle Wirtschaftsgüter und sonstige Vorteile verlagert und erfolgt eine Preisermittlung für das Transferpaket als Ganzes gemäß § 1 Abs. 3 Satz 9 AStG, dann beziehen sich auch die Preisunsicherheiten auf das Transferpaket als Ganzes. Hieraus folgt, dass die Feststellung einer erheblichen Gewinnabweichung auf Ebene des Transferpakets zu erfolgen hat und die Preisanpassungsklausel auch nur für das Transferpaket als Ganzes Anwendung findet. Erfolgt hingegen eine Einzelbewertung der immateriellen Wirtschaftsgüter und der sonstigen Vorteile aufgrund der Anwendung einer Öffnungsklausel, so ergibt sich eine Preisunsicherheit in Bezug auf das einzelne immaterielle Wirtschaftsgut, dessen Fremdvergleichspreis in Ermangelung (un-)eingeschränkt vergleichbarer Markttransaktionen im hypothetischen Fremdvergleich ermittelt werden muss.[728]

3.4.1.2 Erhebliche Abweichung der Gewinnentwicklung

Eine erhebliche Abweichung i. S. d. § 1 Abs. 3 Satz 11 AStG ist anzunehmen, wenn der, unter Zugrundelegung der tatsächlichen Gewinnentwicklung, neu zu bestimmende Einigungspreis außerhalb des ursprünglichen Einigungsbereichs liegt.[729] Zur Bestim-

[727] Vgl. *Pohl, C.* (2010b), S. 690; *Wassermeyer, F. et al.* (2013), § 1 AStG, Anm. V96; *Zech, T.* (2009), S. 86.

[728] So schließen sich die erste Öffnungsklausel nach *§ 1 Abs. 3 Satz 10 erste Alternative AStG* und die gesetzliche Preisanpassungsklausel nach *§ 1 Abs. 3 Satz 11 und 12 AStG* gegenseitig aus, da es in diesen Fällen zu keiner Verlagerung wesentlicher immaterieller Wirtschaftsgüter und sonstiger Vorteile kommt. So auch *Luckhaupt, H.* (2010b), S. 2360.

[729] Vgl. *§ 10 Satz 1 AStG.* Eine erhebliche Abweichung kann nach dieser Definition im Extremfall bereits bei einer geringfügigen Gewinnabweichung von z. B. einem Euro vorliegen, wenn der ursprüngliche

mung der erheblichen Abweichung ist daher ein zweiter Einigungsbereich zu ermitteln. Die Untergrenze wird durch den unveränderten[730] Grenzpreis des verlagernden Unternehmens (Mindestpreis) und die Obergrenze durch den neu zu ermittelnden Grenzpreis des aufnehmenden Unternehmens (Höchstpreis) determiniert.[731] Dieser Höchstpreis entspricht jenem Preis, den ein ordentlicher und gewissenhafter Geschäftsleiter des aufnehmenden Unternehmens im Zeitpunkt der Verlagerung unter Zugrundelegung der tatsächlichen Gewinnentwicklung maximal zu zahlen bereit gewesen wäre. Hierbei sind sowohl die tatsächlich realisierten finanziellen Überschüsse für den Zeitraum bis zur Feststellung der erheblichen Abweichung als auch die unter Berücksichtigung der tatsächlichen Gewinnentwicklung zu erwartenden finanziellen Überschüsse nach Eintritt der erheblichen Abweichung zu berücksichtigen.[732]

Anknüpfungspunkt für die Feststellung einer erheblichen Abweichung ist die tatsächliche Gewinnentwicklung.[733] Der Begriff der Gewinnentwicklung ist semantisch von dem Begriff der Gewinnpotenziale zu unterscheiden. Während der Begriff der Gewinnentwicklung auf die (nicht kapitalisierten) finanziellen Überschüsse aus der Funktionsausübung abstellt, wird der Begriff der Gewinnpotenziale in § 1 Abs. 4 FVerlV als Barwert der erwarteten finanziellen Überschüsse aus der Funktionsausübung definiert. Die erwartete Gewinnentwicklung bildet demnach lediglich eine Komponente für die Bestimmung der Gewinnpotenziale.[734] In der Konsequenz kann eine Veränderung der Gewinnentwicklung nur durch eine Veränderung der finanziellen Überschüsse eintreten.[735] Hingegen hat eine Veränderung der Risiken, welche sich i. Allg. im Kapitalisierungs-

---

Verrechnungspreis am Rande des Einigungsbereichs lag. So auch *Greil, S.* (2009b), S. 569; *Kahle, H.* (2009a), S. 386; *Wassermeyer, F. et al.* (2013), § 1 AStG, Anm. V97.

[730] Gemäß *§ 10 Satz 2 und 3 FVerlV* ist der Grenzpreis des verlagernden Unternehmens unveränderlich, da insoweit keine Veränderungen mehr durch die tatsächliche Gewinnentwicklung eintreten können. Vgl. *BMF (Hrsg.)* (2008), S. 25; *BMF (Hrsg.)* (2010), S. 774, Rn. 139. Diesbezüglich kritisch *Bredow, A. v.* (2011), S. 183 f.; *Greil, S.* (2009b), S. 569; *Oestreicher, A.* (2009), S. 88; *Oestreicher, A./Wilcke, D.* (2010b), S. 469 f. Eine Darstellung der Auswirkungen eines unveränderlichen Mindestpreises im Gegensatz zu einem veränderlichen Mindestpreis findet sich bei *Bredow, A. v.* (2011), S. 183-185.

[731] Vgl. *BMF (Hrsg.)* (2010), S. 774, Rn. 139.

[732] Vgl. *BMF (Hrsg.)* (2010), S. 774, Rn. 139; *Oestreicher, A./Wilcke, D.* (2010b), S. 469. Hierzu a. A. *Bernhardt, L. et al.* (2008), S. 846-848, welche sich für eine ausschließliche Berücksichtigung der tatsächlich verwirklichten Abweichungen aussprechen.

[733] Vgl. *§ 1 Abs. 3 Satz 11 AStG*; *§ 10 S. 1 FVerlV*.

[734] Dies ergibt sich implizit aus *§ 3 Abs. 2 Satz 3 FVerlV*.

[735] Die Finanzverwaltung geht davon aus, dass eine erhebliche Abweichung der Gewinnerwartungen auch bei einer Veränderung des Kapitalisierungszeitraums eintreten kann, da diese einen erheblichen Einfluss auf die insgesamt erzielbaren finanziellen Überschüsse haben kann. Vgl. *BMF (Hrsg.)* (2010), S. 774, Rn. 138. Diesbezüglich a. A. *Schreiber, R.* (2013), Anm. 238, welcher die Auffassung vertritt, dass eine Verlängerung oder Verkürzung des Kapitalisierungszeitraums keine Auswirkung habe.

zinssatz widerspiegeln, keinen Einfluss auf die Gewinnentwicklung,[736] denn diese wirken sich erst bei der Ermittlung der Gewinnpotenziale aus.

Eine erhebliche Abweichung kann gemäß § 10 Satz 1 und 3 FVerlV sowohl zugunsten als auch zuungunsten des Steuerpflichtigen eintreten.[737] Im Falle einer erheblichen Abweichung zuungunsten des verlagernden Unternehmens ist die tatsächliche Gewinnentwicklung besser als prognostiziert. Der neu zu ermittelnde Einigungspreis liegt insofern über dem Höchstpreis des ursprünglichen Einigungsbereichs. Entsprechend ist von einer erheblichen Abweichung zugunsten des verlagernden Unternehmens auszugehen, wenn die Gewinnentwicklung schlechter ausfällt als prognostiziert und der neu zu bestimmende Einigungspreis unter dem Mindestpreis des ursprünglichen Einigungsbereichs liegt. § 1 AStG ist eine Korrekturnorm zur Vermeidung von Einkunftsminderungen zulasten des deutschen Staates, weshalb eine nachträgliche Preisanpassung zugunsten eines deutschen Unternehmens nicht durch den Wortlaut des § 1 AStG gedeckt ist.[738] Trotz der fehlenden Gesetzesgrundlage ist eine Berücksichtigung von erheblichen Abweichungen zugunsten des Steuerpflichtigen – ggf. im Wege einer Billigkeitsmaßnahme – m. E. zweckmäßig, um eine systematische Ungleichbehandlung zwischen positiven und negativen Preisanpassungen zu vermeiden.[739]

3.4.1.3 Zehnjähriger Überwachungszeitraum

Die Entwicklung der finanziellen Überschüsse aus der Funktionsausübung ist für die Feststellung einer erheblichen Abweichung über einen Zeitraum von zehn Jahren stetig zu überwachen. Ein davon abweichender Überwachungszeitraum ist anzunehmen, wenn der tatsächliche Kapitalisierungszeitraum der Funktion entsprechend kürzer ist. Eine nachträgliche Anpassung i. S. d. § 11 FVerlV kann einmalig in dem Wirtschaftsjahr, das dem Jahr des Eintritts der erheblichen Abweichung folgt, durchgeführt werden, sofern die erhebliche Abweichung innerhalb des Überwachungszeitraums eintritt. Insofern ist

---

[736] Im Ergebnis ähnlich *Schreiber, R.* (2013), Anm. 238. A. A. *Bernhardt, L. et al.* (2008), S. 848, nach welchen eine Veränderung der Risiken bereits bei der Ermittlung der Gewinnabweichungen zu berücksichtigen sei.

[737] Siehe ergänzend *BMF (Hrsg.)* (2010), S. 774, Rn. 140; *Zech, T.* (2009), S. 91.

[738] Vgl. *Borstell, T./Wehnert, O.* (2011), Rn. 627; *Greil, S.* (2009b), S. 569; *Kaminski, B.* (2007), S. 601; *Schaumburg, H.* (2009), S. 879; *Schreiber, R.* (2013), Anm. 245.

[739] Siehe zur Möglichkeit der Berücksichtigung einer nachträglichen Preisanpassung zugunsten des Steuerpflichtigen, wenn die Einkünfte nach § 1 Abs. 1 AStG durch den Steuerpflichtigen oder die Finanzbehörden korrigiert wurden *Kraft, G.* (2009), § 1 AStG, Rn. 480.

es nicht ausreichend, wenn eine Überprüfung der Gewinnentwicklung lediglich am Ende des Überwachungszeitraums erfolgt.

In Bezug auf den gesetzlich definierten Überwachungszeitraum von zehn Jahren ist anzumerken, dass dieser erheblich von dem üblicherweise zwischen unabhängigen Geschäftsparteien vereinbarten Überwachungszeitraum bei bedingten Kaufpreiszahlungen abweicht. Eine Analyse der Fachliteratur zu bedingten Kaufpreiszahlungen zeigt, dass dieser Zeitraum i. d. R. zwei bis fünf Jahre beträgt und nur in Ausnahmefällen überschritten wird.[740] Weiterhin resultiert aus dem langen gesetzlichen Überwachungszeitraum eine erhebliche administrative Belastung für das aufnehmende Konzernunternehmen, da für jedes Jahr des Überwachungszeitraums eine Neuberechnung des Grenzpreises – zumindest im Schätzungswege – zur Feststellung einer erheblichen Abweichung zu erfolgen hat.[741]

3.4.2 Rechtsfolgen

Sind die Tatbestandsmerkmale des § 1 Abs. 3 Satz 11 und 12 AStG kumulativ erfüllt, ist obligatorisch[742] „einmalig ein angemessener Anpassungsbetrag auf den ursprünglichen Verrechnungspreis der Besteuerung des Wirtschaftsjahres zugrunde zu legen, das dem Jahr folgt, in dem die Abweichung eingetreten ist."[743] Die Ermittlung eines angemessenen Anpassungsbetrags wird in § 11 FVerlV präzisiert.

In den Fällen des § 10 Satz 1 FVerlV, falls eine erhebliche Abweichung der Gewinnentwicklung infolge einer positiven Geschäftsentwicklung vorliegt, ergibt sich der angemessene Anpassungsbetrag aus dem Unterschiedsbetrag zwischen dem neu ermittelten Einigungspreis und dem ursprünglichen Einigungspreis.[744] Für die Ermittlung des

---

[740] So z. B. *Sherman, S. J./Janatka, D. A.* (1992), S. 27. Nach *Kroppen, H.-K. et al.* (2007), S. 320 beträgt der Überwachungszeitraum ungefähr ein Jahr. *Cain, M. D. et al.* (2011), S. 156; *Ihlau, S./Gödecke, S.* (2010), S. 689; *Scholz, C. M.* (2007), S. 524 gehen von einem Zeitraum von einem bis drei Jahr(en) für die Mehrzahl der vereinbarten Anpassungsklauseln aus. Für eine Zeitspanne zwischen einem bis fünf Jahr(en) siehe *Bruner, R. F.* (2004), S. 617. *Rayney, P.* (1989), S. 94 schlägt eine Spanne von zwei bis drei Jahren vor. Bei *Hussey, R.* (1990), S. 104 sind drei bis fünf Jahre üblich.

[741] Vgl. *Baumhoff, H. et al.* (2007b), S. 1655; *Frotscher, G.* (2008), S. 56; *Jahndorf, C.* (2008), S. 108 f.; *Jenzen, H.* (2007), S. 3128; *Kahle, H.* (2009a), S. 386; *Looks, C./Freudenberg, M.* (2009), S. 2517; *Strahl, M.* (2008), S. 15864.

[742] Die Normierung einer Preisanpassungsklausel steht im Widerspruch zur Auffassung der Finanzverwaltung vor der Verabschiedung des UntStRefG (*BMF (Hrsg.)* (2005), S. 570, Tz. 3.4.12.8), welche nachträgliche Preisanpassungen nur unter sehr restriktiven Bedingungen als fremdvergleichskonform ansah. Vgl. *Kraft, G.* (2009), § 1 AStG, Rn. 470; *Wassermeyer, F. et al.* (2013), § 1 AStG, Anm. V99.

[743] *§ 1 Abs. 3 Satz 12 AStG.*

[744] Vgl. *§ 11 FVerlV.*

neuen Einigungspreises ist ein Preis innerhalb des neuen Einigungsbereichs glaubhaft zu machen, der dem Fremdvergleichsgrundsatz mit höchster Wahrscheinlichkeit entspricht.[745] Sofern dieser nicht bestimmt werden kann, ist der Mittelwert des neuen Einigungsbereichs als Einigungspreis anzusetzen.[746] Kommt es hingegen zu einer erheblichen Abweichung der Gewinnentwicklung infolge einer negativen Geschäftsentwicklung i. S. v. § 10 Satz 3 FVerlV, so ergibt sich der angemessene Anpassungsbetrag wiederum aus dem Unterschiedsbetrag zwischen dem neu ermittelten Einigungspreis und dem ursprünglichen Einigungspreis.[747] Allerdings entspricht der neue Einigungspreis in diesen Fällen zwingend dem Mittelwert des negativen Einigungsbereichs.[748] Eine Glaubhaftmachung eines, dem Fremdvergleich mit höchster Wahrscheinlichkeit entsprechenden Preises innerhalb des neuen Einigungsbereichs ist ausgeschlossen.[749]

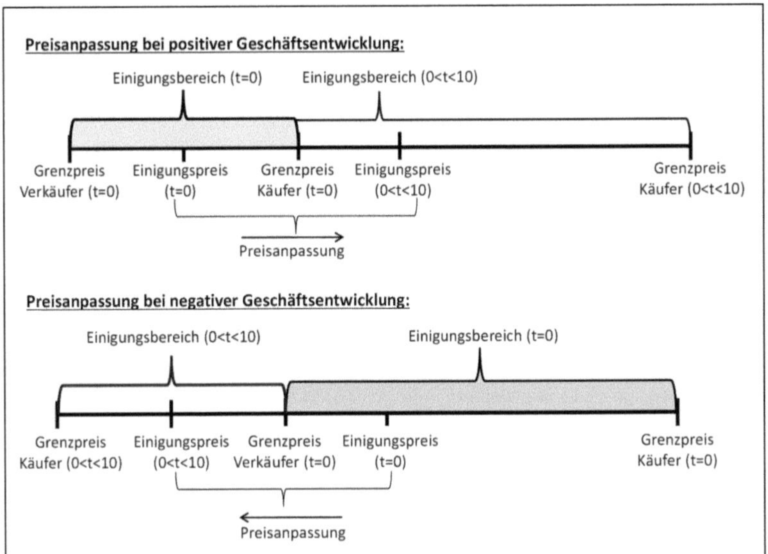

Abb. 3.5: Konzeption und Rechtsfolgen der Preisanpassungsklausel

[745] Vgl. *§ 1 Abs. 3 Satz 7 Halbsatz 1 AStG.*
[746] Vgl. *§ 1 Abs. 3 Satz 7 Halbsatz 2 AStG.*
[747] Vgl. *§ 11 FVerlV.*
[748] Siehe *§ 11 FVerlV.*
[749] Kritisch zum obligatorischen Mittelwertansatz bei einer negativen Abweichung der Gewinnerwartungen *Borstell, T./Wehnert, O.* (2011), Rn. 616; *Oestreicher, A./Wilcke, D.* (2010b), S. 468.

Die nachträgliche Preiskorrektur ist in dem auf das Jahr der Feststellung der erheblichen Abweichung folgenden Wirtschaftsjahr durchzuführen. Hieraus folgt, dass die Verrechnungspreise aufgrund des zehnjährigen Überwachungszeitraums noch im elften Jahr nach der Verlagerung berichtigt werden können.[750] Allerdings gilt dies nur, wenn nicht bereits während des zehnjährigen Überwachungszeitraums eine Preisanpassung vorgenommen wurde. § 1 Abs. 3 Satz 12 AStG regelt expressis verbis eine einmalige Preisanpassungsmöglichkeit, sodass der Anpassungsbetrag nur einmal innerhalb des Überwachungszeitraums relevant werden kann.[751] Hieraus ergeben sich Gestaltungsmöglichkeiten, da nach einer Preisanpassung jede weitere Veränderung der Gewinnentwicklung während des Überwachungszeitraums folgenlos bleibt.[752]

Die Konzeption sowie die Rechtsfolgen der Preisanpassungsklausel werden in Abb. 3.5 grafisch veranschaulicht.

3.4.3 Öffnungsklauseln

Als Ausnahme von der gesetzlichen Anordnung einer nachträglichen Preisanpassung sieht § 1 Abs. 3 Satz 11 und 12 AStG i. V. m. § 9 FVerlV drei Öffnungsklauseln vor. Diese ermöglichen es dem Steuerpflichtigen, sich im Einzelfall von den Rechtsfolgen der gesetzlichen Preisanpassungsklausel zu exkulpieren.

3.4.3.1 Bewertungssicherheit im Zeitpunkt der Verlagerung

Die Zukunft kann nicht mit Sicherheit prognostiziert werden, weshalb der Grenzpreisermittlung ein gewisser Grad an Unsicherheit immanent ist.[753] Sofern ein Steuerpflichtiger allerdings glaubhaft machen kann, dass bei der Preisvereinbarung sämtliche Risiken im Zusammenhang mit der Funktionsausübung im Verlagerungszeitpunkt berücksichtigt wurden, bleibt kein Raum für eine nachträgliche Preisanpassung. Denn in diesen Fällen würde auch ein ordentlicher und gewissenhafter Geschäftsleiter auf die Vereinbarung variabler Kaufpreisbestandteile verzichten.[754] Wie ein substantiierter

---

[750] So *Bernhardt, L. et al.* (2009), S. 848.

[751] Vgl. *Bernhardt, L. et al.* (2009), S. 848; *BMF (Hrsg.)* (2010), S. 774, Rn. 136; *Borstell, T./Wehnert, O.* (2011), Rn. 621; *Frischmuth, M.* (2007b), S. 462; *Kaminski, B.* (2007), S. 601; *Kraft, G.* (2009), § 1 AStG, Rn. 485; *Schaumburg, H.* (2009), S. 881.

[752] Vgl. *Borstell, T./Wehnert, O.* (2011), Rn. 622; *Jahndorf, C.* (2008), Rn. 108; *Kraft, G.* (2009), § 1 AStG, Rn. 485.

[753] Vgl. *Frischmuth, M.* (2007b), S. 462; *Greil, S.* (2009b), S. 571 f.; *Peter, M. et al.* (2008), S. 865.

[754] Vgl. *BMF (Hrsg.)* (2010), S. 774, Rn. 135; *OECD (Hrsg.)* (2010b), Rn. 6.29.

Nachweis durch den Steuerpflichtigen erbracht werden kann, ist allerdings unklar.[755] Einen Anhaltspunkt dafür, dass im Verlagerungszeitpunkt keine erheblichen Unsicherheiten hinsichtlich der Preisermittlung bestehen, könnte die Erzielung relativ konstanter finanzieller Überschüsse in der Vergangenheit liefern. Denn markt- oder geschäftsbedingte Veränderungen der finanziellen Überschüsse, die im Verlagerungszeitpunkt nicht vorhersehbar waren (wertbegründende Tatsachen), würden durch einen ordentlichen und gewissenhaften Geschäftsleiter regelmäßig nicht vergütet werden.[756] Eine entsprechende Dokumentation als Nachweis hat der Steuerpflichtige gemäß § 3 GAufzV zeitnah zur Entscheidung über die Verlagerung vorzunehmen.

3.4.3.2 Vertragliche Preisanpassungsklauseln

Ausweislich der Gesetzesbegründung zum UntStRefG sollen Steuerpflichtige durch die gesetzliche Anpassungsregelung dazu veranlasst werden, prohibitiv fremdvergleichskonforme Anpassungsklauseln in die vertraglichen Vereinbarungen aufzunehmen.[757] Daher sieht § 1 Abs. 3 Satz 12 AStG eine Befreiung von der gesetzlichen Preisanpassungsklausel vor, wenn für die betrachtete Transaktion zwischen verbundenen Unternehmen ein fremdvergleichskonformer Preisanpassungsmechanismus vertraglich geregelt wird. Zu den konkreten Anforderungen an die vertraglichen Anpassungsregelungen finden sich weder im Gesetz noch in der Verordnung präzisierende Hinweise, sodass in Bezug auf deren Ausgestaltung erhebliche Freiräume bestehen.[758] Die Modalitäten vertraglicher Anpassungsklauseln müssen nicht mit den Vorgaben der gesetzlichen Anpassungsklausel übereinstimmen, sondern können für den Steuerpflichtigen vorteilhaftere Bedingungen (z. B. ein kürzerer Überwachungszeitraum oder eine vorteilhaftere Ausgestaltung des Preisanpassungsmechanismus) enthalten.[759] Deren Anerkennung ist nur dann zu verwehren, wenn diese offensichtlich dem Fremdvergleichsgrundsatz wider-

---

[755] Vgl. *Borstell, T./Wehnert, O.* (2011), Rn. 589; *Kahle, H.* (2009a), S. 387; *Kraft, G.* (2009), § 1 AStG, Rn. 474.

[756] Vgl. *Frischmuth, M.* (2007b), S. 463; *Greil, S.* (2009b), S. 570; *Schaumburg, H.* (2009), S. 880.

[757] Vgl. *Bundesregierung (Hrsg.)* (2007), S. 87.

[758] Vgl. *Peter, M. et al.* (2008), S. 865.

[759] Vgl. *Baumhoff, H. et al.* (2007b), S. 1655; *Bernhardt, L. et al.* (2008), S. 849; *BMF (Hrsg.)* (2010), S. 774, Rn. 137; *Borstell, T./Wehnert, O.* (2011), Rn. 592-596; *Jahndorf, C.* (2008), S. 108; *Kahle, H.* (2009a), S. 387 f.; *Looks, C./Scholz, C. M.* (2007), S. 2543; *Schaumburg, H.* (2009), S. 881; *Scholz, C. M.* (2007), S. 525; *Schreiber, R.* (2013), Anm. 232.

sprechen.[760] Durch die Vereinbarung vertraglicher Anpassungsklauseln kann das Besteuerungsrisiko i. Allg. reduziert und somit die Planungssicherheit erhöht werden.[761]

3.4.3.3 Umsatz- oder gewinnabhängige Lizenzvereinbarungen

Als individuelle Anpassungsregelung, welche die Anwendung der Regelungen zur gesetzlichen Preisanpassungsklausel ausschließt, gilt auch die Vereinbarung gewinn- oder umsatzabhängiger Lizenzvergütungen für immaterielle Wirtschaftsgüter und sonstige Vorteile, welche in Bezug auf das Transferpaket als Ganzes wesentlich sind.[762] Es ist daher nicht erforderlich, dass gewinn- oder umsatzabhängige Lizenzvereinbarungen für das Transferpaket als Ganzes abgeschlossen werden. Vielmehr ist es ausreichend, wenn diese für die wesentlichen immateriellen Wirtschaftsgüter und sonstigen Vorteile vereinbart werden, wobei für die Beurteilung der Wesentlichkeit wiederum auf die Wesentlichkeitsdefinition[763] in § 1 Abs. 5 FVerlV abzustellen ist.

3.5 Funktionsverlagerungen im niederländischen Steuerrecht

Die symmetrische Anerkennung der deutschen Grundsätze zur Einkunftsabgrenzung im Zusammenhang mit der grenzüberschreitenden Verlagerung von Funktionen gemäß § 1 Abs. 3 Satz 9 AStG hängt maßgeblich von den steuerrechtlichen Regelungen im Ansässigkeitsstaat des funktionsaufnehmenden Unternehmens ab. Daher werden in den nachfolgenden Abschnitten die Grundsätze der internationalen Einkunftsabgrenzung des niederländischen Steuerrechts – insbesondere in Bezug auf die Verlagerung von Funktionen – dargestellt und im Vergleich zu den deutschen Rechtsnormen erörtert. Daran anschließend werden unter Berücksichtigung der relevanten bilateralen, multilateralen und supranationalen Regelungen Lösungsansätze für die Durchführung einer betragsgleichen Gegenkorrektur durch den niederländischen Staat entwickelt, wobei zwischen den verschiedenen Verlagerungsformen differenziert wird.

---

[760] Vgl. *Oestreicher, A.* (2009), S. 88; *Schaumburg, H.* (2009), S. 881; *Wassermeyer, F. et al.* (2013), § 1 AStG, Anm. V100.

[761] So auch *Ebering, A.* (2011), S. 422.

[762] Vgl. *§ 9 FVerlV*. Für die Möglichkeit einer nachträglichn Verrechnungspreiskorrektur auch bei Vereinbarung einer umsatzabhängigen Lizenzvereinbarung siehe *OECD (Hrsg.)* (2013b), Tz. 329.

[763] Siehe hierzu Abschnitt 3.4.1.1.

3.5.1 Besteuerungsgrundsätze

3.5.1.1 Fremdvergleichsgrundsatz

Die Einkunftsabgrenzung zwischen verbundenen Unternehmen in den Fällen grenzüberschreitender Geschäftsbeziehungen erfolgt auch im niederländischen Steuerrecht auf Basis des international anerkannten Fremdvergleichsgrundsatzes. Der Fremdvergleichsgrundsatz in Art. 8b Abs. 1 Wet Vpb entspricht im Grundsatz Art. 9 OECD-MA und fordert, dass den Geschäftsbeziehungen zwischen verbundenen Unternehmen Bedingungen – insbesondere Verrechnungspreise – zugrunde zu legen sind, die auch unabhängige Geschäftsparteien unter vergleichbaren Verhältnissen vereinbart hätten.[764] Hierdurch soll gewährleistet werden, dass jedes verbundene Unternehmen entsprechend seiner ausgeübten Funktionen, den übernommenen Risiken sowie den eingesetzten immateriellen Wirtschaftsgütern einen angemessenen Anteil am Gewinn aus einer Geschäftsbeziehung erhält.[765]

Als verbundene Unternehmen sind jene anzusehen, bei denen ein Unternehmen (un-)mittelbar am Kapital, der Geschäftsführung oder der Kontrolle eines anderen Unternehmens beteiligt ist und dadurch Einfluss auf die Verrechnungspreisgestaltung nehmen kann.[766] Durch diese Definition soll die Anwendung des Fremdvergleichsgrundsatzes auch bei Transaktionen zwischen Tochtergesellschaften (z. B. Schwestergesellschaften) sichergestellt werden.

Den Maßstab für die Fremdüblichkeit bilden die Geschäftsbedingungen unmittelbar am Markt beobachtbarer Transaktionen zwischen unverbundenen Unternehmen. In Abhängigkeit von der Verfügbarkeit des Informations- und Datenmaterials über vergleichbare Markttransaktionen können verschiedene Fremdvergleichsmethoden zur Anwendung kommen. Anerkannt sind unter Bezugnahme auf die OECD-Verrechnungspreisrichtlinien sowohl die geschäftsfallbezogenen Standardmethoden (Preisvergleichs-

---

[764] Zur Auslegung des Fremdvergleichsgrundsatzes verweisen die niederländischen Verwaltungserlasse auf die OECD-Verrechnungspreisrichtlinien, welche somit auch grundsätzlich im niederländischen Steuerrecht zu berücksichtigen sind. Vgl. *Ministerie van Financiën (Hrsg.)* (2001), S. 286.

[765] Vgl. *Ministerie van Financiën (Hrsg.)* (2001), S. 286, Tz. 1.1; *OECD (Hrsg.)* (2010b), Tz. 1.36.

[766] Vgl. *Art. 8b Abs. 2 Wet Vpb*. Ein Mindestmaß an Kontrolle oder Einfluss wird im Gesetz nicht näher quantifiziert. Es ist im Einzelfall zu prüfen, ob eine Gesellschaft aufgrund ihrer Kontrolle bzw. ihres Einflusses die Preisbestimmung bei konzerninternen Geschäftsbeziehungen beeinflussen kann oder nicht. Vgl. *PWC (Hrsg.)* (2010), S. 591.

methode, Wiederverkaufspreismethode, Kostenaufschlagsmethode)[767] als auch die geschäftsfallbezogenen Gewinnmethoden (geschäftsfallbezogene Gewinnaufteilungsmethode, geschäftsfallbezogene Nettomargenmethode)[768]. Eine Preisermittlung im Rahmen eines hypothetischen Fremdvergleichs ist im niederländischen Steuerrecht grundsätzlich nicht vorgesehen.[769] Aus den anwendbaren Methoden kann der Steuerpflichtige eine Verrechnungspreismethode auswählen, wobei die gewählte Methode eine verlässliche Bestimmung der Fremdvergleichspreise gewährleisten muss.[770] Dennoch konstatiert die niederländische Finanzverwaltung, dass die geschäftsfallbezogenen Standardmethoden aufgrund ihrer Nähe zu unmittelbar beobachtbaren Markttransaktionen i. d. R. zu verlässlicheren Ergebnissen führen als die geschäftsfallbezogenen Gewinnmethoden.

Aus der Anwendung der Fremdvergleichsmethoden resultiert i. d. R. kein punktueller Fremdvergleichspreis, sondern eine Bandbreite von Preisen vergleichbarer Verlässlichkeit. Sofern den ermittelten Fremdvergleichspreisen aufgrund einer eingeschränkten Informations- und Datenverfügbarkeit ein geringerer Verlässlichkeitsgrad zugrunde liegt, ist die Bandbreite sachgerecht einzuengen (z. B. auf Grundlage der „Interquartile Range“).[771] Jeder der Fremdvergleichspreise innerhalb der maßgeblichen Bandbreite kann einer Geschäftsbeziehung zwischen verbundenen Unternehmen zugrunde gelegt werden. Weicht der tatsächlich vereinbarte Verrechnungspreis von den Fremdvergleichspreisen innerhalb der Bandbreite ab, erfolgt eine Korrektur auf den Preis innerhalb der Bandbreite, der dem Fremdvergleichsgrundsatz am besten entspricht. Kann ein solcher Preis nicht verlässlich bestimmt werden, ist die Verrechnungspreiskorrektur auf Grundlage des Median der Fremdvergleichspreise innerhalb der (eingeschränkten) Bandbreite vorzunehmen.[772]

---

767 Da die geschäftsfallbezogenen Standardmethoden in Deutschland und in den Niederlanden vergleichbar sind, wird für die Beschreibung dieser Methoden auf Abschnitt 3.1.3.1 verwiesen. Vgl. auch *Ministerie van Financiën (Hrsg.)* (2001), S. 286, Tz. 2.1-2.3; *OECD (Hrsg.)* (2010b), Tz. 2.13-2.55.

768 Für eine Darstellung der geschäftsfallbezogenen Gewinnmethoden siehe Abschnitt 3.1.3.2. Vgl. auch *Ministerie van Financiën (Hrsg.)* (2001), S. 286, Tz. 2.4-2.5; *OECD (Hrsg.)* (2010b), Tz. 2.56-2.149.

769 Vgl. *Ministerie van Financiën (Hrsg.)* (2001), S. 286, Tz. 2. Siehe allerdings *OECD (Hrsg.)* (2010b), Tz. 9.94; *OECD (Hrsg.)* (2013b), Tz. 171-196.

770 Vgl. *Ministerie van Financiën (Hrsg.)* (2001), S. 286, Tz. 2; *Oosterhoff, D.* (2001), S. 149.

771 Siehe *Kroppen, H.-K./Rasch, S.* (2001), S. 322.

772 Vgl. zu diesem Abschnitt *Ministerie van Financiën (Hrsg.)* (2001), S. 286, Tz. 1.2. Siehe ergänzend *OECD (Hrsg.)* (2010b), Tz. 3.55-3.62; *Oosterhoff, D.* (2001), S. 148 f.

3.5.1.2 Verrechnungspreiskorrektur

Weichen die vereinbarten Geschäftsbedingungen von jenen ab, die unabhängige Geschäftsparteien unter vergleichbaren Verhältnissen vereinbart hätten, können die niederländischen Finanzbehörden eine einseitige Korrektur der angesetzten Verrechnungspreise auf der Grundlage des Art. 8b Abs. 1 Wet Vpb vornehmen. Dem Fremdvergleichsgrundsatz kommt auch in den Niederlanden in Bezug auf die Einkunftsabgrenzung zwischen verbundenen Unternehmen eine Doppelfunktion zu: Einerseits dient er der Identifikation nicht fremdüblicher Geschäftsbedingungen zwischen verbundenen Unternehmen und andererseits bildet er den Maßstab für die Verrechnungspreiskorrektur.

Im Unterschied zu § 1 AStG regelt Art. 8b Abs. 1 Wet Vpb eine Verrechnungspreiskorrektur sowohl zulasten als auch zugunsten des Steuerpflichtigen. Eine Korrektur zulasten des Steuerpflichtigen erfüllt dabei oftmals den Tatbestand einer verdeckten Gewinnausschüttung, welche das Einkommen der Gesellschaft nicht mindern darf,[773] und eine Korrektur zugunsten des Steuerpflichtigen qualifiziert regelmäßig als verdeckte Einlage[774], welche das Einkommen der Gesellschaft nicht erhöhen darf.[775] Im Unterschied zum deutschen Steuerrecht kann eine verdeckte Einlage im niederländischen Steuerrecht auch bei nicht einlagefähigen Wirtschaftsgütern anzunehmen sein.[776]

3.5.2 Besteuerung grenzüberschreitender Funktionsverlagerungen

Um den fremdvergleichskonformen Bedingungen bei konzerninternen Geschäftsbeziehungen möglichst nahezukommen, ist der Fremdvergleichsgrundsatz i. d. R. auf jeden einzelnen Geschäftsvorfall gesondert anzuwenden (Einzelbewertungsgrundsatz).[777] Für jedes übertragene Wirtschaftsgut und jede erbrachte Lieferung zwischen verbundenen Unternehmen ist demnach ein individueller Fremdvergleichspreis zu ermitteln. In bestimmten Fällen sind jedoch einzelne Geschäftsvorfälle so eng miteinander verbunden oder folgen so eng aufeinander, dass eine sachgerechte Beurteilung nur aggregiert als

[773] Vgl. *Art. 10 Abs. 1 Buchst. a Wet Vpb*.
[774] Vgl. zur verdeckten Einlage im niederländischen Steuerrecht die ständige Rechtsprechung seit *Hoge Raad* (1957), S. 165. Siehe ergänzend *Jankie, S.* (2008), Art. 8 Wet Vpb, S. 183-193.
[775] Siehe *Galavazi, H./Moons, P.* (1998), S. 75; *Hosson, F. C. d.* (2002), S. 190; *PwC (Hrsg.)* (2010), S. 592.
[776] Vgl. *Galavazi, H./Moons, P.* (1998), S. 75.
[777] Vgl. *Ministerie van Financiën (Hrsg.)* (2001), S. 286, Tz. 1.1; *OECD (Hrsg.)* (2010b), Tz. 3.9.

Leistungspaket erfolgen kann.[778] Die Preisbestimmung auf der Grundlage eines Leistungspakets setzt allerdings voraus, dass der Steuerpflichtige die Fremdvergleichskonformität des so ermittelten Verrechnungspreises darlegen kann.

Im niederländischen Steuerrecht bestehen im Unterschied zum deutschen Steuerrecht für die Besteuerung grenzüberschreitender Funktionsverlagerungen keine spezifischen Regelungen. Deren steuerliche Beurteilung hat demnach entsprechend den allgemeinen Grundsätzen zu erfolgen, sodass i. d. R. Einzelverrechnungspreise für die verlagerten Wirtschaftsgüter und erbrachten Dienstleistungen anzusetzen sind. Unter Bezugnahme auf die aktuelle Diskussion in der OECD zur Berücksichtigung von immateriellen Vermögenswerten bei der Festlegung von Verrechnungspreisen ist davon auszugehen, dass für sonstige Vorteile in Form von geschäftswertbildenden Faktoren nach niederländischem Steuerrecht keine Einzelverrechnungspreise anzusetzen sind.[779] Nur in Ausnahmefällen, wenn eine sachgerechte Einzelbewertung der verlagerten Wirtschaftsgüter nicht möglich ist, können die zusammen mit einer Funktion verlagerten Wirtschaftsgüter und erbrachten Dienstleistungen zu einem Leistungspaket zusammengefasst werden. Ein derartiges Leistungspaket unterscheidet sich i. Allg. vom Transferpaket nach § 1 Abs. 3 FVerlV, da nicht näher präzisierte Gewinnerwartungen im Leistungspaket keine Berücksichtigung finden.[780]

Zusammenfassend kann festgestellt werden, dass im niederländischen Steuerrecht kein der deutschen Transferpaketbewertung vergleichbarer Maßstab zur steuerlichen Erfassung von Funktionsverlagerungen existiert. Aufgrund der abweichenden steuerlichen Behandlung von Funktionsverlagerungen kann sich ein erhebliches Doppelbesteuerungsrisiko ergeben, wenn der Fremdvergleichspreis für das Transferpaket als Ganzes die Fremdvergleichspreise für die verlagerten Einzelwirtschaftsgüter übersteigt. Allerdings bilaterale, multilaterale und supranationale Regelungen, welche eine verpflichtende Vermeidung von Doppelbesteuerungen bei grenzüberschreitenden Sachverhalten

[778] Vgl. *Ministerie van Financiën (Hrsg.)* (2001), S. 286, Tz. 1.1; *OECD (Hrsg.)* (2010b), Tz. 3.9; *OECD (Hrsg.)* (2013b), Tz. 153. Siehe ergänzend auch *Kroppen, H.-K./Rasch, S.* (2002), S. 354-358.

[779] Vgl. *OECD (Hrsg.)* (2013b), Tz. 63 f. Allerdings kann den geschäftswertbildenden Faktoren im Rahmen der Vergleichbarkeitsanalyse Rechnung zu tragen sein.

[780] Vgl. *Looks, C./Freudenberg, M.* (2009), S. 2517; *Welling, B./Tiemann, K.* (2008), S. 69 zum Umfang des Transferpakets im Vergleich zum Leistungspaket. Diesbezüglich a. A. *BMF (Hrsg.)* (2010), S. 774, Rn. 10, welches davon ausgeht, dass die Transferpaketbewertung in Einklang mit der einheitlichen Bewertung von Leistungspaketen steht.

zwischen Deutschland und den Niederlanden normieren und somit das Doppelbesteuerungsrisiko abschwächen.[781]

3.5.3 Nachträgliche Preisanpassungsklauseln

Im Zeitpunkt des Geschäftsabschlusses können die vereinbarten Geschäftsbedingungen mit erheblichen Unsicherheiten verbunden sein. Nach Auffassung des Hoge Raad[782] und der niederländischen Finanzverwaltung[783] sei die Vereinbarung einer Preisanpassungsklausel zwischen unabhängigen Vertragsparteien unter diesen Bedingungen nicht unüblich. Daher müssen – unter Verweis auf den Fremdvergleichsgrundsatz – vergleichbaren Geschäftsbeziehungen zwischen verbundenen Unternehmen ebenfalls fremdvergleichskonforme Preisanpassungsklauseln zugrunde gelegt werden. Erhebliche Unsicherheiten liegen insbesondere dann vor, wenn keine vergleichbaren Informationen über die künftig zu erwartenden Nutzenvorteile und Risiken verfügbar sind.[784] Insbesondere bei (neuartigen) immateriellen Wirtschaftsgütern liegen die erforderlichen Informationen für eine hinreichend verlässliche Preisermittlung oftmals nicht vor.

Die Berücksichtigung einer Preisanpassungsklausel ist in den Niederlanden nicht explizit gesetzlich geregelt. Vielmehr resultiert deren Berücksichtigung aus dem allgemeinen Fremdvergleichsgrundsatz. Demnach können nachträgliche Preisanpassungen durch die Finanzbehörden vorgenommen werden, wenn die künftigen finanziellen Vorteile aus der Verwertung eines (immateriellen) Wirtschaftsguts von jenen Vorteilen abweichen, die der Preisermittlung im Zeitpunkt der Verlagerung zugrunde gelegt wurden.[785] Diese sind zugunsten wie zuungunsten des Steuerpflichtigen vorzunehmen.[786] Sie sind unmittelbar erfolgswirksam zu erfassen.

Preisanpassungsklauseln sind sowohl im deutschen als auch im niederländischen Steuerrecht unter Fremdvergleichsgesichtspunkten zu berücksichtigen, wenn erhebliche Un-

---

[781] Vgl. hierzu im einzelnen Abschnitt 3.5.4.

[782] Vgl. *Hoge Raad* (1998), S. 385, Tz. 3.5.

[783] Vgl. *Ministerie van Financiën (Hrsg.)* (2001), S. 286, Tz. 5; *Ministerie van Financiën (Hrsg.)* (2004), S. 407, Tz. 5.

[784] Vgl. *Ministerie van Financiën (Hrsg.)* (2001), S. 286, Tz. 5; *OECD (Hrsg.)* (2010b), Tz. 3.72 f.; *OECD (Hrsg.)* (2013b), Tz. 199-206.

[785] Im niederländischen Steuerrecht ist es für eine nachträgliche Preisanpassung ausreichend, wenn eine Abweichung zwischen den erwarteten und den tatsächlichen finanziellen Überschüssen eintritt. Somit reichen im Unterschied zum deutschen Steuerrecht bereits geringe Abweichungen der finanziellen Überschüsse für eine Preisanpassung aus. Auf die Berücksichtigung einer Wesentlichkeitsgrenze wird im Unterschied zum deutschen Steuerrecht verzichtet.

[786] Vgl. *Ministerie van Financiën (Hrsg.)* (2004), S. 407, Tz. 5.

sicherheiten im Zusammenhang mit der Preisbestimmung im Verlagerungszeitpunkt bestehen. Im Kern weisen die Vorgaben zur nachträglichen Preisanpassung m. E. in beiden Rechtsräumen Parallelen auf, wenngleich sich diese in einigen Aspekten auch unterscheiden. Ein zentraler Unterschied ist darin zu sehen, dass § 1 Abs. 3 Satz 11 AStG die Berücksichtigung einer Preisanpassungsklausel bei Anwendung des hypothetischen Fremdvergleichs zwingend (widerlegbar) vermutet, während im niederländischen Steuerrecht nur im Falle einer Glaubhaftmachung der Fremdüblichkeit einer Preisanpassungsklausel durch die Finanzverwaltung eine Preisanpassung zulasten eines Steuerpflichtigen berücksichtigt wird.[787] Weiterhin ist der Eintritt einer erheblichen Gewinnabweichung eine Tatbestandsvoraussetzung für eine nachträgliche Preisanpassung i. S. v. § 1 Abs. 3 Satz 11 AStG, wohingegen im niederländischen Steuerrecht bereits geringe Abweichungen eine Preisanpassung auslösen können.

3.5.4 Vermeidung von Doppelbesteuerungen

Die unterschiedliche steuerliche Behandlung grenzüberschreitender Funktionsverlagerungen in Deutschland und in den Niederlanden birgt Doppelbesteuerungsrisiken. Zur Vermeidung einer steuerlichen Inanspruchnahme derselben Gewinne durch beide Staaten regelt das zwischen Deutschland und den Niederlanden geschlossene DBA eine Aufteilung der Besteuerungsbefugnisse sowie eine fremdvergleichskonforme Einkunftsabgrenzung bei konzerninternen Geschäftsbeziehungen. Daneben sind auch europarechtliche Vorschriften zur Beseitigung steuerlicher Mehrfachbelastungen für grenzüberschreitend tätige Konzerne zu berücksichtigen, welche der Verwirklichung eines europäischen Binnenmarkts dienen.

Das Europarecht ist im Verhältnis zum Abkommensrecht vorrangig anzuwenden, allerdings kann dieses durch DBA erweitert – nicht aber beschränkt – werden.[788] Insofern kann sich ein Steuerpflichtiger auf die für ihn günstigere Regelung des europäischen Sekundärrechts oder des Abkommensrechts berufen.[789]

---

[787] Vgl. zum Erfordernis der Glaubhaftmachung der Fremdüblichkeit einer Preisanpassungsklausel im niederländischen Steuerrecht *Herksen, M. v.* (2004), S. 547 f. Siehe ergänzend *OECD (Hrsg.)* (2013b), Tz. 201-206.

[788] Vgl. hierzu Abschnitt 3.1.6.

[789] Vgl. *Haase, F.* (2009), Einleitung, Rn. 76.

3.5.4.1 Bilaterale Regelungen

Zur Verminderung von Doppelbesteuerungen und den damit verbundenen negativen Auswirkungen auf die grenzüberschreitenden Geschäfts- und Handelsbeziehungen haben Deutschland und die Niederlande am 16. Juni 1959 ein „Abkommen zur Vermeidung der Doppelbesteuerung auf dem Gebiete der Steuern vom Einkommen und vom Vermögen sowie verschiedener sonstiger Steuern und zur Regelung anderer Fragen auf steuerlichem Gebiete" (DBA-NL) abgeschlossen, welches zum 18. September 1960 in Kraft getreten ist.[790] Besondere Bedeutung in Bezug auf grenzüberschreitende Funktionsverlagerungen kommt dabei Art. 6 DBA-NL zu, welcher die Einkunftsabgrenzung bei Geschäftsbeziehungen zwischen verbundenen Unternehmen regelt. Des Weiteren ist Art. 13 DBA-NL in diesem Kontext von Bedeutung, der die Besteuerungsbefugnisse für Dividenden zwischen den Vertragsstaaten regelt. Die abkommensrechtliche Behandlung von Zinsen aus Schuldverpflichtungen – z. B. die Zinsanteile einer Lizenzrate bei Übertragung des wirtschaftlichen Eigentums – ist Gegenstand des Art. 14 DBA-NL. Werden die Bestandteile des verlagerten Transferpakets zur Nutzung überlassen und nicht veräußert, so teilt Art. 15 DBA-NL die Besteuerungsbefugnisse für die Lizenzgebühren zwischen den Vertragsstaaten auf.

3.5.4.1.1 Gewinnabgrenzung zwischen verbundenen Unternehmen

Art. 6 Abs. 1 DBA-NL regelt den Fremdvergleichsgrundsatz für die Einkunftsabgrenzung zwischen verbundenen Unternehmen und ermächtigt die Vertragsstaaten zur Korrektur nicht fremdvergleichskonformer Verrechnungspreise. Eine Verrechnungspreiskorrektur hat dabei auf der Grundlage der nationalen Rechtsvorschriften[791] zu erfolgen, da DBA das nationale Steuerrecht eines Vertragsstaats nicht erweitern, sondern lediglich beschränken. Die Ermächtigung des Art. 6 Abs. 1 DBA-NL zur einseitigen Berichtigung von Verrechnungspreisen führt zu einer teilweisen Doppelbesteuerung, sofern der andere Vertragsstaat keine betragsgleiche Gegenkorrektur vornimmt.[792]

---

[790] Zwischen Deutschland und den Niederlanden wurde am 12. April 2012 ein neues DBA unterzeichnet, welches allerdings frühestens zum 1. Januar 2014 in Kraft treten wird. Vgl. hierzu *Schröder, H.* (2012), S. 49-51.

[791] Siehe für Deutschland die Regelungen zur verdeckten Gewinnausschüttung nach *§ 8 Abs. 3 Satz 2 KStG*, zur verdeckten Einlage nach *§ 8 Abs. 3 Satz 2-6 KStG* und zur Einkünfteberichtigung nach *§ 1 AStG* sowie für die Niederlande die Regelungen zur Gewinnberichtigung nach *Art. 8b Wet Vpb*. Siehe hierzu die Abschnitte 3.1.4 und 3.5.1.2.

[792] Siehe zu diesem Absatz auch die Ausführungen in Abschnitt 3.1.5.

Das DBA zwischen Deutschland und den Niederlanden enthält keine zu Art. 9 Abs. 2 OECD-MA vergleichbare Regelung, weshalb für die Vertragsstaaten eine rechtliche Verpflichtung zur Durchführung einer betragsgleichen Gegenkorrektur fehlt.[793] Es existiert somit im DBA-NL keine Rechtsgrundlage, auf die sich Steuerpflichtige zur Vermeidung wirtschaftlicher Doppelbesteuerungen berufen können.[794] Dies ist insbesondere bei grenzüberschreitenden Funktionsverlagerungen problematisch, da sich deren Besteuerung nach nationalem Recht erheblich unterscheiden kann.

3.5.4.1.2 Dividenden

Art. 13 DBA-NL[795] regelt die Besteuerungsrechte der Vertragsstaaten bezüglich der ausgeschütteten Dividenden an die Gesellschafter. Das Abkommen enthält im Unterschied zum OECD-MA keine Legaldefinition des Begriffs Dividenden.[796] Aus Nr. 10 des Schlussprotokolls zu den Artikeln 5, 7 und 13 DBA-NL folgt jedoch, dass Einkünfte aus dem Besitz von Aktien, Kuxen, Anteilsscheinen, von Anteilen an Genossenschaften und GmbH sowie von Anteilsscheinen einer Kapitalanlagegesellschaft als Dividenden zu behandeln sind. Ebenfalls erfasst werden auch die sekundären Steuerwirkungen[797] einer verdeckten Gewinnausschüttung,[798] welche sich aus der Verrechnungspreiskorrektur ergeben können.

Gemäß Art. 13 Abs. 1 DBA-NL steht dem Ansässigkeitsstaat der dividendenempfangenden Gesellschaft das Besteuerungsrecht für diese Einkünfte zu. Sowohl in Deutschland[799] als auch in den Niederlanden[800] sind Dividendenzahlungen grundsätzlich steuerfrei, sofern es sich bei der ausschüttenden Gesellschaft um eine Schachtelbeteiligung

---

[793] A. A. *Mick, M.* (2013a), Art. 6 DBA-NL, Rn. 2, der aus dem Wortlaut des *Art. 6 Abs. 1 DBA-NL* eine implizite Verpflichtung zur Durchführung einer betragsgleichen Gegenkorrektur folgert.

[794] *Art. 9 Abs. 2 DBA-NL 2012* enthält eine zu *Art. 9 Abs. 2 OECD-MA* vergleichbare Regelung, welche die Vertragsstaaten zur Durchführung einer betragsgleichen Gegenkorrektur verpflichtet.

[795] Die Aufteilung der Besteuerungsrechte für Dividenden wird künftig in *Art. 10 DBA-NL 2012* geregelt. Siehe zur Neufassung des *Art. 10 DBA-NL 2012 Benz, S./Kroon, O.* (2012), S. 799-804.

[796] Zur Definition des Begriffs Dividenden im OECD-MA siehe *Art. 10 Abs. 3 OECD-MA.*

[797] Das Ziel einer sekundären Berichtigung besteht darin, die Korrekturbeträge aus der Erstkorrektur einer abkommenskonformen Besteuerung zu unterwerfen. Hierdurch werden Kapitalbewegungen zwischen verbundenen Unternehmen erfasst, welche nicht unmittelbarer Gegenstand der konzerninternen Geschäftsbeziehung sind (Dividenden). Dies kann zusätzlich zu den Steuerwirkungen aus der Verrechnungspreiskorrektur eine weitergehende Besteuerung durch die Erhebung einer Dividendensteuer auslösen. Siehe zur sekundären Berichtigung *Becker, K.* (2009), Art. 9 OECD-MA, Rn. 60 f.; *Eigelshoven, A.* (2008), Art. 9 OECD-MA, Rn. 178 f.; *Ministerie van Financiën (Hrsg.)* (2001), S. 286, Tz. 4; *OECD (Hrsg.)* (2010a), Art. 9 OECD-MA, Tz. 9; *OECD (Hrsg.)* (2010b), Tz. 4.66-4.76.

[798] Vgl. *Mick, M.* (2013b), Art. 13 DBA-NL, Rn. 14.

[799] Vgl. *§ 8b Abs. 1 und 5 KStG.*

[800] Vgl. *Art. 13 Abs. 1-3 Wet Vpb.*

handelt.[801] Die Erhebung von Kapitalertragsteuern im Quellenstaat wird durch Art. 13 Abs. 4 DBA-NL auf 10 % des Bruttobetrags der Dividende[802] begrenzt, sofern der Gesellschafter ebenfalls eine in einem Vertragsstaat ansässige Kapitalgesellschaft ist und eine Mindestbeteiligung von 25 %[803] an der ausschüttenden Gesellschaft hält.

3.5.4.1.3 Zinsen

Die Aufteilung der Besteuerungsrechte für Zinseinkünfte zwischen den Vertragsstaaten ist in Art. 14 DBA-NL geregelt.[804] Als Zinsen definiert Art. 14 Abs. 3 DBA-NL sämtliche Einkünfte aus einer Schuldverpflichtung, welche vom Schuldner für die Überlassung von Fremdkapital entrichtet werden.[805] Die Qualifikation als Zinsen erfolgt grundsätzlich unabhängig davon, ob sich die Vergütung laufzeitabhängig, gewinn- oder umsatzabhängig bemisst.[806] Folglich sind Zinskomponenten aus Lizenzvereinbarungen abkommensrechtlich stets als Zinsen i. S. v. Art. 14 Abs. 3 DBA-NL zu qualifizieren.

Zinsen können gemäß Art. 14 Abs. 1 DBA-NL in dem Vertragsstaat besteuert werden, in welchem der Gläubiger der Zinszahlungen ansässig ist. Als Gläubiger qualifiziert i. d. R. der Inhaber einer Forderung, an den die Zinsen zu bezahlen sind. Die Besteuerung der Zinsen nach Art. 14 Abs. 1 DBA-NL steht Einkünftekorrekturen und der Nichtabziehbarkeit der Zinsen beim Schuldner nicht entgegen.[807] Darüber hinaus werden nach Art. 14 Abs. 1 DBA-NL auch Erfüllungssurrogate – z. B. Aufrechnung oder Erlass – erfasst.[808] Ein Besteuerungsrecht für Zinseinkünfte wird nach Art. 14 Abs. 1 DBA-NL dem Ansässigkeitsstaat des Gläubigers bereits dann zugewiesen, wenn die Forderung entstanden ist und steuerbilanziell aktiviert werden muss.[809] Dem Quellenstaat wird kein Besteuerungsrecht an den Zinseinkünften zugewiesen.[810]

---

801 Ausführlich hierzu siehe Abschnitt 6.2.2.2.3.2.

802 Durch *Art. 10 Abs. 2 Buchst. a DBA-NL 2012* wird die Erhebung von Kapitalertragsteuern für Dividendenzahlungen auf 5 % des Bruttobetrags der Dividenden begrenzt.

803 *Art. 10 Abs. 2 Buchst. a DBA-NL 2012* fordert nunmehr eine Mindestbeteiligungsquote von 10 % am Kapital der ausschüttenden Gesellschaft.

804 Die Aufteilung der Besteuerungsrechte für Zinseinkünfte ist künftig in *Art. 11 DBA-NL 2012* geregelt.

805 Vgl. *Mick, M.* (2013c), Art. 14 DBA-NL, Tz. 29.

806 Siehe *Mick, M.* (2013c), Art. 14 DBA-NL, Tz. 29.

807 Vgl. *Mick, M.* (2013c), Art. 14 DBA-NL, Tz. 1.

808 So *Mick, M.* (2013c), Art. 14 DBA-NL, Tz. 12.

809 Vgl. *Mick, M.* (2013c), Art. 14 DBA-NL, Tz. 11.

810 Bereits auf Grundlage des nationalen niederländischen Steuerrechts wird auf eine Erhebung von Quellensteuern auf Zinseinkünfte verzichtet. Siehe *Ernst & Young (Hrsg.)* (2013), S. 915.

3.5.4.1.4 Lizenzgebühren

Art. 15 DBA-NL[811] regelt die Besteuerungsrechte zwischen den Vertragsstaaten in Bezug auf Lizenzgebühren. Der abkommensrechtliche Begriff Lizenzgebühren wird in Art. 15 Abs. 1 und 3 DBA-NL geregelt und umfasst Entgelte für die Benutzung oder die Veräußerung von Urheberrechten, Patenten, Gebrauchsmustern, Herstellungsverfahren, Warenzeichen oder ähnlichen Rechten. Ferner werden auch Miet- oder Lizenzgebühren für die Benutzung gewerblicher, kaufmännischer oder wissenschaftlicher Ausrüstungen oder die Überlassung gewerblicher Erfahrungen (insbesondere Know-how[812]) erfasst. Die Besteuerung von Gewinnen aus der Veräußerung gewerblicher, kaufmännischer oder wissenschaftlicher Ausrüstungen und gewerblicher Erfahrungen richtet sich hingegen nach Art. 16 DBA-NL.[813]

Art. 15 Abs. 1 und Art. 16 DBA-NL weisen dem Vertragsstaat, in welchem der Gläubiger der Zahlungen ansässig ist, ein ausschließliches Besteuerungsrecht zu.[814] Dem Quellenstaat wird kein Besteuerungsrecht eingeräumt.[815]

3.5.4.2 Multilaterale und supranationale Regelungen

Die Harmonisierung der direkten Steuern innerhalb der EU ist bislang nur in eng umrissenen Steuerfragen erfolgt und betrifft im Wesentlichen die Besteuerung multinationaler Konzerne. Die Schiedsverfahrenskonvention, welche die EU-Mitgliedstaaten zur Beseitigung wirtschaftlicher Doppelbesteuerungen verpflichtet, ist für grenzüberschreitende Funktionsverlagerungen zwischen verbundenen Unternehmen von erheblicher Bedeutung. In diesem Kontext sind des Weiteren auch die Mutter-Tochter-Richtlinie und die Zins- und Lizenzgebührenrichtlinie zu berücksichtigen, welche gegenüber den abkommensrechtlichen Regelungen z. T. eine umfassendere Verminderung von Doppelbesteuerungen in multinationalen Konzernen ermöglichen sollen.

---

811 Die Aufteilung der Besteuerungsrechte für Lizenzgebühren regelt künftig *Art. 12 DBA-NL 2012*.
812 Vgl. *OECD (Hrsg.)* (2010a), Art. 12 OECD-MA, Tz. 11.
813 So *Mick, M.* (2013d), Art. 15 DBA-NL, Rn. 33.
814 Siehe auch *OECD (Hrsg.)* (2010a), Art. 12 OECD-MA, Tz. 12.
815 Bereits auf Grundlage des nationalen niederländischen Steuerrechts wird auf eine Erhebung von Quellensteuern auf Dividendeneinkünfte verzichtet. Siehe *Ernst & Young (Hrsg.)* (2013), S. 915.

3.5.4.2.1 Schiedsverfahrenskonvention

Die Schiedsverfahrenskonvention dient der Beseitigung von Doppelbesteuerungen bei grenzüberschreitenden Geschäftsbeziehungen zwischen verbundenen Unternehmen mit Ansässigkeit in einem EU-Mitgliedstaat, sofern diese auf eine einseitige Verrechnungspreiskorrektur zurückzuführen sind.[816] Die Schiedsverfahrenskonvention vermittelt multinationalen Konzernen einen Rechtsanspruch auf Vermeidung wirtschaftlicher Doppelbesteuerungen sowie auf Anwendung des Fremdvergleichsgrundsatzes.[817]

Abweichend von Art. 6 DBA-NL regelt Art. 5 Schiedsverfahrenskonvention die Durchführung einer betragsgleichen Gegenkorrektur im Rahmen einer einvernehmlichen Einigung zwischen den Vertragsstaaten.[818] Kann eine Einigung nicht erzielt werden, ist in einem zweiten Schritt auf Antrag ein Verständigungsverfahren einzuleiten.[819] Sollte dieses erfolglos bleiben, muss gemäß Art. 7 Schiedsverfahrenskonvention ein obligatorisches Schiedsverfahren mit Einigungszwang eröffnet werden. Im Unterschied dazu fordert Art. 22 DBA-NL, dass sich die Finanzbehörden im Rahmen eines Verständigungsverfahrens um die Bewältigung von Doppelbesteuerungskonflikten bemühen sollen. Ein Einigungszwang besteht indes nicht.[820]

Die Schiedsverfahrenskonvention soll bei grenzüberschreitenden Geschäftsbeziehungen zwischen verbundenen Unternehmen einen umfassenderen Rechtsschutz als die abkommensrechtlichen Regelungen in Art. 6 und 22 DBA-NL sicherstellen. Insbesondere bei der Besteuerung grenzüberschreitender Funktionsverlagerungen können aufgrund der Transferpaketbewertung in § 1 Abs. 3 Satz 9 AStG Doppelbesteuerungskonflikte auftreten, welche im Rahmen eines obligatorischen Schiedsverfahrens gelöst werden können.

Gesetzt den Fall, dass das Ergebnis des Schiedsverfahrens die niederländische Finanzverwaltung zur Anerkennung des nach deutschen Grundsätzen ermittelten Fremdvergleichspreises für das Transferpaket als Ganzes verpflichtet, müssen die Folgen der Ver-

[816] Ausführlich zur Schiedsverfahrenskonvention siehe Abschnitt 3.1.6.
[817] Vgl. *Schaumburg, H.* (2011), Rn. 3.76.
[818] Siehe *Art. 9 DBA-NL 2012,* welcher eine abkommensrechtliche Rechtsgrundlage zur Durchführung einer betragsgleichen Gegenberichtigung enthält.
[819] Vgl. *Art. 6 Schiedsverfahrenskonvention.*
[820] Vgl. *Mick, M.* (2013e), Art. 22 DBA-NL, Rn. 13. In *Art. 25 Abs. 5 DBA-NL 2012* ist künftig eine dem *Art. 25 Abs. 5 OECD-MA* vergleichbare Regelung enthalten, welche die Finanzbehörden auf Antrag des Steuerpflichtigen zur Einleitung eines Schiedsverfahrens verpflichtet, sofern innerhalb von zwei Jahren keine Einigung in einem Verständigungsverfahren gefunden werden kann.

rechnungspreiskorrektur bei dem niederländischen Unternehmen steuerbilanziell nachvollzogen werden.[821] Das deutsche Steuerrecht regelt in § 1 Abs. 3 Satz 9 AStG i. V. m. § 1 Abs. 2 Satz 1 FVerlV, dass der Tatbestand einer Funktionsverlagerung sowohl durch Übertragung als auch durch Nutzungsüberlassung der zur Ausübung einer Funktion erforderlichen Wirtschaftsgüter und sonstigen Vorteile erfüllt werden kann. Vor diesem Hintergrund werden in den nachstehenden Abschnitten 3.5.4.2.1.1 bis 3.5.4.2.1.3 die alternativen Formen der Verlagerung betrieblicher Funktionen betrachtet und deren mögliche steuerbilanziellen Konsequenzen in den Niederlanden beschrieben.[822]

3.5.4.2.1.1 Funktionsverlagerung durch Eigentumsübertragung

Werden Wirtschaftsgüter und sonstige Vorteile zusammen mit einer Funktion auf ein in den Niederlanden ansässiges Tochterunternehmen übertragen, gibt das verlagernde deutsche Mutterunternehmen seine volle Rechtsstellung bezüglich des übertragenen Eigentums auf. Das aufnehmende Unternehmen wird rechtlicher und wirtschaftlicher Eigentümer der Wirtschaftsgüter und hat diese steuerbilanziell zu erfassen.

Da das verlagerte Transferpaket gemäß § 1 Abs. 3 Satz 9 AStG als Ganzes zu bewerten ist, muss der Transferpaketpreis entsprechend einer Kaufpreisallokation bei Unternehmenstransaktionen auf die einzelnen Bestandteile des Transferpakets aufgeteilt werden.[823] Den Maßstab für die Zugangsbewertung der einzelnen Wirtschaftsgüter bilden deren Anschaffungskosten.[824] Weicht die tatsächliche Kaufpreiszahlung vom Fremdvergleichsgrundsatz ab, so ist der Fremdvergleichspreis für die Anschaffungskosten maßgebend. Der Unterschiedsbetrag zwischen dem tatsächlichen und dem fremdüblichen Preis qualifiziert i. d. R. als verdeckte Einlage. Verbleibt nach Aufteilung des Transferpaketpreises auf die einzelnen Wirtschaftsgüter ein Restbetrag, ist dieser als

[821] Da der deutsche Unternehmensteuersatz den niederländischen Unternehmensteuersatz übersteigt, stellt die Anerkennung des nach deutschen Grundsätzen ermittelten Fremdvergleichspreises für das verlagerte Transferpaket als Ganzes durch die niederländische Finanzverwaltung den aus Sicht des Steuerpflichtigen ungünstigsten Ausgang eines Schiedsverfahrens dar.

[822] So fordern auch die VWG-FVerl eine steuerbilanzielle Erfassung der verlagerten Wirtschaftsgüter und sonstigen Vorteile entsprechend der nationalen Rechtsvorschriften des Staats, in dem das aufnehmende Unternehmen ansässig ist. Vgl. *BMF (Hrsg.)* (2010), S. 774, Rn. 172.

[823] Siehe zur Kaufpreisallokation bei Unternehmenstransaktionen nach niederländischem Steuerrecht *PwC (Hrsg.)* (2006), S. 335.

[824] Vgl. *Art. 388 Abs. 1 BW 2*. Siehe auch Abschnitt 6.2.2.2.1.1.

derivativer Geschäftswert zu aktivieren.[825] Die abnutzbaren Wirtschaftsgüter des Anlagevermögens – einschließlich eines derivativen[826] Geschäftswerts – sind grundsätzlich linear[827] über die betriebsgewöhnliche Nutzungsdauer abzuschreiben.[828]

3.5.4.2.1.2 Funktionsverlagerung durch Pauschallizenz

Hauptgegenstand eines Lizenzvertrags ist i. Allg. die Gewährung einer Erlaubnis des rechtlichen Eigentümers an einen Dritten zur Nutzung und Verwertung des Lizenzgegenstands.[829] Für die steuerliche Behandlung von Lizenzvereinbarungen ist sowohl auf die bürgerlich-rechtliche Natur der Lizenzverträge als auch auf deren wirtschaftlichen Gehalt abzustellen. Bei einer Pauschallizenz erhält der Lizenzgeber für den Lizenzgegenstand einen ex ante festgelegten Betrag, welcher unabhängig von den Umsätzen als Einmalzahlung oder während der Laufzeit des Lizenzvertrags in Raten geleistet werden kann.[830] In Analogie zur Qualifikation von Leasing-Vereinbarungen im niederländischen Steuerrecht erfolgt die Abgrenzung zwischen einer Nutzungsüberlassung und einer Übertragung des Lizenzgegenstandes – vergleichbar dem deutschen Recht – nach den Kriterien des wirtschaftlichen Eigentums.[831]

Nutzungsüberlassung

Entsprechend den niederländischen Leasinggrundsätzen ist ein Lizenzgeber stets dann als rechtlicher und wirtschaftlicher Eigentümer des Lizenzgegenstands zu qualifizieren, wenn dieser wie ein Eigentümer handelt, das rechtliche Eigentum an dem Lizenzgegenstand hält und sowohl ein positives als auch ein negatives Restwertrisiko zu tragen hat.[832] Für Verträge ohne Kauf- oder Verlängerungsoption, wie sie i. d. R. einer Funkti-

---

[825] Vgl. *Art. 389 Abs. 7 BW 2.* Siehe ergänzend für die steuerliche Erfassung eines Geschäftswerts bei Unternehmenstransaktionen im niederländischen Steuerrecht *PwC (Hrsg.)* (2006), S. 335. Für die steuerbilanzielle Erfassung eines rechnerisch verbleibenden Differenzbetrags im Zusammenhang mit der Verlagerung von Funktionen siehe *BMF (Hrsg.)* (2010), S. 774, Rn. 173.

[826] Für den originären Geschäftswert besteht entsprechend zum deutschen Steuerrecht ein Aktivierungsverbot.

[827] Vgl. *Jacobs, O. H. et al. (Hrsg.)* (2011), S. 116. Sofern jedoch auch andere Abschreibungsmethoden dem guten Handelsbrauch (goed koopmansgebruik) entsprechen, können auch diese zur Anwendung kommen.

[828] Vgl. *Art. 3.30 Abs. 1* und *2 Wet IB.* Siehe hierzu Abschnitt 6.2.2.2.1.1.

[829] Vgl. *Bartenbach, K.* (2007), Tz. 38; *Ministerie van Financiën (Hrsg.)* (2007), Nr. 24, Tz. 3.1; *Pfaff, D./Nagel, S.* (2010), Tz. 7.

[830] Vgl. *Engler, G.* (2011e), Rn. 423.

[831] Siehe zum Leasing *Mehta, A.* (2005), S. 20.

[832] Vgl. *Ministerie van Financiën (Hrsg.)* (1999), Nr. 225, Tz. I.

onsverlagerung durch Vereinbarung einer Pauschallizenz zugrunde liegen, ist ein Restwertrisiko für den Leasinggeber anzunehmen, wenn insbesondere

- im Zeitpunkt der Vertragsvereinbarung zu erwarten ist, dass der Wert des Lizenzgegenstands am Ende der Vertragslaufzeit noch einen wesentlichen Restwert aufweist (mindestens 7,5 %[833] der Anschaffungskosten im Verlagerungszeitpunkt),
- die unkündbare Vertragslaufzeit nicht mehr als 85 % der betriebsgewöhnlichen Nutzungsdauer des Lizenzgegenstands umfasst und
- der Lizenznehmer – unter Berücksichtigung anderer Vertragsvereinbarungen – nicht nahezu vollständig sämtliche wirtschaftlichen Interessen an dem Lizenzgegenstand hält.[834]

In diesen Fällen ist es dem Lizenznehmer nicht möglich, den Lizenzgeber als rechtlichen Eigentümer auf Dauer von wirtschaftlichen Einwirkungen auf den Lizenzgegenstand auszuschließen. Sind die dargestellten Kriterien nicht erfüllt, so ist einzelfallbezogen ein möglicher Übergang des wirtschaftlichen Eigentums auf den Lizenznehmer zu prüfen.[835]

Enthält die Lizenzvereinbarung eine kurzfristige Kündigungsmöglichkeit, trägt der Lizenzgeber nicht nur unwesentliche Risiken, sodass diese Vereinbarung auch im niederländischen Steuerrecht als Nutzungsüberlassung qualifiziert.[836] Aufgrund der anzunehmenden Gleichwertigkeit der ausstehenden Leistungsverpflichtungen ist die Lizenzvereinbarung als schwebendes Geschäft zu beurteilen und findet keinen Niederschlag in der Bilanz. Stattdessen sind die Lizenzzahlungen im Jahr ihrer wirtschaftlichen Verursachung beim Lizenzgeber als Betriebseinnahmen und beim Lizenznehmer als Betriebsausgaben zu erfassen.[837] Da der Lizenzgeber Eigentümer des Lizenzgegenstands bleibt, hat dieser auch die Abschreibungen auf die lizenzierten Wirtschaftsgüter steuerlich zu berücksichtigen.

---

[833] Die Mindestschwelle wird bei einer Vertragslaufzeit von mehr als fünf Jahren um 0,5 % für jedes weitere Jahr erhöht.

[834] Vgl. *Ministerie van Financiën (Hrsg.)* (1999), Nr. 225, Tz. I.B und I.C. Der Leasing-Erlass führt weitere Kriterien an, welche jedoch für die weiteren Untersuchungen von geringer Bedeutung sind.

[835] Vgl. *Mehta, A.* (2005), S. 22.

[836] Siehe hierzu auch *Ministerie van Financiën (Hrsg.)* (2007), Nr. 24, Tz. 3.4.2.

[837] Vgl. *Ministerie van Financiën (Hrsg.)* (2007), Nr. 24, Tz. 3.2.1.

Übergang des wirtschaftlichen Eigentums

Trägt der Lizenznehmer sämtliche im Zusammenhang mit dem Lizenzgegenstand stehenden Risiken, geht das wirtschaftliche Eigentum an dem Lizenzgegenstand auf den Lizenznehmer über.[838] Dies ist insbesondere dann anzunehmen, wenn das Transferpaket im Rahmen eines unkündbaren Lizenzvertrags bis zum Ende des erwarteten Kapitalisierungszeitraums der verlagerten Funktion lizenziert und dem Lizenznehmer eine Kaufoption eingeräumt wird.

Dieser Sachverhalt ist vergleichbar einer Veräußerung zu behandeln, sodass beim Lizenzgeber ein Veräußerungsgewinn i. H. d. Differenzbetrags zwischen dem Barwert der Lizenzzahlungen und dem Buchwert des Lizenzgegenstands zu erfassen ist. Gleichzeitig ist eine Kaufpreisforderung i. H. d. Barwerts der vereinbarten Pauschallizenzraten zu aktivieren. Korrespondierend stellt der Sachverhalt beim Lizenznehmer, als wirtschaftlichem Eigentümer, ein Anschaffungsgeschäft dar. Bei diesem sind die Wirtschaftsgüter mit ihren fremdvergleichskonformen Anschaffungskosten zu aktivieren. Spiegelbildlich dazu hat der Lizenznehmer eine Kaufpreisverbindlichkeit i. H. d. Barwerts der vereinbarten Pauschallizenzraten zu passivieren.[839]

Die Pauschallizenzraten sind in einen Tilgungsanteil und einen Zinsanteil für die Gewährung eines Kaufpreiskredits aufzuteilen.[840] Der Tilgungsanteil vermindert die Kaufpreisverbindlichkeit beim Lizenznehmer sowie die Kaufpreisforderung beim Lizenzgeber und ist erfolgsneutral zu erfassen. Der Zinsanteil führt beim Lizenznehmer zu Zinsaufwand und beim Lizenzgeber zu Zinsertrag und kann entsprechend der Formel (3.1) nach der Annuitätenmethode ermittelt werden.[841]

3.5.4.2.1.3 Funktionsverlagerung durch Umsatzlizenz

Im Unterschied zur Pauschallizenz entspricht die Lizenzgebühr bei der Umsatzlizenz einem ex ante festgelegten Prozentsatz der tatsächlich erzielten Umsätze des Lizenznehmers.[842] Diese qualifiziert im niederländischen Steuerrecht i. Allg. als Dauerschuldverhältnis, wenn zusammen mit dem Lizenzgegenstand nicht sämtliche wirtschaftlichen

---

[838] Vgl. *Hoge Raad* (1985), S. 75.
[839] Siehe zu diesem Absatz *Ministerie van Financiën (Hrsg.)* (2007), Nr. 24, Tz. 3.4.1.
[840] Vgl. *Ministerie van Financiën (Hrsg.)* (2007), Nr. 24, Tz. 3.4.1.
[841] Vgl. hierzu auch Abschnitt 3.2.3.2.2.
[842] Vgl. *Osterrieth, C.* (2010), Rn. 110; *Winzer, W.* (2010), Rn. 720.

Risiken auf den Lizenznehmer übertragen werden.[843] Das rechtliche und das wirtschaftliche Eigentum an den Lizenzgegenständen verbleiben i. d. R. beim Lizenzgeber.[844]

Die lizenzierten Wirtschaftsgüter sind beim Lizenzgeber steuerbilanziell zu erfassen und über die betriebsgewöhnliche Nutzungsdauer abzuschreiben. Die umsatzabhängigen Lizenzzahlungen sind entsprechend ihrer wirtschaftlichen Verursachung unmittelbar mit ihren Fremdvergleichspreisen beim verlagernden Unternehmen als Betriebseinnahmen und beim aufnehmenden Unternehmen als Betriebsausgaben zu erfassen.

3.5.4.2.2 Mutter-Tochter-Richtlinie

Die Mutter-Tochter-Richtlinie zielt darauf ab, die negativen Folgen aus der Mehrfachbesteuerung von ausgeschütteten Gewinnen zwischen Kapitalgesellschaften mit Ansässigkeit in den Mitgliedstaaten der EU zu vermeiden.[845] Ein Mutter-Tochter-Verhältnis i. S. d. Richtlinie liegt gemäß Art. 3 Abs. 1 Buchst. a MTR ab einer Mindestbeteiligung von 10 % am Kapital einer anderen Gesellschaft vor. Zu den begünstigten Gewinnen i. S. d. Richtlinie zählen Ausschüttungen aufgrund ordentlicher Gewinnverteilungsbeschlüsse, verdeckte Gewinnausschüttungen sowie Ausschüttungen im Zusammenhang mit Kapitalherabsetzungen.[846]

Eine Mehrfachbesteuerung soll dadurch vermieden werden, dass einerseits gemäß Art. 5 MTR auf Ebene der Tochtergesellschaft keine Quellensteuer auf Schachteldividenden erhoben wird. In Deutschland wurde die Richtlinie in § 43b Abs. 1 EStG[847] und in den Niederlanden in Art. 4 Abs. 1 Wet DB[848] umgesetzt. Andererseits unterliegen die Schachteldividenden auf Ebene der Muttergesellschaft gemäß Art. 4 Abs. 1 MTR keiner Ertragsbesteuerung. Die Transformation dieser Regelung erfolgte in Deutschland in § 8b Abs. 1 KStG[849] und in den Niederlanden in § 13 Abs. 3 Wet Vpb[850].

---

[843] Aufgrund der Risikostruktur bei umsatzabhängigen Lizenzvereinbarung ist es m. E. grundsätzlich fraglich, ob sämtliche Risiken und damit verbunden das wirtschaftliche Eigentum auf den Lizenzgeber übergehen kann.

[844] Vgl. *Hoge Raad* (1985), S. 75; *Mehta, A.* (2005), S. 20 f.

[845] Siehe zu den Regelungszielen der Mutter-Tochter-Richtlinie *Jacobs, O. H. et al. (Hrsg.)* (2011), S. 167-173; *Schaumburg, H.* (2011), Rn. 3.65-3.68; *Tischbirek, W.* (2008), Art. 10 OECD-MA, Rn. 174-177; *Voß, R.* (2013), Rn. 133-140.

[846] Vgl. *Jacobs, O. H. et al. (Hrsg.)* (2011), S. 168.

[847] Die Befreiung von der Quellensteuer ist an eine Mindestbeteiligungsquote i. H. v. 10 % geknüpft. Verfahrensrechtlich wird die Kapitalertragsteuer auf Antrag nicht erhoben.

[848] Voraussetzung der Quellensteuerbefreiung ist eine Mindestbeteiligungsquote i. H. v. 5 %.

[849] Die Steuerfreistellung von Dividenden beim Anteilseigner erfordert im deutschen Steuerrecht eine Beteiligung i. H. v. mindestens 10 %.

Aufgrund der niedrigeren Mindestbeteiligungsgrenze und der höheren Quellensteuerentlastung in der Mutter-Tochter-Richtlinie im Vergleich zu Art. 13 DBA-NL sind die abkommensrechtlichen Regelungen nur von geringer Bedeutung.[851] Durch die Mutter-Tochter-Richtlinie werden Schachteldividenden, die im Zusammenhang mit einer Outbound-Verlagerung von F&E-Funktionen auf eine niederländische Tochtergesellschaft entstehen, von einer mehrfachen steuerlichen Belastung befreit.

3.5.4.2.3 Zins- und Lizenzgebührenrichtlinie

Der Zins- und Lizenzgebühren-Richtlinie liegt die Zielsetzung zugrunde, steuerliche Hindernisse im Zusammenhang mit der Zahlung von Zinsen und Lizenzgebühren in multinationalen Konzernen aufgrund von Doppelbesteuerungen zu beseitigen.[852] Eine Besteuerung von Lizenzgebühren und Zinsen soll ausschließlich im Ansässigkeitsstaat des Gläubigers erfolgen, sofern dieser ebenfalls ein in einem Mitgliedstaat der EU ansässiges Unternehmen ist. Diesbezüglich regelt Art. 1 Abs. 1 ZiLiRi, dass Lizenzgebühren und Zinsen im Ansässigkeitsstaat des Schuldners nicht besteuert werden dürfen. Die Zins- und Lizenzgebühren-Richtlinie wurde in Deutschland in § 50g EStG umgesetzt, wonach eine Erhebung von Quellensteuern auf die entrichteten Zinsen und Lizenzgebühren im Ansässigkeitsstaat des Schuldners auf Antrag nicht erfolgt. Entsprechend stellt auch das niederländische Steuerrecht Zinsen und Lizenzgebühren beim Schuldner von der Besteuerung frei.[853] Im Verhältnis zu Art. 14 und 15 DBA-NL ist die Zins- und Lizenzgebühren-Richtlinie von untergeordneter Bedeutung, da dem Quellenstaat bereits durch das Abkommen kein Besteuerungsrecht zugewiesen wird.[854]

Im Kontext grenzüberschreitender Funktionsverlagerungen kann die Quellensteuerbefreiung für Lizenzgebühren von erheblicher Bedeutung sein. Denn Funktionen können gemäß § 1 Abs. 2 Satz 1 FVerlV sowohl durch Übertragung als auch durch Nutzungs-

---

[850] Im niederländischen Steuerrecht werden Dividenden ab einer Mindestbeteiligungsquote i. H. v. 5 % von einer Besteuerung bei Kapitalgesellschaften als Anteilseigner ausgenommen. Siehe ergänzend *Ernst & Young (Hrsg.)* (2013), S. 911 f.; *KroeseWevers (Hrsg.)* (2011), S. 20; *Obluda, S.* (1998), S. 83 f.;.

[851] Vgl. *Lindberg, K.* (2013), § 43b EStG, Rn. 15; *Mick, M.* (2013b), Art. 13 DBA-NL, Rn. 44; *Tischbirek, W.* (2008), Art. 10 OECD-MA, Rn. 176.

[852] Siehe ergänzend zu den Regelungszielen der Zins- und Lizenzgebühren-Richtlinie *Jacobs, O. H. et al. (Hrsg.)* (2011), S. 179-182; *Pöllath, R./Lohbeck, A.* (2008), Art. 12 OECD-MA, Rn. 13; *Schaumburg, H.* (2011), Rn. 3.69-3.71; *Voß, R.* (2013), Rn. 142.

[853] Vgl. *Ernst & Young (Hrsg.)* (2013), S. 915.

[854] Vgl. *Mick, M.* (2013d), Art. 15 DBA-NL, Rn. 31.

überlassung der wesentlichen Bestandteile des Transferpakets verlagert werden.[855] Durch Art. 15 DBA-NL und die Zins- und Lizenzgebühren-Richtlinie werden in den Fällen einer bloßen Nutzungsüberlassung gleichermaßen Doppelbesteuerungen innerhalb multinationaler Konzerne vermieden.

3.6 Zwischenergebnis

Der deutsche Staat hat ein großes Interesse an der Besteuerung grenzüberschreitender Funktionsverlagerungen, da zusammen mit einer Funktion oftmals im Inland generierte Gewinnpotenziale ins Ausland transferiert werden. Zur Gewährleistung einer vollständigen Erfassung sämtlicher ins Ausland verlagerten Werte sieht § 1 Abs. 3 Satz 9 AStG im Grundsatz eine Gesamtbewertung der zur Funktionsausübung erforderlichen Wirtschaftsgüter und sonstigen Vorteile einschließlich der damit zusammenhängenden Chancen und Risiken vor (Transferpaketbewertung).

Voraussetzung für die Anwendung einer Transferpaketbewertung ist, dass eine Funktion i. S. v. § 1 Abs. 1 Satz 1 FVerlV auf ein ausländisches Konzernunternehmen im Rahmen einer schuldrechtlichen Geschäftsbeziehung verlagert wird. Die FVerlV knüpft zur Bestimmung des Funktionsbegriffs an die Theorie zur Organisationslehre an und definiert eine Funktion als „eine Geschäftstätigkeit, die aus einer Zusammenfassung gleichartiger betrieblicher Aufgaben besteht, die von bestimmten Stellen oder Abteilungen eines Unternehmens erledigt werden."[856] Die Abgrenzung der Gleichartigkeit der betrieblichen Aufgaben soll dabei tätigkeits- und objektbezogen erfolgen. Zur Vermeidung einer Atomisierung des Funktionsbegriffs regelt § 1 Abs. 1 Satz 2 FVerlV, dass die Funktion einen organischen Teil des Unternehmens darstellen muss, der es ermöglicht, eine funktionsbezogene Ertrags- und Aufwandszuordnung vorzunehmen. Insofern bildet die Funktion eine organisatorische Einheit, deren Ergebnis gegenüber dem restlichen Unternehmensergebnis abgegrenzt werden kann.

Tatbestandsseitig ist eine Funktion allerdings nicht mit einem (Teil-)Betrieb gleichzusetzen, da dieser selbstständig lebensfähig ist und daher i. d. R. mehrere betriebliche Funktionen – und nicht nur eine betriebliche Funktion – umfasst.[857] Eine Aggregation mehrerer verlagerter Funktionen (z. B. zu einem (Teil-)Betrieb) auf der Rechtsfolgen-

[855] Siehe hierzu auch Abschnitt 3.2.3.
[856] *§ 1 Abs. 1 Satz 1 FVerlV.*
[857] Ausführlich hierzu siehe Abschnitt 3.2.1.1.

seite zur Bestimmung eines angemessenen Fremdvergleichspreises ist m. E. indes möglich und u. U. sogar angezeigt.

Nach § 1 Abs. 2 Satz 1 FVerlV ist eine Funktionsverlagerung i. S. d. § 1 Abs. 3 Satz 9 AStG anzunehmen, wenn ein Transferpaket auf ein verbundenes Unternehmen übertragen wird oder aber die Bestandteile des Transferpakts diesem zur Nutzung überlassen werden. Ob der Verlagerung eine Eigentumsübertragung oder eine Nutzungsüberlassung zugrunde liegt, ist steuerrechtlich sowohl nach der bürgerlich-rechtlichen Natur als auch nach dem wirtschaftlichen Gehalt des Verlagerungsvorgangs zu beurteilen. Grundsätzlich stehen den betrieblichen Entscheidungsträgern somit im Wesentlichen drei alternative Verlagerungsformen zur Auswahl, welche unterschiedliche Steuerwirkungen implizieren: Die Funktionsverlagerung durch Eigentumsübertragung, die Funktionsverlagerung durch Vereinbarung einer Pauschallizenz und die Funktionsverlagerung durch Vereinbarung einer Umsatzlizenz.

Die Bestimmung des fremdvergleichskonformen Transferpaketpreises erfolgt grundsätzlich im Rahmen eines hypothetischen Fremdvergleichs. Hierbei ist zunächst ein Einigungsbereich zu bestimmen, welcher durch die Grenzpreise des verlagernden und des aufnehmenden Unternehmens determiniert wird. Unter Berücksichtigung der individuellen Verhandlungsstärke der Geschäftsparteien ist durch die Simulation eines Preisverhandlungsprozesses ein Einigungspreis zu bestimmen, welcher dem Fremdvergleichspreis mit höchster Wahrscheinlichkeit entspricht. Sofern dieser Nachweis nicht erbracht werden kann, ist der Mittelwert des Einigungsbereichs anzusetzen. Die Gesamtbewertung des verlagerten Transferpakets führt regelmäßig dazu, dass der Preis für das Transferpaket als Ganzes die Summe der Einzelverrechnungspreise für die verlagerten Wirtschaftsgüter und erbrachten Dienstleistungen übersteigt. Aufgrund der expliziten Nennung sonstiger Vorteile (geschäftswertbildende Faktoren) als Bestandteil eines Transferpakets geht der Gesetzgeber implizit davon aus, dass zusammen mit einer Funktion auch ein funktionsbezogener Geschäftswert verlagert werden kann, der eine weitergehende Besteuerung rechtfertigt.

Als Ausnahme von der Transferpaketbewertung sieht § 1 Abs. 3 Satz 10 AStG drei Öffnungsklauseln vor, welche dem Steuerpflichtigen unter bestimmten Voraussetzungen eine Einzelbewertung der verlagerten Wirtschaftsgüter und erbrachten Dienstleistungen bzw. der verlagerten Bestandteile des Transferpakets ermöglichen.

Sofern die tatsächliche spätere Gewinnentwicklung erheblich von der erwarteten Gewinnentwicklung im Zeitpunkt der Verrechnungspreisbestimmung abweicht, ist nach § 1 Abs. 3 Satz 11 AStG widerlegbar zu vermuten, dass der Bewertung eines Transferpakets oder eines immateriellen Wirtschaftsguts im Rahmen des hypothetischen Fremdvergleichs erhebliche Unsicherheiten zugrunde lagen. Unabhängige Geschäftsparteien würden nach Auffassung des Gesetzgebers unter diesen Voraussetzungen entsprechende Anpassungsklauseln vereinbaren. In der Praxis stellt die Vereinbarung von Preisanpassungsklauseln bei Unternehmenstransaktionen indes eher die Ausnahme als die Regel dar. Der Steuerpflichtige verfügt jedoch im Vergleich zur Finanzverwaltung bezüglich der konzerninternen Leistungsbeziehung über einen Informationsvorteil, sodass dieser die Erwartungen bezüglich der finanziellen Vorteile zu seinen Gunsten beeinflussen kann. Vor diesem Hintergrund ist die Kodifizierung einer gesetzlichen Preisanpassungsklausel zur Vermeidung eines kollektiv schädlichen Verhaltens durch den Steuerpflichtigen und zur Ermöglichung einer sachgerechten Gewinnaufteilung zwischen den Geschäftsparteien vertretbar.[858]

Zu den deutschen Regelungen der Funktionsverlagerungsbesteuerung findet sich international kein Pendant. Mit der Verabschiedung der überarbeiteten OECD Verrechnungspreisrichtlinien am 22. Juli 2010 wurde ein neues Kapitel IX Business Restructurings in die Richtlinien aufgenommen, welches sich u. a. mit der Verlagerung von activities bei Restrukturierungen innerhalb multinationaler Konzerne befasst. Diese sehen im Falle der Verlagerung eines ongoing concern die Möglichkeit einer Gesamtbewertung auf der Grundlage anerkannter betriebswirtschaftlicher Bewertungsverfahren vor.[859] Werden die Begriffsdefinitionen einer Funktion i. S. d. § 1 Abs. 3 Satz 9 AStG und eines ongoing concern i. S. d. OECD-Verrechnungspreisrichtlinien verglichen, so ist festzustellen, dass sich diese inhaltlich unterscheiden. Während eine Funktion im Vergleich zu einem steuerlichen (Teil-)Betrieb eine kleinere Aggregationseinheit darstellt, entspricht ein ongoing concern weitestgehend der Definition des steuerlichen (Teil-)Betriebs. Die Transferpaketbewertung bei Funktionsverlagerungen i. S. d. § 1 Abs. 3 Satz 9 AStG steht daher nicht in Einklang mit der Interpretation des Fremdvergleichsgrundsatzes durch die OECD und birgt somit die Gefahr wirtschaftlicher Doppelbesteuerungen.

---

[858] So auch *Greil, S.* (2009b), S. 568.

[859] Vgl. *OECD (Hrsg.)* (2010b), Tz. 9.94.

Im niederländischen Steuerrecht sind keine spezifischen Regelungen zur Besteuerung grenzüberschreitender Funktionsverlagerungen kodifiziert. Vielmehr sind diese Geschäftsvorfälle entsprechend den allgemeinen Verrechnungspreisgrundsätzen einzeln zu bewerten. In Bezug auf die Besteuerung grenzüberschreitender Funktionsverlagerungen bestehen daher zwischen dem deutschen und dem niederländischen Steuerrecht Divergenzen, woraus sich ein erhöhtes Risiko wirtschaftlicher Doppelbesteuerungen ergibt. Doppelbesteuerungen beeinträchtigen den Liefer- und Leistungsaustausch zwischen Staaten, weshalb diese oftmals bilaterale Abkommen zur Regelung der Besteuerungsbefugnisse und der Einkunftsabgrenzung bei grenzüberschreitenden Liefer- und Leistungsbeziehungen vereinbaren. Daneben sind bei grenzüberschreitenden Geschäftsbeziehungen zwischen Deutschland und den Niederlanden auch multilaterale und supranationale Rechtsvorschriften zu berücksichtigen. Bei grenzüberschreitenden Geschäftsbeziehungen zwischen verbundenen Unternehmen ist der Schiedsverfahrenskonvention, welche die EU-Mitgliedstaaten zur Beseitigung wirtschaftlicher Doppelbesteuerungen aus Verrechnungspreiskorrekturen verpflichtet, besondere Bedeutung beizumessen, da das derzeit anzuwendende DBA-NL den Vertragsstaaten eine entsprechende Verpflichtung nicht auferlegt. Daneben sind auch die Mutter-Tochter-Richtlinie und die Zins- und Lizenzgebühren-Richtlinie sowie die dazu entsprechenden Regelungen in Art. 13 bis 15 DBA-NL zu beachten. Die nachstehende Abb. 3.6 stellt die Gemeinsamkeiten und Unterschiede des deutschen und des niederländischen Steuerrechts in Bezug auf die Besteuerung grenzüberschreitender Funktionsverlagerungen nochmals zusammenfassend dar.

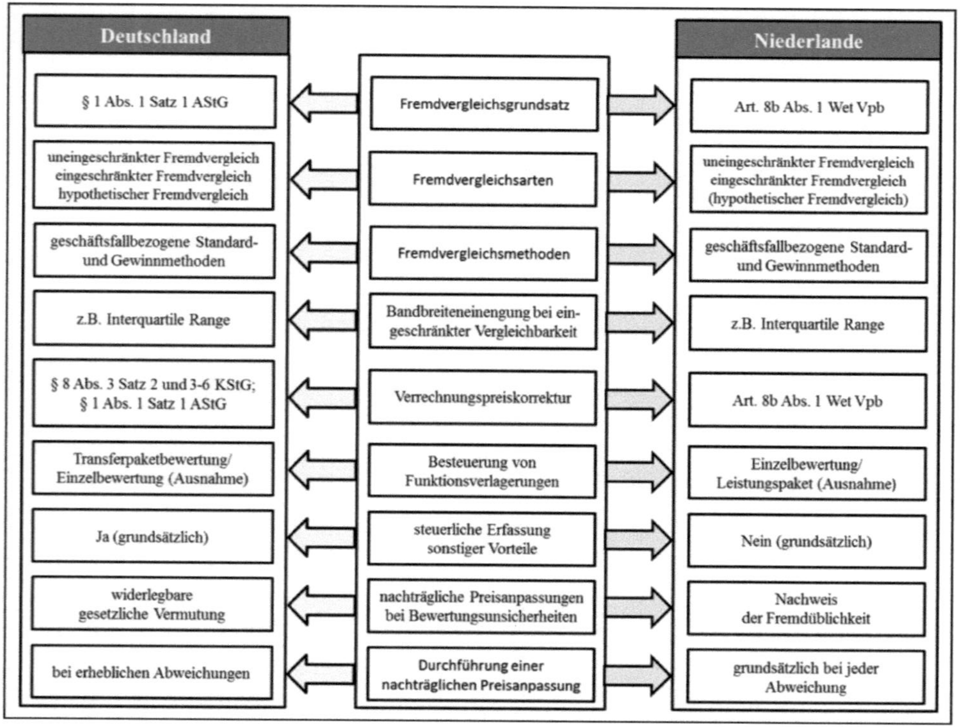

Abb. 3.6: Vergleich der Besteuerung von Funktionsverlagerungen

4 Besteuerung grenzüberschreitender Verlagerungen von F&E-Funktionen

Wird eine Funktion zusammen mit den dazugehörigen Chancen und Risiken sowie den zur Funktionsausübung notwendigen Wirtschaftsgütern und sonstigen Vorteilen ins Ausland verlagert, ist der Verrechnungspreis gemäß § 1 Abs. 3 Satz 9 AStG für das Transferpaket als Ganzes zu ermitteln. Die Regelungen zur Besteuerung von Funktionsverlagerungen sind auf alle ins Ausland verlagerten Funktionen gleichermaßen anzuwenden. Dies gilt unabhängig davon, ob eine Funktion ein erwerbsmäßiges Tätigwerden auf einem externen Markt ermöglicht oder nicht. Insofern unterliegen auch Verlagerungen von F&E-Funktionen grundsätzlich einer Besteuerung nach § 1 Abs. 3 Satz 9 AStG. Diese sind mit größeren Unsicherheiten verbunden, da der Erfolg im Zusammenhang mit der Ausübung einer F&E-Funktion im Zeitpunkt der Verlagerung i. d. R. nicht hinreichend sicher bestimmt werden kann. Aufgrund der hieraus resultierenden Besonderheiten sind die dargestellten Grundsätze zur Besteuerung von Funktionsverlagerungen für F&E-Funktionen im Folgenden weiter zu spezifizieren.

Das vordergründige Ziel des vierten Kapitels besteht darin, die spezifischen Anforderungen an die Besteuerung grenzüberschreitender F&E-Funktionsverlagerungen herauszuarbeiten. Hierzu werden zunächst in Abschnitt 4.1 definitorische und organisatorische Aspekte sowie die (steuerlichen) Rahmenbedingungen für F&E in Deutschland und den Niederlanden dargestellt. Abschnitt 4.2 grenzt den steuerrechtlichen Begriff der F&E-Funktion als Tatbestandsmerkmal des § 1 Abs. 3 Satz 9 AStG ab und erläutert die Bedeutung verschiedener Verlagerungsarten für F&E-Funktionen. Darauf aufbauend werden die Auswirkungen der F&E-spezifischen Besonderheiten in Abschnitt 4.3 auf die Transferpaketbewertung und in Abschnitt 4.4 auf die gesetzliche Preisanpassungsklausel erläutert.

4.1 Grundlagen und Rahmenbedingungen der F&E

4.1.1 Funktionale Abgrenzung der F&E

Unter F&E versteht man i. Allg. alle planvollen und systematischen Aktivitäten, die zur Gewinnung neuer Erkenntnisse über Natur- und Kulturphänomene und/oder zur erstmaligen praktischen Umsetzung dieser Erkenntnisse unternommen werden.[860] Durch eine

[860] Vgl. *Kern, W./Schröder, H.-H.* (1977), S. 16; *OECD (Hrsg.)* (2002), Tz. 63.

Untergliederung der F&E in Teilprozesse kann für diese eine bessere Planbarkeit erreicht werden, da einheitliche Arbeitsgruppen mit weitestgehend homogenen Aufgabenfeldern hinsichtlich der Zielvorgaben gebildet werden können.[861]

In Anlehnung an das von der OECD herausgegebene Frascati Handbuch erfolgt i. d. R. eine funktionale Untergliederung nach der Natur der F&E in drei Teilprozesse, wobei die Übergänge zwischen den Teilprozessen fließend[862] sind:[863]

- Grundlagenforschung;
- angewandte Forschung;
- experimentelle Entwicklung.[864]

Die *Grundlagenforschung* versucht im Wesentlichen mithilfe experimenteller oder theoretischer Ansätze neue Erkenntnisse zu gewinnen.[865] Sie ist dadurch gekennzeichnet, dass ihre Ergebnisse a priori keinen realen Verwertungsaspekt aufweisen und nicht in einem unmittelbaren Zusammenhang zur Produktion bzw. zur Produktpalette stehen müssen.[866] Hierdurch wird eine Beschneidung der Kreativität der Forschenden zulasten einer Vermarktung der Forschungsergebnisse vermieden.[867] Die Forscher sind weitestgehend frei in der Formulierung ihrer Ziele,[868] da es vordergründig nicht auf die Vermarktungsfähigkeit der Ergebnisse ankommt.

Unter der *angewandten Forschung* sind Aktivitäten zu verstehen, die einen konkreten praktischen Anwendungsbezug aufweisen.[869] Sie zielen entweder auf die Gewinnung neuartiger Erkenntnisse ab oder sie dienen der Suche nach Anwendungsgebieten für Ergebnisse aus der Grundlagenforschung.[870] Die angewandte Forschung ist als systematische und planvolle Vorgehensweise zu charakterisieren, die im Unterschied zur Grundlagenforschung wirtschaftlich direkt verwertbare Resultate hervorbringen soll.

---

[861] Vgl. *Kern, W./Schröder, H.-H.* (1977), S. 25.

[862] So auch *Hottmann, J.* (1982), S. 287.

[863] Vgl. *OECD (Hrsg.)* (2002), Tz. 46. Das Frascati Handbuch bildet oftmals auch die Grundlage für die Beurteilung forschungswürdiger F&E-Tätigkeiten. So *Scheunemann, M. P./Dennisen, A.* (2010), S. 408.

[864] Vgl. *OECD (Hrsg.)* (2002), Tz. 17 und Tz. 64. Die dargestellte funktionale Untergliederung ist optional. Weitere Möglichkeiten der Kategorisierung der F&E finden sich z. B. in *OECD (Hrsg.)* (2002), Tz. 152-287.

[865] Vgl. *Jung, H.* (2007), S. 478 f.; *OECD (Hrsg.)* (2002), Tz. 64.

[866] Vgl. *Engler, G.* (2011a), Rn. 57.

[867] So *Clausius, E. H. J.* (1993), S. 13.

[868] Vgl. *OECD (Hrsg.)* (2002), Tz. 242.

[869] Vgl. *Clausius, E. H. J.* (1993), S. 13; *OECD (Hrsg.)* (2002), Tz. 64.

[870] Vgl. *OECD (Hrsg.)* (2002), Tz. 246.

Die *experimentelle Entwicklung* ist ebenfalls durch zielgerichtete Tätigkeiten charakterisiert. Aufbauend auf den Erkenntnissen der Grundlagenforschung und der angewandten Forschung oder praktischer Erfahrungen besteht das Ziel dieses Teilprozesses in der Entwicklung neuer Materialien, Produkte oder Verfahren.[871] Neben der Neuentwicklung ist auch die grundlegende Weiterentwicklung bereits existierender Produkte bzw. angewandter Prozesse und Systeme Bestandteil der experimentellen Entwicklung.

Die Abgrenzung des Begriffs der F&E im OECD Frascati Handbuch stellt eine Übereinkunft der OECD Mitgliedstaaten dar und ist insbesondere bei Auslegungsfragen zum Begriff der F&E im internationalen Rechtsverkehr von großer Bedeutung. Diese Abgrenzung i. S. e. best practice entfaltet jedoch keine Rechtsverbindlichkeit für den nationalen Gesetzgeber und die nationalen Gerichte, sodass dieser gemeinsame Ausgangspunkt einer F&E-Abgrenzung im nationalen Recht Modifikationen erfahren kann.[872]

Im deutschen Steuerrecht findet sich eine Abgrenzung des Begriffs der F&E in § 51 Abs. 1 Nr. 2 Buchst. u Satz 4 EStG, wonach Wirtschaftsgüter der F&E dienen, „wenn sie verwendet werden

aa) zur Gewinnung von neuen wissenschaftlichen oder technischen Erkenntnissen und Erfahrungen allgemeiner Art (Grundlagenforschung) oder

bb) zur Neuentwicklung von Erzeugnissen oder Herstellungsverfahren oder

cc) zur Weiterentwicklung von Erzeugnissen oder Herstellungsverfahren, soweit wesentliche Änderungen dieser Erzeugnisse oder Verfahren entwickelt werden."

Diese einkommensteuerrechtliche Definition entspricht inhaltlich weitestgehend der F&E-Abgrenzung im OECD Frascati Handbuch, wenngleich die funktionale Untergliederung nicht vollständig übereinstimmt. Die angewandte Forschung und die experimentelle Entwicklung wurden begrifflich zusammengefasst.[873] Stattdessen erfolgt eine Unterscheidung zwischen Neu- und Weiterentwicklungen. M. E. kann zur Abgrenzung von F&E-Funktionen im Rahmen des § 1 Abs. 3 Satz 9 AStG auf diese Begriffsdefinition abgestellt werden.

Im niederländischen Steuerrecht findet sich eine Definition des Begriffs F&E in Art. 1 Abs. 1 Buchst. n WVA. Hierin werden F&E-Tätigkeiten nach funktionalen Krite-

---

[871] Vgl. *OECD (Hrsg.)* (2002), Tz. 249.
[872] Vgl. *Scheunemann, M. P./Dennisen, A.* (2010), S. 408.
[873] In Abgrenzung zur Grundlagenforschung spricht *Hottmann* diesbezüglich auch von der Zweckforschung. Siehe *Hottmann, J.* (1982), S. 287.

rien abgegrenzt, welche für die steuerlichen F&E-Förderungen qualifizieren. Grundsätzlich begünstigungfähig sind demnach sämtliche systematisch in einem EU-Mitgliedstaat durchgeführten F&E-Aktivitäten, welche sich direkt und ausschließlich befassen mit:

- der Entwicklung technisch neuer Produkte, Produktionsprozesse, Software oder deren Bestandteile;
- der technisch-wissenschaftlichen Forschung;
- der Durchführung technischer Machbarkeitsstudien für eigene F&E-Projekte;
- der technischen Forschung, welche sich auf die Verbesserung eines Produktionsprozesses oder einer selbst genutzten Software konzentriert.

Gegenüber dem OECD Frascati Handbuch wurde der Begriff der F&E in Art. 1 Abs. 1 Buchst. n WVA stärker modifiziert, um eine möglichst zielgenaue Wirkung der steuerlichen Fördermaßnahmen zu erreichen.[874] Inhaltlich deckt sich die Begriffsdefinition dennoch weitestgehend mit dem OECD Frascati Handbuch.

4.1.2 Finanzierungs- und institutionenbezogene Abgrenzung der F&E

Eine weitergehende Differenzierung kann finanzierungs- und institutionenbezogen nach den Unternehmen erfolgen, welche die F&E-Tätigkeit ausüben und finanzieren.[875] Im Wesentlichen sind drei Ausübungsformen zu unterscheiden, die hinsichtlich der zu tragenden Risiken sowie der Anzahl der (un-)mittelbar an der F&E beteiligten Unternehmen divergieren: Eigenforschung, Auftragsforschung, Gemeinschaftsforschung.

Eigenforschung

Die Eigenforschung ist dadurch gekennzeichnet, dass das forschende Unternehmen die Ziele der F&E autonom definiert und diese auf eigene Rechnung und Gefahr in betrieblichen Forschungseinrichtungen unter Verwendung der betriebseigenen Personal- und Sachressourcen ausübt.[876] Das forschende Unternehmen wird rechtlicher und wirtschaftlicher Eigentümer der F&E-Ergebnisse, sodass es Dritte von deren Verwertung ausschließen kann.[877]

---

[874] Eine Darstellung der steuerlichen F&E-Fördermaßnahmen in den Niederlanden findet sich in Abschnitt 4.1.6.2.
[875] Vgl. *Herbold, S.* (2009), S. 15; *Weber, D.* (2003), S. 24-43.
[876] Vgl. hierzu *Schröder, H.-H.* (2008), S. 333.
[877] Vgl. *Engler, G.* (2011b), Rn. 64; *Jacobs, O. H. et al. (Hrsg.)* (2011), S. 809.

Die Eigenforschung ermöglicht eine gute Anpassung der F&E-Aktivitäten an die Bedingungen in den forschenden Unternehmen sowie eine intensive Überwachung der F&E-Tätigkeit. Aufgrund der besseren Geheimhaltungsmöglichkeit kann darüber hinaus ein Wissensvorsprung gegenüber anderen forschenden Unternehmen gesichert und/oder aufgebaut werden.[878] Bei Eigenforschung ergibt sich für das forschende Unternehmen jedoch ein erheblicher Finanzierungsbedarf, da den zahlungswirksamen Aufwendungen während der F&E-Phase erst zeitlich nachgelagert unsichere Einzahlungen aus der Verwertung der F&E-Ergebnisse gegenüberstehen. Im Vergleich zu den anderen Ausübungsformen besteht somit ein erhöhtes Risiko für das forschende Unternehmen bei der Eigenforschung,[879] da dieses im Falle des Scheiterns eines F&E-Projekts die bereits getätigten Investitionen in vollem Umfang selbst zu tragen hat.

Auftragsforschung

Bei der Auftragsforschung wird ein Unternehmen beauftragt, eine wohldefinierte F&E-Tätigkeit auf Rechnung und Gefahr eines beauftragenden Unternehmens[880] durchzuführen.[881] Der Auftragsforschung liegt i. d. R. eine dienstvertragliche Vereinbarung[882] zugrunde, da erhebliche Unsicherheiten in Bezug auf die Erreichbarkeit der gewünschten F&E-Ergebnisse bestehen.[883] Hierbei schuldet das im Auftrag forschende Unternehmen eine Dienstleistung – in Form der vereinbarten F&E-Tätigkeit – und keinen konkreten Erfolg.[884] Für die erbrachte Dienstleistung erhält das im Auftrag forschende Unternehmen i. d. R. unabhängig vom Ausgang der F&E-Tätigkeit eine Kostenerstattung zuzüglich eines prozentualen Gewinnaufschlags.[885] Das beauftragende Unternehmen erwirbt das rechtliche und wirtschaftliche Eigentum an den F&E-Ergebnissen, da die F&E-Tätigkeit auf dessen Gefahr und Rechnung ausgeführt wird.[886]

---

[878] Vgl. *Schröder, H.-H.* (2008), S. 333; *Schweitzer, M./Schweitzer, M.* (2006), S. 42 f.
[879] Vgl. *Schweitzer, M./Schweitzer, M.* (2006), S. 43.
[880] Von einer Auftragsforschung ist auch dann auszugehen, wenn mehrere Unternehmen als Auftraggeber fungieren und somit die Risiken zwischen diesen aufgeteilt werden.
[881] Vgl. *BMF (Hrsg.)* (1983), S. 218, Tz. 5.3; *Engler, G.* (2011c), Rn. 111; *Jacobs, O. H. et al. (Hrsg.)* (2011), S. 811; *Schweitzer, M./Schweitzer, M.* (2006), S. 43; *Weber, D.* (2003), S. 25; *Winzer, W.* (2011), Rn. 887.
[882] Vgl. *§ 611 BGB.*
[883] So *Baumhoff, H.* (2013), § 1 AStG, Anm. 718.1; *Engler, G.* (2011c), Rn. 115; *Jacobs, O. H. et al. (Hrsg.)* (2011), S. 811; *Winzer, W.* (2011), Rn. 911.
[884] Vgl. *Schreiber, K.* (2012), § 611 BGB, Rn. 6.
[885] Vgl. *BMF (Hrsg.)* (1983), S. 218, Tz. 5.3; *Engler, G.* (2011c), Rn. 121; *OECD (Hrsg.)* (2010b), Tz. 7.41; *Winzer, W.* (2011), Rn. 916.
[886] Vgl. *OECD (Hrsg.)* (2010b), Tz. 2.55 und Tz. 7.41; *Scheffler, W.* (2009), S. 536.

Die Auftragsforschung kann alternativ auch im Rahmen eines Werkvertrags[887] erbracht werden, sofern es ausdrücklicher Wille beider Parteien ist, dass ein erfolgreicher Abschluss des F&E-Projekts geschuldet wird.[888] Bei Vereinbarung eines Werkvertrags trägt das im Auftrag forschende Unternehmen i. d. R. höhere Risiken, da es eine Vergütung nur bei Herbeiführung des ex ante bestimmten Erfolgs erhält[889]. Hinreichende Voraussetzung hierfür ist insbesondere, dass das beauftragende Unternehmen weitestgehend von der Planung und der Gestaltung des geschuldeten Werks ausgeschlossen ist. In diesem Fall sind die Entwicklungskosten im Umlaufvermögen des forschenden Unternehmens zu aktivieren. Bei einem erfolgreichen Abschluss gilt ein im Rahmen einer werkvertraglichen Vereinbarung entwickeltes immaterielles Wirtschaftsgut als durch das beauftragende Unternehmen entgeltlich erworben und ist bei diesem aktivierungspflichtig.[890]

Gemeinschaftsforschung

Die Gemeinschaftsforschung[891] unterscheidet sich von der Auftragsforschung für einen oder mehrere Auftraggeber dadurch, dass sich mehrere gleichberechtigte Unternehmen (Poolmitglieder) zu einem Forschungspool zusammenschließen, um die F&E-Aktivitäten bei gemeinsamer Risikoübernahme zu koordinieren. Auf der Grundlage einer Kooperationsvereinbarung (Umlagevereinbarung) stellen die Poolmitglieder eigene Wirtschaftsgüter, Kenntnisse und Fertigkeiten dem Pool zur Verfügung, um wechselseitig einen Nutzen aus der Kooperation ziehen zu können.[892] Für das Bestehen eines Forschungspools ist es nicht notwendig, dass alle Poolmitglieder eigene Forschungsleistungen erbringen. Beiträge in Form von Geldzahlungen sind der Erbringung von Forschungsleistungen gleichgestellt. Die F&E-Tätigkeit erfolgt auf Rechnung und Gefahr

[887] Die Auftragsforschung auf der Grundlage einer werkvertraglichen Vereinbarung stellt eher einen Ausnahmefall dar. Vgl. *Engler, G.* (2011c), Rn. 115. Wegen der geringen Bedeutung von Werkverträgen im Bereich der F&E wird im Folgenden auf eine Einbeziehung dieses Vertragstyps verzichtet.

[888] Vgl. *BGH* (2002), S. 330, Tz. 14; *Winzer, W.* (2011), Rn. 911.

[889] Vgl. *Ebert, I.* (2009), § 631 BGB, Rn. 2.

[890] Vgl. *ADS (Hrsg.)* (1998), § 248 HGB, Rn. 22; *Ballwieser, W.* (2008), § 248 HGB, Rn. 14; *Engler, G.* (2011c), Rn. 116; *Fröschle, G./Usinger, R.* (2012), § 248 HGB, Tz. 38; *Winnefeld, R.* (2006), Rn. 445.

[891] Die Gemeinschaftsforschung wird aus Gründen der Vollständigkeit nachstehend kurz erläutert. Sie qualifiziert jedoch nicht als Funktionsverlagerung, weshalb sie bei den weiteren Untersuchungen nicht berücksichtigt wird. Siehe zur Gemeinschaftsforschung und der Ermittlung fremdüblicher Verrechnungspreise zur Leistungsverrechnung im Rahmen der Gemeinschaftsforschung *BMF (Hrsg.)* (2010), S. 774, Rn. 50; *Fischer, W. W. et al.* (2008), S. 254-258.

[892] Vgl. *BMF (Hrsg.)* (1999), Tz. 1.1 f.; *OECD (Hrsg.)* (2010b), Tz. 8.3.

sämtlicher Poolmitglieder, sodass sowohl die aktiv forschenden Unternehmen als auch die beauftragenden Unternehmen Eigentümer der F&E-Ergebnisse werden.[893]

Das Ziel der Zusammenarbeit zwischen mehreren Unternehmen im Bereich der F&E liegt insbesondere darin, das vorhandene Wissen mehrerer Poolmitglieder effizienter zu nutzen. Durch eine Koordination der F&E-Tätigkeiten können ferner Skalen- und/oder Verbundeffekte erzielt werden.[894] Weiterhin werden die Poolmitglieder durch eine Kooperationsvereinbarung an den F&E-Kosten beteiligt, wodurch es zu einer Verteilung des Entwicklungsrisikos kommt. Die Umlage der F&E-Kosten erfolgt auf Basis eines Verteilungsschlüssels, welcher sich i. d. R. aus dem erwarteten Nutzen der Poolmit-glieder aus der Verwertung des entwickelten Wirtschaftsguts berechnet.[895]

4.1.3 Spezifische Risiken der F&E

Die F&E dient der Gewinnung neuer Erkenntnisse und/oder deren erstmaliger praktischer Umsetzung. Die F&E-Ergebnisse sind somit ex ante unsicher. Unsicherheiten bestehen sowohl hinsichtlich des Entstehens verwertbarer F&E-Ergebnisse als auch hinsichtlich der Höhe der tatsächlich realisierbaren Verwertungserträge. Es lassen sich i. Allg. drei Risikoarten unterscheiden, welche im Wesentlichen das Gesamtrisiko der F&E determinieren: Entwicklungsrisiko, Vergütungsrisiko, Verwertungsrisiko.[896]

Entwicklungsrisiko

Im Zusammenhang mit der Gewinnung und der Umsetzung neuer Erkenntnisse müssen Investitionen – z. B. in Personal, Sachausstattung, Know-how etc. – getätigt werden. Die Investitionsausgaben steigen während der F&E-Phase meist stetig an.[897] Gleichzeitig sinkt i. d. R. die Unsicherheit in Bezug auf den erfolgreichen Ausgang der F&E-Tätigkeit (Entwicklungsrisiko) mit zunehmendem Projektfortschritt.[898] Das Entwicklungsrisiko ist der F&E immanent und besteht trotz dessen sukzessiver Auflösung bis

---

[893] Vgl. *BMF (Hrsg.)* (1999), Tz. 1.7; *Engler, G.* (2011b), Rn. 67; *OECD (Hrsg.)* (2010b), Tz. 8.3.

[894] Vgl. *Jacobs, O. H. et al. (Hrsg.)* (2011), S. 805.

[895] Vgl. *BMF (Hrsg.)* (1999), Tz. 3.1; *OECD (Hrsg.)* (2010b), Tz. 8.8 und Tz. 8.19.

[896] Vgl. *Scheffler, W.* (2009), S. 537; *Scheffler, W./Kusch, C.* (1999), S. 871; *Weber, D.* (2003), S. 23. *Scheffler und Scheffler/Kusch* nennen als viertes Teilrisiko der F&E das Produktionsrisiko, welches sämtliche mit der Erstellung von Gütern und Dienstleistungen sowie deren Vertrieb zusammenhängenden Risiken umfasst. Dieses weist bei einer streng funktionalen Betrachtungsweise keinen unmittelbaren Bezug zur F&E-Funktion auf und wird deshalb im Folgenden nicht weiter berücksichtigt.

[897] Dieser Effekt verstärkt sich in späteren F&E-Phasen, da das Ausmaß der periodischen Aufwendungen mit steigendem Projektfortschritt i. d. R. steigt. So bereits *Strebel, H.* (1968), S. 208.

[898] So auch *Clausius, E. H. J.* (1993), S. 163 f.; *Myers, S. C./Howe, C. D.* (1997), S. 21.

zum erfolgreichen Abschluss der F&E-Tätigkeit fort. Es beschreibt das Risiko, dass aus den getätigten Investitionen keine verwertbaren F&E-Ergebnisse erzielt werden können.[899]

Das Entwicklungsrisiko umfasst sowohl projektimmanente technische Risiken als auch exogene regulatorische und wirtschaftliche Risiken, die zu einer Einstellung der F&E-Tätigkeit führen können.[900] Die technischen Risiken umfassen beispielsweise die Unsicherheiten hinsichtlich der Realisierbarkeit und der Umsetzbarkeit der F&E-Ergebnisse in Produkte oder Prozesse.[901] Durch die regulatorischen Risiken werden beispielsweise Unsicherheiten in Bezug auf das rechtliche Umfeld aufgrund von Gesetzesänderungen und in Bezug auf die Marktzulassung der F&E-Ergebnisse beschrieben. Wirtschaftliche Risiken sind insbesondere darin zu sehen, dass Konkurrenten substitutive Güter auf den Markt bringen, die eine Verwertung der F&E-Ergebnisse bereits während der F&E-Phase unlukrativ erscheinen lassen.[902]

Vergütungsrisiko

Im Gegensatz zum Entwicklungsrisiko, welches das Risiko einer Einstellung der F&E-Tätigkeit abbildet, setzt das Vergütungsrisiko deren erfolgreichen Abschluss voraus. Durch das Vergütungsrisiko werden Abweichungen zwischen den erwarteten Erträgen (Soll-Erträge) aus der Verwertung der zu Beginn einer F&E-Tätigkeit angestrebten F&E-Ergebnisse (Soll-Ergebnisse) und den erwarteten Verwertungserträgen (Soll-Erträge) aus den nach Abschluss einer F&E-Tätigkeit tatsächlich gewonnenen F&E-Ergebnissen (Ist-Ergebnisse) abgebildet.[903] Es beschreibt zum einen das Performance-Risiko, welches darin besteht, dass die angestrebten Verwertungsmöglichkeiten von den tatsächlichen Verwertungsmöglichkeiten der F&E-Ergebnisse abweichen und sich daraus Auswirkungen auf die erwarteten Verwertungserträge ergeben. Zum anderen umfasst das Vergütungsrisiko auch das Serendipitätsrisiko. Dieses tritt auf, wenn sich die Höhe der erwarteten Verwertungserträge aufgrund von unerwarteten, technisch verwertbaren F&E-Ergebnissen verändert.[904] Dieses ist rein zufälliger Natur und kann daher weder geplant noch exakt quantifiziert werden. Vielmehr muss es durch Risikozu-

---

[899] Vgl. *Clausius, E. H. J.* (1993), S. 22; *OECD (Hrsg.)* (2013b), Tz. 146; *Scheffler, W./Kusch, C.* (1999), S. 871.

[900] Vgl. *IDW S 5.138.*

[901] Siehe *IDW S 5.139.*

[902] Vgl. *IDW S 5.137.*

[903] Vgl. *Scheffler, W./Kusch, C.* (1999), S. 871; *Weber, D.* (2003), S. 23 f.

[904] Vgl. *Clausius, E. H. J.* (1993), S. 22.

oder -abschläge auf der Grundlage von Erfahrungswerten beim Vergütungsrisiko berücksichtigt werden.

Verwertungsrisiko

Das Verwertungsrisiko bildet die möglichen Abweichungen zwischen den im Zeitpunkt des erfolgreichen Abschlusses der F&E-Tätigkeit prognostizierten und den während der Verwertungsphase tatsächlich erzielten Verwertungserträgen ab.[905] Beim Verwertungsrisiko wird auf die tatsächlich realisierten Erträge abgestellt, wohingegen beim Vergütungsrisiko die Differenz der erwarteten Erträge im Fokus steht.[906] Somit erfasst das Verwertungsrisiko die Unsicherheit einer Abweichung der erwarteten (Soll-Erträge) von den tatsächlich realisierten Erträgen (Ist-Erträge) aus der Verwertung der tatsächlich gewonnenen F&E-Ergebnisse (Ist-Ergebnisse). Derartige Abweichungen können sich beispielsweise durch Angebots- und Nachfrageveränderungen oder durch den Markteintritt eines Wettbewerbers mit substitutiven Gütern während der Verwertungsphase ergeben.[907]

Abb. 4.1 stellt die F&E-spezifischen Risiken zusammenfassend dar.

	Risikoart	Realisationszeitpunkt	Vergleichsobjekt F&E-Ergebnisse	Vergleichsobjekt Verwertungserträge
1	**Entwicklungsrisiko**	während der F&E-Phase	Soll-Ergebnisse	Soll-Erträge bei Abbruch sowie bei Abschluss der F&E-Tätigkeit
2	**Vergütungsrisiko**	zum Ende der F&E-Phase	Soll-Ergebnisse und Ist-Ergebnisse	Soll-Erträge
3	**Verwertungsrisiko**	während der Verwertungsphase	Ist-Ergebnisse	Soll-Erträge und Ist-Erträge

Abb. 4.1: Vergleich der F&E-spezifischen Risiken

[905] Vgl. *Scheffler, W.* (2009), S. 537; *Scheffler, W./Kusch, C.* (1999), S. 871 f.; *Weber, D.* (2003), S. 24.
[906] Vgl. *Scheffler, W./Kusch, C.* (1999), S. 872.
[907] Vgl. *Clausius, E. H. J.* (1993), S. 22.

4.1.4 Vergütung der F&E-Tätigkeit

Forschende Unternehmen erhalten für ihre F&E-Tätigkeit eine (risikobehaftete) Vergütung, welche insbesondere von der Art der F&E-Tätigkeit, den eingesetzten immateriellen Wirtschaftsgütern und den übernommenen Risiken abhängig ist.[908] Die Vergütung der F&E-Tätigkeit unterscheidet sich signifikant danach, ob die F&E-Tätigkeit auf Rechnung und Gefahr des forschenden Unternehmens (Eigenforschung) oder eines beauftragenden Unternehmens (dienstvertragliche Auftragsforschung) erfolgt. Im ersten Fall wird das forschende Unternehmen selbst Eigentümer der F&E-Ergebnisse und kann diese durch Eigentumsübertragung, durch Nutzungsüberlassung oder im eigenen Wertschöpfungsprozess verwerten.[909] Im zweiten Fall erbringt das im Auftrag forschende Unternehmen lediglich eine Dienstleistung und erhält hierfür eine Vergütung von dem beauftragenden Unternehmen.

4.1.4.1 Eigentumsübertragung

Eine Forschungsgesellschaft, auf deren Rechnung und Gefahr die F&E-Tätigkeit ausgeführt wird, kann die F&E-Ergebnisse durch Eigentumsübertragung gegen Entgelt verwerten.[910] Als Veräußerer können infolgedessen sowohl forschende Unternehmen bei einer Eigenforschung als auch das beauftragende Unternehmen bei einer Auftragsforschung in Frage kommen. Die Eigentumsübertragung führt zu einem schnelleren Kostenrückfluss als eine Verwertung durch Lizenzierung,[911] wodurch die Liquidität der Forschungsgesellschaft gestärkt wird. Das Engelt soll eine angemessene Vergütung der ausgeübten F&E-Tätigkeit, der eingesetzten (immateriellen) Wirtschaftsgüter sowie der getragenen Entwicklungs- und Vergütungsrisiken[912] für die Forschungsgesellschaft darstellen. Im Veräußerungszeitpunkt kommt es somit i. Allg. zu einer Aufdeckung der stillen Reserven.[913]

Gefahr, Nutzen und Lasten gehen im Zeitpunkt der Veräußerung auf das erwerbende Unternehmen über, sodass dieses das entgeltlich erworbene immaterielle Wirtschaftsgut

---

[908] Vgl. *OECD (Hrsg.)* (2010b), Tz. 1.42; *Scheffler, W./Kusch, C.* (1999), S. 871.
[909] Vgl. *Broemel, K.* (2013), S. 252 f.; *Engler, G.* (2011b), Rn. 64.
[910] Siehe *Engler, G.* (2011b), Rn. 87; *Scheffler, W./Kusch, C.* (1999), S. 865.
[911] Vgl. *Engler, G.* (2011b), Rn. 88.
[912] Vgl. *Scheffler, W./Kusch, C.* (1999), S. 872.
[913] So auch *Engler, G.* (2011b), Rn. 88.

mit den (fremdvergleichskonformen) Anschaffungskosten[914] aktivieren muss.[915] Das erwerbende Unternehmen trägt grundsätzlich die Unsicherheiten hinsichtlich einer Abweichung der tatsächlich erzielbaren Verwertungserträge aus dem erworbenen immateriellen Wirtschaftsgut gegenüber den im Zeitpunkt des Erwerbs erwarteten Verwertungserträgen (Verwertungsrisiko).

4.1.4.2 Nutzungsüberlassung

Durch Lizenzierung räumt der Lizenzgeber dem Lizenznehmer ein Nutzungsrecht an dem Lizenzgegenstand gegen Zahlung einer Lizenzgebühr ein.[916] Dieses kann zeitlichen, sachlichen, persönlichen und räumlichen Beschränkungen unterliegen.[917] Als Lizenzgeber können sowohl das forschende Unternehmen bei einer Eigenforschung als auch das beauftragende Unternehmen bei einer Auftragsforschung qualifizieren. Die Forschungsgesellschaft bleibt bei einer Nutzungsüberlassung im Unterschied zur Eigentumsübertragung rechtliche und wirtschaftliche Eigentümerin des immateriellen Wirtschaftsguts.[918] Aufgrund der Annahme einer Gleichwertigkeit der ausstehenden Leistungsverpflichtungen findet die Lizenzvereinbarung keinen Niederschlag in der Bilanz.[919] Eine ertrags- bzw. aufwandswirksame Erfassung der Lizenzentgelte erfolgt, sobald die jeweilige (Teil-)Leistung aus der Lizenzvereinbarung erbracht wird.

Der Abschluss eines Lizenzvertrags ist ein „gewagtes Geschäft“[920] und sowohl für den Lizenznehmer als auch für den Lizenzgeber risikobehaftet, da die tatsächliche wirtschaftliche Verwertbarkeit des Lizenzgegenstands ex ante nicht mit Sicherheit festgestellt werden kann.[921] Die Ermittlung des Lizenzentgelts für ein selbst entwickeltes immaterielles Wirtschaftsgut ist aufgrund der unsicheren künftigen Ertragskraft oftmals problembehaftet. Für steuerliche Zwecke bemisst sich das Lizenzentgelt i. Allg. unter

---

[914] Ausführlich zur steuerbilanziellen Behandlung entgeltlich erworbener Wirtschaftsgüter in Deutschland und in den Niederlanden siehe Abschnitt 6.2.2.2.1.1.

[915] Vgl. *Hottmann, J.* (1982), S. 289.

[916] Vgl. *Benkard, G./Ullmann, E.* (2006), § 15 PatG, Rn. 58; *Engler, G.* (2011e), Rn. 351. Auf die Möglichkeit einer Übertragung des wirtschaftlichen Eigentums an einem Lizenzgegenstand und der sich daraus ergebenden steuerrechtlichen Konsequenzen wird an dieser Stelle nicht eingegangen.

[917] Siehe zu den Möglichkeiten einer inhaltlichen Beschränkung von Lizenzverträgen *Benkard, G./ Ullmann, E.* (2006), § 15 PatG, Rn. 63-71. Zur Erforderlichkeit der Bücksichtigung inhaltlicher Beschränkungen des Lizenzvertrags bei der Ermittlung von Lizenzsätzen vgl. *Nestler, A.* (2008), S. 2003.

[918] Vgl. *Engler, G.* (2011b), Rn. 71.

[919] Vgl. *OLG Düsseldorf* (2010), S. 1355. Siehe auch *Anzinger H. M.* (2013), Rn. 1687; *Bordewin, A./ Tonner, N.* (2008), S. 20; *Buciek, K.* (2013), § 5 EStG, Rn. 879; *Kozikowski, M./Huber, F.* (2012), § 247 HGB, Rn. 392; *Pfaff, D. et al.* (2010), Rn. 551.

[920] *BGH* (1957), S. 597.

[921] Vgl. *Engler, G.* (2011b), Rn. 88.

Bezugnahme auf die ausgeübte F&E-Tätigkeit, die eingesetzten (immateriellen) Wirtschaftsgüter sowie die getragenen Risiken.[922]

Die Aufteilung der Risiken zwischen dem Lizenzgeber und dem Lizenznehmer hängt z. T. von der vereinbarten Lizenzart ab. Es existiert eine Vielzahl verschiedener Lizenzarten[923], wobei insbesondere die Umsatzlizenz im internationalen Geschäftsgebaren weit verbreitet ist. Daneben finden auch sog. Pauschallizenzen – insbesondere beim Transfer von Know-how – nicht selten Anwendung.[924] Sowohl bei der Vereinbarung einer Umsatzlizenz als auch bei der Vereinbarung einer Pauschallizenz für ein verwertbares Wirtschaftsgut sind das Entwicklungs- und das Vergütungsrisiko vom Lizenzgeber zu tragen.[925] Die beiden Lizenzarten unterscheiden sich indes bezüglich der Verteilung des Verwertungsrisikos auf die Lizenzparteien. Bei einer Umsatzlizenz wird das Verwertungsrisiko zwischen dem Lizenzgeber und dem Lizenznehmer geteilt, da sich die Höhe des Lizenzentgelts i. d. R. proportional zur Entwicklung der Umsatzerlöse entwickelt und somit beide Unternehmen an positiven und negativen Umsatzentwicklungen partizipieren.[926] Bei einer Pauschallizenz ist das Verwertungsrisiko ausschließlich dem Lizenznehmer zuzurechnen, da die Höhe der Lizenzgebühr ex ante im Zeitpunkt des Abschlusses der Lizenzvereinbarung auf Grundlage der erwarteten Verwertungserträge ermittelt wird.[927] Aufgrund der höheren Risiken für den Lizenzgeber wird dieser ceteris paribus bei der Umsatzlizenz ein höheres Entgelt für die Nutzungsüberlassung fordern als bei Vereinbarung einer Pauschallizenz.[928]

Tab. 4.1 veranschaulicht die Risikoverteilung zwischen den Vertragsparteien für die verschiedenen Vergütungsformen der F&E.

[922] Vgl. *Jacobs, O. H. et al. (Hrsg.)* (2011), S. 809.
[923] Siehe für eine Darstellung der wesentlichen Lizenzarten *Engler, G.* (2011e), Rn. 414.
[924] Vgl. *OECD (Hrsg.)* (2013b), Tz. 197; *Winzer, W.* (2010), Rn. 718.
[925] Vgl. *Scheffler, W./Kusch, C.* (1999), S. 872.
[926] So auch *Scheffler, W.* (2009), S. 541; *Scheffler, W./Kusch, C.* (1999), S. 872.
[927] Vgl. *Scheffler, W./Kusch, C.* (1999), S. 872.
[928] Siehe auch *OECD (Hrsg.)* (2013b), Tz. 197 f.

	Entwicklungs-risiko	Vergütungs-risiko	Verwertungs-risiko
Eigentums-übertragung	Verkäufer	Verkäufer	Käufer
Pauschallizenz	Lizenzgeber	Lizenzgeber	Lizenznehmer
Umsatzlizenz	Lizenzgeber	Lizenzgeber	Lizenzgeber/ Lizenznehmer

Tab. 4.1: Risikoverteilung bei verschiedenen Vergütungsformen der F&E (in Anlehnung an: *Scheffler, W./Kusch, C.* (1999), S. 873)

4.1.4.3 Dienstleistungsvergütung

Bei einer Auftragsforschung übt ein Unternehmen im Auftrag eines anderen Unternehmens die F&E-Tätigkeit aus. Da die Tätigkeit auf Rechnung und Gefahr des beauftragenden Unternehmens erfolgt, sind die F&E-Ergebnisse nicht dem forschenden, sondern dem beauftragenden Unternehmen zuzurechnen. Das im Auftrag forschende Unternehmen schuldet lediglich die Erbringung einer Dienstleistung, da der Auftragsforschung meist eine dienstvertragliche Vereinbarung zugrunde liegt.[929] Für die erbrachte Dienstleistung erhält dieses eine angemessene Vergütung,[930] die unabhängig vom Ausgang der F&E-Tätigkeit ist. Die Vergütung muss in dem Zeitpunkt erfolgswirksam erfasst werden, in welchem die Dienstleistung vereinbarungsgemäß erbracht wird.

Die Höhe der Dienstleistungsvergütung ermittelt sich i. d. R. nach der Kostenaufschlagsmethode.[931] Den Erträgen aus der Dienstleistungsvergütung stehen die unmittelbar als Betriebsausgaben abzugsfähigen F&E-Kosten gegenüber.[932] Da die F&E-Tätigkeit auf Rechnung und Gefahr des beauftragenden Unternehmens erfolgt, sind diesem sämtliche F&E-spezifischen Risiken zuzurechnen.[933] Das forschende Unternehmen führt gegenüber dem Auftraggeber nur Routinefunktionen aus und erzielt deshalb i. Allg. einen geringen, aber relativ konstanten Gewinn.[934] Die Dienstleistungsvergütung qualifiziert beim beauftragenden Unternehmen nicht als Anschaffungskosten für ein

---

929 Vgl. *Schreiber, K.* (2012), § 611 BGB, Rn. 6.
930 Siehe hierzu *Jacobs, O. H. et al. (Hrsg.)* (2011), S. 811; *OECD (Hrsg.)* (2010b), Tz. 9.26.
931 Siehe *BMF (Hrsg.)* (1983), S. 218, Tz. 5.3; *Engler, G.* (2011c), Rn. 121; *OECD (Hrsg.)* (2010b), Tz. 7.41; *Winzer, W.* (2011), Rn. 916.
932 Siehe zur Kostenaufschlagsmethode auch die Ausführungen in Abschnitt 3.1.3.1.
933 Vgl. *OECD (Hrsg.)* (2010b), Tz. 2.55 und Tz. 7.41.
934 So *BMF (Hrsg.)* (2005), S. 570, Tz. 3.4.10.2 Buchst. a.

immaterielles Wirtschaftsgut, sondern als originäre Entwicklungskosten.[935] Für diese besteht im deutschen Steuerrecht ein Aktivierungsverbot.[936] Im niederländischen Steuerrecht ist demgegenüber ein Aktivierungsgebot, verbunden mit dem Wahlrecht einer Sofortabschreibung der F&E-Aufwendungen im Jahr ihrer Verausgabung, geregelt.[937]

Als Eigentümer kann das beauftragende Unternehmen das immaterielle Wirtschaftsgut nach einem erfolgreichen Abschluss – vergleichbar zur Eigenforschung – verwerten, indem es dieses gegen Entgelt veräußert, zur Nutzung überlässt oder im eigenen Wertschöpfungsprozess einsetzt. Das Entgelt aus der Verwertung des immateriellen Wirtschaftsguts stellt eine Vergütung für die ausgeübte F&E-Tätigkeit, die eingesetzten (immateriellen) Wirtschaftsgüter sowie die getragenen Risiken[938] dar.

4.1.5 Interne Planung und Kontrolle der F&E

F&E bildet den Grundbaustein erfolgreicher Unternehmen und sichert deren nachhaltige Wettbewerbsfähigkeit in einem zunehmend globalisierten Umfeld.[939] Unternehmen investieren beträchtliche Summen (bis zu 20 % ihres Umsatzes) in die Entwicklung neuer Produkte, Verfahren oder Dienstleistungen.[940] Aufgrund der Stellung der F&E im Wertschöpfungsprozess und der hohen Investitionsvolumina ist der zielgerichteten Planung und Steuerung der F&E im Rahmen eines spezifisches F&E-Controllings[941] große Bedeutung beizumessen. Dies wird durch die Begründung zum BilMoG[942] untermauert, wonach bei der überwiegenden Anzahl der Unternehmen Prozesse installiert sind, die eine Zurechnung der Aufwendungen auf einzelne F&E-Projekte ermöglichen.

Im Rahmen der Planung sind die Abläufe und Strukturen der F&E festzulegen sowie die erwarteten Entwicklungskosten zu bestimmen.[943] Des Weiteren sind die künftigen Erfolgspotenziale der F&E-Projekte zu schätzen. Auf Basis der erwarteten Kosten und der

---

[935] Vgl. *ADS (Hrsg.)* (1998), § 248 HGB, Rn. 22; *Ballwieser, W.* (2008), § 248 HGB, Rn. 14; *Baumhoff, H.* (2013), § 1 AStG, Anm. 718.2; *Jacobs, O. H. et al. (Hrsg.)* (2011), S. 811; *Scheffler, W.* (2009), S. 539; *Scheffler, W./Kusch, C.* (1999), S. 862.

[936] Vgl. *§ 5 Abs. 2 EStG.*

[937] Vgl. *Art. 3.30 Abs. 3 Wet IB.*

[938] Hinsichtlich der Risiken, die dem beauftragenden Unternehmen zuzurechnen sind, gelten die Ausführungen in den Abschnitten 4.1.4.1 und 4.1.4.2 zur Eigentumsübertragung bzw. Nutzungsüberlassung entsprechend.

[939] Vgl. *Hurter, T.* (2011), S. 637; *Jung, H.* (2007), S. 453; *Schlie, I./Stetzelberger, A.* (2008), S. 269; *Spengel, C./Elschner, C.* (2010), S. 2.

[940] Vgl. *Jacobs, O. H. et al. (Hrsg.)* (2011), S. 800.

[941] Siehe zum F&E-Controlling auch *Jung, H.* (2007), S. 453-466.

[942] Siehe *Bundesregierung (Hrsg.)* (2008), S. 42.

[943] Vgl. *Clausius, E. H. J.* (1993), S. 155; *Hahn, D.* (1985), S. 347 f.

erwarteten Erfolgspotenziale lassen sich Soll-Größen generieren, welche als Referenzgröße für die Überwachung und Steuerung der F&E dienen. Durch einen Soll-Ist-Vergleich können Abweichungen der tatsächlich realisierten von den geplanten Größen identifiziert werden (Abweichungsanalyse), um darauf aufbauend deren Ursachen und Konsequenzen zu ermitteln.[944] F&E-Projekte, die auf Basis einer Abweichungsanalyse als erfolglos eingestuft werden, müssen planmäßig abgebrochen werden.[945] Für eine zielgerichtete Steuerung der F&E hat die Ermittlung der Plan- und Realisationsgrößen projektbezogen zu erfolgen.[946]

Zur Steuerung der F&E werden in Unternehmen oftmals Prozessmodelle verwendet, welche zu einer Standardisierung der F&E-Abläufe führen. Hierzu kann die F&E mithilfe ex ante definierter Meilensteine in einzelne F&E-Phasen (Stages) untergliedert werden.[947] Am Ende einer jeden F&E-Phase befindet sich ein Qualitätskontrollpunkt (Gate), in welchem eine Überprüfung der Zielerreichung durchgeführt und über den Übergang in die nächste F&E-Phase entschieden wird (Stage-Gate-Prozess). Die Bestimmung von Meilensteinen erleichtert die Überwachung des Projektfortschritts sowie die Feststellung von Planabweichungen für einzelne F&E-Projekte.[948]

Zur Veranschaulichung wird in der nachstehenden Abbildung ein einfacher Stage-Gate-Prozess dargestellt, in welchem den Entscheidungsträgern zwei Entscheidungsalternativen (Fortführung oder Beendigung der F&E-Tätigkeit) zur Auswahl stehen.

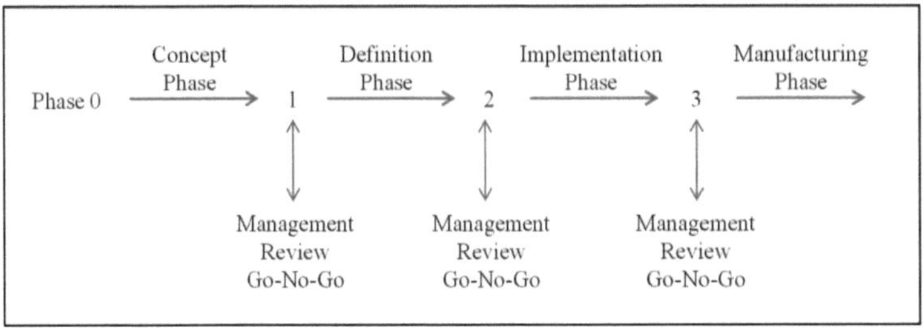

Abb. 4.2: Einfacher Stage-Gate-Prozess
(Quelle: *Hughes, G. D./Chafin, D. C.* (1996), S. 92)

944 Vgl. *Clausius, E. H. J.* (1993), S. 160; *Jung, H.* (2007), S. 453 f.
945 So *Clausius, E. H. J.* (1993), S. 159 und S. 231.
946 Vgl. *Clausius, E. H. J.* (1993), S. 160; *Hahn, D.* (1985), S. 347 f.
947 Siehe zum Stage-Gate-Prozess als Instrument zur Steuerung der F&E etwa *Cooper, R. G.* (2011), S. 81-119; *Kerzner, H.* (2008), S. 79 f.; *Wördenweber, B./Wickord, W.* (2004), S. 168-172.
948 Vgl. *Kerzner, H.* (2008), S. 79; *Wördenweber, B./Wickord, W.* (2004), S. 168.

Zur Vermeidung eines Verlusts von F&E-Know-how muss das F&E-Controlling eine kontinuierliche Dokumentation der F&E-Informationen vornehmen.[949] Nicht nur Informationen über erfolgreiche F&E-Projekte, sondern auch Informationen über nicht erfolgreiche F&E-Projekte sollten aufgezeichnet werden.[950] Vorgenannte Informationen können für andere funktionale Bereiche eines Unternehmens, z. B. zur Identifikation technologischer Grenzen, von Bedeutung sein. Des Weiteren können diese F&E-Informationen auch für Zwecke der Verrechnungspreisdokumentation nach § 5 Satz 2 Nr. 6 GAufzV herangezogen werden.

4.1.6 Steuerliche Förderung der F&E

Studien[951] belegen, dass aufgrund externer Effekte sowohl die Anteilseigner forschender Unternehmen als auch die Allgemeinheit von der F&E profitieren. Insofern bestehen aus ordnungspolitischer Sicht Anreize, die F&E durch Subventionsmaßnahmen zu fördern. Staatliche Maßnahmen zur Unterstützung der F&E können in Abhängigkeit von deren konkreten Ausgestaltung in direkte und indirekte Förderungen unterschieden werden.

Bei der direkten F&E-Förderung werden finanzielle Unterstützungen für bestimmte, aus staatlicher Sicht förderungswürdige Projekte gewährt. Hierdurch soll eine zielgenaue Allokation der Fördergelder erreicht und eine Überwachung der Fördergeldverwendung ermöglicht werden.[952] Direkte Förderungen weisen jedoch nicht unbeträchtliche Defizite auf. Diese sind z. B. mit einem hohen bürokratischen Aufwand verbunden und bewirken somit oftmals implizit einen Ausschluss kleiner und mittelgroßer Unternehmen von den Fördermaßnahmen sowie eine unzureichende Förderung neuartiger Technologien.[953] Demgegenüber ist die indirekte steuerliche F&E-Förderung dadurch gekennzeichnet, dass diese projektunspezifisch und technologieoffen gewährt wird. Durch steuerliche Begünstigungen entstehen Anreizwirkungen für Investitionen in die F&E. Die steuerliche F&E-Förderung ist breitenwirksam und kann mit geringem bürokrati-

[949] Vgl. *Clausius, E. H. J.* (1993), S. 231.
[950] Siehe *Clausius, E. H. J.* (1993), S. 231.
[951] Vgl. hierzu beispielsweise *Arrow, K. J.* (1962); *Griffith, R. et al.* (2004).
[952] Vgl. *Spengel, C./Elschner, C.* (2010), S. 2.
[953] Für den deutschen Wirtschaftssektor siehe *Arbeitsgruppe „Steuerliche F&E-Förderung"* (2009), S. 180; *Jacobs, O. H. et al. (Hrsg.)* (2011), S. 143; *Schlie, I./Stetzelberger, A.* (2008), S. 270; *Spengel, C. et al.* (2009), S. 31-34.

schem Aufwand von einer Vielzahl der forschenden Unternehmen in Anspruch genommen werden.[954]

Ein Großteil der europäischen Mitgliedstaaten versucht durch eine Verbesserung der steuerlichen Rahmenbedingungen für forschende Unternehmen die F&E zu stimulieren.[955] Die verschiedenen steuerlichen Subventionsmöglichkeiten führen zu einer Ausweitung des Wettbewerbs der Steuersysteme zwischen den Mitgliedstaaten,[956] wodurch für forschende Unternehmen ein Anreiz zur Ausnutzung der internationalen Steuerarbitrage durch geplante Verlagerungen der F&E geschaffen wird[957].[958] Vor diesem Hintergrund werden in den beiden nachfolgenden Abschnitten die steuerlichen Rahmenbedingungen für die F&E in Deutschland und in den Niederlanden dargestellt.

4.1.6.1 Deutschland

Deutschland ist eines der wenigen Länder in Europa, welches keine expliziten steuerlichen Maßnahmen zur Förderung der F&E implementiert hat. Eine implizite steuerliche F&E-Förderung erfolgt gemäß § 5 Abs. 2 EStG lediglich durch das Aktivierungsverbot für selbst entwickelte immaterielle Wirtschaftsgüter des Anlagevermögens. Durch den sofortigen Betriebsausgabenabzug der F&E-Aufwendungen kommt es im Falle eines Gewinnausweises zu einem positiven Zinseffekt gegenüber einer Aktivierung und planmäßigen Abschreibung der F&E-Aufwendungen.

Das deutsche Steuerrecht enthält im internationalen Vergleich zahlreiche Regelungen, welche für forschende Unternehmen eine investitionshemmende Wirkung entfalten können.[959] Durch die Regelungen zur Zinsschranke[960] gemäß § 4h EStG i. V. m. § 8a KStG und die gewerbesteuerliche Hinzurechnung von Darlehenszinsen gemäß

---

[954] Vgl. *Schlie, I./Stetzelberger, A.* (2008), S. 271; *Spengel, C. et al.* (2009), S. 35 f.; *Spengel, C./Elschner, C.* (2010), S. 3.

[955] Vgl. *Jacobs, O. H. et al. (Hrsg.)* (2011), S. 143.

[956] Vgl. *Kessler, W. et al.* (2008), S. 1237.

[957] Vgl. *Hurter, T.* (2011), S. 637 f.; *Kessler, W./Eicke, R.* (2008), S. 845-846; *Spengel, C./Elschner, C.* (2010), S. 10.

[958] Eine Untersuchung der Auswirkungen steuerlicher F&E-Förderungen auf die effektive Unternehmensteuerbelastung findet sich bei *Herbold, S.* (2009), S. 203-294.

[959] Eine Darstellung der deutschen Steuerrechtsnormen, welche einen negativen Einfluss auf die Investitionstätigkeit forschender Unternehmen haben können, findet sich bei *Arbeitsgruppe „Steuerliche F&E-Förderung"* (2009), S. 180; *Kessler, W. et al.* (2008), S. 1237; *Lehmann, S.* (2010), S. 1459-1462; *Scheunemann, M. P./Dennisen, A.* (2010), S. 408. Im Folgenden wird auf eine Erörterung der investitionshemmenden Steuerrechtsnormen verzichtet.

[960] Vgl. zu den Regelungen der Zinsschranke u. a. *Jacobs, O. H. et al. (Hrsg.)* (2011), S. 980-986; *Rödder, T.* (2008), Rn. 1-99; *Schaden, M./Käshammer, D.* (2007), S. 2259-2266.

§ 8 Nr. 1 Buchst. a GewStG wird die steuerliche Abzugsfähigkeit von Fremdkapitalzinsen beschränkt. Dies kann sich für forschende Unternehmen aufgrund des hohen Kapitalbedarfs nachteilig auswirken. Die Verlustabzugsbeschränkung nach § 8c KStG und § 10a GewStG mindert die Flexibilität forschender Unternehmen hinsichtlich der Aufnahme neuer Investoren. Ferner setzt die Regelung zur Besteuerung von Funktionsverlagerungen gemäß § 1 Abs. 3 Satz 9 AStG negative Impulse für Investitionen in die F&E in Deutschland, da forschende Unternehmen durch die Transferpaketbesteuerung „sanktioniert" werden. Es könnte für diese folglich ein Anreiz bestehen, die F&E von Beginn an im Ausland anzusiedeln.[961]

Ceteris paribus ergibt sich für Deutschland mangels einer expliziten steuerlichen F&E-Förderung einerseits und investitionshemmender Steuerrechtsnormen andererseits ein Standortnachteil gegenüber anderen Staaten, in denen die steuerlichen Rahmenbedingungen innovationsfreundlicher ausgestaltet sind. Eine Kompensation des Standortnachteils kann u. U. durch direkte, projektbezogene F&E-Förderungen erreicht werden. Deren Gewährung erfolgt jedoch nur an einen selektiven Kreis der forschenden Unternehmen, sodass insbesondere kleine und mittelgroße Unternehmen von den Fördermaßnahmen implizit ausgeschlossen werden.[962] Weiterhin zeigen Untersuchungen, dass der staatliche Finanzierungsanteil an den gesamten F&E-Aufwendungen in Deutschland in den letzten Jahren rückläufig war.[963]

4.1.6.2 Niederlande

In den Niederlanden existiert ein umfassendes Steuerregime zur Förderung der F&E. Das Ziel steuerlicher F&E-Förderungen besteht in einer Absenkung des Finanzierungsbedarfs durch eine Reduzierung der Steuerlast forschender Unternehmen. Anknüpfungspunkte der Fördermaßnahmen sind i. d. R. die ertragsteuerliche Steuerbemessungsgrundlage, der Steuersatz oder die Steuerschuld.[964] Ferner können sich die Förderungen auch in Bezug auf den Zeitpunkt ihrer Gewährung unterscheiden, wodurch unterschiedliche Förderwirkungen erreicht werden sollen.

---

[961] Vgl. hierzu auch *Kaminski, B.* (2011), S. 435; *Lehmann, S.* (2010), S. 1460.
[962] Vgl. *Arbeitsgruppe „Steuerliche F&E-Förderung"* (2009), S. 180; *Jacobs, O. H. et al. (Hrsg.)* (2011), S. 143; *Schlie, I./Stetzelberger, A.* (2008), 270; *Spengel, C. et al.* (2009), S. 31-34.
[963] Vgl. *Arbeitsgruppe „Steuerliche F&E-Förderung"* (2009), S. 180; *Spengel, C. et al.* (2009), S. 31 f.
[964] Vgl. *Jacobs, O. H. et al. (Hrsg.)* (2011), S. 141; *Spengel, C./Elschner, C.* (2010), S. 5; *Spengel, C. et al.* (2009), S. 69 f.;

Während der F&E-Phase investieren forschende Unternehmen oftmals beträchtliche Summen, woraus ein hoher Liquiditätsbedarf resultiert. Durch steuerliche Subventionen soll der Liquiditätsbedarf für forschende Unternehmen reduziert werden, da dieser oftmals ein Investitionshindernis darstellt.[965] Im niederländischen Steuerrecht erfolgt während der F&E-Phase sowohl eine Verminderung der abzuführenden Lohnsteuer- und Sozialversicherungsabgaben als auch ein erhöhter Betriebsausgabenabzug für qualifizierende F&E-Tätigkeiten[966]. Diese Begünstigungen können unabhängig vom Ausgang der F&E-Tätigkeit in Anspruch genommen werden. Weiterhin ergibt sich eine implizite steuerliche F&E-Förderung aus dem Wahlrecht einer Sofortabschreibung der aktivierungspflichtigen Entwicklungskosten.[967]

Darüber hinaus erhalten forschende Unternehmen in den Niederlanden eine Steuererleichterung für die Erträge aus der Verwertung eines selbst entwickelten immateriellen Wirtschaftsguts (Innovationsbox). Diese Förderung setzt jedoch einen erfolgreichen Abschluss der F&E-Tätigkeit voraus, sodass nicht erfolgreiche F&E-Projekte nicht begünstigt werden. Durch die Innovationsbox werden 80 % der Nettoerträge aus der Verwertung der F&E-Ergebnisse von der Körperschaftsteuer freigestellt, sobald die Entwicklungskosten durch diese wiedervereinnahmt wurden.

Auch in den Niederlanden existieren steuerrechtliche Regelungen, wie z. B. die Abzugsbeschränkung von Fremdfinanzierungsaufwendungen nach Art. 131 Wet Vpb, welche eine investitionshemmende Wirkung haben können. Aufgrund der umfassenden Fördermaßnahmen und den grundsätzlich forschungsfreundlichen steuerlichen Rahmenbedingungen ist diesen Regelungen i. Allg. nur eine untergeordnete Bedeutung beizumessen.

4.1.6.2.1 Verminderung der Lohnsteuer- und Sozialversicherungsabgaben

Die Verminderung der Lohnsteuer- und Sozialversicherungsabgaben für F&E-bezogene Personalaufwendungen knüpft an den – durch das Unternehmen abzuführenden – Lohnsteuer- und Sozialversicherungsabgaben an (steuerschuldbezogene Maßnahme). Sie führt unmittelbar zu einem liquiditätsschonenden Effekt während der F&E-Phase und wird unabhängig von der Inanspruchnahme anderer steuerlicher F&E-Begünstigungen

---

[965] Vgl. *Spengel, C./Elschner, C.* (2010), S. 5.
[966] Siehe zum Begriff der qualifizierenden F&E-Tätigkeit Abschnitt 4.1.6.2.1.
[967] Siehe *Art. 3.30 Abs. 3 Wet IB.*

gewährt.[968] Die Förderung erfolgt dergestalt, dass die Unternehmen die Lohnsteuer- und Sozialversicherungsbeiträge ihrer Arbeitnehmer in vollem Umfang einbehalten, jedoch nur einen Teil davon an die Finanzbehörden und die Sozialversicherungsträger weiterleiten müssen.[969] Im Ergebnis führt dies zu einer Verminderung der Personalaufwendungen, ohne dass die Leistungen an die Arbeitnehmer gekürzt werden.

Voraussetzung für die Beantragung einer F&E-Förderung bei der Agentschap NL[970] ist, dass das antragstellende Unternehmen die F&E-Tätigkeit systematisch organisiert und beherrscht.[971] Als begünstigungsfähige Formen der F&E kommen grundsätzlich die Eigenforschung und die Auftragsforschung in Betracht. Die konkrete F&E-Tätigkeit qualifiziert für eine steuerliche F&E-Förderung, sofern für diese eine sog. F&E-Erklärung (S&O verklaringen) von der Agentschap NL ausgestellt oder ein Patent gewährt wird und sie einem der nachfolgenden vier Tätigkeitsfelder direkt und ausschließlich zugeordnet werden kann:

- Entwicklung technisch neuer Produkte, Produktionsprozesse, Software oder deren Bestandteile;
- technisch-wissenschaftliche Forschung;
- Durchführung technischer Machbarkeitsstudien über eigene F&E-Projekte;
- technische Forschung, welche sich auf die Verbesserung eines Produktionsprozesses oder einer selbst genutzten Software konzentriert.[972]

Von der F&E-Definition werden gemäß Art. 1 Abs. 4 WVA u. a. Marktanalysen sowie administrative und organisatorische Aktivitäten explizit ausgeschlossen.[973]

Die Verminderung der Lohnsteuer- und Sozialversicherungsabgaben ist auf Arbeitnehmer begrenzt, die in den Niederlanden lohnsteuer- und sozialversicherungspflichtig sind. Unbedeutend ist hingegen, ob die qualifizierende F&E-Tätigkeit in den Niederlanden oder einem anderen EU-Mitgliedstaat ausgeübt wird.[974] Die auf diese Arbeitnehmer

[968] Vgl. *Baaijens, G. G./Breuer, A.* (2010), S. 2935.
[969] Vgl. *Agentschap NL (Hrsg.)* (2011a), S. 4.
[970] Die Agentschap NL ist eine Agentur des niederländischen Wirtschaftsministeriums, welche sich u. a. mit der Förderung von F&E in den Niederlanden befasst.
[971] Vgl. *Agentschap NL (Hrsg.)* (2011a), S. 18.
[972] Vgl. *Art. 1 Abs. 1 Satz 1 Buchst. n WVA*. Ausführlich zu den qualifizierenden F&E-Tätigkeiten siehe *Agentschap NL (Hrsg.)* (2011a), S. 9-17. Eine Auflistung nicht qualifizierender F&E-Tätigkeiten findet sich in *Agentschap NL (Hrsg.)* (2011a), S. 18 f.
[973] Eine Darstellung der nicht unter den Begriff der F&E nach *Art. 1 Abs. 1 Buchst n WVA* fallenden Aktivitäten findet sich etwa bei *Baaijens, G. G./Breuer, A.* (2010), S. 2935.
[974] Siehe *Baaijens, G. G./Breuer, A.* (2010), S. 2935.

entfallenden Personalaufwendungen eines Kalenderjahres – qualifizierende Personalaufwendungen ($QPK_{i,t}$) – werden bis zu einem Betrag von 200.000 € zu 38 % der qualifizierenden Personalaufwendungen von der Lohnsteuer und der Sozialversicherung befreit. Für qualifizierende Personalaufwendungen, die diesen Betrag übersteigen, wird eine Befreiung der Lohnsteuer- und Sozialversicherungsabgaben i. H. v. 14 % der qualifizierenden Personalaufwendungen gewährt.[975] Der Förderhöchstbetrag ist auf maximal 14.000.000 € pro Kalenderjahr begrenzt.[976] Formal ermittelt sich der jährliche Förderbetrag ($FB_{i,t}$) aus:

$$FB_{i,t} = \min\Big[\min\left(QPK_{i,t}; 200.000\right) \cdot 38\,\% + \max\left(0; QPK_{i,t} - 200.000\right) \cdot 14\,\%\big); 14.000.000\Big]. \tag{4.1}$$

Die qualifizierenden Personalaufwendungen eines Kalenderjahres berechnen sich aus dem durchschnittlichen Stundenlohn eines in der F&E tätigen Arbeitnehmers multipliziert mit der Anzahl der Arbeitsstunden, die auf qualifizierende F&E-Tätigkeiten entfallen ($h_{i,t}^{Qual}$).[977] Unter Berücksichtigung eines pauschalen Abzugs für Urlaub i. H. v. 15 % der Gesamtarbeitszeit der forschenden Mitarbeiter ($h_{i,t}^{Ges}$)[978] berechnen sich die qualifizierenden Personalaufwendungen für ein Kalenderjahr wie folgt:[979]

$$QPK_{i,t} = \frac{PK_{i,t}^{S}}{85\,\% \cdot h_{i,t}^{Ges}} \cdot h_{i,t}^{Qual}. \tag{4.2}$$

4.1.6.2.2 F&E-Abzugsbetrag

Für qualifizierende F&E-Tätigkeiten wird unabhängig[980] von der Inanspruchnahme anderer Fördermaßnahmen ein F&E-Abzugsbetrag gewährt.[981] Dieser sieht einen erhöhten Betriebsausgabenabzug für bestimmte Aufwendungen und Investitionsausgaben vor.[982] Die steuerliche Begünstigung resultiert aus einer zusätzlichen Verminderung der Steu-

---

[975] Vgl. *Art. 23 Abs. 3 Satz 1 WVA*. Die Fördersätze beziehen sich auf das Jahr 2013.
[976] Vgl. *Art. 23 Abs. 5 WVA*.
[977] Vgl. *Agentschap NL (Hrsg.)* (2011a), S. 20.
[978] Vgl. *Art. 23 Abs. 4 Satz 2 WVA*.
[979] Vgl. *Agentschap NL (Hrsg.)* (2011a), S. 20.
[980] Siehe zur Unabhängigkeit des F&E-Abzugsbetrags von anderen steuerlichen F&E-Förderungen *Ministerie van Economische Zaken, Landbouw en Innovatie (Hrsg.)* (2011), Nr. 657, Art. 14.
[981] Vgl. *Ministerie van Economische Zaken, Landbouw en Innovatie (Hrsg.)* (2011), Nr. 657, Anm. 3.1.
[982] Vgl. *Art. 3.52a Abs. 1 Wet IB*.

erbemessungsgrundlage. Da Art. 3.52a Abs. 1 Wet IB keine Steuergutschriften vorsieht, ist die Förderungsgewährung abhängig von der Erzielung einer positiven Steuerbemessungsgrundlage. Steuerliche Verluste, die durch den F&E-Abzugsbetrag entstehen oder erhöht werden, können jedoch zurück- oder vorgetragen werden. In den Niederlanden ist der Rücktragzeitraum auf ein Jahr und der Vortragzeitraum auf neun Jahre beschränkt,[983] sodass während dieser Zeiträume nur bei ausreichenden Gewinnen auch tatsächlich ein Steuervorteil erzielt werden kann.

Die Gewährung des F&E-Abzugsbetrags ist an einen schriftlichen Antrag gebunden, über welchen die Agentschap NL einzelfallbezogen entscheidet.[984] Aufwendungen und Investitionsausgaben sind grundsätzlich begünstigungsfähig, sofern diese in einem unmittelbaren Zusammenhang mit der Ausübung qualifizierender F&E-Tätigkeiten[985] stehen und den Steuerpflichtigen tatsächlich belasten.[986] Sofern die tatsächlichen Aufwendungen und Investitionsausgaben aufgrund von gesellschaftsrechtlichen Verflechtungen nicht in Einklang mit dem Fremdvergleichsgrundsatz stehen, ist der F&E-Abzugsbetrag maximal auf die Fremdvergleichspreise beschränkt.[987] Führt eine Verrechnungspreiskorrektur zu einer steuerbilanziellen Erhöhung der Aufwendungen oder der Anschaffungskosten, fällt der Differenzbetrag nicht in den Anwendungsbereich des Art. 3.52a Wet IB, da der Steuerpflichtige durch diesen nicht unmittelbar finanziell belastet wird.

Vom Anwendungsbereich des F&E-Abzugsbetrags werden einige Aufwandsarten ausgeschlossen, von denen nachstehend die für die Arbeit bedeutenden angeführt werden:[988]

- *Personalaufwendungen* werden bereits im Rahmen einer Verminderung der Lohnsteuer- und Sozialversicherungsabgaben steuerlich begünstigt. Zur Vermeidung einer doppelten steuerlichen Begünstigung können diese beim F&E-Abzugsbetrag nicht nochmals berücksichtigt werden.
- *Abschreibungen* erhöhen den F&E-Abzugsbetrag grundsätzlich nicht. Stattdessen sind Ausgaben für Wirtschaftsgüter des Anlagevermögens im Jahr der An-

---

983 Siehe *Ernst & Young (Hrsg.)* (2013), S. 914.
984 Vgl. *Ministerie van Economische Zaken, Landbouw en Innovatie (Hrsg.)* (2011), Nr. 657, Anm. 5.
985 Siehe hierzu *Agentschap NL (Hrsg.)* (2011a), S. 9-17.
986 Vgl. *Ministerie van Economische Zaken, Landbouw en Innovatie (Hrsg.)* (2011), Nr. 657, Anm. 3.2.
987 Vgl. *Ministerie van Economische Zaken, Landbouw en Innovatie (Hrsg.)* (2011), Nr. 657, Art. 6.
988 Eine Darstellung nicht begünstigungsfähiger Aufwendungen und Investitionsausgaben findet sich in *Ministerie van Economische Zaken, Landbouw en Innovatie (Hrsg.)* (2011), Nr. 657, Anm. 3.2 f.

schaffung in vollem Umfang beim F&E-Abzugsbetrag zu berücksichtigen, sofern diese eine Million Euro nicht übersteigen.[989] Anderenfalls sind diese über einen Zeitraum von mindestens fünf Jahren gleichmäßig zu verteilen. Aufwendungen für einen (funktionsbezogenen) Geschäftswert qualifizieren hingegen regelmäßig nicht für den F&E-Abzugsbetrag.[990]

- *Finanzierungsaufwendungen* werden nicht in die Ermittlung des F&E-Abzugsbetrags einbezogen. Hierdurch soll eine Bevorzugung der Fremdfinanzierung gegenüber der Eigenfinanzierung vermieden werden.
- *Gemeinkosten*, die nicht unmittelbar und ausschließlich einer qualifizierenden F&E-Tätigkeit zugerechnet werden können, sind nicht in den F&E-Abzugsbetrag einzubeziehen.

Daneben werden auch Aufwendungen im Zusammenhang mit der Beauftragung eines anderen Unternehmens zur Durchführung der F&E (Auftragsforschung) explizit vom Anwendungsbereich des Art. 3.52 a Wet IB ausgenommen.[991]

Der F&E-Abzugsbetrag bestimmt sich als Prozentsatz auf die begünstigten Aufwendungen und Investitionsausgaben, welcher zusätzlich zum regulären Betriebsausgabenabzug gewährt wird. Der anzuwendende Prozentsatz beträgt 54 %.[992]

4.1.6.2.3 Innovationsbox

In den Niederlanden forschende Unternehmen können[993] die Nettoerträge aus der Verwertung selbst entwickelter immaterieller Wirtschaftsgüter des Anlagevermögens ergänzend zu den anderen beiden Förderinstrumenten im Rahmen einer sog. Innovationsbox gemäß Art. 12b Wet Vpb versteuern. Bei Inanspruchnahme der Innovationsbox werden die Nettoverwertungserträge zu 80 % von der Steuer freigestellt, sobald diese die Entwicklungskosten für das immaterielle Wirtschaftsgut (Begünstigungsschwelle) übersteigen.

---

[989] Die erfolgswirksame Berücksichtigung von Investitionsausgaben in der Periode ihrer Verausgabung führt gegenüber einer Aktivierung und Abschreibung der Investitionsausgaben zu einem Zinsvorteil, da die Steuerbegünstigung zu einem früheren Zeitpunkt in Anspruch genommen werden kann.

[990] Dies ergibt sich m. E. auch aus *Ministerie van Economische Zaken, Landbouw en Innovatie (Hrsg.)* (2011), Nr. 657, Anm. 3.3.

[991] Vgl. *Ministerie van Economische Zaken, Landbouw en Innovatie (Hrsg.)* (2011), Nr. 657, Anm. 3.2.

[992] Vgl. *Art. 3.52a Abs. 3 Wet IB* i. V. m. *Ministerie van Economische Zaken, Landbouw en Innovatie (Hrsg.)* (2012), Nr. 5, S. 20.

[993] Vgl. *Art. 12b Abs. 1 Wet Vpb.*

4.1.6.2.3.1 Voraussetzungen für die steuerliche Förderung

Die Inanspruchnahme der Innovationsbox setzt voraus, dass

- ein selbst entwickeltes
- immaterielles Wirtschaftsgut
- des Anlagevermögens,
- für das ein Patent oder eine F&E-Erklärung ausgestellt wurde,

verwertet wird und die daraus resultierenden Gewinne die kumulierten Entwicklungskosten übersteigen.[994] Des Weiteren muss die F&E-Tätigkeit einen wesentlichen Beitrag zur Wertschöpfung leisten.

Eigenentwicklung

Das immaterielle Wirtschaftsgut muss selbst entwickelt werden.[995] Für erworbene immaterielle Wirtschaftsgüter kann die Innovationsbox nicht in Anspruch genommen werden. Als Eigenentwicklung sind alle F&E-Tätigkeiten zu qualifizieren, bei denen die F&E auf Rechnung und Gefahr des Steuerpflichtigen durchgeführt wird und dieser das Entwicklungsgeschehen beherrscht. Begünstigungsfähig sind – im Unterschied zum F&E-Abzugsbetrag – auch im Rahmen einer Auftragsforschung entwickelte immaterielle Wirtschaftsgüter, sofern das beauftragende Unternehmen die F&E-Tätigkeit koordiniert. Hiervon ist ohne besonderen Nachweis unter der Voraussetzung auszugehen, dass der Beitrag Dritter an der F&E-Tätigkeit geringer als 50 % ist.[996] Anderenfalls muss der Steuerpflichtige seine koordinierende Funktion durch entsprechende Dokumentationen nachweisen. Des Weiteren gelten auch immaterielle Wirtschaftsgüter, die im Rahmen eines Umlagevertrags durch mehrere Unternehmen zusammen entwickelt wurden und an denen der Steuerpflichtige ein Miteigentum hält, als selbst entwickelt.[997]

Immaterielles Wirtschaftsgut

Die Innovationsbox knüpft die Steuerbegünstigung an die Verwertung immaterieller Wirtschaftsgüter.[998] Grundsätzlich begünstigungsfähig sind z. B. Produktneuentwick-

---

[994] Vgl. *Art. 12b Abs. 1 Satz 1 Wet Vpb.*
[995] Vgl. *Art. 12b Abs. 1 Satz 1 Wet Vpb.*
[996] Vgl. *Baaijens, G. G./Breuer, A.* (2010), S. 2933.
[997] Vgl. *Baaijens, G. G./Breuer, A.* (2010), S. 2933; *Munting, W./Wal, J. v. d.* (2011), S. 3.
[998] Vgl. *Art. 12b Abs. 1 Satz 1 Wet Vpb.*

lungen, verbesserte Produktionsprozesse, eigenes Know-how und Software.[999] Nicht begünstigungsfähig sind hingegen Marken, Logos und vergleichbare immaterielle Wirtschaftsgüter.[1000]

Dauerhafte Nutzung im Unternehmen

Das immaterielle Wirtschaftsgut muss dazu bestimmt sein, dem Unternehmen dauerhaft zu dienen.[1001] Eine dauerhafte Nutzung im Unternehmen ist anzunehmen, wenn das immaterielle Wirtschaftsgut im eigenen Wertschöpfungsprozess eingesetzt oder zur Nutzung an Dritte überlassen wird.[1002] Weiterhin kann auch der Gewinn aus der Veräußerung eines immateriellen Wirtschaftsguts in den Anwendungsbereich der Innovationsbox fallen, sofern dieses nicht in Veräußerungsabsicht entwickelt wurde. Anderenfalls müsste das forschende Unternehmen das Wirtschaftsgut im Umlaufvermögen aktivieren, wodurch eine nicht dauerhafte Nutzung im Unternehmen impliziert wird.

Patent oder F&E-Erklärung

Die Inanspruchnahme der Innovationsbox setzt des Weiteren voraus, dass das immaterielle Wirtschaftsgut patentiert[1003] oder für die qualifizierende F&E-Tätigkeit[1004] eine F&E-Erklärung ausgestellt wird.[1005] Patente werden von den Patentämtern verliehen und entfalten eine Schutzwirkung gegenüber einer Verwertung des Patents durch Dritte ohne Zustimmung des Patentinhabers. Die Laufzeit von Patenten beträgt maximal 20 Jahre.[1006] Sie werden für Erfindungen gewährt, die neuartig sind, auf einer erfinderischen Tätigkeit beruhen und gewerblich genutzt werden können.[1007] Softwareerfindungen und innovative Betriebsprozesse sind in den Niederlanden jedoch nicht patentierbar.[1008] Derartige Innovationen können dennoch in den Anwendungsbereich der Innova-

---

999 Siehe *Baaijens, G. G./Breuer, A.* (2010), S. 2932 f.
1000 Vgl. *Art. 12b Abs. 4 Wet Vpb.*
1001 Vgl. *Art. 12b Abs. 1 Satz 1 Wet Vpb* i. V. m. *Art. 364 Abs. 1 BW 2.*
1002 Vgl. *Baaijens, G. G./Breuer, A.* (2010), S. 2932 f.
1003 Für die Innovationsbox qualifizieren niederländische Patente, Patente eines anderen EU-Mitgliedstaats sowie europäische und internationale Patente. Des Weiteren werden auch Sortenschutzrechte von der Innovationsbox erfasst.
1004 Siehe hierzu *Agentschap NL (Hrsg.)* (2011a), S. 9-17.
1005 Vgl. *Art. 12b Abs. 1 Satz 1 Wet Vpb.*
1006 Vgl. *§ 16 PatG*; *Art. 36 Abs. 5 Row*; *Art. 63 Abs. 1 EPÜ.*
1007 Vgl. *Art. 2 Abs. 1 Row.*
1008 Vgl. *Art. 2 Abs. 2 Buchst. c Row.*

tionsbox fallen, sofern diese in einem anderen Staat oder der EU[1009] als Patent zugelassen werden[1010] oder für diese eine F&E-Erklärung ausgestellt wird.

Wesentlicher Wertschöpfungsbeitrag

Die F&E-Tätigkeit muss eine wesentliche Bedeutung für den Wertschöpfungsprozess im Unternehmen aufweisen.[1011] Die Verwertung der F&E-Ergebnisse kann entweder durch Nutzungsüberlassung, Veräußerung oder im Rahmen des eigenen Wertschöpfungsprozesses erfolgen. Während bei der Nutzungsüberlassung und der Veräußerung der Wertschöpfungsbeitrag des immateriellen Wirtschaftsguts i. d. R. unmittelbar festgestellt werden kann, ist dessen Bestimmung bei einer Verwertung im Rahmen des eigenen Wertschöpfungsprozesses ungleich schwieriger. Zur Bestimmung der Nettoerträge, welche dem immateriellen Wirtschaftsgut zuzurechnen sind, kann i. Allg. auf die üblichen Fremdvergleichsmethoden abgestellt werden, ohne dass die erforderlichen Dokumentationsanforderungen zu berücksichtigen sind.[1012] Es soll die Verrechnungspreismethode angewendet werden, die eine verlässliche Zurechnung der Nettoerträge zu dem immateriellen Wirtschaftsgut ermöglicht. Der Anwendungsbereich der Standardmethoden ist vor allem dann eröffnet, wenn in Bezug auf das immaterielle Wirtschaftsgut vergleichbare Markttransaktionen beobachtet werden können. Anderenfalls erfolgt eine Zurechnung der Nettoerträge bevorzugt auf Grundlage der Restgewinnmethode[1013], welche insbesondere dann zur Anwendung kommt, wenn das selbst entwickelte immaterielle Wirtschaftsgut ausschließlich im Rahmen des eigenen Wertschöpfungsprozesses eingesetzt wird.[1014]

Von einer wesentlichen Bedeutung ist auszugehen, wenn mindestens 30 % der Nettoerträge aus der Verwertung von Wirtschaftsgütern, zu deren Erstellung oder Vermarktung das selbst entwickelte immaterielle Wirtschaftsgut eingesetzt wird, der Innovation zugerechnet werden können.[1015] Anderenfalls, wenn weniger als 30 % der Nettoerträge auf

---

[1009] Zu den aktuellen Entwicklungen hinsichtlich eines europäischen Patents mit einheitlicher Wirkung siehe etwa *Luginbühl, S.* (2013), S. 305-310; *Pagenberg, J.* (2012), S. 582-589.

[1010] Vgl. *Baaijens, G. G./Breuer, A.* (2010), S. 2934.

[1011] Vgl. *Art. 12b Abs. 2 Wet Vpb.*

[1012] Vgl. *Baaijens, G. G./Breuer, A.* (2010), S. 2938; *Munting, W./Wal, J. v. d.* (2011), S. 4. Ausführlich zu den einzelnen Verrechnungspreismethoden siehe Abschnitt 3.1.3.

[1013] Siehe zur Restgewinnmethode Abschnitt 3.1.3.2.

[1014] Siehe auch *Baaijens, G. G./Breuer, A.* (2010), S. 2938; *Munting, W./Wal, J. v. d.* (2011), S. 4.

[1015] Vgl. *Baaijens, G. G./Breuer, A.* (2010), S. 2933.

die Innovation entfallen, obliegt es dem Steuerpflichtigen darzulegen, dass die F&E-Tätigkeit für das forschende Unternehmen nicht von untergeordneter Bedeutung ist.[1016]

4.1.6.2.3.2 Höhe der steuerlichen Förderung

Die Gewährung der Steuerbegünstigung wird daran geknüpft, dass die Entwicklungskosten durch die Verwertung des immateriellen Wirtschaftsguts wiedervereinnahmt werden.[1017] Maßgebend hierfür ist eine Begünstigungsschwelle,[1018] in welche die unmittelbar dem immateriellen Wirtschaftsgut zurechenbaren Entwicklungskosten einzubeziehen sind. Die Entwicklungskosten sollen entsprechend den allgemeinen Regelungen zur Ermittlung der Herstellungskosten bestimmt werden.[1019] Sie umfassen direkt zurechenbare Kosten, einen angemessenen Anteil der entwicklungsbezogenen Gemeinkosten sowie Fremdkapitalkosten[1020], sofern diese in einem unmittelbaren Zusammenhang zu der F&E-Tätigkeit stehen.[1021] Nicht einzubeziehen ist der F&E-Abzugsbetrag nach Art. 3.52a Wet IB.[1022]

Aufwendungen für Grundlagenforschung werden bei der Ermittlung der Begünstigungsschwelle nicht berücksichtigt, da diese unabhängig von realen Verwertungsaspekten ausgeführt wird.[1023] Des Weiteren erhöhen gemäß Art. 12b Abs. 5 Buchst. c Wet Vpb auch Verluste aus der Verwertung eines immateriellen Wirtschaftsguts die Begünstigungsschwelle, da diese in vollem Umfang die Steuerbemessungsgrundlage mindern.

Um bestimmen zu können, ab welchem Zeitpunkt die Nettoverwertungserträge die Begünstigungsschwelle übersteigen, ist ein außerbilanzieller Merkposten zu bilden. Während der F&E-Phase ist die Begünstigungsschwelle um die unmittelbar zurechenbaren Entwicklungskosten zu erhöhen. Nach Abschluss der F&E-Tätigkeit muss die Begünstigungsschwelle um die Nettoerträge aus der Verwertung der F&E-Ergebnisse vermindert werden, bis diese einen Wert von Null aufweist. Verluste während der Verwer-

[1016] Siehe etwa *Baaijens, G. G./Breuer, A.* (2010), S. 2933.
[1017] Vgl. *Kessler, W. et al.* (2008), S. 1238.
[1018] Vgl. *Art. 12b Abs. 1 Satz 1* und *Abs. 5 Wet Vpb.*
[1019] So *Munting, W./Wal, J. v. d.* (2011), S. 3.
[1020] Im Unterschied zum F&E-Abzugsbetrag kann es u. U. bei der Innovationsbox erforderlich sein, die direkt und unmittelbar zurechenbaren Fremdkapitalaufwendungen in die Ermittlung der Begünstigungsschwelle einzubeziehen.
[1021] Vgl. *Art. 388 Abs. 2 BW 2*; *Hoge Raad* (1969), S. 108; *Lande, M. L. B. v. d.* (2010), S. 54 f.
[1022] Vgl. *Art. 12b Abs. 9 Wet Vpb.*
[1023] Vgl. *Baaijens, G. G./Breuer, A.* (2010), S. 2936.

tungsphase sind wie Entwicklungskosten zu behandeln und erhöhen die Begünstigungsschwelle. Siehe zur Ermittlung der Begünstigungsschwelle die nachstehende Tab. 4.2.

	Begünstigungsschwelle am Ende des letzten Wirtschaftsjahres
+	Entwicklungskosten für das immaterielle Wirtschaftsgut in Periode t
–	Erträge aus der Verwertung des immateriellen Wirtschaftsguts in Periode t
+	Verluste aus der Verwertung des immateriellen Wirtschaftsguts in Periode t
=	**Begünstigungsschwelle am Ende des aktuellen Wirtschaftsjahres (mind. 0)**

Tab. 4.2: Entwicklung der Begünstigungsschwelle

Übersteigen die Nettoerträge aus der Verwertung eines immateriellen Wirtschaftsguts die Begünstigungsschwelle, werden die übersteigenden Nettoerträge zu 80 % von der Steuer freigestellt.[1024] Unter Berücksichtigung des regulären Körperschaftsteuersatzes von 25 % ergibt sich hieraus eine effektive Steuerbelastung von 5 %. Zu beachten ist, dass die Innovationsbox an die Ermittlung der Steuerbemessungsgrundlage anknüpft und folglich die Steuerbegünstigung nicht aus einer Steuersatzreduktion, sondern aus einer Verminderung der Steuerbemessungsgrundlage resultiert.

4.2 Abgrenzung einer F&E-Funktion

Der Begriff der Funktion wird in § 1 Abs. 1 Satz 1 FVerlV als „eine Geschäftstätigkeit, die aus einer Zusammenfassung gleichartiger betrieblicher Aufgaben besteht, die von bestimmten Stellen oder Abteilungen eines Unternehmens erledigt werden [,]" definiert.[1025] Als Geschäftstätigkeit sind nicht nur Aktivitäten zu verstehen, die ein erwerbsmäßiges Tätigwerden auf einem externen Markt ermöglichen, sondern auch solche, die zu einem Tätigwerden auf internen Märkten[1026] führen. Aus diesem Grund qualifiziert auch die F&E prinzipiell als Funktion i. S. v. § 1 Abs. 1 Satz 1 FVerlV.[1027]

Ergänzend fordern die VWG-FVerl, dass die Gleichartigkeit der zu einer Funktion zusammengefassten betrieblichen Aufgaben tätigkeits- und objektbezogen zu bestimmen

[1024] Vgl. *Art. 12b Abs. 1 Satz 1 Wet Vpb.*
[1025] Siehe hierzu Abschnitt 3.2.1.1.
[1026] Im Unterschied zu externen Märkten resultieren interne Märkte aus Leistungstransfers zwischen verschiedenen Unternehmensbereichen bzw. zwischen verbundenen Unternehmen. Durch Verrechnungspreise können Unternehmensbereichen, die keinen unmittelbaren Bezug zu externen Märkten aufweisen, Erlöse zugerechnet werden, welche die Bestimmung von Erfolgsgrößen auf einer geringeren Aggregationsstufe ermöglichen.
[1027] Vgl. *BMF (Hrsg.)* (2010), S. 774, Rn. 15.

ist.[1028] Die F&E als organisatorisch eigenständiger Bereich eines Unternehmens kann unter Bezugnahme auf die Definition in § 51 Abs. 1 Nr. 2 Buchst. u Satz 4 EStG nach funktionalen Kriterien weiter untergliedert[1029] werden in

- die Grundlagenforschung,
- die Neuentwicklung von Erzeugnissen oder Herstellungsverfahren sowie
- die Weiterentwicklung von Erzeugnissen oder Herstellungsverfahren.[1030]

Betriebliche Tätigkeiten, welche nach einem erfolgreichen Abschluss der F&E-Tätigkeit im Zusammenhang mit der Verwertung der F&E-Ergebnisse stehen, sind als nicht gleichartig zu den Aufgaben der F&E anzusehen. Diese Geschäftstätigkeiten bilden i. d. R. eigenständige Funktionen, welche getrennt von der F&E-Tätigkeit zu betrachten sind.

Die objektbezogene Bestimmung der Gleichartigkeit betrieblicher Aufgaben erfordert eine Differenzierung der Tätigkeitsfelder anhand konkret erwarteter F&E-Ergebnisse. Bei der Neu- und Weiterentwicklung weisen die F&E-Tätigkeiten einen konkreten praktischen Anwendungsbezug auf und das geplante Ergebnis ist bereits zu Beginn weitestgehend präzisiert.[1031] Hingegen ist die Zielformulierung bei der Grundlagenforschung durch große Freiheitsgrade gekennzeichnet und die konkreten Ergebnisse sind ex ante oftmals nicht bestimmbar. Ergo kann eine objektbezogene Abgrenzung bei der Grundlagenforschung problembehaftet sein, während diese bei der Neu- und Weiterentwicklung aufgrund des konkreten praktischen Anwendungsbezugs i. d. R. möglich ist.

Zur Vermeidung einer zu weitgehenden Erfassung von Geschäftsvorfällen als Funktionsverlagerungen nach § 1 Abs. 3 Satz 9 AStG wird der Funktionsbegriff durch § 1 Abs. 1 Satz 2 FVerlV eingegrenzt.[1032] Die Funktion muss einen organischen Teil des Unternehmens bilden, der eine gewisse Eigenständigkeit aufweist und eine Zurech-

[1028] Vgl. *BMF (Hrsg.)* (2010), S. 774, Rn. 16.

[1029] Siehe für eine tätigkeitsbezogene Abgrenzung der F&E-Tätigkeit nach funktionalen Kriterien auch *Kasten, C.* (2012), S. 26. *Kasten* schlägt eine Abgrenzung auf Grundlage der im Frascati Handbuch der OECD definierten Teilprozesse der F&E (Grundlagenforschung, angewandte Forschung und experimentelle Entwicklung) vor.

[1030] Die VWG-Verfahren enthalten eine nicht abschließende Auflistung von Funktionen (z. B. Grundlagenforschung, Produkt- oder Patententwicklung, Produktdesign), die der F&E zuzuordnen sind. Vgl. *BMF (Hrsg.)* (2005), S. 570, Tz. 3.4.11.4 Buchst. a. Diese decken sich inhaltlich weitestgehend mit den nach funktionalen Kriterien abgegrenzten Geschäftstätigkeiten im Bereich der F&E.

[1031] Vgl. Abschnitt 4.1.1.

[1032] Ausführlich hierzu siehe Abschnitt 3.2.1.1.2.

nung von Erträgen und Aufwendungen ermöglicht.[1033] Eine unmittelbare Aufwands- und Ertragszurechnung ist grundsätzlich nur bei Funktionen möglich, die einen direkten Bezug zu externen Märkten aufweisen (z. B. Vertriebsfunktionen). Für die Eigenständigkeit einer Funktion ist es jedoch ausreichend, wenn dieser Aufwendungen und Erträge mithilfe angemessener Verteilungsschlüssel zugerechnet werden können.[1034] Eine nach tätigkeits- und objektbezogenen Kriterien abgegrenzte F&E-Tätigkeit kann folglich als organischer Teil eines Unternehmens qualifizieren, da eine Zurechnung der erwarteten Erträge und Aufwendungen für diese i. d. R. möglich ist.[1035] Nur bei der Grundlagenforschung ist eine Ertragszurechnung prinzipiell ausgeschlossen, da diese im Vergleich zur Neu- und Weiterentwicklung meist unabhängig von realen Verwertungsaspekten ausgeübt wird. Eine Quantifizierung zu erwartender Erträge ist insoweit nicht möglich.

In Tab. 4.3 werden die zentralen Ergebnisse bezüglich der steuerrechtlichen Abgrenzung von F&E-Funktionen grafisch dargestellt.

		Tätigkeitsbezug		
		Grundlagenforschung (GF)	Neuentwicklung (NE)	Weiterentwicklung (WE)
Objekt-bezug	Output 1	Geschäftstätigkeit$^{GF}_{1}$	Geschäftstätigkeit$^{NE}_{1}$	Geschäftstätigkeit$^{WE}_{1}$
	Output 2	Geschäftstätigkeit$^{GF}_{2}$	Geschäftstätigkeit$^{NE}_{2}$	Geschäftstätigkeit$^{WE}_{2}$
	...	...	...	...
	Output n	Geschäftstätigkeit$^{GF}_{n}$	Geschäftstätigkeit$^{NE}_{n}$	Geschäftstätigkeit$^{WE}_{n}$
Ertrags- und Aufwands-zurechnung möglich?		Nein	Ja	Ja
Funktion i. S. v. § 1 Abs. 3 Satz 9 AStG?		Nein	Ja	Ja

Tab. 4.3: Tätigkeits- und objektbezogene Abgrenzung von F&E-Funktionen

[1033] Vgl. *BMF (Hrsg.)* (2008), S. 10.
[1034] Vgl. Abschnitt 3.2.1.1.2.
[1035] Siehe hierzu auch die Ausführungen zur Planung und Kontrolle der F&E durch das F&E-Controlling in Abschnitt 4.1.5.

Zusammenfassend kann festgestellt werden, dass nach tätigkeits- und objektbezogenen Kriterien abgegrenzte F&E-Tätigkeiten grundsätzlich als Funktionen i. S. v. § 1 Abs. 1 FVerlV qualifizieren. Ausgenommen ist allerdings die Grundlagenforschung, da dieser aufgrund des fehlenden realen Verwertungsaspekts prinzipiell keine Verwertungserträge zugerechnet werden können.[1036] Die Neu- und Weiterentwicklung erfüllen hingegen die Abgrenzungsmerkmale einer Funktion, sodass eine Verlagerung dieser Geschäftstätigkeiten in den Anwendungsbereich des § 1 Abs. 3 Satz 9 AStG fällt.

4.3 Transferpaketbewertung bei F&E-Funktionen

Der Einigungspreis für das verlagerte Transferpaket ist gemäß § 1 Abs. 3 Satz 9 AStG als Ganzes zu ermitteln, sofern die Verlagerung der F&E als Funktionsausgliederung oder -abschmelzung ausgestaltet ist. In diesen Fällen wird die F&E-Tätigkeit nach der Verlagerung durch das aufnehmende Unternehmen systematisch organisiert und beherrscht. Da vergleichbare Transaktionen zwischen Dritten nur selten beobachtet werden können, hat die Transferpaketbewertung i. d. R.[1037] auf der Grundlage eines hypothetischen Fremdvergleichs zu erfolgen. Wird die F&E-Tätigkeit hingegen im Rahmen einer dienstvertraglichen Vereinbarung auf Rechnung und Gefahr des verlagernden Unternehmens (Auftragsforschung) ausgeübt, ist die Funktionsverlagerung als Funktionsabspaltung zu charakterisieren.[1038] In diesem Fall ist eine Einzelbewertung der verlagerten Wirtschaftsgüter anzuerkennen.[1039]

Aufgrund der Besonderheiten von F&E-Funktionen – insbesondere der Risikostruktur – kann sich die Ermittlung der Gewinnpotenziale gegenüber anderen betrieblichen Funktionen unterscheiden. In den folgenden Abschnitten werden die Einflüsse der F&E-spezifischen Risiken auf die Reingewinne nach Steuern, den Kapitalisierungszeitraum sowie den Kapitalisierungszinssatz ergänzend zu den Ausführungen in Abschnitt 3.3.1 erörtert.

[1036] Im Ergebnis identisch *Borstell, T./Schäperclaus, J.* (2008), S. 280.

[1037] Ein Ansatz zur Ermittlung fremdvergleichskonformer Einigungspreise auf der Basis von (un-)mittelbar beobachtbaren Markttransaktionen findet sich bei *Schilling, D./Kandels, C.* (2012a), S. 1065-1069; *Schilling, D./Kandels, C.* (2012b), S. 1099-1105. Hierzu kritisierend *Ditz, X./Liebchen, D.* (2012), S. 1469-1472.

[1038] Vgl. *Engler, G.* (2011b), Rn. 64; *Jacobs, O. H. et al. (Hrsg.)* (2011), S. 1170.

[1039] Vgl. *§ 1 Abs. 3 Satz 10 Halbsatz 1 AStG*; *§ 2 Abs. 2 FVerlV.*

4.3.1 Reingewinne nach Steuern

Bei der Ermittlung der Gewinnpotenziale sind gemäß § 1 Abs. 4 FVerlV nur die finanziellen Überschüsse zu berücksichtigen, die aufgrund der Funktionsausübung in den Verfügungsbereich eines ordentlichen und gewissenhaften Geschäftsleiters gelangen.[1040] Der Einsatz eines F&E-Controllings bei forschenden Unternehmen ermöglicht eine strukturierte Planung und Steuerung der F&E-Aktivitäten,[1041] wodurch i. d. R. die im Zusammenhang mit einer F&E-Tätigkeit stehenden Entwicklungskosten geschätzt werden können. Da den Entwicklungskosten während der F&E-Phase keine Erträge gegenüberstehen, sind die finanziellen Überschüsse aus der Funktionsausübung bis zum Abschluss der F&E-Tätigkeit i. Allg. negativ.

Die F&E-Funktion weist keinen direkten Bezug zu einem externen Markt auf, weshalb ihr ein angemessener Anteil an den Verwertungserträgen entsprechend des Wertschöpfungsbeitrags und der getragenen Risiken zuzurechnen ist. Hierdurch soll eine fremdübliche Vergütung für die Ausübung der F&E-Tätigkeit auch bei Geschäftsbeziehungen zwischen verbundenen Unternehmen sichergestellt werden.[1042] Aufgrund der funktionsbezogenen Betrachtungsweise sind den F&E-Funktionen grundsätzlich das Entwicklungs- und das Vergütungsrisiko zuzurechnen, nicht jedoch das Verwertungsrisiko. Das Verwertungsrisiko, welches i. d. R. erst nach Beendigung der F&E-Funktion eintreten kann, tragen die Funktionen, deren Geschäftstätigkeit die Verwertung der F&E-Ergebnisse – durch Eigentumsübertragung gegen Entgelt, durch Nutzungsüberlassung oder im eigenen Wertschöpfungsprozess – umfasst (z. B. Produktions- und Vertriebsfunktionen). Aus diesem Grund ist der Barwert der erwarteten finanziellen Überschüsse aus der Verwertung der F&E-Ergebnisse auf den Zeitpunkt des erfolgreichen Abschlusses der F&E-Tätigkeit zu ermitteln und den negativen finanziellen Überschüssen hinzuzurechnen.

4.3.2 Kapitalisierungszeitraum

Der Kapitalisierungszeitraum einer Funktion ist auf Grundlage der konkreten Umstände des Einzelfalls zu bestimmen und durch den Steuerpflichtigen glaubhaft zu machen. Indiz für einen begrenzten Kapitalisierungszeitraum ist beispielsweise eine zeitliche

---

[1040] Vgl. *BMF (Hrsg.)* (2010), S. 774, Rn. 31.
[1041] Vgl. Abschnitt 4.1.5.
[1042] Siehe zum Fremdvergleichsgrundsatz die Abschnitte 3.1.1 und 3.5.1.1.

Beschränkung der Funktionsausübungsdauer oder eine begrenzte Patentlaufzeit.[1043] Kann eine zeitliche Begrenzung der F&E-Funktion nicht durch den Steuerpflichtigen glaubhaft gemacht werden, wird ein unbegrenzter Kapitalisierungszeitraum unterstellt.[1044]

F&E-Funktionen unterliegen prinzipiell einem begrenzten Kapitalisierungszeitraum. Dies ergibt sich aus der Forderung der Finanzverwaltung nach einer objekt- und tätigkeitsbezogenen Abgrenzung und Zusammenfassung der betrieblichen Aufgaben. Die einer F&E-Funktion zugrunde liegende Geschäftstätigkeit ist auf die Neu- oder Weiterentwicklung mit Bezug zu einem konkreten Output gerichtet. Wird diese erfolgreich abgeschlossen oder aufgrund der Realisierung des Entwicklungsrisikos vorzeitig eingestellt, endet i. d. R. in diesem Zeitpunkt auch der Kapitalisierungszeitraum. Nur wenn eine sich anschließende F&E-Tätigkeit so eng mit der beendeten F&E-Tätigkeit verbunden ist, dass diese dieselben immateriellen Wirtschaftsgüter – insbesondere das F&E-Know-how – wie die beendete F&E-Tätigkeit verwendet, kann ein längerer Kapitalisierungszeitraum anzunehmen sein. An einen längeren Kapitalisierungszeitraum sind m. E. hohe Anforderungen zu stellen, welche gewährleisten, dass

- die immateriellen Wirtschaftsgüter für die sich anschließende F&E-Tätigkeit von wesentlicher Bedeutung sind und es sich bei diesen nicht um allgemeines F&E-Know-how ohne spezifischen Anwendungsbezug handelt;
- die sich anschließende F&E-Tätigkeit im Zeitpunkt der Funktionsverlagerung bereits hinreichend bestimmbar ist;
- die immateriellen Wirtschaftsgüter Gegenstand des verlagerten Transferpakets sind und nicht erst durch die Funktionsausübung im Ausland entstehen. Das wertbegründende Ereignis muss bereits vor der Verlagerung beim verlagernden Unternehmen eingetreten sein.

Die Begrenzung des Kapitalisierungszeitraums bei F&E-Funktionen stellt somit den Regelfall dar, sodass an die Glaubhaftmachung durch den Steuerpflichtigen keine hohen Ansprüche seitens der Finanzbehörden gestellt werden können. Prinzipiell endet der Kapitalisierungszeitraum spätestens im Zeitpunkt des erfolgreichen Abschlusses der F&E-Tätigkeit.

[1043] Vgl. *BMF (Hrsg.)* (2008), S. 19; *BMF (Hrsg.)* (2010), S. 774, Rn. 110; *OECD (Hrsg.)* (2013b), Tz. 193. Siehe auch Abschnitt 3.3.1.1.3.

[1044] Vgl. *§ 6 FVerlV.*

4.3.3 Kapitalisierungszinssatz

Der Kapitalisierungszinssatz ist grundsätzlich auf Basis des CAPM zu bestimmen, da dieses den Nachweis einer Verwendung fremdüblicher Kapitalkosten bei der Ermittlung der Gewinnpotenziale erleichtert.[1045] Dem CAPM liegt die Annahme breit diversifizierter Investoren zugrunde, weshalb durch dieses die systematischen marktbezogenen Risiken – nicht aber die unsystematischen projektspezifischen Risiken – erfasst werden.[1046] Die systematischen Risiken betreffen vor allem die Entwicklungskosten während der F&E-Phase sowie die Erlöse aus der Verwertung der F&E-Ergebnisse nach einem erfolgreichen Abschluss der F&E-Tätigkeit. Diese sind im Zusammenhang mit den Entwicklungskosten meist geringer als die systematischen Risiken im Zusammenhang mit der Verwertung der F&E-Ergebnisse.[1047] Dies ist darauf zurückzuführen, dass die geschätzten Entwicklungskosten (z. B. Material- und Personalkosten, Abschreibungen, Lizenzgebühren etc.) geringeren Schwankungen unterliegen als die erwarteten Verwertungserträge. In der Konsequenz sind die negativen finanziellen Überschüsse während der F&E-Phase mit einem niedrigeren Kapitalisierungszinssatz ($r^{F\&E}$) zu diskontieren als die finanziellen Überschüsse während der Verwertungsphase (r^{V}).

4.4 Gesetzliche Preisanpassungsklausel

Nach § 1 Abs. 3 Satz 11 und 12 AStG ist bei einer erheblichen Abweichung der tatsächlichen von der prognostizierten Gewinnentwicklung im Verlagerungszeitpunkt widerlegbar zu vermuten, dass signifikante Unsicherheiten im Zusammenhang mit der Preisermittlung bestehen und ordentliche und gewissenhafte Geschäftsleiter eine Preisanpassungsregelung vereinbaren würden.[1048] Eine erhebliche Abweichung kann sich aufgrund der F&E-spezifischen Risiken ergeben, sofern diese der F&E-Funktion zuzurechnen sind und einen Einfluss auf die Gewinnentwicklung haben. Unerheblich für die Anwendung der gesetzlichen Preisanpassungsklausel ist hingegen, ob die Abweichung auf Tatsachen zurückzuführen ist, die bereits im Verlagerungszeitpunkt vorlagen (werterhel-

---

[1045] Vgl. Abschnitt 3.3.1.1.4.
[1046] Zur Erforderlichkeit einer Abbildung sämtlicher F&E-spezifischer Risiken bei der Ermittlung der Gewinnpotenziale und deren Integration in das Bewertungsmodell siehe Abschnitt 5.1.2.
[1047] Vgl. *Myers, S. C./Howe, C. D.* (1997), S. 21.
[1048] Vgl. *§ 1 Abs. 3 Satz 11 AStG*. Siehe zur gesetzlichen Preisanpassungsklausel auch Abschnitt 3.4.

lende Tatsachen) oder erst nach der Verlagerung begründet werden (wertbegründende Tatsachen).[1049]

Den F&E-Funktionen ist ein Entwicklungsrisiko immanent, welches sich bei fortschreitender Entwicklungsdauer meist sukzessive auflöst.[1050] Dazu korrespondierend steigen die Gewinnpotenziale der F&E-Funktion im Zeitablauf an. Da diese Erhöhung nicht aus einer Veränderung der Gewinnentwicklung, sondern einer Auflösung des Entwicklungsrisikos resultiert, kann hieraus die Durchführung einer nachträglichen Preisanpassung nicht begründet werden. Abweichend davon kommt es im Falle einer Realisierung des Entwicklungsrisikos zu einer Veränderung der tatsächlichen Gewinnentwicklung gegenüber der prognostizierten Gewinnentwicklung im Verlagerungszeitpunkt. Der Grenzpreis des aufnehmenden Unternehmens ist unter Berücksichtigung der veränderten Gewinnentwicklung und der ursprünglichen Risikostruktur neu zu berechnen. Dieser liegt dann grundsätzlich unterhalb des Mindestpreises des ursprünglichen Einigungsbereichs, da den Entwicklungskosten bei einer vorzeitigen Funktionseinstellung i. d. R. keine Verwertungserträge mehr gegenüberstehen. Dies kann in einer nachträglichen Preisanpassung zugunsten des Steuerpflichtigen resultieren.[1051]

Eine erhebliche Abweichung der Gewinnentwicklung kann auch durch die Realisierung des Vergütungsrisikos hervorgerufen werden, indem die erwarteten Verwertungserträge (Soll-Erträge) aus den angestrebten F&E-Ergebnissen (Soll-Ergebnisse) von den erwarteten Verwertungserträgen (Soll-Erträge) der tatsächlich realisierten F&E-Ergebnisse (Ist-Ergebnisse) abweichen.[1052] Das Vergütungsrisiko ist der F&E-Funktion unmittelbar zurechenbar. Es tritt i. Allg. im Zeitpunkt eines erfolgreichen Abschlusses der F&E-Tätigkeit ein und spiegelt sich in der Qualität der F&E-Ergebnisse wider. Das Vergütungsrisiko kann zu einer Preisanpassung sowohl zugunsten als auch zuungunsten des verlagernden Unternehmens führen.[1053]

Das Verwertungsrisiko bildet die Unsicherheiten in Bezug auf die Erzielung von Erträgen aus der Verwertung der tatsächlich realisierten F&E-Ergebnisse ab.[1054] Auf der

---

[1049] Kritisch hierzu *Greil, S.* (2009b), S. 573.

[1050] Vgl. *Clausius, E. H. J.* (1993), S. 163 f.; *Myers, S. C./Howe, C. D.* (1997), S. 21.

[1051] Siehe Abschnitt 3.4.1.2. Dies setzt allerdings voraus, dass bereits eine Korrektur nach § 1 Abs. 1 AStG durchgeführt wurde und die nachträgliche Preisanpassung insofern ein Korrektiv zur Erstkorrektur bildet. Siehe hierzu auch *Kraft, G.* (2009), § 1 AStG, Rn. 480.

[1052] Vgl. Abschnitt 4.1.3.

[1053] Die Korrektur zugunsten des Steuerpflichtigen setzt wiederum eine Erstkorrektur nach § 1 Abs. 1 AStG voraus.

[1054] Vgl. Abschnitt 4.1.3.

Grundlage einer Funktions- und Risikoanalyse ist dieses i. d. R. den Funktionen zuzurechnen, deren Geschäftstätigkeit die Verwertung der F&E-Ergebnisse umfasst. Dennoch sieht § 1 Abs. 3 Satz 11 und 12 AStG auch in diesen Fällen eine nachträgliche Preisanpassung vor, da sich im Verwertungsrisiko die Bewertungsunsicherheiten hinsichtlich der erwarteten Verwertungserträge im Verlagerungszeitpunkt widerspiegeln.

Im Ergebnis ist die Durchführung einer nachträglichen Preisanpassung sowohl bei einer Realisierung des Vergütungs- als auch des Verwertungsrisikos möglich. Für das Entwicklungsrisiko ist danach zu differenzieren, ob die Veränderung der Gewinnpotenziale auf ein sich sukzessive auflösendes Entwicklungsrisiko oder eine tatsächliche Veränderung der Gewinnentwicklung zurückzuführen ist. Nur in letzterem Fall findet die gesetzliche Preisanpassungsklausel Anwendung.

5 Verfahren zur Bewertung von F&E-Funktionen

Die Ausführungen im vorangegangenen Kapitel 4 zeigen, dass sich F&E-Funktionen in Bezug auf die Ermittlung der Gewinnpotenziale infolge ihrer Chancen- und Risikostruktur von anderen betrieblichen Funktionen unterscheiden können. Trotz dieser Besonderheiten wurden die steuerlichen Implikationen aus einer Outbound-Verlagerung von F&E-Funktionen bisher nur unzureichend in den VWG-FVerl und im Fachschrifttum[1055] betrachtet. Vor diesem Hintergrund besteht das Ziel dieses Kapitels in der Entwicklung eines Verfahrens für die Transferpaketbewertung bei Outbound-Verlagerungen von F&E-Funktionen nach § 1 Abs. 3 Satz 9 AStG. Das Verfahren soll für die erläuterten Verlagerungsformen anwendbar sein und alle bewertungsrelevanten Einflussgrößen – insbesondere auch die Steuervorteile aus einer Inanspruchnahme der steuerlichen F&E-Förderungen in den Niederlanden[1056] – berücksichtigen.

Abschnitt 5.1 enthält Vorüberlegungen hinsichtlich der Wahl eines geeigneten investitionstheoretischen Verfahrens für die Bewertung von F&E-Funktionen und zur Abbildung der F&E-spezifischen Risiken im Bewertungskalkül. Abschnitt 5.2 definiert die dem Bewertungsverfahren zugrunde liegenden Prämissen. In Abschnitt 5.3 wird das Bewertungsverfahren sukzessive entwickelt. Hierbei erfolgt eine getrennte Darstellung der Grenzpreisermittlung beim verlagernden und beim aufnehmenden Unternehmen. Der sich anschließende Abschnitt 5.4 enthält einen Ansatz zur Ermittlung fremdvergleichskonformer Lizenzraten auf der Grundlage eines hypothetischen Fremdvergleichs für Pauschal- und Umsatzlizenzen. Abschnitt 5.5 fasst die wesentlichen Ergebnisse des Kapitels nochmals zusammen.

5.1 Vorüberlegungen

5.1.1 Geeignetes kapitalwertorientiertes Bewertungsverfahren

Die Transferpaketbewertung basiert auf dem erwarteten finanziellen Nutzen aus der Funktionsausübung, der im Rahmen einer betriebswirtschaftlichen Bewertung nach einem anerkannten kapitalwertorientierten Verfahren ermittelt wird.[1057] Als Verfahren für die

[1055] Siehe für einen Ansatz zur Bewertung einer Funktionsabspaltung im Bereich der F&E *Schilling, D./ Kandels, C.* (2012b), S. 1102 f.

[1056] Vgl. *BMF (Hrsg.)* (2010), S. 774, Rn. 93.

[1057] Vgl. *BMF (Hrsg.)* (2010), S. 774, Rn. 63. Siehe ergänzend *Bayerisches Landesamt für Steuern (Hrsg.)* (2013), S. 104.

Transferpaketbewertung sind insbesondere das Ertragswertverfahren nach IDW S 1 und die DCF-Verfahren geeignet.[1058] Diese Verfahren beruhen grundsätzlich auf derselben konzeptionellen Grundlage und führen bei identischen Bewertungsannahmen zu den gleichen Bewertungsergebnissen.[1059]

Trotz der identischen konzeptionellen Grundlage eignen sich nicht alle kapitalwertorientierten Verfahren gleichermaßen für die Transferpaketbewertung bei grenzüberschreitenden Verlagerungen von F&E-Funktionen. Im Folgenden wird das Adjusted Present Value-Verfahren (APV-Verfahren) als ein Bewertungsverfahren identifiziert, welches

- aufgrund seiner internationalen Akzeptanz[1060] und
- den zugrunde liegenden Finanzierungsprämissen

für die Grenzpreisermittlung bei F&E-Funktionen aus theoretischer Sicht besonders geeignet erscheint.

Internationale Akzeptanz der Bewertungsverfahren

Die Regelungen zur Funktionsverlagerungsbesteuerung nach § 1 Abs. 3 Satz 9 AStG finden ausschließlich auf grenzüberschreitende Sachverhalte Anwendung. Zur Vermeidung zusätzlicher Konfliktpotenziale sollte der Grenzpreisermittlung im Rahmen eines hypothetischen Fremdvergleichs ein Bewertungsverfahren zugrunde gelegt werden, welches sowohl in Deutschland als auch im Ausland anerkannt ist. Das Ertragswertverfahren nach IDW S 1 ist durch die kaufmännische Bewertungspraxis in Deutschland geprägt und findet im Vergleich zu den DCF-Verfahren international weniger Beachtung.[1061] Vor diesem Hintergrund sind m. E. die DCF-Verfahren gegenüber dem Ertragswertverfahren nach IDW S 1 bevorzugt anzuwenden, um mögliche Konflikte mit den ausländischen Finanzbehörden auszuschließen, welche aus der Wahl des kapitalwertorientierten Bewertungsverfahrens resultieren können.

[1058] Vgl. *BMF (Hrsg.)* (2010), S. 774, Tz. 87-89.

[1059] Vgl. *BMF (Hrsg.)* (2010), S. 774, Tz. 88; *IDW S 1.101*.

[1060] Die DCF-Verfahren besitzen grundsätzlich unter den Bewertungsverfahren international den höchsten Bekanntheitsgrad. So z. B. *Baetge, J. et al.* (2012), S. 353 f.; *Kirchdörfer, R./Lorz, R.* (2012), S. 181; *Nestler, A./Kupke, T.* (2003), S. 170; *Nielsen, N. H.* (2010), S. 2; *Tcherveniachki, V.* (2007), S. 136; *Timmreck, C.* (2003), S. 23.

[1061] Siehe zur Bedeutung der DCF-Verfahren in der internationalen Bewertungspraxis im Vergleich zum Ertragswertverfahren etwa *Baetge, J. et al.* (2012), S. 353 f.

Finanzierungsprämissen

Der Kapitalbedarf zur Finanzierung der F&E-Tätigkeit kann durch die Zuführung von Eigenkapital oder die Aufnahme von Fremdkapital gedeckt werden. Soweit eine Fremdfinanzierung erfolgt, können i. Allg. zwei idealtypische Finanzierungsstrategien unterschieden werden, welche für die Wahl eines geeigneten Bewertungsverfahrens von wesentlicher Bedeutung sind:[1062]

- wertorientierte Finanzierungsstrategie;
- autonome Finanzierungsstrategie.

Bei der wertorientierten Finanzierungsstrategie wird die Entwicklung des zu Marktwerten bestimmten Verschuldungsgrads ex ante festgelegt,[1063] wobei i. d. R. ein konstanter Verschuldungsgrad unterstellt wird. Der Verschuldungsgrad wird als das Verhältnis des Marktwerts des Fremdkapitals zum Marktwert des Eigenkapitals definiert. Diese Finanzierungsstrategie führt dazu, dass sich bei einer Veränderung des Marktwerts des Eigenkapitals auch die Fremdkapitalbestände entsprechend verändern.[1064] Bei der autonomen Finanzierungsstrategie werden indes die Fremdkapitalbestände für den gesamten Planungszeitraum festgelegt.[1065] Die Fremdkapitalbestände sind somit deterministisch und aufgrund der expliziten Planung im Bewertungszeitpunkt unabhängig von der Entwicklung des Marktwerts des Gesamtkapitals.[1066] Da die künftigen Fremdkapitalbestände sicher sind, ist auch die Höhe der Zinszahlungen unter Sicherheit zu ermitteln, sofern konstante Fremdkapitalzinsen unterstellt werden. Die deterministischen Fremdkapitalbestände implizieren unsichere Fremdkapitalquoten in der Zukunft, weshalb der Verschuldungsgrad bei einer autonomen Finanzierungsstrategie variabel ist.[1067]

Die autonome Finanzierungsstrategie ist der wertorientierten Finanzierungsstrategie bei der Transferpaketbewertung von F&E-Funktionen vorzuziehen, da sie die Finanzierungsentscheidungen für F&E-Funktionen realitätsnäher[1068] abzubilden vermag. Dies ist

---

[1062] Vgl. *Wallmeier, M.* (1999), S. 1474.

[1063] Vgl. *Baetge, J. et al.* (2012), S. 405; *Ballwieser, W.* (2011), S. 151; *Drukarczyk, J./Schüler, A.* (2009), S. 138; *Perridon, L. et al.* (2012), S. 228; *Wallmeier, M.* (1999), S. 1474.

[1064] Vgl. *Drukarczyk, J./Schüler, A.* (2009), S. 138; *Perridon, L. et al.* (2012), S. 228; *Richter, F.* (1998), S. 380.

[1065] Vgl. *Baetge, J. et al.* (2012), S. 408; *Ballwieser, W.* (2011), S. 151; *Drukarczyk, J./Schüler, A.* (2009), S. 138; *Richter, F./Drukarczyk, J.* (2001), S. 630.

[1066] Vgl. *Perridon, L. et al.* (2012), S. 228; *Richter, F.* (1998), S. 380.

[1067] Vgl. *Wallmeier, M.* (1999), S. 1474.

[1068] So auch *Ballwieser, W.* (2011), S. 167; *Richter, F.* (1998), S. 382; *Schilling, D./Kandels, C.* (2012b), S. 1103.

darauf zurückzuführen, dass der Finanzierungsbedarf bei F&E-Funktionen nicht zwingend in einem kausalen Zusammenhang zum Funktionswert steht. Aufgrund des sich sukzessive auflösenden Entwicklungsrisikos kommt es nach jeder erfolgreich beendeten F&E-Phase zu einem sprunghaften Anstieg des Funktionswerts. Zur Einhaltung eines festen Verschuldungsgrads müsste bei einer wertorientierten Finanzierungsstrategie zusätzliches Fremdkapital unabhängig vom erwarteten Kapitalbedarf aufgenommen werden. Da der erwartete Kapitalbedarf für die F&E-Tätigkeit i. d. R. prognostizierbar ist,[1069] führt die autonome Finanzierungsstrategie zu realitätsnäheren Ergebnissen.

Schlussfolgerung: Anwendung des Adjusted Present Value-Verfahrens

Das APV-Verfahren ist ein geeignetes Verfahren für die Transferpaketbewertung bei F&E-Funktionen. Es ist den DCF-Verfahren zuzurechnen und weist insofern international einen hohen Anerkennungsgrad auf. Weiterhin ermöglicht dieses Verfahren auch bei einer autonomen Finanzierungsstrategie eine zirkularitätsfreie Bewertung.[1070] In Ermangelung einer Kopplung des Fremdkapitalbestands an den Funktionswert ist das APV-Verfahren als der allgemeinere Bewertungsansatz im Vergleich zu den anderen DCF-Verfahren zu beurteilen.[1071] Ein weiterer Vorteil dieses Verfahrens ist in der Aufspaltung und separaten Bewertung der finanziellen Überschüsse des operativen Bereichs und der des Finanzierungsbereichs zu sehen, wodurch ein hoher Grad an Genauigkeit und Transparenz erzielt werden kann.[1072]

Zur Ermittlung des Funktionsgrenzpreises werden beim APV-Verfahren die einer F&E-Funktion zurechenbaren Zahlungsströme zerlegt und einer isolierten Bewertung zugeführt.[1073] Die maßgebende Zahlungsstromgröße ist der erwartete[1074] Free Cashflow, welcher die finanziellen Mittel repräsentiert, die zur Befriedigung der Ansprüche sämtlicher Kapitalgeber – d. h. der Eigen- und Fremdkapitalgeber – in einer Periode zur Ver-

---

[1069] Siehe hierzu auch die Ausführungen zum F&E-Controlling in Abschnitt 4.1.5.

[1070] Vgl. *Mrotzek, R.* (1989), S. 205; *Wallmeier, M.* (1999), S. 1480.

[1071] Vgl. *Busse von Colbe, W./Laßmann, G.* (1990), S. 249; *Hachmeister, D.* (1996), S. 267; *Looks, C./ Scholz, C. M.* (2007), S. 2544; *Mrotzek, R.* (1989), S. 210.

[1072] Vgl. *Drukarczyk, J./Schüler, A.* (2009), S. 149; *Hachmeister, D.* (2000), S. 126; *Luehrman, T. A.* (1997), S. 154.

[1073] Vgl. *Ballwieser, W.* (2011), S. 134; *Drukarczyk, J./Schüler, A.* (2009), S. 149; *Fischer, E.* (1999), S. 29.

[1074] Die im Zusammenhang mit einer F&E-Funktion stehenden Free Cashflows sind unsicher, sodass der Transferpaketbewertung geschätzte Werte (Erwartungswerte) – mit Ausnahme der deterministischen Fremdkapitalbestände – zugrunde liegen. Auf eine explizite Kennzeichnung der Free Cashflows als Erwartungswerte wird aus Gründen der Übersichtlichkeit im Folgenden verzichtet.

fügung stehen.[1075] In einem ersten Schritt werden die Free Cashflows unter Vernachlässigung der tatsächlich realisierten Kapitalstruktur bestimmt und mit dem Kapitalisierungszinssatz einer rein eigenfinanzierten Funktion[1076] diskontiert.[1077] Die Bestimmung der Eigenkapitalkosten bei reiner Eigenfinanzierung einer F&E-Funktion kann jedoch problembehaftet sein, da für diese i. d. R. keine Vergleichsobjekte mit einer entsprechenden Kapitalstruktur am Kapitalmarkt beobachtet werden können.[1078] Die Kapitalkosten bei reiner Eigenfinanzierung können allerdings unter Rückgriff auf die sog. Beta-Anpassung geschätzt werden, bei welcher eine Bereinigung empirischer Beta-Werte um das Kapitalstrukturrisiko[1079] erfolgt.[1080]

In einem zweiten Schritt ist der Barwert der Steuervorteile aus der Fremdfinanzierung (Tax Shield), welche aus der steuerlichen Abzugsfähigkeit von Fremdkapitalzinsen resultieren, zu bestimmen.[1081] Die Steuervorteile sind mit einem risikoäquivalenten Kapitalisierungszinssatz zu diskontieren. Bei einer autonomen Finanzierungsstrategie wird der Finanzierungsbedarf ex ante für den gesamten Betrachtungszeitraum bestimmt, weshalb die zu entrichtenden Fremdkapitalzinsen deterministisch sind. Wird darüber hinaus angenommen, dass das Tax Shield ebenso risikobehaftet ist wie das Fremdkapital selbst, sind die fremdfinanzierungsbedingten Steuervorteile mit dem Fremdkapital-

---

[1075] Vgl. *IDW S 1.127*. Die Free Cashflows können entweder direkt aus den zahlungswirksamen Erträgen und Aufwendungen oder indirekt durch eine Korrektur des Jahresergebnisses um die nicht zahlungswirksamen Erträge und Aufwendungen bestimmt werden. Eine Darstellung der indirekten Methode findet sich z. B. in *DRS 2*; *IDW S 1.127; Perridon, L. et al.* (2012), S. 229.

[1076] Zur Kapitalisierung der funktionsbezogenen Free Cashflows kann in diesem Kontext typisierend auf den Kapitalisierungszinssatz für das Unternehmen als Ganzes abgestellt werden. Vgl. *BMF (Hrsg.)* (2010), S. 774, Rn. 106.

[1077] Vgl. *Baetge, J. et al.* (2012), S. 406; *Ballwieser, W.* (2011), S. 134; *Drukarczyk, J./Schüler, A.* (2009), S. 148; *Ernst, D. et al.* (2010), S. 29; *IDW S 1.136 f.*; *Luehrman, T. A.* (1997), S. 150; *Perridon, L. et al.* (2012), S. 228 f.; *Richter, F.* (1998), S. 381.

[1078] Vgl. *Ballwieser, W.* (2011), S. 149; *Hachmeister, D.* (1996), S. 267.

[1079] Aufgrund der vertraglich vereinbarten Zahlungsverpflichtungen bei Fremdkapitalfinanzierungen sind diese gegenüber Zahlungen an die Anteilseigner vorrangig zu behandeln, sodass die Anteilseigner lediglich einen Anspruch auf die um Fremdkapitalzinsen verminderten finanziellen Überschüsse aus der operativen Tätigkeit haben. Das Kapitalstrukturrisiko für einen Anteilseigner ist bei einer anteiligen Fremdkapitalfinanzierung aufgrund des finanzwirtschaftlichen Risikos höher als bei vollständiger Eigenfinanzierung. Vgl. hierzu *Schultze, W.* (2003), S. 289 f.

[1080] Siehe zur modellhaften Rekonstruktion und den Problemfeldern einer Ermittlung der Eigenkapitalkosten bei reiner Eigenfinanzierung etwa *Ballwieser, W.* (2011), S. 150; *Drukarczyk, J./Schüler, A.* (2009), S. 225-228; *Enzinger, A./Kofler, P.* (2011), S. 52-57; *Hachmeister, D.* (2000), S. 126-128; *Kruschwitz, L.* (2011), S. 377-380; *Richter, F./Drukarczyk, J.* (2001), S. 631 f.; *Schildbach, T.* (2000), S. 709-715; *Wallmeier, M.* (1999), S. 1476.

[1081] Vgl. *Baetge, J. et al.* (2012), S. 407; *Ballwieser, W.* (2011), S. 134; *Drukarczyk, J./Schüler, A.* (2009), S. 149; *Hachmeister, D.* (2000), S. 98; *IDW S 1.136*; *Luehrman, T. A.* (1997), S. 145; *Perridon, L. et al.* (2012), S. 228 f.; *Richter, F.* (1998), S. 381; *Steiner, M./Wallmeier, M.* (1999), S. 5.

zinssatz r^{FK} zu diskontieren.[1082] Läge der Transferpaketbewertung hingegen eine wertorientierte Finanzierungsstrategie zugrunde, hätten die fremdfinanzierungsbedingten Steuervorteile dieselbe Risikostruktur wie die operativen Free Cashflows und müssten mit dem Kapitalisierungszinssatz bei reiner Eigenfinanzierung diskontiert werden.[1083] Das Tax Shield bestimmt sich i. Allg. bei autonomer Finanzierungsstrategie aus:

$$TS = \sum_{t=1}^{T} \frac{s^{Unt} \cdot r^{FK} \cdot FK_{t-1}}{(1 + r^{FK})^t} \tag{5.1}$$

mit

FK_{t-1} = Fremdkapitalbestand am Ende der Vorperiode;
r^{FK} = Fremdkapitalzinssatz;
s^{Unt} = Unternehmensteuersatz;
t = Index für die Zeit in Jahren (T = Ende des Betrachtungszeitraums);
TS = Barwert der abschreibungsbedingten Steuervorteile (Tax Shield).

Der Funktionswert i. S. e. Marktwerts des Gesamtkapitals ergibt sich aus dem Barwert der Free Cashflows aus der operativen Geschäftstätigkeit und dem Wert des Tax Shields. Um den Funktionsgrenzpreis als Wert der subjektiven Konzessionsbereitschaft i. S. e. Marktwerts des Eigenkapitals zu erhalten, ist der Marktwert des Fremdkapitals im Bewertungszeitpunkt t=0 (FK_0) vom Marktwert des Gesamtkapitals abzuziehen:

$$APV = \sum_{t=1}^{T} \frac{FCF_t}{(1 + r^{EK})^t} + \sum_{t=1}^{T} \frac{s^{Unt} \cdot r^{FK} \cdot FK_{t-1}}{(1 + r^{FK})^t} - FK_0 \tag{5.2}$$

mit

APV = Adjusted Present Value;
FCF_t = Free Cashflows in Periode t;
FK_0 = Marktwert des Fremdkapitals im Bewertungszeitpunkt t=0;
FK_{t-1} = Fremdkapitalbestand am Ende der Vorperiode;
s^{Unt} = Unternehmensteuersatz;
r^{EK} = Kapitalkostensatz bei reiner Eigenfinanzierung;
r^{FK} = Fremdkapitalzinssatz;
t = Index für die Zeit in Jahren (T = Ende des Betrachtungszeitraums).

[1082] Vgl. *Ballwieser, W.* (2011), S. 135; *Enzinger, A./Kofler, P.* (2011), S. 52; *IDW S 1.137*; *Perridon, L. et al.* (2012), S. 232; *Schultze, W.* (2003), S. 104 f.; *Steiner, M./Wallmeier, M.* (1999), S. 8.

[1083] Vgl. *Luehrman, T. A.* (1997), S. 151; *Richter, F.* (1998), S. 382; *Schultze, W.* (2003), S. 105; *Wallmeier, M.* (1999), S. 1479 f.

5.1.2 Abbildung der F&E-Risiken

Im Zusammenhang mit der Verlagerung einer F&E-Funktion ist i. d. R. nicht davon auszugehen, dass die Möglichkeit einer perfekten Diversifikation existiert.[1084] Für Zwecke der Transferpaketbewertung im Rahmen eines hypothetischen Fremdvergleichs sind infolgedessen neben den systematischen Risiken auch die unsystematischen Risiken bei der Ermittlung der Gewinnpotenziale zu berücksichtigen. Sämtliche F&E-spezifischen Risiken müssen durch das Bewertungsverfahren adäquat abgebildet werden.[1085]

Eine Berücksichtigung aller F&E-spezifischer Risiken im Kapitalisierungszinssatz durch einen pauschalen Risikozuschlag trägt der komplexen Risikostruktur von F&E-Funktionen oftmals nicht in angemessener Weise Rechnung. Insbesondere eine transparente und sachgerechte Abbildung des sich sukzessive auflösenden Entwicklungsrisikos und des Vergütungsrisikos im Kapitalisierungszinssatz kann problematisch sein. Der Kapitalisierungszinssatz wird auf Basis des CAPM ermittelt und umfasst i. d. R. nur die systematischen Risiken.[1086] Aus diesem Grund ist das APV-Verfahren in seiner Grundform für die Transferpaketbewertung bei F&E-Funktionen konzeptionell zu erweitern, um eine vollständige Abbildung der F&E-spezifischen Risiken zu ermöglichen.[1087] Hierbei soll im Folgenden auf die Erkenntnisse aus der Bewertung von Biotechnologie-

---

[1084] So auch *Ernst, D. et al.* (2010), S. 57 für den Erwerb von Unternehmen.

[1085] Siehe zu dieser Bedingung auch *OECD (Hrsg.)* (2013b), Tz. 189-191.

[1086] Siehe hierzu auch die Ausführungen bei *Baecker, P. N./Hommel, U.* (2002), S. 507; *Myers, S. C./ Howe, C. D.* (1997), S. 21.

[1087] Zur Abbildung der F&E-spezifischen Risiken wird z. B. im Pharma- und Biotechnologiebereich das Verfahren der risikoangepassten DCF-Verfahren von der überwiegenden Mehrzahl der Unternehmen angewendet. Vgl. *Nielsen, N. H.* (2010), S. 2 f. Teilweise werden auch Realoptionsmodelle zur Bewertung von Biotechnologie- und Wachstumsunternehmen oder einzelner F&E-Projekte vor dem Hintergrund eines wertorientierten Controllings bzw. Managements empfohlen. Vgl. statt vieler *Schwartz, E. S.* (2004), S. 23. Dementgegen sehen andere Autoren in der Anpassung der etablierten DCF-Verfahren einen geeigneten Ansatz zur Bewertung von Biotechnologie- und Wachstumsunternehmen oder F&E-Projekten. Vgl. hierzu u. a. *Kaufmann, L./Ridder, C.* (2003); *Kellogg, D./Charnes, J. M.* (2000); *Stewart, J. J. et al.* (2001). Für die Bewertung von F&E-Funktionen zu rein steuerlichen Zwecken sind m. E. risikoadjustierte DCF-Verfahren i. Allg. und risikoadjustierte APV-Verfahren im Speziellen besser geeignet als Realoptionsmodelle, da DCF-Verfahren international eine größere Akzeptanz aufweisen und dadurch die Gefahr einer Nichtanerkennung der Transferpaketpreise durch ausländische Finanzbehörden reduziert werden kann. Ferner resultiert aus der Bewertung auf Basis des Realoptionsansatzes gegenüber einer Bewertung auf der Grundlage risikoadjustierter DCF-Verfahren nur dann ein zusätzlicher Nutzen, wenn tatsächliche Handlungsmöglichkeiten für die Entscheidungsträger – z. B. aufgrund zusätzlicher Informationen im Zeitablauf – bestehen und quantifiziert werden können. Durch die Berücksichtigung zusätzlicher Handlungsalternativen erhöhen sich allerdings der Bewertungsaufwand für den Steuerpflichtigen und der Überprüfungsaufwand für die Finanzbehörden. Insbesondere vor dem Hintergrund einer praktikablen Steuerveranlagung ist der Realoptionsansatz für die Transferpaketbewertung m. E. ungeeignet.

und Wachstumsunternehmen[1088] Bezug genommen werden, da diese m. E. zu F&E-Funktionen grundsätzlich vergleichbare Eigenschaften aufweisen. In den folgenden Abschnitten wird erläutert, wie die F&E-spezifischen Risiken in das APV-Verfahren integriert werden können.

5.1.2.1 Entwicklungsrisiko

Eine F&E-Tätigkeit besteht meist aus einer Sequenz von verschiedenen F&E-Phasen, an deren Ende eine Entscheidung über die Fortführung oder die Einstellung der F&E-Tätigkeit getroffen wird (Entwicklungsrisiko).[1089] Die Ergebnisse der einzelnen Entscheidungssituationen sind für die Bewertung essenziell, sodass deren ökonomischer Gehalt im Bewertungskalkül abgebildet werden muss.[1090] Die Berücksichtigung des unsystematischen (Entwicklungs-)Risikos im Kapitalisierungszinssatz kann mit erheblichen Problemen verbunden sein. Dies ist darauf zurückzuführen, dass das Entwicklungsrisiko durch einen nur schwer quantifizierbaren Zuschlag in den Kapitalkosten abgebildet werden müsste.[1091] Weiterhin würden sich hohe Kapitalisierungszinssätze ergeben,[1092] welche m. E. ein erhöhtes Konfliktpotenzial zwischen dem Steuerpflichtigen und der Finanzverwaltung bergen. Des Weiteren müssten die Kapitalkosten aufgrund des sich sukzessive auflösenden Entwicklungsrisikos für jedes Jahr des Betrachtungszeitraums neu berechnet werden. Vor diesem Hintergrund ist es bei F&E-Funktionen grundsätzlich vorteilhaft, das Entwicklungsrisiko bei der Ermittlung der Free Cashflows und nicht im Kapitalisierungszinssatz abzubilden.[1093]

Die Strukturierung einer F&E-Tätigkeit in einzelne Phasen sowie deren stetige operative Kontrolle, verbunden mit einer umfassenden Dokumentation, eröffnen die Möglich-

---

[1088] Siehe hierzu auch die Ausführungen bei *Allen, B.* (1991), S. 257-261; *Boer, F. P.* (2004), S. 27-31; *Frey, P.* (2006), S. 171-174; *Jägle, A. J.* (1999), S. 271-287; *Kaufmann, L./Ridder, C.* (2003), S. 448-456; *Kellogg, D./Charnes, J. M.* (2000), S. 76-81; *Morris, P. A. et al.* (1991), S. 35-40; *Moser, U./ Schieszl, S.* (2001), S. 530-541; *Shockley Jr., R. J. et al.* (2003), S. 44-55; *Stewart, J. J. et al.* (2001), S. 813-817; *Villiger, R./Bogdan, B.* (2005), S. 113-116.

[1089] Vgl. *Morris, P. A. et al.* (1991), S. 36.

[1090] Ähnlich *Mölls, S. H. et al.* (2005), S. 766.

[1091] Ein Ansatz zur Integration unsystematischer Risiken in den Kapitalisierungszinssatz findet sich etwa bei *Frey, P.* (2006), S. 127-132.

[1092] Zur Abbildung des Entwicklungsrisikos im Kapitalisierungszinssatz müssten z. B. im Bereich der Pharmaindustrie Kapitalisierungszinssätze von 50 % bis 100 % berücksichtigt werden. Vgl. *Frey, P.* (2006), S. 127; *Villiger, R./Nielsen, N. H.* (2011), S. 6. Siehe zur Problematik hoher Kapitalisierungszinssätze auch *OECD (Hrsg.)* (2013b), Tz. 179.

[1093] Vgl. zur Möglichkeit einer Erfassung des Entwicklungsrisikos bei der Ermittlung der Free Cashflows *Allen, B.* (1991), S. 258 f.; *IDW S 5.130*; *Kaufmann, L./Ridder, C.* (2003), S. 448; *Kellogg, D./ Charnes, J. M.* (2000), S. 79 f.; *Morris, P. A. et al.* (1991), S. 36 f.; *OECD (Hrsg.)* (2013b), Tz. 191; *Stewart, J. J. et al.* (2001), S. 815 f.; *Villiger, R./Bogdan, B.* (2005), S. 113-116.

keit einer Zerlegung des Entwicklungsrisikos.[1094] Dessen Abbildung kann mithilfe binärer Entscheidungsbäume[1095] erfolgen.[1096] In Anlehnung an das Stage-Gate-Konzept[1097] kann eine F&E-Funktion in einzelne Phasen unterteilt werden, an deren Ende die Erfüllung ex ante definierter Meilensteine überprüft wird.[1098] Die Meilensteine bilden die Entscheidungsknoten eines binären Entscheidungsbaums, deren mögliche Ausgänge durch die Zustandsknoten „F&E-Fortführung" und „F&E-Einstellung" repräsentiert werden. Für jeden Entscheidungsknoten existieren Wahrscheinlichkeiten für die Fortführung und die Einstellung einer F&E-Tätigkeit,[1099] mit welchen die Free Cashflows eines Zustandsknotens gewichtet werden. Das Risiko der Einstellung einer F&E-Tätigkeit nach einer F&E-Phase i, mit $i \in \{1,2,\ldots,I|\mathbb{N}\}$, wird durch die Wahrscheinlichkeit p_i abgebildet.[1100] Die Variable i ist als der Index für die verschiedenen F&E-Phasen definiert, wobei I die F&E-Phase vor einem möglichen erfolgreichen Abschluss einer F&E-Tätigkeit repräsentiert. Entsprechend stellt $1-p_i$ die Wahrscheinlichkeit für die Fortführung und $1-p_I$ im Speziellen die Wahrscheinlichkeit für den erfolgreichen Abschluss einer F&E-Tätigkeit dar.

Zur Verwendung von Erfolgswahrscheinlichkeiten wird z. T. kritisch angemerkt, dass der Ausgang einer F&E-Tätigkeit ungewiss[1101] bzw. eine gleichartige Wiederholung unmöglich sei und daher Erfolgswahrscheinlichkeiten nicht ermittelt werden könnten.[1102] Davon unberührt bleibt m. E. jedoch die Möglichkeit einer Erfassung des Entwicklungsrisikos durch subjektive Erfolgswahrscheinlichkeiten,[1103] die auf inneren Überzeugungen oder plausiblen Schätzungen der Entscheidungsträger beruhen. Durch unternehmensinterne Dokumentationen zu bereits abgeschlossenen F&E-Projekten oder

---

[1094] Siehe Abschnitt 4.1.5.

[1095] Die Abbildung von Unsicherheitszuständen durch Zustandsbäume bei kapitalwertorientierten Bewertungsverfahren geht insbesondere zurück auf *Magee, J. F.* (1964).

[1096] Vgl. *Boer, F. P.* (2004), S. 28-31.

[1097] Siehe hierzu Abschnitt 4.1.5.

[1098] Die Berücksichtigung einer dichotomen Entscheidungsstruktur mit den zwei Zustandsknoten „F&E-Fortführung" und „F&E-Einstellung" stellt eine häufig vorgenommene Vereinfachung bei der Bewertung von risikobehafteten Bewertungsobjekten dar. Vgl. etwa *Allen, B.* (1991), S. 258 f.; *Jägle, A. J.* (1999), S. 278 f.; *Kaufmann, L./Ridder, C.* (2003), S. 449 f.; *Kellogg, D./Charnes, J. M.* (2000), S. 79 f.; *Morris, P. A. et al.* (1991), S. 37 f.; *Stewart, J. J. et al.* (2001), S. 814-816.

[1099] Vgl. zur Erweiterung kapitalwertorientierter Bewertungsverfahren um Erfolgswahrscheinlichkeiten *Franke, G./Hax, H.* (2009), S. 248-252.

[1100] So *Kellogg, D./Charnes, J. M.* (2000), S. 79. Ähnlich *Kaufmann, L./Ridder, C.* (2003), S. 449; *Stewart, J. J. et al.* (2001), S. 815; *US Congress Office of Technology Assessment (Hrsg.)* (1993), S. 8 f.

[1101] Bei einer Entscheidungssituation unter Ungewissheit können definitionsgemäß keine Eintrittswahrscheinlichkeiten für die einzelnen Umweltzustände bestimmt werden. Vgl. hierzu die Ausführungen in Abschnitt 2.2.1.1.2.

[1102] Vgl. etwa *Strebel, H.* (1968), S. 56.

[1103] So auch *Kern, W./Schröder, H.-H.* (1977), S. 188; *Magee, J. F.* (1964), S. 84.

Expertenbefragungen[1104] können subjektive Erfolgswahrscheinlichkeiten objektiviert und plausibilisiert werden. Des Weiteren ist für bestimmte Branchen auch eine Schätzung der Erfolgswahrscheinlichkeiten auf Basis der Ergebnisse empirischer Untersuchungen möglich. Insbesondere für die Pharma- und Biotechnologiebranche existieren zahlreiche Studien[1105] über die Erfolgswahrscheinlichkeiten von F&E-Projekten sowie die Dauer einzelner F&E-Phasen. Hinsichtlich der Verwendung empirischer Erfolgswahrscheinlichkeiten ist einschränkend anzumerken, dass diese auf Durchschnittswerten beruhen und u. U. substanziell von den projektspezifischen Erfolgswahrscheinlichkeiten, welche durch die eingesetzten immateriellen Wirtschaftsgüter, das Humankapital und vergleichbare Einflussgrößen determiniert werden, abweichen können.[1106]

5.1.2.2 Vergütungsrisiko

Im Falle einer erfolgreichen Beendigung der F&E-Tätigkeit kann das Unternehmen, auf dessen Rechnung und Gefahr die F&E-Tätigkeit ausgeführt wurde, die Innovationen verwerten. Im Bewertungszeitpunkt t=0 ist die konkrete Ausprägung der F&E-Ergebnisse allerdings unsicher, weshalb die erwarteten Verwertungserträge (Soll-Erträge) im Verlagerungszeitpunkt nicht mit Sicherheit festgestellt werden können (Vergütungsrisiko).

Die Abbildung des Vergütungsrisikos erfolgt durch eine Erweiterung des binären Entscheidungsbaums um drei Verwertungsszenarien, die bei einem erfolgreichen Abschluss der F&E-Tätigkeit eintreten können. Durch die Szenariounterscheidung ergibt sich ein diskretes Zustandsmodell der zukünftigen Entwicklung.[1107] Es werden die folgenden drei Verwertungsszenarien j, mit $j \in \{1, 2, 3\}$, unterschieden:

- j=1: Positivszenario (günstigste erwartete Zukunftsentwicklung);
- j=2: Trendszenario (mittlere erwartete Zukunftsentwicklung);
- j=3: Negativszenario (ungünstigste erwartete Zukunftsentwicklung).[1108]

In Abhängigkeit von der verfügbaren Informations- und Datengrundlage können die Eintrittswahrscheinlichkeiten q_j – vergleichbar den Abbruchswahrscheinlichkeiten p_i –

[1104] Siehe *Vögele, A.* (2010), S. 419 f.
[1105] Vgl. z. B. *DiMasi, J. A. et al.* (1991), S. 107-142; *DiMasi, J. A. et al.* (2003), S. 151-185; *DiMasi, J. A./Grabowski, H. G.* (2007), S. 469-479; *DiMasi, J. A. et al.* (2010), S. 272-277.
[1106] So auch *Kaufmann, L./Ridder, C.* (2003), S. 453; *OECD (Hrsg.)* (2013b), Tz. 142.
[1107] Vgl. *Moser, U./Schieszl, S.* (2001), S. 532.
[1108] Vgl. z. B. *Magee, J. F.* (1964), S. 82 f.; *Moser, U./Schieszl, S.* (2001), S. 531 f.

aus unternehmensinternen Dokumentationen abgeleitet werden. Für die Bestimmung der Eintrittswahrscheinlichkeiten ist es darüber hinaus zulässig, auf Expertenbefragungen zurückzugreifen.[1109]

5.1.2.3 Verwertungsrisiko

Das Verwertungsrisiko kann während der Verwertungsphase eintreten, wenn für die tatsächlich gewonnenen F&E-Ergebnisse (Ist-Ergebnisse) die tatsächlich realisierten Verwertungserträge (Ist-Erträge) von den erwarteten Verwertungserträgen (Soll-Erträge) abweichen. Dieses ist in die Ermittlung der Gewinnpotenziale einzubeziehen und spiegelt sich im Kapitalisierungszinssatz der Verwertungsphase wider. Die der F&E-Funktion zurechenbaren Free Cashflows aus der Verwertung der F&E-Ergebnisse müssen zunächst mit dem risikoäquivalenten Kapitalisierungszinssatz (r^V) der Verwertungsphase auf den Zeitpunkt des erfolgreichen Abschlusses der F&E-Tätigkeit in t=X abgezinst werden. Anschließend ist dieser Barwert mit dem risikoäquivalenten Kapitalisierungszinssatz der F&E-Phase ($r^{F\&E}$) auf den Bewertungszeitpunkt in t=0 zu diskontieren.

In der nachstehenden Abb. 5.1 wird das Konzept der Transferpaketbewertung für F&E-Funktionen auf der Grundlage von Zustandsbäumen grafisch zusammengefasst. Die Entscheidungsknoten (Gates) werden als diagonaler Strich und die Zustandsknoten, welche die „F&E-Fortführung" oder die „F&E-Einstellung" repräsentieren, als verschiedenfarbige Rechtecke[1110] abgebildet.[1111] Auf den Kanten zwischen den Entscheidungs- und den Zustandsknoten werden bis zum Ende der F&E-Phase die Abbruchswahrscheinlichkeiten (p_i) und die Erfolgswahrscheinlich-keiten ($1-p_i$) abgetragen. Für jeden Zustandsknoten, der eine Einstellung der F&E-Tätigkeit repräsentiert, ist ein eigener Barwert der bis dahin angefallenen Free Cashflows unter Verwendung der risikoäquivalenten Kapitalisierungszinssätze $r^{F\&E}$ und r^{FK} zu ermitteln und mit den Wahrscheinlichkeiten p_i bzw. ($1-p_I$) zu gewichten. Für den Fall eines erfolgreichen Abschlusses der F&E-Tätigkeit werden drei Verwertungsszenarien j unterschieden. Die

---

[1109] Vgl. zur Möglichkeit der Expertenbefragung auch *Vögele, A.* (2010), S. 419 f.

[1110] Durch einen hellgrauen Zustandsknoten wird die „F&E-Einstellung", durch einen weißen Zustandsknoten die „F&E-Fortführung" und durch einen dunkelgrauen Zustandsknoten die „erfolgreiche Beendigung der F&E-Tätigkeit" symbolisiert.

[1111] Eine Erläuterung der im Schaubild vereinfacht dargestellten Formeln und Parameter erfolgt in Abschnitt 5.3.

Wahrscheinlichkeiten für den Eintritt der Verwertungsszenarien betragen q_j. Für jedes Verwertungsszenario ist ein Barwert der Free Cashflows aus der Verwertungsphase unter Verwendung der risikoäquivalenten Kapitalisierungszinssätze $r^{F\&E}$, r^V und r^{FK} zu ermitteln und mit den Wahrscheinlichkeiten für einen erfolgreichen Abschluss der F&E-Tätigkeit $(1-p_I)$ sowie der Wahrscheinlichkeit für den Eintritt eines Verwertungsszenarios (q_j) zu gewichten.

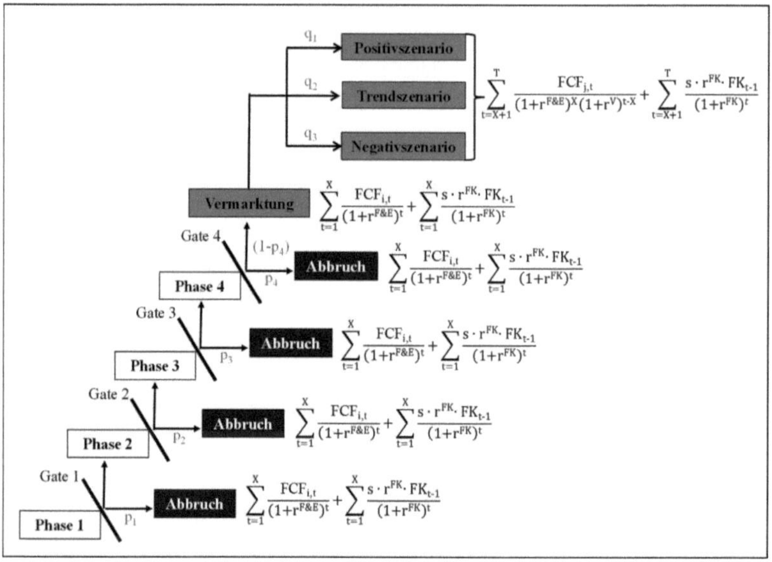

Abb. 5.1: Abbildung des Entwicklungsrisikos im binären Entscheidungsbaum (in Anlehnung an: *Kellogg, D./Charnes, J. M.* (2000), S. 80)

5.2 Prämissen

Der Transferpaketbewertung sind ergänzend zu den in Abschnitt 2.4 dargelegten Prämissen weitere Prämissen[1112] zugrunde zu legen. Diese sollen einerseits eine transparente und realitätsnahe Ermittlung fremdvergleichskonformer Einigungspreise i. S. v.

[1112] Unter dem Begriff der Prämisse sollen auch der Untersuchung zugrunde liegende Vorgehensweisen subsumiert werden.

§ 1 Abs. 3 Satz 9 AStG ermöglichen und andererseits der Komplexitätsreduktion dienen.[1113]

<u>*Prämisse 5.1:*</u> Die Transferpaketbewertung für F&E-Funktionen erfolgt auf der Grundlage eines modifizierten APV-Verfahrens.

Für die Transferpaketbewertung bei Outbound-Verlagerungen von F&E-Funktionen ist das APV-Verfahren bevorzugt anzuwenden, da dieses einerseits international anerkannt und andererseits bei einer unterstellten autonomen Finanzierungsstrategie unmittelbar anwendbar ist.[1114] Zur Berücksichtigung der F&E-spezifischen Risiken kann das APV-Verfahren um einen Entscheidungsbaum und drei typisierte Verwertungsszenarien erweitert werden.[1115]

<u>*Prämisse 5.2:*</u> Die Grenzpreisermittlung einer F&E-Funktion erfolgt unter Anwendung der direkten Methode.

Für die Grenzpreisermittlung sind die finanziellen Überschüsse relevant, die während des Kapitalisierungszeitraums in den Verfügungsbereich eines ordentlichen und gewissenhaften Geschäftsleiters des funktionsausübenden Unternehmens gelangen.[1116] Deren Zurechnung kann nach der direkten oder indirekten Methode erfolgen.[1117] Die direkte Methode ist bevorzugt anzuwenden, da bei der überwiegenden Anzahl der Unternehmen für Zwecke der internen Steuerung[1118] bereits eine Zurechnung von Aufwendungen und Erträgen auf einzelne F&E-Projekte erfolgt. Ergo ist diese i. d. R. mit einem geringeren Bewertungsaufwand verbunden als die indirekte Methode.

Der F&E-Funktion ist ein – entsprechend den gegenüber der Finanzverwaltung dargelegten Finanzierungsprämissen – angemessenes Eigen- und Fremdkapital zuzurechnen. Die negativen finanziellen Überschüsse während der F&E-Phase implizieren einen Kapitalbedarf aus der Ausübung einer F&E-Funktion, welcher annahmegemäß[1119] durch die Aufnahme von externem Fremdkapital gedeckt werden muss.[1120] Die positiven fi-

---

[1113] Siehe Abschnitt 6.5 für eine Darstellung der Einschränkungen der Aussagekraft der Untersuchungsergebnisse infolge der getroffenen Prämissen.
[1114] Ausführlich hierzu siehe Abschnitt 5.1.1.
[1115] Siehe zur Abbildung der F&E-spezifischen Risiken die Ausführungen in Abschnitt 5.1.2.
[1116] Vgl. *BMF (Hrsg.)* (2010), S. 774, Rn. 31.
[1117] Vgl. Abschnitt 3.3.1.1.
[1118] Siehe Abschnitt 4.1.5.
[1119] Siehe Prämisse 2.8.
[1120] Vgl. *Perridon, L. et al.* (2012), S. 229.

nanziellen Überschüsse werden gemäß Prämisse 2.9 primär zur Tilgung der finanziellen Verbindlichkeiten verwendet. Erst nach deren vollständiger Tilgung können die positiven finanziellen Überschüsse für Ausschüttungen an das deutsche Mutterunternehmen verwendet werden.[1121]

<u>*Prämisse 5.3:*</u> Der erwartete Kapitalisierungszeitraum einer F&E-Funktion ist begrenzt und endet grundsätzlich im Zeitpunkt des erfolgreichen Abschlusses der F&E-Tätigkeit.

Eine F&E-Funktion ist im Unterschied zu einem (Teil-)Betrieb nicht selbstständig lebensfähig,[1122] sodass der Transferpaketbewertung i. d. R. ein begrenzter Kapitalisierungszeitraum[1123] zugrunde gelegt werden kann. Dieser entspricht grundsätzlich der Zeitspanne zwischen dem Bewertungsstichtag (t=0) und dem erwarteten Zeitpunkt des erfolgreichen Abschlusses der F&E-Tätigkeit in t=X. Für den Zeitpunkt t=X sind die erwarteten Gewinnpotenziale der Verwertungsphase, welche bis zur Periode t=T dauert, zu bestimmen und den negativen Gewinnpotenzialen der F&E-Phase im Rahmen der Grenzpreisermittlung hinzuzurechnen.

<u>*Prämisse 5.4:*</u> Der Kapitalisierungszeitraum kann sich bei Eintritt des Entwicklungsrisikos verkürzen. Eine Entscheidung über die F&E-Fortführung bzw. die F&E-Einstellung wird ausschließlich am Ende einer F&E-Phase (Gate) getroffen. Diese fällt stets auf das Ende eines Kalenderjahres.

Für einzelne F&E-Projekte werden i. d. R. Meilensteine zur Planung und Kontrolle der F&E-Tätigkeit definiert.[1124] Ein Vergleich der Soll-Ergebnisse mit den Ist-Ergebnissen erfolgt annahmegemäß am Ende einer F&E-Phase (Gate). Zur Vereinfachung des Bewertungsproblems ist dieser Zeitpunkt annahmegemäß identisch mit dem Ende eines Kalenderjahres, sodass die F&E-Phasen in Ganzjahresintervallen skaliert sind.[1125] Nach jeder F&E-Phase liegt eine binäre Entscheidungssituation vor, bei der die Fortführung oder die Einstellung der F&E-Tätigkeit beurteilt wird.[1126] Kommt es im Anschluss an

---

[1121] Siehe Prämisse 2.10.

[1122] Vgl. hierzu die Ausführungen in den Abschnitten 3.2.1.1.2 und 4.2.

[1123] Siehe Abschnitt 4.3.2. Vgl. ergänzend auch *Baumhoff, H. et al.* (2008), S. 1951; *Crüger, A. et al.* (2010), S. 87; *Ditz, X.* (2006), S. 1628; *Finsterwalder, O.* (2004), S. 767; *Jenzen, H.* (2007), S. 3126; *Oestreicher, A./Hundeshagen, C.* (2009a), S. 150.

[1124] Ausführlich hierzu siehe Abschnitt 4.1.5.

[1125] So z. B. auch *Baecker, P. N./Hommel, U.* (2002), S. 511.

[1126] Siehe Abschnitt 5.1.2.1.

eine F&E-Phase zur Einstellung der F&E-Tätigkeit, verkürzt sich der tatsächliche Kapitalisierungszeitraum der F&E-Funktion entsprechend.

<u>Prämisse 5.5:</u> Das Bewertungsverfahren ist für die beschriebenen Verlagerungsformen anwendbar. In Abhängigkeit von der gewählten Verlagerungsform können sich die Zeitpunkte zur Erfassung der fremdüblichen Verrechnungspreise unterscheiden. Bei der Eigentumsübertragung ist dies der Verlagerungszeitpunkt. Bei der Pauschallizenz werden die konstanten Lizenzraten grundsätzlich jährlich bis zum Ende der Pauschallizenzvereinbarung im Zeitpunkt t=X berücksichtigt. Die umsatzabhängigen Lizenzraten sind jährlich bis zum Ende der Verwertungsphase im Zeitpunkt t=T zu erfassen.

Im Bewertungsverfahren werden die beschriebenen Verlagerungsformen abgebildet.[1127] Aufgrund der Vielzahl vertraglicher Gestaltungsmöglichkeiten müssen Typisierungen in Bezug auf die Erfassung der fremdüblichen Verrechnungspreise für die einzelnen Verlagerungsalternativen vorgenommen werden. Für die Eigentumsübertragung wird eine Einmalzahlung im Zeitpunkt der Funktionsverlagerung angenommen. Bei Vereinbarung einer Pauschallizenz entspricht die Vertragslaufzeit dem erwarteten Kapitalisierungszeitraum der F&E-Funktion, sodass jährlich fremdübliche Lizenzraten in konstanter Höhe bis zum Ende der F&E-Phase in t=X berücksichtigt werden. Dies gilt bei einem Übergang des wirtschaftlichen Eigentums[1128] in Ermangelung einer kurzfristigen Kündigungsmöglichkeit der Lizenzvereinbarung unabhängig von einer vorzeitigen Einstellung der F&E-Tätigkeit. Die Entstehung umsatzabhängiger Lizenzgebühren setzt einen erfolgreichen Abschluss der F&E-Tätigkeit voraus, weshalb diese i. d. R. erst in der Verwertungsphase ab dem Zeitpunkt t=X+1 zu erfassen sind. Die Laufzeit der Lizenzvereinbarung endet annahmegemäß mit dem Ende der Verwertungsphase im Zeitpunkt t=T. Realisiert sich das Entwicklungsrisiko und muss die F&E-Tätigkeit eingestellt werden, ist bei Vereinbarung einer Umsatzlizenz für das verlagerte Transferpaket mangels einer Umsatzerzielung typisierend kein Entgelt anzusetzen.

[1127] Siehe für eine Darstellung der einzelnen Verlagerungsformen Abschnitt 3.2.3.

[1128] Im Rahmen der weiteren Untersuchung wird für eine Übertragung des rechtlichen und/oder wirtschaftlichen Eigentums z. T. vereinfachend auf den Begriff Eigentumsübertragung abgestellt.

<u>*Prämisse 5.6:*</u> Die Bestandteile des Transferpakets werden – mit Ausnahme der materiellen Wirtschaftsgüter im Falle einer Übertragung des rechtlichen und/oder wirtschaftlichen Eigentums – ohne die Entrichtung einer angemessenen Vergütung übertragen. Insoweit erfolgt in Abhängigkeit von der Verlagerungsform eine verdeckte Einlage oder eine Verrechnungspreiskorrektur nach § 1 AStG.

Das Transferpaket umfasst bei einer Outbound-Verlagerung von F&E-Funktionen im Wesentlichen immaterielle Wirtschaftsgüter und sonstige Vorteile. Da diese physisch nicht greifbar und oftmals einzigartig sind, ist deren Identifikation und Bewertung mit erheblichen Schwierigkeiten verbunden. Für die weiteren Untersuchungen wird daher unterstellt, dass die Verlagerung einer F&E-Funktion grundsätzlich ohne die Entrichtung einer angemessenen Vergütung erfolgt. Folglich kommt es zu einer verdeckten Einlage oder einer Verrechnungspreiskorrektur nach § 1 AStG. Nur soweit das verlagerte Transferpaket materielle Wirtschaftsgüter umfasst und diese auf das aufnehmende Unternehmen übertragen werden, wird – wegen der unproblematischen Bestimmung steuerlich angemessener Verrechnungspreise – eine fremdübliche Vergütung angenommen. Eine Verrechnungspreiskorrektur ist insoweit nicht erforderlich.

<u>*Prämisse 5.7:*</u> Der Verrechnungspreis für das verlagerte Transferpaket als Ganzes wird von den niederländischen Finanzbehörden anerkannt.

Im niederländischen Steuerrecht existiert keine zu § 1 Abs. 3 Satz 9 AStG vergleichbare Regelung für die Besteuerung grenzüberschreitender Funktionsverlagerungen, weshalb für diese Transaktionen ein erhöhtes Doppelbesteuerungsrisiko besteht.[1129] Durch die Schiedsverfahrenskonvention haben sich die EU-Mitgliedstaaten jedoch verpflichtet, wirtschaftliche Doppelbesteuerungen aus Geschäftsbeziehungen zwischen verbundenen Unternehmen mit Ansässigkeit in der EU zu vermeiden. Im Rahmen dieser Arbeit wird typisierend unterstellt, dass die niederländische Finanzverwaltung die deutschen Fremdvergleichspreise akzeptiert.[1130]

Diese Annahme impliziert den ungünstigsten Ausgang eines etwaigen Verständigungs- oder Schiedsverfahrens für das verlagernde Unternehmen, da die Transferpaketbewer-

---

[1129] Siehe Abschnitt 3.5.2.

[1130] Welcher der Vertragsstaaten auf der Grundlage eines Verständigungs- oder Schiedsverfahrens eine Verrechnungspreiskorrektur durchführen muss, hängt vom jeweiligen Einzelfall ab.

tung i. d. R. zu höheren Fremdvergleichspreisen führt als die Einzelbewertung. Ergo unterliegt ein größerer Betrag der deutschen Besteuerung. Ungeachtet dessen fordern auch die VWG-FVerl prinzipiell eine Berücksichtigung der deutschen Transferpaketbewertung bei der Ermittlung der Steuervorteile aus dem Erwerb der Bestandteile des Transferpakets auf Ebene des ausländischen Unternehmens.[1131]

Prämisse 5.8: Sämtliche Auszahlungen – einschließlich der Steuer- und Zinszahlungen – und Einzahlungen fallen auf das Ende eines Kalenderjahres. Neben Abschreibungen und Verrechnungspreiskorrekturen sind keine weiteren zahlungsunwirksamen Größen zu berücksichtigen.

Der F&E-Funktion zurechenbare Aus- und Einzahlungen sind zeitpunktbezogen am Ende eines Kalenderjahres zu erfassen. Unterjährige Zahlungszeitpunkte und die daraus resultierenden Zinswirkungen werden nicht berücksichtigt. Zinsen auf Finanzanlagen und Fremdkapital gelten als nachschüssig vereinnahmt bzw. nachschüssig entrichtet. Am Ende des Veranlagungszeitraums gelten funktionsbezogene Steuerschulden als entrichtet bzw. negative funktionsbezogene Steuererstattungsansprüche als vereinnahmt. Diese Prämisse dient der Komplexitätsreduktion[1132] und hat i. Allg. nur marginale Auswirkungen auf die zu untersuchende Größe.

Anschaffungs- und Herstellungskosten für Wirtschaftsgüter des Anlagevermögens sind grundsätzlich[1133] zu aktivieren und – sofern diese einem wirtschaftlichen oder technischen Verbrauch unterliegen – über die betriebsgewöhnliche Nutzungsdauer abzuschreiben.[1134] Neben Abschreibungen und Verrechnungspreiskorrekturen werden bei der Transferpaketbewertung keine weiteren zahlungsunwirksamen Aufwendungen, wie z. B. Zuführungen zu Rückstellungen, berücksichtigt.

[1131] Vgl. *BMF (Hrsg.)* (2010), S. 774, Rn. 125.
[1132] Entsprechend auch *Lühn, A.* (2009), S. 84.
[1133] Für selbst entwickelte immaterielle Wirtschaftsgüter besteht in Deutschland gemäß *§ 5 Abs. 2 EStG* ein Aktivierungsverbot und in den Niederlanden gemäß *Art. 3.30 Abs. 3 Wet IB* ein Aktivierungsgebot mit dem Wahlrecht einer Sofortabschreibung der Entwicklungskosten im Jahr ihrer Aktivierung. Aufgrund der impliziten steuerlichen F&E-Förderung wird das Wahlrecht einer Sofortabschreibung im Folgenden in Anspruch genommen.
[1134] Siehe Abschnitt 6.2.2.2.1.1.

<u>*Prämisse 5.9:*</u> Zur Kapitalisierung der Free Cashflows ist während der F&E-Phase der Kapitalisierungszinssatz $r^{F\&E}$ und während der Verwertungsphase der Kapitalisierungszinssatz r^{V} zu verwenden. Das Tax Shield sowie die Pauschallizenzraten sind mit dem Fremdkapitalzinssatz r^{FK} zu diskontieren. Die umsatzabhängigen Lizenzraten sind bis zum Zeitpunkt t=X mit dem Kapitalisierungszinssatz r^{V} abzuzinsen.

Die Kapitalisierungszinssätze sind in diesem Zusammenhang vereinfachend aus den Renditeerwartungen und den Risiken für das Gesamtunternehmen zu bestimmen, da entsprechende Informationen und Daten auf Funktionsebene i. d. R. nicht beobachtet werden können.[1135] Diese Kapitalisierungszinssätze können sich für die F&E-Phase und die Verwertungsphase unterscheiden, da den Free Cashflows in diesen beiden Phasen häufig ein unterschiedliches Risikoprofil zugrunde liegt.[1136] Der Kapitalisierungszinssatz der F&E-Phase ($r^{F\&E}$) ist i. d. R. niedriger als der Kapitalisierungszinssatz der Verwertungsphase (r^{V}), da die Free Cashflows während der F&E-Phase meist ein geringeres systematisches Risiko aufweisen.[1137]

Die Kapitalisierung des Tax Shields erfolgt mit dem Zinssatz, der dem Risiko der steuerlichen Fremdfinanzierungsvorteile entspricht (Grundsatz der Risikoäquivalenz).[1138] Die Annahmen einer autonomen Finanzierungsstrategie sowie der vollständigen steuerlichen Abzugsfähigkeit der Fremdkapitalzinsen[1139] implizieren, dass die fremdfinanzierungsbedingten Steuervorteile dasselbe Risiko aufweisen wie die Fremdkapitalzinsen und folglich mit einem konstanten Zinssatz r^{FK} zu kapitalisieren sind.[1140]

Da die Pauschallizenzraten ex ante festgelegt werden und folglich deterministisch sind, weisen diese annahmegemäß dasselbe Risiko wie die Fremdkapitalzinsen auf. Im Un-

---

[1135] Vgl. *BMF (Hrsg.)* (2010), S. 774, Rn. 106. Siehe hierzu auch *Günter, S.* (2007), S. 1087; *Oestreicher, A./Hundeshagen, C.* (2009a), S. 150 f.

[1136] Siehe Abschnitt 4.3.3.

[1137] Das Risiko im Zusammenhang mit einer Realisierung der verschiedenen Ausprägungen des Entscheidungsbaums würde zu ständig wechselnden Kapitalisierungszinssätzen führen. In Übereinstimmung mit der üblichen Bewertungspraxis werden daher zur Kapitalisierung der Free Cashflows während der F&E-Phase und der Verwertungsphase die konstanten Zinssätze $r^{F\&E}$ bzw. r^{V}verwendet, welche das durchschnittliche Risiko der F&E-Phase bzw. der Verwertungsphase widerspiegeln. Vgl. hierzu auch *Schmeisser, W.* (2010), S. 96.

[1138] Vgl. *Enzinger, A./Kofler, P.* (2011), S. 53.

[1139] Siehe Prämisse 5.12.

[1140] Vgl. *Ballwieser, W.* (2011), S. 135; *Enzinger, A./Kofler, P.* (2011), S. 52; *IDW S 1.137*; *Perridon, L. et al.* (2012), S. 232; *Schultze, W.* (2003), S. 104 f.; *Steiner, M./Wallmeier, M.* (1999), S. 8.

terschied zu den Pauschallizenzraten unterliegen die umsatzabhängigen Lizenzraten – ebenso wie die Erträge aus der Verwertung der Innovation – einem Verwertungsrisiko. Daher sind diese zunächst mit dem Kapitalisierungszinssatz der Verwertungsphase (r^V) auf den Zeitpunkt t=X und daran anschließend mit dem Kapitalisierungszinssatz der F&E-Phase ($r^{F\&E}$) auf den Bewertungszeitpunkt t=0 abzuzinsen.

<u>*Prämisse 5.10:*</u> Die Tatbestandsvoraussetzungen für eine Inanspruchnahme der steuerlichen F&E-Förderungen in den Niederlanden sind erfüllt.

Eine Inanspruchnahme der steuerlichen F&E-Förderungen in den Niederlanden ist an die Erfüllung bestimmter Voraussetzungen gebunden.[1141] Diese liegen beim niederländischen Tochterunternehmen für die verlagerte F&E-Funktion während des Betrachtungszeitraums annahmegemäß stets vor.

<u>*Prämisse 5.11:*</u> Sämtliche Aufwendungen und Erträge stehen in einem unmittelbaren und direkten Zusammenhang mit dem selbst entwickelten immateriellen Wirtschaftsgut.

Eine Inanspruchnahme der Innovationsbox setzt voraus, dass die Entwicklungskosten durch die Erträge aus der Verwertung des immateriellen Wirtschaftsguts wiedervereinnahmt werden.[1142] Annahmegemäß stehen sämtliche Aufwendungen – einschließlich der Fremdkapitalzinsen – in einem unmittelbaren und direkten Zusammenhang mit der Entwicklung des immateriellen Wirtschaftsguts. Sie erhöhen folglich die Entwicklungskosten. Auch nach einem erfolgreichen Abschluss der F&E-Tätigkeit ist eine Zurechnung der betrachteten Aufwendungen – insbesondere der Fremdkapitalzinsen – möglich, wodurch die Nettoerträge aus der Verwertung der F&E-Ergebnisse annahmegemäß gemindert werden.

<u>*Prämisse 5.12:*</u> Fremdkapitalzinsen sind körperschaftsteuerlich uneingeschränkt als Betriebsausgaben abzugsfähig. Gewerbesteuerlich sind diese zu 25 % wieder hinzuzurechnen. Weitere gewerbesteuerliche Korrekturen nach §§ 8 und 9 GewStG sind nicht zu berücksichtigen.

[1141] Zu den steuerlichen F&E-Fördermaßnahmen in den Niederlanden siehe Abschnitt 4.1.6.2.

[1142] Vgl. *Kessler, W. et al.* (2008), S. 1238.

Die Abzugsfähigkeit von Fremdkapitalzinsen als Betriebsausgaben kann sowohl in Deutschland[1143] als auch in den Niederlanden[1144] versagt werden, um eine extensive (Gesellschafter-)Fremdfinanzierung einzudämmen. Die Beurteilung des Ausmaßes der Fremdfinanzierung erfolgt auf Ebene des Konzernunternehmens und nicht auf Funktionsebene, weshalb in Bezug auf die steuerliche Abzugsfähigkeit der funktionsbezogenen Zinsaufwendungen eine Annahme getroffen werden muss. Da die Schädlichkeitsgrenze sowohl in Deutschland als auch in den Niederlanden relativ hoch ist, wird im Folgenden angenommen, dass die berücksichtigten Zinsaufwendungen körperschaftsteuerlich keiner Abzugsbeschränkung unterliegen.

Auf Ebene der deutschen Muttergesellschaft sind für gewerbesteuerliche Zwecke die Entgelte für Schulden gemäß § 8 Nr. 1 Buchst. a Satz 1 GewStG bei der Ermittlung des Gewerbeertrags[1145] wieder hinzuzurechnen.[1146] Weitere gewerbesteuerliche Korrekturen nach §§ 8 und 9 GewStG werden typisierend nicht berücksichtigt, da diese im Zusammenhang mit der Ausübung einer F&E-Tätigkeit i. d. R. von untergeordneter Bedeutung sind.[1147]

Prämisse 5.13: Auf die funktionsbezogene Steuerbemessungsgrundlage ist der höchste Grenzsteuersatz anzuwenden.

Der Körperschaftsteuertarif ist in Deutschland proportional und beträgt 15 %.[1148] In den Niederlanden ist die Körperschaftsteuer hingegen als Stufentarif ausgestaltet. Bis zu einem zu versteuernden Einkommen von 200.000 € beträgt der Körperschaftsteuersatz 20 %. Übersteigt das zu versteuernde Einkommen 200.000 €, kommt ein Körperschaftsteuersatz i. H. v. 25 % (Regelsteuersatz) zur Anwendung.[1149] Da im Rahmen dieser Arbeit eine einzelne F&E-Funktion betrachtet wird, ist eine Annahme über die Höhe des anzuwendenden Körperschaftsteuersatzes zu treffen. Prämisse 5.13 bestimmt, dass beim niederländischen Tochterunternehmen der Regelsteuersatz i. H. v. 25 % auf die funktionsbezogene Steuerbemessungsgrundlage angewendet wird.[1150]

[1143] Vgl. *§ 4h EStG* i. V. m. *§ 8a KStG*.
[1144] Vgl. *Art. 13l Wet Vpb*. Siehe hierzu auch *Ernst & Young (Hrsg.)* (2013), S. 915 f.
[1145] Siehe zur Ermittlung des Gewerbeertrags Abschnitt 6.2.2.3.
[1146] Siehe hierzu ergänzend Prämisse 5.14.
[1147] Vgl. die Ausführungen in Abschnitt 6.2.2.3.
[1148] Vgl. *§ 23 Abs. 1 KStG*.
[1149] Vgl. *Art. 22 Wet Vpb*.
[1150] Ähnlich *Lühn, A.* (2009), S. 156.

Prämisse 5.14: Steuerliche Freibeträge gelten als verbraucht.

Die vorliegende Untersuchung gründet auf einer Grenzbetrachtung einzelner F&E-Funktionen. Ergo ist eine Annahme zu treffen, inwieweit durch das Zusammenwirken aller betrieblicher Funktionen steuerliche Freibeträge (z. B. § 8 Nr. 1 GewStG) auf Ebene des Konzernunternehmens als verbraucht gelten. Im Folgenden wird ein vollständiger Verbrauch steuerlicher Freibeträge unterstellt, sodass die steuerlichen Konsequenzen auf Ebene der betrachteten F&E-Funktion uneingeschränkt zu berücksichtigen sind.[1151] Infolge der relativ geringen Höhe steuerlicher Freibeträge wirken sich diese i. d. R. nur in geringem Maße auf die zu betrachtende Größe aus.

Prämisse 5.15: Die gesetzliche Preisanpassungsklausel wird nicht in die Transferpaketbewertung einbezogen.

Die gesetzliche Preisanpassungsklausel gemäß § 1 Abs. 3 Satz 11 und 12 AStG regelt im Falle einer erheblichen Gewinnabweichung während eines zehnjährigen Überwachungszeitraums eine nachträgliche Korrektur des ursprünglich vereinbarten Verrechnungspreises.[1152] Fraglich ist, ob die daraus resultierenden Steuerwirkungen bei der Transferpaketbewertung zu berücksichtigen sind. In der Fachliteratur[1153] wird teilweise eine Berücksichtigung der gesetzlichen Preisanpassungsklausel bei der Ermittlung der Funktionsgrenzpreise ausdrücklich gefordert. M. E. gibt es jedoch gewichtige Gründe, die gegen eine Berücksichtigung der gesetzlichen Preisanpassungsklausel bei der Transferpaketbewertung sprechen und im Folgenden dargelegt werden.

Die gesetzliche Preisanpassungsklausel ist ein rein steuerlicher Korrekturmaßstab, der i. d. R. zu keinen tatsächlichen Ausgleichszahlungen zwischen den verbundenen Unternehmen führt. Deren Einfluss auf die Funktionsgrenzpreise ist somit auf die Steuerwirkungen beim verlagernden und aufnehmenden Unternehmen beschränkt. Einer Erhöhung des Grenzpreises beim verlagernden Unternehmen steht eine Verminderung des Grenzpreises beim aufnehmenden Unternehmen und vice versa gegenüber. Aus diesem Grund ist der Einfluss der gesetzlichen Preisanpassungsklausel auf den Einigungspreis

[1151] Entsprechend auch *Lühn, A.* (2009), S. 132.

[1152] Siehe für weitergehende Erläuterungen zur gesetzlichen Preisanpassungsklausel Abschnitt 3.4.

[1153] Vgl. *Oestreicher, A./Wilcke, D.* (2010c), S. 1713. *Luckhaupt* geht sogar noch einen Schritt weiter und möchte nicht nur die steuerlichen Effekte aus der gesetzlichen Preisanpassung berücksichtigen, sondern unterstellt eine tatsächliche Bezahlung der Anpassungsbeträge zwischen den verbundenen Unternehmen. Vgl. *Luckhaupt, H.* (2010a), S. 903 f.

– bei vergleichbaren Steuersätzen wegen den sich kompensierenden Wirkungen zwischen den Geschäftsparteien – nur gering. Des Weiteren ist es aufgrund der Ungewissheit über die zukünftig erzielbaren Gewinnpotenziale i. Allg. schwierig, plausible Annahmen über das Ausmaß positiver und negativer Preisanpassungen zu treffen.

Nach § 11 FVerlV bestimmt sich der Anpassungsbetrag aus der Differenz zwischen dem ursprünglichen Einigungspreis im Zeitpunkt der Funktionsverlagerung und dem neu ermittelten Einigungspreis. Dies führt zu einem Zirkelschluss, da die Ermittlung des Anpassungsbetrags die Kenntnis des Einigungspreises im Zeitpunkt der Funktionsverlagerung voraussetzt, welcher selbst jedoch das Ergebnis der Transferpaketbewertung ist. Der Zirkelschluss könnte möglicherweise durch eine iterative Berechnung der Funktionsgrenzpreise aufgelöst werden. Die Berücksichtigung positiver und negativer Preisanpassungen[1154] führt allerdings zu einer stetigen Veränderung der Grenzpreise bei jeder Berechnungsschleife. Dies kann zur Folge haben, dass die Voraussetzungen für eine Preisanpassung in einer Berechnungsschleife erfüllt und in einer folgenden Berechnungsschleife nicht mehr erfüllt sind. Vorgenannter iterativer Prozess würde in diesen Fällen zu keiner Annährung an einen Grenzpreis führen. Insbesondere bei F&E-Funktionen ist dieses Problem virulent, da aufgrund des Entwicklungs- und des Vergütungsrisikos regelmäßig sowohl positive als auch negative Preisanpassungen berücksichtigt werden müssten.

Aufgrund der dargelegten Gründe wird im Folgenden auf eine Berücksichtigung der gesetzlichen Preisanpassungsklausel bei der Transferpaketbewertung verzichtet. Davon unberührt bleibt die Erfassung der Steuerwirkungen aus der gesetzlichen Preisanpassungsklausel bei der Ermittlung des Vermögensendwerts im Rahmen der quantitativen Untersuchung in Kapitel 6.

5.3 Ermittlung fremdvergleichskonformer Einigungspreise

Zur Ermittlung des fremdvergleichskonformen Einigungspreises für das verlagerte Transferpaket sind im Rahmen des hypothetischen Fremdvergleichs zunächst die Grenzpreise beim verlagernden und beim aufnehmenden Unternehmen zu bestimmen. Diese determinieren die Untergrenze bzw. die Obergrenze eines Einigungsbereichs,

[1154] Eine nachträgliche Preisanpassung zugunsten des Steuerpflichtigen setzt allerdings voraus, dass bereits eine Korrektur nach § 1 Abs. 1 AStG durchgeführt wurde und die nachträgliche Preisanpassung insofern ein Korrektiv zur Erstkorrektur bildet. Siehe hierzu auch *Kraft, G.* (2009), § 1 AStG, Rn. 480.

innerhalb dessen der fremdvergleichskonforme Einigungspreis grundsätzlich liegen muss. Aufgrund der abweichenden steuerrechtlichen Regelungen in Deutschland und in den Niederlanden wird die Grenzpreisermittlung beim verlagernden Unternehmen in Abschnitt 5.3.1 getrennt von der Grenzpreisermittlung beim funktionsaufnehmenden Unternehmen in Abschnitt 5.3.2 dargestellt. In Abschnitt 5.3.3 wird daran anschließend die Ermittlung des fremdvergleichskonformen Einigungspreises beschrieben.

5.3.1 Grenzpreisermittlung beim verlagernden Unternehmen

Der Grenzpreis beim verlagernden Unternehmen repräsentiert den potenziellen Einigungspreis, bei dem Indifferenz zwischen der Fortführung und der Verlagerung einer F&E-Funktion besteht. Dieser umfasst sämtliche Gewinnpotenziale, die im Rahmen der Funktionsausübung in den Verfügungsbereich eines ordentlichen und gewissenhaften Geschäftsleiters gelangen. Die Gewinnpotenziale sind während der F&E-Phase infolge der Entwicklungskosten i. d. R. kleiner Null, woraus sich ein negativer Wertbeitrag zum Grenzpreis ergibt. Durch die Verwertung der F&E-Ergebnisse im Falle eines erfolgreichen Abschlusses der F&E-Tätigkeit können Gewinnpotenziale erzielt werden, welche in einem (positiven) Wertbeitrag zum Grenzpreis resultieren. Diese beiden Wertbeitragskomponenten werden aufgrund der unterschiedlichen Risiken während der F&E-Phase und der Verwertungsphase in den Abschnitten 5.3.1.1 und 5.3.1.2 getrennt voneinander hergeleitet. In Abschnitt 5.3.1.3 folgt eine Erläuterung des Marktwerts des Fremdkapitals, welcher im APV-Verfahren grenzpreismindernd zu berücksichtigen ist. Abschließend stellt Abschnitt 5.3.1.4 die Ermittlung des Grenzpreises für das verlagerte Transferpaket unter besonderer Berücksichtigung der Verlagerungssteuer zusammenfassend dar.

5.3.1.1 (Negative) Gewinnpotenziale der F&E-Phase

5.3.1.1.1 Operative Free Cashflows vor Steuern

Die operativen Free Cashflows der F&E-Phase umfassen sämtliche Auszahlungen, welche im Zusammenhang mit der Ausübung der F&E-Tätigkeit bei reiner Eigenfinanzierung – insbesondere für Personal und Material – anfallen.[1155] Diesen stehen i. d. R. keine Einzahlungen gegenüber, da zu diesem Zeitpunkt noch keine verwertbaren F&E-

[1155] Vgl. Abschnitt 4.3.1.

Ergebnisse vorliegen. Sie sind bis zum erfolgreichen Abschluss der F&E-Tätigkeit im Zeitpunkt t=X grundsätzlich negativ.[1156] Der Übersichtlichkeit halber werden die daraus resultierenden Besteuerungseffekte getrennt in Abschnitt 5.3.1.1.2 dargestellt.

Aufgrund des Entwicklungsrisikos besteht Unsicherheit bezüglich der operativen Free Cashflows in den einzelnen F&E-Phasen. Deren Entstehung ist von einem erfolgreichen Abschluss der unmittelbar vorangehenden F&E-Phase i–1 abhängig. Die Wahrscheinlichkeit für einen Abbruch der F&E-Tätigkeit nach einer F&E-Phase i beträgt p_i. Entsprechend stellt $1-p_i$ die Wahrscheinlichkeit für die Fortführung und $1-p_I$ im Speziellen die Wahrscheinlichkeit für den erfolgreichen Abschluss einer F&E-Tätigkeit dar. Für jeden Zustandsknoten des Entscheidungsbaums ist ein eigener Barwert unter Berücksichtigung des Kapitalisierungszinssatzes der F&E-Phase ($r^{F\&E}$) zu ermitteln. In die Barwertermittlung sind die Free Cashflows vor Steuern einzubeziehen, die bis zum jeweiligen Zeitpunkt der F&E-Einstellung bzw. dem Zeitpunkt eines erfolgreichen Abschlusses der F&E-Tätigkeit in t=X angefallen sind ($FCF^S_{i,t}$).[1157] Durch eine Gewichtung dieser Barwerte mit den entsprechenden Abbruchs- bzw. Erfolgswahrscheinlichkeiten p_i bzw. $1-p_i$ ergeben sich die (negativen) Gewinnpotenziale der operativen F&E-Tätigkeit ohne Berücksichtigung der Steuerwirkungen ($G^{DT,EK,S}_{F\&E}$):

$$G^{DT,EK,S}_{F\&E} = \sum_{i=1}^{I} p_i \left(\sum_{t=1}^{X} \frac{FCF^S_{i,t}}{(1+r^{F\&E})^t} \right) + (1-p_I) \sum_{t=1}^{X} \frac{FCF^S_{I,t}}{(1+r^{F\&E})^t} . \quad (5.3)$$

5.3.1.1.2 Besteuerungseffekte bei reiner Eigenfinanzierung

Anknüpfungspunkt für die Körperschaftsteuer ist gemäß § 7 Abs. 1 KStG das zu versteuernde Einkommen. Dieses bestimmt sich aus dem Steuerbilanzgewinn, welcher um außerbilanzielle Hinzurechnungen erhöht und um außerbilanzielle Kürzungen vermindert wird.[1158] Der Körperschaftsteuersatz (s^{KSt}) beträgt 15 %.[1159] Auf die festgesetzte

---

[1156] Die zur Darstellung des Bewertungsverfahrens verwendeten Variablen sind so definiert, dass diese grundsätzlich positiv sind. Soweit Variablen von diesem Grundsatz abweichen und sowohl positive als auch negative Werte annehmen können, wird explizit darauf hingewiesen.

[1157] Die Variable $FCF^S_{i,t}$ kann bei einem Überschuss der Einzahlungen über die Auszahlungen positive und bei einem Überschuss der Auszahlungen über die Einzahlungen negative Werte annehmen.

[1158] Weitergehende Ausführungen zur Ermittlung des zu versteuernden Einkommens finden sich in Abschnitt 6.2.2.2.

[1159] Vgl. *§§ 7 Abs. 1* i. V. m. *23 Abs. 1 KStG.*

Körperschaftsteuer wird ein Solidaritätszuschlag (s^{SolZ}) i. H. v. 5,5 % erhoben.[1160] Des Weiteren unterliegen Gewerbebetriebe in Deutschland der Gewerbesteuer,[1161] deren Anknüpfungspunkt der Gewerbeertrag ist.[1162] Dieser ergibt sich aus dem nach den einkommen- und körperschaftsteuerlichen Vorschriften ermittelten Gewinn, welcher um die in §§ 8 und 9 GewStG bezeichneten Beträge korrigiert werden muss.[1163] Die Gewerbesteuer resultiert aus einer Multiplikation des Gewerbeertrags mit dem Gewerbesteuersatz (s^{GewSt}). Dieser setzt sich aus der Steuermesszahl (SMZ) i. H. v. 3,5 %[1164] und dem gemeindespezifischen Hebesatz (HS)[1165] zusammen. Der Unternehmensteuersatz in Deutschland (s^{DT}) kann vereinfacht wie folgt dargestellt werden:

$$s^{DT} = s^{KSt} \cdot (1 + s^{SolZ}) + SMZ \cdot HS. \tag{5.4}$$

Zur Ermittlung der Steuerbemessungsgrundlage wird zunächst auf den funktionsbezogenen Steuerbilanzgewinn vor Steuern bei reiner Eigenfinanzierung ($EBT_{i,t}$) abgestellt. Der $EBT_{i,t}$[1166] entspricht annahmegemäß den Free Cashflows vor Steuern ($FCF^{S}_{i,t}$) zuzüglich des Investitionssaldos ($INV_{i,t}$) und abzüglich der Abschreibungen auf die aktivierten Wirtschaftsgüter ($AfA_{i,t}$), die der F&E-Funktion unmittelbar zugerechnet werden können.[1167] Sind ergänzend außerbilanzielle körperschaft- oder gewerbesteuerliche Korrekturen zu berücksichtigen, werden die daraus resultierenden Besteuerungseffekte getrennt dargestellt. Für das verlagernde deutsche Mutterunternehmen bestimmen sich die Cashflows aus der Besteuerung ($S^{DT}_{i,t}$) in einer Periode t aus:

$$S^{DT}_{i,t} = -(FCF^{S}_{i,t} + INV_{i,t} - AfA_{i,t}) \cdot s^{DT}. \tag{5.5}$$

Infolge hoher Investitionen zur Ausübung der F&E-Tätigkeit ist die Steuerbemessungsgrundlage während der F&E-Phase grundsätzlich negativ.[1168] Der daraus resultierende

---

[1160] Vgl. *§§ 3 Abs. 1 Nr. 1* i. V. m. *4 Satz 1 SolZG*.

[1161] Vgl. *§ 2 Abs. 1 Satz 1 GewStG*.

[1162] Vgl. *§ 6 GewStG*.

[1163] Vgl. *§ 7 Satz 1 GewStG*. Siehe zur Ermittlung des Gewerbeertrags Abschnitt 6.2.2.3.

[1164] Vgl. *§ 11 Abs. 2 GewStG*.

[1165] Vgl. *§ 16 GewStG*.

[1166] Die Variable $EBT_{i,t}$ ist bei einem funktionsbezogenen Vorsteuerverlust negativ und bei einem funktionsbezogenen Vorsteuergewinn positiv.

[1167] Siehe Prämisse 5.8. Für Aufwendungen im Zusammenhang mit der F&E-Tätigkeit besteht gemäß *§ 5 Abs. 2 EStG* ein Aktivierungsverbot, sodass diese unmittelbar erfolgswirksam erfasst werden müssen.

[1168] Die Variable $S^{DT}_{i,t}$ repräsentiert während der F&E-Phase grundsätzlich eine Steuererstattung und nimmt insofern bis zum Abschluss der F&E-Tätigkeit positive Werte an.

positive Besteuerungseffekt (Steuererstattung) vermindert das Ausmaß der negativen Free Cashflows. Ergo können die Gewinnpotenziale der F&E-Funktion bei reiner Eigenfinanzierung während der F&E-Phase ($G_{F\&E}^{DT,EK}$) wie folgt hergeleitet werden:

$$G_{F\&E}^{DT,EK} = \sum_{i=1}^{I} p_i \sum_{t=1}^{X} \frac{FCF_{i,t}^{S} + S_{i,t}^{DT}}{(1+r^{F\&E})^t} + (1-p_I) \sum_{t=1}^{X} \frac{FCF_{I,t}^{S} + S_{I,t}^{DT}}{(1+r^{F\&E})^t} . \quad (5.6)$$

Sachverhalt:

Die verlagerte F&E-Funktion gliedert sich in drei F&E-Phasen, welche jeweils ein Jahr andauern. Die Wahrscheinlichkeit für einen Abbruch der F&E-Tätigkeit nach einer F&E-Phase i (p_i) beträgt 50 %. Die negativen Free Cashflows vor Berücksichtigung der Steuerwirkungen ($FCF_{i,t}^{S}$) sind in jeder F&E-Phase gleich hoch und belaufen sich auf -95 T€. Die Steuerbemessungsgrundlage ($S_{i,t}^{DT}$) entspricht den $FCF_{i,t}^{S}$ abzüglich der jährlichen Abschreibungen i. H. v. 5 T€. Der Unternehmensteuersatz beträgt 30 %. Für den Kapitalisierungszinssatz der F&E-Phase werden 6,2 % angenommen.

Lösung:

Phase	$FCF_{i,t}^{S}$	$S_{i,t}^{DT}$	(1)		(2)	$G_{F\&E}^{DT,EK}$
			p_i	$1-p_I$	$\sum_{t=1}^{X} \frac{FCF_{i,t}^{S} + S_{i,t}^{DT}}{(1+r^{F\&E})^t}$	
Abbruch Phase I	-95	-(-95 – 5) · 30 % = 30	0,5		-61	-31
Abbruch Phase II	-95	-(-95 – 5) · 30 % = 30	0,25		-119	-30
Abbruch Phase III	-95	-(-95 – 5) · 30 % = 30	0,125		-173	-22
Erfolg der F&E	-95	-(-95 – 5) · 30 % = 30		0,125	-173	-22
Gesamt						**-105**

Die (negativen) Gewinnpotenziale der F&E-Phase bei reiner Eigenfinanzierung belaufen sich für das verlagernde deutsche Mutterunternehmen auf -105 T€.

Beispiel 1: Gewinnpotenziale der F&E-Phase bei reiner Eigenfinanzierung

5.3.1.1.3 Fremdfinanzierungsbedingte Steuervorteile

Im Unterschied zur Verzinsung des Eigenkapitals sind Fremdkapitalzinsen gemäß § 4 Abs. 4 EStG abzugsfähig,[1169] woraus ein steuerlicher Vorteil der Fremdkapital- ge-

[1169] Eine vollständige körperschaftsteuerliche Abzugsfähigkeit der Fremdkapitalzinsen wird durch Prämisse 5.12 sichergestellt, wonach die Voraussetzungen für eine Berücksichtigung der Zinsschrankenregelung nicht gegeben sind.

genüber der Eigenkapitalfinanzierung resultiert. Dieser Steuervorteil wird durch das Tax Shield abgebildet. Es entsteht aus dem Barwert der Zinszahlungen ($r^{FK} \cdot FK_{i,t-1}$) multipliziert mit dem Unternehmensteuersatz (s^{DT}).[1170] Ergänzend ist die gewerbesteuerliche Abzugsbeschränkung für Fremdkapitalzinsen gemäß § 8 Nr. 1 Buchst. a Satz 1 GewStG zu berücksichtigen, wonach 25 % der Fremdkapitalzinsen nicht abzugsfähig sind.[1171] Die fremdfinanzierungsbedingten Steuervorteile sind annahmegemäß mit dem Fremdkapitalzinssatz r^{FK} zu diskontieren.[1172] Unter Berücksichtigung des Entwicklungsrisikos bestimmt sich das Tax Shield der F&E-Phase beim verlagernden Unternehmen ($TS^{DT}_{F\&E}$) aus:

$$\begin{aligned} TS^{DT}_{F\&E} &= \sum_{i=1}^{I} p_i \sum_{t=1}^{X} \frac{r^{FK} \cdot FK_{i,t-1} \cdot (s^{DT} - 0{,}25 \cdot s^{GewSt})}{(1 + r^{FK})^t} \\ &+ (1-p_I) \sum_{t=1}^{X} \frac{r^{FK} \cdot FK_{I,t-1} \cdot (s^{DT} - 0{,}25 \cdot s^{GewSt})}{(1 + r^{FK})^t} \end{aligned} \quad (5.7)$$

5.3.1.1.4 Funktionsrestwert

Durch eine Realisierung des Entwicklungsrisikos kann es zu einer vorzeitigen Einstellung der F&E-Funktion und damit verbunden zu einer Verkürzung des Kapitalisierungszeitraums kommen.[1173] Für die möglichen Zeitpunkte einer Einstellung der F&E-Funktion ist ein Funktionsrestwert (R^{DT})[1174] zu ermitteln. Dieser umfasst Wertkomponenten, die nicht bereits durch die Free Cashflows und das Tax Shield abgebildet werden und folglich am Ende des Kapitalisierungszeitraums gesondert zu erfassen sind.

Werthaltige Wirtschaftsgüter sind im Zeitpunkt der Einstellung einer F&E-Funktion grundsätzlich in eine Cashflow-Größe zu transferieren. Dies erfolgt durch eine fiktive Veräußerung.[1175] Übersteigen die Fremdvergleichspreise der materiellen und immateriellen Wirtschaftsgüter ($FP^{WG}_{i,t}$, $FP^{IWG}_{i,t}$) deren Buchwerte ($BW^{WG}_{i,t}$, $BW^{IWG}_{i,t}$), kommt es zu einer Versteuerung stiller Reserven. Werden bilanzierte Wirtschaftsgüter im Falle einer

[1170] Siehe hierzu auch die Ausführungen in Abschnitt 5.1.1.

[1171] Gemäß Prämisse 5.14 gilt ein im Zusammenhang mit der gewerbesteuerlichen Hinzurechnung stehender Freibetrag nach *§ 8 Nr. 1 GewStG* als verbraucht.

[1172] Zur Begründung siehe Prämisse 5.9.

[1173] Vgl. Prämisse 5.4.

[1174] Vgl. zur Berücksichtigung eines Restwerts in Kapitalwertkalkülen *Schneeloch, D.* (2011), S. 68-71.

[1175] Vgl. hierzu auch *Kruschwitz, L.* (2011), S. 13 f.

Funktionseinstellung wertlos, sinkt deren Fremdvergleichspreis auf Null und lediglich die Steuervorteile aus einer Teilwertabschreibung sind im Funktionsrestwert zu berücksichtigen.

Die Periode, in der es zu einer Einstellung der F&E-Funktion kommt, wird mit t=t* definiert und durch die Indikatorvariable $I_A(\omega)$ abgebildet. Diese Indikatorvariable nimmt für das Ereignis A := {t*} den Wert 1 und für das Komplementärereignis $\overline{A}$ den Wert 0 an:

$$I_A(\omega) = \begin{cases} 1, & \text{wenn } \omega = A \\ 0, & \text{wenn } \omega = \overline{A}. \end{cases} \tag{5.8}$$

Die Entscheidung über die Fortführung oder die Einstellung einer F&E-Funktion wird nach jeder F&E-Phase getroffen. Für die möglichen Zeitpunkte einer Funktionseinstellung ist ein Funktionsrestwert zu ermitteln und mit der Abbruchswahrscheinlichkeit p_i zu gewichten. Sind einer F&E-Funktion auch im Falle eines erfolgreichen Abschlusses der F&E-Tätigkeit noch werthaltige Wirtschaftsgüter zurechenbar, ist für dieses Szenario ebenfalls ein Funktionsrestwert zu bestimmen und mit der entsprechenden Wahrscheinlichkeit $1-p_I$ zu multiplizieren. Die Funktionsrestwerte werden mit dem Kapitalisierungszinssatz der F&E-Phase ($r^{F\&E}$) auf den Verlagerungszeitpunkt in t=0 abgezinst. Dieser Zinssatz spiegelt annahmegemäß[1176] die Unsicherheit in Bezug auf die Fremdvergleichspreise der materiellen und immateriellen Wirtschaftsgüter im Zeitpunkt der Funktionseinstellung wider. Für den Funktionsrestwert (R^{DT}) gilt somit:

$$\begin{aligned} R^{DT} = & \sum_{i=1}^{I} p_i \sum_{t=1}^{X} I_A(\omega) \cdot \left(\frac{(FP_{i,t}^{WG} + FP_{i,t}^{IWG}) \cdot (1 - s^{DT}) + (BW_{i,t}^{WG} + BW_{i,t}^{IWG}) \cdot s^{DT}}{(1 + r^{F\&E})^t} \right) \\ & + (1-p_I) \left(\frac{(FP_{I,X}^{WG} + FP_{I,X}^{IWG}) \cdot (1 - s^{DT}) + (BW_{I,X}^{WG} + BW_{I,X}^{IWG}) \cdot s^{DT}}{(1 + r^{F\&E})^X} \right). \end{aligned} \tag{5.9}$$

Aus den Formeln (5.3) bis (5.9) ergeben sich die negativen Gewinnpotenziale der F&E-Phase beim verlagernden Unternehmen ($G_{F\&E}^{DT}$). Diese können zusammenfassend wie folgt berechnet werden:

[1176] Siehe Prämisse 5.9.

$$G_{F\&E}^{DT} = \overbrace{\sum_{i=1}^{I} p_i \sum_{t=1}^{X} \frac{FCF_{i,t}^{S} + S_{i,t}^{DT}}{(1+r^{F\&E})^t} + (1-p_I) \sum_{t=1}^{X} \frac{FCF_{I,t}^{S} + S_{I,t}^{DT}}{(1+r^{F\&E})^t}}^{\text{Wertbeitrag der operativen F\&E-Tätigkeit}}$$

$$\overbrace{+ \sum_{i=1}^{I} p_i \sum_{t=1}^{X} \frac{r^{FK} \cdot FK_{i,t-1} \cdot (s^{DT} - 0{,}25 \cdot s^{GewSt})}{(1+r^{FK})^t}}^{\text{fremdfinanzierungsbedingte Steuervorteile}}$$

$$+ (1-p_I) \sum_{t=1}^{X} \frac{r^{FK} \cdot FK_{I,t-1} \cdot (s^{DT} - 0{,}25 \cdot s^{GewSt})}{(1+r^{FK})^t} \qquad (5.10)$$

$$\overbrace{+ \sum_{i=1}^{I} p_i \sum_{t=1}^{X} I_A(\omega) \cdot \left(\frac{(FP_{i,t}^{WG} + FP_{i,t}^{IWG}) \cdot (1 - s^{DT}) + (BW_{i,t}^{WG} + BW_{i,t}^{IWG}) \cdot s^{DT}}{(1+r^{F\&E})^t} \right)}^{\text{Funktionsrestwert}}$$

$$+ (1-p_I) \left(\frac{(FP_{I,X}^{WG} + FP_{I,X}^{IWG}) \cdot (1 - s^{DT}) + (BW_{I,X}^{WG} + BW_{I,X}^{IWG}) \cdot s^{DT}}{(1+r^{F\&E})^X} \right)$$

mit

$BW_{i,t}^{IWG}$ = Buchwerte der immateriellen Wirtschaftsgüter im Zeitpunkt t;

$BW_{i,t}^{WG}$ = Buchwerte der materiellen Wirtschaftsgüter im Zeitpunkt t;

$FCF_{i,t}^{S}$ = Free Cashflows vor Steuern der Periode t unter der Bedingung, dass die F&E-Tätigkeit nach der F&E-Phase i eingestellt wird;

$FK_{i,t-1}$ = Fremdkapitalbestand am Ende der Periode t–1 unter der Bedingung, dass die F&E-Tätigkeit nach der F&E-Phase i eingestellt wird;

$FP_{i,t}^{IWG}$ = Fremdvergleichspreise der immateriellen Wirtschaftsgüter im Zeitpunkt t;

$FP_{i,t}^{WG}$ = Fremdvergleichspreise der materiellen Wirtschaftsgüter im Zeitpunkt t;

$G_{F\&E}^{DT}$ = Gewinnpotenziale der F&E-Phase für das verlagernde Unternehmen;

i = Index für die F&E-Phasen, wobei I die letzte F&E- Phase vor einem möglichen erfolgreichen Abschluss der F&E-Tätigkeit repräsentiert;

$I_A(\omega)$ = Indikatorvariable für die Funktionseinstellung in t=t*;

p_i = Wahrscheinlichkeit für einen Abbruch der F&E-Tätigkeit nach einer F&E-Phase i;

$1-p_I$ = Wahrscheinlichkeit für einen erfolgreichen Abschluss der F&E-Tätigkeit;

$r^{F\&E}$ = Kapitalisierungszinssatz der F&E-Phase;

r^{FK} = Fremdkapitalzinssatz;

s^{DT} = Unternehmensteuersatz in Deutschland;

s^{GewSt} = Gewerbesteuersatz;

$S_{i,t}^{DT}$ = Cashflows aus der Besteuerung in einer Periode t unter der Bedingung, dass die F&E-Tätigkeit nach der F&E-Phase i eingestellt wird;

5.3.1.2 (Positive) Gewinnpotenziale der Verwertungsphase

5.3.1.2.1 Operative Free Cashflows vor Steuern

Der Kapitalisierungszeitraum einer F&E-Funktion endet spätestens mit dem erfolgreichen Abschluss der F&E-Tätigkeit im Zeitpunkt t=X.[1177] Die Verwertung der F&E-Ergebnisse erfolgt daher grundsätzlich außerhalb des Kapitalisierungszeitraums der F&E-Funktion, weshalb eine unmittelbare Zurechnung der laufenden Verwertungserträge zu der F&E-Funktion nicht möglich ist. Vielmehr muss ein Barwert der erwarteten Free Cashflows aus der Verwertung der F&E-Ergebnisse für den Zeitpunkt des erfolgreichen Abschlusses der F&E-Tätigkeit berechnet werden, welcher der F&E-Funktion entsprechend ihres Wertschöpfungsbeitrags zuzurechnen ist. Vergleichbar einer Veräußerung der F&E-Ergebnisse sind die Free Cashflows auf den Zeitpunkt t=X mit dem Kapitalisierungszinssatz der Verwertungsphase (r^V) abzuzinsen und zu einem Barwert zusammenzufassen.[1178] In einem zweiten Schritt wird dieser Barwert unter Verwendung des Kapitalisierungszinssatzes der F&E-Phase ($r^{F\&E}$) auf den Verlagerungszeitpunkt t=0 diskontiert. Aus Gründen der Übersichtlichkeit werden die Effekte aus der Besteuerung der Verwertungserträge wiederum getrennt in Abschnitt 5.3.1.2.2 dargestellt und den operativen Free Cashflows vor Steuern ($FCF^S_{j,t}$) hinzugerechnet.

Im Verlagerungszeitpunkt sind sowohl der erfolgreiche Abschluss der F&E-Tätigkeit (Entwicklungsrisiko) als auch die konkreten Ausprägungen der F&E-Ergebnisse und die daraus erzielbaren Verwertungserträge (Vergütungsrisiko) unsicher. Die F&E-Tätigkeit wird mit einer Wahrscheinlichkeit von $1-p_I$ erfolgreich abgeschlossen. Insofern können die Free Cashflows aus der Verwertung der F&E-Ergebnisse nur mit einer entsprechenden Wahrscheinlichkeit erzielt werden.[1179] Weiterhin wird das Vergütungsrisiko durch die Berücksichtigung von drei Verwertungsszenarien j, mit $j \in \{1 = \text{Positivszenario}; 2 = \text{Trendszenario}; 3 = \text{Negativszenario}\}$, approximiert.[1180] Für jedes Verwertungsszenario j ist jeweils ein Barwert der erwarteten Free Cashflows zu bestimmen und mit der Eintrittswahrscheinlichkeit für das jeweilige Verwertungsszenario (q_j) zu gewichten. Für das verlagernde Unternehmen lassen sich die (positiven) Gewinnpotenziale der

[1177] Siehe Abschnitt 4.3.2.
[1178] Siehe Abschnitt 5.1.2.3.
[1179] Vgl. zur Einbeziehung des Entwicklungsrisikos in das Bewertungsverfahren Abschnitt 5.1.2.1.
[1180] Siehe zur Abbildung des Vergütungsrisikos im Bewertungsverfahren Abschnitt 5.1.2.2.

Verwertungsphase bei reiner Eigenfinanzierung vor Berücksichtigung der Besteuerungseffekte ($G_V^{DT,EK,S}$) formal wie folgt zusammenfassen:

$$G_V^{DT,EK,S} = (1-p_I)\sum_{j=1}^{3} q_j \sum_{t=X+1}^{T} \frac{FCF_{j,t}^{S}}{(1+r^{F\&E})^X \cdot (1+r^V)^{t-X}} . \tag{5.11}$$

5.3.1.2.2 Besteuerungseffekte bei reiner Eigenfinanzierung

Während der Verwertungsphase übersteigen die Erträge aus der Verwertung der F&E-Ergebnisse i. d. R. die damit im Zusammenhang stehenden Aufwendungen. Aufgrund des Vergütungsrisikos sind für jedes Verwertungsszenario j eigene funktionsbezogene Steuerbemessungsgrundlagen zu bestimmen.[1181] Die Steuerbemessungsgrundlagen entsprechen bei vollständiger Eigenfinanzierung unter den getroffenen Prämissen grundsätzlich den szenariobezogenen Free Cashflows des operativen Bereichs vor Steuern ($FCF_{j,t}^{S}$). Somit bestimmen sich die aus der Besteuerung resultierenden Cashflows einer Periode t ($S_{j,t}^{DT}$) in einem Verwertungsszenario j aus:

$$S_{j,t}^{DT} = -FCF_{j,t}^{S} \cdot s^{DT}. \tag{5.12}$$

Den Investitionen während der F&E-Phase stehen im Falle eines erfolgreichen Abschlusses der F&E-Tätigkeit positive Free Cashflows aus der Verwertung der F&E-Ergebnisse gegenüber. Durch die grundsätzlich negativen Besteuerungseffekte[1182] werden die Free Cashflows vermindert. Die Gewinnpotentiale der Verwertungsphase bei reiner Eigenfinanzierung ($G_V^{DT,EK}$) können formal wie folgt beschrieben werden:

$$G_V^{DT,EK} = (1-p_I)\sum_{j=1}^{3} q_j \sum_{t=X+1}^{T} \frac{FCF_{j,t}^{S}\,(1-s^{DT})}{(1+r^{F\&E})^X \cdot (1+r^V)^{t-X}} . \tag{5.13}$$

[1181] Siehe zur Ermittlung einer funktionsbezogenen Steuerbemessungsgrundlage Prämisse 2.4.

[1182] Die Variable $S_{j,t}^{DT}$ nimmt im Falle einer positiven Steuerbemessungsgrundlage negative Werte und im Falle einer negativen Steuerbemessungsgrundlage positive Werte an.

5.3.1.2.3 Fremdfinanzierungsbedingte Steuervorteile

Bestehen auch während der Verwertungsphase finanzielle Verbindlichkeiten, die unmittelbar aus der Finanzierung der F&E-Tätigkeit resultieren, sind die damit zusammenhängenden Zinszahlungen in die Grenzpreisermittlung einzubeziehen.[1183] Die Zinszahlungen können sich aufgrund der verschiedenen Erträge in den einzelnen Verwertungsszenarien unterscheiden, sodass für jedes Verwertungsszenario j ein eigenes Tax Shield zu ermitteln und mit der jeweiligen Szenariowahrscheinlichkeit (q_j) zu gewichten ist. Das Tax Shield der Verwertungsphase (TS_V^{DT}) ergibt sich beim verlagernden deutschen Mutterunternehmen unter Berücksichtigung der Wahrscheinlichkeit für einen erfolgreichen Abschluss der F&E-Tätigkeit ($1-p_I$) aus:

$$TS_V^{DT} = (1-p_I)\sum_{j=1}^{3} q_j \sum_{t=X+1}^{T} \frac{r^{FK} \cdot FK_{j,t-1} \cdot (s^{DT} - 0{,}25 \cdot s^{GewSt})}{(1+r^{FK})^t} \quad (5.14)$$

Die (positiven) Gewinnpotenziale der Verwertungsphase lassen sich beim verlagernden deutschen Mutterunternehmen (G_V^{DT}) aus den Formeln (5.13) und (5.14) ableiten:

$$G_V^{DT} = \overbrace{(1-p_I)\sum_{j=1}^{3} q_j \sum_{t=X+1}^{T} \frac{FCF_{j,t}^{S}\,(1-s^{DT})}{(1+r^{F\&E})^X \cdot (1+r^V)^{t-X}}}^{\text{Wertbeitrag der operativen Verwertungstätigkeit}}$$
$$+ \overbrace{(1-p_I)\sum_{j=1}^{3} q_j \sum_{t=X+1}^{T} \frac{r^{FK} \cdot FK_{j,t-1} \cdot (s^{DT} - 0{,}25 \cdot s^{GewSt})}{(1+r^{FK})^t}}^{\text{fremdfinanzierungsbedingte Steuervorteile}} \quad (5.15)$$

mit

$FCF_{j,t}^{S}$	=	Free Cashflows vor Steuern der Periode t aus der Verwertung der F&E-Ergebnisse im Verwertungsszenario j;
$FK_{j,t-1}$	=	Fremdkapitalbestand am Ende der Periode t–1 im Verwertungsszenario j;
G_V^{DT}	=	Gewinnpotenziale der Verwertungsphase für das verlagernde Unternehmen;
$1-p_I$	=	Wahrscheinlichkeit für den erfolgreichen Abschluss einer F&E-Tätigkeit;
q_j	=	Eintrittswahrscheinlichkeit für ein Verwertungsszenario j;
$r^{F\&E}$	=	Kapitalisierungszinssatz der F&E-Phase;

[1183] Siehe Prämisse 5.11.

r^{FK} = Fremdkapitalzinssatz;
r^{V} = Kapitalisierungszinssatz der Verwertungsphase;
s^{DT} = Unternehmensteuersatz in Deutschland;
s^{GewSt} = Gewerbesteuersatz;
t = Index für die Zeit in Jahren, wobei X den Zeitpunkt eines erfolgreichen Abschlusses der F&E-Tätigkeit und T das Ende der Verwertungsphase repräsentieren.

5.3.1.3 Marktwert des Fremdkapitals

Für die Bestimmung des Funktionsgrenzpreises ist im APV-Verfahren von den (negativen) Gewinnpotenzialen der F&E-Phase und den (positiven) Gewinnpotenzialen der Verwertungsphase der Marktwert des Fremdkapitals im Verlagerungszeitpunkt t=0 (FK_0) abzuziehen. Dieser entspricht dem Barwert der Zahlungsströme mit den Fremdkapitalgebern (Liquiditätszuflüsse aus der Aufnahme von Fremdkapital sowie Liquiditätsabflüsse aus Zins- und Tilgungszahlungen). Er stimmt mit dem Nominalwert des verzinslichen Fremdkapitals im Zeitpunkt t=0 überein, sofern die Zahlungsströme mit einem konstanten Fremdkapitalzinssatz r^{FK} diskontiert werden. Die Aufnahme von zusätzlichem Fremdkapital während des Kapitalisierungszeitraums verändert den Marktwert des Fremdkapitals in t=0 i. d. R. nicht. Dies ist darauf zurückzuführen, dass der Liquiditätszufluss aus der Fremdkapitalaufnahme und der Liquiditätsabfluss aus den Zins- und Tilgungszahlungen gleichermaßen mit den Opportunitätskosten des Fremdkapitals (r^{FK}) kapitalisiert werden und somit deren Barwert einen Wert von Null aufweist.[1184]

5.3.1.4 Grenzpreis

Die Grenzpreisermittlung für die F&E-Funktion erfolgt beim verlagernden Unternehmen in einem zweistufigen Verfahren, sofern die steuerlichen Konsequenzen aus dem Verlagerungsvorgang selbst in die Grenzpreisermittlung einbezogen werden.[1185] In einem ersten Schritt ist der Funktionsgrenzpreis ohne Berücksichtigung der steuerlichen Konsequenzen aus dem Verlagerungsvorgang ($GP^{DT,VS}$) zu bestimmen. Dieser ent-

[1184] Vgl. zu diesem Absatz etwa *Ernst, D. et al.* (2010), S. 47; *Hachmeister, D.* (2000), S. 96. Bei Funktionsverlagerungen ist der Marktwert des Fremdkapitals i. d. R. niedrig, da keine oder nur geringe verzinsliche Verbindlichkeiten zusammen mit der Funktion übertragen werden. Siehe hierzu *Schilling, D.* (2011a), S. 711.

[1185] Siehe für eine Darstellung der Diskussion hinsichtlich einer Berücksichtigung der Steuerwirkungen aus dem Verlagerungsvorgang beim verlagernden Unternehmen Abschnitt 3.3.1.1.2.

spricht i. Allg. den negativen Gewinnpotenzialen der F&E-Phase ($G_{F\&E}^{DT}$) und den positiven Gewinnpotenzialen der Verwertungsphase (G_V^{DT}) vermindert um den Marktwert des Fremdkapitals im Verlagerungszeitpunkt t=0 (FK_0) sowie etwaiger Schließungs- und/oder Transaktionskosten (TK_0)[1186].

Im Falle einer Funktionsverlagerung durch Nutzungsüberlassung der Bestandteile des Transferpakets ist der Funktionsgrenzpreis zusätzlich um den Barwert der abschreibungsbedingten Steuervorteile aus den zur Nutzung überlassenen Wirtschaftsgütern (aSV^{DT}) sowie den Funktionsrestwert (R^{DT}) zu kürzen. Die Kürzung der abschreibungsbedingten Steuervorteile ist darauf zurückzuführen, dass das verlagernde Unternehmen auch nach der Funktionsverlagerung Eigentümer der zur Nutzung überlassenen Wirtschaftsgüter bleibt und weiterhin Steuervorteile aus der Abschreibung der bilanzierten Wirtschaftsgüter erzielen kann. Unter Berücksichtigung des Entwicklungsrisikos lässt sich der Barwert der abschreibungsbedingten Steuervorteile im Zeitpunkt der Funktionsverlagerung in t=0 (aSV^{DT}) formal aus

$$aSV^{DT} = \sum_{i=1}^{I} p_i \sum_{t=1}^{X} \frac{AfA_{i,t} \cdot s^{DT}}{(1 + r^{F\&E})^t} + (1-p_I) \sum_{t=1}^{X} \frac{AfA_{I,t} \cdot s^{DT}}{(1 + r^{F\&E})^t} \tag{5.16}$$

herleiten. Der Funktionsrestwert umfasst die Erträge aus einer fiktiven Veräußerung der werthaltigen Wirtschaftsgüter sowie die Steuervorteile aus einer Teilwertabschreibung der nicht mehr werthaltigen Wirtschaftsgüter im Falle einer Funktionseinstellung nach einer F&E-Phase i.[1187] Dieser kann i. d. R. bei Vereinbarung einer Nutzungsüberlassung in Ermangelung einer Übertragung des Eigentums weiterhin vom verlagernden Unternehmen erzielt werden.[1188] Ergo würde ein ordentlicher und gewissenhafter Geschäftsleiter den Funktionsrestwert nicht in die Ermittlung seiner Konzessionsbereitschaft einbeziehen.

Ob der Funktionsverlagerung eine bloße Nutzungsüberlassung oder eine Übertragung des rechtlichen und/oder wirtschaftlichen Eigentums zugrunde liegt, wird durch die Indikatorvariable $I_B(\omega)$ abgebildet. Diese Indikatorvariable nimmt für das Ereignis

---

[1186] Siehe Abschnitt 3.3.1.1.5.

[1187] Siehe zum Funktionsrestwert Abschnitt 5.3.1.1.4.

[1188] Dies gilt insbesondere dann, wenn der Wert der immateriellen Wirtschaftsgüter im Zeitpunkt der Funktionseinstellung einen Wert von Null annehmen.

B := {Nutzungsüberlassung} den Wert 1 und für das Komplementärereignis $\overline{B}$:= {Eigentumsübertragung} den Wert 0 an:

$$I_B(\omega) = \begin{cases} 1, & \text{wenn } \omega = B \\ 0, & \text{wenn } \omega = \overline{B}. \end{cases} \tag{5.17}$$

Zusammenfassend stellt sich der Funktionsgrenzpreis ohne Berücksichtigung der steuerlichen Konsequenzen aus dem Verlagerungsvorgang ($GP^{DT,VS}$) unter Berücksichtigung der Formeln (5.9) und (5.16) wie folgt dar:

$$GP^{DT,VS} = (G^{DT}_{F\&E} + G^{DT}_{V} - FK_0) + TK_0 - I_B(\omega) \cdot (aSV^{DT} + R^{DT}). \tag{5.18}$$

Dieser Funktionsgrenzpreis ist nach Auffassung der Finanzverwaltung[1189] und Teilen des Schrifttums[1190] um die Steuern aus dem Verlagerungsvorgang zu erhöhen. Im Falle einer Eigentumsübertragung resultiert die Verlagerungssteuer aus der Besteuerung des Unterschiedsbetrags zwischen dem Grenzpreis für das Transferpaket (GP^{DT}) und den Buchwerten der Bestandteile des Transferpakets im Verlagerungszeitpunkt t=0 (BW_0^{IWG}, BW_0^{WG}). Liegt der Funktionsverlagerung hingegen eine Nutzungsüberlassung zugrunde, ist der Grenzpreis für das Transferpaket als Ganzes in vollem Umfang zu versteuern. In Ermangelung einer Übertragung des Eigentums an den Bestandteilen des Transferpakets sind keine Buchwerte bei der Ermittlung der Verlagerungssteuer gewinnmindernd zu berücksichtigen. Die Variablen BW_0^{IWG} und BW_0^{WG} nehmen in diesem Fall den Wert Null an.

Durch einfache algebraische Umformungen lässt sich die nachstehende Formel zur Ermittlung des endgültigen Funktionsgrenzpreises (GP^{DT}) herleiten:[1191]

$$GP^{DT} = \frac{GP^{DT,VS} - (BW_0^{IWG} + BW_0^{WG}) \cdot s^{DT}}{1 - s^{DT}} \tag{5.19}$$

[1189] Vgl. *BMF (Hrsg.)* (2010), S. 774, Rn. 118.

[1190] Vgl. *Greil, S.* (2011), S. 159; *Jacobs, O. H. et al. (Hrsg.)* (2011), S. 611 f.; *Oestreicher, A./Hundeshagen, C.* (2008b), S. 1698; *Oestreicher, A./Hundeshagen, C.* (2009b), S. 836; *Oestreicher, A./Wilcke, D.* (2010c), S. 1714; *Schilling, D.* (2011b), S. 1539.

[1191] Siehe auch Abschnitt 3.3.1.1.2.

Sachverhalt:

Die Gewinnpotenziale der F&E-Phase ($G^{DT}_{F\&E}$) belaufen sich auf -105 T€ und die der Verwertungsphase (G^{DT}_{V}) auf 144 T€. Der Marktwert des Fremdkapitals beträgt 0 T€. Die Wirtschaftsgüter weisen im Verlagerungszeitpunkt einen Buchwert i. H. v. 15 T€ auf und sind über eine betriebsgewöhnliche Nutzungsdauer von drei Jahren abzuschreiben. Die Fremdvergleichspreise dieser Wirtschaftsgüter am Ende eines Jahres entsprechen deren Buchwerten. Es werden für den Unternehmensteuersatz (s^{DT}) 30 % und für den Kapitalisierungszinssatz der F&E-Phase ($r^{F\&E}$) 6,2 % angenommen. Die Wahrscheinlichkeit für einen Abbruch der F&E-Tätigkeit nach einer F&E-Phase i (p_i) beträgt 50 %. Im Rahmen der nachfolgenden Berechnungen werden die Grenzpreise des verlagernden Unternehmens bei Vereinbarung einer Eigentumsübertragung (ETÜ) im Vergleich zur Vereinbarung einer Nutzungsüberlassung (NÜ) bestimmt.

Lösung:

In einem ersten Schritt wird der Grenzpreis ohne Berücksichtigung der Verlagerungssteuer ($GP^{DT,VS}$) entsprechend der Formel (5.18) sowohl für Verlagerungen durch Eigentumsübertragung als auch für Verlagerungen durch Nutzungsüberlassung ermittelt:

	$G^{DT}_{F\&E}$	G^{DT}_{V}	aSV^{DT}	R^{DT}	$GP^{DT,VS}$
ETÜ	-105	144	–	–	39,0
NÜ	-105	144	2,4	5,8	30,8

In einem zweiten Schritt ist der finale Grenzpreis für das Transferpaket als Ganzes (GP^{DT}) entsprechend der Formel (5.19) zu bestimmen. Dies erfolgt durch eine Hinzurechnung der Steuern aus dem Verlagerungsvorgang zum $GP^{DT,VS}$:

	$GP^{DT,VS}$	$-(BW_0^{IWG}+BW_0^{WG})\cdot s^{DT}$	$\frac{1}{1-s^{DT}}$	GP^{DT}
ETÜ	39,0	-4,5	1,43	49,3
NÜ	30,8	–	1,43	44,0

Im Falle einer Nutzungsüberlassung ist der Grenzpreis um 5,3 T€ niedriger als bei einer Eigentumsübertragung. Dieser Unterschiedsbetrag (UB) spiegelt die Vorteile einer Nutzungsüberlassung gegenüber einer Eigentumsübertragung wider, die sich daraus ergeben, dass das verlagernde Unternehmen auch nach der Verlagerung rechtlicher und wirtschaftlicher Eigentümer der lizenzierten Wirtschaftsgüter bleibt:

$$UB = \frac{aSV^{DT} + R^{DT} - (BW_0^{IWG} + BW_0^{WG}) \cdot s^{DT}}{1 - s^{DT}}.$$

Beispiel 2: Grenzpreisermittlung beim verlagernden Unternehmen

5.3.2 Grenzpreisermittlung beim aufnehmenden Unternehmen

Der Grenzpreis des aufnehmenden Unternehmens bildet i. d. R. die Obergrenze des Einigungsbereichs und spiegelt den Preis wider, den dieses maximal für das verlagerte Transferpaket zu zahlen bereit ist. Er ist als Bruttokapitalwert zu verstehen, sodass bei dessen Ermittlung unmittelbar im Zusammenhang mit der Funktionsverlagerung stehende Investitionsauszahlungen nicht berücksichtigt werden. Aus den Investitionszahlungen resultierende Steuerwirkungen sind jedoch in die Transferpaketbewertung einzubeziehen, da diese einen Einfluss auf die Konzessionsbereitschaft des aufnehmenden Unternehmens haben.[1192] Des Weiteren müssen die Vor- und Nachteile aus der Funktionsausübung Berücksichtigung finden,[1193] unabhängig davon, ob diese bereits Bestandteil des Transferpakets sind oder erst nach der Funktionsverlagerung entstehen. Es sind insbesondere auch Vorteile aus der Inanspruchnahme steuerlicher F&E-Förderungen in die Grenzpreisermittlung einzubeziehen, da diese den Nutzen der Funktionsausübung erhöhen.

Im Folgenden wird in Abschnitt 5.3.2.1 die Ermittlung der (negativen) Gewinnpotenziale der F&E-Phase und daran anschließend in Abschnitt 5.3.2.2 die Ermittlung der (positiven) Gewinnpotenziale der Verwertungsphase für das aufnehmende Unternehmen beschrieben. Ein besonderer Fokus liegt dabei auf der Abbildung der steuerlichen F&E-Fördermaßnahmen und den daraus resultierenden Steuerwirkungen. Abschließend wird in Abschnitt 5.3.2.3 die Ermittlung des Grenzpreises dargestellt.

[1192] Die Steuerwirkungen ergeben sich bei einer Eigentumsübertragung aus den Abschreibungen der Bestandteile des Transferpakets über die betriebsgewöhnliche Nutzungsdauer und bei einer Nutzungsüberlassung aus der steuerlichen Abzugsfähigkeit der Lizenzzahlungen als Betriebsausgaben. Siehe zur Diskussion einer Erfassung der Steuerwirkungen beim aufnehmenden Unternehmen *Fischer, W./ Freudenberg, M.* (2012), S. 170-173; *Greil, S.* (2011), S. 159 f.; *Heining, B.* (2009), S. 129; *IDW S 5.47; Nestler, A./Schaflitzl, A.* (2011), S. 237; *Oestreicher, A./Hundeshagen, C.* (2008a), S. 149; *Oestreicher, A./Hundeshagen, C.* (2008b), S. 1698 f.; *Oestreicher, A./Wilcke, D.* (2010b), S. 468; *Oestreicher, A./Wilcke, D.* (2010c), S. 1714 f.; *Schilling, D.* (2011b), S. 1539. Gegen eine Berücksichtigung der Steuerwirkungen aus dem Verlagerungsvorgang beim aufnehmenden Unternehmen *Baumhoff, H.* (2012), S. 399 f.; *Greinert, M./Reichl, A.* (2011), S. 1182-1187; *Kroppen, H.-K.* (2013), Anm. 137; *Menninger, J./Wellens, L.* (2012), S. 13.

[1193] Vgl. *BMF (Hrsg.)* (2010), S. 774, Rn. 93. Siehe ergänzend Abschnitt 3.3.1.1.1.

5.3.2.1 (Negative) Gewinnpotenziale der F&E-Phase

5.3.2.1.1 Operative F&E-Tätigkeit vor Steuern

Die Free Cashflows der F&E-Phase umfassen sämtliche Auszahlungen, welche im Zusammenhang mit der Ausübung der F&E-Tätigkeit anfallen. Die daraus resultierenden Steuereffekte werden aus Gründen der Übersichtlichkeit in Abschnitt 5.3.2.1.2 separat dargestellt und den Free Cashflows vor Steuern ($FCF_{i,t}^{S}$)[1194] hinzugerechnet. Die (negativen) Gewinnpotenziale der F&E-Phase beim aufnehmenden Unternehmen vor Berücksichtigung der Steuerwirkungen ($G_{F\&E}^{NL,EK,S}$) bestimmen sich unter Berücksichtigung des Entwicklungsrisikos und des Kapitalisierungszinssatzes der F&E-Phase aus:[1195]

$$G_{F\&E}^{NL,EK,S} = \sum_{i=1}^{I} p_i \sum_{t=1}^{X} \frac{FCF_{i,t}^{S}}{(1+r^{F\&E})^t} + (1-p_I) \sum_{t=1}^{X} \frac{FCF_{I,t}^{S}}{(1+r^{F\&E})^t}. \quad (5.20)$$

5.3.2.1.2 Besteuerungseffekte bei reiner Eigenfinanzierung

Die Besteuerungseffekte während der F&E-Phase setzen sich beim aufnehmenden niederländischen Tochterunternehmen im Wesentlichen aus drei Komponenten zusammen, die im Folgenden getrennt voneinander dargestellt werden:

- „Reguläre“ Körperschaftsbesteuerung;
- Verminderung der Lohnsteuer- und Sozialversicherungsabgaben;
- Inanspruchnahme des F&E-Abzugsbetrags.

„Reguläre“ Körperschaftsbesteuerung

Anknüpfungspunkt der Körperschaftsteuer in den Niederlanden ist das zu versteuernde Einkommen (belastbaar bedrag),[1196] auf welches der niederländische Körperschaftsteuersatz (s^{NL}) i. H. v. 25 %[1197] angewendet wird. Das zu versteuernde Einkommen leitet sich aus dem Steuerbilanzgewinn ab, welcher um außerbilanzielle Hinzurechnun-

[1194] Die Variable $FCF_{i,t}^{S}$ nimmt während der F&E-Phase aufgrund der hohen zahlungswirksamen Aufwendungen grundsätzlich negative Werte an.
[1195] Für weitergehende Erläuterungen siehe Abschnitt 5.3.1.1.1.
[1196] Vgl. *Art. 7 Abs. 1 Wet Vpb.*
[1197] Siehe Prämisse 5.13 i. V. m. *Art. 22 Wet Vpb.*

gen und Kürzungen zu korrigieren ist.[1198] Im Bewertungsverfahren wird zur Ermittlung der Steuerbemessungsgrundlage zunächst auf den funktionsbezogenen Steuerbilanzgewinn vor Steuern bei reiner Eigenfinanzierung ($EBT_{i,t}$) abgestellt. Dieser entspricht annahmegemäß den Free Cashflows vor Steuern ($FCF_{i,t}^{S}$) zuzüglich des Investitionssaldos ($INV_{i,t}$) und abzüglich der Abschreibungen ($AfA_{i,t}$).[1199] Sofern eine Verminderung der Lohnsteuer- und Sozialversicherungsbeitragszahlungen gewährt wird, sind die Personalaufwendungen, und somit auch die $FCF_{i,t}^{S}$, um den Entlastungsbetrag $FB_{i,t}$ zu korrigieren. Die Steuerbemessungsgrundlage ist während der F&E-Phase grundsätzlich negativ. Es ergibt sich somit ein positiver Besteuerungseffekt auf Funktionsebene. Die Steuervorteile sind annahmegemäß mit dem Kapitalisierungszinssatz der F&E-Phase ($r^{F\&E}$) zu diskontieren.

Erfolgt eine Funktionsverlagerung durch Nutzungsüberlassung der Bestandteile des Transferpakets, müssen die Pauschallizenzraten während der F&E-Phase als operative Betriebsausgaben im $EBT_{i,t}$ erfasst werden.[1200] Liegen einer Lizenzvereinbarung allerdings Bedingungen zugrunde, die nicht in Einklang mit dem Fremdvergleichsgrundsatz stehen, erfolgt gemäß Art. 8b Abs. 1 Wet Vpb eine Korrektur der Lizenzraten.[1201] Der Korrekturbetrag ($KOR_{i,t}^{PL\text{-}NÜ}$) ist in diesen Fällen ebenfalls in die Steuerbemessungsgrundlage einzubeziehen, da dieser zwar das zu versteuernde Einkommen, nicht jedoch die Free Cashflows vor Steuern mindert. Die aus der Abzugsfähigkeit der fremdüblichen Pauschallizenzraten resultierenden Steuervorteile sind annahmegemäß mit dem Fremdkapitalzinssatz (r^{FK}) zu kapitalisieren.[1202] Die jährlichen Steuervorteile aus der regulären Körperschaftsbesteuerung während der F&E-Phase ($KSt_{i,t}^{NL}$)[1203] lassen sich somit wie folgt herleiten:

[1198] Zur Ermittlung des zu versteuernden Einkommens siehe auch Abschnitt 6.2.2.2.

[1199] Siehe Prämisse 5.8. Die Abschreibungen auf die Anschaffungskosten der Bestandteile des Transferpakets führen beim aufnehmenden Unternehmen zu Steuervorteilen, welche den Grenzpreis im hypothetischen Fremdvergleich und damit verbunden die Anschaffungskosten der Bestandteile des Transferpakets beeinflussen. Das sich hieraus ergebende Zirkularitätsproblem kann iterativ oder durch Anwendung eines Step-Up-Faktors gelöst werden. Siehe hierzu *Oestreicher, A./Hundeshagen, C.* (2008a), S. 1640; *Oestreicher, A./Wilcke, D.* (2010c), S. 1714. Im Rahmen der weiteren Untersuchungen wird das Zirkularitätsproblem iterativ gelöst.

[1200] Da das aufnehmende Unternehmen bei einer Nutzungsüberlassung definitionsgemäß nicht wirtschaftlicher Eigentümer der lizenzierten Bestandteile des Transferpakets wird, vermindern sich die Abschreibungen gegenüber der Eigentumsübertragung.

[1201] Siehe Prämisse 5.6.

[1202] Siehe Prämisse 5.9.

[1203] Die Variable $KSt_{i,t}^{NL}$ nimmt während der F&E-Phase grundsätzlich positive Werte an.

$$KSt_{i,t}^{NL} = -(\overbrace{FCF_{i,t}^{S} + FB_{i,t} + INV_{i,t} - AfA_{i,t}}^{EBT_{i,t}} - I_B(\omega) \cdot KOR_{i,t}^{PL\text{-}NÜ}) \cdot s^{NL}. \qquad (5.21)$$

Verminderung der Lohnsteuer- und Sozialversicherungsabgaben

Zur Förderung der F&E in den Niederlanden wird forschenden Unternehmen unter bestimmten Voraussetzungen eine Verminderung der Lohnsteuer- und Sozialversicherungsbeitragszahlungen auf qualifizierende Personalaufwendungen ($QPK_{i,t}$) gewährt.[1204] Die Förderung beläuft sich auf einen Fördersatz i. H. v. 38 % bis zu einem Betrag von 200.000 € und für diesen Betrag übersteigende qualifizierende Personalaufwendungen auf einen Fördersatz i. H. v. 14 % der qualifizierenden Personalaufwendungen. Der Förderhöchstbetrag ist auf maximal 14.000.000 € pro Kalenderjahr begrenzt.[1205]

Die Gewährung dieser F&E-Förderung setzt voraus, dass einerseits die forschenden Mitarbeiter in den Niederlanden lohnsteuer- und sozialversicherungspflichtig sind und andererseits die F&E-Tätigkeit durch ein in den Niederlanden ansässiges Unternehmen systematisch organisiert und beherrscht wird.[1206] In Abhängigkeit von der gewählten Verlagerungsart können diese Voraussetzungen erfüllt sein oder nicht. Bei einer Ausgliederung der F&E-Funktion werden die operative F&E-Tätigkeit sowie die damit zusammenhängenden Chancen und Risiken verlagert, sodass die F&E-Förderung für diese Verlagerungsart grundsätzlich gewährt werden kann. Bei einer Funktionsabspaltung[1207] (Auftragsforschung) verbleiben die Chancen und Risiken aus der Funktionsausübung hingegen beim verlagernden Unternehmen, welches die F&E-Tätigkeit auch nach der Verlagerung in den meisten Fällen beherrscht und organisiert. Im Rahmen einer Funktionsabschmelzung[1208] gehen die Chancen und Risiken – und damit verbunden auch die Beherrschung und die Organisation – der F&E-Tätigkeit auf das niederländische Tochterunternehmen über. Die F&E-Tätigkeit wird jedoch i. d. R. von den Mitarbeitern des verlagernden Unternehmens weiter ausgeführt, welche in den Niederlanden nicht lohnsteuer- und sozialversicherungspflichtig sind. Zusammenfassend kann festgestellt wer-

---

[1204] Siehe zu den Voraussetzungen für eine Verminderung der Lohnsteuer- und Sozialversicherungsabgaben gemäß *Art. 1 Abs. 1 Satz 1 Buchst. n WVA* Abschnitt 4.1.6.2.1.

[1205] Vgl. *Art. 23 Abs. 5 WVA.*

[1206] Vgl. *Agentschap NL (Hrsg.)* (2011a), S. 18.

[1207] Siehe zur Definition des Begriffs Funktionsabspaltung Abschnitt 3.2.2.

[1208] Siehe zur Definition des Begriffs Funktionsabschmelzung Abschnitt 3.2.2.

den, dass prinzipiell nur die Funktionsausgliederung die Voraussetzungen für eine Verminderung der Lohnsteuer- und Sozialversicherungsbeitragszahlungen erfüllt.

Das Vorliegen einer Funktionsausgliederung (AUS) wird durch die Indikatorvariable $I_C(\omega)$ abgebildet. Die Indikatorvariable nimmt bei Eintritt des Ereignisses $C := \{AUS\}$ den Wert 1 und bei Eintritt des Komplementärereignisses $\overline{C} := \{AUS^K\}$ den Wert 0 an:

$$I_C(\omega) = \begin{cases} 1, & \text{wenn } \omega = C \\ 0, & \text{wenn } \omega = \overline{C}. \end{cases} \tag{5.22}$$

Der Betrag der Steuerentlastung hängt von der Höhe der qualifizierenden Personalaufwendungen ab und unterliegt demselben systematischen Risiko wie die Personalaufwendungen selbst. Ergo sind die Steuervorteile mit dem Kapitalisierungszinssatz der F&E-Phase ($r^{F\&E}$) zu diskontieren.[1209] Der positive Besteuerungseffekt aus der Verminderung der Lohnsteuer- und Sozialversicherungsabgaben in einer Periode t ($FB_{i,t}$) erhöht die $FCF_{i,t}^S$ und stellt sich wie folgt dar:[1210]

$$\begin{aligned} FB_{i,t} = I_C(\omega) \cdot \min\big[&\min(QPK_{i,t}; 200.000) \cdot 38\,\% \\ &+ \max(0; QPK_{i,t} - 200.000) \cdot 14\,\%); 14.000.000\big]. \end{aligned} \tag{5.23}$$

F&E-Abzugsbetrag

Unabhängig von einer Verminderung der Lohnsteuer- und Sozialversicherungsabgaben können forschende Unternehmen in den Niederlanden auch einen F&E-Abzugsbetrag gemäß Art. 3.52a Wet IB in Anspruch nehmen.[1211] Voraussetzung für dessen Inanspruchnahme ist, dass das forschende Unternehmen die Chancen und Risiken der F&E-Tätigkeit trägt und diese systematisch organisiert und beherrscht. Aufwendungen und Investitionsabgaben im Zusammenhang mit einer Auftragsforschung sind explizit von einer Begünstigung nach Art. 3.52a Wet IB ausgeschlossen.[1212] Unter diesen Voraussetzungen erfüllt lediglich eine Ausgliederung der F&E-Funktion auf das niederländische Tochterunternehmen, nicht jedoch eine Funktionsabspaltung oder -abschmelzung, die Voraussetzungen für eine Inanspruchnahme des F&E-Abzugsbetrags.

[1209] Siehe Prämisse 5.9.
[1210] Siehe hierzu auch Abschnitt 4.1.6.2.1.
[1211] Ausführlich zum F&E-Abzugsbetrag siehe Abschnitt 4.1.6.2.2.
[1212] Vgl. *Ministerie van Economische Zaken, Landbouw en Innovatie (Hrsg.)* (2011), Nr. 657, Art. 5 Abs. 1 Buchst. a.

Der F&E-Abzugsbetrag gewährt forschenden Unternehmen einen zusätzlichen Betriebsausgabenabzug i. H. v. 54 % für bestimmte Aufwendungen und Investitionsausgaben im Zusammenhang mit qualifizierenden F&E-Tätigkeiten. Die begünstigten Aufwendungen und Investitionsausgaben können unter den getroffenen Prämissen im Bewertungsverfahren durch die Free Cashflows vor Steuern ($FCF^{S}_{i,t}$) abzüglich der tatsächlichen Personalaufwendungen ($PK_{i,t}$) – gegebenenfalls unter Berücksichtigung einer Verminderung der Lohnsteuer- und Sozialversicherungsbeitragszahlungen ($FB_{i,t}$) – abgebildet werden.[1213] Daneben sind Investitionsausgaben zu berücksichtigen, welche im Zusammenhang mit dem Erwerb der F&E-Funktion stehen und aufgrund der Bruttobetrachtung[1214] nicht in den $FCF^{S}_{i,t}$ enthalten sind. Voraussetzung für eine Einbeziehung von Investitionsausgaben ist jedoch, dass der Steuerpflichtige durch diese tatsächlich belastet wird.[1215] Folglich wird die Begünstigung bei einer Verlagerung der immateriellen Wirtschaftsgüter und sonstigen Vorteile zu einem nicht fremdüblichen Entgelt[1216] nur insoweit gewährt, als das aufnehmende niederländische Tochterunternehmen für den Erwerb der materiellen ($AK^{WG}_{i,t}$) und immateriellen Wirtschaftsgüter ($AK^{IWG}_{i,t}$) auch tatsächlich ein Entgelt entrichtet. Für den F&E-Abzugsbetrag in einer Periode t ($AB_{i,t}$) gilt somit:

$$AB_{i,t} = I_C(\omega) \cdot (-FCF^{S}_{i,t} - FB_{i,t} - PK_{i,t} + AK^{WG}_{i,t} + AK^{IWG}_{i,t}) \cdot 54\,\% \cdot s^{NL}. \tag{5.24}$$

Zusammengefasst ergibt sich der Barwert der Besteuerungseffekte bei reiner Eigenfinanzierung während der F&E-Phase ($S^{NL}_{F\&E}$) aus den Formeln (5.21), (5.23) und (5.24):

$$\begin{aligned} S^{NL}_{F\&E} = & \sum_{i=1}^{I} p_i \sum_{t=1}^{X} \left(-\left(\frac{EBT_{i,t}}{(1+r^{F\&E})^t} - \frac{I_B(\omega) \cdot KOR^{PL\text{-}NÜ}_{i,t}}{(1+r^{FK})^t} \right) \cdot s^{NL} + \frac{FB_{i,t} + AB_{i,t}}{(1+r^{F\&E})^t} \right) \\ & + (1-p_I) \sum_{t=1}^{X} \left(-\left(\frac{EBT_{I,t}}{(1+r^{F\&E})^t} - \frac{I_B(\omega) \cdot KOR^{PL\text{-}NÜ}_{I,t}}{(1+r^{FK})^t} \right) \cdot s^{NL} + \frac{FB_{I,t} + AB_{I,t}}{(1+r^{F\&E})^t} \right). \end{aligned} \tag{5.25}$$

[1213] Von der Begünstigung ausgeschlossen sind insbesondere Personal- und Finanzierungsaufwendungen sowie Abschreibungen. Siehe hierzu Abschnitt 4.1.6.2.2.

[1214] Vgl. die Ausführungen in Abschnitt 5.3.2 zur Ermittlung eines Bruttokapitalwerts bei der Grenzpreisbestimmung.

[1215] Vgl. *Ministerie van Economische Zaken, Landbouw en Innovatie (Hrsg.)* (2011), Nr. 657, Anm. 3.2.

[1216] Siehe diesbezüglich Prämisse 5.6.

Sachverhalt:

Die F&E-Tätigkeit gliedert sich in drei F&E-Phasen mit einer Dauer von jeweils einem Jahr. Die Wahrscheinlichkeit für einen Abbruch der F&E-Tätigkeit nach einer F&E-Phase i (p_i) beträgt 50 %. Jährlich fallen zahlungswirksame Aufwendungen ohne Berücksichtigung der Steuern ($FCF^S_{i,t}$) i. H. v. -1.090 T€ an. Davon entfallen 300 T€ auf (qualifizierende) Personalaufwendungen ($QPK_{i,t}$), wobei die Zeiten für Urlaub vereinfachend nicht berücksichtigt werden. Die Anschaffungskosten für die materiellen Wirtschaftsgüter des Transferpakets (Nutzungsdauer: 3 Jahre) betragen 300 T€ und sind nicht in den $FCF^S_{i,t}$ enthalten. Die verlagerten immateriellen Wirtschaftsgüter und sonstigen Vorteile werden im Rahmen einer Pauschallizenzvereinbarung zur Nutzung überlassen. Die Lizenzvereinbarung entspricht nicht dem Fremdvergleichsgrundsatz, sodass eine außerbilanzielle Erhöhung der Lizenzraten i. H. v. 500 T€ pro Jahr erfolgt. Der Unternehmensteuersatz beträgt 25 %. Es werden für den Kapitalisierungszinssatz der F&E-Phase 6,2 % und für den Fremdkapitalzinssatz 4,5 % angenommen.

Lösung:

Besteuerungseffekte aus der regulären Körperschaftsbesteuerung:

Periode	$FCF^S_{i,t}$	$FB_{i,t}$	$AfA_{i,t}$	$KOR^{PL\text{-}NÜ}_{i,t}$	$KSt^{NL}_{i,t}$	$-\left(\frac{EBT_{i,t}}{(1+r^{F\&E})^t}-\frac{KOR^{PL\text{-}NÜ}_{i,t}}{(1+r^{FK})^t}\right)\cdot s^{NL}$
1	-1.090	90	100	500	400	379
2	-1.090	90	100	500	400	358
3	-1.090	90	100	500	400	339

Besteuerungseffekte aus der Verminderung der Lohnsteuer- und Sozialversicherungsabgaben:

Periode	$QPK_{i,t}$	$\min(QPK_{i,t}; 200)\cdot 38\,\%$	$\max(0; QPK_{i,t}-200)\cdot 14\,\%$	$\frac{FB_{i,t}}{(1+r^{F\&E})^t}$
1	300	76	14	85
2	300	76	14	80
3	300	76	14	75

Besteuerungseffekte aus der Inanspruchnahme des F&E-Abzugsbetrags:

Periode	$FCF^S_{i,t}$	$FB_{i,t}$	$PK_{i,t}$	$AK^{WG}_{i,t}$	$AB_{i,t}$	$\frac{AB_{i,t}}{(1+r^{F\&E})^t}$
1	-1.090	90	210	300	147	138
2	-1.090	90	210	0	107	95
3	-1.090	90	210	0	107	89

Erwartete Besteuerungseffekte während der F&E-Phase bei reiner Eigenfinanzierung:

Einstellung der F&E	p_i	$1-p_I$	$\sum_{t=1}^{x}\left(-\left(\frac{EBT_{i,t}}{(1+r^{F\&E})^t}-\frac{KOR^{PL\text{-}NÜ}_{i,t}}{(1+r^{FK})^t}\right)\cdot s^{NL}+\frac{FB_{i,t}+AB_{i,t}}{(1+r^{F\&E})^t}\right)$	$S^{NL}_{F\&E}$
Phase I	0,5		602	301
Phase II	0,25		1.135	284
Phase III	0,125		1.638	205
Erfolgreicher Abschluss		0,125	1.638	205
				995

Beispiel 3: Cashflows aus der Besteuerung im Verlauf der F&E-Phase

5.3.2.1.3 Steuervorteile aus der Vereinbarung einer Pauschallizenz

Die Vereinbarung einer Pauschallizenz kann in Abhängigkeit von der konkreten vertraglichen Ausgestaltung eine Nutzungsüberlassung begründen oder zu einem Übergang des wirtschaftlichen Eigentums an den Bestandteilen des Transferpakets führen.[1217] Während die Lizenzzahlungen bei einer Nutzungsüberlassung in vollem Umfang erfolgswirksam zu erfassen sind, müssen die Pauschallizenzraten bei einer Eigentumsübertragung in eine erfolgsneutrale Tilgungskomponente und eine erfolgswirksame Zinskomponente ($ZiKo_t^{PL}$) aufgeteilt werden.[1218] Die Zinskomponente wirkt sich aufgrund ihrer steuerlichen Abzugsfähigkeit unmittelbar auf die Höhe der Gewinnpotenziale aus. Sie muss folglich – entsprechend den Fremdkapitalzinsen – in die Transferpaketbewertung einbezogen werden.[1219] Dies gilt unabhängig davon, ob die Lizenzzahlungen tatsächlich geleistet werden oder nur infolge einer steuerlichen Verrechnungspreiskorrektur Berücksichtigung finden.

Der Barwert der Steuervorteile aus der Vereinbarung einer Pauschallizenz resultiert aus der Anwendung des niederländischen Körperschaftsteuersatzes (s^{NL}) auf die jährlichen Zinskomponenten der Pauschallizenzraten. Diese sind annahmegemäß[1220] mit dem Fremdkapitalzinssatz (r^{FK}) abzuzinsen. Der Barwert der Steuervorteile aus den erfolgswirksam zu erfassenden Zinskomponenten berechnet sich bei Vereinbarung einer Pauschallizenz ($SVPL^{NL}$) wie folgt:

$$SVPL^{NL} = \sum_{t=1}^{X} \frac{ZiKo_t^{PL} \cdot s^{NL}}{(1 + r^{FK})^t} \quad (5.26)$$

Dieser ist unabhängig vom Entwicklungsrisiko, da die Pauschallizenzraten bis zum Ende der Laufzeit der Lizenzvereinbarung in t=X entrichtet werden. Dies gilt unabhängig davon, ob die F&E-Tätigkeit erfolgreich abgeschlossen oder vorzeitig eingestellt wird.

[1217] Siehe Abschnitt 3.5.4.2.1.2.

[1218] Vgl. *Ministerie van Financiën (Hrsg.)* (2007), Nr. 24, Tz. 3.4.1.

[1219] Siehe zur Erfassung der in den Lizenz- und Leasingraten enthaltenen Zinskomponenten als Zinsaufwendungen Abschnitt 6.2.2.2.2. Diese sind folglich dem Finanzierungsbereich und nicht dem operativen Bereich zuzurechnen.

[1220] Vgl. Prämisse 5.9.

5.3.2.1.4 Fremdfinanzierungsbedingte Steuervorteile

Die Zinszahlungen an Fremdkapitalgeber für die Kapitalüberlassung sind im Jahr ihrer wirtschaftlichen Verursachung als Betriebsausgaben abzugsfähig. Das Tax Shield bestimmt sich aus der Anwendung des niederländischen Körperschaftsteuersatzes (s^{NL}) auf die jährlichen Zinszahlungen. Unter Berücksichtigung des Entwicklungsrisikos resultiert das Tax Shield der F&E-Phase ($TS^{NL}_{F\&E}$) aus:

$$TS^{NL}_{F\&E} = \sum_{i=1}^{I} p_i \sum_{t=1}^{X} \frac{r^{FK} \cdot FK_{i,t-1} \cdot s^{NL}}{(1+r^{FK})^t} + (1-p_I) \sum_{t=1}^{X} \frac{r^{FK} \cdot FK_{I,t-1} \cdot s^{NL}}{(1+r^{FK})^t}. \tag{5.27}$$

5.3.2.1.5 Funktionsrestwert

Im Falle einer Funktionseinstellung ist auch beim aufnehmenden Unternehmen ein Funktionsrestwert zu ermitteln. Dieser umfasst die Erträge aus einer fiktiven Veräußerung der werthaltigen Wirtschaftsgüter sowie die außerplanmäßigen Abschreibungen der nicht mehr werthaltigen Wirtschaftsgüter auf den niedrigeren beizulegenden Zeitwert. Infolge einer Bewertung des Transferpakets als Ganzes kann darüber hinaus ein funktionsbezogener Geschäftswert zu berücksichtigen sein, dessen Buchwert ($BW^{GoF}_{i,t}$) bei einer vorzeitigen Funktionseinstellung ebenfalls außerplanmäßig abzuschreiben ist.[1221] Für den Fall eines erfolgreichen Abschlusses der F&E-Tätigkeit ergeben sich keine Auswirkungen aus dem funktionsbezogenen Geschäftswert auf den Funktionsrestwert. Ist dessen betriebsgewöhnliche Abschreibungsdauer länger als der Zeitraum der Funktionsausübung, können die planmäßigen Abschreibungen bei der Ermittlung der Verwertungserträge zu berücksichtigen sein.

Beim aufnehmenden niederländischen Tochterunternehmen stellt sich die Ermittlung des Funktionsrestwerts (R^{NL}) formal wie folgt dar:[1222]

[1221] Eine Veräußerung des funktionsbezogenen Geschäftswerts scheidet bei einer vorzeitigen Einstellung der F&E-Tätigkeit prinzipiell aus, da diesem lediglich in Bezug auf die verlagerte Funktion ein Wert beizumessen ist.

[1222] Siehe zur Ermittlung des Funktionsrestwerts auch die Ausführungen in Abschnitt 5.3.1.1.4.

$$R^{NL} = \sum_{i=1}^{I} p_i \sum_{t=1}^{X} I_A(\omega) \cdot \left(\frac{(FP_{i,t}^{WG} + FP_{i,t}^{IWG}) \cdot (1 - s^{NL}) + (BW_{i,t}^{WG} + BW_{i,t}^{IWG}) \cdot s^{NL}}{(1 + r^{F\&E})^t} + \frac{BW_{i,t}^{GoF} \cdot s^{NL}}{(1 + r^{F\&E})^t} \right) + (1-p_I) \left(\frac{(FP_{I,X}^{WG} + FP_{I,X}^{IWG}) \cdot (1 - s^{NL}) + (BW_{I,X}^{WG} + BW_{I,X}^{IWG}) \cdot s^{NL}}{(1 + r^{F\&E})^X} \right). \tag{5.28}$$

Abschließend wird die Ermittlung der (negativen) Gewinnpotenziale der F&E-Phase beim aufnehmenden niederländischen Tochterunternehmen ($G_{F\&E}^{NL}$) nochmals unter Berücksichtigung der Formeln (5.20), (5.25), (5.26), (5.27) und (5.28) dargestellt:

$$\begin{aligned}
G_{F\&E}^{NL} = & \overbrace{\sum_{i=1}^{I} p_i \sum_{t=1}^{X} \frac{FCF_{i,t}^S}{(1 + r^{F\&E})^t} + (1-p_I) \sum_{t=1}^{X} \frac{FCF_{I,t}^S}{(1 + r^{F\&E})^t}}^{\text{Wertbeitrag der operativen F\&E-Tätigkeit vor Steuern}} \\
& \overbrace{+ \sum_{i=1}^{I} p_i \sum_{t=1}^{X} \left(- \left(\frac{EBT_{i,t}}{(1 + r^{F\&E})^t} - I_B(\omega) \cdot \frac{KOR_{i,t}^{PL\text{-}NÜ}}{(1 + r^{FK})^t} \right) \cdot s^{NL} + \frac{FB_{i,t} + AB_{i,t}}{(1 + r^{F\&E})^t} \right) + (1-p_I) \sum_{t=1}^{X} \left(- \left(\frac{EBT_{I,t}}{(1 + r^{F\&E})^t} - I_B(\omega) \cdot \frac{KOR_{I,t}^{PL\text{-}NÜ}}{(1 + r^{FK})^t} \right) \cdot s^{NL} + \frac{FB_{I,t} + AB_{I,t}}{(1 + r^{F\&E})^t} \right)}^{\text{Besteuerungseffekte bei reiner Eigenfinanzierung}} \\
& + \overbrace{\sum_{t=1}^{X} \frac{ZiKo_t^{PL} \cdot s^{NL}}{(1 + r^{FK})^t}}^{\text{Steuervorteile aus einer Pauschallizenzvereinbarung}} \\
& \overbrace{+ \sum_{i=1}^{I} p_i \sum_{t=1}^{X} \frac{r^{FK} \cdot FK_{i,t-1} \cdot s^{NL}}{(1 + r^{FK})^t} + (1-p_I) \sum_{t=1}^{X} \frac{r^{FK} \cdot FK_{I,t-1} \cdot s^{NL}}{(1 + r^{FK})^t}}^{\text{fremdfinanzierungsbedingte Steuervorteile}} \\
& \overbrace{+ \sum_{i=1}^{I} p_i \sum_{t=1}^{X} I_A(\omega) \cdot \left(\frac{(FP_{i,t}^{WG} + FP_{i,t}^{IWG}) \cdot (1 - s^{NL}) + (BW_{i,t}^{WG} + BW_{i,t}^{IWG}) \cdot s^{NL}}{(1 + r^{F\&E})^t} + \frac{BW_{i,t}^{GoF} \cdot s^{NL}}{(1 + r^{F\&E})^t} \right) + (1-p_I) \left(\frac{(FP_{I,X}^{WG} + FP_{I,X}^{IWG}) \cdot (1 - s^{NL}) + (BW_{I,X}^{WG} + BW_{I,X}^{IWG}) \cdot s^{NL}}{(1 + r^{F\&E})^X} \right)}^{\text{Funktionsrestwert}}
\end{aligned} \tag{5.29}$$

mit

$AB_{i,t}$ = F&E-Abzugsbetrag der Periode t unter der Bedingung, dass die F&E-Tätigkeit nach der F&E-Phase i eingestellt wird;

$BW_{i,t}^{GoF}$ = Buchwert des funktionsbezogenen Geschäftswerts im Zeitpunkt t;

$BW_{i,t}^{IWG}$ = Buchwerte der immateriellen Wirtschaftsgüter im Zeitpunkt t;

$BW_{i,t}^{WG}$ = Buchwerte der materiellen Wirtschaftsgüter im Zeitpunkt t;

$EBT_{i,t}$ = Vorsteuergewinn der Periode t bei reiner Eigenfinanzierung unter der Bedingung, dass die F&E-Tätigkeit nach der F&E-Phase i eingestellt wird;

$FB_{i,t}$ = Verminderung der Lohnsteuer- und Sozialversicherungsabgaben in Periode t unter der Bedingung, dass die F&E-Tätigkeit nach der F&E-Phase i eingestellt wird;

$FCF_{i,t}^{S}$ = Free Cashflows vor Steuern der Periode t unter der Bedingung, dass die F&E-Tätigkeit nach der F&E-Phase i eingestellt wird;

$FK_{i,t-1}$ = Fremdkapitalbestand in Periode t–1;

$FP_{i,t}^{IWG}$ = Fremdvergleichspreise der immateriellen Wirtschaftsgüter im Zeitpunkt t;

$FP_{i,t}^{WG}$ = Fremdvergleichspreise der materiellen Wirtschaftsgüter im Zeitpunkt t;

$G_{F\&E}^{NL}$ = Gewinnpotenziale der F&E-Phase beim aufnehmenden Unternehmen;

i = Index für die F&E-Phasen, wobei I die letzte F&E-Phase vor einem möglichen erfolgreichen Abschluss der F&E-Tätigkeit repräsentiert;

$I_A(\omega)$ = Indikatorvariable für die Funktionseinstellung in t=t*;

$I_B(\omega)$ = Indikatorvariable für die Vereinbarung einer Nutzungsüberlassung;

$KOR_{i,t}^{PL\text{-}NÜ}$ = Korrekturbeträge auf die Pauschallizenzraten in Periode t bei einer Nutzungsüberlassung der Bestandteile des Transferpakets unter der Bedingung, dass die F&E-Tätigkeit nach der F&E-Phase i eingestellt wird;

$KSt_{i,t}^{NL}$ = Steuereffekte aus der Körperschaftsteuer in Periode t unter der Bedingung, dass die F&E-Tätigkeit nach der F&E-Phase i eingestellt wird;

p_i = Wahrscheinlichkeit für einen Abbruch der F&E-Tätigkeit nach einer F&E-Phase i;

$1-p_I$ = Wahrscheinlichkeit für einen erfolgreichen Abschluss der F&E-Tätigkeit;

$r^{F\&E}$ = Kapitalisierungszinssatz der F&E-Phase;

r^{FK} = Fremdkapitalzinssatz;

s^{NL} = Unternehmensteuersatz in den Niederlanden;

t = Index für die Zeit in Jahren, wobei X den Zeitpunkt eines erfolgreichen Abschlusses der F&E-Tätigkeit determiniert;

$ZiKo_t^{PL}$ = Zinskomponente der Pauschallizenzraten in einer Periode t.

5.3.2.2 (Positive) Gewinnpotenziale der Verwertungsphase

5.3.2.2.1 Operative Verwertungstätigkeit vor Steuern

Für das aufnehmende Unternehmen ist ein Barwert der erwarteten Free Cashflows aus der Verwertung der F&E-Ergebnisse zu ermitteln, welcher der F&E-Funktion entsprechend ihres Wertschöpfungsbeitrags zuzurechnen ist. Dieser ist analog zum verlagernden Unternehmen zu bestimmen, wobei wiederum eine getrennte Darstellung des Wertbeitrags aus den operativen Free Cashflows vor Steuern und den Cashflows aus der Besteuerung erfolgt. Die (positiven) Gewinnpotenziale aus der Verwertung der F&E-Ergebnisse vor Berücksichtigung der Besteuerungseffekte ($G_V^{NL,EK,S}$) bestimmen sich bei reiner Eigenfinanzierung formal wie folgt:[1223]

$$G_V^{NL,EK,S} = (1-p_I) \sum_{j=1}^{3} q_j \sum_{t=X+1}^{T} \frac{FCF_{j,t}^{S}}{(1+r^{F\&E})^{X} \cdot (1+r^{V})^{t-X}} \qquad (5.30)$$

5.3.2.2.2 Besteuerungseffekte bei reiner Eigenfinanzierung

Die Steuerwirkungen ergeben sich während der F&E-Phase aus der Anwendung des niederländischen Körperschaftsteuersatzes (s^{NL}) i. H. v. 25 % auf das zu versteuernde Einkommen in dem jeweiligen Verwertungsszenario j. Den Ausgangspunkt für die Ermittlung des zu versteuernden Einkommens bildet wiederum der funktionsbezogene Steuerbilanzgewinn vor Steuern bei reiner Eigenfinanzierung ($EBT_{j,t}$). Dieser entspricht während der Verwertungsphase annahmegemäß den Free Cashflows vor Steuern ($FCF_{j,t}^{S}$) abzüglich der Abschreibungen auf einen etwaigen funktionsbezogenen Geschäftswert (AfA_t^{GoF}).[1224] Im Falle der Vereinbarung einer Nutzungsüberlassung für die Bestandteile des Transferpakets müssen Korrekturbeträge auf die umsatzabhängigen Lizenzraten ($KOR_{j,t}^{UL\text{-}NÜ}$) zusätzlich zum $EBT_{j,t}$ berücksichtigt werden. Dies ist der Fall, wenn die Lizenzraten nicht fremdüblich sind und infolge einer steuerlichen Verrechnungspreiskorrektur zwar die Steuerbemessungsgrundlagen, nicht jedoch die Free Cashflows vor Steuern mindern.[1225]

[1223] Da sich die Ermittlung der Gewinnpotenziale aus der operativen Verwertungstätigkeit vor Berücksichtigung von Steuern beim aufnehmenden und beim verlagernden Unternehmen formal entspricht, wird an dieser Stelle auf die Ausführungen in Abschnitt 5.3.1.2.1 verwiesen.

[1224] Der F&E-Funktion können unter den getroffenen Prämissen während der Verwertungsphase nur die Steuervorteile aus der Abschreibung eines funktionsbezogenen Geschäftswerts zugerechnet werden. Abschreibungsbedingte Steuervorteile aus anderen, der F&E-Funktion zurechenbaren Wirtschaftsgütern können während der Verwertungsphase hingegen nicht mehr erzielt werden, da diese annahmegemäß am Ende des Kapitalisierungszeitraums zu liquidieren oder auf den niedrigeren Teilwert abzuschreiben sind und somit bereits im Funktionsrestwert erfasst werden. Siehe hierzu Abschnitt 5.3.2.1.5.

[1225] Siehe Prämisse 5.6.

Durch die Anwendung der Innovationsbox gemäß Art. 12b Wet Vpb werden die Nettoerträge aus der Verwertung der F&E-Ergebnisse zu 80 % von der Körperschaftsteuer befreit, sobald die Entwicklungskosten durch die Nettoverwertungserträge wiedervereinnahmt wurden.

Die Entwicklungskosten umfassen die in einem unmittelbaren Zusammenhang mit der Entwicklung eines immateriellen Wirtschaftsguts stehenden Aufwendungen.[1226] Diesen sind annahmegemäß[1227] sämtliche zahlungswirksamen Aufwendungen – gegebenenfalls korrigiert um eine etwaige Verminderung der Lohnsteuer- und Sozialversicherungsbeitragszahlungen ($FB_{i,t}$) – sowie die Abschreibungen auf die übertragenen Bestandteile des Transferpakets zuzurechnen. Die Begünstigungsschwelle erhöht sich während der F&E-Phase demzufolge bei reiner Eigenfinanzierung um den funktionsbezogenen Steuerbilanzgewinn vor Steuern ($EBT_{i,t}$). Darüber hinaus sind die Korrekturbeträge auf nicht fremdübliche Pauschallizenzraten ($KOR_{i,t}^{PL\text{-}NÜ}$) in die Begünstigungsschwelle einzubeziehen. Die Veränderung der Begünstigungsschwelle während der F&E-Phase bei reiner Eigenfinanzierung ($HK_{i,t}$) kann formal wie folgt zusammengefasst werden:

$$HK_{i,t} = -(\overbrace{FCF_{i,t}^{S} + FB_{i,t} + INV_{i,t} - AfA_{i,t}}^{EBT_{i,t}} - I_B(\omega) \cdot KOR_{i,t}^{PL\text{-}NÜ}). \tag{5.31}$$

Die Begünstigungsschwelle ($BS_{j,t}$) ist solange um die Nettoerträge aus der Verwertung der F&E-Ergebnisse zu vermindern, bis diese den Wert Null annimmt. Aufgrund der funktionsbezogenen Betrachtung entsprechen die Nettoverwertungserträge während der Verwertungsphase dem $EBT_{j,t}$ berichtigt um die Korrekturbeträge auf die nicht fremdvergleichskonformen Umsatzlizenzraten ($KOR_{j,t}^{UL\text{-}NÜ}$). Führt die Verwertung der F&E-Ergebnisse zu einem Verlust, erhöht dieser die Begünstigungsschwelle.[1228]

Die Variable $HK_{j,t}$ bildet die Veränderung der Begünstigungsschwelle während der Verwertungsphase ab. $HK_{j,t} > 0$ entspricht einer Erhöhung der Begünstigungsschwelle und $HK_{j,t} < 0$ einer Verminderung der Begünstigungsschwelle.

Die Innovationsbox kommt zur Anwendung, sobald die Nettoverwertungserträge einer Periode t die Begünstigungsschwelle am Ende der Vorperiode ($BS_{j,t-1}$) überschreiten.

[1226] Vgl. *Art. 388 Abs. 2 BW 2*; *Hoge Raad* (1969), S. 108; *Lande, M. L. B. v. d.* (2010), S. 54 f.
[1227] Siehe Prämisse 5.11.
[1228] Vgl. *Art. 12b Abs. 5 Satz 3 Wet Vpb*.

Die Verminderung der Begünstigungsschwelle entspricht in dieser Periode den Nettoverwertungserträgen abzüglich eines Unterschiedsbetrags $y_{j,t}$. Dieser Unterschiedsbetrag repräsentiert die Differenz zwischen den Nettoverwertungserträgen der Periode t und dem Wert der Begünstigungsschwelle am Ende der Vorperiode. Die Veränderung der Begünstigungsschwelle in einem Verwertungsszenario j ($HK_{j,t}$) ergibt sich somit formal aus:

$$HK_{j,t} = -(\overbrace{FCF_{j,t}^{S} - AfA_{t}^{GoF}}^{EBT_{j,t}} - I_B(\omega) \cdot KOR_{j,t}^{UL\text{-}NÜ} - y_{j,t})$$
$$\text{mit } y_{j,t} = \max((EBT_{j,t} - I_B(\omega) \cdot KOR_{j,t}^{UL\text{-}NÜ} - BS_{j,t-1}); 0). \tag{5.32}$$

Solange die Begünstigungsschwelle am Ende der Vorperiode nicht überschritten wird, entspricht die Veränderung der Begünstigungsschwelle den Nettoverwertungserträgen der betrachteten Periode t. Diese unterliegen in vollem Umfang der niederländischen Körperschaftsteuer. Übersteigen die Nettoverwertungserträge in einer Periode hingegen die Begünstigungsschwelle am Ende der Vorperiode, unterliegt der die Begünstigungsschwelle übersteigende Teil ($EBT_{j,t} - I_B(\omega) \cdot KOR_{j,t}^{UL\text{-}NÜ} + HK_{j,t}$) den Steuerbegünstigungen der Innovationsbox. Diese Nettoverwertungserträge sind dann nur noch zu 20 % körperschaftsteuerpflichtig. Unter Berücksichtigung des Entwicklungs- und Vergütungsrisikos ergeben sich die Besteuerungseffekte bei reiner Eigenfinanzierung während der Verwertungsphase (S_V^{NL})[1229] aus:

$$S_V^{NL} = (1-p_I) \sum_{j=1}^{3} q_j \sum_{t=X+1}^{T} \frac{HK_{j,t} \cdot s^{NL} - (EBT_{j,t} - I_B(\omega) \cdot KOR_{j,t}^{UL\text{-}NÜ} + HK_{j,t}) \cdot 20\% \cdot s^{NL}}{(1 + r^{F\&E})^X \cdot (1 + r^V)^{t-X}} \tag{5.33}$$

[1229] Die Variable S_V^{NL} nimmt grundsätzlich negative Werte an, wenn aus der Verwertung der F&E-Ergebnisse ein Gewinn erzielt wird.

Sachverhalt:

Beim niederländischen Tochterunternehmen sind während der F&E-Phase Aufwendungen für die Entwicklung eines immateriellen Wirtschaftsguts i. H. v. insgesamt 3.300 T€ angefallen. Diese erhöhen in vollem Umfang die Begünstigungsschwelle ($BS_{j,t}$). Nach Abschluss der F&E-Tätigkeit in Periode t=3, welcher mit einer Wahrscheinlichkeit ($1-p_I$) von 12,5 % eintritt, beginnt die Verwertungsphase. Zur Abbildung des Vergütungsrisikos werden drei Verwertungsszenarien j unterschieden, welche mit einer Wahrscheinlichkeit von jeweils 33,3 % eintreten. Aus der Verwertung der Innovation werden in den Perioden t=4 und t=5 folgende Nettoverwertungserträge (= $EBT_{j,t}$) erzielt:

Periode	Positivszenario (j=1)	Trendszenario (j=2)	Negativszenario (j=3)
4	3.000	2.000	1.000
5	3.000	2.000	1.000

Der Unternehmensteuersatz beträgt 25 %. Für den Kapitalisierungszinssatz der F&E-Phase werden 6,2 % und für jenen der Verwertungsphase werden 8,2 % angenommen.

Lösung:

Die Begünstigungsschwelle entwickelt sich in den Perioden t=4 und t=5 wie folgt:

Periode	Szenario	$BS_{j,t-1}$	$HK_{j,t}$	$BS_{j,t}$
4	j=1	3.300	-3.000	300
	j=2	3.300	-2.000	1.300
	j=3	3.300	-1.000	2.300
5	j=1	300	-300	0
	j=2	1.300	-1.300	0
	j=3	2.300	-1.000	1.300

Aus der Körperschaftsteuer auf die Nettoverwertungserträge ergibt sich unter Berücksichtigung der Innovationsbox eine Steuerbelastung in den einzelnen Verwertungsszenarien i. H. v.:

Periode	Szenario	$HK_{j,t} \cdot s^{NL}$	$-(EBT_{j,t} + HK_{j,t}) \cdot 20\% \cdot s^{NL}$	Diskont-faktor	diskontierte Steuern
4	j=1	-750	0	0,7716	-578,7
	j=2	-500	0	0,7716	-385,8
	j=3	-250	0	0,7716	-192,9
5	j=1	-75	-135	0,7131	-149,8
	j=2	-325	-35	0,7131	-256,7
	j=3	-250	0	0,7131	-178,3

Nach Berücksichtigung der Wahrscheinlichkeit für die erfolgreiche Beendigung der F&E-Tätigkeit ($1-p_I$) und den Szenariowahrscheinlichkeiten (q_j) ergeben sich die Cashflows aus der Besteuerung während der Verwertungsphase (S_V^{NL}) aus:

Szenario	Barwert Steuern	$(1-p_I)$	q_j	S_V^{NL}
j=1	-728,5	0,125	0,333	-30,3
j=2	-642,5	0,125	0,333	-26,7
j=3	-371,2	0,125	0,333	-15,5
Gesamt				**-72,5**

Der Barwert der erwarteten Steuerbelastungen beträgt 72,5 T€ und vermindert während der Verwertungsphase die positiven Free Cashflows vor Steuern ($FCF_{j,t}^S$).

Beispiel 4: Steuerwirkungen aus einer Inanspruchnahme der Innovationsbox

5.3.2.2.3 Fremdfinanzierungsbedingte Steuervorteile

Bestehen auch während der Verwertungsphase finanzielle Verbindlichkeiten, die unmittelbar aus der Finanzierung der F&E-Tätigkeit stammen, sind die damit zusammenhängenden Zinszahlungen bei der Grenzpreisermittlung zu berücksichtigen. Durch eine Gewichtung der szenariobezogenen Barwerte der fremdfinanzierungsbedingten Steuervorteile mit den jeweiligen Szenariowahrscheinlichkeiten (q_j) und der Wahrscheinlichkeit für einen erfolgreichen Abschluss der F&E-Tätigkeit ($1-p_I$) folgt für das Tax Shield der Verwertungsphase (TS_V^{NL}):[1230]

$$TS_V^{NL} = (1-p_I) \sum_{j=1}^{3} q_j \sum_{t=X+1}^{T} \frac{r^{FK} \cdot FK_{j,t-1} \cdot s^{NL}}{(1+r^{FK})^t} \quad . \tag{5.34}$$

5.3.2.2.4 Korrekturterm

Beim APV-Ansatz erfolgt eine getrennte Bewertung des operativen Bereichs und des Finanzierungsbereichs, welcher die Steuervorteile aus der Fremdfinanzierung einschließlich der erfolgswirksam zu erfassenden Zinskomponenten der fremdüblichen Pauschallizenzraten ($ZiKo_t^{PL}$) umfasst. Aufgrund dieser bewertungstechnischen Besonderheit werden die Auswirkungen der Fremdfinanzierung auf eine Inanspruchnahme der Innovationsbox durch die dargestellten Formeln nicht vollständig abgebildet. Dies führt zu einer Überbewertung der Steuervorteile, da die Begünstigungsschwelle bei reiner Eigenfinanzierung zu einem früheren Zeitpunkt als bei einer anteiligen Fremdfinanzierung überschritten wird.

Unter den getroffenen Prämissen erhöhen sowohl die Fremdkapitalzinsen als auch die Zinskomponenten der Pauschallizenzraten die Begünstigungsschwelle während der F&E-Phase. Ceteris paribus steigt die Begünstigungsschwelle bei Fremdfinanzierung ($HK_{i,t}^{FK}$) stärker an als bei reiner Eigenfinanzierung ($HK_{i,t}$). Für die Veränderung der Begünstigungsschwelle während der F&E-Phase gilt bei Fremdfinanzierung ($HK_{i,t}^{FK}$, mit $HK_{i,t}^{FK} > 0$):

[1230] Siehe ergänzend auch die Ausführungen in Abschnitt 5.3.1.2.3.

$$HK_{i,t}^{FK} = HK_{i,t} + ZiKo_t^{PL} + r^{FK} \cdot FK_{i,t-1}. \tag{5.35}$$

Im Zeitpunkt eines erfolgreichen Abschlusses der F&E-Tätigkeit übersteigt die Begünstigungsschwelle bei Fremdfinanzierung ($BS_{j,t}^{FK}$) die Begünstigungsschwelle bei reiner Eigenfinanzierung ($BS_{j,t}$). Während der Verwertungsphase vermindert sich die Begünstigungsschwelle $BS_{j,t}^{FK}$ um die Nettoverwertungserträge. Diese sind unter den getroffenen Prämissen bei Fremdfinanzierung geringer als bei reiner Eigenfinanzierung und bestimmen sich annahmegemäß aus den Nettoverwertungserträgen bei reiner Eigenfinanzierung[1231] vermindert um die Fremdkapitalzinsen.[1232] Sobald die Nettoverwertungserträge bei Fremdfinanzierung die Begünstigungsschwelle am Ende der Vorperiode ($BS_{j,t-1}^{FK}$) übersteigen, können die Steuervorteile aus der Innovationsbox in Anspruch genommen werden. Die Veränderung der Begünstigungsschwelle ($HK_{j,t}^{FK}$) entspricht in dieser Periode den Nettoverwertungserträgen abzüglich eines Unterschiedsbetrags $x_{j,t}$. Dieser Unterschiedsbetrag repräsentiert die Differenz zwischen den Nettoverwertungserträgen der Periode t bei Fremdfinanzierung und dem Wert der Begünstigungsschwelle am Ende der Vorperiode ($BS_{j,t-1}^{FK}$). Folglich bestimmt sich die Veränderung der Begünstigungsschwelle in einem Verwertungsszenario j bei Fremdfinanzierung aus:

$$\begin{aligned} HK_{j,t}^{FK} &= -(EBT_{j,t} - I_B(\omega) \cdot KOR_{j,t}^{UL\text{-}NÜ} - r^{FK} \cdot FK_{j,t-1} - x_{j,t}) \\ \text{mit } x_{j,t} &= \max((EBT_{j,t} - I_B(\omega) \cdot KOR_{j,t}^{UL\text{-}NÜ} - r^{FK} \cdot FK_{j,t-1}) - BS_{j,t-1}^{FK}; 0). \end{aligned} \tag{5.36}$$

Die beschriebenen Auswirkungen einer direkten und unmittelbaren Zurechenbarkeit der Fremdfinanzierungsaufwendungen auf eine Inanspruchnahme der Innovationsbox werden in der nachfolgenden Abb. 5.2 nochmals grafisch dargestellt.

[1231] Siehe zur Ermittlung der Nettoverwertungserträge bei reiner Eigenfinanzierung Abschnitt 5.3.2.2.2.

[1232] Vgl. zur Annahme eines unmittelbaren und direkten Zusammenhangs der Fremdfinanzierungsaufwendungen mit dem selbst entwickelten immateriellen Wirtschaftsgut und deren Berücksichtigung bei der Ermittlung der Nettoverwertungserträge Prämisse 5.11.

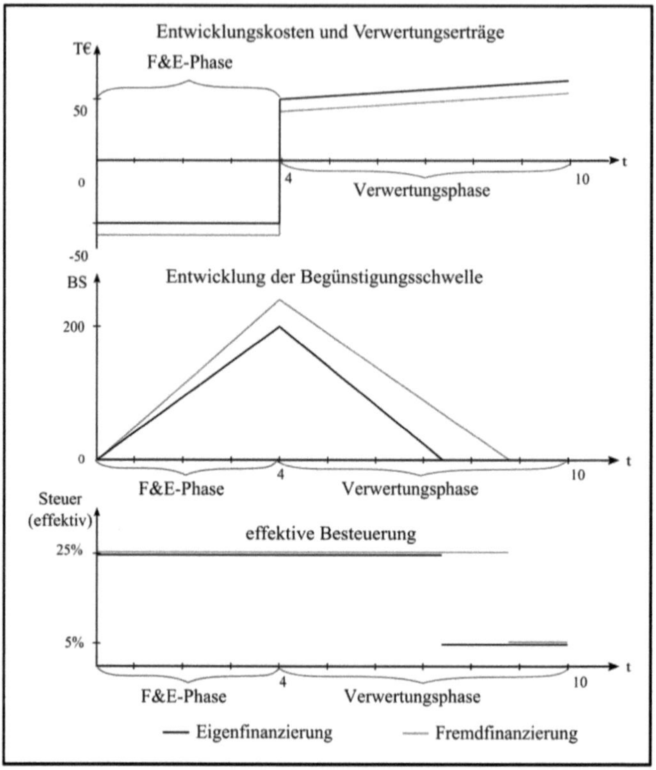

Abb. 5.2: Anwendung der Innovationsbox bei Fremdfinanzierung

Zur Kompensation dieser bewertungsverfahrensbedingten Überbewertung der Steuervorteile aus der Innovationsbox ist ein Korrekturterm ergänzend zu berücksichtigen. Durch diesen werden die Auswirkungen der Fremdfinanzierung auf die Inanspruchnahme der Innovationsbox abgebildet. Die Überbewertung resultiert zum einen aus Formel (5.33), durch welche die Steuerwirkungen des operativen Bereichs ohne Berücksichtigung der Auswirkungen einer anteiligen Fremdfinanzierung erfasst werden. Folglich kommt es im Falle einer anteiligen Fremdfinanzierung in Formel (5.33) zu einer körperschaftsteuerlichen Freistellung eines Teils der Nettoverwertungserträge, obwohl die maßgebende Begünstigungsschwelle ($BS_{j,t}^{FK}$) noch nicht überschritten wurde. Im Ergebnis ist dadurch der Ausweis der Steuervorteile aus einer Inanspruchnahme der Innovationsbox in Höhe der Differenz zwischen der Veränderung der Begünstigungsschwelle bei Fremdfinanzierung ($HK_{j,t}^{FK}$) und der Veränderung der Begünstigungsschwelle bei reiner Eigenfinanzierung ($HK_{j,t}$) zu hoch. Die Steuerbelastung muss folglich in den entsprechenden Perioden um diese Differenzbeträge erhöht werden.

Zum anderen führt Formel (5.34) zu einer Überbewertung der Vorteile aus der steuerlichen Abzugsfähigkeit der Fremdfinanzierungszinsen, sobald die Nettoverwertungserträge die Begünstigungsschwelle ($BS_{j,t}^{FK}$) übersteigen. Dies ist darauf zurückzuführen, dass die Fremdkapitalzinsen in Formel (5.35) in vollem Umfang steuerlich erfasst werden, obgleich eine steuermindernde Berücksichtigung ab dem Zeitpunkt einer Anwendung der Innovationsbox unter den getroffenen Prämissen nur noch zu 20 % zulässig ist. Somit müssen die bewertungsbedingt zu hoch erfassten Steuervorteile um 80 % gekürzt werden.

Der Korrekturterm (KT) stellt sich unter Berücksichtigung der Szenariowahrscheinlichkeiten (q_j) und der Wahrscheinlichkeit für einen erfolgreichen Abschluss der F&E-Tätigkeit ($1-p_I$) wie folgt dar:

$$KT = (1-p_I)\sum_{j=1}^{3} q_j \sum_{t=X+1}^{T} (WK_{j,t}) \cdot 80\,\% \cdot s^{NL} \tag{5.37}$$

$$\text{mit } WK_{j,t} = \overbrace{\frac{-EBT_{j,t} + I_B(\omega) \cdot KOR_{j,t}^{UL\text{-}NÜ} + x_{j,t}}{(1+r^{F\&E})^X \cdot (1+r^V)^{t-X}} + \frac{r^{FK} \cdot FK_{j,t-1}}{(1+r^{FK})^t}}^{HK_{j,t}^{FK}}$$

$$- \overbrace{\frac{-EBT_{j,t} + I_B(\omega) \cdot KOR_{j,t}^{UL\text{-}NÜ} + y_{j,t}}{(1+r^{F\&E})^X \cdot (1+r^V)^{t-X}}}^{HK_{j,t}} - \overbrace{\frac{r^{FK} \cdot FK_{j,t-1}}{(1+r^{FK})^t}}^{TS_{j,t}^{NL}}.$$

In Abhängigkeit von den Veränderungen der Begünstigungsschwelle bei Eigen- und Fremdfinanzierung in einer Periode t variiert der periodische Korrekturbetrag. Es können sechs Fallgruppen unterschieden werden, welche im Folgenden erläutert werden.

Erste Fallgruppe:

Die erste Fallgruppe erfasst Konstellationen, bei denen in einer Periode t=H, mit $X+1 \leq H \leq T$, die Nettoverwertungserträge sowohl bei reiner Eigenfinanzierung als auch bei Fremdfinanzierung negativ sind. Diese mindern in vollem Umfang die steuerliche Bemessungsgrundlage und erhöhen dazu korrespondierend die Begünstigungsschwelle. Die Veränderung der Begünstigungsschwellen ($HK^{FK}_{j,H} > 0$ und $HK_{j,H} > 0$) entspricht annahmegemäß den realisierten Verlusten aus der Verwertung der F&E-Ergebnisse bei Eigen- und Fremdfinanzierung, sodass die Unterschiedsbeträge $x_{j,H}$ und $y_{j,H}$ den Wert Null annehmen. Die steuerlichen Konsequenzen bei einer Erzielung von Verlusten werden durch die Formeln (5.33) bis (5.35) sachgerecht abgebildet. Ein Korrekturbetrag ist nicht zu berücksichtigen.

Sachverhalt:

Der Sachverhalt ist analog zu Beispiel 4. Das niederländische Tochterunternehmen erzielt jedoch in Periode t=4 in allen Verwertungsszenarien einen operativen Verlust aus der Verwertung der F&E-Ergebnisse i. H. v. -1.000 T€. Des Weiteren finanziert das niederländische Tochterunternehmen seinen Liquiditätsbedarf fremd. Der Fremdkapitalzinssatz beträgt 4,5 %. Pro Jahr fallen unmittelbar zurechenbare Fremdfinanzierungsaufwendungen i. H. v. 150 T€ ($r^{FK} \cdot FK_{j,t-1}$) an. Am Ende der F&E-Phase beträgt die Begünstigungsschwelle bei Fremdfinanzierung ($BS^{FK}_{j,3}$) 3.750 T€.

Lösung:

Die Begünstigungsschwelle entwickelt sich in Periode t=4 wie folgt:

Periode	Szenario	$BS_{j,t-1}$	$HK_{j,t}$	$BS_{j,t}$	$BS^{FK}_{j,t-1}$	$HK^{FK}_{i,t}$	$BS^{FK}_{j,t}$
4	j=1	3.300	1.000	4.300	3.750	1.150	4.900
	j=2	3.300	1.000	4.300	3.750	1.150	4.900
	j=3	3.300	1.000	4.300	3.750	1.150	4.900

Die Besteuerungseffekte des operativen Bereichs im Zusammenhang mit der Verwertung der F&E-Ergebnisse betragen:

Periode	Szenario	$HK_{j,t} \cdot s^{NL}$	Diskont-faktor	$1-p_I$	q_j	S^{NL}_V
4	j=1	250	0,7716	0,125	0,333	8,0
	j=2	250	0,7716	0,125	0,333	8,0
	j=3	250	0,7716	0,125	0,333	8,0
Gesamt						**24,0**

Aus der steuerlichen Abzugsfähigkeit der Fremdkapitalzinsen ergeben sich Steuervorteile, die in einem Tax Shield (TS^{NL}_V) zu erfassen sind:

Periode	Szenario	$r^{FK} \cdot FK_{j,t-1} \cdot s^{NL}$	Diskont-faktor	$1-p_I$	q_j	TS^{NL}_V
4	j=1	37,5	0,8386	0,125	0,333	1,3
	j=2	37,5	0,8386	0,125	0,333	1,3
	j=3	37,5	0,8386	0,125	0,333	1,3
Gesamt						**3,9**

Insgesamt erhöhen die Besteuerungseffekte in Periode t=4 die Gewinnpotenziale um 27,9 T€. Ein Anpassungsbetrag ist nicht zu berücksichtigen, da die Begünstigungsschwelle weder bei Eigen- noch bei Fremdfinanzierung überschritten wird.

Beispiel 5: Berücksichtigung eines Korrekturbetrags: Erste Fallgruppe

Zweite Fallgruppe:

In der zweiten Fallgruppe werden in einer Periode t=H sowohl bei reiner Eigenfinanzierung als auch bei Fremdfinanzierung Nettoerträge aus der Verwertung der F&E-Ergebnisse erzielt, welche nicht zu einem Überschreiten der Begünstigungsschwelle ausreichen. Die Nettoverwertungserträge unterliegen gänzlich der Besteuerung. Sie vermindern in vollem Umfang die Begünstigungsschwellen ($HK_{j,H}^{FK} < 0$ und $HK_{j,H} < 0$), sodass die Unterschiedsbeträge $x_{j,H}$ und $y_{j,H}$ den Wert Null annehmen. Da in dieser Fallgruppe die Voraussetzungen für eine Inanspruchnahme der Innovationsbox nicht vorliegen und somit auch keine Besteuerungsvorteile erzielt werden können, ist kein Anpassungsbetrag zu berücksichtigen.

Sachverhalt:

Der Sachverhalt ist analog zu Beispiel 4. Das niederländische Tochterunternehmen finanziert seinen Liquiditätsbedarf fremd. Der Fremdkapitalzinssatz beträgt 4,5 %. Es fallen pro Jahr unmittelbar zurechenbare Fremdfinanzierungsaufwendungen i. H. v. 150 T€ ($r^{FK} \cdot FK_{j,t-1}$) an. Am Ende der F&E-Phase beträgt die Begünstigungsschwelle bei Fremdfinanzierung ($BS_{j,3}^{FK}$) 3.750 T€.

Lösung:

Die Begünstigungsschwellen entwickeln sich in Periode t=4 wie folgt:

Periode	Szenario	$BS_{j,t-1}$	$HK_{j,t}$	$BS_{j,t}$	$BS_{j,t-1}^{FK}$	$HK_{i,t}^{FK}$	$BS_{j,t}^{FK}$
4	j=1	3.300	-3.000	300	3.750	-2.850	900
	j=2	3.300	-2.000	1.300	3.750	-1.850	1.900
	j=3	3.300	-1.000	2.300	3.750	-850	2.900

Die Besteuerungseffekte des operativen Bereichs im Zusammenhang mit der Verwertung der F&E-Ergebnisse betragen:

Periode	Szenario	$HK_{j,t} \cdot s^{NL}$	Diskont-faktor	$1-p_I$	q_j	S_V^{NL}
4	j=1	-750	0,7716	0,125	0,333	-24,1
	j=2	-500	0,7716	0,125	0,333	-16,1
	j=3	-250	0,7716	0,125	0,333	-8,0
Gesamt						**-48,2**

Das Tax Shield der Periode 4 beträgt 3,9 T€ (analog zu Beispiel 5).

Die Gewinnpotenziale der Verwertungsphase werden durch die Besteuerungseffekte in Periode t=4 um 44,3 T€ (= 48,2 T€ – 3,9 T€) vermindert. Ein Korrekturbetrag ist nicht zu berücksichtigen, da die Begünstigungsschwelle weder bei Eigen- noch bei Fremdfinanzierung überschritten wird.

Beispiel 6: Berücksichtigung eines Korrekturbetrags: Zweite Fallgruppe

Dritte Fallgruppe:

In der dritten Fallgruppe übersteigen die Nettoverwertungserträge die Begünstigungsschwelle bei reiner Eigenfinanzierung ($BS_{j,H}$), während die Begünstigungsschwelle bei Fremdfinanzierung ($BS_{j,H}^{FK}$) nicht überschritten wird. Die Nettoverwertungserträge unterliegen daher bei Fremdfinanzierung in vollem Umfang der Körperschaftsteuer, sodass der Unterschiedsbetrag $x_{j,H}$ den Wert Null annimmt. Bei reiner Eigenfinanzierung fällt der die Begünstigungsschwelle übersteigende Teil der Nettoverwertungserträge hingegen in den Anwendungsbereich der Innovationsbox. Durch Formel (5.33) werden somit bereits Steuervorteile aus einer Inanspruchnahme der Innovationsbox auf den Unterschiedsbetrag $y_{j,H}$ berücksichtigt, obwohl die maßgebende Begünstigungsschwelle ($BS_{j,H-1}^{FK}$) noch nicht überschritten wurde. Die Überbewertung dieser Steuervorteile ist durch den Korrekturterm (KT_H) zu berichtigen, für den in der dritten Fallgruppe gilt:

$$KT_H = (1-p_I)\sum_{j=1}^{3} q_j \left(\frac{-EBT_{j,H} + I_B(\omega) \cdot KOR_{j,t}^{UL\text{-}NÜ} + BS_{j,H-1}}{(1+r^{F\&E})^X \cdot (1+r^V)^{H-X}}\right) \cdot 80\,\% \cdot s^{NL} \quad (5.38)$$

Vierte Fallgruppe:

Die vierte Fallgruppe erfasst Konstellationen, in denen die Nettoverwertungserträge sowohl bei Eigen- als auch bei Fremdfinanzierung die Begünstigungsschwellen übersteigen. Aus der Anwendung der Innovationsbox folgt, dass 80 % der Nettoverwertungserträge von der Körperschaftsteuer befreit werden, soweit diese die maßgebende Begünstigungsschwellen am Ende der Vorperiode ($BS_{j,H-1}^{FK}$) übersteigen. Da die Nettoerträge aus der Verwertung der F&E-Ergebnisse die Begünstigungsschwelle am Ende der Vorperiode ($BS_{j,H-1}$) bei reiner Eigenfinanzierung zu einem früheren Zeitpunkt übersteigen, werden die Steuervorteile durch Formel (5.33) zu hoch ausgewiesen. Die Überbewertung entspricht den Steuervorteilen aus einer Inanspruchnahme der Innovationsbox auf die Differenz zwischen den beiden Unterschiedsbeträgen $x_{j,H}$ und $y_{j,H}$. Der Korrekturterm (KT_H) bestimmt sich in der vierten Fallgruppe folglich aus:

$$KT_H = (1-p_I)\sum_{j=1}^{3} q_j \left(\frac{BS_{j,H-1} - BS_{j,H-1}^{FK} - r^{FK} \cdot FK_{j,H-1}}{(1+r^{F\&E})^X \cdot (1+r^V)^{H-X}}\right) \cdot 80\,\% \cdot s^{NL} \quad (5.39)$$

Sachverhalt:

Für das niederländische Tochterunternehmen werden die Auswirkungen einer Besteuerung der Nettoverwertungserträge auf den Grenzpreis in Periode t=5 unter Berücksichtigung der ökonomischen Einflussfaktoren aus den Beispielen 4 und 6 ermittelt. Es fallen pro Jahr unmittelbar zurechenbare Fremdfinanzierungsaufwendungen i. H. v. 150 T€ ($r^{FK} \cdot FK_{j,t-1}$) an.

Lösung:

Die Begünstigungsschwellen bei Eigen- und Fremdfinanzierung entwickeln sich in Periode t=5 wie folgt:

Periode	Szenario	$BS_{j,t-1}$	$HK_{j,t}$	$BS_{j,t}$	$BS^{FK}_{j,t-1}$	$HK^{FK}_{i,t}$	$BS^{FK}_{j,t}$
5	j=1	300	-300	0	900	-900	0
	j=2	1.300	-1.300	0	1.900	-1.850	50
	j=3	2.300	-1.000	1.300	2.900	-850	2.050

Die Besteuerungseffekte des operativen Bereichs im Zusammenhang mit der Verwertung der F&E-Ergebnisse betragen:

Periode	Szenario	$HK_{j,t} \cdot s^{NL}$	$-(EBT_{j,t} + HK_{j,t}) \cdot 20\% \cdot s^{NL}$	Diskontfaktor	$(1-p_I) \cdot q_j$	S^{NL}_V
5	j=1	-75	-135	0,7131	0,042	-6,3
	j=2	-325	-35	0,7131	0,042	-10,8
	j=3	-250	0	0,7131	0,042	-7,5
Gesamt						**-24,6**

Das Tax Shield der Periode t=5 beträgt:

Periode	Szenario	$r^{FK} \cdot FK_{j,t-1} \cdot s^{NL}$	Diskontfaktor	$(1-p_I) \cdot q_j$	TS^{NL}_V
5	j=1	37,5	0,8025	0,042	1,3
	j=2	37,5	0,8025	0,042	1,3
	j=3	37,5	0,8025	0,042	1,3
Gesamt					**3,9**

Im Verwertungsszenario j=1 überscheiten die Nettoverwertungserträge sowohl bei Eigen- als auch bei Fremdfinanzierung die Begünstigungsschwellen, wohingegen diese im Verwertungsszenario j=2 nur die Begünstigungsschwelle bei Eigenfinanzierung übersteigen. Für diese beiden Verwertungsszenarien ist folglich ein Korrekturbetrag i. H. v. ($x_{j,t}$–$y_{j,t}$) bzw. $y_{j,H}$ zu berücksichtigen, welcher eine Korrektur der überbewerteten Steuervorteile aus einer Inanspruchnahme der Innovationsbox bewirkt und den Grenzpreis mindert. Für das Verwertungsszenario j=3 ist kein Korrekturbetrag zu berücksichtigen:

Periode	Szenario	$(HK^{FK}_{j,t} - HK_{j,t}) - (r^{FK} \cdot FK_{j,t-1})$	$0{,}8 \cdot s^{NL}$	Diskontfaktor	$(1-p_I) \cdot q_j$	KT_t
5	j=1	-750 (= -900 + 300 – 150)	0,2	0,7131	0,042	-4,5
	j=2	-700 (= -1.850 + 1.300 – 150)	0,2	0,7131	0,042	-4,2
	j=3	0 (= -850 + 1.000 – 150)	0,2	0,7131	0,042	0

Beispiel 7: Berücksichtigung eines Korrekturbetrags: Dritte und vierte Fallgruppe

Fünfte Fallgruppe:

Sofern die Nettoverwertungserträge des operativen Bereichs nur geringfügig positiv ausfallen, ist es möglich, dass sich diese durch eine Berücksichtigung der Fremdfinanzierungseffekte in einen Verlust umkehren. Sofern die Begünstigungsschwellen sowohl bei Eigen- als auch bei Fremdfinanzierung bereits überschritten sind, kommt es zu einer Überbewertung der Steuervorteile. Durch Formel (5.33) werden Steuervorteile berücksichtigt, obwohl sich die maßgebende Begünstigungsschwelle bei Fremdfinanzierung ($BS^{FK}_{j,H-1}$) erhöht. Die zu Unrecht berücksichtigten Steuervorteile aus einer Inanspruchnahme der Innovationsbox auf den Unterschiedsbetrag $y_{j,H}$ sind durch den Korrekturterm (KT_H) zu korrigieren:

$$KT_H = (1-p_I)\sum_{j=1}^{3} q_j \left(\frac{-EBT_{j,H} + I_B(\omega) \cdot KOR^{UL\text{-}NÜ}_{j,t} + BS_{j,H-1}}{(1+r^{F\&E})^X \cdot (1+r^V)^{H-X}} \right) \cdot 80\,\% \cdot s^{NL} \quad . \tag{5.40}$$

Sachverhalt:

In Periode t=6 erzielt das niederländische Tochterunternehmen aus Beispiel 7 operative Erträge aus der Verwertung der F&E-Ergebnisse ($EBT_{j,t}$) i. H. v. 100 T€. Des Weiteren fallen unmittelbar zurechenbare Fremdfinanzierungsaufwendungen i. H. v. 150 T€ ($r^{FK} \cdot FK_{j,t-1}$) an.

Lösung:

Die Begünstigungsschwellen bei Eigen- und Fremdfinanzierung entwickeln sich in Periode t=6 wie folgt:

Periode	Szenario	$BS_{j,t-1}$	$HK_{j,t}$	$BS_{j,t}$	$BS^{FK}_{j,t-1}$	$HK^{FK}_{i,t}$	$BS^{FK}_{j,t}$
6	j=1	0	0	0	0	50	50
	j=2	0	0	0	50	50	100
	j=3	1.300	-100	1.200	2.050	50	2.100

Die Besteuerungseffekte des operativen Bereichs im Zusammenhang mit der Verwertung der F&E-Ergebnisse betragen:

Periode	Szenario	$HK_{j,t} \cdot s^{NL}$	$-(EBT_{j,t} + HK_{j,t}) \cdot 20\% \cdot s^{NL}$	Diskont-faktor	$(1-p_I) \cdot q_j$	S^{NL}_V
6	j=1	0	-5	0,6591	0,042	-0,1
	j=2	0	-5	0,6591	0,042	-0,1
	j=3	-25	0	0,6591	0,042	-0,7
Gesamt						**-0,9**

Die im Tax Shield abgebildeten fremdfinanzierungsbedingten Steuervorteile betragen in Periode t=6:

Periode	Szenario	$r^{FK} \cdot FK_{j,t-1} \cdot s^{NL}$	Diskont-faktor	$(1-p_I) \cdot q_j$	TS_V^{NL}
6	j=1	37,5	0,7679	0,042	1,2
	j=2	37,5	0,7679	0,042	1,2
	j=3	37,5	0,7679	0,042	1,2
Gesamt					**3,6**

In den Verwertungsszenarien j=1 und j=2 werden bei reiner Eigenfinanzierung geringfügig positive Erträge aus der Verwertung der F&E-Ergebnisse erzielt, weshalb diese bei der Ermittlung der Steuern lediglich zu 20 % in die Steuerbemessungsgrundlage einzubeziehen sind. Da sich insgesamt – unter Berücksichtigung der Fremdfinanzierung – jedoch ein Verlust ergibt, erhöht sich die maßgebende Begünstigungsschwelle ($BS_{j,H}^{FK}$). Die 80 %-ige Steuerfreistellung der Nettoverwertungserträge in den Verwertungsszenarien j=1 und j=2 ist daher durch den Korrekturterm wieder rückgängig zu machen.

Periode	Szenario	$(HK_{j,t}^{FK} - HK_{j,t}) - (r^{FK} \cdot FK_{j,t-1})$	$0,8 \cdot s^{NL}$	Diskont-faktor	$(1-p_I) \cdot q_j$	KT_t
6	j=1	-100 (= 50 – 0 – 150)	0,2	0,6591	0,042	-0,6
	j=2	-100 (= 50 – 0 – 150)	0,2	0,6591	0,042	-0,6
	j=3	0 (= 50 + 100 – 150)	0	0,6591	0,042	0,0

Beispiel 8: Berücksichtigung eines Korrekturbetrags: Fünfte Fallgruppe

Sechste Fallgruppe:

In dieser Fallgruppe sind die Nettoverwertungserträge in vollem Umfang in die Innovationsbox einzulegen, da die maßgebenden Begünstigungsschwellen bereits in einer früheren Periode überschritten wurden. Ergo wird der Barwert der Cashflows aus der Besteuerung bei reiner Eigenfinanzierung durch Formel (5.33) korrekt abgebildet. Im Zusammenhang mit der 80 %-igen Steuerfreistellung der Nettoverwertungserträge sind jedoch auch die Aufwendungen des Finanzierungsbereichs annahmegemäß nur noch zu 20 % steuerlich abzugsfähig. Diese werden in Formel (5.34) vollumfänglich als steuerlich abzugsfähige Betriebsausgaben berücksichtigt, woraus eine Überbewertung der Steuervorteile resultiert. Diese ist durch den Korrekturterm (KT_H) zu berichtigen, für welchen in der sechsten Fallgruppe gilt:

$$KT_H = (1-p_I) \sum_{j=1}^{3} q_j \left(- \frac{r^{FK} \cdot FK_{j,H-1}}{(1+r^{FK})^H} \right) \cdot 80\,\% \cdot s^{NL} \quad (5.41)$$

Sachverhalt:

Das niederländische Tochterunternehmen aus Beispiel 7 erzielt in Periode t=6 operative Erträge aus der Verwertung der F&E-Ergebnisse ($EBT_{j,t}$) i. H. v. 200 T€. Des Weiteren fallen unmittelbar zurechenbare Fremdfinanzierungsaufwendungen i. H. v. 150 T€ ($r^{FK} \cdot FK_{j,t-1}$) an.

Lösung:

Die Begünstigungsschwellen bei Eigen- und Fremdfinanzierung entwickeln sich im Falle eines Gewinns aus der Verwertung der F&E-Ergebnisse in Periode t=6 wie folgt:

Periode	Szenario	$BS_{j,t-1}$	$HK_{j,t}$	$BS_{j,t}$	$BS^{FK}_{j,t-1}$	$HK^{FK}_{i,t}$	$BS^{FK}_{j,t}$
6	j=1	0	0	0	0	0	0
	j=2	0	0	0	50	-50	0
	j=3	1.300	-200	1.100	2.050	-50	2.000

Die Besteuerungseffekte des operativen Bereichs im Zusammenhang mit der Verwertung der F&E-Ergebnisse betragen im Falle eines Gewinns aus der Verwertung der F&E-Ergebnisse:

Periode	Szenario	$HK_{j,t} \cdot s^{NL}$	$-(EBT_{j,t} + HK_{j,t}) \cdot 20\% \cdot s^{NL}$	Diskont-faktor	$(1-p_I) \cdot q_j$	S_V^{NL}
6	j=1	0	-10	0,6591	0,042	-0,3
	j=2	0	-10	0,6591	0,042	-0,3
	j=3	-50	0	0,6591	0,042	-1,4
Gesamt						**-2,0**

Die im Tax Shield abgebildeten fremdfinanzierungsbedingten Steuervorteile betragen in Periode t=6:

Periode	Szenario	$r^{FK} \cdot FK_{j,t-1} \cdot s^{NL}$	Diskont-faktor	$(1-p_I) \cdot q_j$	TS_V^{NL}
6	j=1	37,5	0,7679	0,042	1,2
	j=2	37,5	0,7679	0,042	1,2
	j=3	37,5	0,7679	0,042	1,2
Gesamt					**3,6**

Im Verwertungsszenario j=1 können die Steuerbegünstigungen aus der Innovationsbox in Anspruch genommen werden. Korrespondierend dazu sind die Fremdkapitalzinsen nur noch zu 20 % steuerlich abzugsfähig, sodass die fremdfinanzierungsbedingten Steuervorteile aus dem Tax Shield um 80 % zu kürzen sind. Da die Innovationsbox im Verwertungsszenario j=2 auf die operativen Erträge Anwendung findet, obwohl die maßgebende Begünstigungsschwelle nicht überschritten ist, sind die steuerpflichtigen operativen Erträge wieder um 80 % zu erhöhen. Im Verwertungsszenario j=3 ist kein Anpassungsbetrag zu berücksichtigen, da die Entwicklungskosten in Periode t=6 weder bei Eigen- noch bei Fremdfinanzierung durch die Nettoverwertungserträge wiedervereinnahmt wurden.

Periode	Szenario	$(HK^{FK}_{j,t} - HK_{j,t}) - (r^{FK} \cdot FK_{j,t-1})$	$0{,}8 \cdot s^{NL}$	Diskont-faktor	$(1-p_I) \cdot q_j$	KT_t
6	j=1	-150 (= 0 – 0 – 150)	0,20	0,7679	0,042	-1,0
	j=2	-200 (= -50 – 0 – 150)	0,20	0,6591	0,042	-1,1
	j=3	0 (= -50 + 200 – 150)	0,20	0,6591	0,042	0,0

Beispiel 9: Berücksichtigung eines Korrekturbetrags: Sechste Fallgruppe

Zusammenfassend bestimmen sich die (positiven) Gewinnpotenziale der Verwertungsphase beim aufnehmenden niederländischen Tochterunternehmen (G_V^{NL}) aus:

$$\begin{aligned} G_V^{NL} = {} & \overbrace{(1-p_I)\sum_{j=1}^{3} q_j \sum_{t=X+1}^{T}\left(\frac{FCF_{j,t}^{S} + HK_{j,t}\cdot s^{NL}}{(1+r^{F\&E})^{X}\cdot(1+r^{V})^{t-X}} - \frac{(EBT_{j,t} - I_B(\omega)\cdot KOR_{j,t}^{UL\text{-}NÜ} + HK_{j,t})\cdot 20\,\%\cdot s^{NL}}{(1+r^{F\&E})^{X}\cdot(1+r^{V})^{t-X}}\right)}^{\text{Wertbeitrag der operativen Verwertung der F\&E-Ergebnisse}} \\ & + \overbrace{(1-p_I)\sum_{j=1}^{3} q_j \sum_{t=X+1}^{T}\frac{r^{FK}\cdot FK_{j,t-1}\cdot s^{NL}}{(1+r^{FK})^{t}}}^{\text{fremdfinanzierungsbedingte Steuervorteile}} \\ & + \overbrace{(1-p_I)\sum_{j=1}^{3} q_j \sum_{t=X+1}^{T}(WK_{j,t})\cdot 80\,\%\cdot s^{NL}}^{\text{Wertbeitrag des Korrekturterms}} \end{aligned} \qquad (5.42)$$

mit

$EBT_{j,t}$	=	Vorsteuergewinn der Periode t bei reiner Eigenfinanzierung im Verwertungsszenario j;
$FCF_{j,t}^{S}$	=	Free Cashflows vor Steuern der Periode t im Verwertungsszenario j;
$FK_{j,t-1}$	=	Fremdkapitalbestand am Ende der Periode t–1 im Verwertungsszenario j;
G_V^{NL}	=	Gewinnpotenziale der Verwertungsphase beim aufnehmenden Unternehmen;
$HK_{j,t}$	=	Veränderung der Begünstigungsschwelle bei reiner Eigenfinanzierung in Periode t und Verwertungsszenario j;
$I_B(\omega)$	=	Indikatorvariable für die Vereinbarung einer Nutzungsüberlassung;
$KOR_{j,t}^{UL\text{-}NÜ}$	=	Korrekturbeträge auf umsatzabhängige Lizenzraten in Periode t des Verwertungsszenarios j bei einer Nutzungsüberlassung der Bestandteile des Transferpakets;
$1-p_I$	=	Wahrscheinlichkeit für den erfolgreichen Abschluss einer F&E-Tätigkeit;
q_j	=	Eintrittswahrscheinlichkeit für ein Verwertungsszenario j;
$r^{F\&E}$	=	Kapitalisierungszinssatz der F&E-Phase;
r^{FK}	=	Fremdkapitalzinssatz;
r^{V}	=	Kapitalisierungszinssatz der Verwertungsphase;
s^{NL}	=	Körperschaftsteuersatz in den Niederlanden;
$WK_{j,t}$	=	Wertkomponente des Korrekturterms im Verwertungsszenario j.

5.3.2.3 Grenzpreis

Für die Ermittlung des Grenzpreises beim niederländischen Tochterunternehmen (GP^{NL}) sind die (negativen) Gewinnpotenziale der F&E-Phase ($G_{F\&E}^{NL}$) und die (positiven) Gewinnpotenziale der Verwertungsphase (G_V^{NL}) um den Marktwert des Fremdkapitals (FK_0)[1233] zu vermindern. Es gilt:

$$GP^{NL} = G_{F\&E}^{NL} + G_V^{NL} - FK_0. \tag{5.43}$$

5.3.3 Einigungspreis

Durch die Grenzpreise des verlagernden Unternehmens (GP^{DT}) und des aufnehmenden Unternehmens (GP^{NL}) entsteht i. d. R. ein Einigungsbereich, innerhalb dessen der fremdvergleichskonforme Einigungspreis (EP) liegen muss. Im Grundsatz spiegelt der Einigungspreis gemäß § 1 Abs. 3 Satz 7 Halbsatz 1 AStG den Preis wider, der in Abhängigkeit von der jeweiligen Verhandlungsstärke der Transaktionsparteien mit höchster Wahrscheinlichkeit zwischen unabhängigen Vertragsparteien unter vergleichbaren Bedingungen vereinbart werden würde.

Die Verhandlungsstärke wird durch die rechtlichen und wirtschaftlichen Verhältnisse der Geschäftsparteien determiniert. Diese spiegeln sich z. B. in der Marktposition, der Vermögens- und Ertragslage, den alternativen Handlungsmöglichkeiten, den erzielbaren Synergien und Standortvorteilen sowie dem eigenbetrieblichen Interesse an der Durchführung der Verlagerung wider. Die Abbildung der Verhandlungsstärke erfolgt für die verlagernde Gesellschaft durch die Variable α, mit $0 \leq \alpha \leq 1$, und für die aufnehmende Gesellschaft durch $1-\alpha$. In Abhängigkeit von der individuellen Verhandlungsstärke können sich die Geschäftsparteien einen Anteil am Einigungsbereich und somit an den Gewinnpotenzialen sichern. Kann kein wahrscheinlichster Fremdvergleichspreis identifiziert werden, wird gemäß § 1 Abs. 3 Satz 7 Halbsatz 2 AStG eine identische Verhandlungsstärke ($\alpha = 1-\alpha = 0{,}5$) unterstellt, welche eine hälftige Teilung des Einigungsbereichs impliziert. Der Einigungspreis (EP) ergibt sich somit aus:

$$EP = (GP^{NL} - GP^{DT}) \cdot \alpha + GP^{DT}. \tag{5.44}$$

5.4 Ermittlung fremdvergleichskonformer Lizenzgebühren

Im Rahmen einer Funktionsverlagerung werden oftmals gesonderte Verträge zwischen den Geschäftsparteien für die Eigentumsübertragung und/oder die Nutzungsüberlassung

[1233] Siehe hierzu die Ausführungen in Abschnitt 5.3.1.3.

von Wirtschaftsgütern vereinbart.[1234] Die steuerliche Anerkennung der diesen Verträgen zugrunde liegenden kaufmännischen und finanziellen Bedingungen setzt voraus, dass diese in Einklang mit dem Fremdvergleichsgrundsatz stehen. Da bei einer Einzelbewertung oftmals nicht alle mit einer Funktion verlagerten Werte erfasst werden können, müssen die Einzelverrechnungspreise insgesamt an dem Einigungspreis für das Transferpaket als Ganzes gemessen werden. Anderenfalls könnten sich für den Steuerpflichtigen Arbitragemöglichkeiten zur Verminderung der Steuerbelastung durch die Wahl einer geeigneten Verlagerungsform ergeben.

Für ein Transferpaket können i. d. R. keine zumindest eingeschränkt vergleichbaren Lizenzgebühren beobachtet werden, weshalb zur Bestimmung der fremdvergleichskonformen Lizenzgebühren oftmals auf den hypothetischen Fremdvergleich abzustellen ist.[1235] Den Ausgangspunkt für die Ermittlung der Lizenzgebühren im hypothetischen Fremdvergleich kann der Einigungspreis für das Transferpaket als Ganzes (EP) bilden.[1236] Dieser ist um die Fremdvergleichspreise der Bestandteile des Transferpakets zu vermindern, die an das aufnehmende Unternehmen veräußert werden. Aus dem korrigierten Einigungspreis (EP^{kor}) sind in einem weiteren Schritt die fremdvergleichskonformen Lizenzsätze abzuleiten.[1237] Diese sind grundsätzlich höher als die am Markt beobachtbaren Lizenzsätze[1238] für einzelne Wirtschaftsgüter,[1239] da bei ihrer Ermittlung neben Synergieeffekten auch sonstige geschäftswertbildende Faktoren Berücksichtigung finden. Die am Markt beobachtbaren Lizenzsätze für die verlagerten Einzelwirtschafts-

---

[1234] Vgl. *BMF (Hrsg.)* (2010), S. 774, Rn. 98.

[1235] Vgl. *Bernhardt, L. et al.* (2009), S. 247-249; *Frischmuth, M.* (2009a), S. 176-178; *Nestler, A.* (2008), S. 2002 f.

[1236] Siehe auch *BMF (Hrsg.)* (2010), S. 774, Anlage, Beispiel 1, I. Abwandlung zu Fall A; *Frischmuth, M.* (2009c), S. 734 f.; *Hervé, Y. et al.* (2012), S. 555 f.; *Kaminski, B.* (2011), S. 441; *Nestler, A.* (2008), S. 2004 f. Kritisch hierzu *Hagemann, T.* (2012), S. 629 f. Die Steuerwirkungen aus der Abzugsfähigkeit der Lizenzraten sind bei der Ermittlung des Funktionsgrenzpreises des aufnehmenden niederländischen Tochterunternehmens grundsätzlich zu berücksichtigen. Siehe Abschnitt 3.3.1.1.2. Hieraus ergibt sich – vergleichbar zu den Abschreibungen auf die Anschaffungskosten der Bestandteile des Transferpakets – ein Zirkularitätsproblem, welches iterativ gelöst werden kann. Zur alternativen Ermittlung fremdüblicher Lizenzraten mithilfe der Gewinnaufteilungsmethode siehe *Nestler, A.* (2008), S. 2003 f.; *Nestler, A.* (2013), S. 2029.

[1237] So auch *Frischmuth, M.* (2009c), S. 734 f.; *Hervé, Y. et al.* (2012), S. 555 f.; *Kaminski, B.* (2011), S. 441; *OECD (Hrsg.)* (2013b), Tz. 198.

[1238] Die Lizenzgebühren können auf der Grundlage eines (un-)eingeschränkten Fremdvergleichs ermittelt werden, sofern hinreichend vergleichbare Lizenzsätze zwischen unverbundenen Unternehmen beobachtbar sind. Siehe hierzu die Abschnitte 3.1.2.1 und 3.1.2.2. Oftmals erfolgt die Ermittlung der Lizenzgebühren in praxi auf Basis der Knoppe-Formel, wonach die Lizenzvergütung 25 % bis 33 1/3 % des vorkalkulierten Gewinns des Lizenznehmers aus den Lizenzgegenständen entspricht. Weitergehend zur Knoppe-Formel etwa *Baumhoff, H.* (2013), § 1 AStG, Anm. 715.1 f.; *Nestler, A.* (2013), S. 2027 f.; *Reichl, A.* (2013), S. 172-174. Kritisch hierzu *OECD (Hrsg.)* (2013b), Tz. 162.

[1239] Zu demselben Ergebnis kommen auch *Frischmuth, M.* (2009c), S. 735; *Reichl, A.* (2013), S. 187.

güter werden infolgedessen oftmals nicht in Einklang mit den fremdüblichen Lizenzsätzen für das Transferpaket als Ganzes stehen,[1240] weshalb bei Funktionsverlagerungen die fremdüblichen Lizenzsätze prinzipiell im Rahmen eines hypothetischen Fremdvergleichs bestimmt werden müssen.

Für die Berechnung der fremdüblichen Lizenzsätze im Rahmen eines hypothetischen Fremdvergleichs muss zwischen den verschiedenen Lizenzarten (Pauschallizenz und Umsatzlizenz) differenziert werden. Im Zusammenhang mit diesen bestehen unterschiedliche Risiken für die Lizenzparteien, welche sich auf die Höhe der Lizenzgebühren auswirken.[1241] Des Weiteren können die Lizenzgebühren auch durch kurzfristige Kündigungsmöglichkeiten beeinflusst werden. Diese stellen für die Geschäftsparteien Handlungsoptionen dar, für die ordentliche und gewissenhafte Geschäftsleiter grundsätzlich bereit wären, ein zusätzliches Entgelt zu entrichten. Dies gilt insbesondere in Bezug auf die Verlagerung von F&E-Funktionen, wenn das Schuldverhältnis bei einer vorzeitigen Einstellung der F&E-Tätigkeit und damit verbunden auch die Zahlungsverpflichtung für die lizenzierten Bestandteile des Transferpakets kurzfristig gekündigt werden können. Während eine kurzfristige Kündigung bei einem Übergang des wirtschaftlichen Eigentums grundsätzlich ausgeschlossen ist, kann diese bei einer Nutzungsüberlassung der Bestandteile des Transferpakets vertraglich vereinbart werden.

5.4.1 Lizenzraten bei Vereinbarung einer Pauschallizenz

Wird eine Pauschallizenz abgeschlossen und geht das wirtschaftliche Eigentum an den Bestandteilen des Transferpakets aufgrund der vertraglichen Vereinbarungen auf das aufnehmende Unternehmen über, ist eine kurzfristige Kündigung der Lizenzvereinbarung i. d. R. ausgeschlossen. Die Pauschallizenzraten werden daher annahmegemäß[1242] über die gesamte Laufzeit des Lizenzvertrags bis zum Zeitpunkt t=X in gleichbleibender Höhe entrichtet.

Die fremdvergleichskonformen Lizenzraten sind im hypothetischen Fremdvergleich aus dem Einigungspreis für das Transferpaket als Ganzes abzuleiten, welcher ggf. noch um

[1240] Siehe zu den Anforderungen an die Fremdüblichkeit der Einzelverrechnungspreise für die Bestandteile des Transferpakets *§ 1 Abs. 3 Satz 10 AStG*; *§ 2 Abs. 3 Satz 2 FVerlV*; *BMF (Hrsg.)* (2010), S. 774, Rn. 72 f.

[1241] Das Risiko für den Lizenzgeber ist bei Vereinbarung einer Umsatzlizenz aufgrund der Abhängigkeit von den künftigen Umsätzen des Lizenznehmers höher als bei Vereinbarung einer Pauschallizenz. Siehe hierzu *OECD (Hrsg.)* (2013b), Tz. 197 f.

[1242] Siehe Prämisse 5.5.

die Einzelverrechnungspreise der nicht in die Lizenzvereinbarung einbezogenen Wirtschaftsgüter zu korrigieren ist (EP^{kor}). Da sich aus der Wahl einer Verlagerungsform keine Arbitragemöglichkeiten ergeben dürfen, muss der Barwert der fremdüblichen Pauschallizenzraten dem korrigierten Einigungspreis für das Transferpaket als Ganzes im Verlagerungszeitpunkt t=0 entsprechen. Die Pauschallizenzraten werden ex ante festgelegt und sind somit deterministisch, weshalb deren Diskontierung mit dem risikoäquivalenten Fremdkapitalzinssatz (r^{FK}) erfolgt.[1243] Durch einfache algebraische Umformungen erhält man den fremdüblichen Lizenzsatz einer Pauschallizenzvereinbarung (r^{PL}), bei der das wirtschaftliche Eigentum an den Bestandteilen des Transferpakets auf das aufnehmende Unternehmen übertragen wird:

$$\begin{aligned} EP^{kor} &= \sum_{t=1}^{X} \frac{r^{PL} \cdot EP^{kor}}{(1 + r^{FK})^t} \\ \Leftrightarrow r^{PL} &= \frac{r^{FK} \cdot (1 + r^{FK})^X}{(1 + r^{FK})^X - 1} . \end{aligned} \tag{5.45}$$

Liegt der Funktionsverlagerung hingegen eine Nutzungsüberlassung der Bestandteile des Transferpakets zugrunde, kann eine kurzfristige Kündigungsmöglichkeit vereinbart werden. Für die daraus resultierende Handlungsoption wäre ein ordentlicher und gewissenhafter Geschäftsleiter des aufnehmenden Unternehmens i. Allg. bereit, ein zusätzliches Entgelt zu entrichten. Entsprechend erhöht sich für das verlagernde Unternehmen das Risiko, durch die Pauschallizenzraten einen Erlös zu erzielen, dessen Barwert dem korrigierten Einigungspreis im Zeitpunkt der Funktionsverlagerung in t=0 nicht entspricht. Das verlagernde Unternehmen würde deshalb ein entsprechend höheres Entgelt fordern.[1244] Eine Kündigung der Lizenzvereinbarung ist im Zusammenhang mit der Verlagerung einer F&E-Funktion insbesondere dann von Bedeutung, wenn nach einer Verlagerung das Entwicklungsrisiko beim aufnehmenden niederländischen Tochterunternehmen eintritt und die F&E-Tätigkeit vorzeitig eingestellt wird.

Der korrigierte Einigungspreis ist bei einer Nutzungsüberlassung i. d. R. geringer als bei einer Übertragung des wirtschaftlichen Eigentums, da dieser im Falle einer Nutzungsüberlassung bereits die eingeschränkten Verwertungsmöglichkeiten für die zur Nutzung

---

[1243] Siehe diesbezüglich Prämisse 5.9.

[1244] Zur Berücksichtigung einer adäquaten Abbildung der Chance-Risiko-Verteilung bei der Ermittlung der fremdüblichen Lizenzsätze siehe *Nestler, A.* (2008), S. 200; *Nestler, A.* (2013), S. 2028.

überlassenen Bestandteile des Transferpaktes durch das aufnehmende Unternehmen berücksichtigt. Der Barwert der fremdüblichen Pauschallizenzraten muss auch im Falle einer Nutzungsüberlassung dem Einigungspreis für das Transferpaket als Ganzes (EP^{kor}) entsprechen. Aufgrund der unterstellten Risikoäquivalenz sind die Pauschallizenzraten im Rahmen der Barwertermittlung wiederum mit dem Fremdkapitalzinssatz (r^{FK}) zu diskontieren. Des Weiteren sind der Einfluss einer kurzfristigen Kündigungsmöglichkeit auf die Höhe der Pauschallizenzraten durch die Wahrscheinlichkeiten einer vorzeitigen Einstellung der F&E-Tätigkeit (p_i) sowie die Wahrscheinlichkeit eines erfolgreichen Abschlusses der F&E-Tätigkeit ($1-p_I$) zu quantifizieren. Bei einer Nutzungsüberlassung der Bestandteile des Transferpakets ergibt sich der fremdvergleichskonforme Pauschallizenzsatz ($r^{PL,NÜ}$) somit aus:

$$EP^{kor} = \sum_{i=1}^{I} p_i \sum_{t=1}^{X} \frac{r^{PL,NÜ} \cdot EP^{kor}}{(1+r^{FK})^t} + (1-p_I) \sum_{t=1}^{X} \frac{r^{PL,NÜ} \cdot EP^{kor}}{(1+r^{FK})^t}$$

$$\Leftrightarrow r^{PL,NÜ} = \left(\sum_{i=1}^{I} p_i \sum_{t=1}^{X} (1+r^{FK})^{-t} + (1-p_I) \sum_{t=1}^{X} (1+r^{FK})^{-t} \right)^{-1} . \tag{5.46}$$

5.4.2 Lizenzraten bei Vereinbarung einer Umsatzlizenz

Auch bei Vereinbarung einer umsatzabhängigen Lizenz muss der Barwert der fremdüblichen Umsatzlizenzraten dem korrigierten Einigungspreis für das Transferpaket als Ganzes (EP^{kor}) entsprechen. Im Vergleich zur Pauschallizenz ist das Risiko aus der Vereinbarung einer umsatzabhängigen Lizenz für den Lizenzgeber höher, da er i. Allg. sämtliche im Zusammenhang mit der F&E-Funktion stehenden Risiken (Entwicklungs-, Vergütungs- und Verwertungsrisiko) mitträgt. Als Ausgleich für die zu tragenden Risiken wird ein ordentlicher und gewissenhafter Geschäftsleiter bei Vereinbarung einer Umsatzlizenz eine höhere Vergütung verlangen als bei Vereinbarung einer Pauschallizenz.

Die Zahlung einer umsatzabhängigen Lizenz setzt grundsätzlich eine erfolgreiche Beendigung der F&E-Tätigkeit voraus, weshalb die Lizenzraten nur mit einer Wahrscheinlichkeit von $1-p_I$ anfallen. Zur Abbildung des Vergütungsrisikos im Zusammenhang mit den erwarteten F&E-Ergebnissen werden drei Verwertungsszenarien j mit unterschiedlichen erwarteten Umsatzverläufen betrachtet. Aufgrund der Abhängigkeit der Lizenzraten von der Höhe der erwarteten Verwertungserlöse ($UE_{j,t}$) sind die fremdüblichen Umsatzlizenzraten für jedes Verwertungsszenario zu ermitteln und mit der jeweiligen Szenariowahrscheinlichkeit (q_j) zu gewichten. Des Weiteren hat das Verwertungsrisiko einen Einfluss auf die umsatzabhängigen Lizenzraten. Aufgrund der Risikoäquivalenz der umsatzabhängigen Lizenzraten zu den Erträgen aus der Verwertung der F&E-Ergebnisse sind diese mit denselben Kapitalisierungszinssätzen zu diskontieren.

Auch bei einer Nutzungsüberlassung der Bestandteile des Transferpakets im Rahmen einer umsatzabhängigen Lizenzvereinbarung werden die Auswirkungen einer eingeschränkten Verwertungsmöglichkeit für die zur Nutzung überlassenen Wirtschaftsgüter durch das aufnehmende Unternehmen bereits im Rahmen der Ermittlung des Einigungspreises berücksichtigt. Der fremdvergleichskonforme Lizenzsatz einer umsatzabhängigen Lizenzvereinbarung (r^{UL}) lässt sich somit wie folgt ermitteln:

$$EP^{kor} = (1-p_I)\sum_{j=1}^{3} q_j \sum_{t=X+1}^{T} \frac{r^{UL} \cdot UE_{j,t}}{(1+r^{F\&E})^X \cdot (1+r^V)^{t-X}}$$

$$\Leftrightarrow r^{UL} = EP^{kor} \cdot (1+r^{F\&E})^X \cdot \left((1-p_I) \cdot \sum_{j=1}^{3} q_j \sum_{t=X+1}^{T} \frac{UE_{j,t}}{(1+r^V)^{t-X}} \right)^{-1} . \qquad (5.47)$$

5.5 Zwischenergebnis

Für die Transferpaketbewertung im Rahmen einer grenzüberschreitenden Verlagerung von F&E-Funktionen erweist sich das APV-Verfahren aus theoretischer Sicht als besonders geeignet. Dieses ist ein international anerkanntes Bewertungsverfahren und bei Annahme einer autonomen Finanzierungsstrategie direkt anwendbar. Des Weiteren ermöglicht dieses eine Aufspaltung und getrennte Bewertung der Free Cashflows des operativen Bereichs und des Finanzierungsbereichs, wodurch eine höhere Transparenz sowie ein höherer Detaillierungsgrad erzielt werden können.

Im Rahmen der Bewertung von F&E-Funktionen ist das APV-Verfahren konzeptionell zu erweitern, um eine strukturierte Erfassung der F&E-spezifischen Risiken (Entwicklungs-, Vergütungs- und Verwertungsrisiko) im Kapitalwertkalkül sicherzustellen. Das

Entwicklungsrisiko kann durch einen binären Entscheidungsbaum abgebildet werden, indem für jeden Endknoten jeweils ein eigener Barwert der Free Cashflows bis zur Einstellung der F&E-Funktion zuzüglich eines Funktionsrestwerts ermittelt wird. Diese Barwerte sind mit den korrespondierenden Wahrscheinlichkeiten p_i bzw. $1-p_i$ zu gewichten. Die Free Cashflows des operativen Bereichs sind während der F&E-Phase mit dem Kapitalisierungszinssatz $r^{F\&E}$ abzuzinsen, welcher aufgrund der geringeren systematischen Risiken i. d. R. niedriger ist als der Kapitalisierungszinssatz der Verwertungsphase (r^V).[1245] Darüber hinaus ist auch das Vergütungsrisiko in die Grenzpreisermittlung einzubeziehen, da die Qualität der F&E-Ergebnisse und die daraus erzielbaren Verwertungserträge im Verlagerungszeitpunkt nicht mit Sicherheit feststehen. Dieses Risiko kann durch eine Unterscheidung verschiedener Verwertungsszenarien j approximiert werden, wobei für jedes dieser Szenarien ein eigener Barwert zu ermitteln und mit der Szenariowahrscheinlichkeit q_j zu gewichten ist. Als weiteres F&E-spezifisches Risiko ist das Verwertungsrisiko durch einen angemessenen Risikozuschlag bei der Bestimmung des Kapitalisierungszinssatzes der Verwertungsphase (r^V) zu erfassen.

Sowohl für das verlagernde als auch für das aufnehmende Unternehmen ist ein Grenzpreis für das Transferpaket zu ermitteln. Dieser setzt sich aus den (negativen) Gewinnpotenzialen der F&E-Phase und den (positiven) Gewinnpotenzialen der Verwertungsphase vermindert um den Marktwert des Fremdkapitals zusammen. In die Grenzpreisermittlung sind nach Auffassung der Finanzverwaltung und Teilen des Fachschrifttums insbesondere auch Vorteile aus der Inanspruchnahme steuerlicher F&E-Förderungen sowie die Steuerwirkungen aus der Verlagerung selbst einzubeziehen. Der Grenzpreis des verlagernden Unternehmens bildet i. d. R. die Untergrenze und der Grenzpreis des aufnehmenden Unternehmens die Obergrenze eines Einigungsbereichs, innerhalb dessen der fremdvergleichskonforme Einigungspreis liegen muss. Unter Berücksichtigung der individuellen Verhandlungsstärke α bzw. $1-\alpha$ wird der Einigungsbereich zwischen den Transaktionsparteien aufgeteilt. Hieraus resultiert der fremdvergleichskonforme Einigungspreis für das verlagerte Transferpaket i. S. v. § 1 Abs. 3 Satz 7 AStG.

Erfolgt eine Funktionsverlagerung nicht durch Eigentumsübertragung, sondern durch Lizenzierung der Bestandteile des Transferpakets, müssen die fremdüblichen Lizenzraten regelmäßig im Rahmen eines hypothetischen Fremdvergleichs für das Transferpaket

[1245] Siehe hierzu auch die Ausführungen in Abschnitt 4.3.3.

als Ganzes ermittelt werden. Dies ist darauf zurückzuführen, dass die fremdüblichen Lizenzraten für die Einzelwirtschaftsgüter i. d. R. keine sonstigen Vorteile – z. B. Synergieeffekte oder sonstige geschäftswertbildende Faktoren – berücksichtigen und daher in Summe geringer sind als das fremdübliche Lizenzentgelt für ein Transferpaket als Ganzes. Die fremdüblichen Lizenzraten sind in diesen Fällen aus dem Einigungspreis für das Transferpaket als Ganzes abzuleiten, um Arbitragemöglichkeiten im Zusammenhang mit der Wahl einer Verlagerungsform auszuschließen.

6 Quantitative Untersuchung

Die Rahmenbedingungen für forschende Unternehmen unterscheiden sich zwischen Deutschland und den Niederlanden essenziell. Während in Deutschland eine F&E-Förderung ausschließlich in direkter Form gewährt wird, verfolgen die Niederlande vorwiegend eine indirekte Förderung der F&E durch steuerliche Begünstigungen.[1246] Die direkte F&E-Förderung in Deutschland wird nur für bestimmte, förderungswürdige Projekte gewährt und ist mit einem hohen administrativen Aufwand verbunden.[1247] Vor diesem Hintergrund kann insbesondere für forschende Unternehmen in Deutschland, die nicht von der direkten F&E-Förderung profitieren, ein Anreiz bestehen, ihre F&E-Tätigkeiten in die Niederlande zu verlagern.

Zur Beurteilung der Vorteilhaftigkeit einer Verlagerung von F&E-Funktionen in die Niederlande müssen den Vorteilen aus der Verlagerung – insbesondere durch Inanspruchnahme der steuerlichen F&E-Förderungen – die Kosten der Verlagerung (z. B. Transaktionskosten[1248] oder verlagerungsinduzierte Steuermehrbelastungen[1249]) gegenübergestellt werden.[1250] Die zentrale Zielsetzung dieses Kapitels besteht zum einen in der Quantifizierung der steuerlichen Konsequenzen aus der Verlagerung einer F&E-Funktion in die Niederlande. Zum anderen sollen Tendenzaussagen über die relative Vorteilhaftigkeit verschiedener Verlagerungsalternativen gegenüber einer unveränderten Fortführung der F&E-Funktion beim verlagernden Unternehmen abgeleitet werden.

In Abschnitt 6.1 werden zunächst die Anforderungen an quantitative Untersuchungen i. Allg. dargestellt und erläutert. Entsprechend den Grundsätzen der Entscheidungstheorie wird darauf aufbauend ein (steuerliches) Entscheidungsmodell sukzessive entwickelt.[1251] In Abschnitt 6.2 erfolgt eine Beschreibung des Aktions- und des Zustandsraums. Im Rahmen einer Steuerwirkungsanalyse werden in dem sich anschließenden Abschnitt 6.3 die Wirkungszusammenhänge und die steuerlichen Konsequenzen einer Funktionsverlagerung in die Niederlande für verschiedene Handlungsalternativen unter-

---

[1246] Siehe hierzu Abschnitt 4.1.6.

[1247] Siehe *Arbeitsgruppe „Steuerliche F&E-Förderung"* (2009), S. 180; *Jacobs, O. H. et al. (Hrsg.)* (2011), S. 143; *Schlie, I./Stetzelberger, A.* (2008), S. 270; *Spengel, C. et al.* (2009), S. 31-34.

[1248] Im Zusammenhang mit der Verlagerung einer F&E-Funktion wird vermutet, dass die Transaktionskosten im Vergleich zu anderen betrieblichen Funktionen relativ gering sind, weshalb auf deren explizite Berücksichtigung im Rahmen der nachfolgenden Untersuchungen verzichtet wird.

[1249] Vgl. *Scheffler, W.* (2009), S. 542-549.

[1250] Vgl. *Baumhoff, H.* (2003), S. 5.

[1251] Siehe zum Aufbau eines Entscheidungsmodells Abschnitt 2.2.1.2.

sucht (Erklärungsmodell). Abschließend erfolgt in Abschnitt 6.4 eine Einbeziehung der Präferenzen sowie der Zielvorstellungen betrieblicher Entscheidungsträger in die Untersuchung (Entscheidungsmodell). Abschnitt 6.5 enthält eine zusammenfassende Darstellung der Einschränkungen hinsichtlich der Aussagekraft der Untersuchungsergebnisse.

6.1 Methodische Grundlagen

6.1.1 Komplexität und Validität des Modells

Steuerliche Entscheidungsprobleme sind komplex und können häufig nur mithilfe von Modellrechnungen gelöst werden. Ein Modell stellt den Versuch einer Abbildung der Realität unter vereinfachenden Bedingungen dar, um das reale Unternehmensgeschehen beherrschbar zu machen.[1252] Totalmodelle, welche sämtliche Einflussfaktoren in einem Unternehmen erfassen, finden aufgrund ihrer Komplexität und dem damit verbundenen Ressourcenaufwand zur Beschaffung des erforderlichen Datenmaterials prinzipiell keine Anwendung. Stattdessen werden zur Lösung steuerlicher Entscheidungsprobleme Partialmodelle verwendet, welche nur den Teil der unternehmerischen Gesamttätigkeit erfassen, der für das betrachtete Entscheidungsproblem von wesentlicher Bedeutung ist.[1253] Diese Eingrenzung ermöglicht eine zielgerichtete Fokussierung auf diejenigen Einflussparameter und Rechtsvorschriften, die für das Entscheidungsproblem relevant sind.[1254]

Der Validitätsgrad der Ergebnisse eines steuerlichen Partialmodells wird maßgeblich durch die Realitätsnähe der Modellstruktur und der Modellprämissen determiniert.[1255] Dies bedeutet, dass nur eine möglichst strukturgleiche Abbildung der unternehmerischen Geschäftstätigkeiten sowie der damit zusammenhängenden (ökonomischen und steuerlichen) Daten Rückschlüsse auf das reale System ermöglichen.[1256] Bezieht sich das steuerliche Partialmodell – wie im Rahmen der vorliegenden Untersuchung – nicht auf ein Unternehmen in dessen Gesamtheit, sondern lediglich auf eine einzelne Funktion, sind vereinfachende Prämissen für die Ermittlung der Ertragsteuern zu treffen.[1257]

[1252] Vgl. *Klein, R./Scholl, A.* (2011), S. 32; *Szyperski, N./Winand, U.* (1974), S. 18.

[1253] Siehe zur Verwendung von Partialmodellen bei betrieblichen Entscheidungsproblemen auch die Ausführungen in Abschnitt 2.2.1.1.

[1254] Siehe etwa *Bea, F. X.* (2009), S. 358.

[1255] Vgl. *Bea, F. X.* (2009), S. 357; *Kleineidam, H.-J.* (1970), S. 105; *Spengel, C.* (1995), S. 7; *Widdau, P.* (1984), S. 180.

[1256] Vgl. *Bamberg, G. et al.* (2012), S. 13-15.

[1257] Siehe hierzu Prämisse 2.4.

Die Validität der Untersuchungsergebnisse kann somit in einem Konflikt zur Komplexitätsreduktion des Modells stehen. Insofern ist es erforderlich, auf vereinfachende Modellprämissen ausdrücklich hinzuweisen und deren Auswirkungen auf die Validität und den Anwendungsbereich des steuerlichen Partialmodells darzustellen.[1258]

6.1.2 Vollständigkeit des Untersuchungsumfangs

Die vollständige Erfassung der Steuerwirkungen aus der Verlagerung einer F&E-Funktion ins Ausland erfordert, dass alle relevanten Steuersubjekte und Steuerarten berücksichtigt werden.

In das steuerliche Partialmodell sind diejenigen Steuersubjekte einzubeziehen, deren steuerliche Belastung durch die Funktionsverlagerung beeinflusst wird. Darunter sind die an der Verlagerung unmittelbar beteiligten Gesellschaften sowie die aufgrund ihrer gesellschaftsrechtlichen Beteiligung mittelbar von der Verlagerung betroffenen Konzerngesellschaften zu subsumieren. Grundsätzlich sind auch die Steuerwirkungen von natürlichen Personen als Anteilseigner eines Mutterunternehmens zu berücksichtigen, sofern deren Steuerbelastung durch eine Funktionsverlagerung beeinflusst wird.[1259] Dies gilt aufgrund des Transparenzprinzips vor allem bei Mutterunternehmen in der Rechtsform einer Personengesellschaft sowie bei Mutterunternehmen in der Rechtsform einer Kapitalgesellschaft, wenn die Funktionsverlagerung und/oder die Funktionsausübung durch eine Kapitalzufuhr (Eigen- oder Fremdkapital) der Anteilseigner finanziert werden.[1260] Erfolgt hingegen keine Kapitalzufuhr durch die Anteilseigner während des Betrachtungszeitraums, kann bei Kapitalgesellschaftskonzernen auf eine Berücksichtigung der Besteuerung auf Anteilseignerebene verzichtet werden.[1261] Die Besteuerung von Dividenden erfolgt bei natürlichen Personen mit Ansässigkeit in Deutschland i. Allg. gemäß §§ 20 Abs. 1 Nr. 1 i. V. m. 32d Abs. 1 EStG.[1262] Diese Form der Besteuerung stellt eine lineare Transformation der entscheidungserheblichen Zahlungsmittelüber-

[1258] So etwa *Lühn, A.* (2009), S. 57.

[1259] Vgl. *Jacobs, O. H.* (1991), S. 269; *König, R.* (2004), S. 261; *Wagner, F. W.* (1984), S. 202 f.

[1260] Vgl. *Kiesewetter, D./Dietrich, M.* (2007), S. 238-240.

[1261] So *Lühn, A.* (2009), S. 68 f.

[1262] Zur Möglichkeit einer Option für das Teileinkünfteverfahren siehe *§ 32d Abs. 2 Nr. 3 EStG*. Vgl. zur Anwendung des Teileinkünfteverfahrens auf Dividenden aus Beteiligungen, die im Betriebsvermögen eines Einzelunternehmens oder einer Personengesellschaft gehalten werden, *§§ 3 Nr. 40 Buchst. d* i. V. m. *3c Abs. 2 EStG*.

schüsse dar, welche die Präferenzrelation der Handlungsalternativen auf Ebene der Muttergesellschaft nicht verändert und somit entscheidungsneutral ist.[1263]

Eine realitätsnahe Ermittlung der Steuerwirkungen erfordert daneben die Einbeziehung sämtlicher entscheidungsrelevanter Steuerarten in den betrachteten Ländern.[1264] Hierunter fallen vor allem die Ertragsteuern sowie die Ergänzungsabgaben und die Zuschlagsteuern. Des Weiteren sind grundsätzlich auch Umsatz- und Verbrauchsteuern bei Standortentscheidungen für Realinvestitionen von Bedeutung. Aufgrund der (weitestgehenden) Harmonisierung des europäischen Binnenmarkts im Bereich der Umsatz- und der Verbrauchsteuern sowie der Steuerneutralität der Umsatzsteuer im Verlauf des Wertschöpfungsprozesses kann auf deren explizite Berücksichtigung im vorliegenden Modell verzichtet werden.[1265]

6.1.3 Exaktheit der Ergebnisse

Der Aussagegehalt der Ergebnisse steuerlicher Erklärungs- und Entscheidungsmodelle hängt entscheidend von der Exaktheit der durchgeführten Berechnungen ab. Maßgebend hierfür ist eine präzise Ermittlung der (funktionsbezogenen) Steuerbemessungsgrundlagen.[1266] Dies erfordert die Berücksichtigung sämtlicher relevanter länderspezifischer Regelungen hinsichtlich der Ermittlung der Steuerbemessungsgrundlage einerseits sowie die Erfassung etwaiger Interdependenzen zwischen den einzelnen Steuerarten andererseits.[1267] Schätzungen der Wertansätze sollten vermieden werden,[1268] da sich diese negativ auf die Exaktheit der Ergebnisse auswirken können.

Aufgrund der Vielzahl an entscheidungserheblichen Parametern und deren interdependenten Wirkungen ist eine exakte Berechnung i. Allg. nur auf der Grundlage kasuistischer Veranlagungssimulationen oder Teilsteuerrechnungen möglich.[1269] Beide Verfahren eignen sich zur Berechnung repräsentativer Modellfälle mit vergleichbaren Aus-

[1263] Siehe hierzu auch *Jacobs, O. H. et al. (Hrsg.)* (2011), S. 150 f.
[1264] Vgl. *Jacobs, O. H. et al. (Hrsg.)* (2011), S. 149; *Jacobs, O. H./Spengel, C.* (2000), S. 335.
[1265] Siehe hierzu auch Prämisse 2.5.
[1266] Zur Notwendigkeit der Ermittlung einer funktionsbezogenen Steuerbemessungsgrundlage siehe Prämisse 2.4. Die Berechnungen werden mit dem Tabellenkalkulationsprogramm Microsoft® Excel 2010® erstellt.
[1267] Vgl. *Jacobs, O. H.* (1991), S. 257 f.; *Jacobs, O. H. et al. (Hrsg.)* (2011), S. 149; *Jacobs, O. H./Spengel, C.* (1996), S. 112; *Spengel, C.* (1995), S. 10.
[1268] Vgl. *Gutekunst, G.* (2005), S. 44.
[1269] So z. B. auch *Bredow, A. v.* (2011), S. 190.

gangsdaten und weisen grundsätzlich denselben Aussagegehalt auf.[1270] Bei konkreten Investitions- oder Verlagerungsentscheidungen stellt die kasuistische Veranlagungssimulation im Vergleich zur Teilsteuerrechnung jedoch das geeignetere Verfahren dar.[1271] Sie weist eine höhere Anschaulichkeit auf und ermöglicht eine detailgetreue Abbildung des Veranlagungsverfahrens, wodurch eine rechnerisch exakte Bestimmung der Steuerwirkungen verschiedener Handlungsalternativen ermöglicht wird.[1272]

Als Charakteristikum der kasuistischen Veranlagungssimulation werden die Wirkungen einzelner Handlungsalternativen auf der Grundlage eines Simulationsmodells für konkrete Umweltzustände untersucht. Sie ist infolge einer Verengung des Untersuchungsfelds als kasuistisch zu qualifizieren, sodass i. d. R. nicht alle denkbaren Szenarien simuliert werden können. Aus den Ergebnissen der Simulationsrechnungen können Rückschlüsse auf die tatsächliche Entscheidungssituation gezogen werden, wodurch eine Ableitung von Tendenzaussagen über steuerliche Wirkungszusammenhänge sowie den Grad der Zielerreichung einzelner Handlungsalternativen ermöglicht wird.[1273]

Die kasuistische Veranlagungssimulation kann auf der Grundlage von Kapitalwertmodellen (sog. klassische Partialmodelle) oder Vermögensendwertmodellen (sog. kombinatorische Partialmodelle) erfolgen.[1274] Klassische Partialmodelle basieren auf einem Kapitalwertkalkül. Hierbei werden die Zahlungsströme aus der Funktionsverlagerung und der Funktionsausübung mithilfe eines Kapitalisierungszinssatzes auf den Verlagerungszeitpunkt abgezinst.[1275] Demgegenüber werden bei kombinatorischen Partialmodellen die Zahlungsströme bis zum Ende des Betrachtungszeitraums aufgezinst. Die Zielgröße bildet dabei der Vermögensendwert. Er stellt ein absolutes Vorteilskriterium[1276] dar und ist bei isolierter Betrachtung nicht interpretierbar.[1277] Der Vermögens-

[1270] Vgl. *Kußmaul, H.* (2010), S. 471; *Scheffler, W.* (2013), S. 12; *Schreiber, U.* (1987), S. 51; *Spengel, C.* (1995), S. 30.

[1271] So z. B. *Spengel, C.* (1995), S. 33.

[1272] Vgl. *Kußmaul, H.* (2010), S. 472; *Scheffler, W.* (2013), S. 6. Ein umfassender Vergleich der Teilsteuerrechnung und der kasuistischen Veranlagungssimulation findet sich z. B. bei *Rose, G.* (1992), S. 32-43; *Spengel, C.* (1995), S. 27-33; *Scheffler, W.* (2013), S. 12-15.

[1273] Sie zu diesem Absatz *Bea, F. X.* (2009), S. 357.

[1274] Vgl. z. B. *Wagner, F. W.* (1984), S. 207. Siehe zu den Unterschieden der Vermögensendwert- und der Kapitalwertmethode *Scheffler,* W. (2013), S. 58-65; *Spengel, C.* (1995), S. 19-27.

[1275] Vgl. hierzu etwa die Steuerwirkungsanalysen bei *Bredow, A. v.* (2011), S. 189-237; *Heining, B.* (2009); *Scheffler, W.* (2009), S. 542-551.

[1276] Der Vermögensendwert stellt ein absolutes Vorteilskriterium dar, dessen Aussagegehalt in Bezug auf die finanzielle Vorteilhaftigkeit verschiedener Alternativen durch weitere Umformungen nicht weiter erhöht werden kann. Vgl. *Lühn, A.* (2009), S. 67; *Niemann, R. et al.* (2003), S. 133.

[1277] Vgl. *Scheffler,* W. (2013), S. 55 f.

endwert einer Handlungsalternative muss stets in Bezug zu einer Vergleichsbasis – z. B. dem Vermögensendwert der Unterlassungsalternative – betrachtet werden.

Der Vermögensendwert knüpft unmittelbar an die ökonomische Zielsetzung marktwirtschaftlicher Unternehmen nach einer Maximierung des Unternehmensvermögens an. Bei Vorliegen eines endlichen Betrachtungszeitraums entspricht dieser dem interperiodischen Zahlungssaldo am Planungshorizont.[1278] Demgegenüber stellt der Kapitalwert lediglich eine Rechengröße ohne einen unmittelbaren Bezug zu den ökonomischen Zielsetzungen der betrachteten Unternehmen dar. Aufgrund des finanzplanorientierten Aufbaus der kombinatorischen Partialmodelle werden Differenzanlagen[1279] im Gegensatz zu klassischen Partialmodellen explizit in die Vermögensendwertberechnung einbezogen und nicht implizit über den Kapitalisierungszinssatz abgebildet. Hierdurch kann die Transparenz der Berechnungen erhöht werden.

Zusammenfassend kann festgestellt werden, dass die kombinatorischen Partialmodelle aufgrund der dargestellten Vorteile den klassischen Partialmodellen bei komplexen steuerlichen Analysen i. Allg. überlegen sind.[1280] Infolgedessen wird den weiteren Untersuchungen über die Vorteilhaftigkeit der Outbound-Verlagerung einer F&E-Funktion in die Niederlande ein kombinatorisches Partialmodell zugrunde gelegt.

6.1.4 Vergleichbarkeit der Ergebnisse

Die Vergleichbarkeit der Ergebnisse setzt voraus, dass die wirtschaftlichen, rechtlichen und personellen Daten für alle Untersuchungseinheiten identisch sind.[1281] Darüber hinaus ist die Aussagekraft der Ergebnisse maßgeblich von der Realitätsnähe des zugrunde liegenden Datenmaterials abhängig, welche eine möglichst wirklichkeitsgetreue Quantifizierung der Steuerbelastung ermöglichen.[1282]

Ein Vergleich unterschiedlicher Handlungsalternativen im Zusammenhang mit der Verlagerung einer F&E-Funktion erfordert, dass die daraus resultierenden Vermögensendwerte stets für dieselbe Untersuchungseinheit (deutsche Muttergesellschaft) ermittelt

---

[1278] Vgl. *Kruschwitz, L.* (2011), S. 13 f.; *Scheffler,* W. (2013), S. 52 f.

[1279] Am Ende einer jeden Periode werden positive Zahlungssalden durch Differenzinvestitionen und negative Zahlungssalden durch Differenzkredite ausgeglichen. Die daraus resultierenden Zinswirkungen sind wiederum in die Ermittlung des Zahlungsmittelsaldos der folgenden Periode einzubeziehen.

[1280] So z. B. auch *Gutekunst, G.* (2005), S. 80 f.; *Lühn, A.* (2009), S. 63; *Spengel, C.* (1995), S. 22-27; *Spengel, C.* (1996), S. 45; relativierend *Scheffler,* W. (2013), S. 64 f.

[1281] Vgl. *Gutekunst, G.* (2005), S. 40; *Jacobs, O. H. et al. (Hrsg.)* (2011), S. 150; *Jacobs, O. H./Spengel, C.* (1996), S. 107; *Spengel, C.* (1995), S. 5.

[1282] Vgl. *Bea, F. X.* (2009), S. 357; *Bone-Winkel, T. J.* (1994), S. 6.

werden. Somit müssen finanzielle Überschüsse des niederländischen Tochterunternehmens, die im Zusammenhang mit der verlagerten F&E-Funktion stehen, an das deutsche Mutterunternehmen ausgeschüttet werden. Daraus resultierende Besteuerungswirkungen sind bei der Ermittlung der Vermögensendwerte zu berücksichtigen, da diese einen Einfluss auf das Ausmaß der Gesamtsteuervorteile einer Funktionsverlagerung haben.[1283] Bestehende finanzielle Verbindlichkeiten aus der Finanzierung der F&E-Tätigkeit beim niederländischen Tochterunternehmen müssen durch die deutsche Muttergesellschaft am Ende des Betrachtungszeitraums ausgeglichen werden.

Des Weiteren sind die Vermögensendwerte sämtlicher Handlungsalternativen auf einen identischen Zeitpunkt zu berechnen.[1284] Sind einer F&E-Funktion am Planungshorizont noch Wirtschaftsgüter zuzurechnen, müssen diese in eine monetäre Größe transferiert werden.[1285] Bei werthaltigen Wirtschaftsgütern erfolgt dies durch eine fiktive Liquidation, woraus eine Hebung und damit verbunden eine Versteuerung stiller Reserven resultieren kann. Für dauerhaft nicht mehr werthaltige Wirtschaftsgüter ist am Ende des Betrachtungszeitraums eine Teilwertabschreibung vorzunehmen, woraus ein positiver Besteuerungseffekt resultiert.

6.1.5 Mehrperiodische Betrachtungsweise

Der Betrachtungszeitraum ist im Rahmen einer kasuistischen Veranlagungssimulation zeitlich zu beschränken. Er sollte der Nutzungsdauer der untersuchten F&E-Funktion zuzüglich der Dauer der sich daran anschließenden Verwertungsphase entsprechen.[1286] Eine mehrperiodische Betrachtung ist insbesondere aus folgenden Gründen geboten:[1287]

- Die Ermittlung der Steuerbemessungsgrundlagen weist interperiodische Abhängigkeiten auf (z. B. Abschreibungen, Zeitpunkt der Inanspruchnahme der Innovationsbox).
- Aufgrund unterschiedlicher Formen der Funktionsverlagerung können aus den schuldrechtlichen Geschäftsbeziehungen zwischen den verbundenen Unter-

---

[1283] Vgl. etwa *Bredow, A. v.* (2011), S. 194 f.
[1284] Vgl. *Scheffler,* W. (2013), S. 53.
[1285] Vgl. *Kruschwitz, L.* (2011), S. 13 f.
[1286] Zu den Anforderungen an den Betrachtungszeitraum bei kasuistischen Veranlagungssimulationen i. Allg. siehe *Heigel, A.* (1970), S. 56; *Schneeloch, D.* (2011), S. 7.
[1287] Vgl. *Jacobs, O. H. et al.* (2003), S. 311-313; *Jacobs, O. H. et al. (Hrsg.)* (2011), S. 150; *Jacobs, O. H./Spengel, C.* (1996), S. 113; *Lühn, A.* (2009), S. 60 f.; *Spengel, C.* (1995), S. 10 f.

nehmen Liquiditäts- und Zinseffekte resultieren, welche erst durch eine Mehrperiodenbetrachtung berücksichtigt werden können.

- Die ökonomischen Ausgangsdaten können sich im Zeitablauf verändern, sodass sich die Rangfolge der Handlungsalternativen bei einer mehrperiodischen Betrachtung anders darstellt als bei einer einperiodischen Betrachtung.

6.1.6 Variabilität der Ergebnisse

Die Ergebnisse einer kasuistischen Veranlagungssimulationen haben nur in Bezug auf die zugrunde gelegten Datenkonstellationen uneingeschränkte Gültigkeit.[1288] Abweichungen in den zugrunde liegenden Daten aufgrund von Prognoseunsicherheiten oder unternehmerischen Wahlmöglichkeiten bleiben hingegen unberücksichtigt. Durch ergänzende Sensitivitätsanalysen der Simulationsrechnungen des Basisfalls[1289] kann der Einfluss unterschiedlicher Datenkonstellationen auf den Vermögensendwert näherungsweise erfasst werden.[1290] Unter Bezugnahme auf die Ergebnisse von Wenn-Dann-Analysen lässt sich eine umfassendere Datengrundlage zur Lösung eines Entscheidungsproblems unter Unsicherheit generieren.

Sensitivitätsanalysen können danach differenziert werden, ob zur Abbildung alternativer Entwicklungen der Datengrundlage eine[1291] (univariate Sensitivitätsanalyse) oder mehrere Einflussgrößen (multivariate Sensitivitätsanalyse) gegenüber dem Basisfall verändert werden.[1292] Durch eine Fixierung der übrigen Einflussfaktoren (Ceteris-Paribus-Klausel[1293]) kann der Einfluss einzelner Parameter auf die zu untersuchende Größe (Vermögensendwert) quantifiziert werden. Der Vorteil multivariater Sensitivitätsanalysen besteht in einer umfassenderen Abbildung der Unsicherheiten, dem allerdings der Nachteil einer höheren Komplexität und einer diffizileren Interpretation der Ergebnisse gegenübersteht. Da eine wesentliche Zielsetzung dieses Kapitels in der Identifikation, Beschreibung und Quantifizierung von Steuerwirkungen aus der Verlagerung und der Ausübung einer F&E-Funktion besteht, können aus den Ergebnissen einer univariaten

---

[1288] Vgl. *Franke, G./Hax, H.* (2009), S. 245 f.

[1289] Zur Abbildung der F&E-spezifischen Risiken werden bereits im Basisfall verschiedene Verwertungs- und Abbruchsszenarien unterschieden, für die jeweils ein eigenständiger Vermögensendwert zu ermitteln ist.

[1290] Siehe *Jacobs, O. H. et al. (Hrsg.)* (2011), S. 150; *Spengel, C.* (1995), S. 163.

[1291] Alle anderen für die interessierende Zielgröße relevanten Einflussgrößen werden bei der univariaten Sensitivitätsanalyse als sicher angenommen.

[1292] Vgl. *Dinkelbach, W.* (1969), S. 25; *Eisenführ, F. et al.* (2012), S. 303; *Franke, G./Hax, H.* (2009), S. 253 f.; *Kruschwitz, L.* (2011), S. 305.

[1293] Siehe zum Begriff der Ceteris-Paribus-Klausel etwa *Bea, F. X.* (2009), S. 353.

Sensitivitätsanalyse bereits verlässliche Tendenzaussagen über die Ursachen und Wirkungszusammenhänge für die Besteuerung abgeleitet werden.[1294] Diesbezüglich ist nicht zu erwarten, dass aus der Durchführung einer multivariaten Sensitivitätsanalyse ein wesentlicher zusätzlicher Erkenntnisgewinn resultiert, weshalb im Rahmen dieser Arbeit vereinfachend von einer multivariaten Sensitivitätsanalyse abgesehen wird.

6.2 Beschreibungsmodell

Das Beschreibungsmodell bildet den Grundbaustein für das Entscheidungsmodell und dient der Bestimmung des Aktionsraums und des Zustandsraums.[1295] Hierbei erfolgt eine Berücksichtigung des Zielsystems der Entscheidungsträger, um eine zielgerichtete Identifizierung der Handlungsalternativen und Umweltzustände zu ermöglichen. Dies ermöglicht bereits bei der Ermittlung des Aktionsraums und des Zustandsraums eine Selektion der Handlungsalternativen und Umweltzustände, die für das konkrete Untersuchungsziel von Bedeutung sind, wodurch die Komplexität des Simulationsmodells reduziert werden kann.[1296] Unter der Zielsetzung einer Maximierung des Vermögensendwerts[1297] aus der Funktionsausübung wird in Abschnitt 6.2.1 zunächst der Aktionsraum und daran anschließend in Abschnitt 6.2.2 der Zustandsraum beschrieben.

6.2.1 Aktionsraum

Der Aktionsraum dient der vollständigen Erfassung der rechtlich zulässigen Handlungsalternativen, die in Bezug auf die Ziele und die Präferenzen der Entscheidungsträger von Bedeutung sind. Ohne eine Fokussierung auf die entscheidungserheblichen Handlungsalternativen würde sich die Komplexität des Modells erhöhen. Daher werden Handlungsalternativen, welche im Kontext der Outbound-Verlagerung einer F&E-Funktion in die Niederlande von geringer Relevanz sind (z. B. Finanzierungs- oder Gewinnverwendungsalternativen), bei der Definition des Aktionsraums ausgeschlossen. Sie gehen als Konstanten in das Modell ein.[1298]

Als zielführende Handlungsalternative ist zum einen die Unterlassungsalternative (Abschnitt 6.2.1.1) im Aktionsraum enthalten. Zum anderen werden die verschiedenen Ver-

---

[1294] Vgl. zu den Ergebnissen der Steuerwirkungsanalysen die Abschnitte 6.3.2 und 6.3.3.
[1295] Siehe Abschnitt 2.2.1.2.
[1296] Vgl. hierzu auch die Ausführungen in den Abschnitten 2.2.1.1.1 und 2.2.1.1.2.
[1297] Weitergehend hierzu Abschnitt 6.1.3.
[1298] Siehe die Prämissen 2.7 bis 2.10.

lagerungsformen (Verlagerungsalternativen), welche im Zusammenhang mit der Ausgliederung einer F&E-Funktion zur Auswahl stehen, als weitere Handlungsalternativen im Modell analysiert (Abschnitt 6.2.1.2).

6.2.1.1 Unterlassungsalternative

Die Unterlassungsalternative besteht im Rahmen dieser Arbeit in einer unveränderten Fortführung der F&E-Funktion durch das deutsche Mutterunternehmen. Da in diesem Fall die F&E-Tätigkeit im Rahmen einer Eigenforschung auf Rechnung und Gefahr des deutschen Mutterunternehmens ausgeübt wird, kann dieses als rechtlicher und wirtschaftlicher Eigentümer die F&E-Ergebnisse verwerten.

Die Unterlassungsalternative bildet bei kombinatorischen Partialmodellen den Bezugspunkt, auf Basis dessen die Vorteilhaftigkeit verschiedener Verlagerungsalternativen gemessen wird.[1299] Eine Funktionsverlagerung ist grundsätzlich als vorteilhaft anzusehen, wenn aus der Verlagerung ein höherer Vermögensendwert auf Ebene des deutschen Mutterunternehmens resultiert als bei der Unterlassungsalternative.

6.2.1.2 Verlagerungsalternativen

Die Verlagerung einer F&E-Funktion kann auf unterschiedliche Arten erfolgen. Bei der Funktionsausgliederung wird eine F&E-Funktion einschließlich aller Chancen und Risiken sowie den zur Funktionsausübung erforderlichen Wirtschaftsgütern und sonstigen Vorteilen vollständig auf das niederländische Tochterunternehmen verlagert.[1300] Nach der Verlagerung führt dieses die F&E-Funktion als Strategieträger auf eigene Rechnung und Gefahr aus und beherrscht das Entwicklungsgeschehen. Dies stellt eine der Grundvoraussetzungen für die Inanspruchnahme der steuerlichen F&E-Förderungen in den Niederlanden dar.[1301] Demgegenüber sind bei einer Funktionsabspaltung oder einer Funktionsabschmelzung die Grundvoraussetzungen für eine Inanspruchnahme der steuerlichen F&E-Förderungen nicht immer vollständig erfüllt, weshalb diese Verlagerungsarten nur teilweise für die steuerlichen F&E-Förderungen in den Niederlanden

[1299] Vgl. diesbezüglich *Kruschwitz, L.* (2011), S. 45.
[1300] Siehe zur Funktionsausgliederung Abschnitt 3.2.2.
[1301] Vgl. Abschnitt 4.1.6.2.

qualifizieren.[1302] Ergo ist ceteris paribus der Vermögensendwert im Falle der Ausgliederung einer F&E-Funktion am höchsten und die beiden anderen Verlagerungsalternativen können bereits bei der Alternativengenerierung eliminiert werden.[1303] Im Aktionsraum wird somit nur die Ausgliederung einer F&E-Funktion berücksichtigt, da diese bei identischen ökonomischen Ausgangsdaten die anderen Verlagerungsarten i. Allg. dominiert.

Im Zusammenhang mit der Ausgliederung einer F&E-Funktion können grundsätzlich vier Verlagerungsformen unterschieden werden:

- Verlagerung einer F&E-Funktion durch eine Übertragung des rechtlichen und wirtschaftlichen Eigentums an den Bestandteilen des Transferpakets (ETÜ);
- Verlagerung einer F&E-Funktion durch Vereinbarung einer Pauschallizenz, bei der das wirtschaftliche Eigentum an den Bestandteilen des Transferpakets auf das niederländische Tochterunternehmen übergeht (PL);
- Verlagerung einer F&E-Funktion durch Vereinbarung einer Pauschallizenz, bei der die Bestandteile des Transferpakets dem niederländischen Tochterunternehmen zur Nutzung überlassen werden und sowohl das rechtliche als auch das wirtschaftliche Eigentum beim Lizenzgeber verbleiben (PL-NÜ);
- Verlagerung einer F&E-Funktion durch Vereinbarung einer Umsatzlizenz, bei der die Bestandteile des Transferpakets dem niederländischen Tochterunternehmen zur Nutzung überlassen werden und sowohl das rechtliche als auch das wirtschaftliche Eigentum beim Lizenzgeber verbleiben (UL-NÜ).[1304]

Bei der Ausgliederung einer F&E-Funktion werden regelmäßig wesentliche Gewinnpotenziale ins Ausland übertragen, weshalb grundsätzlich eine Bewertung für das Transferpaket als Ganzes vorzunehmen ist. Alternativ könnte auch eine Einzelbewertung der verlagerten Werte bei Vorliegen der Tatbestandsvoraussetzungen der zweiten und dritten Öffnungsklausel des § 1 Abs. 3 Satz 10 AStG durchgeführt werden. Wie in Abschnitt 3.3.2 dargelegt wurde, resultieren diese Öffnungsklauseln oftmals nicht in signifikanten Vorteilen gegenüber einer Transferpaketbewertung. Zum einen ist i. d. R. da-

[1302] Siehe hierzu die Erläuterungen in den Abschnitten 4.1.6.2 und 5.3.2.1.2. Die Funktionsverdoppelung ist im Zusammenhang mit F&E-Funktionen von geringer Relevanz, weshalb diese a priori von der Analyse ausgenommen wird.

[1303] Vgl. zur Möglichkeit einer Eliminierung dominierter Alternativen bereits bei der Alternativengenerierung etwa *Heigl, A.* (1970), S. 56; *Paulus, H. J.* (1978), S. 161 f.; *Rödder, T.* (1988), S. 3; *Saliger, E.* (2003), S. 4 f.

[1304] Eine Beschreibung der einzelnen Verlagerungsformen sowie den damit verbundenen steuerlichen Konsequenzen findet sich für Deutschland insbesondere in Abschnitt 3.2.3 und für die Niederlande insbesondere in Abschnitt 3.5.4.2.1.

von auszugehen, dass sich die Summe der Einzelverrechnungspreise und der Fremdvergleichspreis für das Transferpaket als Ganzes weitestgehend entsprechen. Zum anderen ist die Einzelbewertung grundsätzlich mit einem erhöhten Bewertungsaufwand verbunden, da der hypothetische Fremdvergleich nicht nur für ein Transferpaket, sondern für mehrere (immaterielle) Wirtschaftsgüter durchgeführt werden muss. Vor diesem Hintergrund wird auf eine Berücksichtigung der Öffnungsklauseln als zielführende Handlungsalternativen im Aktionsraum vereinfachend verzichtet.

6.2.2 Zustandsraum

Der Zustandsraum umfasst die für das Entscheidungsproblem relevanten Einflussfaktoren, auf welche der Entscheidungsträger keinen Einfluss nehmen kann (Umweltzustände).[1305] Als Umweltzustände sind insbesondere ökonomische Einflussfaktoren zu erfassen, welche einen unmittelbaren Bezug zur Ausübung einer F&E-Funktion und zur Verwertung der F&E-Ergebnisse aufweisen (Abschnitt 6.2.2.1). Als exogene Begrenzungsfaktoren sind darüber hinaus auch die normativen Vorgaben der untersuchten Rechtsräume für die Verlagerung und die Ausübung einer F&E-Funktion zu berücksichtigen.[1306] Aufgrund der Zielsetzung der vorliegenden Arbeit erfolgt diesbezüglich eine Fokussierung auf die Steuerrechtsvorschriften, welche die Ermittlung des zu versteuernden Einkommens (Abschnitt 6.2.2.2) sowie des Gewerbeertrags (Abschnitt 6.2.2.3) regeln.

6.2.2.1 Ökonomische Einflussfaktoren im Basisfall

Die Ableitung aussagekräftiger Ergebnisse sowie deren Vergleichbarkeit setzen voraus, dass der kasuistischen Veranlagungssimulation realitätsnahe Daten zugrunde gelegt werden.[1307] Die Umsetzung dieser Anforderung ist allerdings nicht trivial, da F&E-Funktionen in Abhängigkeit von der jeweiligen Branche sehr heterogen sein können. Häufig bestehen Unterschiede in Bezug auf die Art und die Wahrscheinlichkeiten der anfallenden F&E-Aufwendungen, die Höhe der erzielbaren Verwertungserträge sowie das Ausmaß der F&E-spezifischen Risiken. Aufgrund der dargelegten Heterogenität von F&E-Funktionen sowie der Problematik der Datenverfügbarkeit erfolgt im Rahmen

---

[1305] Vgl. Abschnitt 2.2.1.1.2.

[1306] Zur Berücksichtigung der normativen Vorgaben im Zustandsraum siehe *Kleineidam, H.-J.* (1968), S. 3; *Kleineidam, H.-J.* (1970), S. 105; *Rödder, T.* (1988), S. 10.

[1307] Vgl. auch Abschnitt 6.1.1.

der nachfolgenden Untersuchungen eine Fokussierung auf die Pharma-Branche, da in dieser Branche die F&E-Intensität und die Anstrengungen zur Erbringung von Innovationsleistungen insgesamt sehr hoch sind.[1308] Des Weiteren sind für die Pharma-Branche empirische Daten über die relevanten Einflussfaktoren verfügbar. Die Datenverfügbarkeit ermöglicht eine höchstmögliche Realitätsnähe der Modellstruktur und der Modellprämissen,[1309] wodurch die Validität der Untersuchungsergebnisse gesteigert werden kann.[1310] Eine Übertragung der Ergebnisse der quantitativen Untersuchung, insbesondere in Bezug auf die Ursachen und Wirkungszusammenhänge für die Besteuerung, auf andere Branchen ist i. Allg. möglich, da die Struktur von F&E-Funktionen dem Grunde nach vergleichbar ist.

Im Folgenden wird in Abschnitt 6.2.2.1.1 die Ermittlung des periodischen Finanzbedarfs bzw. der periodischen Liquiditätsüberschüsse erläutert. Diese resultieren unmittelbar aus der Ausübung der F&E-Funktion sowie der Verwertung der F&E-Ergebnisse und bestimmen sich endogen aus dem Simulationsmodell. Daran anschließend erfolgt in Abschnitt 6.2.2.1.2 eine Beschreibung der für die Untersuchung maßgebenden ökonomischen und rechtlichen Einflussfaktoren, die als exogene Variablen in das Simulationsmodell eingehen. Für diese Umweltzustände wird i. Allg. Quasi-Sicherheit unterstellt, sodass deren Mehrwertigkeit zunächst unberücksichtigt bleibt.[1311] Davon abweichend werden das Entwicklungs- und das Vergütungsrisiko durch eine Erweiterung der Veranlagungssimulation um einen Entscheidungsbaum und verschiedene Verwertungsszenarien abgebildet. Für die einzelnen Verwertungs- und Abbruchsszenarien können im Basisfall quasi-sichere[1312] Eintrittswahrscheinlichkeiten ermittelt werden, sodass insoweit eine Entscheidungssituation unter Risiko vorliegt.

[1308] Siehe hierzu etwa *Fischer, D./Breitenbach, J. (Hrsg.)* (2010), S. 23-26.

[1309] Vgl. *Spengel, C.* (1995), S. 7; *Widdau, P.* (1984), S. 180.

[1310] Trotz der Fokussierung auf die Pharma-Branche können zwischen einzelnen F&E-Funktionen erhebliche Unterschiede bestehen. Aufgrund der Verschiedenheit von F&E-Funktionen ist es nicht möglich, eine repräsentative F&E-Funktion zu bestimmen. Vielmehr soll unter Rückgriff auf empirische Daten sichergestellt werden, dass keine unrealistischen Werte der quantitativen Untersuchung zugrunde gelegt werden. Ähnlich auch *Lühn, A.* (2009), S. 179.

[1311] Siehe zur Analyse des Einflusses der Mehrwertigkeit von Einflussfaktoren auf die Steuerwirkungen und den Vermögensendwert mithilfe von Wenn-Dann-Analysen die Abschnitte 6.1.6 und 6.3.3.

[1312] Abweichend von der unterstellten Quasi-Sicherheit der Eintrittswahrscheinlichkeiten für die Verwertungs- und Abbruchsszenarien im Basisfall wird im Rahmen einer Sensitivitätsanalyse der Einfluss variierender Eintrittswahrscheinlichkeiten auf die Steuerwirkungen und den Vermögensendwert untersucht.

6.2.2.1.1 Finanzplanung und Liquiditätsrechnung

Die Bestimmung des Liquiditätsbedarfs bzw. der Liquiditätsüberschüsse erfolgt auf der Grundlage von Finanzplänen,[1313] welche unmittelbar im Zusammenhang mit der Funktionsverlagerung und der Funktionsausübung stehende Zahlungsmittelab- und -zuflüsse erfassen.[1314] Finanzpläne können nicht nur für Unternehmen, sondern auch für kleinere Aggregationseinheiten erstellt werden.[1315] Folglich ist eine Liquiditätsrechnung auch auf funktionaler Ebene durchführbar. Dies ermöglicht eine explizite Erfassung von Differenzanlagen sowie eine Berechnung daraus resultierender Zinswirkungen unter Zugrundelegung unterschiedlicher Fremdkapital- und Anlagezinssätze auf Funktionsebene.

Der Liquiditätssaldo am Ende einer Periode t vor Berücksichtigung von Finanzierungs-, Ausschüttungs- und Kapitalanlageentscheidungen bestimmt sich aus dem funktionsbezogenen Liquiditätssaldo am Ende der Vorperiode t–1 und den zahlungswirksamen Geschäftsvorfällen der Periode t:[1316]

- Ein- und Auszahlungen im Zusammenhang mit der Funktionsausübung und der Verwertung der F&E-Ergebnisse. Diese entsprechen annahmegemäß[1317] dem funktionsbezogenen Steuerbilanzgewinn vor Steuern korrigiert um den Zinssaldo und die Abschreibungen der Periode (EBITDA);
- Saldo der Zinseinzahlungen aus Finanzanlagen und der Zinsauszahlungen für finanzielle Verbindlichkeiten;
- Dividendeneinzahlungen aus Gesellschaftsbeteiligungen;
- Ertragsteuern, wobei annahmegemäß[1318] eine positive funktionsbezogene Steuerbemessungsgrundlage eine Steuerzahlung und eine negative funktionsbezogene Steuerbemessungsgrundlage eine Steuererstattung impliziert;
- Saldo der Aus- und Einzahlungen aus der Anschaffung und der Veräußerung von Wirtschaftsgütern des Anlagevermögens (Investitionssaldo).

[1313] Vgl. *Drukarczyk, J.* (2008), S. 91.

[1314] Vgl. *Schierenbeck, H./Wöhle, C. B.* (2012), S. 429 f. Die Liquiditätsrechnung kann nach der direkten Methode, bei der sämtliche zahlungswirksamen Geschäftsvorfälle berücksichtigt werden, oder nach der indirekten Methode, bei der die Liquidität retrograd, ausgehend vom Jahresüberschuss, ermittelt wird, erfolgen.

[1315] Vgl. *Busse, F.-J.* (2003), S. 862.

[1316] Ähnlich *Lühn, A.* (2009), S. 90-93; *Scheffler, W.* (2013), S. 52.

[1317] Vgl. Prämisse 5.8.

[1318] Siehe Prämisse 2.4.

Ist der Liquiditätssaldo vor der Berücksichtigung von Finanzierungs-, Ausschüttungs- und Kapitalanlageentscheidungen negativ, ergibt sich für die betrachtete Periode ein Finanzierungsbedarf. Dieser kann durch die Aufnahme von Fremdkapital gedeckt werden.[1319] Bei einem positiven Liquiditätssaldo ist hingegen anzunehmen, dass die Liquiditätsüberschüsse primär zur Tilgung der finanziellen Verbindlichkeiten verwendet werden.[1320] Nach Tilgung dieser Verbindlichkeiten werden Liquiditätsüberschüsse von dem niederländischen Tochterunternehmen ausgeschüttet und von dem deutschen Mutterunternehmen zinsbringend angelegt.[1321] In Fällen, in denen das niederländische Tochterunternehmen am Ende des Betrachtungszeitraums in t=T noch finanzielle Verbindlichkeiten aufweist, erfolgt annahmegemäß eine Bareinlage in entsprechender Höhe durch die deutsche Muttergesellschaft.[1322] Die Ermittlung des Liquiditätssaldos fasst Tab. 6.1 nochmals zusammen.

	Liquiditätssaldo am Ende der Vorperiode t–1
+	EBITDA
+	Zinseinzahlungen
–	Zinsauszahlungen
+	empfangene Dividenden
–/+	Ertragsteuerzahlung/-erstattung
–	Investitionssaldo
=	Liquiditätssaldo vor Finanzierungs-, Ausschüttungs- und Anlageentscheidungen
–	Tilgung finanzieller Verbindlichkeiten
+	Aufnahme von Fremdkapital
–	Gewinnausschüttungen
+	Bareinlage
=	Liquiditätssaldo am Ende der Periode t

Tab. 6.1: Ermittlung des Liquiditätssaldos

Der Liquiditätssaldo auf Ebene der deutschen Muttergesellschaft entspricht am Ende des Betrachtungszeitraums im Zeitpunkt t=T grundsätzlich dem Vermögensendwert.[1323] Sind einer F&E-Funktion am Planungshorizont noch Wirtschaftsgüter und Schulden

[1319] Vgl. Prämisse 2.8.
[1320] Siehe Prämisse 2.9.
[1321] Vgl. Prämisse 2.10.
[1322] Vgl. Prämisse 2.7.
[1323] Siehe hierzu Abschnitt 6.1.3.

zuzurechnen, müssen diese im Simulationsmodell in eine monetäre Größe transferiert werden.[1324]

Die Einbeziehung der F&E-spezifischen Risiken durch eine Unterscheidung verschiedener Abbruchs- und Verwertungsszenarien erfordert die Erstellung eines eigenständigen Finanzplans für jedes betrachtete Szenario. Unabhängig von einer möglichen vorzeitigen Einstellung der F&E-Tätigkeit sind die Liquiditätssalden für jedes Szenario bis zum Ende des Betrachtungszeitraums im Zeitpunkt T fortzuschreiben, um eine Vergleichbarkeit der Vermögensendwerte sicherzustellen.[1325]

6.2.2.1.2 Exogene Einflussfaktoren

Der quantitativen Untersuchung liegt die Verlagerung einer F&E-Funktion innerhalb eines Kapitalgesellschaftskonzerns zugrunde. Aufgrund des Trennungsprinzips im Steuerrecht ist für die beiden an der Verlagerung beteiligten Unternehmen eine funktionsbezogene Vermögens- und Kapitalausstattung zu Beginn des Betrachtungszeitraums (Abschnitt 6.2.2.1.2.2) zu bestimmen. Des Weiteren müssen ertrags- und aufwandsspezifische Einflussfaktoren, welche im Zusammenhang mit der Ausübung einer F&E-Funktion und der Verwertung der F&E-Ergebnisse stehen, identifiziert und quantifiziert werden (Abschnitt 6.2.2.1.2.3). In Bezug auf die Transferpaketbewertung sind ferner Bewertungsparameter, die sich nicht endogen aus dem Modell ermitteln lassen, zu bestimmen (Abschnitt 6.2.2.1.2.4). Zunächst werden jedoch in Abschnitt 6.2.2.1.2.1 mögliche F&E-Phasen in der Pharma-Branche definiert und realitätsnahe Abbruchs- und Erfolgswahrscheinlichkeiten auf der Grundlage empirischer Werte festgelegt. Darüber hinaus erfolgt eine Abgrenzung der verschiedenen Verwertungsszenarien sowie der jeweils korrespondierenden Eintrittswahrscheinlichkeiten.

6.2.2.1.2.1 Abgrenzung der F&E-Phasen und der Verwertungsszenarien

In der Pharma-Branche bildet die Grundlagenforschung die erste Phase des F&E-Prozesses, bei welcher versucht wird, mithilfe experimenteller oder theoretischer Ansätze neue Wirkstoffe oder molekulare Verbindungen zu gewinnen.[1326] Identifizierte Wirk-

[1324] Vgl. *Kruschwitz, L.* (2011), S. 13 f. Da das Ende des Betrachtungszeitraums dem Zeitpunkt entspricht, an dem die Erträge aus der Verwertung der F&E-Ergebnisse den Wert Null annehmen, sind einer F&E-Funktion am Planungshorizont i. Allg. keine werthaltigen Wirtschaftsgüter mehr zurechenbar.

[1325] Siehe diesbezüglich auch Abschnitt 6.1.4.

[1326] Siehe hierzu auch Abschnitt 4.1.1.

stoffe werden im Anschluss an die Grundlagenforschung im Labor auf ihre pharmakologische Wirksamkeit und ihre toxikologischen Eigenschaften im Rahmen von Tierversuchen untersucht (Vorklinische Phase).[1327] Nach einem erfolgreichen Durchlaufen der präklinischen Phase werden Wirkstoffe in der klinischen Phase an Menschen getestet, wobei i. Allg. drei Stadien unterschieden werden. In der ersten klinischen Testphase werden Wirkstoffe an gesunden Menschen und in den folgenden zwei Testphasen an erkrankten Patienten getestet. Nach einem erfolgreichen Abschluss der klinischen Tests beginnt i. d. R. das Verfahren über die Zulassung eines Wirkstoffes. Mit dessen Zulassung ist die F&E-Phase abgeschlossen und die F&E-Ergebnisse können in den Folgejahren am Markt verwertet werden.[1328] Abb. 6.1 veranschaulicht grafisch einen typischen F&E-Prozess bei pharmazeutischen Unternehmen.

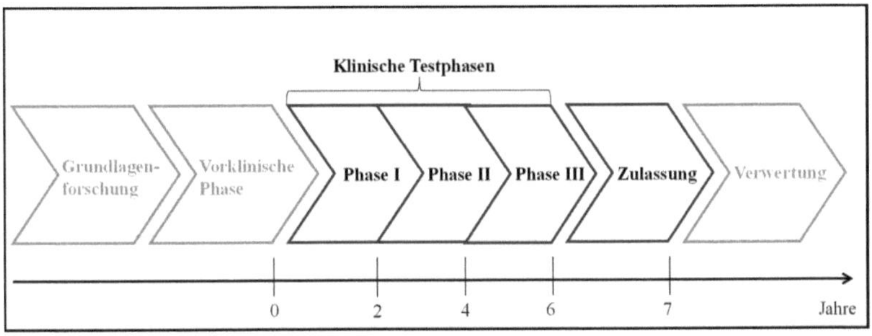

Abb. 6.1: Ablauf der F&E-Phase
(in Anlehnung an: *Kaufmann, L./Ridder, C.* (2003), S. 448)

Im Rahmen der vorliegenden Untersuchung wird nicht der gesamte F&E-Prozess von der Grundlagenforschung bis zur Zulassung betrachtet. Stattdessen wird der Betrachtungszeitraum von der ersten klinischen Testphase bis zur Zulassung eines Wirkstoffs begrenzt. Die Fokussierung auf diese F&E-Phasen erfolgt insbesondere vor dem Hintergrund der Validität der Untersuchungsergebnisse, da für die Grundlagenforschung und die vorklinische Phase nur unzureichende Daten verfügbar sind. Ferner hat diese Begrenzung keine grundlegenden Auswirkungen auf die Untersuchungsergebnisse. Der Zeitraum von der ersten klinischen Testphase bis zur Zulassung beträgt ungefähr sieben

[1327] Vgl. *Kaufmann, L./Ridder, C.* (2003), S. 448.

[1328] Ausführlich zu den einzelnen F&E-Phasen vgl. *DiMasi, J. A. et al.* (1991), S. 109-111; *Fischer, D./ Breitenbach, J. (Hrsg.)* (2010), S. 99-107; *Healy, P. M. et al.* (2002), S. 683.

Jahre.[1329] Für die klinischen Testphasen wird eine Dauer von jeweils zwei Jahren unterstellt.[1330] Auf den Zeitraum bis zur Zulassung entfällt annahmegemäß ein Jahr.

Der Übergang zwischen den einzelnen F&E-Phasen ist risikobehaftet, da während jeder F&E-Phase negative Eigenschaften des zu erforschenden Wirkstoffs aufgedeckt werden können (z. B. gesundheitsschädigende Wirkungen), die zu einer Einstellung der F&E-Tätigkeit führen können. Die Wahrscheinlichkeit für einen erfolgreichen Abschluss der F&E-Tätigkeit ist in der Pharmaindustrie i. d. R. gering und beträgt im Durchschnitt zwischen 16 %[1331] und 20 %[1332]. Die der Untersuchung zugrunde liegenden Übergangs- und Abbruchswahrscheinlichkeiten für die einzelnen F&E-Phasen beziehen sich auf eine empirische Studie von *DiMasi et al.*[1333] aus dem Jahr 2010 und sind in Tab. 6.2 abgebildet.

	Klinische Testphasen			**Zulassung**
	Phase I	**Phase II**	**Phase III**	
bedingte Wahrscheinlichkeit eines Übergangs in die nächste F&E-Phase	64,0 %	39,0 %	66,0 %	100,0 %
bedingte Wahrscheinlichkeit für einen F&E-Abbruch nach der F&E-Phase i	36,0 %	61,0 %	34,0 %	0,0 %
absolute Wahrscheinlichkeit eines Übergangs in die nächste F&E-Phase $(1-p_i)$	64,0 %	25,0 %	16,5 %	16,5 %
absolute Wahrscheinlichkeit für einen F&E-Abbruch nach der F&E-Phase i (p_i)	36,0 %	39,0 %	8,5 %	0,0 %

Tab. 6.2: Übergangs- und Abbruchswahrscheinlichkeiten

Nach einer Zulassung der F&E-Ergebnisse können diese am Markt verwertet werden. Zu Beginn der ersten klinischen Testphase besteht allerdings keine Gewissheit darüber, welche konkreten Verwertungseigenschaften ein Wirkstoff haben wird. Zur Abbildung des damit verbundenen Vergütungsrisikos werden drei Verwertungsszenarien unterschieden: Trendszenario, Positivszenario und Negativszenario.[1334] Die dem Simulati-

[1329] Vgl. *DiMasi, J. A. et al.* (2003), S. 165; *Sturm, A.* (2007), S. 132; *US Congress Congressional Budget Office (Hrsg.)* (2006), S. 20.

[1330] Vgl. *US Congress Congressional Budget Office (Hrsg.)* (2006), S. 20. Siehe auch *DiMasi, J. A. et al.* (2003), S. 165, welche die Dauer der klinischen Testphasen in Monaten anführen. Nach *DiMasi et al.* beträgt die durchschnittliche Dauer der ersten klinischen Testphase 21,6 Monate, die der zweiten klinischen Testphase 25,7 Monate und die der dritten klinischen Testphase 30,5 Monate.

[1331] Vgl. *DiMasi, J. A. et al.* (2010), S. 274.

[1332] Vgl. *Sturm, A.* (2007), S. 134.

[1333] Vgl. *DiMasi, J. A. et al.* (2010), S. 274.

[1334] Siehe zu den einzelnen Verwertungsszenarien auch die Erläuterungen in Abschnitt 5.1.2.2.

onsmodell zugrunde liegenden Wahrscheinlichkeiten für den Eintritt der einzelnen Verwertungsszenarien (q_j) basieren auf den Eintrittswahrscheinlichkeiten bei *Healy et al.*[1335] und *Myers/Howe*[1336] und werden in Tab. 6.3 dargestellt:[1337]

Verwertungsszenarien	Eintrittswahrscheinlichkeiten
Positivszenario	20 %
Trendszenario	60 %
Negativszenario	20 %

Tab. 6.3: Eintrittswahrscheinlichkeiten der Verwertungsszenarien

Der Markteintritt erfolgt nach Abschluss der siebenjährigen F&E-Phase im Jahr acht des Betrachtungszeitraums. Die Verwertung der F&E-Ergebnisse folgt dem üblichen Verlauf eines Produktlebenszyklus.[1338] Dieser wird maßgeblich durch die Dauer des Patentschutzes bestimmt, welcher dem forschenden Unternehmen ein Ausschließlichkeitsrecht für die Verwertung der patentierten F&E-Ergebnisse gewährt.[1339] Während dieses Zeitraums ist es Dritten verboten, ohne Zustimmung des Patentinhabers „ein Erzeugnis, das Gegenstand des Patents ist, herzustellen, anzubieten, in Verkehr zu bringen oder zu gebrauchen oder zu den genannten Zwecken entweder einzuführen oder zu besitzen“[1340]. Die Schutzdauer eines Patents beträgt in Europa i. d. R. 20 Jahre.[1341] Häufig ist jedoch zu beobachten, dass die Patentanmeldung nicht erst im Zeitpunkt der Zulassung, sondern bereits während der klinischen Testphasen erfolgt und die effektive Patentschutzzeit damit kürzer ist.[1342] Vor diesem Hintergrund wird angenommen, dass der Patentschutz bereits zu Beginn der ersten klinischen Testphase eintritt und infolgedessen ein ausschließliches Verwertungsrecht für die F&E-Ergebnisse nach deren Zulas-

---

1335 Vgl. *Healy, P. M. et al.* (2002).

1336 Vgl. *Myers, S. C./Howe, C. D.* (1997).

1337 *Healy et al.* und *Myers/Howe* unterscheiden insgesamt fünf mögliche Verwertungsszenarien. Vgl. *Healy, P. M. et al.* (2002), S. 685; *Myers, S. C./Howe, C. D.* (1997), S. 8. Im Rahmen dieser Arbeit erfolgt eine aggregierte Betrachtung der beiden Positivszenarien und der beiden Negativszenarien, welche jeweils zu einem Mittelwert zusammengefasst und mit der kumulierten Eintrittswahrscheinlichkeit gewichtet werden.

1338 Vgl. hierzu etwa *Fischer, D./Breitenbach, J. (Hrsg.)* (2010), S. 250-252; *OECD (Hrsg.)* (2013b), Tz. 187

1339 So auch *Grabowski, H. G. et al.* (2002), S. 16-19; *Kellogg, D./Charnes, J. M.* (2000), S. 80; *OECD (Hrsg.)* (2013b), Tz. 192-195; *US Congress Office of Technology Assessment (Hrsg.)* (1993), S. 76-90; *US Congress Congressional Budget Office (Hrsg.)* (2006), S. 16.

1340 *§ 9 Satz 2 Nr. 1 PatG.*

1341 Vgl. *§ 16 PatG*; *Art. 36 Abs. 5 Row*; *Art. 63 Abs. 1 EPÜ.*

1342 So auch *OECD (Hrsg.)* (2013b), Tz. 141; *Sturm, A.* (2007), S. 141 f.

sung für einen Zeitraum von 13 Jahren besteht.[1343] Nach Auslaufen des Patentschutzes treten i. d. R. Generika-Produkte in den Markt ein, welche einen Rückgang der Verwertungserträge bewirken. Für die Phase zwischen dem Auslaufen des Patentschutzes und dem Ende der Verwertung eines Wirkstoffes wird eine Zeitspanne von weiteren zehn Jahren angenommen. Der gesamte Betrachtungszeitraum umfasst somit 30 Jahre.

6.2.2.1.2.2 Vermögens- und Kapitalausstattung

Zu Beginn des Betrachtungszeitraums ist die F&E-Funktion annahmegemäß bei der deutschen Muttergesellschaft angesiedelt. Das der F&E-Funktion zurechenbare steuerbilanzielle Vermögen umfasst ausschließlich die zu Anschaffungskosten aktivierten materiellen Wirtschaftsgüter. Entgeltlich erworbene immaterielle Wirtschaftsgüter existieren im Basisfall nicht. Für die bis zum Beginn des Betrachtungszeitraums durch die deutsche Muttergesellschaft aufgewendeten Entwicklungskosten besteht gemäß § 5 Abs. 2 EStG ein Aktivierungsverbot. Infolgedessen sind F&E-Funktionen im Vergleich zu anderen betrieblichen Funktionen meist nur wesentlich geringere Buchwerte zurechenbar. Die einer F&E-Funktion zurechenbaren Buchwerte der materiellen Wirtschaftsgüter betragen typisierend 100 T€ und sind identisch zu den Fremdvergleichspreisen.[1344] Dieser Wert entspricht im Basisfall ungefähr 4 % des fremdvergleichskonformen Einigungspreises[1345] für das Transferpaket als Ganzes.[1346] Die materiellen Wirtschaftsgüter werden gemäß Prämisse 2.8 fremdfinanziert, sodass der F&E-Funktion finanzielle Verbindlichkeiten i. H. v. 100 T€ zuzurechnen sind. Zu Beginn des Betrachtungszeitraums ist kein funktionsbezogener Beteiligungsbuchwert an der niederländischen Tochtergesellschaft auszuweisen. Allerdings kann während des Betrachtungszeitraums infolge (verdeckter) Einlagen die Erfassung eines funktionsbezogenen Beteiligungsbuchwerts erforderlich werden.

[1343] Entsprechend auch *Grabowski, H. G./Vernon, J. M.* (1994), S. 389.

[1344] Aus einer Verlagerung der materiellen Wirtschaftsgüter ergibt sich folglich im Modell kein Veräußerungsgewinn.

[1345] Siehe zur Höhe der Einigungspreise für das Transferpaket als Ganzes im Basisfall Abb. 6.5 auf S. 315.

[1346] Bezugnehmend auf Untersuchungen zu Unternehmenstransaktionen unterstellt *Bredow* mit rund 43 % einen höheren Anteil der materiellen Wirtschaftsgüter am Einigungspreis für das Transferpaket als Ganzes. Vgl. *Bredow, A. v.* (2011), S. 208; *Günther, T./Ott, C.* (2008), S. 921. Die Verlagerung einer F&E-Funktion unterscheidet sich jedoch i. d. R. grundlegend gegenüber der Veräußerung eines Industrieunternehmens. Dies ist darauf zurückzuführen, dass die Grenzpreise einer F&E-Funktion weniger durch bereits geschaffene Werte, sondern vielmehr durch künftige Ertragschancen, welche von künftig noch auszuführenden F&E-Aktivitäten abhängen, determiniert werden.

Die Ausübung einer F&E-Funktion durch das niederländische Tochterunternehmen ist abhängig von einer Verlagerungsentscheidung, sodass bei diesem zu Beginn des Betrachtungszeitraums keine funktionsbezogenen Wirtschaftsgüter zu berücksichtigen sind. Zur Herstellung einer Vergleichbarkeit der Kapitalstruktur der F&E-Funktionen sind beim niederländischen Tochterunternehmen finanzielle Verbindlichkeiten i. H. v. 100 T€ auszuweisen, welche einen Bestand an liquiden Mitteln von 100 T€ implizieren. Im Falle einer Übertragung des rechtlichen und/oder wirtschaftlichen Eigentums an den Bestandteilen des Transferpakets (ETÜ und PL) werden die liquiden Mittel zum Erwerb der materiellen Wirtschaftsgüter verwendet.[1347] Demgegenüber werden im Falle einer Nutzungsüberlassung, bei welcher sowohl das rechtliche als auch das wirtschaftliche Eigentum an den Bestandteilen des Transferpakets beim verlagernden deutschen Mutterunternehmen verbleibt, die liquiden Mittel zur Tilgung der finanziellen Verbindlichkeiten beim niederländischen Tochterunternehmen verwendet.

Die funktionsbezogene Vermögens- und Kapitalausstattung zu Beginn des Betrachtungszeitraums beim niederländischen Tochterunternehmen und beim deutschen Mutterunternehmen stellt Tab. 6.4 nochmals zusammengefasst dar.

Vermögens-/Kapitalpositionen	**Mutterunternehmen**	**Tochterunternehmen**
materielle Wirtschaftsgüter	100 T€	0 T€
immaterielle Wirtschaftsgüter	0 T€	0 T€
Beteiligungsbuchwert	0 T€	0 T€
Bank	0 T€	100 T€
Eigenkapital	0 T€	0 T€
Fremdkapital	100 T€	100 T€

Tab. 6.4: Funktionsbezogene Vermögens- und Kapitalausstattung

6.2.2.1.2.3 Ertrags- und aufwandsspezifische Einflussfaktoren

Die Aufwendungen zur Ausführung der F&E-Tätigkeit steigen i. d. R. nach dem erfolgreichen Abschluss einer F&E-Phase an, da das Entwicklungsrisiko mit zunehmendem Projektfortschritt abnimmt.[1348] In Anlehnung an *Healy et al.*[1349] werden der quantitati-

[1347] Dieser Sachverhalt ist vergleichbar mit einer Übernahme der finanziellen Verbindlichkeiten durch das aufnehmende Unternehmen, welche zur Finanzierung der materiellen Wirtschaftsgüter aufgenommen wurden.

[1348] So auch *Clausius, E. H. J.* (1993), S. 163 f.

[1349] Siehe *Healy, P. M. et al.* (2002), S. 682. Nicht auf Euro lautende Beträge werden mit dem Devisenkurs zum 1. Januar 2013 umgerechnet. Eine Inflationsbereinigung erfolgt aus Vereinfachungsgründen

ven Untersuchung die in Tab. 6.5 abgebildeten zahlungswirksamen Aufwendungen in den einzelnen F&E-Phasen zugrunde gelegt.

	Phase I		Phase II		Phase III		Zulassung	Σ
Jahr	**1**	**2**	**3**	**4**	**5**	**6**	**7**	
F&E-Aufwendungen in T€	2.107	2.107	2.441	2.441	4.563	4.563	834	19.056
davon Personalaufwendungen in T€	548	548	635	635	1.186	1.186	217	4.955
Personalaufwendungen (relativ)	26 %	26 %	26 %	26 %	26 %	26 %	26 %	26 %

Tab. 6.5: Phasenbezogene F&E-Aufwendungen pro Jahr

Die in Tab. 6.5 abgebildeten F&E-Aufwendungen umfassen im Wesentlichen Material- und Personalaufwendungen. Nicht darin enthalten sind Abschreibungen, Lizenz- und Zinszahlungen sowie Steuern, da diese abhängig von den betrachteten Handlungsalternativen sind und im Simulationsmodell endogen bestimmt werden.

Unter Berücksichtigung der Förderung von Lohnsteuer- und Sozialversicherungsabgaben gemäß Art. 23 Abs. 3 Satz 1 WVA ist der Anteil der Personalaufwendungen an den gesamten F&E-Aufwendungen zu bestimmen. Bezugnehmend auf eine Studie des Verbands Forschender Arzneimittelhersteller e.V. beträgt der relative Anteil der Personalaufwendungen an den gesamten operativen F&E-Aufwendungen durchschnittlich ungefähr 26 %.[1350]

Im Falle einer Einstellung der F&E-Tätigkeit werden die werthaltigen Wirtschaftsgüter veräußert und die dauerhaft nicht mehr werthaltigen Wirtschaftsgüter auf den niedrigeren Teilwert bzw. den niedrigeren beizulegenden Wert abgeschrieben. Für die weiteren Untersuchungen wird angenommen, dass die materiellen Wirtschaftsgüter auch nach einem Abbruch der F&E-Funktion werthaltig sind und zum Fremdvergleichspreis liquidiert werden können. Der Fremdvergleichspreis entspricht typisierend dem Buchwert. Im Unterschied hierzu wird im Folgenden für die immateriellen Wirtschaftsgüter und einen etwaigen funktionsbezogenen Geschäftswert davon ausgegangen, dass diese bei

nicht, da diese aufgrund der Betrachtung von Verhältnisgrößen im Rahmen der quantitativen Untersuchung zu keinem zusätzlichen Erkenntnisgewinn führen würde.

1350 Vgl. *Verband Forschender Arzneimittelhersteller e.V. (Hrsg.)* (2011), S. 25. Im branchenübergreifenden Durchschnitt kann der Anteil der Personalaufwendungen erheblich höher sein und bis zu 60,8 % der F&E-Aufwendungen betragen. Siehe *Spengel, C. et al.* (2009), S. 90 f.

einer Einstellung der F&E-Tätigkeit wertlos sind und außerplanmäßig abgeschrieben werden.

Bei einem erfolgreichen Abschluss der F&E-Tätigkeit wird die Höhe der Erträge aus einer Verwertung der F&E-Ergebnisse maßgeblich durch dessen Verwertungsmöglichkeiten determiniert, die aufgrund des Vergütungsrisikos ex ante nicht bekannt sind. Die Abbildung des Vergütungsrisikos erfolgt durch eine Unterscheidung verschiedener Verwertungsszenarien. Für jedes dieser Verwertungsszenarien muss eine eigenständige Ertragsprognose erstellt werden, wobei die Verwertungserträge während der Patentlaufzeit unter Bezugnahme auf die Datengrundlage bei *Healy et al.*[1351] bestimmt werden. Nach einem Auslaufen des Patentschutzes beginnt i. d. R. die Degenerationsphase und die Verwertungserträge sinken. *Grabowski et al.* legen in ihrer Studie für die ersten vier Jahre nach Auslauf des Patentschutz einen Umsatzrückgang von 31 %, 28 %, 20 % und 20 % zugrunde.[1352] Für die sich anschließenden Jahre bis zum Ende des Verwertungszeitraums gehen sie von einem gleichbleibenden Umsatzrückgang von durchschnittlich 20 % aus.[1353]

Die erzielbaren Verwertungserträge sind der F&E-Funktion entsprechend ihres Wertschöpfungsbeitrags zuzurechnen.[1354] Die Zurechnung kann beispielsweise unter Bezugnahme auf eine umsatzabhängige Lizenzgebühr, welche in Einklang mit dem Fremdvergleichsgrundsatz steht, erfolgen. Als angemessene Lizenzgebühr bei pharmazeutischen Unternehmen nennt das Musterformular für Lizenzverträge 10 % der Umsatzerlöse aus der Verwertung eines Wirkstoffs.[1355] Diese wird im Basisfall als adäquater Aufteilungsschlüssel verwendet. Die Bandbreite der umsatzabhängigen Lizenzsätze ist allerdings sehr groß und beträgt unter Bezugnahme auf die Untersuchung von *Borshell/Dawkes* zwischen 1,5 % und 40 % der Umsatzerlöse.[1356] Die Auswirkungen einer Veränderung der umsatzabhängigen Lizenzsätze auf die Steuerwirkungen und die Höhe der Vermögensendwerte können im Rahmen einer Sensitivitätsanalyse quantifiziert werden.[1357]

1351 Siehe *Healy, P. M. et al.* (2002), S. 685.

1352 Vgl. *Grabowski, H. G. et al.* (2002), S. 16.

1353 Eine Übersicht über die dem Simulationsmodell zugrunde liegenden Verwertungserträge in den einzelnen Verwertungsszenarien des Basisfalls ist in Tab. A1 auf S. 418 dargestellt.

1354 Vgl. hierzu auch die Ausführungen in Abschnitt 4.3.1.

1355 Vgl. *Osterrieth, C.* (2010), Rn. 344.

1356 Siehe *Borshell, N./Dawkes, A.* (2010), S. 10 f.

1357 Siehe Abschnitt 6.3.3.3.

6.2.2.1.2.4 Bewertungsspezifische Einflussfaktoren

Die Free Cashflows unterliegen während der F&E-Phase und der nachfolgenden Verwertungsphase abweichenden systematischen Risiken, weshalb diese im Rahmen der Grenzpreisermittlung mit unterschiedlichen Kapitalisierungszinssätzen diskontiert werden.[1358] Den Ausgangspunkt für die Ermittlung der Kapitalisierungszinssätze auf Basis des CAPM bildet der quasi-risikolose Zinssatz. Dieser kann der Zinsstrukturkurve der Deutschen Bundesbank für börsennotierte Bundesanleihen mit einer Restlaufzeit von 30 Jahren[1359] entnommen werden, welcher am 1. Januar 2013 2,35 % betrug.[1360] Dieser quasi-risikolose Zinssatz ist um einen Risikozuschlag zu erhöhen.[1361] Hierfür sind des Weiteren eine Marktrisikoprämie sowie ein Beta-Faktor zu identifizieren. Die Marktrisikoprämie liegt nach Auffassung des Fachausschusses für Unternehmensbewertung und Betriebswirtschaft (FAUB) des Instituts der Wirtschaftsprüfer in Deutschland e.V. (IDW) zwischen 5,5 % und 7,0 %.[1362] Der Transferpaketbewertung wird eine Marktrisikoprämie am oberen Ende der Bandbreite i. H. v. 7,0 % aufgrund einer veränderten Risikotoleranz infolge der Finanzmarktkrise zugrunde gelegt. In der Pharma-Branche kann ein durchschnittlicher Beta-Faktor von 0,83 % beobachtet werden.[1363] Dieser entspricht nahezu dem unverschuldeten Beta-Faktor, da der Fremdfinanzierungsgrad bei pharmazeutischen Unternehmen i. d. R. nur sehr gering[1364] und somit nicht mehr weiter zu berichtigen ist. Unter Verwendung von Formel (3.4) kann aus den dargestellten Bewertungsparametern der Kapitalisierungszinssatz der Verwertungsphase (r^V) bestimmt werden. Dieser beträgt 8,16 %. Für die F&E-Phase wird ein Kapitalisierungszinssatz ($r^{F\&E}$) von 6,20 % angesetzt.[1365]

Für das externe Fremdkapital bezahlen pharmazeutische Unternehmen durchschnittlich Fremdkapitalzinsen i. H. v. 4,5 %.[1366] Liquiditätsüberschüsse werden typisierend bei externen Kapitalnehmern zu einem Anlagezinssatz von 2,35 %, welcher dem quasi-

---

[1358] Vgl. Prämisse 5.9.
[1359] Dieser Zeitraum entspricht dem Planungshorizont der kasuistischen Veranlagungssimulation.
[1360] Vgl. *Deutsche Bundesbank (Hrsg.)* (2013a).
[1361] Siehe zur Ermittlung des Risikozuschlags die Ausführungen in Abschnitt 3.3.1.1.4.2.
[1362] Vgl. *FAUB (Hrsg.)* (2012), S. 569.
[1363] Vgl. *KPMG (Hrsg.)* (2012), S. 36.
[1364] Vgl. hierzu *Myers, S. C./Howe, C. D.* (1997), S. 20.
[1365] Dieser wird vereinfachend aus der Relation der verwendeten Kapitalisierungszinssätze für die F&E-Phase und die Verwertungsphase bei *Kellogg/Charnes* und dem Kapitalisierungszinssatz der Verwertungsphase abgeleitet. Vgl. *Kellogg, D./Charnes, J. M.* (2000), S. 79.
[1366] Vgl. *KPMG (Hrsg.)* (2012), S. 40.

risikolosen Zinssatz für börsennotierte deutsche Bundesanleihen zum 1. Januar 2013 entspricht,[1367] angelegt. In Tab. 6.6 werden die zugrunde liegenden Kapitalkosten- und Zinssätze für die quantitative Untersuchung zusammengefasst dargestellt.

	Kapitalkosten- und Zinssätze
risikofreier Zinssatz/Anlagezinssatz	2,35 %
Fremdkapitalzinssatz	4,50 %
Kapitalisierungszinssatz der F&E-Phase ($r^{F\&E}$)	6,20 %
Kapitalisierungszinssatz der Verwertungsphase (r^{V})	8,16 %

Tab. 6.6: Kapitalkosten- und Zinssätze

Eine Determinante für die Ermittlung des Einigungspreises nach § 1 Abs. 3 Satz 7 AStG bildet die Verhandlungsstärke der Geschäftsparteien. Für die weiteren Untersuchungen wird typisierend eine identische Verhandlungsstärke zwischen den Geschäftsparteien angenommen ($\alpha = 1-\alpha = 0{,}5$), welche zu einer hälftigen Teilung des Einigungsbereichs führt.[1368] Der daraus resultierende Einigungspreis ist im Falle einer Übertragung des rechtlichen und/oder wirtschaftlichen Eigentums entsprechend einer Kaufpreisallokation bei Unternehmenstransaktionen auf die verlagerten Bestandteile des Transferpakets zu verteilen. Auf die materiellen Wirtschaftsgüter entfällt annahmegemäß[1369] ein Betrag von 100 T€. Der korrigierte Einigungspreis ist auf die verlagerten immateriellen Wirtschaftsgüter sowie einen etwaigen funktionsbezogenen Geschäftswert aufzuteilen, wobei der Anteil der immateriellen Wirtschaftsgüter i. d. R. erheblich höher ist als der Anteil des funktionsbezogenen Geschäftswerts. Den weiteren Untersuchungen wird die in Tab. 6.7 dargestellte Aufteilung des korrigierten Einigungspreises zugrunde gelegt, welcher jedoch nur eine marginale Bedeutung für die Untersuchungsergebnisse beizumessen ist.[1370]

[1367] Vgl. *Deutsche Bundesbank (Hrsg.)* (2013a).

[1368] Eine Variation der Verhandlungsstärke führt zu einer veränderten Aufteilung des Einigungspreises und somit zu einer variierenden Steuerbelastung aus dem Verlagerungsvorgang. Für eine Darstellung der Auswirkungen einer veränderten Verhandlungsstärke auf die steuerliche Vorteilhaftigkeit einer Funktionsverlagerung siehe *Bredow, A. v.* (2011), S. 230-232.

[1369] Siehe Abschnitt 6.2.2.1.2.2.

[1370] Eine Variation des Anteils der immateriellen Wirtschaftsgüter und des funktionsbezogenen Geschäftswerts am korrigierten Einigungspreis führt bei einer Anerkennung des Einigungspreises durch die ausländische Finanzverwaltung zu einem Timing-Effekt infolge unterschiedlicher Abschreibungsdauern. Dieser impliziert bei einer iterativen Ermittlung der Grenzpreise ferner eine geringfügige Veränderung der Einigungspreise. Eine Analyse der Auswirkungen unterschiedlicher Abschreibungsdauern auf die steuerliche Vorteilhaftigkeit einer Funktionsverlagerung findet sich bei *Bredow, A. v.* (2011), S. 222-225.

	prozentualer Anteil
immaterielle Wirtschaftsgüter	90 %
funktionsbezogener Geschäftswert	10 %

Tab. 6.7: Aufteilung des korrigierten Einigungspreises

6.2.2.2 Ermittlung des zu versteuernden Einkommens

Kapitalgesellschaften unterliegen im Staat ihrer Ansässigkeit mit ihrem Welteinkommen der unbeschränkten Steuerpflicht.[1371] Die Besteuerung knüpft an das zu versteuernde Einkommen (belastbaar bedrag) an.[1372] Ausgangspunkt für dessen Ermittlung bildet i. Allg. der Steuerbilanzgewinn.[1373] Dieser muss in einem weiteren Schritt um außerbilanzielle Hinzurechnungen und Kürzungen korrigiert werden.[1374]

In Deutschland ist der Steuerbilanzgewinn auf Basis der handelsrechtlichen Grundsätze ordnungsmäßiger Buchführung zu bestimmen (Maßgeblichkeitsprinzip).[1375] Sofern abweichende steuerliche Ansatz- und Bewertungsvorschriften bestehen[1376] oder steuerliche Wahlrechte[1377] abweichend vom Handelsrecht ausgeübt werden können, wird das Maßgeblichkeitsprinzip durchbrochen. Im niederländischen Steuerrecht ist eine Maßgeblichkeit der handelsrechtlichen Grundsätze für die steuerliche Gewinnermittlung nicht explizit geregelt. Das leitende Prinzip für die Gewinnermittlung ist der gute Kaufmannsbrauch (goed koopmansbruik).[1378] Der *Hoge Raad*[1379] stellte diesbezüglich fest, dass die handelsrechtlichen Vorschriften i. Allg. in Einklang mit dem guten Kaufmannsbrauch stehen, sofern keine steuerrechtlichen Regelungen diesen entgegenstehen.

[1371] Vgl. *§ 1 Abs. 1 KStG; Art. 2 Abs. 1 Wet Vpb.*

[1372] Vgl. *§ 7 Abs. 1 KStG; Art. 7 Abs. 1 Wet Vpb.*

[1373] Siehe für Deutschland *§§ 7 Abs. 2* i. V. m. *8 Abs. 1 Satz 1 KStG* und *§ 4 Abs. 1 Satz 1 EStG.* Für die Niederlande siehe *Art. 3.25 Wet IB.* Siehe ergänzend *Raad, K. v.* (1992), S. 117.

[1374] Vgl. für Deutschland *R 29 Abs. 1 KStR.* Für die Niederlande siehe *Art. 7 Abs. 2 f. Wet Vpb.* Siehe ergänzend *KroeseWevers (Hrsg.)* (2011), S. 18 f.

[1375] Vgl. *§ 5 Abs. 1 Satz 1 Halbsatz 1 EStG.*

[1376] Vgl. *§ 5 Abs. 6 EStG.*

[1377] Siehe *§ 5 Abs. 1 Satz 1 Halbsatz 2 EStG.*

[1378] Vgl. *Art. 3.25 Wet IB.*

[1379] Vgl. *Hoge Raad* (1957), S. 208.

6.2.2.2.1 Steuerrechtliche Ansatz- und Bewertungsvorschriften

6.2.2.2.1.1 Wirtschaftsgüter des Anlage- und Umlaufvermögens

Wirtschaftsgüter des Anlagevermögens sind solche, die dazu bestimmt sind, dauernd dem Unternehmen zu dienen.[1380] Für entgeltlich erworbene und selbst hergestellte materielle Wirtschaftsgüter des Anlagevermögens besteht ein Aktivierungsgebot. Für selbst entwickelte immaterielle Wirtschaftsgüter des Anlagevermögens sieht das deutsche Steuerrecht gemäß § 5 Abs. 2 EStG ein Aktivierungsverbot vor. Im niederländischen Steuerrecht besteht davon abweichend ein Aktivierungsgebot für Entwicklungskosten, welche gemäß Art. 3.30 Abs. 3 Wet IB jedoch im Wirtschaftsjahr ihrer Aktivierung vollständig abgeschrieben werden können. Ein originärer Geschäftswert ist sowohl im deutschen[1381] als auch im niederländischen[1382] Steuerrecht nicht aktivierungsfähig. Von den Wirtschaftsgütern des Anlagevermögens sind die Wirtschaftsgüter des Umlaufvermögens abzugrenzen, welche nicht zum Zweck einer dauerhaften Einbindung in das Unternehmen erworben werden.[1383]

Die Zugangsbewertung erfolgt mit den Anschaffungs-[1384] bzw. Herstellungskosten[1385].[1386] Weichen die tatsächlichen Anschaffungskosten aus einem Geschäftsvorfall mit einem verbundenen Unternehmen vom Fremdvergleichsgrundsatz ab, so sind die erworbenen Wirtschaftsgüter für steuerliche Zwecke mit dem Fremdvergleichspreis zu aktivieren.[1387] Forderungen, welche i. Allg. einen Gegenwert für eine erbrachte Lieferung oder Leistung darstellen, sind grundsätzlich mit ihrem Nennwert zu bilanzieren. Barbestände und Bankguthaben sind mit ihrem auf Euro lautenden Nennwert anzusetzen.

Bei der Folgebewertung der Wirtschaftsgüter des Anlagevermögens ist danach zu differenzieren, ob deren Substanz einem wirtschaftlichen oder technischen Verbrauch unterliegt oder nicht. Die abnutzbaren Wirtschaftsgüter sind mit ihren fortgeführten Anschaf-

---

[1380] Vgl. *§ 247 Abs. 2 HGB*; *Art. 364 Abs. 1 BW 2*.
[1381] Siehe *§ 5 Abs. 2 EStG*.
[1382] Vgl. *Art. 365 Abs. 1 Buchst. d BW 2*.
[1383] Vgl. Umkehrschluss zu *§ 247 Abs. 2 HGB*; *Art. 364 Abs. 1 BW 2*.
[1384] Vgl. *§§ 253 Abs. 1 Satz 1* i. V. m. *255 Abs. 1 HGB*; *R 6.2 EStR*; *Art. 388 Abs. 2 BW 2*; *Art. 4.21 Abs. 1 Wet IB*.
[1385] Vgl. *§§ 253 Abs. 1 Satz 1* i. V. m. *255 Abs. 2 HGB*; *R 6.3 EStR*; *Art. 388 Abs. 2 BW 2*.
[1386] Siehe *§ 6 Abs. 1 Nr. 1 Satz 1* und *Nr. 2 Satz 1 EStG*; *Art. 384 Abs. 1 BW 2*.
[1387] Vgl. *§ 1 Abs. 1 Satz 1 AStG*; *§ 8 Abs. 3 Satz 2 KStG*; *§ 8 Abs. 3 Satz 3-6 KStG*; *Art. 8b Abs. 1 Wet Vpb*. Siehe zur Aktivierung immaterieller Wirtschaftsgüter bei verdeckten Einlagen *Anzinger, H. M.* (2013), Rn. 1748.

fungs- oder Herstellungskosten zu bewerten. Die Abschreibung dieser Wirtschaftsgüter erfolgt grundsätzlich linear[1388] über die betriebsgewöhnliche Nutzungsdauer.[1389] Im deutschen Steuerrecht richtet sich die Abschreibungsdauer i. Allg. nach den amtlichen AfA-Tabellen.[1390] Für den derivativen Geschäftswert regelt § 7 Abs. 1 Satz 3 EStG eine verbindliche Abschreibungsdauer von 15 Jahren. Im niederländischen Steuerrecht wird der maximale Abschreibungssatz für materielle und immaterielle Wirtschaftsgüter auf 20 % (Mindestabschreibungsdauer über fünf Jahre) und für den derivativen Geschäftswert auf 10 % (Mindestabschreibungsdauer über zehn Jahre) der historischen Anschaffungs- oder Herstellungskosten begrenzt.[1391] Im Rahmen der quantitativen Untersuchung wird angenommen, dass die materiellen und immateriellen Wirtschaftsgüter sowohl in Deutschland als auch in den Niederlanden über einen Zeitraum von fünf Jahren und ein etwaiger funktionsbezogener Geschäftswert über die Dauer von 15 bzw. zehn Jahren abgeschrieben werden. Demgegenüber unterliegen Wirtschaftsgüter des Umlaufvermögens aufgrund ihrer kurzfristigen Verwendung im Unternehmen keiner planmäßigen Abschreibung.

Ist der Teilwert bzw. der beizulegende Wert eines Wirtschaftsguts des Anlagevermögens am Bewertungsstichtag aufgrund einer dauernden Wertminderung geringer als die (fortgeführten) Anschaffungs- oder Herstellungskosten, können diese auf den niedrigeren Teilwert bzw. den niedrigeren beizulegenden Wert abgeschrieben werden.[1392] Wirtschaftsgüter des Umlaufvermögens können bei einer dauerhaften Wertminderung außerplanmäßig abgeschrieben werden.[1393] Entfällt der Grund für die außerplanmäßige Abschreibung, ist zwingend eine Wertaufholung bis zur Höhe der fortgeführten Anschaffungs- oder Herstellungskosten (Bewertungsobergrenze) vorzunehmen.[1394]

Die Folgebewertung für Wirtschaftsgüter des Anlage- und Umlaufvermögens wird in Tab. 6.8 zusammengefasst dargestellt.

[1388] Im niederländischen Steuerrecht sind auch andere Abschreibungsmethoden anwendbar, sofern diese in Einklang mit dem guten Kaufmannsbrauch stehen.

[1389] Vgl. *§ 6 Abs. 1 Nr. 1 Satz 1 EStG*; *Art. 3.30 Abs. 1 Wet IB*.

[1390] Weitergehende Hinweise zur Anwendung der AfA-Tabellen finden sich z. B. bei *Brandis, P.* (2013), § 7 EStG, Rn. 351-358.

[1391] Vgl. *Art. 3.30 Abs. 2 Wet IB*.

[1392] Vgl. *§ 6 Abs. 1 Nr. 1 Satz 2* und *Nr. 2 Satz 2 EStG*; *Art. 387 Abs. 4 BW 2*.

[1393] Vgl. *§ 6 Abs. 1 Nr. 2 Satz 2 EStG*; *Art. 387 Abs. 2 BW 2*.

[1394] Vgl. *§ 6 Abs. 1 Nr. 1 Satz 4* und *Nr. 2 Satz 3 EStG*; *Offermanns, R.* (2011), S. 617.

	Anschaffungs- oder Herstellungskosten
–	planmäßige Abschreibungen bei abnutzbaren Wirtschaftsgütern
–	Teilwertabschreibungen
+	Zuschreibungen
=	**fortgeführte Anschaffungs- und Herstellungskosten**

Tab. 6.8: Folgebewertung der Wirtschaftsgüter des Anlage- und Umlaufvermögens

6.2.2.2.1.2 Eigenkapital

Das Eigenkapital beschreibt – vergleichbar zum Fremdkapital – die Herkunft des im Unternehmen verwendeten Kapitals und ist auf der Passivseite der Steuerbilanz auszuweisen.[1395] Es umfasst die dem Unternehmen von dessen Anteilseignern zugeführten finanziellen Mittel (Außenfinanzierung) sowie thesaurierte Gewinne (Innenfinanzierung). Das bilanzielle Eigenkapital ergibt sich in der Steuerbilanz als Unterschiedsbetrag zwischen den Besitzposten und den Schulden des Unternehmens. Alternativ lässt sich dieses auch aus dem Eigenkapital am Ende des vorangegangenen Wirtschaftsjahres entwickeln, indem das Eigenkapital am Ende des vorangegangenen Wirtschaftsjahres um Kapitalerhöhungen und andere Zuzahlungen sowie einen Jahresüberschuss erhöht und um Kapitalrückzahlungen, Ausschüttungen an die Gesellschafter sowie einen etwaigen Jahresfehlbetrag vermindert wird. Die Ermittlung des bilanziellen Eigenkapitals ist in Tab. 6.9 abgebildet.

	Eigenkapital am Ende des vorangegangenen Wirtschaftsjahres
+	Kapitalerhöhungen und andere Zuzahlungen
–	Kapitalrückzahlungen
+/–	Jahresüberschuss/ -fehlbetrag
–	Ausschüttungen an Anteilseigner
=	**bilanzielles Eigenkapital am Ende eines Wirtschaftsjahres**

Tab. 6.9: Ermittlung des bilanziellen Eigenkapitals

6.2.2.2.1.3 Fremdkapital

Im Unterschied zum Eigenkapital folgt aus der Gläubigerposition der Fremdkapitalgeber keine Beteiligung am Unternehmensvermögen. Das Fremdkapital dient neben

---

[1395] Vgl. *§ 266 Abs. 3 Bilanzposten A HGB*; *Art. 373 Abs. 1 BW 2*. Aufgrund der funktionsbezogenen Betrachtung ist das Eigenkapital nicht für das Unternehmen als Ganzes, sondern lediglich in Bezug auf die betrachtete F&E-Funktion zu bestimmen. Siehe diesbezüglich Prämisse 2.4.

dem Eigenkapital der Finanzierung des Unternehmensvermögens und umfasst i. Allg. die Schulden eines Unternehmens gegenüber Dritten, die am Ende eines Wirtschaftsjahres rechtlich entstanden oder wirtschaftlich verursacht sind.[1396] Hierunter sind grundsätzlich auszuweisen: Rückstellungen, Verbindlichkeiten und passive Rechnungsabgrenzungsposten,[1397] wobei im Rahmen der vorliegenden Arbeit lediglich die verzinslichen Verbindlichkeiten von Relevanz sind.

Verbindlichkeiten beruhen auf wirtschaftlich vor dem Bilanzstichtag verursachten Verpflichtungen, die sowohl dem Grunde als auch der Höhe nach gewiss sind. Verzinsliche[1398] Verbindlichkeiten sind zu ihrem Erfüllungsbetrag zu passivieren[1399] und wieder auszubuchen, sobald diese erloschen sind. Verbindlichkeiten erlöschen insbesondere durch Erfüllung, Aufrechnung oder Erlass.[1400]

6.2.2.2.2 Steuerbilanzgewinn

Der Steuerbilanzgewinn ist im deutschen Steuerrecht durch Betriebsvermögensvergleich zu ermitteln, welcher bei Kapitalgesellschaften dem Unterschiedsbetrag zwischen dem Betriebsvermögen am Schluss des Wirtschaftsjahres und dem Betriebsvermögen am Schluss des vorangegangenen Wirtschaftsjahres vermindert um den Wert offener Einlagen und vermehrt um den Wert offener Gewinnausschüttungen entspricht.[1401] Im niederländischen Steuerrecht muss die Gewinnermittlung in Einklang mit dem guten Kaufmannsbrauch stehen,[1402] sodass ebenfalls der Steuerbilanzgewinn durch Betriebsvermögensvergleich bestimmt werden kann.

Nach den Grundsätzen der doppelten Buchführung[1403] muss der Steuerbilanzgewinn durch Betriebsvermögensvergleich zum steuerlichen Jahresüberschuss der Gewinn- und Verlustrechnung identisch sein. Ziel der Gewinn- und Verlustrechnung ist die sachge-

---

[1396] Vgl. *Kozikowski, M./Schubert, W. J.* (2012), § 247 HGB, Tz. 201.

[1397] Vgl. *§ 266 Abs. 3 Bilanzposten B-D HGB*; *Art. 364 Abs. 4* i. V. m. *375 Abs. 1 BW 2*.

[1398] Wird eine Verbindlichkeit mit einer Restlaufzeit von mehr als einem Jahr unverzinslich gewährt, muss diese abgezinst werden. Vgl. *§ 6 Abs. 1 Nr. 3 EStG*.

[1399] Vgl. *§ 6 Abs. 1 Nr. 3 Satz 1 EStG*; *§§ 242 Abs. 1 HGB* i. V. m. *246 Abs. 1 Satz 1 HGB*; *Art. 111 BW 6*.

[1400] Vgl. *Kozikowski, M./Schubert, W. J.* (2012), § 247 HGB, Tz. 235 f.

[1401] Vgl. *§ 8 Abs. 1 Satz 1 KStG* i. V. m. *§ 5 Abs. 1 EStG*; *Art. 8 Abs. 1 Wet Vpb* i. V. m. *Art. 3.8* und *3.25 Wet IB*.

[1402] Vgl. *Art. 8 Abs. 1 Wet Vpb* i. V. m. *Art. 3.8* und *3.25 Wet IB*.

[1403] Zur Erforderlichkeit der doppelten Buchführung bei Kapitalgesellschaften im deutschen Steuerrecht siehe *H 5.2 „Grundsätze ordnungsmäßiger Buchführung (GoB)" EStR*. Im niederländischen Steuerrecht resultiert dies aus dem guten Kaufmannsbrauch gemäß *Art. 3.25 Wet IB*.

rechte, klare und übersichtliche Darstellung des Periodenergebnisses.[1404] Zur besseren Darstellung der Ertrags- und Aufwandsquellen kann bei Anwendung des Gesamtkostenverfahrens das Periodenergebnis in das Ergebnis aus der operativen Geschäftstätigkeit (Betriebsergebnis), das Finanzergebnis, das außerordentliche Ergebnis sowie die Ertragsteuern weiter unterteilt werden.[1405]

Das Betriebsergebnis (EBIT (earings before interest and taxes)) beinhaltet insbesondere die Umsatzerlöse eines Wirtschaftsjahres aus der gewöhnlichen Geschäftstätigkeit.[1406] Des Weiteren sind im Betriebsergebnis auch die sonstigen betrieblichen Erträge (sbE) auszuweisen.[1407] Unter diesen sind insbesondere Erträge aus der Veräußerung und der Nutzungsüberlassung (durch Leasing oder Lizenzierung) von Wirtschaftsgütern des Anlagevermögens zu erfassen, sofern diese Geschäftstätigkeiten nicht das Kerngeschäft des Unternehmens darstellen. Im Rahmen des Gesamtkostenverfahrens sind die operativen Aufwendungen getrennt nach Aufwandsarten von den Erträgen der operativen Geschäftstätigkeit abzusetzen, wobei die operativen Aufwendungen im Wesentlichen aus Material- und Personalaufwendungen sowie Abschreibungen bestehen.[1408] Zudem sind im Betriebsergebnis die sonstigen betrieblichen Aufwendungen (sbA) auszuweisen, welche in einem unmittelbaren Zusammenhang mit der Ausübung der gewöhnlichen Geschäftstätigkeit stehen, jedoch nicht in den anderen Aufwandsarten enthalten sind.[1409] Unter diesen sind u.a. Leasing- und Lizenzgebühren für die Nutzungsüberlassung von Wirtschaftsgütern sowie Verluste aus dem Abgang von Anlagevermögen zu erfassen.[1410]

Das Finanzergebnis bildet neben dem Betriebsergebnis die zweite Komponente des Ergebnisses der gewöhnlichen Geschäftstätigkeit. Im Finanzergebnis werden insbesondere Zinserträge und Zinsaufwendungen sowie Erträge aus Beteiligungen und aus anderen Wertpapieren (Dividenden) ausgewiesen.[1411] Als Zinserträge und Zinsaufwendungen sind insbesondere Zinsen aus der befristeten Überlassung von Fremdkapital sowie die in den Lizenzraten enthaltenen Zinskomponenten ($ZiKo_t^{PL}$) zu berücksichtigen.

[1404] Vgl. *§ 265 HGB*; *Art. 362. Abs. 3 BW 2.*
[1405] Vgl. *§ 275 Abs. 2 HGB*; *Art. 377 Abs. 1* und *Abs. 3 BW 2.*
[1406] Vgl. *§ 275 Abs. 2 Gliederungsposten 1 HGB*; *Art. 377 Abs. 2 Gliederungsposten a* und *Abs. 6 BW 2.*
[1407] Vgl. *§ 275 Abs. 2 Gliederungsposten 4 HGB*; *Art. 377 Abs. 3 Gliederungsposten d BW 2.*
[1408] Vgl. *§ 275 Abs. 2 Gliederungsposten 5-7 HGB*; *Art. 377 Abs. 3 Gliederungsposten e-h BW 2.*
[1409] Vgl. *§ 275 Abs. 2 Gliederungsposten 8 HGB*; *Art. 377 Abs. 3 Gliederungsposten g BW 2.*
[1410] Vgl. *ADS (Hrsg.)* (1997a), § 275 HGB, Rn. 141; *Fröschle, G.* (2012), § 275 HGB, Rn. 159 und 171.
[1411] Vgl. *§ 275 Abs. 2 Gliederungsposten 10, 11, 13 HGB*; *Art. 377 Abs. 3 Gliederungsposten i, k, l BW 2.*

Im Kontext der Besteuerung von Beteiligungserträgen ist im deutschen Steuerrecht § 27 Abs. 1 KStG zu beachten, sofern Ausschüttungen aus dem steuerlichen Einlagekonto geleistet werden. In diesem Fall liegt eine Rückgewähr von Einlagen vor, welche im Unterschied zu Ausschüttungen auf Gesellschafterebene nicht steuerbar ist.[1412] Die Rückgewähr von Einlagen ist erfolgsneutral mit dem Beteiligungsbuchwert zu verrechnen.[1413]

Der Bestand des steuerlichen Einlagekontos[1414] am Ende eines Wirtschaftsjahres ist Gegenstand eines gesonderten Feststellungsverfahrens.[1415] Ausgehend vom Bestand des steuerlichen Einlagekontos am Ende des vorangegangenen Wirtschaftsjahres ist das steuerliche Einlagekonto um Zugänge zu erhöhen und um Leistungen zu vermindern, sofern diese in Summe den ausschüttbaren Gewinn am Ende des vorangegangenen Wirtschaftsjahres übersteigen.[1416] Tab. 6.10 veranschaulicht die Ermittlung des ausschüttbaren Gewinns i. S. v. § 27 Abs. 1 Satz 5 KStG.

	Eigenkapital laut Steuerbilanz
–	gezeichnetes Kapital
–	(positiver) Bestand des steuerlichen Einlagekontos
=	**ausschüttbarer Gewinn (sofern negativ, Ansatz mit Null)**

Tab. 6.10: Ausschüttbarer Gewinn gemäß § 27 Abs. 1 Satz 5 KStG

Als Zugänge[1417] sind Einlagen der Gesellschafter zu erfassen, die nicht zu einer Erhöhung des Nennkapitals bei der (niederländischen[1418]) Tochtergesellschaft geführt haben. Demgegenüber sind Leistungen i. S. d. § 27 Abs. 1 Satz 3 KStG als Auskehrungen, die ihre Ursache im Gesellschaftsverhältnis haben, definiert.[1419]

[1412] Vgl. *§ 20 Abs. 1 Satz 3* i. V. m. *Abs. 8 Satz 1 EStG*. Ergänzend *BFH* (2009), S. 248, Rn. 10; *Gosch, D.* (2009b), § 8b KStG, Rn. 106; *Werning, U.* (2013), § 27 KStG, Rn. 10.

[1413] Vgl. *Dötsch, E.* (2013), § 27 KStG, Rn. 14; *Heger, K.* (2009), § 27 KStG, Rn. 12.

[1414] Das steuerliche Einlagekonto ist außerhalb der Steuerbilanz zu führen. Vgl. *Dötsch, E.* (2013), § 27 KStG, Rn. 28; *Heger, K.* (2009), § 27 KStG, Rn. 12.

[1415] Vgl. *§ 27 Abs. 2 Satz 1 KStG.*

[1416] Vgl. *§ 27 Abs. 1 Satz 2* und *Satz 3 KStG.*

[1417] Zugänge auf dem steuerlichen Einlagekonto resultieren insbesondere aus offenen und verdeckten Einlagen, aus Aufgeldern bei der Ausgabe neuer Gesellschaftsanteile, aus Nachschüssen und sonstigen Leistungen von Gesellschaftern, die unmittelbar in die Kapitalrücklage eingestellt werden sowie aus einem Forderungsverzicht der Gesellschafter. Vgl. *Dötsch, E.* (2013), § 27 KStG, Rn. 28; *Heger, K.* (2009), § 27 KStG, Rn. 13; *Werning, U.* (2013), § 27 KStG, Rn. 21.

[1418] *§ 27 Abs. 8 KStG* eröffnet den Anwendungsbereich einer nicht steuerbaren Einlagenrückgewähr auch für Kapitalgesellschaften, die in einem anderen EU-Mitgliedstaat unbeschränkt steuerpflichtig sind. Voraussetzung hierfür ist, dass die Tochtergesellschaft Leistungen i. S. d. *§ 20 Abs. 1 Nr. 1 EStG* erbringt und ein Einlagekonto nach *§ 27 Abs. 1 Satz 1 KStG* führt. Hierdurch soll eine Ermittlung der Einlagenrückgewähr nach deutschen Grundsätzen sichergestellt werden.

[1419] Vgl. *BMF (Hrsg.)* (2003), S. 366, Rn. 11.

Dem Ergebnis der gewöhnlichen Geschäftstätigkeit ist das außerordentliche Ergebnis hinzuzurechnen, welches außergewöhnliche Erträge und Aufwendungen umfasst.[1420] Erträge und Aufwendungen sind als außergewöhnlich zu qualifizieren, sofern sie „ungewöhnlich in der Art, selten im Vorkommen und von einiger materieller Bedeutung sind [.]“[1421] Unter diesen können beispielsweise Gewinne und Verluste aus der Veräußerung von Betrieben oder eines wesentlichen Betriebsteils sowie Erträge aus einem Forderungsverzicht subsumiert werden.[1422] Des Weiteren können m. E. auch Gewinne oder Verluste aus der Verlagerung einer Funktion im außerordentlichen Ergebnis erfasst werden, sofern diese für das verlagernde Unternehmen von einiger materieller Bedeutung ist.

	Umsatzerlöse	**Betriebsergebnis (EBIT)**
+	Erträge aus dem Abgang von Anlagevermögen (sbE)	
+	Leasing- und Lizenzerträge (sbE)	
–	Materialaufwand	
–	Personalaufwand	
–	planmäßige Abschreibungen	
–	Teilwertabschreibungen	
–	Verluste aus dem Abgang von Anlagevermögen (sbA)	
–	Leasing- und Lizenzaufwendungen (sbA)	
=	**Betriebsergebnis (EBIT)**	
+	Erträge aus Beteiligungen und anderen Wertpapieren	**Finanzergebnis**
+	Zinserträge	
–	Zinsaufwendungen	
=	**Ergebnis der gewöhnlichen Geschäftstätigkeit**	
+/–	außerordentliches Ergebnis	
=	**steuerlicher Jahresüberschuss vor Steuern (EBT)**	
–	Steuern	
=	**steuerlicher Jahresüberschuss**	

Tab. 6.11: Ermittlung des steuerlichen Jahresüberschusses im Gesamtkostenverfahren

Wird das Ergebnis der gewöhnlichen Geschäftstätigkeit um das außerordentliche Ergebnis korrigiert, so ergibt sich der steuerliche Jahresüberschuss vor Steuern. Von die-

1420 Vgl. *§ 277 Abs. 4 HGB*; *Art. 377 Abs. 7 BW 2*. Siehe ergänzend *Fröschle, G.* (2012), § 275 HGB, Tz. 217.

1421 *ADS (Hrsg.)* (1997b), § 277 HGB, Rn. 79.

1422 Vgl. *Fröschle, G.* (2012), § 275 HGB, Tz. 222; *Merkt, H.* (2012), § 277 HGB, Rn. 4; *Wiedmann, H.* (2008), § 277 HGB, Rn. 6.

sem sind in einem letzten Schritt die auf das Wirtschaftsjahr entfallenden Ertragsteuern – ggf. nach Bildung entsprechender Steuerrückstellungen[1423] – abzusetzen.

Tab. 6.11 fasst die Ermittlung des steuerlichen Jahresüberschusses unter Berücksichtigung der für die weiteren Analysen wesentlichen Ertrags- und Aufwandssposten zusammen.

6.2.2.2.3 Außerbilanzielle Hinzurechnungen und Kürzungen

Der Steuerbilanzgewinn ist im Rahmen der Ermittlung des zu versteuernden Einkommens um steuerliche Hinzurechnungen und Kürzungen außerbilanziell zu korrigieren. Die für die folgende quantitative Untersuchung wesentlichen steuerlichen Korrekturvorschriften werden in den nachfolgenden Abschnitten kurz erläutert.

6.2.2.2.3.1 Verrechnungspreiskorrektur

Grenzüberschreitende Geschäftsbeziehungen zwischen verbundenen Unternehmen müssen für steuerliche Zwecke in Einklang mit dem Fremdvergleichsgrundsatz stehen. Weichen die kaufmännischen oder finanziellen Bedingungen von jenen Bedingungen ab, die zwischen unabhängigen Geschäftsparteien unter vergleichbaren Verhältnissen vereinbart worden wären, können die tatsächlich angesetzten Preise auf den Fremdvergleichspreis berichtigt werden.[1424] Darüber hinaus kann auch eine nachträgliche Anpassung der fremdvergleichskonformen Verrechnungspreise vorgenommen werden, sofern der Preisfindung im Bewertungszeitpunkt signifikante Unsicherheiten zugrunde lagen. In diesen Fällen würden nach Auffassung der Finanzverwaltung auch unter Dritten regelmäßig Preisanpassungsklauseln vereinbart werden.[1425]

Die Korrektur nicht fremdüblicher Verrechnungspreise erfolgt außerhalb der Steuerbilanz. Wirkt sich die Zuwendung eines Vorteils auf den Wert eines Wirtschaftsguts oder die Höhe einer Verbindlichkeit aus, sind zunächst die Anschaffungskosten bzw. der Erfüllungsbetrag auf den Fremdvergleichspreis innerbilanziell zu korrigieren. Sofern

---

[1423] Vgl. *§ 249 Abs. 1 HGB*; *Art. 374 Abs. 4 BW 2*. Gemäß Prämisse 5.8 werden im Modell sämtliche Steuerzahlungen unmittelbar am Ende eines Wirtschaftsjahres geleistet, sodass die Bildung von Steuerrückstellungen obsolet ist.

[1424] Vgl. *§ 8 Abs. 3 Satz 2 KStG*; *§ 8 Abs. 3 Satz 3-6 KStG*; *§ 1 AStG*; *Art. 8b Abs. 1 Wet Vpb*. Siehe hierzu auch die Abschnitte 3.1.4 und 3.5.1.2.

[1425] Siehe zur nachträglichen Anpassung der Verrechnungspreise im deutschen Steuerrecht die Abschnitte 3.4 und 4.4 sowie für das niederländische Steuerrecht Abschnitt 3.5.3.

hieraus eine Gewinnveränderung resultiert, ist diese in einem zweiten Schritt außerbilanziell rückgängig zu machen.

6.2.2.2.3.2 Steuerfreie Beteiligungserträge

Erträge aus Schachtelbeteiligungen (insbesondere Dividenden und verdeckte Gewinnausschüttungen) sowie Erträge aus deren Veräußerung sind im deutschen und im niederländischen Steuerrecht steuerfrei. Eine Schachtelbeteiligung ist gemäß § 8b Abs. 1 Satz 1 i. V. m. Abs. 4 Satz 1 KStG anzunehmen, wenn eine Kapitalgesellschaft am Kapital einer anderen Kapitalgesellschaft zu mindestens 10 % beteiligt ist.[1426] Im niederländischen Steuerrecht ist eine Schachtelbeteiligung bereits ab einer Beteiligung am Kapital i. H. v. 5 % anzunehmen.[1427] Das Ziel einer Steuerfreistellung von Erträgen aus Schachtelbeteiligungen liegt darin, Kaskadeneffekte durch eine mehrfache Besteuerung von Ausschüttungen zwischen Kapitalgesellschaften bis zur Endausschüttung an eine natürliche Person zu vermindern.[1428]

Die in unmittelbarem Zusammenhang mit den steuerfreien Beteiligungserträgen stehenden Betriebsausgaben müssten den allgemeinen Besteuerungsgrundsätzen folgend einem Abzugsverbot unterliegen. Aus Vereinfachungsgründen wird im deutschen Steuerrecht allerdings die Anwendbarkeit des § 3c Abs. 1 EStG durch § 8b Abs. 5 Satz 2 KStG explizit ausgeschlossen.[1429] Stattdessen gelten 5 % der steuerfreien Beteiligungserträge pauschal als nicht abzugsfähige Betriebsausgaben.[1430] Die Typisierung ist unwiderlegbar, sodass es effektiv zu einer Steuerfreistellung von 95 % der Beteiligungserträge kommt. Im niederländischen Steuerrecht sind Betriebsausgaben, die in einem unmittelbaren Zusammenhang mit dem Halten einer Beteiligung stehen, grundsätzlich unbeschränkt abzugsfähig. Dies gilt unabhängig davon, dass Dividenden aus

[1426] Die körperschaftsteuerliche Freistellung von Gewinnen aus der Veräußerung einer Kapitalgesellschaftsbeteiligung erfolgt unabhängig von einer Mindestbeteiligungsquote. So auch *Benz, S./Jetter, J.* (2013), S. 492; *Wiese, G. T./Lay, H.* (2013), S. 409.

[1427] Vgl. *Art. 13 Abs. 1-3 Wet Vpb.* Vom Anwendungskreis des Schachtelprivilegs sind Beteiligungen ausgenommen, die als passive Investitionen qualifizieren und in ihrem Ansässigkeitsstaat einer Steuerbelastung von weniger als 10 % unterliegen. Eine passive Investition ist bei Kapitalgesellschaftsbeteiligungen anzunehmen, deren Betriebsvermögen zu mehr als 50 % Wirtschaftsgüter umfasst, die zu passiven Einkünften führen. Siehe *Ernst & Young (Hrsg.)* (2013), S. 911 f.

[1428] Vgl. für weitergehende Ausführungen zur Steuerfreistellung von Beteiligungserträgen nach *§ 8b Abs. 1 KStG* z. B. *Dötsch, E./Pung, A.* (2013), § 8b KStG, Tz. 1-50; *Gosch, D.* (2009b), § 8b KStG, Rn. 100-149i; *Rengers, J.* (2013), § 8b KStG, 100-199.

[1429] Im Zusammenhang mit Streubesitzdividenden stehende Betriebsausgaben sind hingegen steuerlich uneingeschränkt abzugsfähig. Vgl. *Benz, S./Jetter, J.* (2013), S. 492; *Wiese, G. T./Lay, H.* (2013), S. 408.

[1430] Vgl. *§ 8b Abs. 5 Satz 1 KStG.*

Schachtelbeteiligungen von der Körperschaftsteuer befreit sind.[1431] Ein steuerliches Abzugsverbot besteht jedoch für Betriebsausgaben, die unmittelbar aus dem Erwerb oder der Veräußerung einer Schachtelbeteiligung resultieren.[1432]

Beteiligungserträge sowie Erträge aus der Veräußerung von Schachtelbeteiligungen sind ebenso wie die damit zusammenhängenden Betriebsausgaben in der Steuerbilanz erfolgswirksam zu erfassen.[1433] Die Korrektur der steuerfreien Erträge und der nicht abziehbaren Betriebsausgaben erfolgt in einem zweiten Schritt außerhalb der Steuerbilanz im Rahmen der Ermittlung des zu versteuernden Einkommens.

6.2.2.2.3.3 Steuerliche Förderung von Forschung und Entwicklung

Im niederländischen Steuerrecht sind im Wesentlichen drei Maßnahmen zur Förderung forschungsintensiver Unternehmen kodifiziert: die Verminderung der abzuführenden Lohnsteuer- und Sozialversicherungsabgaben, der F&E-Abzugsbetrag sowie die Innovationsbox.

Durch die Verminderung der abzuführenden Lohnsteuer- und Sozialversicherungsabgaben gemäß Art. 23 WVA werden forschende Unternehmen finanziell entlastet.[1434] Hierdurch tritt während der F&E-Phase eine liquiditätsschonende Wirkung ein. Infolge einer Verminderung der Lohnsteuer- und Sozialversicherungsabgaben können die Personalaufwendungen steuerbilanziell nur mit einem reduzierten Betrag in Abzug gebracht werden. Darüber hinaus sind keine weiteren körperschaftsteuerlichen Berichtigungen im Zusammenhang mit dieser Fördermaßnahme durchzuführen.

Der F&E-Abzugsbetrag sieht einen zusätzlichen Betriebsausgabenabzug für qualifizierende F&E-Aufwendungen und Investitionsausgaben i. H. v. 54 % vor.[1435] Er ist außerhalb der Steuerbilanz bei der Ermittlung des zu versteuernden Einkommens einkommensmindernd zu erfassen. Bei einem Körperschaftsteuersatz von 25 % führt dieser zu einer effektiven Begünstigung der qualifizierenden F&E-Aufwendungen und Investitionsausgaben i. H. v. 13,5 %.

[1431] Vgl. *Müller, J.* (2007), S. 227-246.
[1432] Vgl. *Art. 13 Abs. 1 Wet Vpb.*
[1433] Siehe Abschnitt 6.2.2.2.2.
[1434] Vgl. Abschnitt 4.1.6.2.1.
[1435] Siehe zum F&E-Abzugsbetrag Abschnitt 4.1.6.2.2.

Des Weiteren werden forschende Unternehmen durch die Innovationsbox, deren Inanspruchnahme eine erfolgreiche Beendigung der F&E-Tätigkeit voraussetzt, steuerlich gefördert.[1436] Bei Anwendung der Innovationsbox werden 80 % der Nettoerträge aus der Verwertung selbst entwickelter immaterieller Wirtschaftsgüter von der Körperschaftsteuer befreit, sobald die Nettoverwertungserträge eine Begünstigungsschwelle übersteigen. Die Nettoverwertungserträge sind ab diesem Zeitpunkt außerhalb der Steuerbilanz bei der Ermittlung des zu versteuernden Einkommens um 80 % zu kürzen. Unter Berücksichtigung eines Körperschaftsteuersatzes von 25 % unterliegen die Nettoverwertungserträge einer effektiven Steuerbelastung von 5 %.

6.2.2.2.3.4 Steuern

Im Rahmen der Ermittlung des Steuerbilanzgewinns müssen Ertragsteuern ergebniswirksam berücksichtigt werden.[1437] Ertragsteuern stellen allerdings sowohl in Deutschland nach § 10 Nr. 2 KStG und § 4 Abs. 5b EStG als auch in den Niederlanden gemäß Art. 10 Abs. 1 Buchst. e Wet Vpb steuerlich nicht abzugsfähige Betriebsausgaben dar, weshalb diese das zu versteuernde Einkommen nicht mindern. Sie werden dem Steuerbilanzgewinn in einem zweiten Schritt außerbilanziell wieder hinzugerechnet.

Tab. 6.12 zeigt die Ermittlung des zu versteuernden Einkommens, wobei die Darstellung auf Posten beschränkt ist, die in besonderem Maße für die Verlagerung und die Ausübung einer F&E-Funktionen relevant sind.[1438]

	steuerlicher Jahresüberschuss
–	verdeckte Einlagen
+	verdeckte Gewinnausschüttungen
+/(–)	Hinzurechnungen/(Kürzungen) nach § 1 AStG (DT)
+/–	Hinzurechnungen/Kürzungen im Zusammenhang mit Beteiligungserträgen
–	F&E-Abzugsbetrag (NL)
–	Kürzungen aus der Anwendung der Innovationsbox (NL)
+	Steuern
=	**zu versteuerndes Einkommen**

Tab. 6.12: Ermittlung des zu versteuernden Einkommens

[1436] Siehe zur Innovationsbox Abschnitt 4.1.6.2.3.

[1437] Vgl. Abschnitt 6.2.2.2.2.

[1438] In Tab. 6.12 werden steuerliche Korrekturvorschriften, welche nur in Deutschland oder nur in den Niederlanden zur Anwendung kommen, mit DT bzw. NL gekennzeichnet.

Die Körperschaftsteuer beträgt in Deutschland 15 %[1439] und in den Niederlanden i. d. R. 25 %[1440] des zu versteuernden Einkommens. Über die Körperschaftsteuer hinaus werden Kapitalgesellschaften in Deutschland durch die Erhebung eines Solidaritätszuschlags belastet. Dieser bemisst sich aus dem Zuschlagsatz von 5,5 % auf die festgesetzte Körperschaftsteuer.[1441]

6.2.2.3 Ermittlung des Gewerbeertrags

In Deutschland wird zusätzlich zur Körperschaftsteuer und dem Solidaritätszuschlag eine Gewerbesteuer für im Inland betriebene Gewerbebetriebe durch die Gemeinden[1442] erhoben.[1443] Kapitalgesellschaften unterliegen als Gewerbebetrieb kraft Rechtsform stets der Gewerbesteuer.[1444] Ausgangspunkt für die Erhebung der Gewerbesteuer ist der Gewerbeertrag.[1445] Dieser ergibt sich aus dem nach einkommen- und körperschaftsteuerlichen Vorschriften ermittelten steuerlichen Gewinn, welcher um die in §§ 8 und 9 GewStG bezeichneten Beträge korrigiert werden muss.[1446]

In § 8 GewStG sind Beträge aufgeführt, welche bei der Ermittlung des Gewinns abgesetzt worden sind und für die Bestimmung des Gewerbeertrags wieder hinzugerechnet werden müssen.[1447] Im Zusammenhang mit einer Outbound-Verlagerung von F&E-Funktionen können insbesondere die folgenden Hinzurechnungsbeträge von Bedeutung sein:

- *§ 8 Nr. 1 Buchst. a GewStG*: Hinzurechnung von 25 % der Schuldentgelte, soweit die Hinzurechnungsbeträge nach § 8 Nr. 1 GewStG insgesamt 100.000 € übersteigen. Hinzurechnungsrelevant sind Schuldentgelte, wenn eine Belastung als betriebliche Verpflichtung gegenüber einem Dritten rechtlich entstanden

[1439] Vgl. *§§ 7 Abs. 1* i. V. m. *23 Abs. 1 KStG*.
[1440] Vgl. *Art. 7 Abs. 1* i. V. m. *Art. 22 Wet Vpb.* Sofern das zu versteuernde Einkommen einer Kapitalgesellschaft geringer ist als 200.000 €, kommt ein Steuersatz von 20 % zur Anwendung.
[1441] Vgl. *§§ 3 Abs. 1 Nr. 1* i. V. m. *4 Satz 1 SolZG*.
[1442] Vgl. *§ 1 GewStG*.
[1443] Vgl. *§ 2 Abs. 1 Satz 1 GewStG*.
[1444] Vgl. *§ 2 Abs. 2 Satz 1 GewStG*.
[1445] Vgl. *§ 6 GewStG*.
[1446] Vgl. *§ 7 Satz 1 GewStG*.
[1447] Siehe für eine Darstellung der hinzurechnungspflichtigen Beträge *Hofmeister, F.* (2013), § 8 GewStG.

oder wirtschaftlich verursacht ist.[1448] Entgelte für Schulden sind z. B. Fremdkapitalzinsen sowie die in Lizenzraten enthaltenen Zinskomponenten ($ZiKo_t^{PL}$).[1449]

- *§ 8 Nr. 1 Buchst. f GewStG*: Korrektur um 6,25 % der zeitlich befristeten Überlassung von Rechten, soweit die Hinzurechnungsbeträge nach § 8 Nr. 1 GewStG insgesamt 100.000 € übersteigen. Hiervon ausgenommen sind z. B. Aufwendungen für die Überlassung ungeschützter Erfindungen, Know-how sowie Durchleitungsrechte, welche den Lizenznehmer dazu berechtigen, daraus abgeleitete Rechte Dritten zur Nutzung zu überlassen.[1450]
- *§ 8 Nr. 5 GewStG*: Hinzurechnung der steuerfreien Beteiligungserträge abzüglich der pauschalen Betriebsausgaben gemäß § 8b Abs. 1 und Abs. 5 KStG, sofern nicht eine Mindestbeteiligung an einer im EU-Ausland ansässigen Kapitalgesellschaft i. H. v. 10 % gemäß § 9 Nr. 7 GewStG besteht. Streubesitzdividenden werden somit nicht von der Gewerbesteuer befreit.[1451]

§ 9 GewStG normiert Beträge, welche bei der Ermittlung des Gewerbeertrags zu kürzen sind.[1452] Von besonderer Bedeutung für Funktionsverlagerungen ist § 9 Nr. 2a und Nr. 7 GewStG, welcher die Beteiligungsgrenzen für das gewerbesteuerliche Schachtelprivileg regelt. Des Weiteren wird hierin normiert, dass Beteiligungserträge, die bei der Ermittlung des körperschaftsteuerlichen Gewinns berücksichtigt wurden, gewerbesteuerlich zu kürzen sind. Für Schachtelbeteiligungen, die im Betriebsvermögen einer Kapitalgesellschaft gehalten werden, ergibt sich aus § 9 Nr. 2a und Nr. 7 GewStG infolge der Steuerfreistellung nach § 8b Abs. 1 KStG jedoch kein Kürzungsbedarf. Ergänzend stellt § 9 Nr. 2a Satz 4 und Nr. 7 Satz 3 GewStG klar, dass die pauschalierten Betriebsausgaben nach § 8b Abs. 5 KStG für Zwecke der Gewerbesteuer nicht berichtigt werden dürfen.[1453]

[1448] Vgl. *Hofmeister, F.* (2013), § 8 GewStG, Rn. 36.

[1449] Vgl. *Hofmeister, F.* (2013), § 8 GewStG, Rn. 42; *Oberste Finanzbehörden der Länder (Hrsg.)* (2012), S. 654, Rn. 8-24a; *R 8.1 Abs. 1 GewStR*.

[1450] Vgl. *Hofmeister, F.* (2013), § 8 GewStG, Rn. 290-294; *Oberste Finanzbehörden der Länder (Hrsg.)* (2012), S. 654, Rn. 33-42. Siehe diesbezüglich auch Prämisse 2.6.

[1451] Trotz der Neuregelung in *§ 8b Abs. 4 Satz 1 KStG* zur körperschaftsteuerlichen Behandlung von Streubesitzdividenden ist für gewerbesteuerliche Zwecke auch weiterhin das Schachtelprivileg nach *§§ 8 Nr. 5* i. V. m. *9 Nr. 2a* und *Nr. 7 GewStG* gesondert zu prüfen. So auch *Benz, S./Jetter, J.* (2013), S. 493.

[1452] Siehe für eine Darstellung der kürzungspflichtigen Beträge *Gosch, D.* (2013), § 9 GewStG.

[1453] Siehe auch *Gosch, D.* (2013), § 9 GewStG, Rn. 184a.

Die Bemessungsgrundlage für die Gewerbesteuer bildet der Gewerbesteuermessbetrag.[1454] Dieser ist durch Multiplikation der Steuermesszahl mit dem auf volle 100 €[1455] abgerundeten Gewerbeertrag i. S. v. § 10 Abs. 1 GewStG zu ermitteln.[1456] Die Steuermesszahl für den Gewerbeertrag beträgt 3,5 %.[1457] Die Gewerbesteuer wird auf Basis des Steuermessbetrags und eines gemeindespezifischen Hebesatzes festgesetzt.[1458] Den weiteren Untersuchungen wird ein durchschnittlicher gemeindespezifischer Hebesatz von 390 % zugrunde gelegt.

Unter Vernachlässigung der Hinzurechnungen und Kürzungen nach §§ 8 und 9 GewStG ergibt sich eine Gesamtbelastung mit Ertragsteuern für in Deutschland ansässige Kapitalgesellschaften von durchschnittlich 29,475 % (Unternehmensteuersatz).[1459] Ein Vergleich der durchschnittlichen Unternehmensteuersätze zwischen Deutschland und den Niederlanden zeigt, dass der durchschnittliche Unternehmensteuersatz in den Niederlanden jenen in Deutschland um 4,475 Prozentpunkte unterschreitet.

6.3 Erklärungsmodell

Erklärungsmodelle beschreiben Ursache-Wirkungs-Zusammenhänge zwischen unabhängigen Parametern (Handlungsalternativen und Umweltzustände) und davon abhängigen Variablen (Vermögensendwerte).[1460] Erst die Verknüpfung von Handlungsalternativen und Umweltzuständen, verbunden mit der Identifikation wesentlicher Wirkungszusammenhänge zwischen den unterschiedlichen Einflussfaktoren, ermöglichen eine Quantifizierung der Steuerwirkungen aus den einzelnen Handlungsalternativen sowie deren Auswirkungen auf die jeweiligen Vermögensendwerte. Zur Isolation der steuerlichen Auswirkungen einer Outbound-Verlagerung von F&E-Funktionen sind sowohl dem verlagernden als auch dem aufnehmenden Unternehmen identische ökonomische Einflussfaktoren zugrunde zu legen.[1461] Abweichungen zwischen den Vermögensendwerten sind somit ausschließlich auf die unterschiedlichen Verlagerungsformen und die daraus resultierenden Besteuerungs- und Zinswirkungen zurückzuführen.

[1454] Vgl. *§ 14 GewStG.*
[1455] Siehe *§ 11 Abs. 1 Satz 3 GewStG.*
[1456] Vgl. *§ 11 Abs. 1 Satz 2 GewStG.*
[1457] Vgl. *§ 11 Abs. 2 GewStG.*
[1458] Vgl. *§ 16 Abs. 1 GewStG.*
[1459] Siehe zur Ermittlung des vereinfachten durchschnittlichen Unternehmensteuersatzes in Deutschland Formel (5.4) auf S. 215.
[1460] So z. B. *Klein, R./Scholl, A.* (2011), S. 33.
[1461] Siehe hierzu Abschnitt 6.1.4.

Im Folgenden werden in Abschnitt 6.3.1 zunächst verschiedene Besteuerungseffekte, welche im Zusammenhang mit der Verlagerung einer F&E-Funktion in die Niederlande von besonderer Bedeutung sind, abgegrenzt. Anschließend erfolgt in Abschnitt 6.3.2 die Ermittlung der Steuerwirkungen im Zusammenhang mit der Verlagerung und der Ausübung einer F&E-Funktion im Vergleich zur Unterlassungsalternative für einen Basisfall. Da die ökonomischen Einflussfaktoren i. d. R. mehrwertig und somit unsicher sind, werden in Abschnitt 6.3.3 mithilfe von Wenn-Dann-Analysen über Sensitivitätsanalysen die steuerlichen Auswirkungen aus einer Variation F&E-spezifischer Einflussparameter bestimmt. Hierdurch können zusätzliche Informationen über die Konsequenzen verschiedener Ausprägungen der Einflussfaktoren gewonnen werden, die eine bessere Beurteilung der Funktionsverlagerung und der damit verbundenen Unsicherheit ermöglichen.[1462]

6.3.1 Abgrenzung maßgeblicher Besteuerungs- und Zinseffekte

Im Zusammenhang mit der grenzüberschreitenden Verlagerung einer F&E-Funktion und deren Ausübung können sich in Abhängigkeit von den zugrunde liegenden Handlungsalternativen differierende Auswirkungen auf die Gesamtsteuerbelastung ergeben. Da die Verlagerung zwischen verbundenen Unternehmen eines multinationalen Konzerns stattfindet, sind sowohl die Steuerwirkungen auf Ebene der niederländischen Tochtergesellschaft als auch die Steuerwirkungen auf Ebene der deutschen Muttergesellschaft in die Betrachtung einzubeziehen. Aufgrund unterschiedlicher steuerlicher Rahmenbedingungen in den betrachteten Ländern können sich aus den Geschäftsbeziehungen (insbesondere der Funktionsverlagerung) sowie den gesellschaftsrechtlichen Verflechtungen zwischen den verbundenen Unternehmen für den multinationalen Konzern Besteuerungseffekte ergeben, welche nachstehend erläutert werden.

Die Gewinne aus der Verlagerung einer F&E-Funktion unterliegen beim verlagernden deutschen Mutterunternehmen der Besteuerung. Dazu korrespondierend sind im Falle einer Übertragung des rechtlichen und/oder wirtschaftlichen Eigentums die Abschreibungen auf die Bestandteile des Transferpakets bzw. im Falle einer Nutzungsüberlassung die fremdüblichen Lizenzentgelte beim aufnehmenden niederländischen Tochterunternehmen einkommensmindernd zu berücksichtigen. Aufgrund der Differenz der durchschnittlichen Unternehmensteuersätze in Deutschland (29,475 %) und in den Nie-

[1462] Vgl. etwa *Rehkugler, H./Schindel, V.* (1990), S. 110-116; *Spengel, C.* (1995), S. 163.

derlanden (25 %) i. H. v. 4,475 Prozentpunkten resultiert ein Unternehmensteuersatzeffekt, welcher sich bei Funktionsverlagerungen von Deutschland in die Niederlande für den multinationalen Konzern grundsätzlich negativ auswirkt.

Gemäß § 1 Abs. 3 Satz 11 und 12 AStG ist eine nachträgliche Anpassung des ursprünglich vereinbarten Verrechnungspreises für das verlagerte Transferpaket vorzunehmen, wenn es innerhalb eines Überwachungszeitraums von zehn Jahren nach der Verlagerung zu einer erheblichen Veränderung der Gewinnentwicklung kommt.[1463] Nicht in den Anwendungsbereich der gesetzlichen Preisanpassungsklausel fallen umsatzabhängige Lizenzvereinbarungen, da diese nach § 9 FVerlV als alternativer Preisanpassungsmechanismus qualifizieren. Eine Verrechnungspreiskorrektur kann nach § 10 FVerlV sowohl zugunsten als auch zuungunsten des verlagernden deutschen Unternehmens erfolgen.[1464] Infolge der Unternehmensteuersatzdifferenz zwischen Deutschland und den Niederlanden resultiert für den multinationalen Konzern aus einer nachträglichen Preisanpassung zugunsten des deutschen Mutterunternehmens insgesamt ein positiver Unternehmensteuersatzeffekt und aus einer nachträglichen Preisanpassung zuungunsten des deutschen Mutterunternehmens insgesamt ein negativer Unternehmensteuersatzeffekt.

Im Falle einer Übertragung des rechtlichen und/oder wirtschaftlichen Eigentums an den Bestandteilen des Transferpakets ist beim verlagernden deutschen Mutterunternehmen ein Veräußerungsgewinn im Jahr der Verlagerung zu versteuern, während beim aufnehmenden niederländischen Tochterunternehmen eine Steuerentlastung durch Abschreibungen erst im Zeitablauf eintritt. Dem negativen Besteuerungseffekt aus der Aufdeckung der stillen Reserven stehen zeitlich nachgelagert abschreibungsbedingte Steuervorteile gegenüber. Hierdurch kommt es zu einem negativen Timing-Effekt.[1465] Bei einer Nutzungsüberlassung der Bestandteile des Transferpakets stellt sich hingegen kein negativer Timing-Effekt ein, da die Lizenzraten i. Allg. bei beiden Geschäftsparteien steuerlich phasengleich berücksichtigt werden.

Ausschüttungen des niederländischen Tochterunternehmens sind beim deutschen Mutterunternehmen nach § 8b Abs. 1 Satz 1 KStG grundsätzlich steuerfrei. Gemäß

[1463] Siehe zu den Tatbestandsmerkmalen des *§ 1 Abs. 3 Satz 11 und 12 AStG* auch Abschnitt 3.4.1.

[1464] Siehe hierzu die Ausführungen in den Abschnitt 3.4.1 und 4.4. Eine nachträgliche Korrektur zugunsten des Steuerpflichtigen setzt allerdings, wie im vorliegenden Fall (siehe Prämisse 5.6), eine Erstkorrektur nach § 1 Abs. 1 AStG voraus. Vgl. auch *Kraft, G.* (2009), § 1 AStG, Rn. 480.

[1465] Vgl. etwa *Bredow, A. v.* (2011), S. 218 f.; *Scheffler, W.* (2009), S. 547; *Zimmermann, P.* (2013), S. 199.

§ 8b Abs. 5 Satz 1 KStG gelten jedoch 5 % des Ausschüttungsbetrags pauschal als nicht abzugsfähige Betriebsausgaben, sodass es effektiv nur zu einer Steuerfreistellung i. H. v. 95 % kommt.[1466] Die Ausschüttungen unterliegen daher einer teilweisen Doppelbesteuerung, woraus für den multinationalen Konzern ein negativer Ausschüttungseffekt resultiert. Davon ausgenommen sind steuerfreie Kapitalrückzahlungen aus dem steuerlichen Einlagekonto gemäß § 27 Abs. 1 KStG.

Im Zusammenhang mit einer Anwendung der Innovationsbox gemäß Art. 12b Wet Vpb sind Aufwendungen, die in einer unmittelbaren Beziehung zur Entwicklung eines begünstigten immateriellen Wirtschaftsguts stehen, in eine Begünstigungsschwelle einzubeziehen. Fallen derartige Aufwendungen erst nach Abschluss der F&E-Phase an (z. B. umsatzabhängige Lizenzraten für die Nutzungsüberlassung der Bestandteile des Transferpakets) mindern diese unmittelbar die Nettoverwertungserträge. In beiden Konstellationen bewirken die Mehraufwendungen aus dem Verlagerungsvorgang, dass die Begünstigungsschwelle zu einem späteren Zeitpunkt überschritten wird. Ergo unterliegt ein geringerer Teil der Nettoverwertungserträge den Steuerbegünstigungen der Innovationsbox. Infolge der negativen Auswirkungen der verlagerungsinduzierten Mehraufwendungen auf die Inanspruchnahme der Innovationsbox sind diese Mehraufwendungen bei einer Gesamtbetrachtung der Steuerwirkungen effektiv nur zu 20 % steuerlich abzugsfähig. Der eingeschränkten Abzugsfähigkeit beim niederländischen Tochterunternehmen steht eine vollumfängliche Besteuerung der verlagerungsinduzierten Erträge beim deutschen Mutterunternehmen gegenüber, sodass es insoweit für den multinationalen Konzern zu einem negativen Bemessungsgrundlageneffekt kommt.

Im Simulationsmodell werden finanzielle Verbindlichkeiten annahmegemäß[1467] mit einem höheren Zinssatz als Finanzanlagen verzinst. Aus dieser Zinssatzdifferenz kann sich ein negativer Effekt auf den Vermögensendwert ergeben, sofern die finanziellen Verbindlichkeiten beim deutschen Mutterunternehmen infolge positiver Steuerwirkungen aus der nachträglichen Verrechnungspreiskorrektur vollständig getilgt werden und sich aufgrund der korrespondierenden negativen Steuerwirkungen die finanziellen Verbindlichkeiten beim niederländischen Tochterunternehmen gleichzeitig erhöhen. Bedingt durch den höheren Fremdkapitalzinssatz übersteigt in der Folgezeit der Mehrbetrag an Zinsaufwendungen beim niederländischen Tochterunternehmen den Mehrbetrag

---

[1466] Ausführlich hierzu siehe Abschnitt 6.2.2.2.3.2.

[1467] Vgl. Abschnitt 6.2.2.1.2.4.

an Zinserträgen beim deutschen Mutterunternehmen. Die daraus resultierenden Auswirkungen auf den Vermögensendwert werden im Folgenden als negativer Zinssatzeffekt bezeichnet. Dem negativen Zinssatzeffekt kommt eine zunehmende Bedeutung zu, wenn die negativen Steuerwirkungen aus dem Verlagerungsvorgang – und damit verbunden auch der Liquiditätsbedarf – beim deutschen Mutterunternehmen sinken. Der negative Zinssatzeffekt ist daher bei einer ETÜ i. Allg. ausgeprägter als bei einer PL und bei einer PL i. d. R. stärker als bei einer PL-NÜ.[1468]

6.3.2 Basisfall

Die quantitative Untersuchung basiert auf einer kasuistischen Veranlagungssimulation, der im Basisfall die in Abschnitt 6.2.2.1 beschriebenen ökonomischen Ausgangsdaten zugrunde liegen. Die hieraus abgeleiteten Ergebnisse erlauben grundsätzlich keine direkte Rückbeziehung der Steuerwirkungen auf einzelne ökonomische Einflussfaktoren, da die Steuerwirkungen nur aggregiert in einer Veränderung der Gesamtsteuerbelastung getrennt nach Steuerarten abgebildet werden.[1469] Zur Gewinnung zusätzlicher Erkenntnisse über die Struktur der Besteuerung in den betrachteten Ländern sowie über die maßgebenden Einflussfaktoren für die Steuerbelastungsunterschiede in den einzelnen Verlagerungsalternativen erfolgt eine eingehende Auseinandersetzung mit den Wirkungszusammenhängen im Modell und deren Einfluss auf den Vermögensendwert.

Ausgehend von einem Trendszenario werden bereits im Basisfall für alle Handlungsalternativen verschiedene weitere Verwertungs- und Abbruchsszenarien unterschieden. Diese Differenzierung ermöglicht eine erste Analyse der Auswirkungen der F&E-spezifischen Risiken auf die Besteuerung und die Vermögensendwerte. Da die betrieblichen Aktivitäten zwischen der F&E-Phase und der Verwertungsphase grundlegend voneinander abweichen, werden die Steuerwirkungen in diesen beiden Phasen getrennt voneinander analysiert. Zur Erlangung detaillierter Informationen über die steuerlichen Belastungs- und Entlastungswirkungen wird des Weiteren zwischen den phasenbezogenen Steuerwirkungen auf Ebene des niederländischen Tochterunternehmens und auf Ebene des deutschen Mutterunternehmens differenziert.

[1468] Bei einer UL-NÜ kann der negative Zinssatzeffekt hingegen nicht eintreten, da es in Ermangelung einer Anwendung der nachträglichen Preisanpassungsklausel zu keinen positiven Steuerwirkungen aus dem Verlagerungsvorgang kommen kann.

[1469] Siehe etwa *Kußmaul, H.* (2010), S. 471 f.; *Rose, G.* (1992), S. 38.

In Abb. 6.2 wird die Struktur der nachfolgenden Steuerwirkungsanalyse für den Basisfall grafisch veranschaulicht.

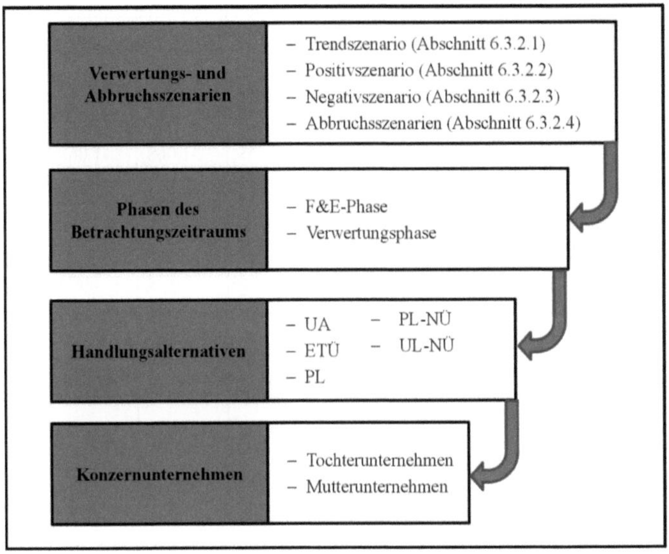

Abb. 6.2: Strukturierung der Steuerwirkungsanalyse im Basisfall

6.3.2.1 Trendszenario

Das Trendszenario setzt einen erfolgreichen Abschluss der F&E-Tätigkeit voraus und unterstellt eine durchschnittliche Verwertungsmöglichkeit für die F&E-Ergebnisse. Der Gesamtsteuereffekt für den multinationalen Konzern im Trendszenario aus der Ausübung einer F&E-Funktion sowie der Verwertung der F&E-Ergebnisse wird in den einzelnen Verlagerungsalternativen sowie der Unterlassungsalternative in Tab. 6.13 dargestellt.[1470] Des Weiteren erfolgt eine Aufspaltung des Gesamtsteuereffekts in die Steuerwirkungen auf Ebene des niederländischen Tochterunternehmens sowie in die Steuerwirkungen auf Ebene des deutschen Mutterunternehmens.[1471] Als dritte Komponente des Gesamtsteuereffekts werden die Zinseffekte aus der Besteuerung, welche sich in einer unterschiedlichen Höhe der Zinssalden widerspiegeln, abgebildet.[1472]

[1470] Die Beträge werden im Folgenden auf volle T€ kaufmännisch gerundet.

[1471] In Bezug auf die Steuerwirkungen in Tab. 6.13 stehen negative Werte für eine Steuerentlastung und positive Werte für eine Steuerbelastung.

[1472] Diesbezüglich steht ein negatives Vorzeichen für einen positiven Zinseffekt und ein positives Vorzeichen für einen negativen Zinseffekt. Die Werte in den nachfolgenden Tabellen lauten stets auf T€.

	(Beträge in T€)	UA	ETÜ	PL	PL-NÜ	UL-NÜ
	Endwert vor Steuern	40.919	40.919	40.919	40.919	40.919
–	Endwert nach Steuern	29.934	45.252	45.089	44.558	40.368
=	**Steuerwirkung (gesamt)**	10.985	-4.333	-4.170	-3.639	551
	Ebene des Tochterunternehmens					
	KSt	0	49	25	-49	-776
+	Verminderung der Lohnsteuer- und Sozialversicherungsabgaben	0	-1.068	-1.068	-1.068	-1.068
=	Steuerwirkung (NL)	0	-1.019	-1.043	-1.117	-1.844
	Ebene des Mutterunternehmens					
	KSt	6.413	1.665	1.724	2.003	4.050
+	SolZ	353	92	95	110	223
+	GewSt	6.055	1.527	1.584	1.847	3.693
=	Steuerwirkung (DT)	12.821	3.284	3.403	3.960	7.966
	Zinsdifferenz gegenüber dem Endwert vor Steuern					
	Tochterunternehmen	0	4.983	4.895	4.546	4.938
+	Mutterunternehmen	-1.836	-11.581	-11.425	-11.028	-10.509
=	Zinsdifferenz	-1.836	-6.598	-6.530	-6.482	-5.571
=	**Steuerwirkung (gesamt)**	10.985	-4.333	-4.170	-3.639	551

Tab. 6.13: Steuerbelastungsvergleich im Trendszenario

Der Vergleich der Steuerwirkungen für den multinationalen Konzern aus Tab. 6.13 zeigt, dass sich die Steuerwirkungen zwischen der Unterlassungsalternative (UA) und den Verlagerungsalternativen z. T. erheblich unterscheiden. Die signifikant geringeren Steuerbelastungen in den Verlagerungsalternativen sind im Wesentlichen auf die Möglichkeit einer Inanspruchnahme der steuerlichen F&E-Förderungen in den Niederlanden zurückzuführen. Diese Steuervorteile werden bei einer UL-NÜ im Trendszenario infolge hoher umsatzabhängiger Lizenzraten, welche einen ausgeprägten negativen Unternehmensteuersatz- und Bemessungsgrundlageneffekt bewirken, wesentlich abgeschwächt. Folglich sinken die Vermögensendwerte aufgrund einer steigenden Gesamtsteuerbelastung.

Aufgrund der Vermögensendwertbetrachtung und des langen Betrachtungszeitraums ergeben sich erhebliche Zinseffekte aus der Besteuerung.[1473] Diese werden maßgeblich durch die Höhe sowie den Zeitpunkt der erzielten Steuervorteile determiniert. Insofern spiegeln die Zinsunterschiede zwischen einer Ausübung der F&E-Funktion mit Berücksichtigung der Besteuerungseffekte und einer Ausübung der F&E-Funktion ohne Berücksichtigung der Besteuerungseffekte die insgesamt eintretenden Zinseffekte aus der Besteuerung wider. Das Ausmaß der Zinswirkungen korrespondiert mit dem Umfang der erzielbaren Steuervorteile. Infolge der umfassenden steuerlichen F&E-Förderungen in den Niederlanden und den daraus resultierenden positiven Zinseffekten kann in Abhängigkeit von der zugrunde liegenden Verlagerungsform der Vermögensendwert nach Berücksichtigung der Steuerwirkungen sogar den Vermögensendwert ohne Berücksichtigung der Steuerwirkungen übersteigen.

Die relative Veränderung der Vermögensendwerte der Verlagerungsalternativen gegenüber dem Vermögensendwert der Unterlassungsalternative wird in Abb. 6.3 dargestellt.

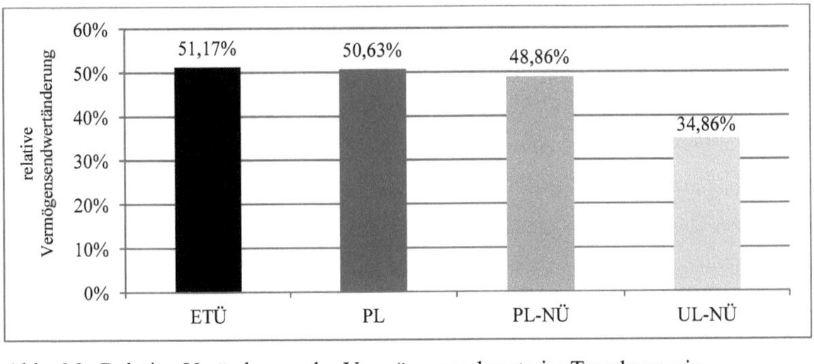

Abb. 6.3: Relative Veränderung der Vermögensendwerte im Trendszenario

[1473] Die Fremdkapital- und Anlagezinsen wirken sich bei absoluter Betrachtung erheblich auf die Höhe der Vermögensendwerte aus. Da im Rahmen dieser Arbeit relative Größen im Fokus der Betrachtung stehen und sowohl den Verlagerungsalternativen als auch der Unterlassungsalternative dieselben Zinssätze zugrunde gelegt werden, ist die absolute Höhe der Fremdkapital- und Anlagezinssätze für die Analyse der Steuerwirkungen sowie die Beurteilung der Verlagerungsentscheidung von untergeordneter Bedeutung.

6.3.2.1.1 Steuerwirkungen aus der Ausübung der F&E-Tätigkeit

6.3.2.1.1.1 Unterlassungsalternative

Bei einer unveränderten Fortführung der F&E-Funktion durch das deutsche Mutterunternehmen muss das niederländische Tochterunternehmen nicht in die Betrachtung einbezogen werden. Es erfolgt daher eine Fokussierung auf die Besteuerungseffekte beim deutschen Mutterunternehmen, welche während der F&E-Phase insbesondere auf die operativen Aufwendungen zur Ausübung der F&E-Funktion, die Abschreibungen sowie die Fremdfinanzierungsaufwendungen zurückzuführen sind.

Operative Aufwendungen zur Ausübung der F&E-Funktion

Für selbst entwickelte immaterielle Wirtschaftsgüter besteht steuerrechtlich ein Aktivierungsverbot gemäß § 5 Abs. 2 EStG. Die F&E-Aufwendungen mindern unmittelbar die steuerliche Bemessungsgrundlage. Diesen Aufwendungen stehen während der F&E-Phase i. d. R. keine Verwertungserträge gegenüber, sodass die funktionsbezogene Steuerbemessungsgrundlage negativ ist. Entsprechend den Untersuchungsprämissen[1474] resultiert eine negative funktionsbezogene Steuerbemessungsgrundlage in einer Steuererstattung auf Funktionsebene. Aus der steuerlichen Abzugsfähigkeit der operativen F&E-Aufwendungen i. H. v. 19.056 T€[1475] während der F&E-Phase entsteht ein positiver Steuereffekt von 5.617 T€. Gegenüber einer Funktionsausübung ohne Berücksichtigung der Besteuerungseffekte folgt hieraus eine Erhöhung des Vermögensendwerts.

Abschreibungen

In der Unterlassungsalternative sind der F&E-Funktion zu Beginn des Betrachtungszeitraums annahmegemäß[1476] materielle Wirtschaftsgüter mit einem Buchwert i. H. v. 100 T€ zuzurechnen. Diese werden über fünf Jahre linear abgeschrieben und mindern die Steuerbemessungsgrundlage pro Jahr um 20 T€. Daraus resultiert eine vollständige Amortisation der Anschaffungskosten während der F&E-Phase. Der Steuereffekt aus einer Abschreibung der materiellen Wirtschaftsgüter beträgt 29,475 T€.

[1474] Vgl. Prämisse 2.4.

[1475] Siehe Tab. 6.5 auf S. 284.

[1476] Siehe Tab. 6.4 auf S. 283.

Fremdfinanzierungsaufwendungen

Aus der Fremdfinanzierung der F&E-Tätigkeit entstehen während der F&E-Phase Zinsaufwendungen i. H. v. insgesamt 1.828 T€. Diese sind körperschaftsteuerlich in vollem Umfang als Betriebsausgaben abzugsfähig.[1477] Gewerbesteuerlich ist demgegenüber gemäß § 8 Nr. 1 Buchst. a GewStG eine Hinzurechnung der Fremdkapitalzinsen i. H. v. 25 % vorzunehmen. Die Zinsaufwendungen mindern folglich den Gewerbeertrag nur zu 75 %. Die Steuervorteile aus der Fremdfinanzierung betragen während der F&E-Phase insgesamt 476 T€.

Aufgrund der positiven Steuerwirkungen erhöhen sich die finanziellen Verbindlichkeiten bis zum Abschluss der F&E-Phase in geringerem Umfang als bei einer Ausübung der F&E-Funktion ohne Berücksichtigung der Besteuerungseffekte. Die Zinsaufwendungen sinken infolgedessen bei einer Ausübung der F&E-Tätigkeit unter Berücksichtigung der Steuerwirkungen (1.828 T€) gegenüber einer Vernachlässigung der Steuerwirkungen (2.631 T€) um 803 T€. In der unterschiedlichen Höhe der finanziellen Verbindlichkeiten spiegeln sich die Zinsvorteile aus einer steuerlichen Abzugsfähigkeit der F&E-Aufwendungen wider.

6.3.2.1.1.2 Verlagerungsalternativen: Ebene des Tochterunternehmens

Im Falle einer Funktionsverlagerung mindern neben den operativen Aufwendungen und den Fremdfinanzierungsaufwendungen auch Abschreibungen auf die erworbenen Bestandteile des Transferpakets bzw. Pauschallizenzraten die Steuerbemessungsgrundlage des niederländischen Tochterunternehmens während der F&E-Phase. Darüber hinaus ergeben sich aus den steuerlichen F&E-Förderungen zusätzliche Einkommenseffekte, welche dazu führen, dass die Steuerbemessungsgrundlagen während der F&E-Phase beim niederländischen Tochterunternehmen signifikant geringer sind als in der Unterlassungsalternative beim deutschen Mutterunternehmen. Infolgedessen ergibt sich eine höhere funktionsbezogene Steuererstattung in den Verlagerungsalternativen.

Abb. 6.4 enthält einen Vergleich der negativen Steuerbemessungsgrundlagen in den einzelnen Perioden der F&E-Phase zwischen den Verlagerungsalternativen und der Unterlassungsalternative.

[1477] Eine Abzugsbeschränkung infolge einer Anwendung der Zinsschranke liegt annahmegemäß nicht vor. Siehe Prämisse 5.12.

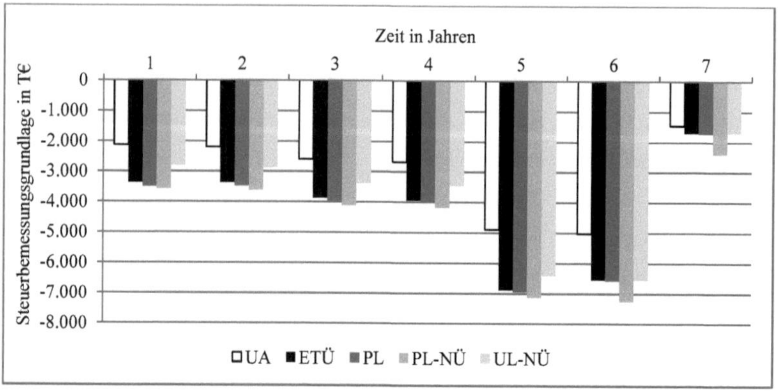

Abb. 6.4: Veränderung der Steuerbemessungsgrundlagen während der F&E-Phase

Steuerliche F&E-Förderungen

Im Falle einer Ausgliederung der F&E-Funktion können bei Vorliegen der weiteren Tatbestandsvoraussetzungen die steuerlichen F&E-Förderungen in den Niederlanden in Anspruch genommen werden.[1478] Während der F&E-Phase umfassen die Förderungen einerseits eine Verminderung der abzuführenden Lohnsteuer- und Sozialversicherungsabgaben und andererseits die Gewährung eines F&E-Abzugsbetrags.

Aus der Verminderung der Lohnsteuer- und Sozialversicherungsabgaben tritt für die Ausgangsdaten des Basisfalls ein Liquiditätsvorteil i. H. v. 1.068 T€ ein.[1479] Dies entspricht 5,9 % der gesamten operativen F&E-Aufwendungen beim niederländischen Tochterunternehmen. Im Falle einer Verminderung der Lohnsteuer- und Sozialversicherungsabgaben resultiert daraus eine entsprechende Kürzung der Personalaufwendungen, sodass sich die operativen F&E-Aufwendungen von 19.056 T€ auf 17.988 T€ vermindern. Dementsprechend sinken die positiven Besteuerungseffekte aus der steuerlichen Abzugsfähigkeit der operativen F&E-Aufwendungen im Vergleich zur Unterlassungsalternative auf 4.497 T€. Ein gegenläufiger Effekt resultiert daraus, dass sich infolge der Verminderung der Lohnsteuer- und Sozialversicherungsabgaben die Begünstigungsschwelle in geringerem Umfang erhöht und somit ein größerer Teil der Nettoverwertungserträge den Steuervorteilen aus der Innovationsbox unterliegt.

[1478] Vgl. hierzu die Ausführungen in Abschnitt 5.3.2.1.2.

[1479] Die für die Ermittlung der Steuervorteile erforderlichen Personalaufwendungen können der Tab. 6.5 auf S. 284 entnommen werden, wobei die Phase der Zulassung nicht für die Verminderung der Lohnsteuer- und Sozialversicherungsabgaben qualifiziert.

Der F&E-Abzugsbetrag wird für qualifizierende Aufwendungen und Investitionsausgaben im Zusammenhang mit der Ausübung der F&E-Tätigkeit gewährt. Annahmegemäß[1480] qualifizieren sämtliche F&E-Aufwendungen mit Ausnahme der Personal- und Fremdfinanzierungsaufwendungen sowie der Abschreibungen dem Grunde nach für den F&E-Abzugsbetrag. Die Gewährung des F&E-Abzugsbetrags ist an die weitere Bedingung geknüpft, dass das forschende Unternehmen durch die Aufwendungen und Investitionsausgaben tatsächlich finanziell belastet wird. Gemäß Prämisse 5.6 erfolgt die Verlagerung der F&E-Funktion – mit Ausnahme einer Übertragung der materiellen Wirtschaftsgüter im Falle eines Übergangs des rechtlichen und/oder wirtschaftlichen Eigentums an den Bestandteilen des Transferpakets[1481] – unentgeltlich, weshalb das forschende Unternehmen durch die Funktionsverlagerung grundsätzlich nicht finanziell belastet wird. Eine Einbeziehung der fremdüblichen Kaufpreis- und Lizenzzahlungen für die verlagerten Bestandteile des Transferpakets in den F&E-Abzugsbetrag scheidet insoweit aus.

Unter Berücksichtigung der ökonomischen Ausgangsdaten des Basisfalls belaufen sich die F&E-Abzugsbeträge während der F&E-Phase im Falle einer Übertragung des rechtlichen und/oder wirtschaftlichen Eigentums auf 7.669 T€ und im Falle einer Nutzungsüberlassung auf 7.615 T€.[1482] Die Steuervorteile aus einer Inanspruchnahme des F&E-Abzugsbetrags entsprechen bei einer ETÜ 25,8 %, bei einer PL 25,4 %, bei einer PL-NÜ 23,6 % und bei einer bei einer UL-NÜ 28,1 % des Gesamtbetrags der jeweiligen Körperschaftsteuererstattungen[1483] während der F&E-Phase.

Die Steuervorteile aus einer Gewährung der steuerlichen F&E-Förderungen während der F&E-Phase werden für die einzelnen Verlagerungsalternativen in Tab. 6.14 dargestellt.

[1480] Siehe Prämisse 5.11.

[1481] Vgl. hierzu die Ausführungen in Abschnitt 6.2.2.1.2.2.

[1482] Der um 54 T€ höhere F&E-Abzugsbetrag im Falle einer Übertragung des rechtlichen und/oder wirtschaftlichen Eigentums resultiert daraus, dass die materiellen Wirtschaftsgüter im Wert von 100 T€ entgeltlich übertragen werden und insofern in den F&E-Abzugsbetrag einbezogen werden können.

[1483] Die kumulierten Körperschaftsteuererstattungen betragen während der F&E-Phase bei einer ETÜ 7.417 T€, bei einer PL 7.546 T€, bei einer PL-NÜ 8.063 T€ und bei einer UL-NÜ 6.786 T€.

(Beträge in T€)		ETÜ	PL	PL-NÜ	UL-NÜ
	F&E-Abzugsbetrag	-7.669	-7.669	-7.615	-7.615
*	Unternehmensteuersatz	25%	25%	25%	25%
=	Steuerwirkung	-1.917	-1.917	-1.904	-1.904
+	Verminderung der Lohnsteuer- und Sozialversicherungsabgaben	-1.068	-1.068	-1.068	-1.068
=	**Steuerwirkung (gesamt)**	**-2.985**	**-2.985**	**-2.972**	**-2.972**

Tab. 6.14: Steuerliche F&E-Förderungen während der F&E-Phase

Abschreibungen

Die Höhe der Abschreibungen ist maßgeblich von der betriebsgewöhnlichen Nutzungsdauer und den Anschaffungskosten der abnutzbaren Wirtschaftsgüter abhängig.

Die betriebsgewöhnliche Nutzungsdauer der materiellen und immateriellen Wirtschaftsgüter beträgt im Basisfall typisierend fünf Jahre. Diese Wirtschaftsgüter werden somit während der F&E-Phase vollständig abgeschrieben. Ein funktionsbezogener Geschäftswert ist annahmegemäß über einen Zeitraum von zehn Jahren abzuschreiben, sodass dessen Anschaffungskosten während der F&E-Phase zu 70 % aufwandswirksam berücksichtigt werden können.[1484]

Die Anschaffungskosten, als zweite Determinante, werden maßgeblich durch den fremdvergleichskonformen Verrechnungspreis für das verlagerte Transferpaket bestimmt. Die Anschaffungskosten differieren in Abhängigkeit von der gewählten Verlagerungsform, da den Verlagerungsalternativen z. T. unterschiedliche wirtschaftliche Sachverhalte zugrunde liegen. Unter Berücksichtigung der Grenzpreise des verlagernden und des aufnehmenden Unternehmens ergeben sich bei identischer Verhandlungsstärke die in Abb. 6.5 dargestellten Verrechnungspreise.

[1484] Der auf den funktionsbezogenen Geschäftswert entfallende Anteil am Einigungspreis für das Transferpaket als Ganzes beträgt im Verlagerungszeitpunkt bei einer ETÜ 254 T€ und bei einer PL 259 T€. Folglich belaufen sich die Abschreibungsbeträge während der F&E-Phase bei einer ETÜ auf 177 T€ und bei einer PL auf 181 T€.

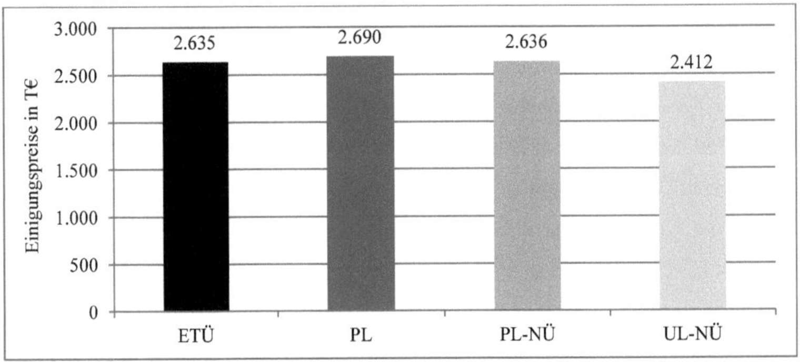

Abb. 6.5: Einigungspreise für die Verlagerungsalternativen im Basisfall

Der Einigungspreis für das Transferpaket als Ganzes ist das Ergebnis eines hypothetischen Preisverhandlungsprozesses. Er wird durch die Grenzpreise der beiden an der Funktionsverlagerung beteiligten Geschäftsparteien sowie deren Verhandlungsstärke bestimmt.[1485] Im Basisfall entsprechen sich annahmegemäß die Verhandlungsstärken der beiden Geschäftsparteien ($\alpha = 1-\alpha = 0{,}5$), sodass der Mittelwert des Einigungsbereichs den fremdüblichen Einigungspreis bildet.

Die Untergrenze des Einigungsbereichs wird durch den Grenzpreis des verlagernden Unternehmens repräsentiert und beträgt im Falle einer Übertragung des rechtlichen und/oder wirtschaftlichen Eigentums an den Bestandteilen des Transferpakets 1.190 T€. Im Falle einer Nutzungsüberlassung beläuft sich dieser auf 1.170 T€, da ein ordentlicher und gewissenhafter Geschäftsleiter infolge der Möglichkeit einer Vereinnahmung abschreibungsbedingter Steuervorteile sowie eines Funktionsrestwerts seine Konzessionsbereitschaft entsprechend herabsetzen würde.[1486]

Die Obergrenze des Einigungsbereichs bildet i. d. R. der Grenzpreis des aufnehmenden Unternehmens, welcher im Basisfall in Abhängigkeit von der gewählten Verlagerungsform zwischen 3.654 T€ (UL-NÜ) und 4.191 T€ (PL) variiert.[1487] Die wesentlich niedrigeren Grenzpreise im Falle der Vereinbarung einer umsatzabhängigen Lizenz sind zum einen darauf zurückzuführen, dass die Umsatzlizenzraten infolge einer Inanspruch-

[1485] Vgl. *§ 1 Abs. 3 Satz 5-7 AStG* sowie die Ausführungen in Abschnitt 3.3.1.

[1486] Siehe zur Ermittlung des Funktionsgrenzpreises beim verlagernden Unternehmen Abschnitt 5.3.1.4. Eine Analyse des Unterschiedsbetrags zwischen den Grenzpreisen des verlagernden Unternehmens im Falle einer Übertragung des rechtlichen und/oder wirtschaftlichen Eigentums oder einer Nutzungsüberlassung der Bestandteile des Transferpakets findet sich in Beispiel 2, S. 226.

[1487] Vgl. für eine Beschreibung der Determinanten des Grenzpreises beim aufnehmenden Unternehmen Abschnitt 5.3.2.

nahme der Innovationsbox nur zu 20 % steuerlich abzugsfähig sind. Des Weiteren treten die positiven Besteuerungswirkungen aus der steuerlichen Abzugsfähigkeit der umsatzabhängigen Lizenzraten nur unter der Voraussetzung eines erfolgreichen Abschlusses der F&E-Tätigkeit ein. Sie sind daher gemäß der Wahrscheinlichkeit eines erfolgreichen Abschlusses der F&E-Tätigkeit zu gewichten. Infolgedessen vermindert sich deren Einfluss auf die Konzessionsbereitschaft des aufnehmenden Unternehmens, sodass der Grenzpreis bei einer UL-NÜ unter die Grenzpreise der anderen Verlagerungsalternativen sinkt.

(Beträge in T€)	**ETÜ**	**PL**
Abschreibungen	-2.559	-2.613
* Unternehmensteuersatz	25 %	25 %
= Steuerwirkung	-640	-653
effektive Steuerwirkung (20%)	-128	-131

Tab. 6.15: Abschreibungsbedingte Steuervorteile während der F&E-Phase

Tab. 6.15 enthält eine Zusammenfassung der kumulierten Abschreibungsbeträge sowie der daraus resultierenden Steuerwirkungen während der F&E-Phase. Da die Abschreibungen die Begünstigungsschwelle erhöhen, kann die Innovationsbox im Trendszenario erst zu einem späteren Zeitpunkt in Anspruch genommen werden. Die abschreibungsbedingten Steuervorteile reduzieren sich daher um 80 %.

Pauschallizenzraten

Die Ermittlung der fremdüblichen Pauschallizenzraten erfolgt i. Allg. im Rahmen eines hypothetischen Fremdvergleichs, da am freien Markt grundsätzlich keine hinreichend vergleichbaren Lizenzvereinbarungen für F&E-Funktionen beobachtet werden können. Die Pauschallizenzraten leiten sich in diesen Fällen aus dem korrigierten Einigungspreis für das Transferpaket als Ganzes ab.[1488] Unter Zugrundelegung der ökonomischen Einflussfaktoren des Basisfalls belaufen sich diese bei einer PL auf jährlich 440 T€ und bei einer PL-NÜ auf jährlich 757 T€.[1489] Sie sind in den Verwertungsszenarien bis zum Ende der F&E-Phase in konstanter Höhe zu entrichten.[1490]

[1488] Vgl. zur Ableitung fremdüblicher Pauschallizenzraten aus dem Einigungspreis für das verlagerte Transferpaket als Ganzes Abschnitt 5.4.

[1489] Aufgrund der Möglichkeit einer kurzfristigen Kündigung der Lizenzvereinbarung bei einer PL-NÜ fordert ein ordentlicher und gewissenhafter Geschäftsleiter des verlagernden Unternehmens infolge des höheren Risikos ein zusätzliches Entgelt. Gleichzeitig stellt die Kündigungsmöglichkeit bei F&E-

In Bezug auf die steuerlichen Konsequenzen aus den Pauschallizenzraten ist danach zu differenzieren, ob das wirtschaftliche Eigentum an den lizenzierten Bestandteilen des Transferpakets übertragen wird oder ob diese zur Nutzung überlassen werden.[1491] Im Falle einer Übertragung des wirtschaftlichen Eigentums sind die fremdüblichen Pauschallizenzraten in eine erfolgsneutrale Tilgungskomponente und eine erfolgswirksame Zinskomponente aufzuspalten. Die Zinskomponente mindert zusätzlich zu den Abschreibungen die körperschaftsteuerliche Bemessungsgrundlage beim niederländischen Tochterunternehmen. Insgesamt entfällt von den Pauschallizenzraten ein Betrag i. H. v. 487 T€ auf die Zinskomponente. Der daraus resultierende Steuervorteil beträgt beim niederländischen Tochterunternehmen 122 T€ und entspricht 1,6 % der kumulierten Körperschaftsteuererstattungen[1492] während der F&E-Phase.

Werden die Bestandteile des Transferpakets hingegen zur Nutzung überlassen, mindern die fremdüblichen Pauschallizenzraten in vollem Umfang das zu versteuernde Einkommen. Die fremdüblichen Pauschallizenzraten belaufen sich im Falle eines erfolgreichen Abschlusses der F&E-Tätigkeit auf insgesamt 5.297 T€. Der daraus resultierende Steuervorteil beträgt beim niederländischen Tochterunternehmen 1.324 T€ und entspricht 16,4 % der kumulierten Körperschaftsteuererstattungen[1493] während der F&E-Phase.

Sowohl bei einer PL als auch bei einer PL-NÜ führen die aufwandswirksamen Lizenzzahlungen zu einer Erhöhung der Begünstigungsschwelle, wodurch sich die Steuervorteile aus einer Inanspruchnahme der Innovationsbox reduzieren. Dies bewirkt eine Verminderung der effektiven Steuervorteile aus der steuerlichen Abzugsfähigkeit der Lizenzaufwendungen um 80 %.

Tab. 6.16 stellt die Steuerwirkungen aus der Vereinbarung einer Pauschallizenz dar, wobei zwischen einer Übertragung des wirtschaftlichen Eigentums an den Bestandteilen des Transferpakets und deren Nutzungsüberlassung differenziert wird. Zur Herstellung einer Vergleichbarkeit zwischen den Steuerwirkungen der vorgenannten Verlagerungs-

---

Funktionen eine Handlungsoption dar, für die ein ordentlicher und gewissenhafter Geschäftsleiter bereit wäre, ein zusätzliches Entgelt zu entrichten. Siehe hierzu auch Abschnitt 5.4.1.

[1490] Vgl. Prämisse 5.5.

[1491] Siehe für die steuerbilanzielle Behandlung der Pauschallizenzraten beim niederländischen Tochterunternehmen Abschnitt 3.5.4.2.1.2.

[1492] Diese betragen während der F&E-Phase bei einer PL insgesamt 7.546 T€.

[1493] Diese betragen während der F&E-Phase bei einer PL-NÜ 8.063 T€.

alternativen werden bei einer PL neben den Zinskomponenten auch die Abschreibungsbeträge[1494] auf die Bestandteile des Transferpakets berücksichtigt.

(Beträge in T€)	PL	PL-NÜ
Lizenzraten (ergebniswirksam)	-487	-5.297
+ Abschreibungen (F&E-Phase)	-2.613	0
+ Abschreibungen (Verwertungsphase)	-77	0
= Einkommensminderungen	-3.177	-5.297
* Unternehmensteuersatz	25%	25%
= **Steuerwirkung**	**-794**	**-1.324**
effektive Steuerwirkung (20%)	-159	-265

Tab. 6.16: Steuerwirkungen aus der Vereinbarung einer Pauschallizenz

Fremdfinanzierungsaufwendungen

Aufwendungen im Zusammenhang mit der Fremdfinanzierung der F&E-Tätigkeit sind auf Ebene des niederländischen Tochterunternehmens steuerlich als Betriebsausgaben abzugsfähig, da annahmegemäß keine schädliche Gesellschafterfremdfinanzierung nach Art. 131 Wet Vpb vorliegt.[1495] Aus der steuerlichen Abzugsfähigkeit der Zinsaufwendungen resultiert ein positiver Besteuerungseffekt, welcher den negativen Einfluss der Zinsaufwendungen auf den Vermögensendwert abmildert. Die kumulierten Zinsaufwendungen der F&E-Phase sowie die daraus resultierenden Steuervorteile sind für die verschiedenen Verlagerungsalternativen in Tab. 6.17 zusammengefasst.

(Beträge in T€)	ETÜ	PL	PL-NÜ	UL-NÜ
Zinsaufwendungen (F&E-Phase)	-1.452	-1.427	-1.352	-1.541
* Unternehmensteuersatz	25%	25%	25%	25%
= fremdfinanzierungsbedingte Steuervorteile	-363	-357	-338	-385

Tab. 6.17: Fremdfinanzierungsbedingte Steuervorteile während der F&E-Phase

In der unterschiedlichen Höhe der Zinsaufwendungen zwischen den einzelnen Verlagerungsalternativen spiegeln sich die Zinseffekte aus der Besteuerung wider. Diese sind umso höher, je größer der Umfang der Steuervorteile und je früher der Zeitpunkt ihrer Vereinnahmung ist. Die positiven Zinseffekte führen zu einer Verminderung der finan-

[1494] Neben den Abschreibungen während der F&E-Phase (siehe Tab. 6.15 auf S. 316) werden bei einer PL auch die Abschreibungen auf den funktionsbezogenen Geschäftswert während der Verwertungsphase (77 T€) in den Vergleich einbezogen.

[1495] Siehe Prämisse 5.12.

ziellen Verbindlichkeiten und somit implizit auch zu geringeren Zinsaufwendungen. Vor diesem Hintergrund sind in Tab. 6.17 für die UL-NÜ die höchsten und für die PL-NÜ die geringsten Zinsaufwendungen zu beobachten, da bei diesen Verlagerungsalternativen die geringsten bzw. höchsten Steuervorteile durch das niederländische Tochterunternehmen während der F&E-Phase erzielt werden können.

6.3.2.1.1.3 Verlagerungsalternativen: Ebene des Mutterunternehmens

Nach der Ausgliederung einer F&E-Funktion auf das niederländische Tochterunternehmen fallen auf Ebene des deutschen Mutterunternehmens keine Aufwendungen im Zusammenhang mit der Ausübung der operativen F&E-Tätigkeit mehr an. Dennoch ergeben sich bei diesem steuerliche Konsequenzen während der F&E-Phase, welche den Vermögensendwert beeinflussen. Sie resultieren insbesondere aus einer Besteuerung des Verlagerungsvorgangs sowie aus der steuerlichen Abzugsfähigkeit der Fremdfinanzierungsaufwendungen.

Übertragung des Eigentums an den Bestandteilen des Transferpakets

Korrespondierend zur Aktivierung und Abschreibung der Bestandteile des Transferpakets beim niederländischen Tochterunternehmen muss das deutsche Mutterunternehmen die im Transferpaket enthaltenen stillen Reserven im Zeitpunkt der Übertragung des rechtlichen und/oder wirtschaftlichen Eigentums versteuern. Aufgrund der unterschiedlich hohen Fremdvergleichspreise für das Transferpaket (siehe Abb. 6.5 auf S. 315) ergibt sich aus dem Verlagerungsvorgang ein steuerpflichtiger Gewinn bei einer ETÜ i. H. v. 2.535 T€ sowie bei einer PL i. H. v. 2.590 T€.[1496]

Der Steuerbelastung aus der Funktionsverlagerung beim deutschen Mutterunternehmen sind die abschreibungsbedingten Steuervorteile beim niederländischen Tochterunternehmen gegenüberzustellen. Darüber hinaus sind im Falle der Vereinbarung einer PL die Zinskomponenten der Pauschallizenzraten i. H. v. insgesamt 487 T€ beim verlagernden Unternehmen einkommenserhöhend und beim aufnehmenden Unternehmen einkommensmindernd zu erfassen.

Aus der Verlagerung des rechtlichen und/oder wirtschaftlichen Eigentums an den Bestandteilen des Transferpakets resultiert insgesamt ein negativer Besteuerungseffekt für

[1496] Der Veräußerungsgewinn bestimmt sich aus dem fremdüblichen Einigungspreis für das Transferpaket als Ganzes abzüglich des Buchwerts der materiellen Wirtschaftsgüter i. H. v. 100 T€.

den multinationalen Konzern. Dieser ist zum einen auf den negativen Unternehmensteuersatzeffekt und zum anderen auf den negativen Timing-Effekt aus einer zeitlich versetzten Erzielung abschreibungsbedingter Steuervorteile beim niederländischen Tochterunternehmen zurückzuführen. Darüber hinaus tritt im Trend- und im Positivszenario ein negativer Bemessungsgrundlageneffekt ein, da die verlagerungsinduzierten Aufwendungen beim niederländischen Tochterunternehmen zu einer verzögerten Inanspruchnahme der Innovationsbox führen und folglich effektiv nur zu 20 % steuerlich abzugsfähig sind.

Nutzungsüberlassung der Bestandteile des Transferpakets

Vereinbaren die verbundenen Unternehmen eine Nutzungsüberlassung der Bestandteile des Transferpakets, sind die Pauschallizenzraten i. H. v. jährlich 757 T€ beim deutschen Mutterunternehmen während der F&E-Phase einkommenserhöhend zu erfassen. Der Gesamtbetrag der steuerpflichtigen Lizenzeinnahmen beläuft sich auf 5.297 T€. Dieser Einkommenserhöhung steht eine betragsgleiche Einkommensminderung beim niederländischen Tochterunternehmen gegenüber. Aufgrund des niedrigeren Unternehmensteuersatzes in den Niederlanden kommt es zu einem negativen Unternehmensteuersatzeffekt. Darüber hinaus ergibt sich sowohl im Trend- als auch im Positivszenario, nicht jedoch im Negativszenario, ein negativer Bemessungsgrundlageneffekt aus der Erhöhung der Begünstigungsschwelle beim niederländischen Tochterunternehmen.[1497]

Im Falle einer Nutzungsüberlassung verbleibt das Eigentum an den Bestandteilen des Transferpakets beim verlagernden deutschen Mutterunternehmen. Dieses kann weiterhin Abschreibungen auf die bilanzierten materiellen Wirtschaftsgüter geltend machen und erzielt hieraus abschreibungsbedingte Steuervorteile i. H. v. 29,475 T€.

Tab. 6.18 fasst die Steuerwirkungen aus der Verlagerung einer F&E-Funktion während der F&E-Phase sowohl für die Vereinbarung einer Übertragung des rechtlichen und/oder wirtschaftlichen Eigentums als auch für die Vereinbarung einer Nutzungsüberlassung zusammen.[1498]

[1497] Im Unterschied zur Übertragung des rechtlichen und/oder wirtschaftlichen Eigentums an den Bestandteilen des Transferpakets resultiert kein negativer Timing-Effekt aus der Nutzungsüberlassung, da die Lizenzerträge beim verlagernden und die Lizenzaufwendungen beim aufnehmenden Unternehmen phasengleich erfasst werden.

[1498] Siehe für die verlagerungsinduzierten Steuerwirkungen auf Ebene des niederländischen Tochterunternehmens Tab. 6.15 auf S. 316 und Tab. 6.16 auf S. 318.

(Beträge in T€)	ETÜ	PL	PL-NÜ
Ebene des Tochterunternehmens			
Abschreibungen (F&E-Phase)	-2.559	-2.613	0
+ Abschreibungen (Verwertungsphase)	-76	-77	0
+ Zinskomponenten (PL)	0	-487	0
+ Lizenzraten (PL-NÜ)	0	0	-5.297
= verlagerungsinduzierte Einkommensminderungen	-2.635	-3.177	-5.297
* Unternehmensteuersatz	25 %	25 %	25 %
= Steuerwirkung (NL)	-659	-794	-1.324
effektive Steuerwirkung (NL) (20 %)	-132	-159	-265
Ebene des Mutterunternehmens			
Verlagerungsgewinn	2.535	2.590	0
+ Abschreibungen	0	0	-100
+ Zinskomponenten (PL)	0	487	0
+ Lizenzraten (PL-NÜ)	0	0	5.297
= verlagerungsinduzierte Einkommensmehrungen	2.535	3.077	5.197
* Unternehmensteuersatz	29,475 %	29,475 %	29,475 %
= Steuerwirkung (DT)	747	907	1.532
+ effektive Steuerwirkung (NL)	-659	-794	-1.324
= Steuerwirkung (gesamt)	**88**	**113**	**208**
effektive Gesamtsteuerwirkung (20 %)	**615**	**748**	**1.267**

Tab. 6.18: Verlagerungsinduzierte Steuerwirkungen während der F&E-Phase

Fremdfinanzierungsaufwendungen

Ein Liquiditätsbedarf entsteht beim deutschen Mutterunternehmen insbesondere aufgrund der Steuern auf den Verlagerungsgewinn. Dieser wird annahmegemäß durch die Aufnahme von Fremdkapital gedeckt. Die Zinsaufwendungen resultieren in einem Liquiditätsabfluss und mindern den Vermögensendwert. Ein kompensierender Effekt folgt aus der steuerlichen Abzugsfähigkeit der Zinsaufwendungen.

Die Zinswirkungen der verlagerungsinduzierten Steuereffekte spiegeln sich in der unterschiedlichen Höhe der Zinsaufwendungen zwischen der Unterlassungsalternative und den Verlagerungsalternativen wider. Zur Herstellung einer Vergleichbarkeit zwischen den Handlungsalternativen sind die Zinsaufwendungen sowohl des Mutter- als auch des Tochterunternehmens in die Betrachtung einzubeziehen.

(Beträge in T€)	UA	ETÜ	PL	PL-NÜ	UL-NÜ
Ebene des Tochterunternehmens					
Fremdfinanzierungszinsen	0	-1.452	-1.427	-1.352	-1.541
* Unternehmensteuersatz	25%	25%	25%	25%	25%
= Steuerentlastung (NL)	0	-363	-357	-338	-385
Ebene des Mutterunternehmens					
Fremdfinanzierungszinsen	-1.828	-260	-293	-252	-29
* Unternehmensteuersatz	29,475%	29,475%	29,475%	29,475%	29,475%
= vorläufige Steuerwirkung	-539	-77	-86	-74	-9
+ GewSt-Hinzurechnung (25 %)	62	9	10	9	1
= Steuerwirkung (DT)	-477	-68	-76	-65	-8
+ Steuerwirkung (NL)	0	-363	-357	-338	-385
= Steuerwirkung (gesamt)	**-477**	**-431**	**-433**	**-403**	**-393**
relative Veränderung gegenüber der UA		-9,6 %	-9,2 %	-15,5 %	-17,6 %

Tab. 6.19: Zinsaufwendungen während der F&E-Phase

Tab. 6.19 enthält eine Gegenüberstellung der gesamten Zinsaufwendungen für die Verlagerungsalternativen und die Unterlassungsalternative während der F&E-Phase.[1499] Hieraus ist ersichtlich, dass die Höhe der Zinsaufwendungen in Abhängigkeit zu den erzielbaren Besteuerungseffekten steht. Die finanziellen Verbindlichkeiten und damit verbunden auch die kumulierten Zinsaufwendungen sind umso geringer, je höher die erzielbaren Steuervorteile sind. Daher sind für die Verlagerungsalternativen geringere Zinsaufwendungen zu beobachten als für die Unterlassungsalternative, wobei im Falle einer UL-NÜ mangels einer Auswirkung der negativen verlagerungsinduzierten Besteuerungseffekte während der F&E-Phase die niedrigsten Zinsaufwendungen anfallen.

6.3.2.1.2 Steuerwirkungen aus der Verwertung der F&E-Ergebnisse

6.3.2.1.2.1 Unterlassungsalternative

Während der Verwertungsphase erzielt das deutsche Mutterunternehmen bei einer unveränderten Fortführung der F&E-Funktion im Trendszenario unter Zugrundelegung der ökonomischen Ausgangsdaten des Basisfalls Verwertungserträge i. H. v.

[1499] Siehe für die fremdfinanzierungsbedingten Steuervorteile beim niederländischen Tochterunternehmen auch Tab. 6.17 auf S. 318.

62.092 T€.[1500] Diese unterliegen in Deutschland vollumfänglich der Besteuerung. Hieraus resultiert eine Gesamtsteuerbelastung i. H. v. 18.301 T€.

Die erzielten Liquiditätsüberschüsse werden primär zur Tilgung der finanziellen Verbindlichkeiten verwendet.[1501] Aufgrund der Steuern auf die Verwertungserträge sind die Liquiditätsüberschüsse geringer als bei einer Verwertung der F&E-Ergebnisse ohne Berücksichtigung der Besteuerungseffekte. Folglich kann nur ein niedrigerer Betrag zur Tilgung der finanziellen Verbindlichkeiten verwendet werden. Demgegenüber weisen die finanziellen Verbindlichkeiten infolge der positiven Steuerwirkungen während der F&E-Phase im Zeitpunkt einer erfolgreichen Beendigung einen geringeren Wert auf als im Falle einer Vernachlässigung der Besteuerungseffekte. Die kumulierten Zinsaufwendungen belaufen sich während der Verwertungsphase auf 4.584 T€ und auf 7.329 T€ bei einer Vernachlässigung der Besteuerungseffekte. Nach einer vollständigen Rückzahlung der finanziellen Verbindlichkeiten erfolgt in der Unterlassungsalternative eine verzinsliche Anlage der Liquiditätsüberschüsse bei externen Kapitalnehmern.[1502] Aus den Finanzanlagen können Zinserträge i. H. v. 6.231 T€ und i. H. v. 7.943 T€ bei einer Vernachlässigung der Besteuerungseffekte erzielt werden. Aus der Besteuerung ergeben sich gegenüber einer Vernachlässigung der Steuerwirkungen somit Zinsvorteile i. H. v. 803 T€ während der F&E-Phase und i. H. v. 1.033 T€ während der Verwertungsphase.[1503]

6.3.2.1.2.2 Verlagerungsalternativen: Ebene des Tochterunternehmens

Im Falle einer Verlagerung der F&E-Funktion in die Niederlande sind die steuerpflichtigen Nettoverwertungserträge wesentlich geringer als in der Unterlassungsalternative. Die Verminderung der steuerpflichtigen Nettoverwertungserträge beträgt in den Verlagerungsalternativen zwischen 44,3 % (PL-NÜ) und 58,2 % (UL-NÜ) und ist im Wesentlichen auf die Inanspruchnahme der Innovationsbox zurückzuführen.

Die Nettoverwertungserträge umfassen sowohl die Erträge aus der Verwertung der F&E-Ergebnisse als auch Aufwendungen, die unmittelbar im Zusammenhang mit dem selbst entwickelten immateriellen Wirtschaftsgut stehen (Abschreibungen, Lizenzraten,

---

[1500] Vgl. Tab. A1 auf S. 418.
[1501] Vgl. Prämisse 2.9.
[1502] Vgl. Prämisse 2.10.
[1503] Insgesamt ergibt sich infolge positiver Besteuerungseffekte ein Zinsvorteil i. H. v. 1.836 T€. Vgl. hierzu auch Tab. 6.13 auf S. 308.

Finanzierungsaufwendungen). Darüber hinaus ist auch der Anpassungsbetrag aus einer nachträglichen Verrechnungspreiskorrektur in die Nettoverwertungserträge einzubeziehen. Ausgenommen bleiben hingegen Zinserträge, da diese in keinem unmittelbaren Zusammenhang zur Verwertung der F&E-Ergebnisse stehen.

In Tab. 6.20 werden die steuerpflichtigen Nettoverwertungserträge – ggf. unter Berücksichtigung der Steuerbefreiungen aus einer Inanspruchnahme der Innovationsbox – und die daraus resultierenden Steuerwirkungen für die Verlagerungsalternativen sowie die Unterlassungsalternative abgebildet.

(Beträge in T€)		UA	ETÜ	PL	PL-NÜ	UL-NÜ
	steuerpflichtige Netto-verwertungserträge	57.508	29.863	30.287	32.056	24.041
*	Unternehmensteuersatz	29,475 %	25 %	25 %	25 %	25 %
=	vorläufige Steuerwirkung	16.950	7.466	7.572	8.014	6.010
+	GewSt-Hinzurechnung (25 %)	156	0	0	0	0
=	**Steuerwirkung (gesamt)**	17.106	7.466	7.572	8.014	6.010
	relative Veränderung gegenüber der UA		56,4 %	55,7 %	53,2 %	64,9 %

Tab. 6.20: Steuerpflichtige Nettoverwertungserträge beim forschenden Unternehmen im Trendszenario

Innovationsbox

Nach Art. 12b Wet Vpb können die Nettoerträge aus der Verwertung qualifizierender Wirtschaftsgüter zu 80 % von der Körperschaftsteuer in den Niederlanden befreit werden, sobald die kumulierten Nettoverwertungserträge die Entwicklungskosten übersteigen. Die erzielbaren Steuervorteile aus einer Inanspruchnahme der Innovationsbox werden einerseits durch die Höhe der Begünstigungsschwelle und andererseits durch die erzielbaren Nettoverwertungserträge determiniert.

Die Begünstigungsschwelle umfasst sämtliche in einem unmittelbaren Zusammenhang mit der Entwicklung eines immateriellen Wirtschaftsguts stehenden Aufwendungen. Neben den operativen F&E-Aufwendungen erhöhen auch die verlagerungsinduzierten Aufwendungen die Begünstigungsschwelle, sodass diese zwischen den einzelnen Verlagerungsformen variieren kann. Infolge der verlagerungsinduzierten Aufwendungen steigt die Begünstigungsschwelle bis zum Ende der F&E-Phase auf 21.999 T€ bei einer ETÜ, auf 22.514 T€ bei einer PL, auf 24.636 T€ bei einer PL-NÜ sowie auf 19.529 T€

bei einer UL-NÜ an.[1504] Die niedrigere Begünstigungsschwelle im Falle der Vereinbarung einer UL-NÜ ist darauf zurückzuführen, dass bei dieser Verlagerungsform die Lizenzraten erst während der Verwertungsphase anfallen. Sie führen zu keiner Erhöhung der Begünstigungsschwelle, sondern zu einer Verminderung der Nettoverwertungserträge.

Durch die zusätzlichen Aufwendungen aus der Verlagerung der F&E-Funktion wird die Begünstigungsschwelle erst zu einem späteren Zeitpunkt überschritten, sodass der Umfang der steuerbegünstigten Nettoverwertungserträge während der Verwertungsphase abnimmt. Den zusätzlichen Steuervorteilen aus der steuerlichen Abzugsfähigkeit der verlagerungsinduzierten Aufwendungen steht somit ein Rückgang der Steuervorteile aus einer Inanspruchnahme der Innovationsbox entgegen.

Im Trendszenario des Basisfalls wird die Begünstigungsschwelle bei Vereinbarung einer ETÜ, PL oder PL-NÜ im neunten Jahr der Verwertungsphase (t=16) und bei Vereinbarung einer UL-NÜ im zehnten Jahr der Verwertungsphase (t=17) überschritten. Der spätere Eintritt des Begünstigungszeitpunkts bei der letzteren Verlagerungsalternative ist darauf zurückzuführen, dass aufgrund der hohen umsatzabhängigen Lizenzraten die Nettoverwertungserträge stark vermindert werden und sich infolgedessen der Amortisationszeitraum für die Entwicklungskosten – trotz der geringsten Begünstigungsschwelle am Ende der F&E-Phase – verlängert.

Abschreibungen

Während der Verwertungsphase sind der F&E-Funktion nur noch Abschreibungen auf den funktionsbezogenen Geschäftswert zuzurechnen. Für diesen wird auf Ebene des niederländischen Tochterunternehmens eine betriebsgewöhnliche Nutzungsdauer von zehn Jahren angenommen. Entsprechend mindern die Abschreibungsbeträge die körperschaftsteuerliche Bemessungsgrundlage noch während der ersten drei Jahre der Verwer-

[1504] Das Ausmaß der steuerpflichtigen Nettoverwertungserträge in den einzelnen Verlagerungsalternativen wird im Trendszenario maßgeblich durch die Höhe der Begünstigungsschwellen am Ende der F&E-Phase beeinflusst. Aus diesem Wirkungszusammenhang folgt, dass die steuerpflichtigen Nettoverwertungserträge korrespondierend zur Begünstigungsschwelle in Tab. 6.20 bei einer PL-NÜ am höchsten sind.

tungsphase. Aufgrund ihrer geringen Höhe[1505] ist die Bedeutung dieser abschreibungsbedingten Steuervorteile nur marginal.

Umsatzlizenzraten

Umsatzabhängige Lizenzraten setzen einen erfolgreichen Abschluss der F&E-Tätigkeit voraus und wirken sich daher grundsätzlich erst während der Verwertungsphase auf die Steuerbemessungsgrundlagen aus. Deren Höhe wird einerseits durch die tatsächlich erzielbaren Erträge aus der Verwertung der F&E-Ergebnisse und andererseits durch den fremdüblichen Lizenzsatz determiniert.

Eine Verlagerung von F&E-Funktionen zwischen unabhängigen Geschäftsparteien ist am freien Markt i. Allg. nicht beobachtbar, sodass für diese Geschäftsbeziehungen prinzipiell keine (un-)eingeschränkt vergleichbaren Fremdvergleichspreise existieren. Die Fremdüblichkeit der umsatzabhängigen Lizenzsätze ist daher auf der Grundlage des korrigierten Einigungspreises für das Transferpaket als Ganzes im Rahmen eines hypothetischen Fremdvergleichs zu bestimmen.[1506] Unter Zugrundelegung der ökonomischen Ausgangsdaten des Basisfalls resultiert aus dem hypothetischen Fremdvergleich ein fremdüblicher Lizenzsatz für die UL-NÜ i. H. v. 26,75 %.[1507]

Unter Bezugnahme auf die Verwertungserträge[1508] im Trendszenario sind beim niederländischen Tochterunternehmen während der Verwertungsphase umsatzabhängige Lizenzraten i. H. v. insgesamt 16.608 T€ steuermindernd zu berücksichtigen. Diese Lizenzzahlungen stehen ebenfalls in einem unmittelbaren Zusammenhang zu dem selbst entwickelten immateriellen Wirtschaftsgut und fallen folglich in den Anwendungsbereich der Innovationsbox. Sie mindern die steuerpflichtigen Nettoverwertungserträge, sodass die umsatzabhängigen Lizenzzahlungen im Trendszenario effektiv nur zu 20 % steuerlich abzugsfähig sind. Die effektive Steuerwirkung beim niederländischen Tochterunternehmen beläuft sich trotz der hohen Lizenzraten folglich nur auf 830 T€.

[1505] Zum Ende der F&E-Phase beläuft sich der Buchwert des funktionsbezogenen Geschäftswerts bei einer ETÜ auf 76 T€ und bei einer PL auf 77 T€. Die daraus resultierenden abschreibungsbedingten Steuervorteile betragen für beide Verlagerungsformen gerundet 19 T€.

[1506] Siehe Abschnitt 5.4 für eine Beschreibung der Ermittlung umsatzabhängiger Lizenzsätze im Rahmen eines hypothetischen Fremdvergleichs.

[1507] Dieser Lizenzsatz ist höher als die am freien Markt durchschnittlich beobachtbaren Lizenzsätze für immaterielle Wirtschaftsgüter, da bei dessen Berechnung im Rahmen eines hypothetischen Fremdvergleichs auch sonstige Vorteile Berücksichtigung finden müssen. Siehe hierzu Abschnitt 5.4.

[1508] Vgl. Tab. A1 auf S. 418.

Preisanpassungsklausel

Im Trendszenario sinken die erwarteten Verwertungserträge der tatsächlich realisierten F&E-Ergebnisse gegenüber den im Zeitpunkt der Funktionsverlagerung erwarteten Verwertungserträge von 189.572 T€ auf 62.092 T€. Infolge dieser Abweichung ist im ersten Jahr der Verwertungsphase (t=8) eine nachträgliche Preisanpassung für steuerliche Zwecke durchzuführen.[1509] Davon ausgenommen bleiben Funktionsverlagerungen auf der Grundlage umsatzabhängiger Lizenzvereinbarungen (UL-NÜ), da diese als alternativer Preisanpassungsmechanismus nach § 9 FVerlV qualifizieren.

Aus der Neubewertung des Transferpakets unter Einbeziehung der erwarteten Verwertungserträge des Trendszenarios ergeben sich für das niederländische Tochterunternehmen berichtigte Grenzpreise i. H. v. -1.586 T€ bei der ETÜ, i. H. v. -1.476 T€ bei der PL und i. H. v. -1.566 T€ bei der PL-NÜ. Diese unterschreiten den Grenzpreis des deutschen Mutterunternehmens im Zeitpunkt der Funktionsverlagerung, sodass der ursprüngliche Einigungspreis um einen angemessenen Anpassungsbetrag zu vermindern ist (Preisanpassung zugunsten des verlagernden Unternehmens). Der Anpassungsbetrag[1510] beträgt im Trendszenario für alle Verlagerungsformen -2.834 T€ und erhöht das zu versteuernde Einkommen auf Ebene des niederländischen Tochterunternehmens. Aufgrund der hohen Investitionen in die F&E-Tätigkeit zu Beginn des Kapitalisierungszeitraums, verbunden mit den Unsicherheiten in Bezug auf den erfolgreichen Abschluss der F&E-Tätigkeit, können die neu zu bestimmenden Grenzpreise des aufnehmenden Unternehmens im Trendszenario erheblich niedriger sein als der Grenzpreis des verlagernden Unternehmens, sodass der Anpassungsbetrag den ursprünglichen Einigungspreis übersteigt.[1511]

Der Anpassungsbetrag wirkt sich auch auf den Zeitpunkt für die Inanspruchnahme der Innovationsbox aus, da dieser als Korrekturbetrag zu den überhöhten Anschaffungskosten bzw. Lizenzraten für die verlagerten Bestandteile des Transferpakets die Nettoverwertungserträge erhöht. Ergo wird diese zu einem früheren Zeitpunkt überschritten und ein größerer Teil der Verwertungserträge fällt unter die Begünstigungen der Innovati-

[1509] Siehe hierzu die Ausführungen in den Abschnitt 3.4.1 und 4.4. Dies setzt allerdings, wie im vorliegenden Fall (siehe Prämisse 5.6), eine Erstkorrektur nach § 1 Abs. 1 AStG voraus.

[1510] Vgl. zur Ermittlung des nachträglichen Anpassungsbetrags die Ausführungen in Abschnitt 3.4.2.

[1511] Der Grenzpreisermittlung sind die im Zeitpunkt der Funktionsverlagerung erwarteten F&E-spezifischen Risiken, die tatsächlichen negativen Reingewinne der F&E-Phase sowie die tatsächlichen positiven Reingewinne der Verwertungsphase zugrunde zu legen.

onsbox. Aufgrund dieses Effekts erhöht der Anpassungsbetrag das zu versteuernde Einkommen effektiv nur um 20 %, sodass sich auf Ebene des niederländischen Tochterunternehmens ein negativer Steuereffekt i. H. v. 142 T€ einstellt.

Fremdfinanzierungsaufwendungen

In einem unmittelbaren Zusammenhang mit der Finanzierung der F&E-Tätigkeit stehende finanzielle Verbindlichkeiten sind auch nach Abschluss der F&E-Tätigkeit der F&E-Funktion nach Prämisse 5.11 wirtschaftlich zurechenbar. Im Modell mindern die hierauf entfallenden Zinsaufwendungen annahmegemäß die Nettoverwertungserträge. In Abhängigkeit von der Höhe der finanziellen Verbindlichkeiten kann unter diesen Bedingungen der erstmalige Anwendungszeitpunkt für die Innovationsbox variieren.[1512]

Die finanziellen Verbindlichkeiten werden im Trendszenario innerhalb der ersten acht Jahre der Verwertungsphase, d. h. bis zum Jahr t=15, vollständig getilgt. Nach einer Tilgung der finanziellen Verbindlichkeiten verbleibende Liquiditätsüberschüsse werden im Modell annahmegemäß[1513] an die deutsche Muttergesellschaft ausgeschüttet. Auf Ebene der niederländischen Tochtergesellschaft sind demnach keine Zinserträge zu berücksichtigen.

6.3.2.1.2.3 Verlagerungsalternativen: Ebene des Mutterunternehmens

Auf Ebene der deutschen Muttergesellschaft entsprechen sich im Falle einer Verlagerung der F&E-Funktion typisierend die Erträge aus der Weiterlizenzierung der F&E-Ergebnisse (Durchleitungsrechte) und die Aufwendungen für die Nutzungsüberlassung der F&E-Ergebnisse durch die niederländische Tochtergesellschaft. Während der Verwertungsphase gehen daher lediglich die umsatzabhängigen Lizenzerträge, der Anpassungsbetrag aus einer nachträglichen Verrechnungspreiskorrektur sowie die Zinsaufwendungen und Zinserträge in die Steuerbemessungsgrundlage ein.

Umsatzlizenzraten

Die umsatzabhängigen Lizenzraten i. H. v. insgesamt 16.608 T€ unterliegen beim deutschen Mutterunternehmen vollumfänglich der Besteuerung. Demgegenüber sind die

[1512] Aufgrund des negativen Bemessungsgrundlageneffekts ist eine unmittelbare und direkte Zuordnung der Fremdfinanzierungsaufwendungen zu einem immateriellen Wirtschaftsgut für das forschende Unternehmen nachteilig.

[1513] Siehe Prämisse 2.10.

umsatzabhängigen Lizenzraten beim niederländischen Tochterunternehmen effektiv nur zu 20 % steuerlich abzugsfähig (negativer Bemessungsgrundlageneffekt). Die negativen verlagerungsinduzierten Steuerwirkungen werden durch den negativen Unternehmensteuersatzeffekt verstärkt. Das Ausmaß der negativen Steuerwirkungen aus der Vereinbarung einer UL-NÜ wird in Tab. 6.21 dargestellt.

(Beträge in T€)	UL-NÜ
Lizenzerträge	16.608
+ Abschreibungen	-100
= verlagerungsinduzierte Einkommensmehrung	16.508
* Unternehmensteuersatz	29,475 %
= Steuerwirkung (DT)	4.866
+ effektive Steuerwirkung (NL)	-830
= **effektive Gesamtsteuerwirkung**	**4.036**

Tab. 6.21: Steuerwirkung aus der Vereinbarung einer Umsatzlizenz im Trendszenario

Preisanpassungsklausel

Spiegelbildlich zum niederländischen Tochterunternehmen ist das zu versteuernde Einkommen beim deutschen Mutterunternehmen infolge der nachträglichen Preisanpassung zu vermindern.[1514] Der angemessene Anpassungsbetrag i. H. v. 2.834 T€ ist im ersten Jahr der Verwertungsphase (t=8) einkünftemindernd zu berücksichtigen. Bedingt durch den Unternehmensteuersatzeffekt und den Bemessungsgrundlageneffekt überwiegen die Besteuerungsvorteile aus der nachträglichen Preisanpassung beim deutschen Mutterunternehmen die Besteuerungsnachteile beim niederländischen Tochterunternehmen. Für den multinationalen Konzern resultiert somit im Trendszenario aus der Berücksichtigung der gesetzlichen Preisanpassungsklausel insgesamt eine positive Steuerwirkung. Das Ausmaß der Steuerwirkungen für die einzelnen Verlagerungsalternativen wird in Tab. 6.22 dargestellt.

[1514] Siehe hierzu die Ausführungen in den Abschnitt 3.4.1 und 4.4. Dies setzt allerdings, wie im vorliegenden Fall (siehe Prämisse 5.6), eine Erstkorrektur nach § 1 Abs. 1 AStG voraus. Vgl. auch *Kraft, G.* (2009), § 1 AStG, Rn. 480.

(Beträge in T€)	ETÜ	PL	PL-NÜ
Anpassungsbetrag	-2.834	-2.834	-2.834
* Unternehmensteuersatz	29,475 %	29,475 %	29,475 %
= Steuerwirkung (DT)	-835	-835	-835
+ effektive Steuerwirkung (NL)	142	142	142
= effektive Gesamtsteuerwirkung	**-693**	**-693**	**-693**

Tab. 6.22: Gesamtsteuerwirkung nachträglicher Preisanpassungen im Trendszenario

Beteiligungserträge

Ausschüttungen unterliegen beim deutschen Mutterunternehmen aufgrund des pauschalen Betriebsausgabenabzugsverbots gemäß § 8b Abs. 5 KStG im Modell einer effektiven Besteuerung i. H. v. 5 % des Ausschüttungsbetrags. Infolge dieser Doppelbesteuerung vermindern sich die erzielbaren Steuervorteile aus der Verlagerung einer F&E-Funktion in die Niederlande.

Ausschüttungen aus dem steuerlichen Einlagekonto nach § 27 Abs. 1 und 8 KStG sind nicht als Beteiligungserträge zu erfassen. Diese qualifizieren steuerlich als Kapitalrückzahlungen und werden erfolgsneutral mit dem Beteiligungsbuchwert verrechnet. Im Trendszenario des Basisfalls entsprechen die Zugänge auf dem steuerlichen Einlagekonto den Teilwerten der verdeckt eingelegten immateriellen Wirtschaftsgüter. Sie betragen typisierend[1515] bei einer ETÜ 2.282 T€ und bei einer PL 2.331 T€.[1516] Die auf einen funktionsbezogenen Geschäftswert entfallenden Korrekturbeträge qualifizieren hingegen nicht als Zugänge auf dem steuerlichen Einlagekonto. Sie resultieren ausschließlich aus einer Bewertung des Transferpakets als Ganzes nach § 1 Abs. 3 Satz 9 AStG und sind daher nicht als verdeckte Einlage zu beurteilen.[1517] Des Weiteren erhöhen auch unentgeltliche oder verbilligte Nutzungsüberlassungen der Bestandteile des Transferpakets in Ermangelung bilanzierungsfähiger Wirtschaftsgüter grundsätzlich das steuerliche Einlagekonto nicht.

[1515] Im Modell entsprechen diese vereinfachend dem Anteil der immateriellen Wirtschaftsgüter am Einigungspreis für das Transferpaket als Ganzes.

[1516] Diese Beträge entsprechen 90 % des korrigierten Einigungspreises. Siehe zur Aufteilung des korrigierten Einigungspreises auf die immateriellen Wirtschaftsgüter und den funktionsbezogenen Geschäftswert Tab. 6.7 auf S. 288.

[1517] Vgl. bezüglich der Abgrenzung und der Regelungskonkurrenz der Korrekturvorschriften nach § 8 Abs. 3 Satz 3-6 KStG und nach § 1 AStG Abschnitt 3.1.4.

In Tab. 6.23 werden die Steuermehrbelastungen infolge einer teilweisen Doppelbesteuerung der Ausschüttungsbeträge unter Berücksichtigung steuerfreier Kapitalrückzahlungen aus dem steuerlichen Einlagekonto dargestellt.

	(Beträge in T€)	ETÜ	PL	PL-NÜ	UL-NÜ
	Ausschüttungen	38.972	39.083	39.607	39.942
–	Kapitalrückzahlungen (§ 27 Abs. 1 Satz 3 KStG)	2.282	2.331	0	0
=	steuerfreie Ausschüttungen (§ 8b Abs. 1 KStG)	36.690	36.752	39.607	39.942
	nicht abzugsfähige Betriebsausgaben (§ 8b Abs. 5 KStG)	1.835	1.838	1.980	1.997
*	Unternehmensteuersatz	29,475%	29,475%	29,475%	29,475%
=	**Steuerwirkung**	**541**	**542**	**584**	**589**

Tab. 6.23: Steuerbelastung aus den Beteiligungserträgen im Trendszenario

Zinsaufwendungen und Zinserträge

Die finanziellen Verbindlichkeiten des deutschen Mutterunternehmens können im Trendszenario infolge der Liquiditätszuflüsse aus Dividenden des niederländischen Tochterunternehmens im achten Jahr der Verwertungsphase (t=15) getilgt werden. In den darauf folgenden Jahren werden die Liquiditätsüberschüsse verzinslich angelegt.[1518] Im Vergleich zur Unterlassungsalternative sind die Zinserträge in den Verlagerungsalternativen aufgrund der insgesamt geringeren Steuerbelastungen höher bzw. die Zinsaufwendungen geringer. Aus den höheren Zinserträgen bzw. niedrigeren Zinsaufwendungen ergeben sich gegenläufige Besteuerungseffekte, welche den Einfluss der Zinsvorteile auf den Vermögensendwert abschwächen.

Tab. 6.24 enthält für das Trendszenario eine Gegenüberstellung der kumulierten Zinssalden sowie der daraus resultierenden Steuerwirkungen in den Verlagerungsalternativen und der Unterlassungsalternative. Für die Verlagerungsalternativen können infolge der herausragenden Bedeutung der steuerlichen F&E-Förderungen stets höhere Zinssalden erzielt werden als in der Unterlassungsalternative. Aus den negativen Steuerwirkungen im Zusammenhang mit der Funktionsverlagerung ergibt sich ein Kompensationseffekt, welcher im Trendszenario aufgrund der dargestellten Wirkungszusammen-

[1518] Siehe Prämisse 2.10.

hänge (negativer Unternehmensteuersatzeffekt, negativer Bemessungsgrundlageneffekt etc.) bei einer UL-NÜ am stärksten und bei einer ETÜ am geringsten ist.

(Beträge in T€)	UA	ETÜ	PL	PL-NÜ	UL-NÜ
Ebene des Tochterunternehmens					
Zinsaufwendungen	0	-4.984	-4.896	-4.821	-4.938
* Unternehmensteuersatz	25%	25%	25%	25%	25%
= Steuerwirkung (NL)	0	-1.246	-1.224	-1.205	-1.235
Ebene des Mutterunternehmens					
Zinserträge	6.231	9.913	9.864	9.708	8.728
+ Zinsaufwendungen	-6.412	-350	-457	-697	-237
= Zinssaldo	-181	9.563	9.407	9.011	8.491
* Unternehmensteuersatz	29,475%	29,475%	29,475%	29,475%	29,475%
= vorläufige Steuerwirkung	-53	2.819	2.773	2.656	2.503
+ GewSt-Hinzurechnung (25 %)	219	12	16	24	8
= Steuerwirkung (DT)	166	2.831	2.789	2.680	2.511
+ Steuerwirkung (NL)	0	-1.246	-1.224	-1.205	-1.235
= Steuerwirkung (gesamt)	**166**	**1.585**	**1.565**	**1.475**	**1.276**
Zinssalden					
Zinssaldo (DT)	-181	9.563	9.407	9.011	8.491
+ Zinsaufwendungen (NL)	0	-4.984	-4.896	-4.821	-4.938
= Zinssaldo (gesamt)	**-181**	**4.579**	**4.511**	**4.190**	**3.553**

Tab. 6.24: Zinssalden und daraus resultierende Steuerwirkungen im Trendszenario

6.3.2.2 Positivszenario

Dem Positivszenario liegt die Annahme einer bestmöglichen Verwertung der F&E-Ergebnisse zugrunde. Die Verwertungserträge sind wesentlich höher als im Trendszenario. Infolgedessen steigen die Vermögensendwerte stark an. Des Weiteren gewinnt die Besteuerung der Verwertungserträge gegenüber der steuerlichen Abzugsfähigkeit der F&E-Aufwendungen während der F&E-Phase relativ an Bedeutung. Tab. 6.25 enthält für das Positivszenario eine Gegenüberstellung der Steuer- und Zinswirkungen der Verlagerungsalternativen im Vergleich zur Unterlassungsalternative.

(Beträge in T€)	UA	ETÜ	PL	PL-NÜ	UL-NÜ
Endwert vor Steuern	956.579	956.579	956.579	956.579	956.579
– Endwert nach Steuern	624.781	829.057	828.877	828.260	773.947
= Steuerwirkung (gesamt)	**331.798**	**127.522**	**127.702**	**128.319**	**182.632**
Ebene des Tochterunternehmens					
KSt	0	34.130	34.105	34.021	24.759
+ Verminderung der Lohnsteuer- und Sozialversicherungsabgaben	0	-1.068	-1.068	-1.068	-1.068
= Steuerwirkung (NL)	0	33.062	33.037	32.953	23.691
Ebene des Mutterunternehmens					
KSt	132.910	37.698	37.759	38.054	64.021
+ SolZ	7.310	2.074	2.077	2.093	3.521
+ GewSt	121.071	34.329	34.387	34.658	58.261
= Steuerwirkung (DT)	261.291	74.101	74.223	74.805	125.803
Zinsdifferenz gegenüber dem Endwert vor Steuern					
Tochterunternehmen	0	2.516	2.470	2.299	2.947
+ Mutterunternehmen	70.507	17.843	17.972	18.262	30.191
= Zinsdifferenz	70.507	20.359	20.442	20.561	33.138
= Steuerwirkung (gesamt)	**331.798**	**127.522**	**127.702**	**128.319**	**182.632**

Tab. 6.25: Steuerbelastungsvergleich im Positivszenario

Tab. 6.25 kann entnommen werden, dass die Gesamtsteuerbelastung bei einer Verlagerung der F&E-Funktion in die Niederlande wesentlich geringer ist als in der Unterlassungsalternative. Für die Besteuerungsunterschiede sind insbesondere die Steuerbegünstigungen aus einer Inanspruchnahme der Innovationsbox maßgeblich. Infolge der hohen Verwertungserträge im Positivszenario sinkt die relative Bedeutung der steuerlichen F&E-Förderungen während der F&E-Phase, da diese Steuerbegünstigungen unabhängig von der Höhe der Verwertungserträge und daher gegenüber dem Trendszenario betraglich unverändert sind. Aus der Besteuerung resultiert insgesamt ein negativer Vermögensendwerteffekt, sodass die Vermögensendwerte für die betrachteten Handlungsalternativen stets geringer sind als der Vermögensendwert bei einer Vernachlässigung der Besteuerungseffekte.

Korrespondierend zum Verhältnis der Gesamtsteuerbelastungen variiert auch das Verhältnis der Zinswirkungen zwischen den Handlungsalternativen. Aufgrund der steuerlichen F&E-Förderungen und den damit verbundenen positiven Liquiditätseffekten sind die Zinsunterschiede bei den Verlagerungsalternativen gegenüber einer Vernachlässigung der Besteuerungseffekte wesentlich geringer als bei der Unterlassungsalternative.

Abb. 6.6 veranschaulicht die relative Veränderung der Vermögensendwerte im Falle einer Verlagerung der F&E-Funktion gegenüber der Unterlassungsalternative. Im Vergleich zum Trendszenario[1519] ist die relative Erhöhung der Vermögensendwerte im Positivszenario für die Verlagerungsalternativen trotz absolut höherer Steuervorteile geringer. Ursächlich hierfür ist im Positivszenario der starke Einfluss der Innovationsbox auf die Vermögensendwerte, welcher in Bezug auf die Verwertungserträge eine steuerliche Vorteilhaftigkeit der Verlagerungsalternativen gegenüber der Unterlassungsalternative von 34,70 % impliziert.[1520] Die Diskrepanz zwischen einer UL-NÜ und den anderen Verlagerungsalternativen ist auf die stärkeren negativen Steuereffekte aus dem Verlagerungsvorgang zurückzuführen.

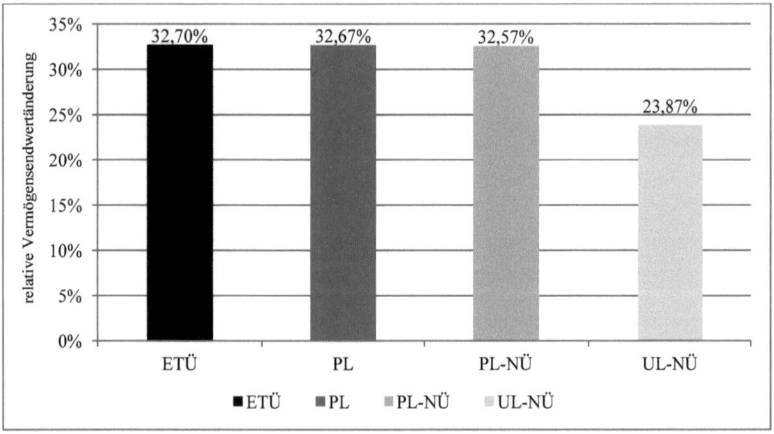

Abb. 6.6: Relative Veränderung der Vermögensendwerte im Positivszenario

[1519] Vgl. Abb. 6.3 auf S. 309.

[1520] Beim niederländischen Tochterunternehmen unterliegen die Verwertungserträge nach einem Überschreiten der Begünstigungsschwelle einer effektiven Besteuerung von 5 %, während diese beim deutschen Mutterunternehmen mit 29,475 % besteuert werden. Der relative Vermögensendwerteffekt beträgt bei einer Verwertung der F&E-Ergebnisse durch das niederländische Tochterunternehmen 34,7 % ($= \frac{(1-0{,}05)-(1-0{,}29475)}{(1-0{,}29475)}$).

6.3.2.2.1 Steuerwirkungen aus der Ausübung der F&E-Tätigkeit

Die Steuerwirkungen während der F&E-Phase sind im Positivszenario identisch zum Trendszenario, da sich die beiden Verwertungsszenarien nur hinsichtlich der erzielbaren Verwertungserträge unterscheiden. Daher wird an dieser Stelle für eine Beschreibung der Steuerwirkungen während der F&E-Phase auf Abschnitt 6.3.2.1.1 verwiesen.

6.3.2.2.2 Steuerwirkungen aus der Verwertung der F&E-Ergebnisse

6.3.2.2.2.1 Unterlassungsalternative

In der Unterlassungsalternative erzielt das deutsche Mutterunternehmen im Positivszenario Erträge aus der Verwertung der F&E-Ergebnisse i. H. v. 756.541 T€.[1521] Diese Erträge unterliegen in Deutschland in vollem Umfang der Besteuerung. Aus der Anwendung eines Unternehmensteuersatzes i. H. v. 29,475 % auf die Verwertungserträge ergibt sich in der Unterlassungsalternative eine Steuerbelastung i. H. v. 222.990 T€.

Infolge der hohen Verwertungserträge können die finanziellen Verbindlichkeiten innerhalb der ersten drei Jahre der Verwertungsphase (bis t=10) getilgt werden, sodass Liquiditätsüberschüsse in den Folgejahren verzinslich angelegt werden können. Während der Verwertungsphase fallen Zinsaufwendungen i. H. v. 1.752 T€ sowie Zinserträge i. H. v. 152.267 T€ an. Demgegenüber betragen im Falle einer Vernachlässigung der Besteuerungseffekte die Zinsaufwendungen 2.617 T€ und die Zinserträge 224.442 T€. Die Berücksichtigung der Steuerwirkungen führt während der Verwertungsphase somit zu einem Zinsnachteil i. H. v. insgesamt 71.310 T€. Diesen stehen Zinsvorteile aus der steuerlichen Abzugsfähigkeit der F&E-Aufwendungen während der F&E-Phase i. H. v. 803 T€[1522] gegenüber, sodass sich der Zinsnachteil auf insgesamt 70.507 T€ vermindert.[1523]

6.3.2.2.2.2 Verlagerungsalternativen: Ebene des Tochterunternehmens

Die Verwertungserträge steigen im Positivszenario gegenüber dem Trendszenario stark an. Die Steuervorteile aus einer Inanspruchnahme der Innovationsbox gewinnen damit einhergehend an Bedeutung und sind ursächlich für die signifikante Verminderung der

---

[1521] Vgl. Tab. A1 auf S. 418.
[1522] Siehe Abschnitt 6.3.2.1.2.2.
[1523] Vgl. Tab. 6.25 auf S. 333.

steuerpflichtigen Verwertungserträge in den Verlagerungsalternativen gegenüber der Unterlassungsalternative.

Die steuerpflichtigen Nettoverwertungserträge umfassen die Erträge aus der Verwertung der F&E-Ergebnisse vermindert um Abschreibungen, Umsatzlizenzraten, Finanzierungsaufwendungen und den nachträglichen Preisanpassungsbetrag. Tab. 6.26 enthält eine Gegenüberstellung der steuerpflichtigen Nettoverwertungserträge – ggf. nach Berücksichtigung der Steuerbefreiungen durch die Innovationsbox – sowie die darauf entfallenden Steuerbelastungen während der Verwertungsphase in den verschiedenen Handlungsalternativen.

(Beträge in T€)	UA	ETÜ	PL	PL-NÜ	UL-NÜ
steuerpflichtige Nettoverwertungserträge	754.789	166.188	166.604	168.338	126.178
* Unternehmensteuersatz	29,475 %	25 %	25 %	25 %	25 %
= vorläufige Steuerwirkung	222.474	41.547	41.651	42.085	31.545
+ GewSt-Hinzurechnung (25 %)	60	0	0	0	0
= **Steuerwirkung (gesamt)**	222.534	41.547	41.651	42.085	31.545
relative Veränderung gegenüber der UA		81,3 %	81,3%	81,1%	85,8%

Tab. 6.26: Steuerpflichtige Nettoverwertungserträge beim forschenden Unternehmen im Positivszenario

Innovationsbox

Aus Tab. 6.26 ist ersichtlich, dass die steuerpflichtigen Nettoverwertungserträge und damit verbunden auch die Steuerbelastungen in den Verlagerungsalternativen aufgrund der Steuervorteile aus der Innovationsbox wesentlich geringer sind als in der Unterlassungsalternative. Des Weiteren zeigt ein Vergleich der steuerpflichtigen Nettoverwertungserträge zwischen dem Positivszenario und dem Trendszenario, dass sich die Nettoverwertungserträge im Positivszenario gegenüber der Unterlassungsalternative stärker vermindern als im Trendszenario.[1524] Dies ist darauf zurückzuführen, dass die Begünstigungsschwellen[1525] gegenüber dem Trendszenario unverändert bleiben und infolge der

[1524] Die relative Verminderung der steuerpflichtigen Nettoverwertungserträge in den Verlagerungsalternativen gegenüber der Unterlassungsalternative beträgt im Positivszenario zwischen 81,1 % und 85,8 % und im Trendszenario zwischen 53,2 % und 64,9 %.

[1525] Eine Gegenüberstellung der Begünstigungsschwellen am Ende der F&E-Phase für die einzelnen Verlagerungsalternativen findet sich in Abschnitt 6.3.2.2.2.2.

gestiegenen Verwertungserträge im Positivszenario zu einem früheren Zeitpunkt (t=11) überschritten werden. Infolgedessen fällt im Positivszenario ein größerer Teil der Verwertungserträge in den Anwendungsbereich der Innovationsbox, welcher in den Niederlanden nur zu 20 % der Körperschaftsteuer unterliegt.

Umsatzlizenzraten

Tab. 6.26 zeigt ferner, dass die Vereinbarung einer UL-NÜ gegenüber den anderen Verlagerungsformen zu einer weitergehenden Verminderung der Nettoverwertungserträge beim niederländischen Tochterunternehmen führt. Aus einer Anwendung des fremdüblichen Lizenzsatzes von 26,75 % auf die Verwertungserträge ergeben sich umsatzabhängige Lizenzentgelte für die Nutzungsüberlassung der Bestandteile des Transferpakets i. H. v. insgesamt 202.360 T€. Diese mindern die Erträge aus der Verwertung der F&E-Ergebnisse, wodurch sich ein positiver Besteuerungseffekt auf Ebene des niederländischen Tochterunternehmens einstellt.[1526] Da die umsatzabhängigen Lizenzentgelte in die steuerpflichtigen Nettoverwertungserträge einzubeziehen sind, ist deren steuerliche Abzugsfähigkeit auf 20 % begrenzt. Der effektive Steuervorteil auf Ebene des niederländischen Tochterunternehmens beträgt folglich 10.118 T€.

Abschreibungen

Die Höhe der Abschreibungen bleibt während der Verwertungsphase gegenüber dem Trendszenario unverändert, sodass sich deren relativer Einfluss auf die Steuerbemessungsgrundlagen im Positivszenario weiter reduziert. Die Abschreibungen sind im Positivszenario nur von marginaler Bedeutung.[1527]

Preisanpassungsklausel

Im Positivszenario erhöhen sich die Verwertungserträge aus den tatsächlich realisierten F&E-Ergebnissen (756.541 T€) gegenüber den im Verlagerungszeitpunkt erwarteten Verwertungserträgen (189.572 T€) signifikant.[1528] Es liegt eine erhebliche Abweichung der Gewinnentwicklung i. S. v. § 1 Abs. 3 Satz 11 AStG i. V. m. § 10 FVerlV vor. Folg-

---

[1526] Dem Vorteil geringerer steuerpflichtiger Nettoverwertungserträge beim niederländischen Tochterunternehmen steht der Nachteil einer Besteuerung der Lizenzerträge beim deutschen Mutterunternehmen gegenüber, welcher aufgrund des negativen Unternehmensteuersatzeffekts und des negativen Bemessungsgrundlageneffekts die Steuervorteile überwiegt. Vgl. hierzu auch Abschnitt 6.3.2.2.2.3.

[1527] Die abschreibungsbedingten Steuervorteile betragen während der Verwertungsphase sowohl bei einer ETÜ als auch bei einer PL unverändert 19 T€.

[1528] Siehe zu den szenariobezogenen Verwertungserträgen in Tab. A1 auf S. 418.

lich ist im ersten Jahr der Verwertungsphase (t=8) eine nachträgliche Preisanpassung für steuerliche Zwecke vorzunehmen.

Aus der Neubewertung des Transferpakets ergeben sich unter Einbeziehung der tatsächlichen Gewinnentwicklung des Positivszenarios berichtigte Grenzpreise i. H. v. 28.996 T€ bei einer ETÜ, i. H. v. 29.103 T€ bei einer PL und i. H. v. 29.004 T€ bei einer PL-NÜ für das niederländische Tochterunternehmen. Da diese die Grenzpreise des niederländischen Tochterunternehmens im Verlagerungszeitpunkt erheblich übersteigen, sind die ursprünglichen Einigungspreise um einen angemessenen Anpassungsbetrag zu erhöhen (Preisanpassung zuungunsten des verlagernden Unternehmens). Der angemessene Anpassungsbetrag[1529] beträgt bei einer ETÜ 12.457 T€, bei einer PL 12.456 T€ und bei einer PL-NÜ 12.451 T€. Dieser mindert die Nettoverwertungserträge, sodass die Innovationsbox erst zu einem späteren Zeitpunkt in Anspruch genommen werden kann. Der nachträgliche Anpassungsbetrag ist beim niederländischen Tochterunternehmen somit effektiv nur zu 20 % steuerlich abzugsfähig.

Die positiven Steuerwirkungen aus der Berücksichtigung einer nachträglichen Verrechnungspreiskorrektur auf Ebene des niederländischen Tochterunternehmens werden in Tab. 6.27 für die verschiedenen Verlagerungsformen gegenübergestellt.

(Beträge in T€)	**ETÜ**	**PL**	**PL-NÜ**
Anpassungsbetrag	-12.457	-12.456	-12.451
* Unternehmensteuersatz	25%	25%	25%
= **Steuerwirkung**	**-3.114**	**-3.114**	**-3.113**
effektive Steuerwirkung (20 %)	-623	-623	-623

Tab. 6.27: Steuerwirkungen nachträglicher Preisanpassungen beim Tochterunternehmen im Positivszenario

Zinsaufwendungen

Die zur Finanzierung der F&E-Tätigkeit aufgenommenen finanziellen Verbindlichkeiten können im Positivszenario aufgrund der hohen Liquiditätsüberschüsse innerhalb der ersten drei Jahre der Verwertungsphase getilgt werden. Die Zinsaufwendungen[1530] sind steuerlich in vollem Umfang abzugsfähig und mindern im Modell annahmegemäß die

[1529] Vgl. zur Ermittlung des nachträglichen Anpassungsbetrags Abschnitt 3.4.2.

[1530] Eine Übersicht über die Höhe der Zinsaufwendungen und die daraus resultierenden Steuerwirkungen beim niederländischen Tochterunternehmen für die verschiedenen Verlagerungsformen enthält Tab. 6.31 auf S. 342.

Nettoverwertungserträge während der Verwertungsphase. Ergo verlagert sich der Anwendungszeitpunkt für die Innovationsbox unter dieser Prämisse mit zunehmender Höhe der Zinsaufwendungen weiter in die Zukunft. Die im Anschluss an eine vollständige Tilgung der finanziellen Verbindlichkeiten erzielten Liquiditätsüberschüsse werden annahmegemäß an die deutsche Muttergesellschaft ausgeschüttet, sodass auf Ebene der niederländischen Tochtergesellschaft keine Zinserträge zu berücksichtigen sind.

6.3.2.2.2.3 Verlagerungsalternativen: Ebene des Mutterunternehmens

Die höheren Verwertungserträge im Positivszenario führen auf Ebene des deutschen Mutterunternehmens ebenfalls zu einer Veränderung der Steuerwirkungen. Die variierenden Steuerwirkungen sind insbesondere auf eine Erhöhung der umsatzabhängigen Lizenzerträge, die Berücksichtigung eines einkünfteerhöhenden Anpassungsbetrags sowie steigende Beteiligungserträge zurückzuführen. Damit einhergehend verändern sich beim deutschen Mutterunternehmen die Zinsaufwendungen und die Zinserträge sowie die daraus resultierenden Besteuerungseffekte.

Umsatzlizenzraten

Die umsatzabhängigen Lizenzerträge aus einer Nutzungsüberlassung der Bestandteile des Transferpakets unterliegen beim deutschen Mutterunternehmen während der Verwertungsphase vollumfänglich der Besteuerung. Dies gilt unabhängig davon, dass die Lizenzraten beim niederländischen Tochterunternehmen effektiv nur zu 20 % steuerlich abzugsfähig sind. Infolge dieses negativen Bemessungsgrundlageneffekts ergibt sich für den multinationalen Konzern insgesamt eine negative Steuerwirkung aus der Vereinbarung einer UL-NÜ, welche durch den negativen Unternehmensteuersatzeffekt infolge eines um 4,475 Prozentpunkte höheren Unternehmensteuersatzes in Deutschland verstärkt wird. Siehe hierzu Tab. 6.28.

(Beträge in T€)	**UL-NÜ**
Lizenzerträge	202.360
* Unternehmensteuersatz	29,475 %
= Steuerwirkung (DT)	59.646
+ effektive Steuerwirkung (NL)	-10.118
= effektive Gesamtsteuerwirkung	**49.528**

Tab. 6.28: Gesamtsteuerwirkung aus einer Umsatzlizenz im Positivszenario

Preisanpassungsklausel

Die erhebliche Steigerung der tatsächlichen Gewinnentwicklung im Positivszenario gegenüber der im Zeitpunkt der Verlagerung erwarteten Gewinnentwicklung erfordert eine nachträgliche Verrechnungspreiskorrektur zuungunsten des verlagernden Unternehmens. Der nachträgliche Anpassungsbetrag erhöht im ersten Jahr der Verwertungsphase (t=8) die Steuerbemessungsgrundlagen des deutschen Mutterunternehmens. Infolge des negativen Unternehmensteuersatzeffekts und des negativen Bemessungsgrundlageneffekts wirkt sich die nachträgliche Verrechnungspreiskorrektur im Positivszenario für den multinationalen Konzern insgesamt nachteilig aus.

Eine Quantifizierung der negativen Steuerwirkungen aus der nachträglichen Verrechnungspreiskorrektur im Positivszenario enthält Tab. 6.29.

(Beträge in T€)		ETÜ	PL	PL-NÜ
	Anpassungsbetrag	12.457	12.456	12.451
*	Unternehmensteuersatz	29,475 %	29,475 %	29,475 %
=	Steuerwirkung (DT)	3.672	3.671	3.670
+	effektive Steuerwirkung (NL)	-623	-623	-623
=	**effektive Gesamtsteuerwirkung**	**3.049**	**3.048**	**3.047**

Tab. 6.29: Gesamtsteuerwirkung nachträglicher Preisanpassungen im Positivszenario

Beteiligungserträge

Die Ausschüttungsbeträge steigen aufgrund der höheren Verwertungserträge und den daraus resultierenden Liquiditätsüberschüssen beim niederländischen Tochterunternehmen im Positivszenario gegenüber dem Trendszenario an. Somit unterliegt beim deutschen Mutterunternehmen gemäß § 8b Abs. 5 KStG ein höherer Betrag einer effektiven Doppelbesteuerung. Demgegenüber bleiben die steuerfreien Kapitalrückzahlungen aus dem steuerlichen Einlagekonto nach § 27 Abs. 1 Satz 3 KStG im Vergleich zum Trendszenario unverändert.[1531] Folglich ist deren relative Bedeutung für die Besteuerung im Positivszenario rückläufig.

Tab. 6.30 enthält eine Darstellung der Steuermehrbelastungen für den multinationalen Konzern, welche sich aus einer teilweisen Doppelbesteuerung der Ausschüttungsbeträge beim deutschen Mutterunternehmen ergeben.

[1531] Zum Ausmaß der verdeckten Einlagen und der dadurch bewirkten steuerfreien Kapitalrückzahlungen aus dem steuerlichen Einlagekonto siehe Abschnitt 6.3.2.1.2.3.

(Beträge in T€)	ETÜ	PL	PL-NÜ	UL-NÜ
Ausschüttungen	701.808	701.879	702.233	710.848
– Kapitalrückzahlungen (§ 27 Abs. 1 Satz 3 KStG)	2.282	2.331	0	0
= steuerfreie Ausschüttungen (§ 8b Abs. 1 KStG)	699.526	699.548	702.233	710.848
nicht abzugsfähige Betriebsausgaben (§ 8b Abs. 5 KStG)	34.976	34.977	35.112	35.542
* Unternehmensteuersatz	29,475 %	29,475 %	29,475 %	29,475 %
= **Steuerwirkung**	**10.309**	**10.310**	**10.349**	**10.476**

Tab. 6.30: Steuerbelastung aus den Beteiligungserträgen im Positivszenario

Zinsaufwendungen und Zinserträge

Aufgrund der hohen Ausschüttungsbeträge können die finanziellen Verbindlichkeiten beim deutschen Mutterunternehmen im Positivszenario bereits im dritten Jahr der Verwertungsphase (t=10) getilgt werden. In den darauf folgenden Perioden werden die Liquiditätsüberschüsse verzinslich angelegt.[1532] Im Vergleich zum Trendszenario sinken daher die Zinsaufwendungen, wohingegen sich die Zinserträge erhöhen.

Die Unterschiede in den Zinssalden zwischen den Handlungsalternativen spiegeln die Zinsvorteile wider, die infolge einer Verlagerung der F&E-Funktion auf das niederländische Tochterunternehmen aus den Steuervorteilen vereinnahmt werden können. Ein gegenläufiger Effekt resultiert allerdings aus der Besteuerung der Zinserträge, welcher mit zunehmender Höhe der Zinserträge steigt.

Tab. 6.31 enthält eine Gegenüberstellung der kumulierten Zinssalden sowie der damit zusammenhängenden Steuerwirkungen für die verschiedenen Handlungsalternativen im Positivszenario.

[1532] Siehe Prämisse 2.10.

(Beträge in T€)	UA	ETÜ	PL	PL-NÜ	UL-NÜ
Ebene des Tochterunternehmens					
Zinsaufwendungen	0	-2.516	-2.470	-2.299	-2.947
* Unternehmensteuersatz	25%	25%	25%	25%	25%
= Steuerwirkung (NL)	0	-629	-618	-575	-737
Ebene des Mutterunternehmens					
Zinserträge	152.267	202.078	202.008	201.772	189.081
+ Zinsaufwendungen	-3.580	-727	-786	-841	-78
= Zinssaldo	148.687	201.351	201.222	200.931	189.003
* Unternehmensteuersatz	29,475%	29,475%	29,475%	29,475%	29,475%
= vorläufige Steuerwirkung	43.825	59.348	59.310	59.224	55.709
+ GewSt-Hinzurechnung (25 %)	122	25	27	29	3
= Steuerwirkung (DT)	43.947	59.373	59.337	59.253	55.712
+ Steuerwirkung (NL)	0	-629	-618	-575	-737
= Steuerwirkung (gesamt)	**43.947**	**58.744**	**58.719**	**58.678**	**54.975**
Zinssalden					
Zinssaldo (DT)	148.687	201.351	201.222	200.931	189.003
+ Zinsaufwendungen (NL)	0	-2.516	-2.470	-2.299	-2.947
= Zinssaldo (gesamt)	**148.687**	**198.835**	**198.752**	**198.632**	**186.056**

Tab. 6.31: Zinssalden und daraus resultierende Steuerwirkungen im Positivszenario

Im Vergleich zur Unterlassungsalternative sind die Zinssalden im Falle einer Funktionsverlagerung aufgrund der erzielbaren Steuervorteile signifikant höher. Die geringsten Steuervorteile gegenüber der Unterlassungsalternative können bei Vereinbarung einer UL-NÜ erzielt werden. Dies ist darauf zurückzuführen, dass bei dieser Verlagerungsalternative der negative Unternehmensteuersatzeffekt und der negative Bemessungsgrundlageneffekt infolge der hohen umsatzabhängigen Lizenzraten am stärksten ausgeprägt sind.

6.3.2.3 Negativszenario

Dem Negativszenario liegt die Annahme einer schlechtestmöglichen Verwertung der F&E-Ergebnisse zugrunde. Die Verwertungserträge sinken im Verhältnis zum Trendszenario signifikant. Infolgedessen vermindern sich auch die Vermögensendwerte in erheblichem Umfang. Aufgrund der sinkenden Verwertungserträge gewinnen die Besteuerungsvorteile während der F&E-Phase aus einer steuerlichen Abzugsfähigkeit der F&E-Aufwendungen sowie den steuerlichen F&E-Förderungen an Bedeutung. Die Innovationsbox kommt im Negativszenario des Basisfalls nicht zur Anwendung, da die kumulierten Verwertungserträge in diesem Verwertungsszenario die Begünstigungsschwelle nicht übersteigen.

Für das Negativszenario enthält Tab. 6.32 einen Vergleich der Steuer- und Zinswirkungen zwischen den verschiedenen Handlungsalternativen.

(Beträge in T€)	**UA**	**ETÜ**	**PL**	**PL-NÜ**	**UL-NÜ**
Endwert vor Steuern	-51.045	-51.045	-51.045	-51.045	-51.045
– Endwert nach Steuern	-26.135	-21.952	-21.893	-21.920	-21.833
= **Steuerwirkung (gesamt)**	**-24.910**	**-29.093**	**-29.152**	**-29.125**	**-29.212**
Ebene des Tochterunternehmens					
KSt	0	-9.493	-9.564	-9.805	-9.998
+ Verminderung der Lohnsteuer- und Sozialversicherungsabgaben	0	-1.068	-1.068	-1.068	-1.068
= Steuerwirkung (NL)	0	-10.561	-10.632	-10.873	-11.066
Ebene des Mutterunternehmens					
KSt	-5.400	-242	-183	-16	120
+ SolZ	-297	-13	-11	-1	7
+ GewSt	-4.167	-209	-155	32	124
= Steuerwirkung (DT)	-9.864	-464	-349	15	251
Zinsdifferenz gegenüber dem Endwert vor Steuern					
Tochterunternehmen	0	18.680	18.418	17.311	18.084
+ Mutterunternehmen	-15.046	-36.748	-36.589	-35.578	-36.481
= Zinsdifferenz	-15.046	-18.068	-18.171	-18.267	-18.397
= **Steuerwirkung (gesamt)**	**-24.910**	**-29.093**	**-29.152**	**-29.125**	**-29.212**

Tab. 6.32: Steuerbelastungsvergleich im Negativszenario

Ein Vergleich der Handlungsalternativen zeigt, dass auch im Negativszenario durch eine Funktionsverlagerung höhere Steuervorteile erzielt werden können als in der Unterlassungsalternative. Maßgeblich hierfür ist im Wesentlichen die Gewährung steuerlicher F&E-Förderungen während der F&E-Phase. Diese Steuervorteile werden jedoch durch die negativen Steuerwirkungen aus dem Verlagerungsvorgang reduziert. Im Unterschied zu den beiden anderen Verwertungsszenarien resultieren die geringsten negativen verlagerungsinduzierten Steuerwirkungen aus der Vereinbarung einer UL-NÜ. Dies ist darauf zurückzuführen, dass die umsatzabhängigen Lizenzraten infolge der niedrigen Verwertungserträge im Negativszenario geringer sind als die fremdüblichen Entgelte für das verlagerte Transferpaket bei den anderen Verlagerungsformen. Demgegenüber werden im Vergleich zu den anderen Verlagerungsalternativen aus der Vereinbarung einer ETÜ die geringsten Vermögensendwerte erzielt, da neben den negativen verlagerungsinduzierten Steuereffekten im Modell noch ein negativer Zinssatzeffekt[1533] zum Tragen kommt.[1534]

Die relative Veränderung der Vermögensendwerte im Falle einer Verlagerung gegenüber der Unterlassungsalternative wird in Abb. 6.7 grafisch dargestellt. Im Vergleich zu den beiden anderen Verwertungsszenarien sinkt die relative Vorteilhaftigkeit einer Funktionsverlagerung gegenüber der Unterlassungsalternative im Negativszenario. Ursächlich für den Rückgang der relativen Vorteilhaftigkeit ist die Nichtanwendbarkeit der Innovationsbox. Folglich basieren die Steuervorteile ausschließlich auf den steuerlichen F&E-Förderungen während der F&E-Phase.

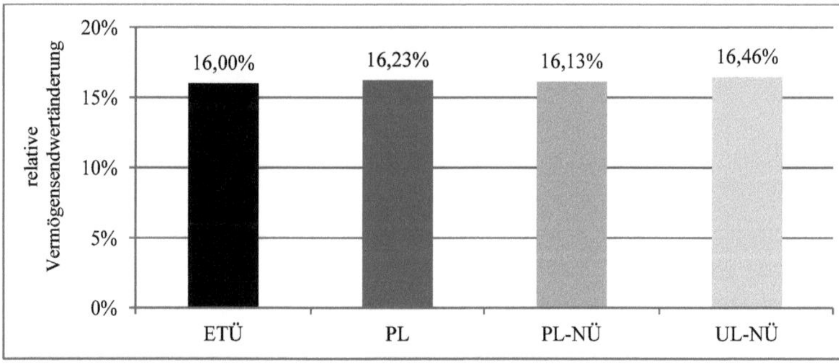

Abb. 6.7: Relative Veränderung der Vermögensendwerte im Negativszenario

6.3.2.3.1 Steuerwirkungen aus der Ausübung der F&E-Tätigkeit

Im Negativszenario entsprechen die Steuerwirkungen während der F&E-Phase im Grundsatz ebenfalls jenen, die bereits für die beiden anderen Verwertungsszenarien

---

1533 Vgl. zur Abgrenzung des negativen Zinssatzeffekts Abschnitt 6.3.1.

1534 Im Vergleich zur PL können bei der ETÜ aufgrund der geringeren verlagerungsinduzierten Steuereffekte insgesamt um 44 T€ höhere Steuervorteile erzielt werden. Diese werden allerdings durch die abweichenden Zinssalden zwischen diesen beiden Verlagerungsalternativen i. H. v. 103 T€, welche insbesondere auf den negativen Zinssatzeffekt zurückzuführen sind, überlagert. Siehe hierzu auch Tab. 6.37 auf S. 351.

identifiziert und erläutert wurden. Insofern wird für eine Beschreibung der Steuerwirkungen während der F&E-Phase auf Abschnitt 6.3.2.1.1 verwiesen. Die verlagerungsinduzierten Mehraufwendungen sind im Negativszenario jedoch in vollem Umfang steuermindernd zu berücksichtigen, da die Innovationsbox nicht zur Anwendung kommt und folglich bei einer isolierten Betrachtung der F&E-Funktion[1535] eine Erhöhung der Begünstigungsschwelle im Modell ohne Folgen für die Besteuerung bleibt.

6.3.2.3.2 Steuerwirkungen aus der Verwertung der F&E-Ergebnisse

6.3.2.3.2.1 Unterlassungsalternative

Das forschende Unternehmen erzielt im Negativszenario aus der Verwertung der F&E-Ergebnisse nur relativ geringe Erträge i. H. v. 5.042 T€.[1536] Diesen stehen zahlungswirksame operative Aufwendungen aus der F&E-Phase i. H. v. 19.056 T€ gegenüber.[1537] Da die Verwertungserträge die operativen Aufwendungen nicht übersteigen, können die finanziellen Verbindlichkeiten während des Betrachtungszeitraums nicht getilgt werden. Die Zinsaufwendungen belaufen sich auf 20.056 T€ während der Verwertungsphase und auf 1.828 T€ während der F&E-Phase.

Im Negativszenario sind die Steuerbemessungsgrundlagen mangels ausreichender Verwertungserträge grundsätzlich negativ. Die sich hieraus annahmegemäß ergebenden funktionsbezogenen Steuererstattungen führen zu einer Erhöhung des negativen Vermögensendwerts i. H. v. 9.864 T€. Damit einhergehend sinkt der durch Fremdkapital zu deckende Liquiditätsbedarf, sodass es zu einer Verminderung der Zinsaufwendungen gegenüber einer Vernachlässigung der Besteuerungseffekte um 15.046 T€ kommt.[1538]

6.3.2.3.2.2 Verlagerungsalternativen: Ebene des Tochterunternehmens

Durch eine Verlagerung der F&E-Funktion kann der Vermögensendwert aus der Funktionsausübung erhöht werden. Dies ist insbesondere auf die Gewährung steuerlicher F&E-Förderungen während der F&E-Phase zurückzuführen, welche eine Reduzierung des Liquiditätsbedarfs beim forschenden Unternehmen bewirken.

[1535] Vgl. diesbezüglich auch die Einschränkungen der Aussagekraft der Untersuchungsergebnisse in Abschnitt 6.5.
[1536] Vgl. Tab. A1 auf S. 418.
[1537] Siehe Tab. 6.5 auf S. 284.
[1538] Vgl. hierzu auch Tab. 6.32 auf S. 343.

Tab. 6.33 enthält eine Gegenüberstellung der Nettoverwertungserträge sowie der daraus resultierenden Steuerwirkungen für die verschiedenen Handlungsalternativen. Die Nettoverwertungserträge sind in der Unterlassungsalternative signifikant niedriger als in den Verlagerungsalternativen. Der Grund hierfür liegt in den höheren Zinsaufwendungen, da bei einer unveränderten Ausübung der F&E-Funktion in Deutschland keine positiven Liquiditätseffekte aus der Inanspruchnahme steuerlicher F&E-Förderungen erzielt werden können. Ergo ergeben sich für die Unterlassungsalternative während der Verwertungsphase die höchsten Steuererstattungen.

(Beträge in T€)		**UA**	**ETÜ**	**PL**	**PL-NÜ**	**UL-NÜ**
	Nettoverwertungserträge	-15.014	-8.306	-8.072	-6.966	-12.850
*	Unternehmensteuersatz	29,475 %	25 %	25 %	25 %	25 %
=	vorläufige Steuerwirkung	-4.425	-2.077	-2.018	-1.742	-3.213
+	GewSt-Hinzurechnung (25 %)	684	0	0	0	0
=	**Steuerwirkung (gesamt)**	-3.741	-2.077	-2.018	-1.742	-3.213
	relative Veränderung gegenüber der UA		-44,5%	-46,1%	-53,4%	-14,1%

Tab. 6.33: Steuerpflichtige Nettoverwertungserträge beim forschenden Unternehmen im Negativszenario

Umsatzlizenzraten

Trotz des Rückgangs der Verwertungserträge auf 5.042 T€ bleibt der fremdübliche Lizenzsatz im Negativszenario gegenüber den anderen beiden Verwertungsszenarien unverändert bei 26,75 %, sodass der Gesamtbetrag der umsatzabhängigen Lizenzraten auf 1.349 T€ sinkt. Dieser ist geringer als der Einigungspreis für das Transferpaket im Verlagerungszeitpunkt.[1539] Infolgedessen sind die verlagerungsinduzierten Mehraufwendungen bei einer UL-NÜ auf Ebene des niederländischen Tochterunternehmens geringer als bei den anderen Verlagerungsalternativen. Da die umsatzabhängigen Lizenzraten im Unterschied zu den verlagerungsinduzierten Mehraufwendungen der anderen Verlagerungsalternativen[1540] erst während der Verwertungsphase zu berücksichtigen sind, weist Tab. 6.33 für die UL-NÜ geringere Nettoverwertungserträge aus.

[1539] Der Einigungspreis beträgt im Verlagerungszeitpunkt 2.412 T€. Siehe Abb. 6.5 auf S. 315.

[1540] Siehe zur einkommensmindernden Erfassung der verlagerungsinduzierten Mehraufwendungen bei einer ETÜ, PL und PL-NÜ Tab. 6.15 auf S. 316 und Tab. 6.16 auf S. 318.

Abschreibungen

Die Abschreibungen während der Verwertungsphase bleiben gegenüber den anderen Verwertungsszenarien unverändert.[1541] Aufgrund der geringen Höhe der abschreibungsbedingten Steuervorteile ist ihr Einfluss auf die Steuerbemessungsgrundlage trotz des Rückgangs der Verwertungserträge im Negativszenario nur marginal.

Preisanpassungsklausel

Die Verwertungserträge aus den tatsächlich realisierten F&E-Ergebnissen sind im Negativszenario wesentlich geringer als die erwarteten Verwertungserträge im Verlagerungszeitpunkt.[1542] Da die neu zu ermittelnden Grenzpreise des niederländischen Tochterunternehmens[1543] den Grenzpreis des deutschen Mutterunternehmens im Verlagerungszeitpunkt unterschreiten, liegt eine erhebliche Abweichung der Gewinnentwicklung vor. Der Einigungspreis für das verlagerte Transferpaket ist im ersten Jahr der Verwertungsphase (t=8) um einen angemessenen Anpassungsbetrag zu vermindern (Preisanpassung zugunsten des verlagernden Unternehmens). Die Anpassungsbeträge betragen bei einer ETÜ -3.956 T€, bei einer PL -3.955 T€ und bei einer PL-NÜ -3.951 T€. Sie erhöhen in vollem Umfang das zu versteuernde Einkommen beim niederländischen Tochterunternehmen.[1544] Aufgrund der hohen Investitionen während der F&E-Phase und den nur geringen Erträgen aus der Verwertung der F&E-Ergebnisse in Verbindung mit den Unsicherheiten bezüglich eines erfolgreichen Abschlusses der F&E-Tätigkeit kann die Neuberechnung des Grenzpreises beim aufnehmenden Unternehmen im Basisfall dazu führen, dass der Anpassungsbetrag den ursprünglichen Einigungspreis übersteigt.

In Tab. 6.34 werden die Steuerwirkungen beim niederländischen Tochterunternehmen aus einer nachträglichen Verrechnungspreiskorrektur abgebildet.

[1541] Die abschreibungsbedingten Steuervorteile während der Verwertungsphase betragen sowohl bei einer ETÜ als auch bei einer PL 19 T€.

[1542] Vgl. Tab. A1 auf S. 418.

[1543] Die neuen Grenzpreise betragen bei einer ETÜ -3.831 T€, bei einer PL -3.718 T€ und bei einer PL-NÜ -3.800 T€.

[1544] Da der Anwendungsbereich für eine Inanspruchnahme der Innovationsbox im Negativszenario nicht eröffnet ist, erhöht der Anpassungsbetrag aus der nachträglichen Verrechnungspreiskorrektur in vollem Umfang das zu versteuernde Einkommen.

(Beträge in T€)		ETÜ	PL	PL-NÜ
	Anpassungsbetrag	3.956	3.955	3.951
*	Unternehmensteuersatz	25%	25%	25%
=	**Steuerwirkung**	**989**	**989**	**988**

Tab. 6.34: Steuerwirkung nachträglicher Preisanpassungen beim Tochterunternehmen im Negativszenario

Zinsaufwendungen

Die zur Finanzierung der F&E-Tätigkeit aufgenommenen finanziellen Verbindlichkeiten können im Negativszenario nicht getilgt werden. Vielmehr erhöhen sich diese im Zeitablauf, da die Zinsaufwendungen die Erträge aus der Verwertung der F&E-Ergebnisse übersteigen. Am Ende des Betrachtungszeitraums werden die finanziellen Verbindlichkeiten des niederländischen Tochterunternehmens annahmegemäß durch eine Bareinlage des deutschen Mutterunternehmens getilgt.[1545]

6.3.2.3.2.3 Verlagerungsalternativen: Ebene des Mutterunternehmens

Wie im vorangegangenen Abschnitt dargelegt wurde, erzielt das niederländische Tochterunternehmen im Negativszenario keine Liquiditätsüberschüsse, die an das deutsche Mutterunternehmen ausgeschüttet werden können. Aus diesem Grund basieren die Steuerwirkungen beim deutschen Mutterunternehmen während der Verwertungsphase insbesondere auf den umsatzabhängigen Lizenzerträgen, der nachträglichen Verrechnungspreiskorrektur sowie den Zinsaufwendungen und Zinserträgen.

Umsatzlizenzraten

Die umsatzabhängigen Lizenzerträge i. H. v. 1.349 T€ unterliegen beim deutschen Mutterunternehmen der Besteuerung. Aufgrund der abweichenden Unternehmensteuersätze in Deutschland und den Niederlanden folgt hieraus ein negativer Unternehmensteuersatzeffekt für den multinationalen Konzern. Da die kumulierten Umsatzlizenzraten im Negativszenario jedoch geringer sind als die fremdüblichen Vergütungen in den anderen Verlagerungsalternativen, ist der negative Unternehmensteuersatzeffekt im Vergleich der Verlagerungsalternativen bei einer UL-NÜ am geringsten. Tab. 6.35 enthält eine

[1545] Siehe Prämisse 2.7.

Gegenüberstellung der negativen Unternehmensteuersatzeffekte zwischen den Verlagerungsalternativen.[1546]

(Beträge in T€)	ETÜ	PL	PL-NÜ	UL-NÜ
Ebene des Tochterunternehmens				
Lizenzraten	0	0	-5.297	-1.349
+ Zinskomponenten (PL)	0	-487	0	0
+ Abschreibungen (F&E-Phase)	-2.559	-2.613	0	0
+ Abschreibungen (Verwertungsphase)	-76	-77	0	0
= verlagerungsinduzierte Einkommensminderungen	-2.635	-3.177	-5.297	-1.349
* Unternehmensteuersatz	25%	25%	25%	25%
= Steuerwirkung (NL)	-659	-794	-1.324	-337
Ebene des Mutterunternehmens				
Verlagerungsgewinn	2.535	2.590	0	0
+ Abschreibungen	0	0	-100	-100
+ Zinskomponenten (PL)	0	487	0	0
+ Lizenzraten	0	0	5.297	1.349
= verlagerungsinduzierte Einkommensmehrungen	2.535	3.077	5.197	1.249
* Unternehmensteuersatz	29,475 %	29,475 %	29,475 %	29,475 %
= Steuerwirkung (DT)	747	907	1.532	368
+ Steuerwirkung (NL)	-659	-794	-1.324	-337
= Steuerwirkung (gesamt)	**88**	**113**	**208**	**31**

Tab. 6.35: Vergleich der Unternehmensteuersatzeffekte im Negativszenario

Preisanpassungsklausel

Die geringeren Verwertungserträge führen im Negativszenario zu einer erheblichen Abweichung der tatsächlichen Gewinnentwicklung von der im Zeitpunkt der Funktionsverlagerung erwarteten Gewinnentwicklung. Infolgedessen ist analog zur einkommenserhöhenden Erfassung des Anpassungsbetrags beim niederländischen Tochterunternehmen eine betragsgleiche Einkommensminderung beim deutschen Mutterunternehmen zu berücksichtigen.[1547] Aufgrund der Unternehmensteuersatzdifferenz resultiert insgesamt ein positiver Besteuerungseffekt aus der nachträglichen Verrechnungspreis-

[1546] Vgl. Tab. 6.18 auf S. 321 für die Unternehmensteuersatzeffekte bei der ETÜ, PL und PL-NÜ.

[1547] Siehe hierzu die Ausführungen in den Abschnitt 3.4.1 und 4.4. Dies setzt allerdings, wie im vorliegenden Fall (siehe Prämisse 5.6), eine Erstkorrektur nach § 1 Abs. 1 AStG voraus. Vgl. auch *Kraft, G.* (2009), § 1 AStG, Rn. 480.

korrektur für den multinationalen Konzern, welcher in Tab. 6.36 für die verschiedenen Verlagerungsformen veranschaulicht wird.[1548]

	(Beträge in T€)	ETÜ	PL	PL-NÜ
	Anpassungsbetrag	-3.956	-3.955	-3.951
*	Unternehmensteuersatz	29,475 %	29,475 %	29,475 %
=	Steuerwirkung (DT)	-1.166	-1.166	-1.165
+	Steuerwirkung (NL)	989	989	988
=	**Steuerwirkung (gesamt)**	**-177**	**-177**	**-177**

Tab. 6.36: Gesamtsteuerwirkung nachträglicher Preisanpassungen im Negativszenario

Zinsaufwendungen und Zinserträge

Auf Ebene des deutschen Mutterunternehmens resultiert im Negativszenario ein Liquiditätsbedarf aus den Steuern auf die Verlagerungsgewinne. Die zur Deckung des Liquiditätsbedarfs aufgenommenen finanziellen Verbindlichkeiten können während des Betrachtungszeitraums grundsätzlich nicht getilgt werden, da das deutsche Mutterunternehmen im Negativszenario keine Beteiligungserträge vereinnahmen kann. Davon abweichend können die finanziellen Verbindlichkeiten bei einer ETÜ und einer PL infolge der positiven Steuereffekte aus der nachträglichen Verrechnungspreiskorrektur vollständig beglichen werden.[1549] Die nach Tilgung der finanziellen Verbindlichkeiten verbleibenden Liquiditätsüberschüsse werden zinsbringend angelegt.

Für einen Vergleich der Zinsunterschiede zwischen den einzelnen Handlungsalternativen sind im Negativszenario sowohl die Zinsaufwendungen des Tochter- als auch des Mutterunternehmens zu berücksichtigen. Darüber hinaus müssen bei einer vollständigen Tilgung der finanziellen Verbindlichkeiten die vereinnahmten Zinserträge in die Betrachtung einbezogen werden. Tab. 6.37 enthält eine Gegenüberstellung der Zinssalden sowie der damit verbundenen Steuerwirkungen für die einzelnen Handlungsalternativen.

[1548] Siehe für die Steuerwirkungen aus der nachträglichen Verrechnungspreiskorrektur auf Ebene des niederländischen Tochterunternehmens Tab. 6.34 auf S. 348.

[1549] Im Falle einer Nutzungsüberlassung der Bestandteile des Transferpakets reichen die positiven Steuereffekte aus der nachträglichen Verrechnungspreiskorrektur nicht zur Tilgung der finanziellen Verbindlichkeiten aus. Maßgeblich hierfür ist, dass bei einer PL-NÜ die finanziellen Verbindlichkeiten aus der Anschaffung der materiellen Wirtschaftsgüter weiterhin dem deutschen Mutterunternehmen zugeordnet werden. Siehe diesbezüglich auch Abschnitt 6.2.2.1.2.2.

(Beträge in T€)	UA	ETÜ	PL	PL-NÜ	UL-NÜ
Ebene des Tochterunternehmens					
Zinsaufwendungen	0	-18.680	-18.418	-17.311	-18.084
* Unternehmensteuersatz	25%	25%	25%	25%	25%
= Steuerwirkung (NL)	0	-4.670	-4.605	-4.328	-4.521
Ebene des Mutterunternehmens					
Zinserträge	0	120	3	0	0
– Zinsaufwendungen	-21.884	-302	-344	-1.352	-450
= Zinssaldo	-21.884	-182	-341	-1.352	-450
* Unternehmensteuersatz	29,475%	29,475%	29,475%	29,475%	29,475%
= vorläufige Steuerwirkung	-6.450	-54	-101	-399	-133
+ GewSt-Hinzurechnung (25 %)	747	10	12	46	15
= Steuerwirkung (DT)	-5.703	-44	-89	-353	-118
+ Steuerwirkung (NL)	0	-4.670	-4.605	-4.328	-4.521
= Steuerwirkung (gesamt)	**-5.703**	**-4.714**	**-4.694**	**-4.681**	**-4.639**
Zinssalden					
Zinssaldo (DT)	-21.884	-182	-341	-1.352	-450
+ Zinsaufwendungen (NL)	0	-18.680	-18.418	-17.311	-18.084
= Zinssaldo (gesamt)	**-21.884**	**-18.862**	**-18.759**	**-18.663**	**-18.534**

Tab. 6.37: Zinssalden und daraus resultierende Steuerwirkungen im Negativszenario

Die Gegenüberstellung der Handlungsalternativen zeigt, dass positive Steuerwirkungen aus der Verlagerung der F&E-Funktion, welche insbesondere aus einer Inanspruchnahme der steuerlichen F&E-Förderungen während der F&E-Phase erzielt werden können, mit einer Verminderung der Zinssalden einhergehen. In Tab. 6.37 sind für eine UL-NÜ im Saldo die niedrigsten konsolidierten Zinsaufwendungen zu beobachten, da im Negativszenario die verlagerungsinduzierten Steuerwirkungen bei dieser Verlagerungsalternative am geringsten sind.

6.3.2.4 Abbruchsszenarien

Der Ausübung einer F&E-Funktion ist ein Entwicklungsrisiko immanent. Aus diesem Grund sind neben den Steuerwirkungen in den Verwertungsszenarien auch die steuerlichen Konsequenzen einer Funktionsverlagerung im Falle einer vorzeitigen Einstellung der F&E-Tätigkeit zu betrachten. Bei einem Funktionsabbruch stehen den zahlungswirksamen F&E-Aufwendungen mangels verwertbarer F&E-Ergebnisse keine Verwertungserträge gegenüber. Ergo liegt der Untersuchungsfokus in den Abbruchsszenarien auf den aus der Funktionsausübung resultierenden Steuerwirkungen.

Die Steuerbemessungsgrundlagen sind während des Betrachtungszeitraums in Ermangelung einer Erzielung von Verwertungserträgen grundsätzlich negativ. Unter den getroffenen Prämissen[1550] ergeben sich positive Besteuerungseffekte aus einer negativen Steuerbemessungsgrundlage.[1551] Ein Vergleich der Handlungsalternativen zeigt, dass im Falle einer Funktionsverlagerung ceteris paribus die positiven Steuerwirkungen und somit auch die Vermögensendwerte höher sind als in der Unterlassungsalternative.

Abb. 6.8 veranschaulicht die relative Vorteilhaftigkeit einer Funktionsverlagerung gegenüber der Unterlassungsalternative für die verschiedenen Abbruchsszenarien.

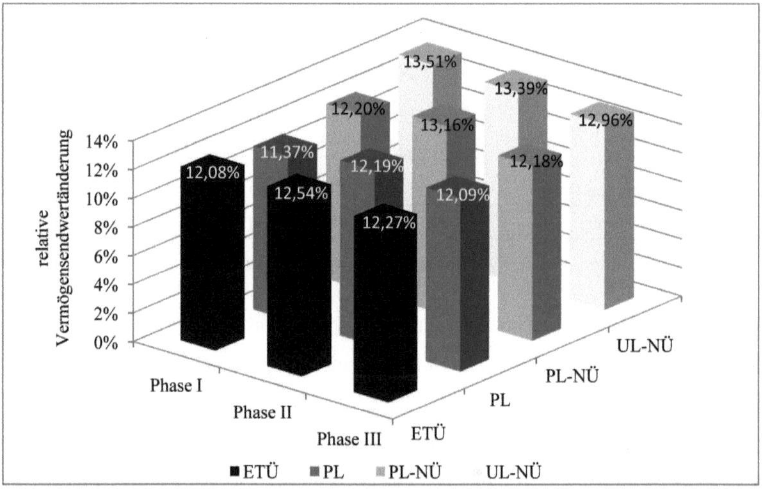

Abb. 6.8: Relative Veränderung der Vermögensendwerte in den Abbruchsszenarien

Aus Abb. 6.8 ist ersichtlich, dass im Rahmen der Abbruchsszenarien die höchsten Vermögensendwerte aus der Vereinbarung einer UL-NÜ erzielt werden können. Ursächlich hierfür ist, dass bei dieser Verlagerungsalternative in den Abbruchsszenarien kein Entgelt für die Nutzungsüberlassung der F&E-Funktion entrichtet werden muss und infolgedessen keine negativen Steuerwirkungen im Zusammenhang mit der Funktionsverlagerung entstehen.

[1550] Siehe Prämisse 2.4

[1551] Eine Gegenüberstellung der Steuerwirkungen in den einzelnen Abbruchsszenarien für die verschiedenen Handlungsalternativen findet sich in Tab. A2 auf S. 419 bis Tab. A4 auf S. 421.

6.3.2.4.1 Unterlassungsalternative

In der Unterlassungsalternative entsprechen sich die Besteuerungseffekte in den Verwertungs- und Abbruchsszenarien bis zur Einstellung der F&E-Tätigkeit. Erst mit der Einstellung der F&E-Tätigkeit ergeben sich Abweichungen gegenüber den Verwertungsszenarien, welche gesondert zu erfassen sind. Diese beziehen sich zum einen auf die Steuer- und Vermögensendwerteffekte im Zusammenhang mit der Einstellung der F&E-Funktion. Zum anderen entfallen die Besteuerungseffekte während der Verwertungsphase in Ermangelung verwertbarer F&E-Ergebnisse.

Operative F&E-Aufwendungen

Die operativen F&E-Aufwendungen führen zu einer Verminderung der Vermögensendwerte, deren Umfang mit fortdauernder Funktionsausübung zunimmt. Ein gegenläufiger Vermögensendwerteffekt resultiert aus der steuerlichen Abzugsfähigkeit der operativen F&E-Aufwendungen, welche während der F&E-Phase eine funktionsbezogene Steuererstattung impliziert. In Tab. 6.38 wird das Ausmaß der kumulierten F&E-Aufwendungen sowie der Steuervorteile aus deren steuerlichen Abzugsfähigkeit für die verschiedenen Abbruchsszenarien abgebildet.

Abbruch nach der	**ersten klinischen Testphase**	**zweiten klinischen Testphase**	**dritten klinischen Testphase**
F&E-Aufwendungen in T€	-4.214	-9.096	-18.222
* Unternehmensteuersatz	29,475 %	29,475 %	29,475 %
= Steuerwirkung in T€	**-1.242**	**-2.681**	**-5.371**

Tab. 6.38: Steuerwirkungen aus den operativen F&E-Aufwendungen in den Abbruchsszenarien

Abschreibungen

Zu Beginn des Betrachtungszeitraums sind der F&E-Funktion materielle Wirtschaftsgüter i. H. v. 100 T€ zuzurechnen.[1552] Diese sind über ihre betriebsgewöhnliche Nutzungsdauer von fünf Jahren linear abzuschreiben. Im Falle einer vorzeitigen Funktionseinstellung werden diese materiellen Wirtschaftsgüter annahmegemäß zu einem dem Buchwert entsprechenden Fremdvergleichspreis liquidiert. Der Erlös beläuft sich bei einem Funktionsabbruch nach der ersten klinischen Testphase somit auf 60 T€ sowie

[1552] Vgl. zu dieser Annahme Abschnitt 6.2.2.1.2.2.

bei einem Funktionsabbruch nach der zweiten klinischen Testphase auf 20 T€.[1553] In Tab. 6.39 werden die abschreibungsbedingten Steuervorteile bis zum Zeitpunkt der Funktionseinstellung in den einzelnen Abbruchsszenarien dargestellt.

Abbruch nach der	ersten klinischen Testphase	zweiten klinischen Testphase	dritten klinischen Testphase
planmäßige Abschreibungen in T€	-40	-80	-100
* Unternehmensteuersatz	29,475 %	29,475 %	29,475 %
= **Steuerwirkung in T€**	**-12**	**-24**	**-30**

Tab. 6.39: Abschreibungsbedingte Steuervorteile in den Abbruchsszenarien

Zinsaufwendungen

Auch bei einer vorzeitigen Einstellung der F&E-Funktion ist der Vermögensendwert zur Herstellung der Vergleichbarkeit zu den Verwertungsszenarien für das Ende des Betrachtungszeitraums in t=30 zu ermitteln. Folglich sind die finanziellen Verbindlichkeiten über den gesamten Betrachtungszeitraum zu verzinsen. Dies führt zu erheblichen Zinsaufwendungen, deren Umfang sich infolge eines steigenden Finanzierungsbedarfs mit zunehmender Ausübungsdauer der F&E-Funktion erhöht. Tab. 6.40 enthält einen Vergleich der kumulierten Fremdkapitalzinsen sowie der fremdfinanzierungsbedingten Steuervorteile in der Unterlassungsalternative zwischen den Abbruchsszenarien.

Abbruch nach der	ersten klinischen Testphase	zweiten klinischen Testphase	dritten klinischen Testphase
Fremdkapitalzinsen in T€	-6.278	-12.771	-23.505
* Unternehmensteuersatz	29,475%	29,475%	29,475%
= vorläufige Steuerwirkung in T€	-1.850	-3.764	-6.928
+ GewSt-Hinzurechnung in T€	214	436	802
= **Steuerwirkung in T€**	**-1.636**	**-3.328**	**-6.126**

Tab. 6.40: Fremdfinanzierungsbedingte Steuervorteile in den Abbruchsszenarien

6.3.2.4.2 Verlagerungsalternativen: Ebene des Tochterunternehmens

Die Höhe der Steuerwirkungen beim niederländischen Tochterunternehmen, welche insbesondere auf den steuerlichen F&E-Förderungen, den Pauschallizenzraten für die verlagerten Bestandteile des Transferpakets, den Abschreibungen sowie den Zinsaufwendungen basieren, variiert in Abhängigkeit vom Zeitpunkt der vorzeitigen Einstel-

[1553] Da die materiellen Wirtschaftsgüter annahmegemäß zu Buchwerten liquidiert werden, sind insoweit keine Steuerwirkungen zu berücksichtigen.

lung der F&E-Funktion. Des Weiteren werden die Steuerwirkungen durch eine nachträgliche Verrechnungspreiskorrektur beeinflusst.

Steuerliche F&E-Förderungen

Die Höhe der steuerlichen F&E-Förderungen während der F&E-Phase hängt maßgeblich von der Ausübungsdauer der F&E-Funktion ab.[1554] Solange das niederländische Tochterunternehmen zur Ausübung einer qualifizierenden F&E-Tätigkeit Aufwendungen tätigt, kann dieses die Verminderung der Lohnsteuer- und Sozialversicherungsabgaben sowie den F&E-Abzugsbetrag in Anspruch nehmen. Die steuerlichen F&E-Förderungen bewirken eine finanzielle Entlastung des forschenden Unternehmens und führen zu einem positiven Vermögensendwerteffekt. Da die operativen F&E-Aufwendungen jedoch die positiven Steuerwirkungen der F&E-Förderungen übersteigen, sinken die Vermögensendwerte mit zunehmender Ausübungsdauer der F&E-Funktion.

	(Beträge in T€)	ETÜ	PL	PL-NÜ	UL-NÜ
	Abbruch nach der ersten klinischen Testphase				
	F&E-Abzugsbetrag	-1.738	-1.738	-1.684	-1.684
*	Unternehmensteuersatz	25%	25%	25%	25%
=	Steuerwirkung	-435	-435	-421	-421
+	Verminderung der Lohnsteuer- und Sozialversicherungsabgaben	-276	-276	-276	-276
=	**Steuerwirkung**	**-711**	**-711**	**-697**	**-697**
	Abbruch nach der zweiten klinischen Testphase				
	F&E-Abzugsbetrag	-3.689	-3.689	-3.635	-3.635
*	Unternehmensteuersatz	25%	25%	25%	25%
=	Steuerwirkung	-922	-922	-909	-909
+	Verminderung der Lohnsteuer- und Sozialversicherungsabgaben	-582	-582	-582	-582
=	**Steuerwirkung**	**-1.504**	**-1.504**	**-1.491**	**-1.491**
	Abbruch nach der dritten klinischen Testphase				
	F&E-Abzugsbetrag	-7.336	-7.336	-7.282	-7.282
*	Unternehmensteuersatz	25%	25%	25%	25%
=	Steuerwirkung	-1.834	-1.834	-1.821	-1.821
+	Verminderung der Lohnsteuer- und Sozialversicherungsabgaben	-1.068	-1.068	-1.068	-1.068
=	**Steuerwirkung**	**-2.902**	**-2.902**	**-2.889**	**-2.889**

Tab. 6.41: Steuerliche F&E-Förderungen in den Abbruchsszenarien

[1554] Vgl. für weitergehende Erläuterungen zu den Steuervorteilen aus einer Inanspruchnahme der steuerlichen F&E-Förderungen Abschnitt 6.3.2.1.1.2.

Tab. 6.41 enthält eine Übersicht über die steuerlichen F&E-Förderbeträge, welche in den verschiedenen Abbruchsszenarien in Abhängigkeit von der zugrunde liegenden Verlagerungsform in Anspruch genommen werden können.

Abschreibungen

Die verlagerten Bestandteile des Transferpakets sind im Falle einer Übertragung des rechtlichen und/oder wirtschaftlichen Eigentums beim niederländischen Tochterunternehmen zu aktivieren und über deren betriebsgewöhnliche Nutzungsdauer abzuschreiben.[1555] Bei einer vorzeitigen Einstellung der F&E-Funktion vermindert sich der Wert der immateriellen Wirtschaftsgüter sowie des funktionsbezogenen Geschäftswerts dauerhaft, sodass diese Wirtschaftsgüter definitionsgemäß außerplanmäßig auf einen Wert von null Euro abgeschrieben werden. Im Unterschied dazu können materielle Wirtschaftsgüter annahmegemäß im Falle einer vorzeitigen Funktionseinstellung zu einem dem Buchwert entsprechenden Fremdvergleichspreis liquidiert werden,[1556] sodass für diese keine außerplanmäßigen Abschreibungen zu berücksichtigen sind. Aus diesem Zusammenhang folgt, dass mit zunehmender Dauer der F&E-Phase ein steigender Anteil der Anschaffungskosten über die planmäßigen Abschreibungen amortisiert werden kann, während der Anteil der außerplanmäßigen Abschreibungen sukzessive abnimmt.

Die Höhe der planmäßigen und außerplanmäßigen Abschreibungen wird durch die Einigungspreise[1557] determiniert und kann insofern zwischen einer ETÜ und einer PL variieren. Ferner unterscheiden sich die abschreibungsbedingten Steuervorteile zwischen den Abbruchsszenarien, da die planmäßigen Abschreibungen auf die materiellen Wirtschaftsgüter i. H. v. 20 T€ pro Jahr bis zum Einstellungszeitpunkt Berücksichtigung finden. Die Entwicklung der abschreibungsbedingten Steuervorteile beim niederländischen Tochterunternehmen in den Abbruchsszenarien veranschaulicht Tab. 6.42.

[1555] Grundlegend hierzu für den Basisfall Abschnitt 6.3.2.1.1.2.

[1556] Der dem Restbuchwert entsprechende Fremdvergleichspreis beträgt bei einem Funktionsabbruch nach der ersten klinischen Testphase (t=2) 60 T€ und bei einem Funktionsabbruch nach der zweiten klinischen Testphase (t=4) 20 T€. Im Falle eines Funktionsabbruchs nach der dritten klinischen Testphase (t=6) weisen die materiellen Wirtschaftsgüter aufgrund einer angenommenen Nutzungsdauer von fünf Jahren einen Wert von null Euro auf. Eine Veräußerung der materiellen Wirtschaftsgüter ist bei einer PL in Ermangelung einer rechtlichen Eigentümerschaft i. d. R. nicht möglich. Allerdings kann auch dann eine Liquidation der materiellen Wirtschaftsgüter im Modell angenommen werden, wenn diese nach der Funktionseinstellung zur Ausübung einer anderen betrieblichen Funktion verwendet werden.

[1557] Eine Darstellung der fremdüblichen Einigungspreise für die verschiedenen Verlagerungsformen enthält Abb. 6.5 auf S. 315.

Abbruch nach der	ersten klinischen Testphase	zweiten klinischen Testphase	dritten klinischen Testphase
ETÜ			
planmäßige Abschreibungen in T€	-1.003	-2.007	-2.534
+ außerplanmäßige Abschreibungen in T€	-1.572	-608	-101
= Abschreibungen (gesamt) in T€	-2.575	-2.615	-2.635
* Unternehmensteuersatz	25%	25%	25%
= **Steuerwirkung in T€**	**-644**	**-654**	**-659**
PL			
planmäßige Abschreibungen in T€	-1.024	-2.048	-2.586
+ außerplanmäßige Abschreibungen in T€	-1.606	-622	-104
= Abschreibungen (gesamt) in T€	-2.630	-2.670	-2.690
* Unternehmensteuersatz	25%	25%	25%
= **Steuerwirkung in T€**	**-658**	**-668**	**-673**

Tab. 6.42: Abschreibungsbedingte Steuervorteile beim Tochterunternehmen in den Abbruchsszenarien

Pauschallizenzraten

Die Pauschallizenzraten fallen unabhängig von einer vorzeitigen Einstellung der F&E-Tätigkeit bei einer Übertragung des wirtschaftlichen Eigentums an den lizenzierten Bestandteilen des Transferpakets an. Die fremdüblichen Pauschallizenzraten entsprechen sich infolgedessen in den Verwertungsszenarien und in den Abbruchsszenarien. Sie betragen insgesamt 3.077 T€ und sind in eine Zinskomponente (487 T€) und in eine Tilgungskomponente (2.590 T€) aufzuspalten.

Demgegenüber besteht bei einer PL-NÜ definitionsgemäß die Möglichkeit einer kurzfristigen Kündigung der Lizenzvereinbarung, sodass nach einer Einstellung der F&E-Tätigkeit die fremdübliche Pauschallizenzgebühr i. H. v. 757 T€ pro Jahr nicht mehr anfällt. Trotz der höheren jährlichen Lizenzraten bei einer PL-NÜ ist deren Gesamtbetrag erst bei einer Einstellung der F&E-Tätigkeit nach der dritten klinischen Testphase höher als bei einer PL.

Tab. 6.43 enthält eine Gegenüberstellung der Steuerwirkungen aus der Vereinbarung einer Pauschallizenz in den einzelnen Abbruchsszenarien, wobei zwischen einer Übertragung des wirtschaftlichen Eigentums an den Bestandteilen des Transferpakets und deren Nutzungsüberlassung differenziert wird. Zur Herstellung einer Vergleichbarkeit der Steuerwirkungen zwischen diesen beiden Verlagerungsalternativen werden bei der

PL zusätzlich zu den Zinskomponenten auch die Abschreibungen auf die Bestandteile des Transferpakets aus Tab. 6.42 berücksichtigt.

Abbruch nach der	ersten klinischen Testphase	zweiten klinischen Testphase	dritten klinischen Testphase
PL			
Zinskomponente in T€	-487	-487	-487
+ Abschreibungen in T€	-2.630	-2.670	-2.690
= Einkommensminderungen in T€	-3.117	-3.157	-3.177
* Unternehmensteuersatz	25%	25%	25%
= Steuerwirkung in T€	**-779**	**-789**	**-794**
PL-NÜ			
Lizenzraten in T€	-1.513	-3.027	-4.540
* Unternehmensteuersatz	25%	25%	25%
= Steuerwirkung in T€	**-378**	**-757**	**-1.135**

Tab. 6.43: Steuervorteile einer Pauschallizenzvereinbarung beim Tochterunternehmen in den Abbruchsszenarien

Umsatzlizenzraten

Bei einer umsatzabhängigen Lizenzvereinbarung trägt der Lizenzgeber das Entwicklungsrisiko mit. Dies hat in den Abbruchsszenarien zur Folge, dass in Ermangelung einer Erzielung von Verwertungserträgen keine umsatzabhängigen Lizenzraten für die verlagerten Bestandteile des Transferpakets anfallen.

Preisanpassungsklausel

Durch die Realisierung des Entwicklungsrisikos kommt es im Modell infolge eines Absinkens der erwarteten Verwertungserträge auf null Euro zu einer erheblichen Abweichung der tatsächlichen Gewinnentwicklung gegenüber der im Verlagerungszeitpunkt erwarteten Gewinnentwicklung. Folglich ist auch in den Abbruchsszenarien eine nachträgliche Verrechnungspreiskorrektur durchzuführen.[1558]

Unter Berücksichtigung der tatsächlichen Gewinnentwicklung ist der Grenzpreis des niederländischen Tochterunternehmens neu zu ermitteln. Da sich das Entwicklungsrisiko gegenüber dem Verlagerungszeitpunkt nicht verändert hat, sondern lediglich eingetreten ist, müssen die Übergangs- und Abbruchswahrscheinlichkeiten bei der Grenzpreisermittlung weiterhin berücksichtigt werden. Aufgrund unterschiedlicher Wahr-

[1558] Ausführlich hierzu siehe Abschnitt 4.4.

scheinlichkeiten für die Einstellung der F&E-Funktion nach einer F&E-Phase können die Anpassungsbeträge zwischen den verschiedenen Abbruchsszenarien Schwankungen unterliegen.

Die neu zu bestimmenden Grenzpreise des niederländischen Tochterunternehmens sinken unter den Grenzpreis des deutschen Mutterunternehmens im Verlagerungszeitpunkt. Infolgedessen kommt es im ersten Jahr nach der Funktionseinstellung zu einer Preisanpassung zugunsten des verlagernden Unternehmens. Der Anpassungsbetrag erhöht[1559] beim niederländischen Tochterunternehmen das zu versteuernde Einkommen und kann z. T. den ursprünglichen Einigungspreis übersteigen. Er impliziert insoweit eine negative Steuerwirkung auf Ebene des niederländischen Tochterunternehmens. Eine Gegenüberstellung der nachträglichen Anpassungsbeträge sowie der daraus resultierenden Steuerwirkungen für die verschiedenen Verlagerungsformen in den einzelnen Abbruchsszenarien enthält Tab. 6.44.

(Beträge in T€)	ETÜ	PL	PL-NÜ
Abbruch nach der ersten klinischen Testphase			
Anpassungsbetrag	2.389	2.423	2.451
* Unternehmensteuersatz	25%	25%	25%
= **Steuerwirkung**	**597**	**606**	**613**
Abbruch nach der zweiten klinischen Testphase			
Anpassungsbetrag	2.881	2.913	2.873
* Unternehmensteuersatz	25%	25%	25%
= **Steuerwirkung**	**720**	**728**	**718**
Abbruch nach der dritten klinischen Testphase			
Anpassungsbetrag	2.428	2.478	2.421
* Unternehmensteuersatz	25%	25%	25%
= **Steuerwirkung**	**607**	**620**	**605**

Tab. 6.44: Steuerwirkung nachträglicher Preisanpassungen beim Tochterunternehmen in den Abbruchsszenarien

[1559] Da der Anwendungsbereich für eine Inanspruchnahme der Innovationsbox in den Abbruchsszenarien nicht eröffnet ist, erhöht der Anpassungsbetrag aus der nachträglichen Verrechnungspreiskorrektur in vollem Umfang das zu versteuernde Einkommen.

Zinsaufwendungen

Mit zunehmender Ausübungsdauer der F&E-Funktion ergeben sich in den Abbruchsszenarien steigende finanzielle Verbindlichkeiten aus der Fremdfinanzierung der F&E-Tätigkeit. Am Ende des Betrachtungszeitraums sind die finanziellen Verbindlichkeiten beim niederländischen Tochterunternehmen zu tilgen, indem das deutsche Mutterunternehmen eine Bareinlage tätigt.[1560] Die anfallenden Zinsaufwendungen mindern den Vermögensendwert. Ein gegenläufiger Vermögensendwerteffekt resultiert aus der steuerlichen Abzugsfähigkeit der Zinsaufwendungen.

Tab. 6.45 enthält eine Gegenüberstellung der Zinsaufwendungen sowie der damit verbundenen Steuerwirkungen für die verschiedenen Abbruchsszenarien in Abhängigkeit von der jeweiligen Verlagerungsform.

(Beträge in T€)	ETÜ	PL	PL-NÜ	UL-NÜ
Abbruch nach der ersten klinischen Testphase				
Zinsaufwendungen	-5.221	-4.973	-5.711	-5.320
* Unternehmensteuersatz	25%	25%	25%	25%
= **Steuerwirkung**	**-1.305**	**-1.243**	**-1.428**	**-1.330**
Abbruch nach der zweiten klinischen Testphase				
Zinsaufwendungen	-10.985	-10.737	-10.590	-10.858
* Unternehmensteuersatz	25%	25%	25%	25%
= **Steuerwirkung**	**-2.746**	**-2.684**	**-2.648**	**-2.715**
Abbruch nach der dritten klinischen Testphase				
Zinsaufwendungen	-20.037	-19.794	-18.963	-20.178
* Unternehmensteuersatz	25%	25%	25%	25%
= **Steuerwirkung**	**-5.009**	**-4.949**	**-4.741**	**-5.045**

Tab. 6.45: Fremdfinanzierungsbedingte Steuervorteile beim Tochterunternehmen in den Abbruchsszenarien

Ein Vergleich der Zinsaufwendungen zwischen den Verlagerungsalternativen zeigt, dass diese infolge der dargestellten Besteuerungseffekte zwischen den verschiedenen Abbruchsszenarien variieren können. Bei einem Abbruch der F&E-Tätigkeit nach der ersten klinischen Testphase werden die höchsten Zinsaufwendungen bei einer PL-NÜ beobachtet. Maßgeblich hierfür ist, dass aus der nachträglichen Verrechnungspreiskor-

[1560] Siehe Prämisse 2.7.

rektur ein negativer Besteuerungseffekt[1561] auf Ebene des niederländischen Tochterunternehmens resultiert, welcher die positiven Steuerwirkungen aus der steuerlichen Abzugsfähigkeit der Pauschallizenzraten[1562] übersteigt. Demgegenüber fallen bei einem Abbruch der F&E-Tätigkeit nach der zweiten klinischen Testphase die höchsten Zinsaufwendungen bei einer ETÜ an. Zurückzuführen ist dies wiederum auf den negativen Besteuerungseffekt[1563] aus der nachträglichen Verrechnungspreiskorrektur beim niederländischen Tochterunternehmen, welcher die verlagerungsinduzierten Besteuerungsvorteile[1564] bei einer ETÜ am stärksten übersteigt.[1565] Im letzten Abbruchsszenario ergeben sich die höchsten Zinsaufwendungen für eine UL-NÜ, da bei dieser Verlagerungsform im Falle eines Abbruchs der F&E-Tätigkeit nach der dritten klinischen Testphase – im Unterschied zu den anderen Verlagerungsalternativen – keine verlagerungsinduzierten Steuervorteile beim niederländischen Tochterunternehmen erzielt werden können.[1566]

6.3.2.4.3 Verlagerungsalternativen: Ebene des Mutterunternehmens

Auf Ebene des deutschen Mutterunternehmens sind die steuerlichen Folgen aus der Funktionsverlagerung spiegelbildlich zum niederländischen Tochterunternehmen zu erfassen. In den Abbruchsszenarien basieren die Steuerwirkungen vornehmlich auf den fremdüblichen Vergütungen für das verlagerte Transferpaket, der nachträglichen Verrechnungspreiskorrektur sowie den Fremdkapitalzinsen. Ausschüttungen und damit verbundene Steuerwirkungen sind in den Abbruchsszenarien mangels ausreichender Liquiditätsüberschüsse beim niederländischen Tochterunternehmen nicht zu erfassen.

Übertragung des Eigentums an den Bestandteilen des Transferpakets

Bei einer Übertragung des rechtlichen und/oder wirtschaftlichen Eigentums erzielt das deutsche Mutterunternehmen einen steuerpflichtigen Verlagerungsgewinn i. H. v.

[1561] Vgl. Tab. 6.44 auf S. 359.
[1562] Vgl. Tab. 6.43 auf S. 358.
[1563] Siehe Tab. 6.44 auf S. 359.
[1564] Vgl. Tab. 6.42 auf S. 357.
[1565] Im Unterschied zu einem Abbruch der F&E-Tätigkeit nach der ersten klinischen Testphase ist der Gesamtbetrag der Lizenzraten bei einer PL-NÜ im Falle eines Abbruchs nach der zweiten klinischen Testphase höher als der Anpassungsbetrag aus der nachträglichen Verrechnungspreiskorrektur. Vgl. Tab. 6.43 auf S. 358 und Tab. 6.44 auf S. 359.
[1566] Für alle anderen Verlagerungsalternativen sind die negativen Steuerwirkungen einer nachträglichen Verrechnungspreiskorrektur auf Ebene des niederländischen Tochterunternehmens geringer als die positiven verlagerungsinduzierten Steuerwirkungen. Siehe Tab. 6.42 auf S. 357, Tab. 6.43 auf S. 358, sowie Tab. 6.44 auf S. 359.

2.535 T€ bei einer ETÜ und i. H. v. 2.590 T€ bei einer PL.[1567] Das deutsche Mutterunternehmen kann im Falle der Vereinbarung einer PL zudem steuerpflichtige Zinserträge i. H. v. insgesamt 487 T€ erzielen. Diesen Erträgen stehen beim niederländischen Tochterunternehmen Abschreibungen auf die aktivierten Bestandteile des Transferpakets sowie die erfolgswirksam zu erfassenden Zinskomponenten der Pauschallizenzraten bei einer PL gegenüber.

Infolge des negativen Unternehmensteuersatzeffekts resultiert bei einer Übertragung des rechtlichen und/oder wirtschaftlichen Eigentums an den Bestandteilen des Transferpakets insgesamt ein negativer Besteuerungseffekt für den multinationalen Konzern aus dem Verlagerungsvorgang. Das Ausmaß der Steuerwirkungen bei einer ETÜ und einer PL wird in Tab. 6.46 für die drei Abbruchsszenarien dargestellt.[1568]

Abbruch nach der	ersten klinischen Testphase	zweiten klinischen Testphase	dritten klinischen Testphase
ETÜ			
Veräußerungserlös in T€	2.535	2.535	2.535
* Unternehmensteuersatz	29,475 %	29,475 %	29,475 %
= Steuerwirkung (DT) in T€	747	747	747
+ Steuerwirkung (NL) in T€	-644	-654	-659
= **Steuerwirkung (gesamt) in T€**	103	93	88
PL			
Veräußerungserlös in T€	2.590	2.590	2.590
+ Zinskomponente in T€	487	487	487
* Unternehmensteuersatz	29,475 %	29,475 %	29,475 %
= Steuerwirkung (DT) in T€	907	907	907
+ Steuerwirkung (NL) in T€	-779	-789	-794
= **Steuerwirkung (gesamt) in T€**	**128**	**118**	**113**

Tab. 6.46: Gesamtsteuerbelastung bei einer Übertragung des Eigentums an den Bestandteilen des Transferpakets in den Abbruchsszenarien

Nutzungsüberlassung der Bestandteile des Transferpakets

Das deutsche Mutterunternehmen erzielt im Rahmen einer PL-NÜ Lizenzerträge aus einer Nutzungsüberlassung der Bestandteile des Transferpakets. Infolge einer kurzfristi-

[1567] Siehe für die fremdüblichen Einigungspreise Abb. 6.5 auf S. 315, welche aufgrund der Buchwerte der materiellen Wirtschaftsgüter um 100 T€ höher sind als die Verlagerungsgewinne.

[1568] Siehe für die Ermittlung der Steuerwirkungen auf Ebene des niederländischen Tochterunternehmens Tab. 6.42 auf S. 357 und Tab. 6.43 auf S. 358.

gen Kündigungsmöglichkeit variiert der Gesamtbetrag der erzielbaren Lizenzerträge zwischen den Abbruchsszenarien. Im Falle einer Nutzungsüberlassung der Bestandteile des Transferpakets stehen den Lizenzerträgen Abschreibungen auf die bilanzierten materiellen Wirtschaftsgüter i. H. v. 20 T€ pro Jahr gegenüber. Im Zeitpunkt der vorzeitigen Funktionseinstellung werden diese Wirtschaftsgüter annahmegemäß zu einem dem Buchwert entsprechenden Fremdvergleichspreis veräußert, sodass keine weitergehenden Besteuerungseffekte (z. B. aus einer Teilwertabschreibung oder einem Veräußerungserlös) zu berücksichtigen sind.

Infolge des negativen Unternehmensteuersatzeffekts ergibt sich bei Vereinbarung einer PL-NÜ insgesamt ein negativer Besteuerungseffekt aus dem Verlagerungsvorgang für den multinationalen Konzern. Die Gesamtsteuerwirkungen werden für die drei Abbruchsszenarien in Tab. 6.47 abgebildet.[1569]

Abbruch nach der	ersten klinischen Testphase	zweiten klinischen Testphase	dritten klinischen Testphase
Lizenzraten in T€	1.513	3.027	4.540
+ Abschreibungen in T€	-40	-80	-100
= verlagerungsinduzierte Einkommenserhöhungen in T€	1.473	2.947	4.440
* Unternehmensteuersatz	29,475 %	29,475 %	29,475 %
= Steuerwirkung (DT) in T€	434	869	1.309
+ Steuerwirkung (NL) in T€	-378	-757	-1.135
= Steuerwirkung (gesamt) in T€	**56**	**112**	**174**

Tab. 6.47: Gesamtsteuerbelastung einer Nutzungsüberlassung in den Abbruchsszenarien

Im Unterschied zur PL-NÜ sind bei Vereinbarung einer UL-NÜ in Ermangelung einer Erzielung von Verwertungserträgen in den Abbruchsszenarien prinzipiell keine Lizenzerträge zu erfassen. Ergo ergeben sich aus dem Verlagerungsvorgang keine negativen Steuerwirkungen für den multinationalen Konzern. Als Eigentümer der lizenzierten Wirtschaftsgüter kann das deutsche Mutterunternehmen jedoch Abschreibungen auf die materiellen Wirtschaftsgüter i. H. v. 20 T€ p. a. geltend machen bzw. einen Erlös aus deren Veräußerung im Zeitpunkt der Funktionseinstellung erzielen.

[1569] Siehe für die Ermittlung der Steuerwirkungen auf Ebene des niederländischen Tochterunternehmens Tab. 6.43 auf S. 358.

Preisanpassungsklausel

Spiegelbildlich zum niederländischen Tochterunternehmen ist beim deutschen Mutterunternehmen in dem Wirtschaftsjahr, das dem Jahr der Funktionseinstellung folgt, ein betragsgleicher Anpassungsbetrag einkommensmindernd zu berücksichtigen.[1570] Infolge des höheren Unternehmensteuersatzes in Deutschland ergibt sich für sämtliche der drei Abbruchsszenarien ein positiver Besteuerungseffekt aus der nachträglichen Preisanpassung. Tab. 6.48 enthält eine Gegenüberstellung der Gesamtsteuerwirkungen aus einer nachträglichen Verrechnungspreiskorrektur für den multinationalen Konzern differenziert nach den einzelnen Abbruchsszenarien.[1571]

(Beträge in T€)	**ETÜ**	**PL**	**PL-NÜ**
Abbruch nach der ersten klinischen Testphase			
Anpassungsbetrag	-2.389	-2.423	-2.451
* Unternehmensteuersatz	29,475 %	29,475 %	29,475 %
= Steuerwirkung (DT)	-704	-714	-722
+ Steuerwirkung (NL)	597	606	613
= **Steuerwirkung (gesamt)**	**-107**	**-108**	**-109**
Abbruch nach der zweiten klinischen Testphase			
Anpassungsbetrag	-2.881	-2.913	-2.873
* Unternehmensteuersatz	29,475 %	29,475 %	29,475 %
= Steuerwirkung (DT)	-849	-859	-847
+ Steuerwirkung (NL)	720	728	718
= **Steuerwirkung (gesamt)**	**-129**	**-131**	**-129**
Abbruch nach der dritten klinischen Testphase			
Anpassungsbetrag	-2.428	-2.478	-2.421
* Unternehmensteuersatz	29,475 %	29,475 %	29,475 %
= Steuerwirkung (DT)	-716	-730	-714
+ Steuerwirkung (NL)	607	620	605
= **Steuerwirkung (gesamt)**	**-109**	**-110**	**-109**

Tab. 6.48: Gesamtsteuerwirkung nachträglicher Preisanpassungen in den Abbruchsszenarien

[1570] Siehe hierzu die Ausführungen in den Abschnitt 3.4.1 und 4.4. Dies setzt allerdings, wie im vorliegenden Fall (siehe Prämisse 5.6), eine Erstkorrektur nach § 1 Abs. 1 AStG voraus. Vgl. auch *Kraft, G.* (2009), § 1 AStG, Rn. 480.

[1571] Für die Ermittlung der Steuerbelastungen aus der gesetzlichen Preisanpassungsklausel beim niederländischen Tochterunternehmen siehe Tab. 6.44 auf S. 359.

Zinsaufwendungen und Zinserträge

Aus den Steuern auf die Verlagerungsgewinne resultiert beim deutschen Mutterunternehmen ein Liquiditätsbedarf, welcher annahmegemäß durch die Aufnahme von Fremdkapital gedeckt wird. Bei einer Nutzungsüberlassung sind die im Zusammenhang mit der Anschaffung der materiellen Wirtschaftsgüter stehenden finanziellen Verbindlichkeiten i. H. v. 100 T€[1572] auf Ebene des deutschen Mutterunternehmens ergänzend zu berücksichtigen. Da das deutsche Mutterunternehmen in den Abbruchsszenarien keine Beteiligungserträge erzielt, können die finanziellen Verbindlichkeiten i. Allg. während des Betrachtungszeitraums nicht getilgt werden. Im Falle einer Einstellung der F&E-Funktion nach der ersten klinischen Testphase können davon abweichend bei Vereinbarung einer PL-NÜ die finanziellen Verbindlichkeiten des deutschen Mutterunternehmens vollständig getilgt werden. Ursächlich hierfür sind die positiven Steuerwirkungen aus der nachträglichen Verrechnungspreiskorrektur, welche die negativen Steuerwirkungen aus der Besteuerung der Lizenzerträge beim deutschen Mutterunternehmen übersteigen.[1573] Die nach Tilgung der finanziellen Verbindlichkeiten verbleibenden Liquiditätsüberschüsse werden in den Folgeperioden verzinslich angelegt.

In Tab. 6.49 erfolgt eine Darstellung der Zinssalden und der damit zusammenhängenden Steuerwirkungen für die Handlungsalternativen in den Abbruchsszenarien.

	(Beträge in T€)	**UA**	**ETÜ**	**PL**	**PL-NÜ**	**UL-NÜ**
	Abbruch nach der ersten klinischen Testphase					
	Zinserträge	0	0	0	173	0
+	Fremdfinanzierungszinsen	-6.278	-335	-628	-41	-79
=	Zinssaldo	-6.278	-335	-628	132	-79
*	Unternehmensteuersatz	29,475%	29,475%	29,475%	29,475%	29,475%
=	vorläufige Steuerwirkung	-1.850	-99	-185	39	-23
+	GewSt-Hinzurechnung (25 %)	214	11	21	1	3
=	Steuerwirkung (DT)	-1.636	-88	-164	40	-20
+	Steuerwirkung (NL)	0	-1.305	-1.243	-1.428	-1.330
=	**Steuerwirkung (gesamt)**	-1.636	-1.393	-1.407	-1.388	-1.350
	relative Veränderung gegenüber der UA		-14,9%	-14,0%	-15,2%	-17,5%

[1572] Vgl. Tab. 6.4 auf S. 283.

[1573] Vgl. Tab. 6.47 auf S. 363 sowie Tab. 6.48 auf S. 364.

	(Beträge in T€)	UA	ETÜ	PL	PL-NÜ	UL-NÜ
	Abbruch nach der zweiten klinischen Testphase					
	Zinserträge	0	0	0	0	0
+	Fremdfinanzierungszinsen	-12.771	-233	-528	-456	-143
=	Zinssaldo	-12.771	-233	-528	-456	-143
*	Unternehmensteuersatz	29,475%	29,475%	29,475%	29,475%	29,475%
=	vorläufige Steuerwirkung	-3.764	-69	-156	-134	-42
+	GewSt-Hinzurechnung (25 %)	436	8	18	16	5
=	Steuerwirkung (DT)	-3.328	-61	-138	-118	-37
+	Steuerwirkung (NL)	0	-2.746	-2.684	-2.648	-2.715
=	**Steuerwirkung (gesamt)**	-3.328	-2.807	-2.822	-2.766	-2.752
	relative Veränderung gegenüber der UA		-15,7%	-15,2%	-16,9%	-17,3%
	Abbruch nach der dritten klinischen Testphase					
	Zinserträge	0	0	0	0	0
+	Fremdfinanzierungszinsen	-23.505	-600	-890	-1.591	-169
=	Zinssaldo	-23.505	-600	-890	-1.591	-169
*	Unternehmensteuersatz	29,475%	29,475%	29,475%	29,475%	29,475%
=	vorläufige Steuerwirkung	-6.928	-177	-262	-469	-50
+	GewSt-Hinzurechnung (25 %)	802	20	30	54	6
=	Steuerwirkung (DT)	-6.126	-157	-232	-415	-44
+	Steuerwirkung (NL)	0	-5.009	-4.949	-4.741	-5.045
=	**Steuerwirkung (gesamt)**	-6.126	-5.166	-5.181	-5.156	-5.089
	relative Veränderung gegenüber der UA		-15,7%	-15,4%	-15,8%	-16,9%

Tab. 6.49: Zinssalden und daraus resultierende Steuerwirkungen in den Abbruchsszenarien

6.3.2.5 Zusammenfassung und Zwischenfazit der Steuerwirkungsanalysen für den Basisfall

Die quantitative Untersuchung der Outbound-Verlagerung einer F&E-Funktion in die Niederlande für einen realitätsnahen Basisfall diente der Beantwortung der Forschungsfrage, in welchem Umfang Steuerwirkungen aus einer Funktionsverlagerung resultieren und worin deren Ursachen liegen. Aus einem Vergleich der Vermögensendwerte zwischen einer unveränderten Fortführung der F&E-Funktion bei einem deutschen Mutterunternehmen (Unterlassungsalternative) und der Ausübung der F&E-Funktion durch ein niederländisches Tochterunternehmen (Verlagerungsalternativen) wurden die Gesamtsteuerwirkungen unter Berücksichtigung der Besteuerung des Verlagerungsvorgangs ermittelt. Im Zusammenhang mit der Verlagerung einer F&E-Funktion können verschiedene Verlagerungsformen unterschieden werden, deren Einflüsse auf die Gesamtsteuerbelastung ebenfalls analysiert wurden. Des Weiteren weist die Ausübung einer F&E-Tätigkeit als spezifische Risiken insbesondere das Entwicklungs- und das Vergütungsrisiko auf, deren Folgen für die Besteuerung und für die Vermögensendwerte durch eine Unterscheidung verschiedener Verwertungs- und Abbruchsszenarien betrachtet wurden.

Unter den ökonomischen Ausgangsdaten des Basisfalls zeigte sich, dass unabhängig von der zugrunde liegenden Verlagerungsform aus der Verlagerung einer F&E-Funktion in die Niederlande insgesamt ein positiver Besteuerungseffekt für den multinationalen Konzern erzielt werden kann. Daraus resultierten im Modell höhere Vermögensendwerte in den Verlagerungsalternativen, wobei das Ausmaß der Besteuerungsvorteile gegenüber der Unterlassungsalternative zwischen den betrachteten Verwertungs- und Abbruchsszenarien variierte. Die höchste relative Vorteilhaftigkeit konnte für das Trendszenario und die geringste relative Vorteilhaftigkeit für die Abbruchsszenarien konstatiert werden.

Im Basisfall konnten die höchsten Steuervorteile für das Trend- und das Positivszenario aus der Vereinbarung einer ETÜ und die geringsten Steuervorteile aus der Vereinbarung einer UL-NÜ erzielt werden. Demgegenüber ergaben sich im Negativszenario sowie in den Abbruchsszenarien die höchsten Steuervorteile für die Vereinbarung einer UL-NÜ, während im Negativszenario die geringsten Steuervorteile aus der Vereinbarung einer ETÜ und in den Abbruchsszenarien aus der Vereinbarung einer PL vereinnahmt werden konnten.

Die Möglichkeit einer Inanspruchnahme steuerlicher F&E-Förderungen war im Falle einer Funktionsverlagerung auf das niederländische Tochterunternehmen ursächlich für die positiven Steuerwirkungen auf Ebene des multinationalen Konzerns. Im Positivszenario wurden die Steuerwirkungen aufgrund der hohen Verwertungserträge maßgeblich durch die Innovationsbox dominiert. Mit sinkender Höhe der erzielbaren Verwertungserträge verlor die Innovationsbox zugunsten der steuerlichen F&E-Förderungen aus der F&E-Phase relativ an Bedeutung. Infolge zu geringer Verwertungserträge im Negativszenario bzw. einer Unmöglichkeit der Vereinnahmung von Verwertungserträgen in den

Abbruchsszenarien war der Anwendungsbereich der Innovationsbox mangels eines Übersteigens der Begünstigungsschwelle in diesen Szenarien nicht eröffnet. Die positiven Steuerwirkungen beschränkten sich insofern auf die steuerlichen F&E-Förderungen der F&E-Phase.

Den positiven Steuerwirkungen aus einer Inanspruchnahme der steuerlichen F&E-Förderungen in den Niederlanden wurden die negativen Steuerwirkungen aus dem Verlagerungsvorgang gegenübergestellt. Diese basierten insbesondere auf dem negativen Unternehmensteuersatzeffekt sowie dem negativen Timing-Effekt. Im Trend- und im Positivszenario waren zudem ein negativer Bemessungsgrundlageneffekt sowie ein negativer Ausschüttungseffekt festzustellen. Bei einer ETÜ sowie bei Vereinbarung einer Pauschallizenz (PL; PL-NÜ) wurden die negativen Steuerwirkungen aus dem Verlagerungsvorgang durch die gesetzliche Preisanpassungsklausel im Positivszenario verstärkt. In sämtlichen anderen Verwertungs- und Abbruchsszenarien wurden diese abgemildert. Des Weiteren kam ein negativer Zinssatzeffekt zum Tragen, sofern infolge positiver Steuereffekte die finanziellen Verbindlichkeiten auf Ebene des deutschen Mutterunternehmens vollständig getilgt wurden und eine Verzinsung der Liquiditätsüberschüsse in den Folgeperioden zu einem niedrigeren Anlagezinssatz erfolgte.

	Positivszenario	**Trendszenario**	**Negativszenario**	**Abbruchsszenarien**
Unternehmensteuersatzeffekt	↓ bzw. ↓↓	↓↓	↓ bzw. ↓↓	— bzw. ↓↓
Timing-Effekt	↓	↓	↓	↓
Bemessungsgrundlageneffekt	↓ bzw. ↓↓	↓↓	—	—
Effekt aus der gesetzlichen Preisanpassungsklausel	↓	↑	↑↑	↑↑
Ausschüttungseffekt	↓	↓	—	—
Zinssatzeffekt	—	—	— bzw. ↓	— bzw. ↓

↑↑ stark positiver Vermögensendwerteffekt ↑ positiver Vermögensendwerteffekt — ohne Auswirkung

↓↓ stark negativer Vermögensendwerteffekt ↓ negativer Vermögensendwerteffekt

Tab. 6.50: Auswirkungen der Besteuerungseffekte auf den Vermögensendwert

Die tendenziellen Wirkungsrichtungen sowie die relative Stärke der verlagerungsinduzierten Besteuerungseffekte auf den Vermögensendwert werden in Tab. 6.50 für die verschiedenen Verwertungs- und Abbruchsszenarien in komprimierter Form dargestellt.

Aufgrund ihrer Abhängigkeit von den Verwertungserträgen wiesen die fremdüblichen Vergütungen unter Berücksichtigung der Ausgangsdaten des Basisfalls bei einer UL-NÜ die höchste Schwankungsbreite zwischen den betra

chteten Verwertungs- und Abbruchsszenarien auf. Bei dieser Verlagerungsalternative ergaben sich im Trend- und im Positivszenario die höchsten verlagerungsinduzierten Steuerwirkungen und im Negativszenario sowie in den Abbruchsszenarien die niedrigsten verlagerungsinduzierten Steuerwirkungen.

Demgegenüber war die Schwankungsbreite der fremdüblichen Vergütungen für die verlagerten Bestandteile des Transferpakets bei den anderen Verlagerungsalternativen im Modell erheblich geringer. Die niedrigsten verlagerungsinduzierten Steuerwirkungen ergaben sich im Positiv- sowie im Trendszenario bei einer ETÜ. Bei Vereinbarung einer Pauschallizenz traten im Vergleich zur ETÜ höhere Steuerwirkungen aus dem Verlagerungsvorgang auf, wobei die verlagerungsinduzierten Steuerwirkungen bei einer PL aufgrund des geringeren Risikos für den Lizenzgeber niedriger ausfielen als bei einer PL-NÜ. Im Negativszenario kam sowohl bei einer ETÜ als auch bei einer PL ein negativer Zinssatzeffekt zum Tragen, welcher dazu führte, dass im Negativszenario der geringste Vermögensendwert aus einer ETÜ erzielt werden konnte.

Im Falle eines Abbruchs der F&E-Tätigkeit nach der ersten oder zweiten klinischen Testphase fielen bei einer PL-NÜ aufgrund der kurzfristigen Kündigungsmöglichkeit geringere verlagerungsinduzierte Steuerwirkungen an als bei einer ETÜ oder PL, sodass im Basisfall ein höherer Vermögensendwert für diese Verlagerungsalternative erzielt werden konnte. Bei einem Abbruch der F&E-Tätigkeit nach der dritten klinischen Testphase überstiegen die negativen verlagerungsinduzierten Steuerwirkungen bei einer PL-NÜ infolge der hohen Pauschallizenzraten die negativen verlagerungsinduzierten Steuerwirkungen bei einer ETÜ und einer PL.

Die Ergebnisse der kasuistischen Simulationsrechnungen sind nicht uneingeschränkt auf die Realität übertragbar. Sie weisen nur für den betrachteten Basisfall und den zugrunde liegenden Umweltzuständen Gültigkeit auf.[1574] Um dennoch möglichst gesicherte Anhaltspunkte über die Steuerwirkungen aus der Outbound-Verlagerung einer F&E-Funktion in die Niederlande zu erhalten, werden die Auswirkungen mehrwertiger Einflussfaktoren, welche im Basisfall für die einzelnen Verwertungs- und Abbruchsszenarien als quasi-sicher unterstellt wurden, im Folgenden sichtbar gemacht und deren Einfluss auf die Steuerwirkungen sowie den Vermögensendwert untersucht.

6.3.3 Sensitivitätsanalysen

Im Rahmen von Variationsrechnungen können ergänzende Informationen über unsicherheitsbehaftete oder gestaltbare Parameter mithilfe von Wenn-Dann-Analysen (Sensitivitätsanalysen) gewonnen werden.[1575] Sie ermöglichen eine Analyse des Einflusses mehrwertiger Einflussfaktoren auf den Vermögensendwert und damit verbunden des Risikos einer Verlagerungsentscheidung. Aus den Sensitivitätsanalysen können Bandbreiten für die Steuerwirkungen ermittelt und die Bedeutung einzelner Handlungsalternativen und Umweltzustände festgestellt werden.[1576] Diese zusätzlichen Informationen tragen zur Erhöhung der Aussagekraft der Ergebnisse bei und können Entscheidungsträger bei der Lösung von Entscheidungsproblemen unterstützen.

Im Zusammenhang mit der Outbound-Verlagerung von F&E-Funktionen in die Niederlande existiert eine große Vielzahl unsicherheitsbehafteter und variabler Einflussfaktoren. Deren umfassende Untersuchung kann im Rahmen einer Arbeit nicht geleistet werden, weshalb eine Begrenzung der Sensitivitätsanalysen auf F&E-spezifische Einflussfaktoren erfolgt.[1577] Hierzu werden Variationsrechnungen betreffend den das Entwicklungsrisiko widerspiegelnden Übergangswahrscheinlichkeiten (Abschnitt 6.3.3.1), den das Vergütungsrisiko approximierenden Eintrittswahrscheinlichkeiten für die verschiedenen Verwertungsszenarien (Abschnitt 6.3.3.2) sowie der Höhe der funktionsbezogenen Verwertungserträge (Abschnitt 6.3.3.3) durchgeführt. Abschließend werden die Ergebnisse der Sensitivitätsanalysen in Abschnitt 6.3.3.4 zusammengefasst.

[1574] So auch *Jacobs, O. H. et al. (Hrsg.)* (2011), S. 150; *Spengel, C.* (1995), S. 355.

[1575] Vgl. etwa *Gutekunst, G.* (2005), S. 41; *Lühn, A.* (2009), S. 66; *Rehkugler, H./Schindel, V.* (1990), S. 110; *Spengel, C.* (1995), S. 163.

[1576] Siehe hierzu *Bredow, A. v.* (2011), S. 191; *Gutekunst, G.* (2005), S. 41; *Jacobs, O. H. et al. (Hrsg.)* (2011), S. 150; *Spengel, C.* (2003), S. 61.

[1577] Für eine Analyse der Auswirkungen anderer, nicht F&E-spezifischer Einflussfaktoren (z. B. Kapitalisierungszinssätze, Transaktionskosten etc.) auf die Einigungspreise für das verlagerte Transferpaket sowie die Gesamtsteuerwirkungen für den multinationalen Konzern wird insbesondere auf die Ergebnisse bei *Bredow, A. v.* (2011), S. 189-238; *Reichl, A.* (2013), S. 229-307 und *Zimmermann, P.* (2013), S. 199-276, verwiesen.

6.3.3.1 Variation der phasenspezifischen Übergangswahrscheinlichkeiten

Die Übergangswahrscheinlichkeiten zwischen den einzelnen F&E-Phasen spiegeln das Entwicklungsrisiko einer F&E-Tätigkeit wider.[1578] Dieses kann im Zeitpunkt der Funktionsverlagerung nur auf der Grundlage plausibler Annahmen geschätzt werden und ist daher unsicher. Zur Analyse der steuerlichen Auswirkungen gegenüber dem Basisfall abweichender Übergangswahrscheinlichkeiten und den daraus resultierenden Vermögensendwerteffekten werden die phasenspezifischen Übergangswahrscheinlichkeiten des Basisfalls im Rahmen von Variationsrechnungen schrittweise erhöht und vermindert. Alle weiteren exogenen ökonomischen Parameter des Basisfalls bleiben unverändert.

Aufgrund der hohen Entwicklungsrisiken sind die Übergangswahrscheinlichkeiten zwischen den einzelnen F&E-Phasen im Pharma-Bereich i. d. R. nur sehr gering. Im Basisfall wird zu Beginn des Betrachtungszeitraums eine Wahrscheinlichkeit für den erfolgreichen Abschluss der F&E-Tätigkeit von rund 16,5 % angenommen.[1579] Wegen dieser geringen Ausgangsbasis erfolgt eine schrittweise Verminderung der phasenbezogenen Übergangswahrscheinlichkeiten des Basisfalls um bis zu 10 % und eine schrittweise Erhöhung um bis zu 50 %. Die Spanne der untersuchten Wahrscheinlichkeiten für einen erfolgreichen Abschluss der F&E-Tätigkeit beträgt somit zwischen 12,0 % und 55,6 %.

Durch die Variation der Übergangswahrscheinlichkeiten verändern sich die Steuerwirkungen in den Verwertungs- und Abbruchsszenarien gegenüber den beschriebenen Steuerwirkungen des Basisfalls.[1580] Im Folgenden werden daher zunächst die Folgen einer Variation der Übergangswahrscheinlichkeiten auf die Determinanten der Besteuerungseffekte beschrieben. Darauf aufbauend erfolgt eine Ermittlung der Gesamtsteuerwirkungen in den einzelnen Verwertungs- und Abbruchsszenarien, auf deren Grundlage Tendenzaussagen über die Steuerwirkungen bei veränderten Übergangswahrscheinlichkeiten abgeleitet werden.

[1578] Siehe diesbezüglich auch Abschnitt 5.1.2.1.

[1579] Vgl. Tab. 6.2 auf S. 280.

[1580] Siehe für die Determinanten der Steuerwirkungen in den Verwertungs- und Abbruchsszenarien auch die Ausführungen bezüglich der einzelnen Handlungsalternativen für den Basisfall in den Abschnitten 6.3.2.1 bis 6.3.2.4.

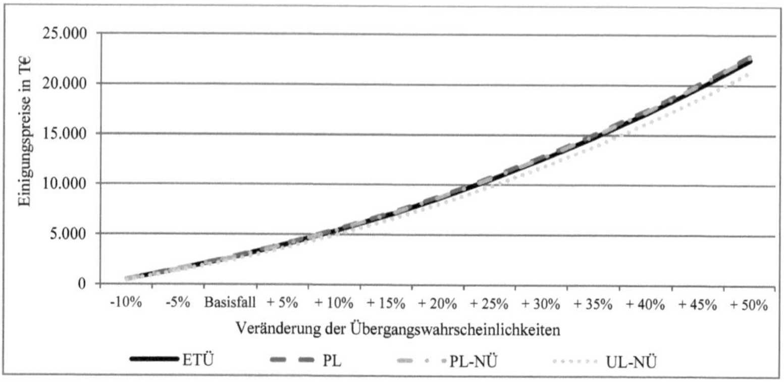

Abb. 6.9: Einigungspreise bei einer Variation der Übergangswahrscheinlichkeiten

Das Entwicklungsrisiko hat einen wesentlichen Einfluss auf die Grenzpreisermittlung bei F&E-Funktionen, mit der Folge, dass dessen Modifikation eine Veränderung der Einigungspreise für das Transferpaket impliziert. Mit zunehmenden Übergangswahrscheinlichkeiten steigt der Einfluss der (positiven) Gewinnpotenziale der Verwertungsphase, sodass sich die Einigungspreise erhöhen. Die Entwicklung der Einigungspreise bei einer Variation der Übergangswahrscheinlichkeiten stellt Abb. 6.9 dar.

Aus einer Veränderung der Einigungspreise folgt bei einer Übertragung des rechtlichen und/oder wirtschaftlichen Eigentums ein unmittelbarer und bei einer Nutzungsüberlassung über die Höhe der Lizenzraten ein mittelbarer Einfluss auf die Besteuerung. Des Weiteren verändert sich bei einer PL zusätzlich das Ausmaß der Zinskomponenten.

Die im Rahmen eines hypothetischen Fremdvergleichs ermittelten Lizenzraten steigen im Grundsatz sowohl bei einer Pauschal- als auch bei einer Umsatzlizenz mit zunehmenden Einigungspreisen infolge zunehmender Übergangswahrscheinlichkeiten an. Mit zunehmenden Übergangswahrscheinlichkeiten tritt bei einer Nutzungsüberlassung ein gegenläufiger Effekt auf die Höhe der fremdüblichen Lizenzraten ein. Dieser resultiert aus einer Verminderung des Risikos für den Lizenzgeber, durch die Lizenzraten einen Erlös zu erzielen, dessen Barwert dem korrigierten Einigungspreis im Zeitpunkt der Funktionsverlagerung nicht entspricht.[1581] Dieser gegenläufige Effekt gleicht die Steigerung der Lizenzraten aufgrund des höheren Einigungspreises nur z. T. aus, sodass die Lizenzraten insgesamt mit zunehmenden Übergangswahrscheinlichkeiten ansteigen.

[1581] Siehe zur Ermittlung fremdüblicher Lizenzraten im Rahmen eines hypothetischen Fremdvergleichs die Ausführungen in Abschnitt 5.4.

Die unterschiedlichen Unternehmensteuersätze in Deutschland und in den Niederlanden führen bei Outbound-Verlagerungen von F&E-Funktionen grundsätzlich zu einem negativen Unternehmensteuersatzeffekt für den multinationalen Konzern. Dieser verstärkt sich mit zunehmenden Einigungspreisen, da ceteris paribus die Steuerbelastung des deutschen Mutterunternehmens zunimmt und nicht durch die höheren abschreibungsbedingten Steuervorteile des niederländischen Tochterunternehmens kompensiert werden kann. Ebenso erhöht sich mit zunehmenden Übergangswahrscheinlichkeiten der negative Timing-Effekt.

Aus der steuerlichen Abzugsfähigkeit der verlagerungsinduzierten Mehraufwendungen beim niederländischen Tochterunternehmen resultiert im Trend- und im Positivszenario ein negativer Bemessungsgrundlageneffekt. Dieser verstärkt sich mit steigenden Einigungspreisen, da ein größerer Teil der Nettoverwertungserträge aufgrund der höheren Begünstigungsschwelle in vollem Umfang der Besteuerung unterliegen.

Einhergehend mit den unterschiedlichen Steuerwirkungen bei einer Variation der Übergangswahrscheinlichkeiten verändert sich auch die Höhe der ausschüttbaren Liquiditätsüberschüsse. Diese steigen i. Allg. mit zunehmenden Übergangswahrscheinlichkeiten, da die Steuerbemessungsgrundlage des niederländischen Tochterunternehmens durch die höheren verlagerungsinduzierten Aufwendungen (z. B. Abschreibungen) sinkt. Folglich erhöht sich der negative Ausschüttungseffekt. Dieser wird durch die steuerfreien Kapitalrückzahlungen aus dem steuerlichen Einlagekonto gemäß § 27 Abs. 1 KStG abgemildert. Deren Höhe steigt mit zunehmenden Übergangswahrscheinlichkeiten, da korrespondierend zur Erhöhung der Einigungspreise der Wert der verdeckt eingelegten (immateriellen) Wirtschaftsgüter zunimmt.

Ein weiterer Besteuerungseffekt resultiert aus der gesetzlichen Preisanpassungsklausel. Dieser ist im Positivszenario negativ und in allen anderen Verwertungs- und Abbruchsszenarien für den multinationalen Konzern positiv.[1582]

Abb. 6.10 enthält eine Gesamtbetrachtung der Steuerwirkungen und der daraus resultierenden Vermögensendwerteffekte in den einzelnen Verwertungsszenarien für ausgewählte Variationsrechnungen, wobei die Vermögensendwerte der Verlagerungsalter-

---

[1582] Für eine Beschreibung der Steuerwirkungen aus der nachträglichen Verrechnungspreiskorrektur wird insbesondere auf die Abschnitte 6.3.2.1.2.2 und 6.3.2.1.2.3 verwiesen. Eine Preisanpassung zugunsten des Steuerpflichtigen setzt allerdings, wie im vorliegenden Fall (siehe Prämisse 5.6), eine Erstkorrektur nach § 1 Abs. 1 AStG voraus. Vgl. auch *Kraft, G.* (2009), § 1 AStG, Rn. 480.

nativen relativ zum Vermögensendwert der Unterlassungsalternative dargestellt werden.[1583]

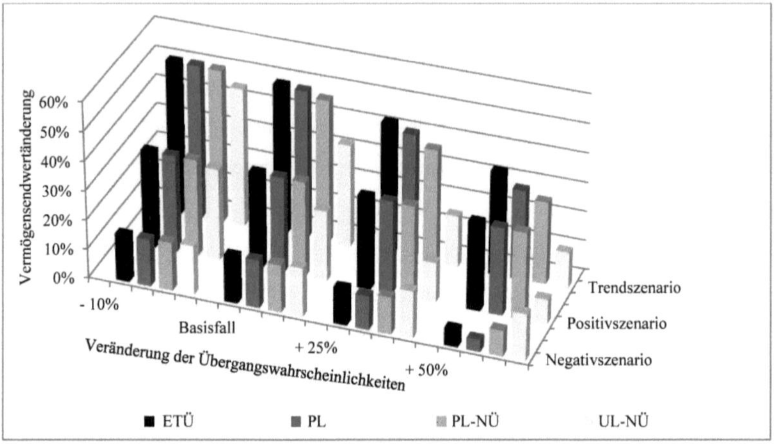

Abb. 6.10: Relative Veränderung der Vermögensendwerte in den Verwertungsszenarien bei einer Variation der Übergangswahrscheinlichkeiten

Es wird ersichtlich, dass die steuerliche Vorteilhaftigkeit einer Funktionsverlagerung in den Verwertungsszenarien bei einer Zunahme der Übergangswahrscheinlichkeiten infolge der beschriebenen Steuerwirkungen gegenüber der Unterlassungsalternative i. Allg. sinkt.

Im Positivszenario weichen die Vermögensendwerte zwischen einer ETÜ und den Pauschallizenzvereinbarungen (PL; PL-NÜ) nur geringfügig ab. Ferner variieren die Vermögensendwerte bei einer Veränderung der Übergangswahrscheinlichkeiten nur leicht. Ursächlich hierfür ist der starke Einfluss der Innovationsbox, welcher die anderen, wesentlich geringeren Besteuerungseffekte – z. B. aus den steuerlichen F&E-Förderungen während der F&E-Phase oder die negativen verlagerungsinduzierten Steuerwirkungen – überlagert. Demgegenüber sind die negativen verlagerungsinduzierten Steuerwirkungen bei einer UL-NÜ aufgrund ihrer Abhängigkeit von den Verwertungserträgen von wesentlich größerer Bedeutung. Die fremdüblichen Lizenzraten steigen mit zunehmenden Übergangswahrscheinlichkeiten beträchtlich an. Daraus folgt, dass sich die relative Vorteilhaftigkeit einer Funktionsverlagerung gegenüber der Unterlassungsalternative bei einer UL-NÜ stärker vermindert als bei den anderen Verlagerungsalternativen. Zurück-

---

[1583] Vgl. auch Tab. A5 auf S. 423.

zuführen sind diese Unterschiede insbesondere auf den negativen Unternehmensteuersatzeffekt sowie den negativen Bemessungsgrundlageneffekt, welche bei einer UL-NÜ aufgrund der höheren Vergütung für die zur Nutzung überlassenen Bestandteile des Transferpakets wesentlich ausgeprägter sind.[1584]

Mit sinkenden Verwertungserträgen gewinnen die Besteuerungseffekte der F&E-Phase sowie die Einflüsse der verlagerungsinduzierten Mehraufwendungen auf die Begünstigungsschwelle zunehmend an Bedeutung. Bei steigenden Übergangswahrscheinlichkeiten ist daher im Trendszenario ein stärkerer Rückgang der Vermögensendwerte für die Verlagerungsalternativen als im Positivszenario zu beobachten. Da sich die steuerlichen F&E-Förderungen während der F&E-Phase weitestgehend entsprechen, sind die unterschiedlichen Vermögensendwerte im Wesentlichen auf die negativen Steuerwirkungen aus dem Verlagerungsvorgang zurückzuführen. Für die ETÜ sind im Trendszenario die geringsten negativen verlagerungsinduzierten Steuerwirkungen zu beobachten, deren Ausmaß sich mit zunehmenden Übergangswahrscheinlichkeiten gegenüber den anderen Verlagerungsalternativen am wenigsten stark verändert. Demgegenüber sind die negativen Steuerwirkungen aus dem Verlagerungsvorgang bei Vereinbarung einer Pauschallizenz ausgeprägter und erhöhen sich bei einer Steigerung der Übergangswahrscheinlichkeiten stärker, wobei die negativen Steuerwirkungen bei einer PL-NÜ aufgrund der höheren Lizenzraten ausgeprägter sind als bei einer PL.[1585] Aufgrund ihrer Abhängigkeit von den Verwertungserträgen sind die Vergütungen für die verlagerte F&E-Funktion bei einer UL-NÜ am höchsten und steigen mit zunehmenden Übergangswahrscheinlichkeiten am stärksten an. Ergo sind für die ETÜ die höchsten und für die UL-NÜ die geringsten Vermögensendwerte im Trendszenario zu beobachten.

Im Negativszenario können aus der Verwertung der F&E-Ergebnisse nur geringe Erträge erzielt werden, welche weder für ein Überschreiten der Begünstigungsschwelle noch für eine vollständige Tilgung der finanziellen Verbindlichkeiten ausreichen. Steuervorteile aus einer Funktionsverlagerung gegenüber einer unveränderten Ausübung der F&E-Funktion können daher nur aus den steuerlichen F&E-Förderungen während der F&E-Phase erzielt werden. Diesen müssen wiederum die negativen Besteuerungseffekte aus dem Verlagerungsvorgang gegenübergestellt werden. Im Unterschied zu den beiden

[1584] Für eine Beschreibung der Steuerwirkungen im Positivszenario wird auf die Ausführungen in Abschnitt 6.3.2.2 verwiesen.

[1585] Siehe zu den Steuerwirkungen im Trendszenario die Ausführungen in Abschnitt 6.3.2.1.

anderen Verwertungsszenarien ergeben sich für eine UL-NÜ im Negativszenario die geringsten verlagerungsinduzierten Steuerwirkungen, deren Ausmaß mit zunehmenden Übergangswahrscheinlichkeiten gegenüber den anderen Verlagerungsalternativen am wenigsten stark ansteigt. Folglich können im Negativszenario aus der Vereinbarung einer UL-NÜ für alle Variationsrechnungen die höchsten Vermögensendwerte[1586] erzielt werden. Demgegenüber sind die verlagerungsinduzierten Steuerwirkungen bei den anderen Verlagerungsalternativen aufgrund des höheren Entgelts für die Bestandteile des Transferpakets ausgeprägter. Aufgrund der zusätzlichen Zinskomponente ergibt sich ein höherer negativer Unternehmensteuersatzeffekt aus der Vereinbarung einer PL. Infolgedessen sind die Vermögensendwerte bei einer PL grundsätzlich[1587] geringer und sinken mit zunehmenden Übergangswahrscheinlichkeiten stärker als bei einer ETÜ. Im Vergleich zu diesen beiden Verlagerungsalternativen ist der negative Unternehmensteuersatzeffekt bei einer PL-NÜ im Negativszenario wesentlich ausgeprägter. Allerdings sinkt das Risiko für den Lizenzgeber bei einer PL-NÜ mit zunehmenden Übergangswahrscheinlichkeiten, sodass der in den Lizenzraten enthaltene Risikoaufschlag abnimmt. Des Weiteren ist bei einer PL-NÜ kein negativer Timing-Effekt zu berücksichtigen, da es zu keiner Übertragung des rechtlichen und/oder wirtschaftlichen Eigentums kommt. Aufgrund der erläuterten Wirkungszusammenhänge ist bei einer PL-NÜ i. Allg.[1588] zu beobachten, dass sich die Vermögensendwerte bei zunehmenden Übergangswahrscheinlichkeiten weniger stark verändern als die Vermögensendwerte bei einer ETÜ oder PL. Ab einer Veränderung der Übergangswahrscheinlichkeit gegenüber dem Basisfall von 20 % bei einer ETÜ und von 6 % bei einer PL lässt sich im Modell ein höherer Vermögensendwert für eine PL-NÜ beobachten.

In den Abbruchsszenarien können definitionsgemäß keine Verwertungserträge erzielt werden, sodass sowohl die verlagerungsinduzierten Steuerwirkungen als auch die weiteren Steuerwirkungen während der F&E-Phase – insbesondere die steuerlichen F&E-Förderungen – für die Veränderung der Vermögensendwerte maßgeblich sind. Die

[1586] Die Vermögensendwerte sind im Negativszenario sowie in den Abbruchsszenarien grundsätzlich negativ. Daher entsprechen die höchsten Vermögensendwerte in diesen Szenarien den am wenigsten negativen Vermögensendwerten.

[1587] Durch den negativen Zinssatzeffekt können abweichend von diesem Grundsatz bei geringen Übergangswahrscheinlichkeiten höhere Vermögensendwerte für die PL beobachtet werden als bei einer ETÜ. Siehe Tab. A5 auf S. 423.

[1588] Infolge eines negativen Zinssatzeffekts kann der Vermögensendwert bei einer ETÜ oder PL im Falle niedriger Übergangswahrscheinlichkeiten trotz der geringeren verlagerungsinduzierten Steuerwirkungen unter den Vermögensendwert bei Vereinbarung einer PL-NÜ sinken.

Auswirkungen der Steuereffekte auf die Vermögensendwerte in den drei betrachteten Abbruchsszenarien werden in Abb. 6.11 grafisch dargestellt, indem die Vermögensendwerte der Verlagerungsalternativen für ausgewählte Variationsrechnungen in Relation zum Vermögensendwert der Unterlassungsalternative gesetzt werden.

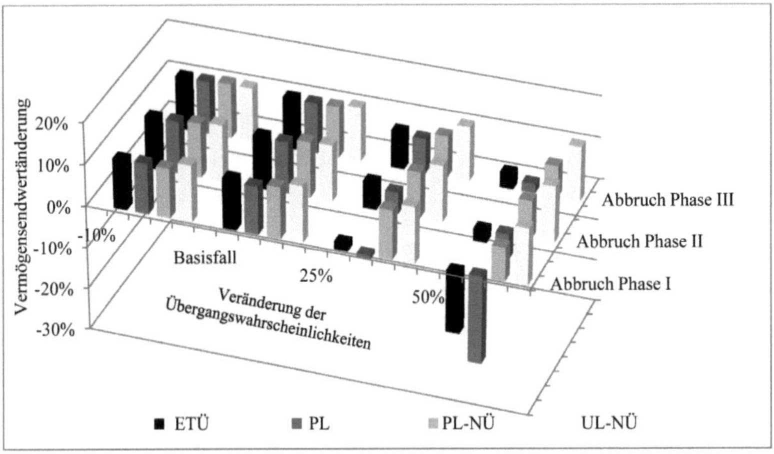

Abb. 6.11: Relative Veränderung der Vermögensendwerte in den Abbruchsszenarien bei einer Variation der Erfolgswahrscheinlichkeiten

In den Fällen einer vorzeitigen Einstellung der F&E-Tätigkeit können die höchsten Gesamtsteuervorteile und somit auch die höchsten Vermögensendwerte aus der Vereinbarung einer UL-NÜ erzielt werden. Das Ausmaß der Steuerwirkungen bleibt in den einzelnen Abbruchsszenarien bei einer Variation der Übergangswahrscheinlichkeiten unverändert, da in Ermangelung einer Erzielung von Verwertungserträgen keine verlagerungsinduzierten Steuerwirkungen bei einer UL-NÜ eintreten können.

Im Unterschied dazu steigen die verlagerungsinduzierten Steuerwirkungen bei den anderen Verlagerungsalternativen mit zunehmenden Übergangswahrscheinlichkeiten an, sodass für diese grundsätzlich ein Rückgang der Vermögensendwerte beobachtet werden kann. Wie bereits für das Negativszenario festgestellt werden konnte, sinken die Vermögensendwerte bei einer ETÜ und PL mit zunehmenden Übergangswahrscheinlichkeiten stärker als bei einer PL-NÜ. Ursächlich hierfür ist, dass bei einer PL-NÜ einerseits das Risiko für den Lizenzgeber aus der Möglichkeit einer kurzfristigen Kündigung der Lizenzvereinbarung sinkt und andererseits kein negativer Timing-Effekt zum Tragen kommt. Im Falle einer Einstellung der F&E-Tätigkeit in einem frühen Stadium der F&E-Phase und hohen Übergangswahrscheinlichkeiten können die negativen verlagerungsinduzierten Steuerwirkungen bei einer ETÜ und einer PL die positiven Steuerwirkungen aus den steuerlichen F&E-Förderungen übersteigen. Die Vermögensendwerte dieser Verlagerungsalternativen sinken folglich gegenüber dem Vermögensendwert der Unterlassungsalternative, sodass die Outbound-Verlagerung einer F&E-Funktion in die Niederlande für diese Konstellation der Einflussfaktoren nachteilig ist. Demgegenüber kann sich aus einer Steigerung einer geringen Übergangswahrscheinlichkeit ein Anstieg der Vermögensendwerte ergeben. Dieser Vermögensendwerteffekt ist darauf zurückzuführen, dass sich der negative Zinssatzeffekt in einem stärkeren Umfang vermindert als sich die negativen verlagerungsinduzierten Steuerwirkungen erhöhen.

Bei einer Einstellung der F&E-Tätigkeit nach der ersten oder zweiten klinischen Testphase sind die kumulierten Pauschallizenzraten aufgrund der kurzfristigen Kündigungsmöglichkeit bei einer PL-NÜ[1589] für alle Variationsrechnungen geringer als die fremdüblichen Vergütungen für das verlagerte Transferpaket bei einer ETÜ oder PL. Die Vermögensendwerte sind infolgedessen für dieses Abbruchsszenario bei Vereinbarung einer PL-NÜ grundsätzlich[1590] höher als bei den anderen beiden Verlagerungsalternativen. Demgegenüber sind bei einem Funktionsabbruch nach der dritten klinischen Testphase die kumulierten Pauschallizenzraten und damit verbunden auch die negativen verlagerungsinduzierten Steuerwirkungen bei einer PL-NÜ trotz der Kündigungsmöglichkeiten höher als die fremdüblichen Vergütungen für das verlagerte Transferpaket bei einer ETÜ oder einer PL. Bei den beiden letzteren Verlagerungsalternativen ist jedoch zusätzlich ein negativer Timing-Effekt zu berücksichtigen. Infolgedessen unterschreiten die Vermögensendwerte bei einer ETÜ ab einer Erhöhung der Übergangswahrscheinlichkeiten gegenüber dem Basisfall um 5 % sowie bei einer PL für sämtliche Variationsrechnungen die Vermögensendwerte bei einer PL-NÜ.

Abschließend werden die Auswirkungen einer Veränderung der Übergangswahrscheinlichkeiten auf den Erwartungswert der Vermögensendwerte sämtlicher Verwertungs- und Abbruchsszenarien untersucht. Die Entwicklung der Erwartungswerte in den Verla-

---

1589 Siehe für die Entwicklung der kumulierten Pauschallizenzraten im Basisfall bei zunehmender Ausübungsdauer der F&E-Funktion Tab. 6.43 auf S. 358.

1590 Durch den negativen Zinssatzeffekt können abweichend von diesem Grundsatz bei geringen Übergangswahrscheinlichkeiten für eine ETÜ und eine PL bei einem Abbruch der F&E-Tätigkeit nach der ersten klinischen Testphase höhere Vermögensendwerte als bei Vereinbarung einer PL-NÜ beobachtet werden. Siehe Tab. A5 auf S. 423.

gerungsalternativen gegenüber der Unterlassungsalternative bei einer Variation der Übergangswahrscheinlichkeiten wird in Abb. 6.12 verdeutlicht.

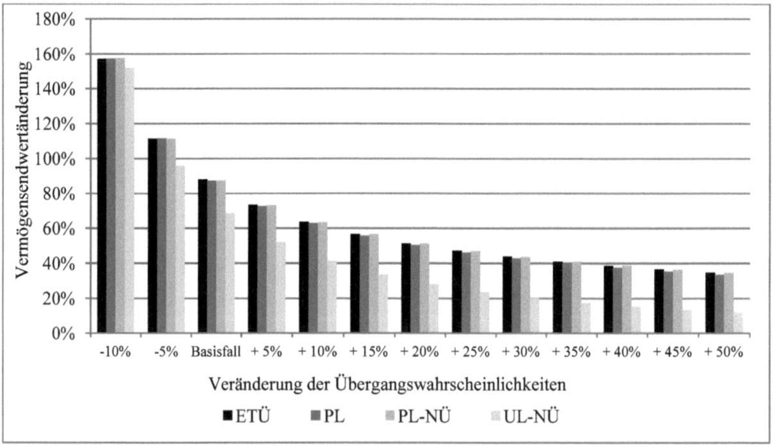

Abb. 6.12: Relative Veränderung der Erwartungswerte der Vermögensendwerte bei einer Variation der Übergangswahrscheinlichkeiten

Zum einen verdeutlichen die Variationsrechnungen, dass die Erwartungswerte in den Verlagerungsalternativen höher sind als in der Unterlassungsalternative. Zum anderen sinken (steigen) die Erwartungswerte in den Verlagerungsalternativen im Vergleich zu den Erwartungswerten der Unterlassungsalternative mit zunehmenden (abnehmenden) Übergangswahrscheinlichkeiten. Die relative Verminderung der Erwartungswerte aus einer Funktionsverlagerung bei steigenden Übergangswahrscheinlichkeiten ist im Wesentlichen auf die folgenden Wirkungszusammenhänge zurückzuführen.

Mit zunehmenden Übergangswahrscheinlichkeiten steigen i. Allg. die negativen Steuerwirkungen aus dem Verlagerungsvorgang in den einzelnen Verwertungs- und Abbruchsszenarien, sodass die Vermögensendwerte tendenziell rückläufig sind.[1591] Damit einhergehend verändert sich die Gewichtung der einzelnen Vermögensendwerte im Erwartungswert bei einer Variation der Übergangswahrscheinlichkeit. Steigt diese an, sind die höheren Vermögensendwerte der Verwertungsszenarien in zunehmend größerem Umfang und die niedrigeren Vermögensendwerte der Abbruchsszenarien in zunehmend geringerem Umfang in den Vermögensendwert einzubeziehen. Die unterschiedliche Gewichtung der szenariobezogenen Vermögensendwerte führt dazu, dass die Erwar-

[1591] Siehe Abb. 6.10 auf S. 374 sowie Abb. 6.11 auf S. 377.

tungswerte mit steigenden (sinkenden) Übergangswahrscheinlichkeiten zunehmen (abnehmen).

Als Resultat der Erhöhung der Erwartungswerte verlieren die positiven Gesamtsteuerwirkungen aus einer Verlagerung der F&E-Funktion relativ zur Bemessungsgrundlage (Erwartungswert der Unterlassungsalternative) an Bedeutung. Maßgeblich hierfür ist, dass die Veränderung der Steuervorteile mit steigenden Übergangswahrscheinlichkeiten – insbesondere infolge einer größeren Relevanz der Innovationsbox – weniger stark ausfällt als die Veränderung der Erwartungswerte.[1592]

6.3.3.2 Variation der Szenariowahrscheinlichkeiten

Im Basisfall werden drei Verwertungsszenarien unterschieden, deren jeweilige Eintrittswahrscheinlichkeit als quasi-sicher angenommen wurde. Tatsächlich sind diese Wahrscheinlichkeiten jedoch unsicherheitsbehaftet und können gegenüber dem Basisfall variieren. Vor diesem Hintergrund werden im Folgenden die Auswirkungen abweichender Eintrittswahrscheinlichkeiten für die einzelnen Verwertungsszenarien auf die Gesamtsteuerbelastung und die daraus resultierenden Vermögensendwerteffekte analysiert.

Aus einer Variation der Szenariowahrscheinlichkeiten ergeben sich Steuerwirkungen in den Verwertungs- und Abbruchsszenarien, die sich gegenüber dem Basisfall unterscheiden können. Maßgeblich hierfür sind im Wesentlichen dieselben Ursachen und Wirkungszusammenhänge wie bei einer Variation der Übergangswahrscheinlichkeiten.

Die Eintrittswahrscheinlichkeiten der Verwertungsszenarien spiegeln das F&E-spezifische Vergütungsrisiko wider und stellen folglich eine weitere Determinante der Grenzpreisermittlung bei F&E-Funktionen dar. Im Falle einer Anhebung der Eintrittswahrscheinlichkeit für das Positivszenario (Negativszenario) steigen (sinken) sowohl beim deutschen Mutterunternehmen als auch beim niederländischen Tochterunternehmen die Konzessionsgrenzen für das verlagerte Transferpaket. Dementsprechend erhöht (vermindert) sich auch der Einigungspreis. Die Entwicklung der Einigungspreise

[1592] Vgl. diesbezüglich die Ausführungen in Abschnitt 6.3.2.2, insbesondere Fußnote 1520 auf S. 334.

bei einer Variation der szenariobezogenen Eintrittswahrscheinlichkeiten wird in Abb. 6.13 grafisch veranschaulicht.[1593]

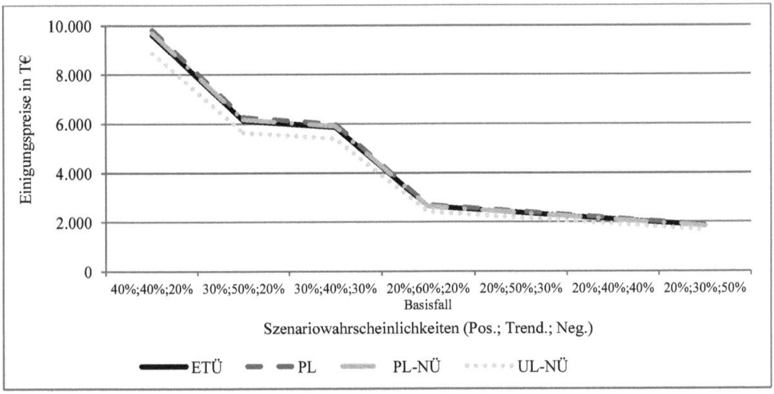

Abb. 6.13: Einigungspreise bei einer Variation der Szenariowahrscheinlichkeiten

Es wird ersichtlich, dass eine Variation der Szenariowahrscheinlichkeiten zugunsten des Positivszenarios aufgrund der signifikant höheren Verwertungserträge zu einer wesentlich stärkeren Veränderung der Einigungspreise führt als eine Erhöhung der Szenariowahrscheinlichkeiten zugunsten des Trend- oder Negativszenarios.[1594]

Bei einer isolierten Betrachtung der Verwertungs- und Abbruchsszenarien ergeben sich aus einer Variation der Szenariowahrscheinlichkeiten nur implizit über die Veränderung der Einigungspreise Auswirkungen auf die Höhe der Gesamtsteuerbelastung sowie die Vermögensendwerte. Darüber hinaus sind die Szenariowahrscheinlichkeiten bei der Ermittlung der umsatzabhängigen Lizenzsätze bei einer UL-NÜ im Rahmen eines hypothetischen Fremdvergleichs zu berücksichtigen. Der hieraus resultierende Effekt auf die fremdüblichen Lizenzsätze wirkt in entgegengesetzter Richtung wie die Veränderung der Einigungspreise, wodurch die Schwankungsbreite der umsatzabhängigen Lizenzsätze bei einer Variation der Szenariowahrscheinlichkeiten abgesenkt wird.

[1593] In Abb. 6.13 gibt die erste Prozentzahl die Wahrscheinlichkeit für den Eintritt des Positivszenarios (Pos.), die zweite Prozentzahl die Wahrscheinlichkeit für den Eintritt des Trendszenarios (Trend.) und die dritte Prozentzahl die Wahrscheinlichkeit für den Eintritt des Negativszenarios (Neg.) an.

[1594] Vgl. Tab. A1 auf S. 418. Die dem Positivszenario zugrunde liegenden Verwertungserträge übersteigen die Verwertungserträge des Trendszenarios erheblich. Demgegenüber ist der Unterschied zwischen den Verwertungserträgen des Negativszenarios und jenen des Trendszenarios wesentlich geringer.

Die auf die Veränderung der Einigungspreise zurückzuführenden Steuerwirkungen sind identisch zu jenen, die im Rahmen einer Variation der Übergangswahrscheinlichkeiten identifiziert und analysiert wurden. Dies sind insbesondere der negative Unternehmensteuersatzeffekt sowie der negative Timing-Effekt, welcher aus der zeitlichen Diskrepanz zwischen der Besteuerung des Verlagerungsgewinns beim deutschen Mutterunternehmen und der Erzielung abschreibungsbedingter Steuervorteile beim niederländischen Tochterunternehmen resultieren kann. Des Weiteren ergeben sich infolge einer Erhöhung der Begünstigungsschwelle bzw. einer Verminderung der begünstigungsfähigen Nettoverwertungserträge durch die verlagerungsbedingten Mehraufwendungen sowohl im Trend- als auch im Positivszenario negative Bemessungsgrundlageneffekte.[1595]

Die verlagerungsinduzierten Steuerwirkungen erhöhen sich mit zunehmenden Einigungspreisen infolge der beschriebenen Wirkungszusammenhänge, sodass die szenariobezogenen Vermögensendwerte bei einer steigenden (sinkenden) Wahrscheinlichkeit für den Eintritt des Positivszenarios (Negativszenarios) i. Allg. sinken. Im Trend- und im Positivszenario sind die höchsten verlagerungsinduzierten Steuerwirkungen für eine UL-NÜ zu beobachten, welche sich mit einer steigenden (sinkenden) Wahrscheinlichkeit für den Eintritt des Positivszenarios (Negativszenarios) am stärksten vermindern. Für die übrigen Verlagerungsalternativen sind die Vermögensendwerte im Positivszenario bei allen Variationsrechnungen relativ vergleichbar. Im Trendszenario gewinnen die Steuerwirkungen aus dem Verlagerungsvorgang zulasten der Steuervorteile aus der Innovationsbox an Bedeutung. Infolgedessen können für eine PL-NÜ erheblich geringere Vermögensendwerte beobachtet werden als für eine ETÜ oder eine PL. Für diese Verlagerungsalternative ergeben sich höhere verlagerungsinduzierte Steuerwirkungen, welche mit zunehmender (sinkender) Wahrscheinlichkeit für den Eintritt des Positivszenarios (Negativszenarios) im Vergleich zu einer ETÜ oder einer PL am stärksten ansteigen. Mangels der Berücksichtigung einer Zins- und Risikokomponente im Rahmen der Ermittlung des Verlagerungsentgelts bei einer ETÜ resultieren für diese die geringsten Steuerwirkungen aus dem Verlagerungsvorgang, sodass die Vermögensendwerte im Trend- und im Positivszenario am höchsten ausfallen.

[1595] Daneben wirken sich auch die weiteren in Abschnitt 6.3.2.1 beschriebenen Steuereffekte auf die Höhe der Gesamtsteuerbelastung in den einzelnen Verwertungs- und Abbruchsszenarien aus.

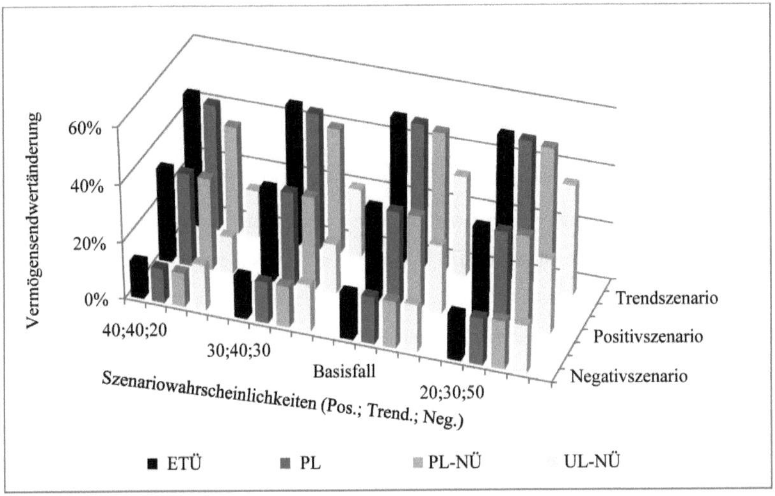

Abb. 6.14: Relative Veränderung der Vermögensendwerte in den Verwertungsszenarien bei einer Variation der Szenariowahrscheinlichkeiten

Die Vereinbarung einer UL-NÜ führt im Negativszenario wiederum zu den höchsten Vermögensendwerten, da die verlagerungsinduzierten Steuerwirkungen unabhängig von den Szenariowahrscheinlichkeiten bei dieser Verlagerungsalternative am geringsten sind. Bei einer PL-NÜ übersteigen die negativen Steuerwirkungen aus dem Verlagerungsvorgang die verlagerungsinduzierten Steuerwirkungen bei Vereinbarung einer ETÜ oder PL. Maßgeblich hierfür ist das höhere Risiko für das verlagernde Unternehmen bei einer PL-NÜ, durch die Pauschallizenzraten einen Erlös zu erzielen, dessen Barwert dem korrigierten Einigungspreis im Zeitpunkt der Funktionsverlagerung nicht entspricht. Des Weiteren steigen die verlagerungsinduzierten Steuerwirkungen bei einer PL-NÜ mit zunehmender (abnehmender) Wahrscheinlichkeit für den Eintritt des Positivszenarios (Negativszenarios) stärker an als bei den anderen Verlagerungsalternativen. Infolgedessen sind im Negativszenario für eine ETÜ und eine PL grundsätzlich höhere Vermögensendwerte zu beobachten als für eine PL-NÜ. Durch das Auftreten eines negativen Zinssatzeffekts[1596] können die Vermögensendwerte im Falle einer ETÜ oder einer PL bei zunehmenden Wahrscheinlichkeiten für den Eintritt des Negativszenarios allerdings unter den Vermögensendwert bei einer PL-NÜ sinken.

[1596] Ursächlich für den negativen Zinssatzeffekt sind die positiven Steuerwirkungen aus der nachträglichen Verrechnungspreiskorrektur, welche auf Ebene des deutschen Mutterunternehmens dazu führen können, dass die finanziellen Verbindlichkeiten vollständig getilgt werden.

Abb. 6.14 veranschaulicht die Entwicklung der Vermögensendwerte in den Verwertungsszenarien bei einer Variation der szenariobezogenen Eintrittswahrscheinlichkeiten für ausgewählte Variationsrechnungen. Die Vermögensendwerte der Verlagerungsalternativen werden dabei relativ zu den Vermögensendwerten der Unterlassungsalternative betrachtet.

In den Abbruchsszenarien ergeben sich aus der Vereinbarung einer UL-NÜ wiederum die höchsten Vermögensendwerte. Da sich bei einer UL-NÜ mangels einer Erzielung von Verwertungserträgen im Falle einer vorzeitigen Einstellung keine negativen Steuerwirkungen aus dem Verlagerungsvorgang ergeben, verändern sich deren absolute Werte bei einer Variation der Szenariowahrscheinlichkeiten innerhalb eines Abbruchsszenarios nicht.

Die zunehmende (abnehmende) Eintrittswahrscheinlichkeit für das Positivszenario (Negativszenario) resultiert im Grundsatz in einer Verminderung der Vermögensendwerte für die übrigen Verlagerungsalternativen, da sich die negativen Besteuerungseffekte aus dem Verlagerungsvorgang erhöhen. Vergleichbar zu den Ergebnissen aus einer Variation der Übergangswahrscheinlichkeiten sind die verlagerungsinduzierten Steuerwirkungen aus einer PL-NÜ bei einem Abbruch der F&E-Tätigkeit nach der ersten und der zweiten klinischen Testphase für alle betrachteten Szenariowahrscheinlichkeiten geringer als bei einer ETÜ oder einer PL. Dies impliziert grundsätzlich höhere Vermögensendwerte im Falle der Vereinbarung einer PL-NÜ. Die höchsten Steuerwirkungen aus dem Verlagerungsvorgang ergeben sich hingegen aus einer PL-NÜ, deren Ausmaß mit zunehmender (abnehmender) Wahrscheinlichkeit für das Positivszenario (Negativszenario) am stärksten ansteigt. Ergo werden durch eine Variation der Szenariowahrscheinlichkeiten die höchsten Vermögensendwertveränderungen für diese Verlagerungsalternative bewirkt.

Davon abweichend ist bei einem Abbruch der F&E-Tätigkeit nach der ersten klinischen Testphase für eine PL-NÜ ein Anstieg der Vermögensendwerte bei einer Erhöhung (Verminderung) der Eintrittswahrscheinlichkeit für das Positivszenario (Negativszenario) zu konstatieren. Maßgeblich hierfür ist der negative Zinssatzeffekt, welcher infolge einer Erhöhung der negativen verlagerungsinduzierten Steuerwirkungen durch die Veränderung der Szenariowahrscheinlichkeiten stärker abnimmt als die positiven Steuerwirkungen aus der nachträglichen Verrechnungspreiskorrektur. Dieser gegenläufige Vermögensendwerteffekt hat für eine gegenüber dem Basisfall steigende Eintrittswahrscheinlichkeit des Negativszenarios zur Folge, dass die Vermögensendwerte bei einer PL-NÜ unter die Vermögensendwerte einer ETÜ oder PL sinken können.[1597]

Im Falle eines Abbruchs der F&E-Tätigkeit nach der dritten klinischen Testphase stellt sich mit Ausnahme einer UL-NÜ bei einer Erhöhung der Eintrittswahrscheinlichkeit für das Positivszenario bzw. einer Reduzierung der Eintrittswahrscheinlichkeit für das Negativszenario ein Rückgang der Vermögensendwerte für die Verlagerungsalternativen ein. Ursächlich hierfür sind die steigenden negativen Steuerwirkungen aus dem Verlagerungsvorgang aufgrund eines Anstiegs des fremdüblichen Entgelts für die verlagerte F&E-Funktion. Diese sind im Falle einer ETÜ geringer als bei einer PL oder einer PL-NÜ, sodass die Vermögensendwerte einer ETÜ prinzipiell die Vermögensendwerte der letztgenannten Verlagerungsalternativen übersteigen.

Die Entwicklung der Vermögensendwerte in den Abbruchsszenarien der Verlagerungsalternativen gegenüber der Unterlassungsalternative bei abweichenden Szenariowahrscheinlichkeiten veranschaulicht Abb. 6.15 für ausgewählte Variationsrechnungen.

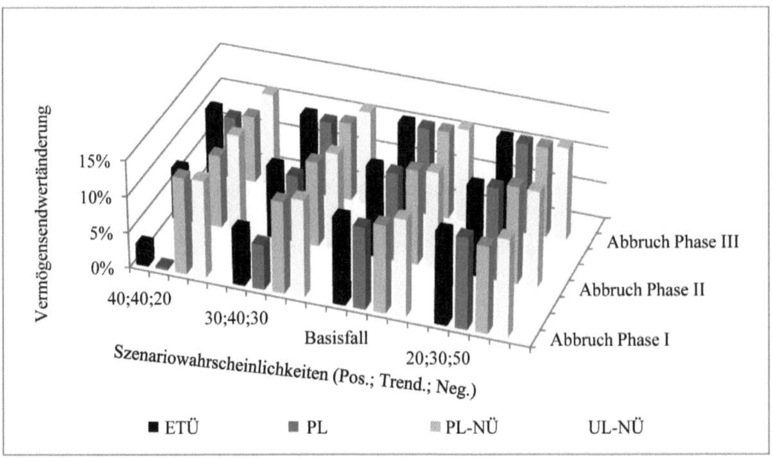

Abb. 6.15: Relative Veränderung der Vermögensendwerte in den Abbruchsszenarien bei einer Variation der Szenariowahrscheinlichkeiten

Aus einer Zusammenfassung der Vermögensendwerte aus den einzelnen Verwertungs- und Abbruchsszenarien zu einem Erwartungswert wird ersichtlich, dass dieser im Falle einer Verlagerung der F&E-Funktion relativ zur Unterlassungsalternative mit zuneh-

[1597] Siehe diesbezüglich Tab. A6 auf S. 425.

mender (sinkender) Wahrscheinlichkeit für den Eintritt des Negativszenarios (Positivszenarios) steigt. Für die Vereinbarung einer UL-NÜ zeigt sich, dass die Vermögensendwerte im Erwartungswert am niedrigsten sind und am stärksten von den Erwartungswerten der anderen Verlagerungsalternativen abweichen. Die relative Veränderung der Vermögensendwerte im Erwartungswert durch eine Verlagerung der F&E-Funktion gegenüber der Unterlassungsalternative bei einer Variation der Szenariowahrscheinlichkeiten wird in Abb. 6.16 veranschaulicht.

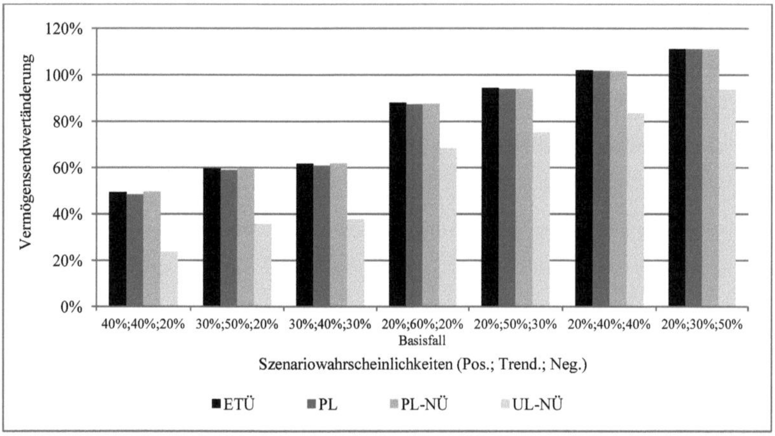

Abb. 6.16: Relative Veränderung der Erwartungswerte der Vermögensendwerte bei einer Variation der der Szenariowahrscheinlichkeiten

Der Anstieg der Erwartungswerte bei einer Erhöhung (Verminderung) der Eintrittswahrscheinlichkeit für das Negativszenario (Positivszenario) kann darauf zurückgeführt werden, dass die fremdübliche Vergütung für die verlagerte F&E-Funktion und damit verbunden die negativen verlagerungsinduzierten Steuerwirkungen sinken. Dies impliziert einen Anstieg der Vermögensendwerte in den Verlagerungsalternativen.[1598] Ein gegenläufiger Effekt hinsichtlich der Erwartungswerte resultiert aus einer stärkeren Gewichtung der (niedrigeren) Vermögensendwerte des Negativ- bzw. des Trendszenarios zulasten der (höheren) Vermögensendwerte des Positivszenarios. Hierdurch kommt es zu einer Absenkung der Bezugsbasis (Erwartungswert der Unterlassungsalternative), welche der Ermittlung der relativen Veränderung der Erwartungswerte durch eine Funktionsverlagerung gegenüber der Unterlassungsalternative zugrunde liegt. Infolgedessen

[1598] Vgl. zur Entwicklung der Vermögensendwerte in den Verwertungs- und Abbruchsszenarien bei einer Variation der Szenariowahrscheinlichkeiten Abb. 6.14 auf S. 383 sowie Abb. 6.15 auf S. 385.

gewinnen die erzielbaren Steuervorteile aus einer Inanspruchnahme der steuerlichen F&E-Förderungen relativ an Bedeutung. Die erläuterten Wirkungszusammenhänge gelten bei einer Erhöhung der Eintrittswahrscheinlichkeit für das Positivszenario zulasten des Negativszenarios in inverser Richtung.

6.3.3.3 Variation der Lizenzsätze

Der F&E-Funktion muss für steuerliche Zwecke ein Anteil an den gesamten Erträgen aus der Verwertung der F&E-Ergebnisse zugerechnet werden. Dieser kann auf der Grundlage einer Umsatzlizenz ermittelt werden und beträgt im Basisfall 10 % der szenariobezogenen Verwertungserträge. In der Pharma-Branche existiert jedoch eine Bandbreite fremdüblicher Lizenzsätze, welche z. T. erheblich gegenüber dem Lizenzsatz des Basisfalls differieren.[1599] Um den Einfluss alternativer Lizenzsätze auf die Gesamtsteuerbelastung und den Vermögensendwert analysieren zu können, erfolgt eine schrittweise Veränderung der Lizenzsätze gegenüber dem Basisfall. Hierbei werden die Lizenzsätze so gewählt, dass diese einerseits innerhalb der Bandbreite fremdüblicher Lizenzsätze liegen und andererseits einen positiven Einigungspreis für das Transferpaket sicherstellen. Unter Berücksichtigung dieser Prämissen erfolgt eine Verminderung der Lizenzsätze um bis zu zwei Prozentpunkte (minimaler Lizenzsatz: 8 %) sowie eine Erhöhung um maximal vierzehn Prozentpunkte (maximaler Lizenzsatz: 24 %).

Eine Erhöhung (Verminderung) der Lizenzsätze führt unmittelbar zu einem Anstieg (Rückgang) der positiven Gewinnpotenziale der Verwertungsphase.[1600] Infolgedessen steigen (sinken) ceteris paribus die Grenzpreise der Geschäftsparteien und implizit auch die Einigungspreise für das verlagerte Transferpaket. In Abb. 6.17 wird die Entwicklung der Einigungspreise bei einer Variation der Lizenzsätze grafisch dargestellt.

[1599] Siehe hierzu auch die Ausführungen in Abschnitt 6.2.2.1.2.3.

[1600] Vgl. Abschnitt 5.3.1.2 und Abschnitt 5.3.2.2.

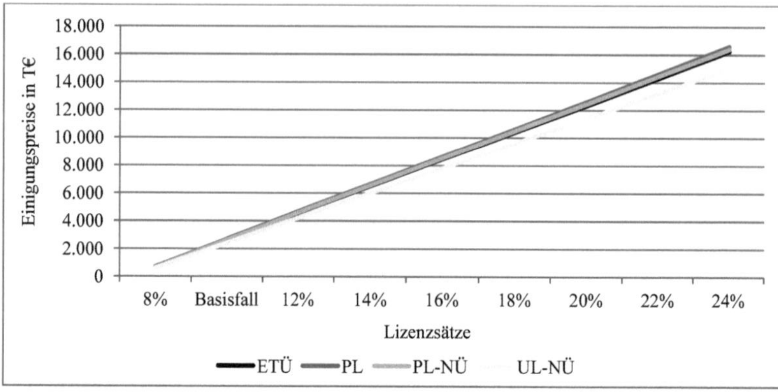

Abb. 6.17: Einigungspreise bei einer Variation der Lizenzsätze

Hinsichtlich der Einigungspreise können grundsätzlich dieselben Wirkungszusammenhänge beobachtet werden, die bereits für eine Variation der Übergangs- und Szenariowahrscheinlichkeiten identifiziert und beschrieben wurden.[1601] Infolge einer Anhebung (Absenkung) der Lizenzsätze steigen (sinken) die einer F&E-Funktion unmittelbar zurechenbaren Verwertungserträge. Die Veränderung der Verwertungserträge wirkt sich sowohl auf die Höhe der Gesamtsteuerbelastung als auch auf die Vermögensendwerte der Handlungsalternativen aus. Einhergehend mit einer Erhöhung der Vermögensendwerte steigt auch die Bezugsbasis (Vermögensendwert der Unterlassungsalternative), welche der Ermittlung der relativen Veränderung der Erwartungswerte durch eine Funktionsverlagerung gegenüber der Unterlassungsalternative zugrunde liegt. Ceteris paribus verringern sich die Vermögensendwerte der Verlagerungsalternativen in Relation zum Vermögensendwert der Unterlassungsalternative, da die erzielbaren Steuervorteile aus einer Inanspruchnahme der steuerlichen F&E-Förderungen im Verhältnis zur Höhe der Vermögensendwerte mit zunehmenden Lizenzsätzen sinken.

Aufgrund der höheren Verwertungserträge steigt bei zunehmenden Lizenzsätzen sowohl im Trend- als auch im Positivszenario der Umfang der Steuervorteile aus einer Inanspruchnahme der Innovationsbox. Demgegenüber bleiben die steuerlichen F&E-Förderungen der F&E-Phase unverändert, sodass die daraus resultierenden Steuervorteile relativ an Bedeutung verlieren. Einen gegenläufigen Effekt bewirken die steigenden

[1601] Für eine Beschreibung der Wirkungszusammenhänge bei einer Erhöhung der Einigungspreise und deren Auswirkungen auf die Steuerbelastungen sowie die Vermögensendwerte in den einzelnen Verwertungsszenarien siehe Abschnitt 6.3.3.1 und Abschnitt 6.3.3.2.

Einigungspreise bzw. die steigenden Lizenzraten, infolgedessen sich die Begünstigungsschwelle erhöht und der Anwendungszeitpunkt für die Innovationsbox verzögert. Die höchste fremdübliche Vergütung für das verlagerte Transferpaket fällt im Trend- und Positivszenario bei einer UL-NÜ an. Mit zunehmenden Lizenzsätzen steigen sowohl die der F&E-Funktion zurechenbaren Verwertungserträge als auch der fremdübliche Lizenzsatz für das verlagerte Transferpaket. Ergo verändert sich der Vermögensendwert für diese Verlagerungsalternative mit zunehmenden Lizenzsätzen am stärksten. Die höchsten Vermögensendwerte können hingegen bei Vereinbarung einer ETÜ erzielt werden, da die fremdüblichen Verlagerungsentgelte und damit verbunden auch die verlagerungsinduzierten Steuerwirkungen am geringsten sind.

Im Negativszenario übersteigen die Nettoverwertungserträge für keine der Variationsrechnungen die Begünstigungsschwelle. Die Erträge aus der Verwertung der F&E-Ergebnisse unterliegen somit auch beim niederländischen Tochterunternehmen in vollem Umfang der Besteuerung. Korrespondierend dazu entfällt der negative Bemessungsgrundlageneffekt, da eine Erhöhung der Begünstigungsschwelle infolge der verlagerungsinduzierten Mehraufwendungen im Negativszenario unter den Modellprämissen ohne Folgen bleibt. Entsprechend zu den Variationsrechnungen der beiden vorangegangenen Abschnitte sind die verlagerungsinduzierten Steuerwirkungen im Negativszenario auch bei einer Variation der Lizenzsätze im Falle der Vereinbarung einer UL-NÜ am geringsten und im Falle der Vereinbarung einer PL-NÜ am höchsten. Folglich können im Negativszenario i. Allg.[1602] aus einer UL-NÜ die höchsten und aus einer PL-NÜ die geringsten Vermögensendwerte erzielt werden.

Abb. 6.18 zeigt die relative Veränderung der Vermögensendwerte der Verlagerungsalternativen gegenüber der Unterlassungsalternative in den verschiedenen Verwertungsszenarien bei einer Variation der Lizenzsätze für ausgewählte Variationsrechnungen.

[1602] Abweichend von diesem Grundsatz kann die Rangfolge der Vermögensendwerte aus den einzelnen Verlagerungsalternativen für relativ geringe Lizenzsätze variieren, sofern ein negativer Zinssatzeffekt zum Tragen kommt. Siehe Tab. A7 auf S. 427.

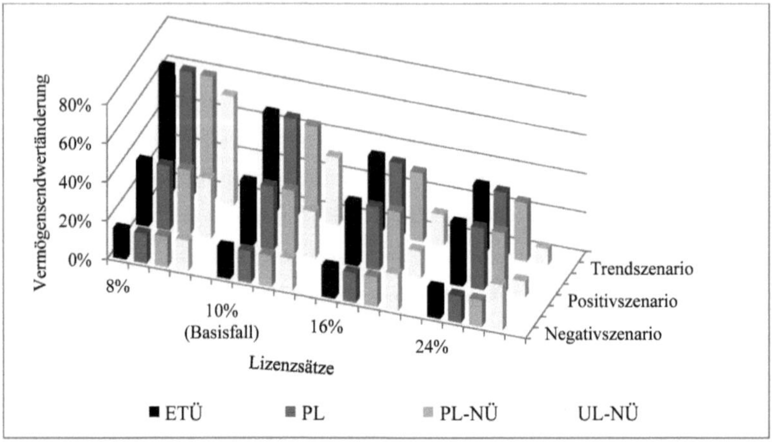

Abb. 6.18: Relative Veränderung der Vermögensendwerte in den Verwertungsszenarien bei einer Variation der Lizenzsätze

In den Abbruchsszenarien können definitionsgemäß keine Verwertungserträge erzielt werden. Eine Variation der Lizenzsätze beeinflusst die Steuerwirkungen sowie die Vermögensendwerte daher nur mittelbar über eine Veränderung der Einigungspreise für das verlagerte Transferpaket. Es gelten im Grundsatz dieselben Wirkungszusammenhänge, wie sie auch bei einer Variation der Übergangs- und Szenariowahrscheinlichkeiten beobachtet werden können.[1603]

Abb. 6.19 enthält eine Darstellung der Vermögensendwerte der Verlagerungsalternativen im Vergleich zu den Vermögensendwerten der Unterlassungsalternative in den Abbruchsszenarien bei einer Variation der Lizenzsätze. Diese verdeutlicht, dass die Vermögensendwerte der Verlagerungsalternativen mit steigenden Lizenzsätzen grundsätzlich sinken.[1604] Bei einer Variation der Lizenzsätze kann in den Abbruchsszenarien für eine PL die stärkste und für eine ETÜ die zweitstärkste Veränderung der Vermögensendwerte identifiziert werden, da die verlagerungsinduzierten Steuerwirkungen dieser beiden Verlagerungsalternativen in Ermangelung einer kurzfristigen Kündigungsmöglichkeit am höchsten sind. Im Falle einer Einstellung der F&E-Tätigkeit zu einem frü-

[1603] Für eine Darstellung der Besteuerungs- und Vermögensendwerteffekte in den Abbruchsszenarien wird auf die Ausführungen in Abschnitt 6.3.3.1 und Abschnitt 6.3.3.2 verwiesen.

[1604] Aus der Vereinbarung einer ETÜ oder PL kann bei einem Abbruch der F&E-Tätigkeit nach der ersten oder zweiten F&E-Phase mit zunehmenden Lizenzsätzen eine Erhöhung der Vermögensendwerte beobachtet werden. Maßgeblich hierfür ist der negative Zinssatzeffekt, welcher sich mit zunehmenden Lizenzsätzen in einem stärkeren Umfang vermindert als die positiven Steuerwirkungen aus der nachträglichen Verrechnungspreiskorrektur.

hen Zeitpunkt der F&E-Phase können die negativen verlagerungsinduzierten Steuerwirkungen dieser beiden Verlagerungsalternativen für sehr hohe Lizenzsätze die Vorteile aus den steuerlichen F&E-Förderungen der F&E-Phase übersteigen. Eine Funktionsverlagerung erweist sich in diesen Fällen gegenüber der Unterlassungsalternative als nachteilig. Im Unterschied dazu bleiben die Vermögensendwerte bei einer UL-NÜ in den einzelnen Abbruchsszenarien mangels negativer Steuerwirkungen aus dem Verlagerungsvorgang konstant. Eine Funktionsverlagerung auf der Grundlage einer UL-NÜ ist ceteris paribus in den Abbruchsszenarien gegenüber der Unterlassungsalternative stets vorteilhaft.

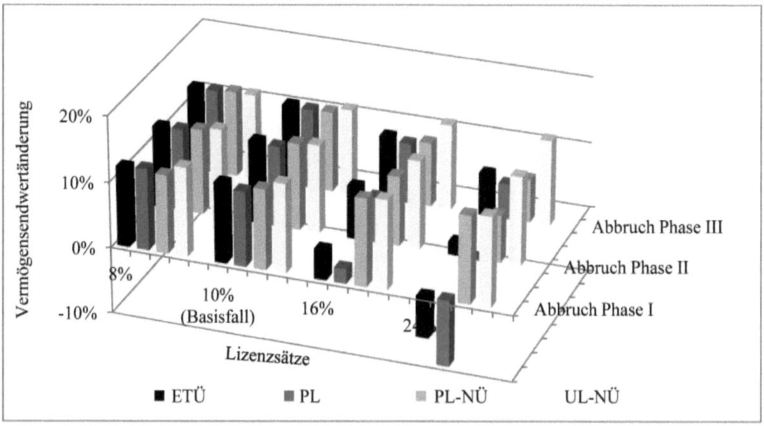

Abb. 6.19: Relative Veränderung der Vermögensendwerte in den Abbruchsszenarien bei einer Variation der Lizenzsätze

Im Erwartungswert ist zu beobachten, dass sich die absoluten Vermögensendwerte mit zunehmenden Lizenzsätzen infolge der steigenden Verwertungserträge erhöhen und vice versa reduzieren. In Relation zu den Vermögensendwerten der Unterlassungsalternative sinken (steigen) allerdings die Vermögensendwerte der Verlagerungsalternativen mit zunehmenden (abnehmenden) Lizenzsätzen. Die Entwicklung des Vermögensendwerts im Erwartungswert ist prinzipiell auf dieselben Ursachen und Wirkungszusammenhänge zurückzuführen, die bereits im Rahmen einer Variation der Übergangs- und der Szenariowahrscheinlichkeiten identifiziert und analysiert wurden. Zum einen erhöhen sich mit zunehmenden Lizenzsätzen die verlagerungsinduzierten Steuerwirkungen, welche grundsätzlich einen negativen Effekt auf den Vermögensendwert haben. Zum anderen steigt der Vermögensendwert im Erwartungswert und somit auch die Bezugsbasis (Erwartungswert der Unterlassungsalternative) für die Ermittlung der relativen Vermögensendwertänderungen aufgrund einer Funktionsverlagerung im Vergleich zur Unterlassungsalternative. Hieraus folgt eine Abschwächung des relativen Einflusses der Steuervorteile aus der Funktionsverlagerung auf den Vermögensendwert, da sich die erzielbaren Steuervorteile aufgrund der zunehmenden Bedeutung der Innovationsbox mit steigenden Lizenzsätzen weniger stark verändern als der Erwartungswert.

Die Entwicklung des Erwartungswerts der Vermögensendwerte aus den Verlagerungsalternativen im Vergleich zum Erwartungswert der Vermögensendwerte der Unterlassungsalternative bei einer Variation der Lizenzsätze wird in Abb. 6.20 dargestellt.

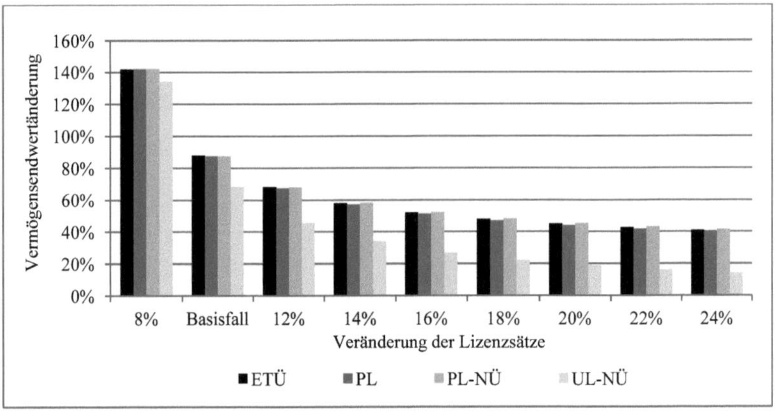

Abb. 6.20: Relative Veränderung des Erwartungswerts der Vermögensendwerte bei einer Variation der Lizenzsätze

6.3.3.4 Zusammenfassung und Zwischenfazit der Steuerwirkungsanalysen für die Variationsrechnungen

Den Sensitivitätsanalysen lag die Zielsetzung zugrunde, aufbauend auf den Ergebnissen des Basisfalls ergänzende Informationen über die steuerlichen Auswirkungen unsicherheitsbehafteter oder gestaltbarer Einflussfaktoren zu gewinnen, die im Zusammenhang mit der Verlagerung einer F&E-Funktion und deren Ausübung von zentraler Bedeutung sind. Als wesentliche Einflussfaktoren wurden die Übergangswahrscheinlichkeiten, die Szenariowahrscheinlichkeiten sowie die Lizenzsätze mithilfe von Wenn-Dann-Analysen untersucht. Die zentralen Erkenntnisse der Sensitivitätsanalyse werden im Folgenden zusammengefasst dargestellt.

Die für den Basisfall identifizierten Ursachen und Wirkungszusammenhänge in Bezug auf die Besteuerung der Verlagerung und der Ausübung einer F&E-Funktion konnten im Grundsatz durch die Sensitivitätsanalysen bestätigt werden. In Abhängigkeit von der betrachteten Handlungsalternative ergaben sich Abweichungen hinsichtlich der Steuerwirkungen und damit verbunden der Höhe der Vermögensendwerte durch die Variation der F&E-spezifischen Einflussfaktoren.

Die untersuchten Parameter beeinflussten die Höhe der fremdüblichen Einigungspreise. Für alle Variationsrechnungen konnte ein positiver Zusammenhang zwischen einer Veränderung der F&E-spezifischen Einflussfaktoren[1605] und einer Veränderung der Einigungspreise identifiziert werden. Die verlagerungsinduzierten Steuerwirkungen erhöhten sich mit zunehmenden Eintrittswahrscheinlichkeiten bzw. Lizenzsätzen und reduzieren sich vice versa. Den negativen Steuerwirkungen aus dem Verlagerungsvorgang wurden im Modell die Steuervorteile aus den F&E-Förderungen in den Niederlanden gegenübergestellt. Der Umfang der steuerlichen F&E-Förderungen sank im Trend- und im Positivszenario mit zunehmenden Übergangswahrscheinlichkeiten und einer zunehmenden Eintrittswahrscheinlichkeit für das Positivszenario und stieg mit einer zunehmenden Höhe der Lizenzsätze an.[1606] Im Grundsatz übertrafen die Steuervorteile einer Funktionsverlagerung die verlagerungsinduzierten Steuernachteile, sodass in den Verlagerungsalternativen i. d. R. ein höherer Vermögensendwert als in der Unterlassungsalternative erzielt werden konnte.

Infolge einer Erhöhung der F&E-spezifischen Einflussfaktoren sank im Grundsatz[1607] der Vermögensendwert in den Verwertungsszenarien relativ zum Vermögensendwert in der Unterlassungsalternative. Maßgeblich hierfür waren insbesondere die steigenden verlagerungsinduzierten Steuerwirkungen, welche im Trend- und Positivszenario bei einer UL-NÜ am höchsten und bei einer ETÜ am geringsten ausfielen. Folglich ergaben

---

1605 Im Rahmen der folgenden Ausführungen steht eine Erhöhung der F&E-spezifischen Einflussfaktoren für eine Zunahme der Übergangswahrscheinlichkeiten, eine Steigerung (Senkung) der Wahrscheinlichkeit für den Eintritt des Positivszenarios (Negativszenarios) sowie eine Erhöhung der Lizenzsätze.

1606 Ursächlich für die variierende Höhe der steuerlichen F&E-Förderungen war eine Veränderung der Steuervorteile aus einer Inanspruchnahme der Innovationsbox.

1607 Im Unterschied zu diesem Grundsatz konnte eine Erhöhung der F&E-spezifischen Einflussfaktoren im Negativszenario in Abhängigkeit von der zugrunde liegenden Datenkonstellation des Einzelfalls mit einem Anstieg der Vermögensendwerte verbunden sein. Maßgeblich hierfür war ein negativer Zinssatzeffekt, welcher aufgrund seiner Höhe die verlagerungsinduzierten Steuerwirkungen überdeckte. Der negative Zinssatzeffekt verringerte sich mit zunehmender Höhe der F&E-spezifischen Einflussfaktoren in stärkerem Umfang als die positiven Steuerwirkungen aus der nachträglichen Verrechnungspreiskorrektur.

sich bei einer UL-NÜ die niedrigsten und bei einer ETÜ die höchsten Vermögensendwerte. Ferner konnte festgestellt werden, dass im Negativszenario bedingt durch die geringeren Verwertungserträge bei einer UL-NÜ die geringsten und bei einer PL-NÜ die höchsten verlagerungsinduzierten Steuerwirkungen anfielen. Daher konnten im Negativszenario prinzipiell[1608] für eine UL-NÜ die höchsten und für eine PL-NÜ die geringsten Vermögensendwerte der Verlagerungsalternativen beobachtet werden.

Der höchste relative Steuervorteil aus einer Funktionsverlagerung konnte im Trendszenario beobachtet werden, da in diesem Verwertungsszenario aufgrund des Verhältnisses der F&E-Aufwendungen zu den Verwertungserträgen sowohl die steuerlichen F&E-Förderungen der F&E-Phase als auch die Innovationsbox von wesentlicher Bedeutung waren. Im Positivszenario basierten die höheren absoluten Vermögensendwerte in den Verlagerungsalternativen überwiegend auf den Steuervorteilen der Innovationsbox. Die geringe Bedeutung der steuerlichen F&E-Förderungen der F&E-Phase im Positivszenario hatte zur Folge, dass die relative Vorteilhaftigkeit einer Funktionsverlagerung gegenüber der Unterlassungsalternative im Vergleich zum Trendszenario sank. Im Negativszenario verringerte sich die relative Vorteilhaftigkeit einer Funktionsverlagerung gegenüber der Unterlassungsalternative, da in Ermangelung ausreichender Verwertungserträge die Innovationsbox nicht zur Anwendung kam. Die Vorteilhaftigkeit einer Funktionsverlagerung war demnach ausschließlich auf die steuerlichen F&E-Förderungen der F&E-Phase zurückzuführen.

In den Abbruchsszenarien bestand dem Grunde nach eine negative Korrelation zwischen der Höhe der F&E-spezifischen Einflussfaktoren und der relativen Vorteilhaftigkeit einer Funktionsverlagerung gegenüber der Unterlassungsalternative. Aufgrund dieses Zusammenhangs konnte beobachtet werden, dass bei einer Funktionseinstellung in einem frühen Stadium der F&E-Phase und hohen Werten für die F&E-spezifischen Einflussfaktoren die Vermögensendwerte der Verlagerungsalternativen die Vermögensendwerte der Unterlassungsalternative z. T. unterschritten.[1609] Für niedrige Werte der F&E-spezifischen Einflussfaktoren konnte eine gegenläufige Entwicklung der Vermö-

[1608] Abweichungen bezüglich der Rangfolge der Verlagerungsalternativen konnten sich infolge eines negativen Zinssatzeffekts ergeben. Da dieser bei einer ETÜ am stärksten ausgeprägt war, wurden im Negativszenario für diese Verlagerungsalternative trotz der geringeren negativen Steuerwirkungen aus dem Verlagerungsvorgang in bestimmten Fallkonstellationen niedrigere Vermögensendwerte erzielt als bei einer PL-NÜ.

[1609] Maßgeblich hierfür waren die hohen negativen verlagerungsinduzierten Steuerwirkungen, welche in diesen Fällen die Steuervorteile aus den steuerlichen F&E-Förderungen der F&E-Phase überstiegen.

gensendwerte in Abhängigkeit von der zugrunde liegenden Datenkonstellation beobachtet werden. In diesen Fällen stieg die relative Vorteilhaftigkeit einer Funktionsverlagerung infolge eines negativen Zinssatzeffekts gegenüber der Unterlassungsalternative mit zunehmender Höhe der F&E-spezifischen Einflussfaktoren an.

Diese Wirkungszusammenhänge konnten nicht auf eine UL-NÜ übertragen werden, da deren Vermögensendwerte bei einer Variation der F&E-spezifischen Einflussfaktoren innerhalb eines Abbruchsszenarios konstant blieb. Mangels einer Erzielung von Verwertungserträgen in den Abbruchsszenarien ergaben sich definitionsgemäß keine verlagerungsinduzierten Steuerwirkungen, sodass im Falle einer vorzeitigen Einstellung der F&E-Tätigkeit aus der Vereinbarung einer UL-NÜ die höchsten Vermögensendwerte resultierten. In Bezug auf die Vermögensendwerte der anderen Verlagerungsalternativen konnte in den Abbruchsszenarien keine einheitliche Rangfolge identifiziert werden, da die Steuerwirkungen in Abhängigkeit vom Zeitpunkt der Funktionseinstellung z. T. erheblich variierten. Die Sensitivitätsanalysen verdeutlichten allerdings, dass eine PL-NÜ aufgrund der kurzfristigen Kündigungsmöglichkeit bei einer Einstellung der F&E-Tätigkeit nach der ersten und zweiten klinischen Testphase i. d. R. gegenüber einer ETÜ oder PL steuerlich vorteilhaft ist.

Ferner konnte festgestellt werden, dass die relative Vorteilhaftigkeit einer Funktionsverlagerung grundsätzlich gegenüber der Unterlassungsalternative mit zunehmender Höhe der F&E-spezifischen Einflussfaktoren im Erwartungswert sank. Dies war insbesondere darauf zurückzuführen, dass die Steuervorteile aus der Funktionsverlagerung im Erwartungswert aufgrund der zunehmenden relativen Bedeutung der Innovationsbox[1610] bei einer Variation der F&E-spezifischen Einflussfaktoren weniger stark anstiegen als die Vermögensendwerte der Unterlassungsalternative. Des Weiteren erhöhten sich die verlagerungsinduzierten Steuerwirkungen mit zunehmender Höhe der F&E-spezifischen Einflussfaktoren.

Die Sensitivitätsanalysen zeigten, dass keine der Verlagerungsalternativen im Modell dominant war. Die steuerlichen Konsequenzen und damit verbunden auch die Höhe der Vermögensendwerte der Verlagerungsalternativen variierten zwischen den Verwertungs- und Abbruchsszenarien erheblich. Vor diesem Hintergrund sind die Präferenzen und die Ziele der Entscheidungsträger zur Beurteilung der Handlungsalternativen in die

[1610] Die Steuervorteile aus den steuerlichen F&E-Förderungen der F&E-Phase blieben indessen unverändert und verloren somit relativ an Bedeutung.

Betrachtung einzubeziehen. Unter Berücksichtigung der Unsicherheitspräferenzen risikoneutraler und risikoaverser Entscheidungsträger wird im nachfolgenden Abschnitt 6.4 das Entscheidungsmodell beschrieben.

6.4 Entscheidungsmodell

Die Entscheidung über die Outbound-Verlagerung einer F&E-Funktion erfolgt unter Unsicherheit. Daher müssen Entscheidungsregeln für die Erstellung einer Präferenzordnung der Handlungsalternativen definiert werden, welche die Zielvorstellungen und Präferenzen der Entscheidungsträger widerspiegeln.[1611] Diese werden zunächst in Abschnitt 6.4.1 allgemeingültig für risikoneutrale und risikoaverse Entscheidungsträger abgegrenzt. Aufbauend auf den festgelegten Entscheidungsregeln wird die steuerliche Vorteilhaftigkeit der zur Verfügung stehenden Handlungsalternativen in Abschnitt 6.4.2 unter Berücksichtigung der Präferenzen risikoneutraler Entscheidungsträger und daran anschließend in Abschnitt 6.4.3 unter Berücksichtigung der Präferenzen risikoaverser Entscheidungsträger analysiert.

6.4.1 Entscheidungsregeln

Steuerplanungsmodellen liegt häufig die Annahme der Quasi-Sicherheit zugrunde, da darin oftmals der einzig praktikable Weg zur Ableitung von Tendenzaussagen über die Vorteilhaftigkeit einzelner Handlungsalternativen liegt.[1612] Im Zusammenhang mit einer F&E-Funktion bestehen jedoch F&E-spezifische Risiken, welche so eng mit der Verlagerungsentscheidung verwoben sind, dass diese unmittelbar in die Entscheidungsfindung einzubeziehen sind. Die Abbildung der F&E-spezifischen Risiken erfolgt durch eine Wahrscheinlichkeitsgewichtung der szenariobezogenen Vermögensendwerte. Hierdurch wird die Entscheidungssituation unter Quasi-Sicherheit in eine Entscheidungssituation unter Risiko überführt. Da jedoch ex ante sowohl die Übergangs- und Szenariowahrscheinlichkeiten als auch die Lizenzsätze als Aufteilungsschlüssel für die einer F&E-Funktion zurechenbaren Verwertungserträge der Höhe nach ungewiss sind, ergibt sich aus der Variation der mehrwertigen F&E-spezifischen Einflussfaktoren eine Entscheidungssituation unter Ungewissheit.

[1611] Vgl. *Adam, D./Witte, T.* (1979), S. 382; *Brähler, G.* (2006), S. 41 f.; *Heinen, E.* (1971), S. 432; *Lühn, A.* (2009), S. 175.

[1612] Vgl. *Franke, G./Hax, H.* (2009), S. 245; *Lühn, A.* (2009), S. 65.

Die Entscheidung über eine Outbound-Verlagerung von F&E-Funktionen in die Niederlande kann durch eine Dekomposition des Entscheidungsproblems vereinfacht werden, indem die Gesamtentscheidung in zwei nacheinander zu lösende Entscheidungsprobleme unterteilt wird. Für das erste Entscheidungsproblem unter Risiko sind die Eintrittswahrscheinlichkeiten für die einzelnen Verwertungs- und Abbruchsszenarien bekannt. Insofern kann für jede untersuchte Ausprägung eines mehrwertigen F&E-spezifischen Einflussfaktors unter Verwendung einer geeigneten Entscheidungsregel ein Entscheidungswert unter Risiko ermittelt werden. Die Wahrscheinlichkeiten für den Eintritt der jeweiligen Ausprägung eines mehrwertigen F&E-spezifischen Einflussfaktors im Simulationsmodell ist demgegenüber nicht bekannt, sodass in einem zweiten Schritt eine Entscheidung unter Ungewissheit zu treffen ist.

Die rationale Lösung eines Entscheidungsproblems erfordert die Festlegung von Entscheidungsregeln, welche jeder Ausprägung des Ergebnisraums einen eindeutigen Präferenzwert zuordnen.[1613] Es existieren zahlreiche Entscheidungsregeln zur Lösung von Entscheidungsproblemen unter Unsicherheit, deren jeweilige Eignung für die konkrete Entscheidungssituation von mehreren Bedingungen abhängig ist:[1614]

- Die Entscheidungsregel ermöglicht die Lösung des Entscheidungsproblems.
- Die Entscheidungsregel führt zu einer vereinfachten Lösung des Entscheidungsproblems.
- Die Entscheidungsregel ist anwenderfreundlich.
- Die Entscheidungsregel schöpft alle Informationen des Entscheidungsfelds aus.
- Die Entscheidungsregel steht in Einklang mit dem Wertesystem (Risikopräferenzen) der Entscheidungsträger.
- Die Entscheidungsregel berücksichtigt bei Entscheidungen unter Risiko die Ungenauigkeit der geschätzten Wahrscheinlichkeiten.

Die Wahl einer Entscheidungsregel hat danach zu erfolgen, welche Bedeutung die einzelnen Bedingungen für die Wertschätzung der Entscheidungsträger haben.[1615] Da bezüglich des Grads der Risikoneigung betrieblicher Entscheidungsträger bei der Outbound-Verlagerung einer F&E-Funktion keine detaillierten Erkenntnisse vorliegen, werden im Rahmen dieses Entscheidungsmodells sowohl die Präferenzen risikoneutra-

[1613] Vgl. *Klein, R./Scholl, A.* (2011), S. 412.
[1614] In enger Anlehnung an *Rehkugler, H./Schindel, V.* (1990), S. 128 f. und S. 158-160.
[1615] Vgl. *Rehkugler, H./Schindel, V.* (1990), S. 132 und S. 161.

ler Entscheidungsträger als auch die Präferenzen risikoaverser Entscheidungsträger betrachtet.[1616]

6.4.1.1 Entscheidungsregeln bei Risikoneutralität

Die Erwartungswert-Regel ist eine klassische Entscheidungsregel, welche Risikoneutralität bei Entscheidungen unter Risiko charakterisiert.[1617] Die verschiedenen Ausprägungen des Ergebnisraums werden in gleichem Maße präferiert. Ergo wird bei dieser Entscheidungsregel diejenige Verlagerungsalternative bevorzugt, welche den höchsten Erwartungswert der wahrscheinlichkeitsverteilten Ergebnisse aufweist.[1618] Der Erwartungswert bildet das Gütemaß, an welchem die Verlagerungsalternativen gemessen werden (Bayes-Regel):

$$U_{\mu}(A_k) = \sum_{m=1}^{M} p_m \cdot e_{km} \quad \text{für } k = 1, \ldots, K \tag{6.1}$$

mit

A_k	=	Handlungsalternative k;
e_{km}	=	Ergebnis für die Handlungsalternative k im Umweltszenario m;
k	=	Index für die Ausprägungen der Handlungsalternativen (k = 1,…, K);
m	=	Index für die Ausprägungen der Umweltszenarien (m = 1,…, M);
p_m	=	Eintrittswahrscheinlichkeit für das Umweltszenario m;
$U_{\mu}(A_k)$	=	Präferenzfunktion für die Erwartungswert-Regel.

Der Vorteil der Erwartungswert-Regel ist insbesondere in ihrer benutzerfreundlichen Anwendung zu sehen. Nach *Klein/Scholl*[1619] führt die Erwartungswert-Regel in zahlreichen Situationen zu sachgerechten Entscheidungen. Des Weiteren ist die identifizierte Rangordnung der Handlungsalternativen relativ unempfindlich gegenüber unscharfen Wahrscheinlichkeiten.[1620]

[1616] Siehe für einen Vergleich der Vor- und Nachteile der Entscheidungsregeln unter Risiko und unter Unsicherheit *Rehkugler, H./Schindel, V.* (1990), S. 133 und S. 161.

[1617] Vgl. *Bamberg, G. et al.* (2012), S. 92; *Bea, F. X.* (2009), S. 349; *Bradtke, T.* (2003), S. 71; *Klein, R./ Scholl, A.* (2011), S. 412; *Nöll, B./Wiedemann, A.* (2011), S. 54-58; *Rehkugler, H./Schindel, V.* (1990), S. 146; *Saliger, E.* (2003), S. 59; *Wöhe, G./Döring, U.* (2013), S. 93 f.

[1618] Im Folgenden erfolgt eine Fokussierung auf die im Rahmen der weiteren Untersuchung verwendeten Entscheidungsregeln. Für eine Beschreibung weiterer Entscheidungsregeln wird an dieser Stelle auf *Bamberg, G. et al.* (2012), S. 91-96 und S. 112-118; *Klein, R./Scholl, A.* (2011), S. 412-423; *Rehkugler, H./Schindel, V.* (1990), S. 146-157; *Scholl, A.* (2001), S. 51-55, verwiesen.

[1619] Vgl. *Klein, R./Scholl, A.* (2011), S. 412 f.

[1620] So *Klein, R./Scholl, A.* (2011), S. 412 f.; *Scholl, A.* (2001), S. 105-108.

Vergleichbar zur Erwartungswert-Regel bei Entscheidungen unter Risiko charakterisiert die Laplace-Regel risikoneutrales Entscheidungsverhalten bei Entscheidungen unter Ungewissheit.[1621] Diese geht vom Prinzip des unzureichenden Grundes aus und unterstellt, dass alle möglichen Ausprägungen eines Umweltzustands gleich wahrscheinlich sind.[1622] Der Durchschnittswert der szenariobezogenen Ergebnisse bildet bei der Laplace-Regel das Gütemaß, an welchem die Verlagerungsalternativen zu messen sind:

$$U_L(A_k) = \frac{1}{M} \cdot \sum_{m=1}^{M} e_{km} \quad \text{für } k = 1, \ldots, K \tag{6.2}$$

mit

A_k = Handlungsalternative k;
e_{km} = Ergebnis für die Handlungsalternative k im Umweltszenario m;
k = Index für die Ausprägungen der Handlungsalternativen (k = 1,…, K);
m = Index für die Ausprägungen der Umweltszenarien (m = 1,…, M);
$U_L(A_k)$ = Präferenzfunktion für die Laplace-Regel.

Der Vorteil der Laplace-Regel besteht insbesondere darin, dass diese sehr einfach in ihrer Anwendung ist und sämtliche Ausprägungen des Ergebnisraums bei der Beurteilung einer Handlungsalternative berücksichtigt werden.[1623] Nachteilig an dieser Entscheidungsregel ist hingegen, dass sich die Anzahl der untersuchten Umweltzustände auf den Entscheidungswert auswirkt. Eine Gleichgewichtung der Ergebnisse verschiedener Umweltzustände kann daher zu Verzerrungen bei der Laplace-Regel führen.[1624]

6.4.1.2 Entscheidungsregeln bei Risikoaversion

Die Erwartungswert-Regel bei Entscheidungen unter Risiko beschreibt eine wahrscheinlichkeitsverteilte Ergebnisgröße nur durch ihre Lage und berücksichtigt weder die Möglichkeit positiver noch negativer Abweichungen vom Erwartungswert.[1625] Bei risikoaversen Entscheidungsträgern muss zusätzlich zum Erwartungswert ein Maß für die Streuung der beobachtbaren Ergebnisse um den Erwartungswert in die Entscheidungs-

[1621] Vgl. *Jung, H.* (2010), S. 193; *Klein, R./Scholl, A.* (2011), S. 420.
[1622] Siehe *Bea, F. X.* (2009), S. 352; *Jung, H.* (2010), S. 193; *Kahle, E.* (2001), S. 131 f.; *Klein, R./Scholl, A.* (2011), S. 420; *Laux, H. et al.* (2012), S. 87; *Rehkugler, H./Schindel, V.* (1990), S. 121; *Saliger, E.* (2003), S. 86.
[1623] So *Klein, R./Scholl, A.* (2011), S. 420; *Laux, H. et al.* (2012), S. 87; *Rehkugler, H./Schindel, V.* (1990), S. 133. Die Berücksichtigung sämtlicher Informationen des Ergebnisraums stellt einen zentralen Grund für die Wahl der Laplace-Regel dar.
[1624] Vgl. *Klein, R./Scholl, A.* (2011), S. 420; *Laux, H. et al.* (2012), S. 87.
[1625] Siehe hierzu *Rehkugler, H./Schindel, V.* (1990), S. 131 f.

regel aufgenommen werden. Eine verbreitete Entscheidungsregel bei Risiko ergibt sich aus dem (μ,σ)-Prinzip, bei welchem neben dem Erwartungswert μ noch die Standardabweichung σ Berücksichtigung findet.[1626] Bei dieser Entscheidungsregel kann jedoch das Problem auftreten, dass die Entscheidungsträger die Standardabweichung der Vermögensendwertverteilung erheblich stärker bewerten als die Höhe der Vermögensendwerte selbst. Die sich daraus ergebende Alternativenrangfolge kann teilweise irrational sein, sofern eine Handlungsalternative aufgrund einer geringeren Standardabweichung anstelle einer Handlungsalternative mit stets höheren Vermögensendwerten gewählt wird.[1627] Eine Präferenzfunktion für die (μ,σ)-Regel unter Berücksichtigung eines exogen zu bestimmenden Risikoparameters λ kann wie folgt lauten:[1628]

$$U_{\mu,\sigma}(A_k,\lambda) = \mu(A_k) + \lambda \cdot \sigma(A_k) \qquad \text{für } k = 1, \ldots, K \tag{6.3}$$

$$\text{mit} \qquad \sigma(A_k) = \sqrt{\sum_{m=1}^{M} p_m \cdot (\mu(A_k) - e_{km})^2}$$

mit

A_k	=	Handlungsalternative k;
e_{km}	=	Ergebnis für die Handlungsalternative k im Umweltszenario m;
k	=	Index für die Ausprägungen der Handlungsalternativen (k = 1,…, K);
λ	=	Parameter für die Risikoneigung der Entscheidungsträger;
m	=	Index für die Ausprägungen der Umweltszenarien (m = 1,…, M);
$\mu(A_k)$	=	Erwartungswert der Ergebnisse für die Handlungsalternative k;
p_m	=	Eintrittswahrscheinlichkeit für das Umweltszenario m;
$\sigma(A_k)$	=	Standardabweichung der Ergebnisverteilung der Handlungsalternative k;
$U_{\mu,\sigma}(A_k,\lambda)$	=	Präferenzfunktion für die (μ,σ)-Regel.

Der Risikoparameter λ beschreibt die Bewertung einer Abweichung der Ergebnisse der einzelnen Handlungsalternativen vom Erwartungswert durch einen Entscheidungsträger. Dieser spiegelt für Werte kleiner Null risikoaverses und für Werte größer Null risiko-

1626 Siehe hierzu *Bamberg, G. et al.* (2012), S. 92; *Bea, F. X.* (2009), S. 349; *Kahle, E.* (2001), S. 129; *Laux, H. et al.* (2012), S. 103 f.; *Szyperski, N./Winand, U.* (1974), S. 54; *Wöhe, G./Döring, U.* (2013), S. 94.

1627 Siehe hierzu auch *Klein, R./Scholl, A.* (2011), S. 414; *Scholl, A.* (2001), S. 127.

1628 Vgl. *Klein, R./Scholl, A.* (2011), S. 413 f.; *Rehkugler, H./Schindel, V.* (1990), S. 148; *Scholl, A.* (2001), S. 52; *Wöhe, G./Döring, U.* (2013), S. 94. In Abhängigkeit von der Festlegung der Präferenzfunktion können sich aus dem (μ,σ)-Prinzip unterschiedliche (μ,σ)-Regeln ergeben. Siehe *Laux, H. et al.* (2012), S. 104.

freudiges Entscheidungsverhalten wider. Für $\lambda = 0$ entspricht die Präferenzfunktion der risikoneutralen Erwartungswert-Regel.[1629]

Eine Möglichkeit zur Abbildung von risikoaversem Entscheidungsverhalten bei Entscheidungssituationen unter Ungewissheit besteht in der Anwendung der (relativen) Minimax-Regret-Regel.[1630] Bei dieser Entscheidungsregel minimieren die Entscheidungsträger den Nutzenentgang aus der Wahl einer Handlungsalternative, welcher sich ergibt, wenn diese Handlungsalternative bei Eintritt eines Umweltzustands m nicht zum günstigsten Ergebnis führt.[1631] Als Bewertungsmaßstab werden hierbei die Regretwerte r_{km} verwendet, welche die relativen Abweichungen der Ergebnisse (e_{km}) einer Handlungsalternative A_k in einem Umweltszenario m von dem jeweiligen bestmöglichen Szenarioergebnis e_m^* beschreiben.[1632] Besonders vorteilhaft an dieser Entscheidungsregel ist, dass sämtliche Informationen des Ergebnisraums ausgeschöpft werden.[1633] Nach dieser Entscheidungsregel ist diejenige Handlungsalternative zu wählen, welche das größte relative Regret (Bedauern bzw. Nutzenentgang) minimiert:

$$U_R(A_k) = \min\left[\max\left\{\left(1 - \frac{e_{km}}{e_m^*}\right) \mid k = 1, \ldots, K\right\}\right] \tag{6.4}$$

mit

A_k = Handlungsalternative k;
e_{km} = Ergebnis für die Handlungsalternative k im Umweltszenario m;
e_m^* = Bestmögliches Ergebnis im Umweltszenario m;
k = Index für die Ausprägungen der Handlungsalternativen (k = 1,…, K);
m = Index für die Ausprägungen der Umweltszenarien (m = 1,…, M);
p_m = Eintrittswahrscheinlichkeit für das Umweltszenario m;
$U_R(A_k)$ = Präferenzfunktion für die relative Minimax-Regret-Regel.

[1629] Vgl. zu diesem Absatz *Klein, R./Scholl, A.* (2011), S. 414; *Rehkugler, H./Schindel, V.* (1990), S. 148; *Saliger, E.* (2003), S. 61; *Scholl, A.* (2001), S. 52; *Wöhe, G./Döring, U.* (2013), S. 94.

[1630] Siehe etwa *Bea, F. X.* (2009), S. 352 f.; *Scholl, A.* (2001), S. 138.

[1631] Vgl. *Bea, F. X.* (2009), S. 352 f.; *Bradtke, T.* (2003), S. 78; *Jung, H.* (2010), S. 193; *Klein, R./Scholl, A.* (2011), S. 423 i. V. m. S. 418 f.; *Rehkugler, H./Schindel, V.* (1990), S. 122; *Scholl, A.* (2001), S. 55; *Wöhe, G./Döring, U.* (2013), S. 95.

[1632] In enger Anlehnung an *Bradtke, T.* (2003), S. 78 f.; *Klein, R./Scholl, A.* (2011), S. 418; *Rehkugler, H./Schindel, V.* (1990), S. 122.

[1633] Vgl. *Rehkugler, H./Schindel, V.* (1990), S. 133. Die Berücksichtigung sämtlicher Informationen des Ergebnisraums stellt einen zentralen Grund für die Wahl der (relativen) Minimax-Regret-Regel dar.

6.4.2 Vorteilhaftigkeit einer Verlagerungsalternative bei Risikoneutralität

Bezugnehmend auf die dargestellten Entscheidungskriterien bei angenommener Risikoneutralität zeigt sich zunächst für den Basisfall, dass eine ETÜ die präferierte Verlagerungsalternative bildet.[1634] Demgegenüber stellt eine UL-NÜ die unvorteilhafteste Verlagerungsalternative dar. Maßgeblich hierfür ist, dass im Erwartungswert die negativen verlagerungsinduzierten Steuerwirkungen bei erstgenannter Verlagerungsalternative am geringsten und bei letztgenannter Verlagerungsalternative am höchsten sind. Die Vereinbarung einer Pauschallizenz, welche bei Risikoneutralität eine mittlere Vorteilhaftigkeit aufweist, führt im Basisfall bei einer Nutzungsüberlassung (PL-NÜ) zu einem höheren Vermögensendwert als bei einer Übertragung des wirtschaftlichen Eigentums an den Bestandteilen des Transferpakets (PL). Dies ist im Wesentlichen auf die Vorteile einer kurzfristigen Kündigungsmöglichkeit im Falle einer vorzeitigen Einstellung der F&E-Tätigkeit bei einer PL-NÜ zurückzuführen, welche die Nachteile aus den höheren Pauschallizenzraten gegenüber einer PL übersteigen.

Wird die Unsicherheit in Bezug auf den Eintritt der Ausprägungen der mehrwertigen F&E-spezifischen Einflussfaktoren in das Entscheidungskalkül einbezogen, zeigt sich bei risikoneutralem Entscheidungsverhalten, dass sowohl bei einer Variation der Szenariowahrscheinlichkeiten als auch bei einer Variation der Lizenzsätze die PL-NÜ die am meisten und die UL-NÜ die am wenigsten präferierte Verlagerungsalternative darstellt.[1635] Bei Risikoneutralität wird ferner die Vereinbarung einer ETÜ gegenüber der Vereinbarung einer PL präferiert. Alle Verlagerungsalternativen sind des Weiteren vorteilhaft gegenüber der Unterlassungsalternative.

Demgegenüber führt die Anwendung der risikoneutralen Entscheidungsregeln bei einer Variation der Übergangswahrscheinlichkeiten zu einer veränderten Rangfolge der präferierten Handlungsalternativen. Aufgrund des steigenden Einflusses der Vermögensendwerte bei zunehmenden Übergangswahrscheinlichkeiten führen die Entscheidungsregeln zu einer bevorzugten Wahl einer ETÜ gegenüber einer PL-NÜ.[1636] Infolgedessen sinken die Vorteile einer kurzfristigen Kündigungsmöglichkeit in den Abbruchsszenarien bei einer PL-NÜ und die gegenüber einer ETÜ höheren verlagerungsinduzierten Steuerwirkungen gewinnen an Bedeutung. In Bezug auf die Rangfolge der

---

[1634] Siehe hierzu Tab. A8 auf S. 428.
[1635] Siehe hierzu Tab. A9 auf S. 428 sowie Tab. A10 auf S. 428.
[1636] Vgl. Tab. A8 auf S. 428.

übrigen Handlungsalternativen ergeben sich im Vergleich zu einer Variation der Szenariowahrscheinlichkeiten oder einer Variation der Lizenzsätze keine Abweichungen.

6.4.3 Vorteilhaftigkeit einer Verlagerungsalternative bei Risikoaversion

Die Lösung des Entscheidungsproblems erfolgt bei Risikoaversion unter Anwendung der (μ,σ)-Regel sowie der (relativen) Minimax-Regret-Regel. Die relative Minimax-Regret-Regel ermöglicht die Ableitung einer rationalen Entscheidung bei Ungewissheit, indem die Handlungsalternative ausgewählt wird, die die maximale Abweichung von dem bestmöglichen Szenarioergebnis minimiert. Bei der (μ,σ)-Regel basiert die rationale Entscheidung hingegen auf dem Erwartungswert der Vermögensendwerte aus den verschiedenen Verwertungs- und Abbruchsszenarien sowie der Standardabweichung der Ergebnisverteilung. Die Standardabweichung ist infolge der großen Schwankungsbreite zwischen den Vermögensendwerten der Verwertungs- und Abbruchsszenarien sehr hoch, sodass bereits geringe Werte für den Risikoparameter λ eine hohe Risikoaversion implizieren. Zur Abbildung unterschiedlicher Risikoneigungen wird der Risikoparameter λ bei einer Veränderung der Szenariowahrscheinlichkeiten sowie der Lizenzsätze zwischen -0,1 und -0,4 und bei einer Veränderung der Übergangswahrscheinlichkeiten zwischen -0,1 und -0,5 mit einer Schrittweite von 0,1 variiert.[1637]

Aus einer Variation des Grads der Risikoneigung können Tendenzaussagen bezüglich des Einflusses der Risikoaversion auf die Wahl einer Handlungsalternative abgeleitet werden. Bei einer relativ geringen Risikoaversion (λ= -0,1 und λ= -0,2) sind die Verlagerungsalternativen gegenüber der Unterlassungsalternative vorzugswürdig, wobei eine PL-NÜ die am meisten präferierte Handlungsalternative darstellt. Sie führt zu hohen Erwartungswerten bei einer relativ geringen Standardabweichung der Vermögensendwertverteilung. Demgegenüber ist die Standardabweichung der Vermögensendwertverteilung im Falle der Vereinbarung einer ETÜ oder einer PL bei relativ geringen Abweichungen zwischen den Erwartungswerten höher. Für diese Verlagerungsalternativen ergeben sich somit i. Allg. niedrigere Entscheidungswerte als bei einer PL-NÜ, wobei eine ETÜ im Grundsatz gegenüber einer PL präferiert wird. Im Vergleich dazu stellt

[1637] Ab einem Wert von -0,4 bzw. -0,5 für den Risikoparameter λ präferieren die Entscheidungsträger eine Fortführung der F&E-Funktion durch das deutsche Mutterunternehmen. Eine weitere Verminderung dieses Risikoparameters verändert die Wahl der präferierten Handlungsalternative nicht.

eine UL-NÜ die ungünstigste Verlagerungsalternative dar. Bei leichter Risikoaversion wird der Nachteil eines niedrigeren Erwartungswerts[1638] stärker gewichtet als die Vorteile einer wesentlich geringeren Standardabweichung der Vermögensendwertverteilung.[1639]

Eine Steigerung des Grads der Risikoaversion führt zu einer stärkeren Gewichtung der Standardabweichung der Vermögensendwertverteilung bei unveränderten Erwartungswerten. Infolgedessen erhöht sich die Vorzugswürdigkeit einer UL-NÜ, da die Vorteile einer geringeren Standardabweichung der Vermögensendwertverteilung gegenüber dem Erwartungswert zunehmend stärker gewichtet werden. Die Vereinbarung einer UL-NÜ stellt die am meisten präferierte Verlagerungsalternative dar, sofern im Falle einer Variation der Szenariowahrscheinlichkeiten oder Lizenzsätze für den Risikoparameter λ Werte kleiner als -0,3 bzw. bei einer Variation der Übergangswahrscheinlichkeiten Werte kleiner als -0,4 angenommen werden.[1640] Die Rangfolge unter den anderen Verlagerungsalternativen bleibt hingegen unverändert.[1641]

Bei einer sehr hohen Risikoaversion indizieren die Entscheidungsregeln die Wahl der Unterlassungsalternative als präferierte Handlungsalternative.[1642] In diesem Zusammenhang kann jedoch das Problem auftreten, dass die Entscheidungsträger die Standardabweichung der Vermögensendwertverteilung erheblich stärker bewerten als die Höhe der Vermögensendwerte selbst. Die abgebildete Alternativenrangfolge ist in diesen Fällen z. T. irrational, sofern sich für die Verlagerungsalternativen in jedem Verwertungs- und Abbruchsszenario ein höherer Vermögensendwert ergibt als in der Unterlassungsalternative.[1643] Der Unterlassungsalternative als präferierte Handlungsalternative ist insofern kein Aussagegehalt beizumessen. In Bezug auf die Verlagerungsalternativen zeigt sich auch bei extremer Risikoaversion, dass die Vereinbarung einer UL-NÜ die am meisten präferierte Verlagerungsalternative darstellt.

[1638] Vgl. für den Erwartungswert der Vermögensendwerte aus den Handlungsalternativen Tab. A8 auf S. 428, Tab. A9 auf S. 428 sowie Tab. A10 auf S. 428.

[1639] Vgl. zu diesen Absatz Tab. A11 auf S. 430, Tab. A12 auf S. 432 sowie Tab. A13 auf S. 433.

[1640] Vgl. Tab. A11 auf S. 430 für $\lambda \leq -0{,}4$, Tab. A12 auf S. 432 für $\lambda \leq -0{,}3$ sowie Tab. A13 auf S. 433 für $\lambda \leq -0{,}3$.

[1641] Prinzipiell gilt weiterhin PL-NÜ ≻ ETÜ ≻ PL.

[1642] Vgl. Tab. A11 auf S. 430 für $\lambda = -0{,}5$, Tab. A12 auf S. 432 für $\lambda = -0{,}4$ sowie Tab. A13 auf S. 433 für $\lambda = -0{,}3$.

[1643] Siehe hierzu auch *Klein, R./Scholl, A.* (2011), S. 414; *Scholl, A.* (2001), S. 127.

6.5 Einschränkungen der Aussagekraft der Ergebnisse der quantitativen Untersuchung

Die Ergebnisse der quantitativen Untersuchung unterliegen gewissen Einschränkungen. Im Folgenden werden diese erläutert und auf deren Konsequenzen für den Aussagegehalt der Untersuchungsergebnisse eingegangen.

Zunächst ist auf die immanenten Grenzen der Untersuchungen im Bereich der Betriebswirtschaftlichen Steuerlehre einzugehen. Untersuchungen in diesem Gebiet weisen einen hohen Komplexitätsgrad auf, weshalb lediglich die für den konkreten Untersuchungszweck wesentlichen Ausschnitte der Realität in einem Partialmodell abgebildet werden können.[1644] Im Rahmen der vorliegenden Arbeit erfolgt eine Fokussierung auf rein steuerliche Aspekte der Outbound-Verlagerung einer F&E-Funktion in die Niederlande. Andere betriebswirtschaftliche Einflussgrößen, die im Zusammenhang mit einer Funktionsverlagerung von Bedeutung sein können, werden nicht explizit analysiert.[1645] Die Arbeit liefert einen Beitrag zur Lösung des Entscheidungsproblems, indem steuerliche Zusammenhänge aufzeigt werden und eine zielentsprechende Auswahl von Handlungsalternativen unterstützt wird. Eine generelle Aussage über die Vorteilhaftigkeit einzelner Handlungsalternativen ist hingegen auf Grundlage der vorliegenden Untersuchungsergebnisse nicht möglich.

Des Weiteren sei darauf hingewiesen, dass der Aussagegehalt der Ergebnisse steuerlicher Erklärungs- und Entscheidungsmodelle maßgeblich durch die Untersuchungsprämissen determiniert wird. Die hieraus resultierende Abstraktion vom realen System dient zum einen der Reduktion des Komplexitätsgrades und zum anderen einer Fokussierung auf die zentralen Untersuchungsziele. Die Steuerwirkungsanalyse erfolgt auf der Basis einer kasuistischen Veranlagungssimulation. Diese ist als heuristisches Verfahren zu charakterisieren, weshalb die Identifikation eines optimalen Ergebnisses i. d. R. nicht möglich ist. Sie ermöglicht jedoch eine Analyse des Zielerreichungsgrads einzelner Handlungsalternativen bei variierenden Einflussparametern, auf deren Grundlage Ten-

---

[1644] Vgl. auch Abschnitt 6.1.1.

[1645] Insbesondere die Möglichkeit einer Inanspruchnahme direkter F&E-Förderungen in Deutschland sowie deren Auswirkungen auf die Vorteilhaftigkeit der Verlagerung einer F&E-Funktion wurden im Rahmen der vorliegenden Untersuchung nicht analysiert. Siehe zu den direkten Fördermaßnahmen in Deutschland *BMBF (Hrsg.)* (2012).

denzaussagen bezüglich der Lösung des Entscheidungsproblems abgeleitet werden können.

Die Untersuchung beschränkt sich auf Outbound-Verlagerungen einer F&E-Funktion in die Niederlande. Die Untersuchungsergebnisse können aufgrund differierender Steuerrechtssysteme nicht unmittelbar auf Funktionsverlagerungen in andere Staaten übertragen werden. Zu deren konkreten Beurteilung bedarf es einer fundierten Analyse der nationalen, bilateralen und multilateralen Steuerrechtsnormen der Staaten, die unmittelbar – und ggf. auch mittelbar – von der Funktionsverlagerung betroffen sind. Anzumerken ist diesbezüglich jedoch, dass die einzelnen steuerlichen Maßnahmen zur F&E-Förderung zwischen den EU-Mitgliedstaaten z. T. vergleichbar sind.[1646] Insofern können m. E. die Erkenntnisse dieser Arbeit über die Ursachen und Wirkungszusammenhänge der Besteuerungseffekte im Zusammenhang mit F&E-Funktionen dem Grunde nach – wenn auch unter Einschränkungen – auf Funktionsverlagerungen in andere Mitgliedstaaten der EU projiziert werden.

Die Verlagerung einer Funktion umfasst i. d. R. mehrere eng miteinander verbundene Geschäftsvorfälle, deren isolierte Beurteilung oftmals nicht sachgerecht ist. Diesen Geschäftsvorfällen liegen regelmäßig unterschiedliche vertragliche Vereinbarungen zugrunde, deren Vielfalt nicht vollständig abgebildet werden kann. Daher werden im Rahmen dieser Arbeit die steuerlichen Konsequenzen der Verlagerung einer F&E-Funktion für vier typisierte Verlagerungsformen unterschieden. Im Einzelfall können diese Typisierungen in praxi in einem Spannungsfeld zu den tatsächlichen wirtschaftlichen und rechtlichen Gestaltungsmöglichkeiten einer Funktionsverlagerung stehen.

Eine Inanspruchnahme sämtlicher steuerlicher F&E-Förderungen in den Niederlanden erfordert sowohl die Ausübung der operativen F&E-Tätigkeit als auch die Beherrschung und die Organisation der F&E-Tätigkeit durch ein in den Niederlanden ansässiges Unternehmen. Diese Anforderungen können prinzipiell nur durch die Ausgliederung einer F&E-Funktion erfüllt werden, weshalb andere Verlagerungsformen a priori von der Untersuchung ausgenommen wurden. Zu beachten ist in diesem Kontext, dass die Einflüsse der alternativen Verlagerungsformen für die Verlagerungsentscheidung erheblich sein können, wenn neben den steuerlichen Einflussfaktoren auch außersteuerliche Ein-

---

[1646] Siehe für einen Überblick der steuerlichen F&E-Förderungen in den Mitgliedstaaten der EU etwa *Jacobs, O. H. et al. (Hrsg.)* (2011), S. 142 f.

flussfaktoren (z. B. Personalrekrutierung, Transaktionskosten[1647], Schließungskosten etc.) wesentlich sind und explizit in die Betrachtung einbezogen werden.

Des Weiteren ist darauf hinzuweisen, dass im Rahmen dieser Arbeit eine isolierte Analyse einer einzelnen F&E-Funktion vorgenommen wird. Sofern davon abweichend mehrere F&E-Funktionen gleichzeitig betrachtet werden, können zusätzliche Aspekte hinsichtlich der Bewertung der verlagerten F&E-Funktionen[1648] sowie in Bezug auf die Inanspruchnahme der steuerlichen F&E-Förderungen[1649] in den Niederlanden zu berücksichtigen sein.

Im Rahmen der kasuistischen Veranlagungssimulation wird eine einzelne F&E-Funktion untersucht, welche i. Allg. nicht als steuerlicher (Teil-)Betrieb qualifiziert. Die Funktion ist nicht Subjekt der Besteuerung, weshalb für sie eine funktionsbezogene Steuerbemessungsgrundlage hypothetisch zu bestimmen ist. Diese Prämisse stellt eine Abstraktion von der Realität dar und erfordert implizite Annahmen über die Steuerbemessungsgrundlagen der beteiligten Konzernunternehmen. Vorliegend wurde die Annahme getroffen, dass auf Ebene des betrachteten Konzernunternehmens in jeder Periode des Betrachtungszeitraums ein steuerlicher Gewinn entsteht. Insofern können funktionsbezogene Verluste unmittelbar mit Gewinnen anderer Funktionen desselben Konzernunternehmens verrechnet werden, woraus eine geringere Steuerlast für das Konzernunternehmen resultiert. Die Annahme einer Gewinnerzielung in jeder Periode des Betrachtungszeitraums muss insbesondere bei forschenden Unternehmen nicht immer erfüllt sein, sodass es zu einem steuerlichen Verlustrücktrag oder -vortrag kommen kann. In den Niederlanden ist ein Rücktragszeitraum von einem Jahr und ein Vortragszeitraum von sieben Jahren normiert. Bei langfristigen F&E-Projekten kann somit das Risiko bestehen, dass steuerliche Verluste ungenutzt bleiben. In diesem Zusammenhang

---

[1647] In Bezug auf die Transaktionskosten im Zusammenhang mit der Verlagerung einer F&E-Funktion wird im Rahmen dieser Arbeit angenommen, dass diese i. Allg. nur von relativ geringer Bedeutung sind. Deshalb wurde auf deren explizite Abbildung im Modell verzichtet. Vgl. für eine Analyse der Auswirkungen von Transaktionskosten auf die Grenzpreise der Geschäftsparteien unabhängig von den F&E-spezifischen Besonderheiten *Zimmermann, P.* (2013), S. 217-224 sowie S. 243-252.

[1648] Hinsichtlich der Ermittlung eines fremdüblichen Verrechnungspreises ist bei einer Verlagerung mehrerer F&E-Funktionen eine Portfoliobewertung vorzunehmen, welche eine adäquate Abbildung des Gesamtrisikos der verlagerten F&E-Funktionen im Bewertungskalkül sicherstellt.

[1649] Im Zusammenhang mit der Entwicklung mehrerer immaterieller Wirtschaftsgüter, welche für die Innovationsbox qualifizieren, erhöhen die Entwicklungskosten sämtlicher immaterieller Wirtschaftsgüter die Begünstigungsschwelle. Erst wenn diese kumulierte Begünstigungsschwelle durch die Nettoverwertungserträge sämtlicher qualifizierender Wirtschaftsgüter überschritten wird, kommt die Innovationsbox zur Anwendung. Es bestehen insofern Abhängigkeiten zwischen den Verwertungs- und den Abbruchsszenarien der verschiedenen F&E-Funktionen. Weitergehend hierzu *Baaijens, G. G./ Breuer, A.* (2010), S. 2936 f.

sei nochmals darauf hingewiesen, dass der F&E-Abzugsbetrag lediglich zu einer Verminderung der körperschaftsteuerlichen Bemessungsgrundlage und nicht zu einer unmittelbaren Steuergutschrift führt. Folglich sind die Steuervorteile des F&E-Abzugsbetrags von einer ausreichend positiven Steuerbemessungsgrundlage innerhalb des befristeten Verlustvortragszeitraums abhängig.[1650] Die Auswirkungen eines steuerlichen Verlustuntergangs bzw. einer späteren Nutzung des Verlustvortrags auf die Gesamtsteuereffekte sowie auf die Vorteilhaftigkeit einer Funktionsverlagerung werden im Rahmen dieser Arbeit nicht näher analysiert.

Der Liquiditätsbedarf aus der Funktionsverlagerung sowie der Ausübung der F&E-Funktion wird im Simulationsmodell annahmegemäß fremdfinanziert. Alternative Finanzierungsformen und deren Auswirkung auf die Vorteilhaftigkeit einer Funktionsverlagerung werden nicht untersucht. Die Annahme einer vollständigen Fremdfinanzierung dient sowohl der Komplexitätsreduktion als auch der Erhöhung der Variabilität des Simulationsmodells. Anderenfalls müsste für die Konzernunternehmen im Voraus ein Liquiditätsbestand ermittelt werden, welcher für alle Variationsrechnungen zur Deckung eines entstehenden Finanzierungsbedarfs ausreicht, da den Konzernunternehmen im Modell von außen kein weiteres Eigenkapital zugeführt werden kann. Des Weiteren ist davon auszugehen, dass keine wesentlichen Einflüsse aus der Finanzierungsprämisse auf die Verlagerungsentscheidung resultieren.[1651] Im Zusammenhang mit der unterstellten Finanzierungsform ist darauf hinzuweisen, dass der funktionsbezogene Fremdfinanzierungsgrad im Rahmen dieser Arbeit von dem Grad der Fremdfinanzierung pharmazeutischer Unternehmen abweichen kann. Aus diesem Grund werden die Auswirkungen der Fremdfinanzierung auf den Vermögensendwert der Höhe nach in Abschnitt 6.3 für die einzelnen Verwertungs- und Abbruchsszenarien des Basisfalls detailliert dargestellt.

Zu den deutschen Regelungen der Funktionsverlagerungsbesteuerung besteht weder in den Niederlanden noch international ein Pendant. Die deutschen Besteuerungsgrundsätze bergen daher die Gefahr einer Doppelbesteuerung. Bei Funktionsverlagerungen zwischen Konzernunternehmen innerhalb der EU und in die Niederlande im Speziellen müssen Doppelbesteuerungen unter Bezugnahme auf die EU-Schiedsverfahrenskonvention verpflichtend beseitigt werden. Im Rahmen der Untersuchung wird von

[1650] Siehe hierzu auch die Ausführungen in Abschnitt 4.1.6.2.2.

[1651] Auf die Auswirkungen eines negativen Zinssatzeffekts, welcher bei bestimmten Datenkonstellationen in einzelnen Verwertungs- und Abbruchsszenarien auftreten kann, wurde im Rahmen der Steuerwirkungsanalyse in Abschnitt 6.3 eingegangen.

Problemen im Zusammenhang mit der Durchsetzung des Anspruchs auf Beseitigung einer Doppelbesteuerung, z. B. aufgrund langwieriger Verständigungs- und Schiedsverfahren, abstrahiert. Es wird eine billigende Akzeptanz der nach deutschen Grundsätzen bestimmten Verrechnungspreise durch die niederländische Finanzverwaltung im Verlagerungszeitpunkt unterstellt. Diese Annahme spiegelt ein sehr ungünstiges Szenario für eine Outbound-Funktionsverlagerung in die Niederlande wider, da die Transferpaketbewertung prinzipiell zu höheren Verrechnungspreisen führt als eine Einzelbewertung der verlagerten Wirtschaftsgüter nach niederländischen Verrechnungspreisgrundsätzen. Die Öffnungsklauseln nach § 1 Abs. 3 Satz 10 AStG und deren Auswirkungen auf die Höhe der fremdüblichen Einigungspreise für die verlagerten Bestandteile des Transferpakets werden im Rahmen der quantitativen Untersuchung nicht explizit beleuchtet.[1652]

Die Analysen im Rahmen dieser Arbeit basieren auf dem Rechtstand zum 30. Juni 2013. Mögliche Veränderungen gegenüber der aktuellen Rechtslage – z. B. in Bezug auf die Einführung einer steuerlichen F&E-Förderung in Deutschland,[1653] die Höhe der F&E-Förderungen in den Niederlanden, die Regelungen zur Einkünfteberichtigung bei grenzüberschreitenden Geschäftsbeziehungen etc. – werden im Rahmen dieser Arbeit nicht antizipiert und haben insofern auch keinen Eingang in die quantitative Untersuchung gefunden.

Abschließend ist festzustellen, dass sich für modellgestützte Steuerwirkungsanalysen sowie den daraus abgeleiteten Handlungsempfehlungen weder deterministische noch stochastische Aussagen formulieren lassen. Vielmehr können nur Tendenzaussagen über Steuerwirkungen sowie steuereffiziente Handlungsalternativen auf der Grundlage der Simulationsergebnisse abgeleitet werden.[1654] Der Nutzen modellgestützter Untersuchungen besteht in der Betriebswirtschaftlichen Steuerlehre insbesondere darin, steuerliche Zusammenhänge aufzuzeigen und eine zielentsprechende Auswahl und Beurteilung von Handlungsalternativen zu unterstützen.

[1652] Siehe zur Bedeutung der Öffnungsklauseln nach *§ 1 Abs. 3 Satz 10 AStG* die Ausführungen in Abschnitt 3.3.2.

[1653] Vgl. hierzu *Bündnis 90/Die Grünen (Hrsg.)* (2013), S. 114; *CDU/CSU (Hrsg.)* (2013), S. 19; *SPD (Hrsg.)* (2013), S. 27 f.

[1654] Vgl. *Spengel, C.* (1995), S. 7.

7 Zusammenfassung und Ausblick

Die steuerrechtlichen Rahmenbedingungen für forschende Unternehmen sind in Deutschland im Vergleich zum europäischen Ausland nicht innovationsfördernd. Insbesondere das Fehlen einer breitenwirksamen steuerlichen F&E-Förderung kann zu einem Standortnachteil für forschende Unternehmen in Deutschland führen, wenn den Unternehmen keine oder nur geringe direkte F&E-Förderungen gewährt werden. Vor diesem Hintergrund wurde auf der Grundlage einer Steuerwirkungsanalyse untersucht, ob und in welchem Umfang die Ausnutzung der internationalen Steuerarbitrage für forschende deutsche Unternehmen unter Berücksichtigung der Besteuerung des Verlagerungsvorgangs gegenüber einer unveränderten Ausübung der F&E-Tätigkeit in Deutschland vorzugswürdig ist.

Zunächst wurden hierfür in Kapitel 3 die deutschen Rechtsvorschriften zur Besteuerung grenzüberschreitender Funktionsverlagerungen zwischen verbundenen Unternehmen eines multinationalen Konzerns analysiert und mit den Normen des niederländischen Steuerrechts verglichen. Es konnte dargelegt werden, dass in beiden Rechtsräumen Einkünfteverlagerungen zwischen verbundenen Unternehmen durch die Anwendung des Fremdvergleichsgrundsatzes vermieden werden sollen. Allerdings bestehen hinsichtlich der Auslegung des Fremdvergleichsgrundsatzes bei grenzüberschreitenden Funktionsverlagerungen Divergenzen. Während das deutsche Steuerrecht in § 1 Abs. 3 Satz 9 AStG im Grundsatz eine Bewertung des verlagerten Transferpakets als Ganzes, d. h. unter Einbeziehung sämtlicher zusammen mit einer Funktion verlagerten Wirtschaftsgüter und sonstigen Vorteile sowie der dazugehörigen Chancen und Risiken, vorsieht, folgt das niederländische Steuerrecht dem Einzelbewertungsgrundsatz für die verlagerten Wirtschaftsgüter. Die abweichenden Regelungen zur Besteuerung grenzüberschreitender Funktionsverlagerungen bergen ein erhebliches Konfliktpotenzial, welches zu Doppelbesteuerungen führen kann. Allerdings verpflichtet die EU-Schiedsverfahrenskonvention die Vertragsstaaten zur Beseitigung etwaiger Doppelbesteuerungen infolge einer Einkünfteberichtigung zwischen verbundenen Unternehmen im Rahmen eines obligatorischen Verständigungs- oder Schiedsverfahrens.

Aufbauend auf der Analyse der steuerrechtlichen Vorschriften zur Besteuerung grenzüberschreitender Funktionsverlagerungen i. Allg. wurden in Kapitel 4 die Besonderheiten in Bezug auf F&E-Funktionen identifiziert und beleuchtet. Zunächst erfolgte eine

Abgrenzung der F&E-Tätigkeiten, welche unter der Funktionsdefinition nach § 1 Abs. 1 FVerlV zu subsumieren sind und somit dem Grunde nach für eine Transferpaketbewertung nach § 1 Abs. 3 Satz 9 AStG qualifizieren. Es konnte dargelegt werden, dass sowohl die Neu- als auch die Weiterentwicklung, nicht aber die Grundlagenforschung, als Funktionen i. S. v. § 1 Abs. 1 FVerlV qualifizieren. In einem zweiten Schritt wurden die spezifischen Risiken im Zusammenhang mit der Ausübung einer F&E-Funktion (Entwicklungs-, Vergütungs- und Verwertungsrisiko) dargestellt und deren Bedeutung für die Besteuerung grenzüberschreitender Funktionsverlagerungen herausgearbeitet. Darüber hinaus erfolgte eine Beleuchtung der Tatbestandsmerkmale und Rechtsfolgen der steuerlichen Maßnahmen zur Förderung forschender Unternehmen in den Niederlanden.

Die Ergebnisse dieser normendeskriptiven Analyse verdeutlichten, dass eine Erweiterung der kapitalwertorientierten Standardbewertungsverfahren zur Sicherstellung einer strukturierten und transparenten Abbildung der F&E-spezifischen Besonderheiten[1655] bei der Ermittlung eines fremdüblichen Einigungspreises für das verlagerte Transferpaket zweckmäßig ist. Da die Verlagerung von F&E-Funktionen und damit verbunden auch die Abbildung der F&E-spezifischen Besonderheiten im Rahmen der Transferpaketbewertung bisher nur selten Gegenstand der steuerlichen Diskussion war, wurde in Kapitel 5 ein Verfahren zur Bewertung von F&E-Funktionen vorgestellt. Dieses basiert auf dem APV-Verfahren, welches bei einer autonomen Finanzierungsstrategie eine zirkularitätsfreie Bewertung ermöglicht und somit zur Bewertung von F&E-Funktionen besonders geeignet erscheint. Die Abbildung der F&E-spezifischen Risiken erfolgt jedoch nicht ausschließlich im Kapitalisierungszinssatz, sondern durch eine Erweiterung des APV-Verfahrens um einen Entscheidungsbaum sowie verschiedene Verwertungsszenarien, z. T. auch bei der Ermittlung der Free Cashflows. Darüber hinaus werden die Steuerwirkungen aus der Gewährung steuerlicher F&E-Förderungen in das Bewertungsverfahren integriert.

Im Rahmen der quantitativen Untersuchung in Kapitel 6 wurden zunächst die Steuerwirkungen der Outbound-Verlagerung einer F&E-Funktion in die Niederlande für einen realitätsnahen Basisfall analysiert. Die Steuerwirkungsanalyse gründete auf einer kasuistischen Veranlagungssimulation, wobei die fremdüblichen Einigungspreise bzw. Lizenzraten endogen mithilfe des entwickelten Bewertungsverfahrens im Rahmen eines

[1655] Dies sind insbesondere die F&E-spezifischen Risiken sowie die steuerlichen F&E-Förderungen.

hypothetischen Fremdvergleichs bestimmt wurden. Des Weiteren erfolgte bereits für den Basisfall eine Differenzierung verschiedener Verwertungs- und Abbruchsszenarien, um der Risikostruktur von F&E-Funktionen weitestgehend gerecht zu werden.

Die Steuerwirkungsanalysen verdeutlichten, dass aus der Verlagerung einer F&E-Funktion ceteris paribus in jedem Verwertungs- und Abbruchsszenario des Basisfalls ein höherer Vermögensendwert resultiert als in der Unterlassungsalternative. Des Weiteren konnte herausgearbeitet werden, dass die Steuerwirkungen und damit verbunden auch die Vorteilhaftigkeit einzelner Verlagerungsalternativen zwischen den Verwertungs- und Abbruchsszenarien variieren können: Im Trend- und im Positivszenario des Basisfalls resultieren die höchsten Vermögensendwerte aus der Vereinbarung einer ETÜ. Demgegenüber weist die Vereinbarung einer UL-NÜ im Negativszenario und in den Abbruchsszenarien die höchsten Vermögensendwerte auf. Der Grund hierfür liegt in den geringeren negativen verlagerungsinduzierten Steuerwirkungen gegenüber den anderen Verlagerungsalternativen.

Die Ergebnisse der kasuistischen Simulationsrechnungen haben nur für den betrachteten Basisfall und den diesem zugrunde liegenden Umweltzuständen Gültigkeit. Zur Verbreiterung der Datengrundlage wurden mithilfe von Sensitivitätsanalysen die Steuerwirkungen aus einer Variation unsicherheitsbehafteter Einflussfaktoren ermittelt. Hieraus konnten zusätzliche Informationen über die steuerlichen Konsequenzen verschiedener Ausprägungen dieser Einflussfaktoren gewonnen werden. Die Variationsrechnungen bestätigten im Grundsatz die identifizierten Steuerwirkungen sowie die Rangfolge der Verlagerungsalternativen in den einzelnen Verwertungs- und Abbruchsszenarien des Basisfalls. Zudem konnten die Variationsrechnungen verdeutlichen, dass die Einigungspreise und damit verbunden auch die verlagerungsinduzierten Steuer-wirkungen sowohl mit zunehmenden Übergangs- und Szenariowahrscheinlichkeiten als auch mit steigenden Lizenzsätzen in der Tendenz ansteigen. In der Folge konnte ein Absinken der Vermögensendwerte in den Verlagerungsalternativen in Relation zu den Vermögensendwerten der Unterlassungsalternative beobachtet werden. Darüber hinaus bestätigten die Sensitivitätsanalysen im Grundsatz die für den Basisfall beobachtete Vorteilhaftigkeit einer Funktionsverlagerung gegenüber der Unterlassungsalternative. Für die Ausgangsdaten ergab sich nur bei einer Einstellung der F&E-Tätigkeit zu einem frühen Zeitpunkt der F&E-Phase und einer sehr hohen Vergütung für die verlagerten Bestandteile des Transferpakets ein Nachteil aus der Funktionsverlagerung gegenüber der

Unterlassungsalternative. Die Zusammenfassung der szenariobezogenen Vermögensendwerte zu einem Erwartungswert zeigte, dass die Vermögensendwerte im Erwartungswert nach einer Funktionsverlagerung grundsätzlich höher waren als in der Unterlassungsalternative.

Im Rahmen der Steuerwirkungsanalysen konnte keine Handlungsalternative identifiziert werden, die für alle Ausprägungen des Zustandsraums vorteilhaft ist und somit die anderen Handlungsalternativen dominierte. Zur Ableitung einer Aussage über die Vorteilhaftigkeit einzelner Handlungsalternativen mussten folglich die Präferenzen und Ziele möglicher Entscheidungsträger in einem Entscheidungsmodell Berücksichtigung finden. Für risikoneutrale Entscheidungsträger konnte festgestellt werden, dass bei einer Variation der Szenariowahrscheinlichkeiten und der Lizenzsätze die PL-NÜ und bei einer Variation der Übergangswahrscheinlichkeiten die ETÜ die bevorzugte Handlungsalternative darstellen. Die Vereinbarung einer UL-NÜ bildet bei Risikoneutralität hingegen die am wenigsten präferierte Alternative. Der Grund hierfür liegt im Wesentlichen in der unterschiedlichen Höhe der negativen verlagerungsinduzierten Steuerwirkungen, welche im Erwartungswert bei den beiden erstgenannten Verlagerungsalternativen geringer sind als bei einer UL-NÜ. Demgegenüber zeigte sich für risikoaverse Entscheidungsträger ein differenziertes Bild hinsichtlich der Präferenzen über einzelne Handlungsalternativen. Bei geringer Risikoaversion stellt eine PL-NÜ i. Allg. die bevorzugte und eine UL-NÜ die am wenigsten bevorzugte Verlagerungsalternative dar. Bei einem steigenden Grad der Risikoaversion nimmt die Vorzugswürdigkeit einer UL-NÜ sukzessive zu, sodass diese bei stark risikoaversen Entscheidungsträgern die präferierte Verlagerungsalternative bildet.

Mittels der Steuerwirkungsanalysen konnten die steuerlichen Konsequenzen sowie die diesen zugrunde liegenden Ursachen und Wirkungszusammenhänge für verschiedene Formen der Verlagerung einer F&E-Funktion in die Niederlande aufgezeigt werden. Zudem konnten Tendenzaussagen über die Vorteilhaftigkeit einzelner Handlungsalternativen abgeleitet werden. Die Ergebnisse dieser Arbeit indizieren trotz der Funktionsverlagerungsbesteuerung nach § 1 Abs. 3 Satz 9 AStG, dass eine Reallokation betrieblicher F&E-Funktionen mit erheblichen steuerlichen Vorteilen verbunden sein kann. Die Untersuchungsergebnisse stützen somit die These, dass für forschende Unternehmen, welche nicht oder nur in geringem Umfang F&E-Förderungen in Deutschland in Anspruch nehmen können, aus steuerlicher Perspektive ein Anreiz zur Verlagerung ihrer F&E-Funktionen besteht.

Mit Blick auf eine tiefergehende Analyse der Steuerwirkungen sowie eine umfassendere Entscheidungsgrundlage bei Outbound-Verlagerungen von F&E-Funktionen sind weitere Forschungsarbeiten erforderlich. Durch eine Ausweitung des Untersuchungsumfangs auf die steuerrechtlichen Rahmenbedingungen weiterer Länder können differenziertere Analysen über die Vorteilhaftigkeit einer Funktionsverlagerung durchgeführt werden. Diese ermöglichen eine Verbreiterung der Entscheidungsgrundlage für die steuereffiziente Wahl eines F&E-Standorts.

In Deutschland existiert ein dichtes Netz an direkten Fördermaßnahmen für forschende Unternehmen.[1656] Diese nicht steuerlichen F&E-Förderungen wurden im Rahmen der vorliegenden Arbeit nicht in die Analysen einbezogen. Sofern in Deutschland forschende Unternehmen von einer direkten Förderung profitieren, müssen die daraus resultierenden Vorteile in die Beurteilung der Handlungsalternativen einfließen. Eine Analyse der Auswirkungen direkter F&E-Förderungen auf die Vorzugswürdigkeit einer Funktionsverlagerung gegenüber der Unterlassungsalternative könnte zum einen die Entscheidungsgrundlage weiter präzisieren und zum anderen weitergehende Erkenntnisse in der Diskussion über die Einführung und die Ausgestaltung einer steuerlichen F&E-Förderung in Deutschland bringen. Darüber hinaus könnte auch die Untersuchung des Einflusses weiterer außersteuerlicher Parameter (Personalverfügbarkeit, Schließungskosten etc.) auf die fremdüblichen Einigungspreise einerseits sowie deren Auswirkungen auf die Vorteilhaftigkeit einzelner Handlungsalternativen andererseits reizvoll erscheinen. Insbesondere in Bezug auf die a priori aus dem Aktionsraum ausgeschlossenen Verlagerungsalternativen der Funktionsabspaltung und -abschmelzung könnten sich interessante, über bisherige Forschungsarbeiten hinausgehende Erkenntnisse ergeben.

Losgelöst von den bisher diskutierten Fragestellungen besteht weiterer Forschungsbedarf in Bezug auf die steuerlichen Konsequenzen einer zeitgleichen Verlagerung mehrerer F&E-Funktionen und deren Auswirkungen auf die Vorteilhaftigkeit einer Funktionsverlagerung. Das Gesamtrisiko ist durch gegenseitige Abhängigkeiten zwischen den F&E-Funktionen gekennzeichnet, sodass eine Portfoliobetrachtung erforderlich sein könnte. In diesem Zusammenhang sind interessante Erkenntnisse für die Ermittlung

[1656] Für einen Überblick über die direkten Fördermaßnahmen in Deutschland siehe *BMBF (Hrsg.)* (2012).

fremdüblicher Einigungspreise zu erwarten. Des Weiteren könnten sich aus der Portfoliobetrachtung Wechselwirkungen zwischen den verlagerten F&E-Funktionen ergeben, deren Analyse in Bezug auf die Gewährung steuerlicher F&E-Förderungen lohnenswert erscheint. Diesbezüglich könnten aus Überlegungen zu steuerlichen oder gesellschaftsrechtlichen Gestaltungsmaßnahmen zusätzliche wertvolle Erkenntnisse über die steuereffiziente Durchführung einer Reallokation mehrerer F&E-Funktionen gewonnen werden.

Als Fazit dieser Arbeit und zur Motivation weiterer quantitativer Forschungsarbeiten im Bereich der Betriebswirtschaftlichen Steuerlehre sei auf ein Zitat von Pythagoras von Samos (570 bis 500 v. Chr.) verwiesen, welches m. E. aktueller ist denn je:

Die kürzesten Wörter,
nämlich 'ja' und 'nein',
erfordern das meiste Nachdenken.

A. Anhang

A.1 Bewertungsformeln

Herleitung der Formel (3.2) in Abschnitt 3.3.1.1.2 für die Grenzpreisermittlung beim verlagernden Unternehmen unter Berücksichtigung der Verlagerungssteuer:

$$GP^{DT,VS} = GP^{DT} - (GP^{DT} - (BW_0^{IWG} + BW_0^{WG})) \cdot s^{DT}$$

$$\Leftrightarrow GP^{DT,VS} = GP^{DT} \cdot (1 - s^{DT}) + (BW_0^{IWG} + BW_0^{WG}) \cdot s^{DT} \qquad \text{(A.1)}$$

$$\Leftrightarrow GP^{DT} = \frac{GP^{DT,VS} - (BW_0^{IWG} + BW_0^{WG}) \cdot s^{DT}}{1 - s^{DT}}$$

A.2 Einflussparameter und Auswertungen des Erklärungsmodells für den Basisfall

	8	9	10	11	12	13	14	15
Gesamtumsatzerlöse in T€ (Positivszenario)	33.451	33.451	183.982	183.982	183.982	449.498	449.498	449.498
funktionsbezogene Umsatzerlöse in T€ (Positivszenario) (10%)	3.345	3.345	18.398	18.398	18.398	44.950	44.950	44.950
Gesamtumsatzerlöse in T€ (Trendszenario)	834	834	25.090	25.090	25.090	50.180	50.180	50.180
funktionsbezogene Umsatzerlöse in T€ (Trendszenario) (10%)	83	83	2.509	2.509	2.509	5.018	5.018	5.018
Gesamtumsatzerlöse in T€ (Negativszenario)	76	76	2.035	2.035	2.035	4.074	4.074	4.074
funktionsbezogene Umsatzerlöse in T€ (Negativszenario) (10%)	8	8	204	204	204	407	407	407

	15	16	17	18	19	20	21	22
Gesamtumsatzerlöse in T€ (Positivszenario)	449.498	449.498	752.649	752.649	752.649	752.649	519.327	373.916
funktionsbezogene Umsatzerlöse in T€ (Positivszenario) (10%)	44.950	44.950	75.265	75.265	75.265	75.265	51.933	37.392
Gesamtumsatzerlöse in T€ (Trendszenario)	50.180	50.180	50.180	50.180	50.180	50.180	34.624	24.929
funktionsbezogene Umsatzerlöse in T€ (Trendszenario) (10%)	5.018	5.018	5.018	5.018	5.018	5.018	3.462	2.493
Gesamtumsatzerlöse in T€ (Negativszenario)	4.074	4.074	4.074	4.074	4.074	4.074	2.811	2.024
funktionsbezogene Umsatzerlöse in T€ (Negativszenario) (10%)	407	407	407	407	407	407	281	202

	23	24	25	26	27	28	29	30
Gesamtumsatzerlöse in T€ (Positivszenario)	299.133	239.306	191.445	153.156	122.525	98.020	78.416	62.733
funktionsbezogene Umsatzerlöse in T€ (Positivszenario) (10%)	29.913	23.931	19.144	15.316	12.252	9.802	7.842	6.273
Gesamtumsatzerlöse in T€ (Trendszenario)	19.943	15.955	12.764	10.211	8.169	6.535	5.228	4.182
funktionsbezogene Umsatzerlöse in T€ (Trendszenario) (10%)	1.994	1.595	1.276	1.021	817	654	523	418
Gesamtumsatzerlöse in T€ (Negativszenario)	1.619	1.295	1.036	829	663	531	424	340
funktionsbezogene Umsatzerlöse in T€ (Negativszenario) (10%)	162	130	104	83	66	53	42	34

Tab. A1: Szenariobezogene Verwertungserträge im Basisfall

	(Beträge in T€)	UA	ETÜ	PL	PL-NÜ	UL-NÜ
	Endwert vor Steuern	-14.946	-14.946	-14.946	-14.946	-14.946
–	Endwert nach Steuern	-7.641	-6.718	-6.772	-6.710	-6.609
=	**Steuerwirkung (gesamt)**	**-7.305**	**-8.228**	**-8.174**	**-8.236**	**-8.337**
	Ebene des Tochterunternehmens					
	KSt	0	-2.771	-2.836	-2.597	-2.735
+	Verminderung der Lohnsteuer- und Sozialversicherungsabgaben	0	-276	-276	-276	-276
=	Steuerwirkung (NL)	0	-3.047	-3.112	-2.873	-3.011
	Ebene des Mutterunternehmens					
	KSt	-1.580	-28	4	-127	-18
+	SolZ	-87	-2	0	-7	-1
+	GewSt	-1.224	-14	25	-114	-14
=	Steuerwirkung (DT)	-2.891	-44	29	-248	-33
	Zinsdifferenz gegenüber dem Endwert vor Steuern					
	Tochterunternehmen	0	5.221	4.973	5.710	5.320
+	Mutterunternehmen	-4.414	-10.358	-10.064	-10.825	-10.613
=	Zinsdifferenz	-4.414	-5.137	-5.091	-5.115	-5.293
=	**Steuerbelastung (gesamt)**	**-7.305**	**-8.228**	**-8.174**	**-8.236**	**-8.337**

Tab. A2: Steuerbelastungsvergleich bei Abbruch der F&E-Tätigkeit nach der ersten klinischen Testphase

(Beträge in T€)	UA	ETÜ	PL	PL-NÜ	UL-NÜ
Endwert vor Steuern	-30.767	-30.767	-30.767	-30.767	-30.767
– Endwert nach Steuern	-15.914	-13.919	-13.974	-13.820	-13.783
= **Steuerwirkung (gesamt)**	**-14.853**	**-16.848**	**-16.793**	**-16.947**	**-16.984**
Ebene des Tochterunternehmens					
KSt	0	-5.730	-5.796	-5.722	-5.751
+ Verminderung der Lohnsteuer- und Sozialversicherungsabgaben	0	-582	-582	-582	-582
= Steuerwirkung (NL)	0	-6.312	-6.378	-6.304	-6.333
Ebene des Mutterunternehmens					
KSt	-3.292	-87	-55	-57	-33
+ SolZ	-181	-5	-3	-3	-2
+ GewSt	-2.560	-71	-32	-37	-26
= Steuerwirkung (DT)	-6.033	-163	-90	-97	-61
Zinsdifferenz gegenüber dem Endwert vor Steuern					
Tochterunternehmen	0	10.985	10.736	10.590	10.858
+ Mutterunternehmen	-8.820	-21.358	-21.061	-21.136	-21.448
= Zinsdifferenz	-8.820	-10.373	-10.325	-10.546	-10.590
= **Steuerbelastung (gesamt)**	**-14.853**	**-16.848**	**-16.793**	**-16.947**	**-16.984**

Tab. A3: Steuerbelastungsvergleich bei Abbruch der F&E-Tätigkeit nach der zweiten klinischen Testphase

(Beträge in T€)		UA	ETÜ	PL	PL-NÜ	UL-NÜ
	Endwert vor Steuern	-57.667	-57.667	-57.667	-57.667	-57.667
–	Endwert nach Steuern	-30.301	-26.583	-26.637	-26.609	-26.374
=	**Steuerwirkung (gesamt)**	**-27.366**	**-31.084**	**-31.030**	**-31.058**	**-31.293**
Ebene des Tochterunternehmens						
	KSt	0	-11.184	-11.246	-11.378	-11.153
+	Verminderung der Lohnsteuer- und Sozialversicherungsabgaben	0	-1.068	-1.068	-1.068	-1.068
=	Steuerwirkung (NL)	0	-12.252	-12.314	-12.446	-12.221
Ebene des Mutterunternehmens						
	KSt	-6.274	-74	-44	64	-40
+	SolZ	-345	-4	-2	4	-2
+	GewSt	-4.907	-47	-9	113	-31
=	Steuerwirkung (DT)	-11.526	-125	-55	181	-73
Zinsdifferenz gegenüber dem Endwert vor Steuern						
	Tochterunternehmen	0	20.037	19.795	18.963	20.178
+	Mutterunternehmen	-15.840	-38.744	-38.456	-37.756	-39.177
=	Zinsdifferenz	-15.840	-18.707	-18.661	-18.793	-18.999
=	**Steuerbelastung (gesamt)**	**-27.366**	**-31.084**	**-31.030**	**-31.058**	**-31.293**

Tab. A4: Steuerbelastungsvergleich bei Abbruch der F&E-Tätigkeit nach der dritten klinischen Testphase

A.3 Ergebnisse des Erklärungsmodells für die Sensitivitätsanalysen

(Beträge in T€)	-10%	Basisfall	+ 10%	+ 20%	+ 30%	+ 40%	+ 50%
Positivszenario							
UA	624.781	624.781	624.781	624.781	624.781	624.781	624.781
ETÜ	830.975	829.057	826.691	823.863	820.490	816.545	812.002
PL	830.947	828.877	826.321	823.270	819.614	815.361	810.454
PL-NÜ	830.811	828.260	825.312	821.958	818.166	813.961	809.325
UL-NÜ	819.904	773.947	741.783	718.422	700.929	687.418	676.755
relative Veränderung gegenüber der UA							
ETÜ	33,00%	32,70%	32,32%	31,86%	31,32%	30,69%	29,97%
PL	33,00%	32,67%	32,26%	31,77%	31,18%	30,50%	29,72%
PL-NÜ	32,98%	32,57%	32,10%	31,56%	30,95%	30,28%	29,54%
UL-NÜ	31,23%	23,87%	18,73%	14,99%	12,19%	10,03%	8,32%
Trendszenario							
UA	29.933	29.933	29.933	29.933	29.933	29.933	29.933
ETÜ	45.677	45.251	44.616	43.835	42.893	41.783	40.486
PL	45.657	45.088	44.281	43.290	42.099	40.698	39.084
PL-NÜ	45.583	44.558	43.408	42.182	40.914	39.609	38.293
UL-NÜ	44.111	40.368	37.772	35.906	34.537	33.774	33.596
relative Veränderung gegenüber der UA							
ETÜ	52,60%	51,17%	49,05%	46,44%	43,29%	39,59%	35,25%
PL	52,53%	50,63%	47,93%	44,62%	40,64%	35,96%	30,57%
PL-NÜ	52,28%	48,86%	45,01%	40,92%	36,68%	32,32%	27,93%
UL-NÜ	47,36%	34,86%	26,19%	19,95%	15,38%	12,83%	12,23%
Negativszenario							
UA	-26.134	-26.134	-26.134	-26.134	-26.134	-26.134	-26.134
ETÜ	-21.976	-21.952	-22.198	-22.649	-23.189	-23.826	-24.566
PL	-21.967	-21.893	-22.319	-22.845	-23.474	-24.215	-25.075
PL-NÜ	-21.853	-21.920	-22.278	-22.657	-23.049	-23.448	-23.846
UL-NÜ	-21.765	-21.832	-21.880	-21.914	-21.940	-21.960	-21.976
relative Veränderung gegenüber der UA							
ETÜ	15,91%	16,00%	15,06%	13,34%	11,27%	8,83%	6,00%
PL	15,95%	16,23%	14,60%	12,59%	10,18%	7,34%	4,05%
PL-NÜ	16,38%	16,13%	14,76%	13,31%	11,80%	10,28%	8,76%
UL-NÜ	16,72%	16,46%	16,28%	16,15%	16,05%	15,97%	15,91%

(Beträge in T€)	-10%	Basisfall	+ 10%	+ 20%	+ 30%	+ 40%	+ 50%
Abbruch Phase I							
UA	-7.641	-7.641	-7.641	-7.641	-7.641	-7.641	-7.641
ETÜ	-6.738	-6.718	-6.988	-7.313	-7.715	-8.200	-8.758
PL	-6.727	-6.772	-7.098	-7.490	-7.983	-8.564	-9.231
PL-NÜ	-6.742	-6.710	-6.700	-6.722	-6.780	-6.882	-7.034
UL-NÜ	-6.609	-6.609	-6.609	-6.609	-6.609	-6.609	-6.609
relative Veränderung gegenüber der UA							
ETÜ	11,82%	12,08%	8,55%	4,30%	-0,96%	-7,31%	-14,61%
PL	11,97%	11,37%	7,11%	1,98%	-4,46%	-12,07%	-20,80%
PL-NÜ	11,77%	12,20%	12,32%	12,04%	11,28%	9,94%	7,95%
UL-NÜ	13,51%	13,51%	13,51%	13,51%	13,51%	13,51%	13,51%
Abbruch Phase II							
UA	-15.914	-15.914	-15.914	-15.914	-15.914	-15.914	-15.914
ETÜ	-13.948	-13.919	-14.249	-14.655	-15.143	-15.718	-16.388
PL	-13.938	-13.974	-14.363	-14.840	-15.412	-16.087	-16.898
PL-NÜ	-13.873	-13.820	-13.968	-14.114	-14.253	-14.378	-14.484
UL-NÜ	-13.783	-13.783	-13.783	-13.783	-13.783	-13.783	-13.783
relative Veränderung gegenüber der UA							
ETÜ	12,35%	12,54%	10,47%	7,92%	4,85%	1,23%	-2,97%
PL	12,42%	12,19%	9,75%	6,75%	3,15%	-1,09%	-6,18%
PL-NÜ	12,83%	13,16%	12,23%	11,31%	10,44%	9,65%	8,99%
UL-NÜ	13,39%	13,39%	13,39%	13,39%	13,39%	13,39%	13,39%
Abbruch Phase III							
UA	-30.301	-30.301	-30.301	-30.301	-30.301	-30.301	-30.301
ETÜ	-26.459	-26.583	-26.930	-27.357	-27.869	-28.473	-29.173
PL	-26.450	-26.637	-27.042	-27.538	-28.132	-28.832	-29.642
PL-NÜ	-26.347	-26.609	-26.888	-27.178	-27.472	-27.762	-28.040
UL-NÜ	-26.374	-26.374	-26.374	-26.374	-26.374	-26.374	-26.374
relative Veränderung gegenüber der UA							
ETÜ	12,68%	12,27%	11,12%	9,71%	8,02%	6,03%	3,72%
PL	12,71%	12,09%	10,75%	9,12%	7,16%	4,85%	2,17%
PL-NÜ	13,05%	12,18%	11,26%	10,30%	9,34%	8,38%	7,46%
UL-NÜ	12,96%	12,96%	12,96%	12,96%	12,96%	12,96%	12,96%

Tab. A5: Ergebnisse der kasuistischen Veranlagungssimulation bei einer Variation der Übergangswahrscheinlichkeiten

(Beträge in T€)	(40;40;20)	(30;50;20)	(30;40;30)	Basisfall	(20;50;30)	(20;40;40)	(20;30;50)
Positivszenario							
UA	624.781	624.781	624.781	624.781	624.781	624.781	624.781
ETÜ	827.522	828.290	828.349	829.057	829.116	829.176	829.235
PL	826.847	827.862	827.940	828.877	828.955	829.033	829.111
PL-NÜ	824.629	826.434	826.573	828.260	828.399	828.539	828.679
UL-NÜ	705.229	730.496	732.645	773.947	778.308	782.965	787.948
relative Veränderung gegenüber der UA							
ETÜ	32,45%	32,57%	32,58%	32,70%	32,71%	32,71%	32,72%
PL	32,34%	32,50%	32,52%	32,67%	32,68%	32,69%	32,70%
PL-NÜ	31,99%	32,28%	32,30%	32,57%	32,59%	32,61%	32,64%
UL-NÜ	12,88%	16,92%	17,26%	23,87%	24,57%	25,32%	26,12%
Trendszenario							
UA	29.933	29.933	29.933	29.933	29.933	29.933	29.933
ETÜ	43.795	44.523	44.580	45.251	45.308	45.365	45.410
PL	43.180	44.136	44.209	45.088	45.162	45.235	45.308
PL-NÜ	41.252	42.902	43.029	44.558	44.684	44.810	44.937
UL-NÜ	34.869	36.867	37.040	40.368	40.722	41.100	41.505
relative Veränderung gegenüber der UA							
ETÜ	46,31%	48,74%	48,93%	51,17%	51,36%	51,55%	51,70%
PL	44,25%	47,45%	47,69%	50,63%	50,87%	51,12%	51,36%
PL-NÜ	37,81%	43,33%	43,75%	48,86%	49,28%	49,70%	50,12%
UL-NÜ	16,49%	23,16%	23,74%	34,86%	36,04%	37,30%	38,66%
Negativszenario							
UA	-26.134	-26.134	-26.134	-26.134	-26.134	-26.134	-26.134
ETÜ	-22.811	-22.321	-22.284	-21.952	-21.957	-21.961	-21.966
PL	-23.032	-22.461	-22.417	-21.893	-21.904	-21.915	-21.926
PL-NÜ	-23.046	-22.483	-22.440	-21.920	-21.877	-21.834	-21.790
UL-NÜ	-21.934	-21.896	-21.893	-21.832	-21.826	-21.819	-21.812
relative Veränderung gegenüber der UA							
ETÜ	12,72%	14,59%	14,73%	16,00%	15,99%	15,97%	15,95%
PL	11,87%	14,06%	14,22%	16,23%	16,19%	16,15%	16,10%
PL-NÜ	11,82%	13,97%	14,14%	16,13%	16,29%	16,46%	16,62%
UL-NÜ	16,07%	16,22%	16,23%	16,46%	16,49%	16,51%	16,54%

(Beträge in T€)	(40;40;20)	(30;50;20)	(30;40;30)	Basisfall	(20;50;30)	(20;40;40)	(20;30;50)
Abbruch Phase I							
UA	-7.641	-7.641	-7.641	-7.641	-7.641	-7.641	-7.641
ETÜ	-7.412	-7.065	-7.039	-6.718	-6.692	-6.665	-6.660
PL	-7.616	-7.193	-7.161	-6.772	-6.740	-6.708	-6.675
PL-NÜ	-6.617	-6.663	-6.668	-6.710	-6.714	-6.718	-6.722
UL-NÜ	-6.609	-6.609	-6.609	-6.609	-6.609	-6.609	-6.609
relative Veränderung gegenüber der UA							
ETÜ	3,00%	7,54%	7,89%	12,08%	12,43%	12,78%	12,85%
PL	0,34%	5,87%	6,29%	11,37%	11,80%	12,22%	12,64%
PL-NÜ	13,40%	12,80%	12,74%	12,20%	12,14%	12,09%	12,04%
UL-NÜ	13,51%	13,51%	13,51%	13,51%	13,51%	13,51%	13,51%
Abbruch Phase II							
UA	-15.914	-15.914	-15.914	-15.914	-15.914	-15.914	-15.914
ETÜ	-14.782	-14.351	-14.318	-13.919	-13.903	-13.911	-13.919
PL	-14.990	-14.482	-14.443	-13.974	-13.935	-13.896	-13.873
PL-NÜ	-14.318	-14.069	-14.050	-13.820	-13.800	-13.781	-13.762
UL-NÜ	-13.783	-13.783	-13.783	-13.783	-13.783	-13.783	-13.783
relative Veränderung gegenüber der UA							
ETÜ	7,11%	9,83%	10,03%	12,54%	12,64%	12,59%	12,54%
PL	5,81%	9,00%	9,24%	12,19%	12,44%	12,68%	12,83%
PL-NÜ	10,03%	11,60%	11,72%	13,16%	13,28%	13,40%	13,52%
UL-NÜ	13,39%	13,39%	13,39%	13,39%	13,39%	13,39%	13,39%
Abbruch Phase III							
UA	-30.301	-30.301	-30.301	-30.301	-30.301	-30.301	-30.301
ETÜ	-27.485	-27.034	-26.999	-26.583	-26.549	-26.514	-26.480
PL	-27.688	-27.163	-27.123	-26.637	-26.597	-26.557	-26.517
PL-NÜ	-27.483	-27.046	-27.013	-26.609	-26.575	-26.542	-26.508
UL-NÜ	-26.374	-26.374	-26.374	-26.374	-26.374	-26.374	-26.374
relative Veränderung gegenüber der UA							
ETÜ	9,29%	10,78%	10,89%	12,27%	12,38%	12,50%	12,61%
PL	8,62%	10,36%	10,49%	12,09%	12,22%	12,35%	12,49%
PL-NÜ	9,30%	10,74%	10,85%	12,18%	12,30%	12,41%	12,52%
UL-NÜ	12,96%	12,96%	12,96%	12,96%	12,96%	12,96%	12,96%

Tab. A6: Ergebnisse der kasuistischen Veranlagungssimulation bei einer Variation der Szenariowahrscheinlichkeiten

(in T€)	8 %	10 %	12 %	14 %	16 %	18 %	20 %	22 %	24 %
Positivszenario									
UA	495.223	624.781	754.292	883.804	1.013.315	1.142.826	1.272.338	1.401.849	1.531.360
ETÜ	658.744	829.057	999.368	1.169.679	1.339.964	1.510.248	1.680.512	1.850.775	2.021.037
PL	658.701	828.877	999.051	1.169.220	1.339.364	1.509.502	1.679.624	1.849.745	2.019.867
PL-NÜ	658.534	828.260	997.983	1.167.681	1.337.357	1.507.013	1.676.669	1.846.323	2.015.978
UL-NÜ	646.850	773.947	900.973	1.027.971	1.154.934	1.281.894	1.408.848	1.535.781	1.662.693
relative Veränderung gegenüber der UA									
ETÜ	33,02%	32,70%	32,49%	32,35%	32,24%	32,15%	32,08%	32,02%	31,98%
PL	33,01%	32,67%	32,45%	32,29%	32,18%	32,09%	32,01%	31,95%	31,90%
PL-NÜ	32,98%	32,57%	32,31%	32,12%	31,98%	31,87%	31,78%	31,71%	31,65%
UL-NÜ	30,62%	23,87%	19,45%	16,31%	13,98%	12,17%	10,73%	9,55%	8,58%
Trendszenario									
UA	18.859	29.933	40.916	51.853	62.739	73.620	84.488	95.328	106.169
ETÜ	31.080	45.251	59.254	73.186	87.105	100.985	114.856	128.716	142.570
PL	31.051	45.088	58.961	72.763	86.542	100.295	114.034	127.753	141.473
PL-NÜ	30.969	44.558	58.014	71.393	84.755	98.078	111.374	124.649	137.921
UL-NÜ	29.461	40.368	51.165	61.894	72.596	83.265	93.926	104.575	115.216
relative Veränderung gegenüber der UA									
ETÜ	64,80%	51,17%	44,82%	41,14%	38,84%	37,17%	35,94%	35,02%	34,29%
PL	64,64%	50,63%	44,10%	40,33%	37,94%	36,23%	34,97%	34,01%	33,25%
PL-NÜ	64,21%	48,86%	41,79%	37,68%	35,09%	33,22%	31,82%	30,76%	29,91%
UL-NÜ	56,22%	34,86%	25,05%	19,36%	15,71%	13,10%	11,17%	9,70%	8,52%
Negativszenario									
UA	-27.217	-26.134	-25.051	-23.968	-22.885	-21.802	-20.719	-19.636	-18.553
ETÜ	-23.145	-21.952	-20.946	-20.062	-19.177	-18.293	-17.409	-16.525	-15.640
PL	-23.131	-21.893	-21.050	-20.211	-19.371	-18.532	-17.693	-16.854	-16.015
PL-NÜ	-22.992	-21.920	-21.075	-20.232	-19.388	-18.544	-17.701	-16.858	-16.034
UL-NÜ	-22.925	-21.832	-20.740	-19.647	-18.554	-17.462	-16.369	-15.277	-14.184
relative Veränderung gegenüber der UA									
ETÜ	14,96%	16,00%	16,39%	16,30%	16,20%	16,10%	15,98%	15,85%	15,70%
PL	15,01%	16,23%	15,97%	15,68%	15,35%	15,00%	14,61%	14,17%	13,68%
PL-NÜ	15,52%	16,13%	15,87%	15,59%	15,28%	14,94%	14,57%	14,15%	13,58%
UL-NÜ	15,77%	16,46%	17,21%	18,03%	18,92%	19,91%	20,99%	22,20%	23,55%

(in T€)	8 %	10 %	12 %	14 %	16 %	18 %	20 %	22 %	24 %
Abbruch Phase I									
UA	-7.641	-7.641	-7.641	-7.641	-7.641	-7.641	-7.641	-7.641	-7.641
ETÜ	-6.720	-6.718	-6.911	-7.104	-7.298	-7.491	-7.700	-7.910	-8.119
PL	-6.702	-6.772	-7.006	-7.241	-7.475	-7.719	-7.971	-8.223	-8.476
PL-NÜ	-6.735	-6.710	-6.684	-6.658	-6.632	-6.606	-6.602	-6.619	-6.635
UL-NÜ	-6.609	-6.609	-6.609	-6.609	-6.609	-6.609	-6.609	-6.609	-6.609
relative Veränderung gegenüber der UA									
ETÜ	12,06%	12,08%	9,55%	7,03%	4,50%	1,97%	-0,77%	-3,51%	-6,25%
PL	12,29%	11,37%	8,31%	5,24%	2,18%	-1,01%	-4,31%	-7,62%	-10,92%
PL-NÜ	11,86%	12,20%	12,53%	12,87%	13,21%	13,55%	13,60%	13,39%	13,17%
UL-NÜ	13,51%	13,51%	13,51%	13,51%	13,51%	13,51%	13,51%	13,51%	13,51%
Abbruch Phase II									
UA	-15.914	-15.914	-15.914	-15.914	-15.914	-15.914	-15.914	-15.914	-15.914
ETÜ	-13.950	-13.919	-14.159	-14.399	-14.640	-14.881	-15.121	-15.362	-15.603
PL	-13.934	-13.974	-14.257	-14.539	-14.822	-15.105	-15.389	-15.672	-15.955
PL-NÜ	-13.864	-13.820	-13.958	-14.097	-14.236	-14.375	-14.514	-14.653	-14.792
UL-NÜ	-13.783	-13.783	-13.783	-13.783	-13.783	-13.783	-13.783	-13.783	-13.783
relative Veränderung gegenüber der UA									
ETÜ	12,34%	12,54%	11,03%	9,52%	8,01%	6,49%	4,98%	3,47%	1,95%
PL	12,44%	12,19%	10,42%	8,64%	6,86%	5,08%	3,30%	1,52%	-0,26%
PL-NÜ	12,88%	13,16%	12,29%	11,42%	10,55%	9,67%	8,80%	7,93%	7,05%
UL-NÜ	13,39%	13,39%	13,39%	13,39%	13,39%	13,39%	13,39%	13,39%	13,39%
Abbruch Phase III									
UA	-30.301	-30.301	-30.301	-30.301	-30.301	-30.301	-30.301	-30.301	-30.301
ETÜ	-26.460	-26.583	-26.834	-27.085	-27.336	-27.587	-27.839	-28.090	-28.342
PL	-26.446	-26.637	-26.930	-27.222	-27.515	-27.808	-28.100	-28.394	-28.687
PL-NÜ	-26.366	-26.609	-26.852	-27.095	-27.339	-27.583	-27.827	-28.071	-28.315
UL-NÜ	-26.374	-26.374	-26.374	-26.374	-26.374	-26.374	-26.374	-26.374	-26.374
relative Veränderung gegenüber der UA									
ETÜ	12,68%	12,27%	11,44%	10,61%	9,78%	8,95%	8,13%	7,30%	6,47%
PL	12,72%	12,09%	11,13%	10,16%	9,19%	8,23%	7,26%	6,29%	5,33%
PL-NÜ	12,99%	12,18%	11,38%	10,58%	9,77%	8,97%	8,17%	7,36%	6,55%
UL-NÜ	12,96%	12,96%	12,96%	12,96%	12,96%	12,96%	12,96%	12,96%	12,96%

Tab. A7: Ergebnisse der kasuistischen Veranlagungssimulation bei einer Variation der Lizenzsätze

A.4 Ergebnisse des Entscheidungsmodells

(in T€)	-10%	Basisfall	+ 10%	+ 20%	+ 30%	+ 40%	+ 50%	$U_L(A_k)$	Rang
$U_\mu(UA_k)$	4.859	11.147	19.024	28.655	40.207	53.846	69.737	32.496	5
$U_\mu(ETÜ_k)$	12.479	20.956	31.124	43.373	57.850	74.694	94.023	47.786	1
$U_\mu(PL_k)$	12.487	20.890	30.971	43.105	57.423	74.057	93.102	47.433	3
$U_\mu(PL\text{-}NÜ_k)$	12.507	20.902	31.103	43.353	57.808	74.614	93.908	47.742	2
$U_\mu(UL\text{-}NÜ_k)$	12.229	18.772	26.860	36.651	48.305	62.048	78.113	40.425	4

Tab. A8: Risikoneutrale Entscheidung bei einer Variation der Übergangswahrscheinlichkeiten

(in T€)	40;40;20	30;50;20	30;40;30	Basisfall	20;50;30	20;40;40	20;30;50	$U_L(A_k)$	Rang
$U_\mu(UA_k)$	30.746	20.946	20.023	11.147	10.223	9.300	8.376	15.823	5
$U_\mu(ETÜ_k)$	45.892	33.427	32.359	20.956	19.874	18.781	17.677	26.995	2
$U_\mu(PL_k)$	45.628	33.261	32.204	20.890	19.825	18.757	17.681	26.892	3
$U_\mu(PL\text{-}NÜ_k)$	45.993	33.450	32.399	20.902	19.833	18.761	17.687	27.003	1
$U_\mu(UL\text{-}NÜ_k)$	38.047	28.419	27.568	18.772	17.920	17.069	16.217	23.430	4

Tab. A9: Risikoneutrale Entscheidung bei einer Variation der Szenariowahrscheinlichkeiten

(in T€)	8%	10%	12%	14%	16%	18%	20%	22%	24%	$U_L(A_k)$	Rang
$U_\mu(UA_k)$	5.748	11.147	16.535	21.919	27.298	32.676	38.053	43.427	48.801	27.289	5
$U_\mu(ETÜ_k)$	13.902	20.956	27.800	34.633	41.463	48.290	55.109	61.927	68.745	41.425	2
$U_\mu(PL_k)$	13.912	20.890	27.677	34.456	41.231	48.001	54.765	61.528	68.290	41.194	3
$U_\mu(PL\text{-}NÜ_k)$	13.925	20.902	27.786	34.662	41.535	48.404	55.262	62.111	68.959	41.505	1
$U_\mu(UL\text{-}NÜ_k)$	13.470	18.772	24.060	29.341	34.618	39.891	45.164	50.434	55.704	34.606	4

Tab. A10: Risikoneutrale Entscheidung bei einer Variation der Lizenzsätze

(in T€)	-10%	Basis-fall	+ 10%	+ 20%	+ 30%	+ 40%	+ 50%	$U_R(A_k)$	Rang
λ =-0,1									
$U_{\mu,\sigma}(UA_k,\lambda)$	-4.953	-275	5.947	13.897	23.759	35.724	49.982		**5**
	1.057%	104,6%	57,5%	42,4%	34,8%	30,2%	27,0%	1.057%	
$U_{\mu,\sigma}(ETÜ_k,\lambda)$	-459	5.930	13.966	24.066	36.409	51.165	68.488		**3**
	7,3%	0,0%	0,1%	0,1%	0,1%	0,0%	0,0%	7,3%	
$U_{\mu,\sigma}(PL_k,\lambda)$	-451	5.867	13.818	23.807	35.996	50.548	67.593		**2**
	5,4%	1,1%	1,2%	1,2%	1,2%	1,2%	1,3%	5,4%	
$U_{\mu,\sigma}(PL\text{-}NÜ_k,\lambda)$	-428	5.893	13.978	24.101	36.442	51.178	68.480		**1**
	0,0%	0,6%	0,0%	0,0%	0,0%	0,0%	0,0%	0,6%	
$U_{\mu,\sigma}(UL\text{-}NÜ_k,\lambda)$	-536	4.733	11.444	19.790	29.961	42.215	56.820		**4**
	25,2%	20,2%	18,1%	17,9%	17,8%	17,5%	17,0%	25,2%	
e^*_m	-428	5.930	13.978	24.101	36.442	51.178	68.488		
λ =-0,2									
$U_{\mu,\sigma}(UA_k,\lambda)$	-14.765	-11.696	-7.129	-861	7.312	17.602	30.227		**5**
	11,3%	28,6%	126,6%	117,8%	51,5%	36,6%	29,8%	126,6%	
$U_{\mu,\sigma}(ETÜ_k,\lambda)$	-13.398	-9.095	-3.192	4.759	14.968	27.636	42.952		**2**
	1,0%	0,0%	1,5%	1,8%	0,7%	0,4%	0,2%	1,8%	
$U_{\mu,\sigma}(PL_k,\lambda)$	-13.389	-9.156	-3.335	4.510	14.570	27.040	42.084		**3**
	0,9%	0,7%	6,0%	7,0%	3,4%	2,5%	2,3%	7,0%	
$U_{\mu,\sigma}(PL\text{-}NÜ_k,\lambda)$	-13.363	-9.117	-3.146	4.848	15.076	27.742	43.052		**1**
	0,7%	0,2%	0,0%	0,0%	0,0%	0,0%	0,0%	0,7%	
$U_{\mu,\sigma}(UL\text{-}NÜ_k,\lambda)$	-13.301	-9.306	-3.971	2.929	11.617	22.383	35.528		**4**
	0,3%	2,3%	26,3%	39,6%	22,9%	19,3%	17,5%	39,6%	
e^*_m	-13.268	-9.095	-3.146	4.848	15.076	27.742	43.052		
λ =-0,3									
$U_{\mu,\sigma}(UA_k,\lambda)$	-24.577	-23.118	-20.205	-15.620	-9.135	-519	10.472		**5**
	0,0%	0,0%	4,2%	12,1%	45,2%	112,1%	40,6%	112,1%	
$U_{\mu,\sigma}(ETÜ_k,\lambda)$	-26.337	-24.121	-20.351	-14.548	-6.473	4.107	17.417		**2**
	7,2%	4,3%	5,0%	4,4%	2,9%	4,6%	1,2%	7,2%	
$U_{\mu,\sigma}(PL_k,\lambda)$	-26.327	-24.179	-20.488	-14.788	-6.856	3.531	16.574		**3**
	7,1%	4,6%	5,7%	6,1%	9,0%	18,0%	5,9%	18,0%	
$U_{\mu,\sigma}(PL\text{-}NÜ_k,\lambda)$	-26.298	-24.126	-20.270	-14.404	-6.290	4.307	17.624		**1**
	7,0%	4,4%	4,6%	3,4%	0,0%	0,0%	0,0%	7,0%	
$U_{\mu,\sigma}(UL\text{-}NÜ_k,\lambda)$	-26.066	-23.344	-19.387	-13.932	-6.727	2.551	14.235		**4**
	6,0%	1,0%	0,0%	0,0%	6,9%	40,8%	19,2%	40,8%	
e^*_m	-24.577	-23.118	-19.387	-13.932	-6.290	4.307	17.624		

(in T€)	-10%	Basis-fall	+ 10%	+ 20%	+ 30%	+ 40%	+ 50%	$U_R(A_k)$	Rang
λ =-0,4									
$U_{\mu,\sigma}(UA_k,\lambda)$	-34.389	-34.540	-33.282	-30.378	-25.583	-18.641	-9.283		5
	0,0%	0,0%	0,0%	0,0%	2,0%	7,9%	31,5%	31,5%	
$U_{\mu,\sigma}(ETÜ_k,\lambda)$	-39.275	-39.146	-37.509	-33.854	-27.914	-19.422	-8.118		3
	14,2%	13,3%	12,7%	11,4%	11,3%	12,4%	15,0%	15,0%	
$U_{\mu,\sigma}(PL_k,\lambda)$	-39.265	-39.202	-37.640	-34.085	-28.283	-19.978	-8.935		4
	14,2%	13,5%	13,1%	12,2%	12,8%	15,6%	26,6%	26,6%	
$U_{\mu,\sigma}(PL\text{-}NÜ_k,\lambda)$	-39.233	-39.136	-37.394	-33.657	-27.656	-19.129	-7.804		2
	14,1%	13,3%	12,4%	10,8%	10,3%	10,7%	10,6%	14,1%	
$U_{\mu,\sigma}(UL\text{-}NÜ_k,\lambda)$	-38.832	-37.383	-34.802	-30.793	-25.071	-17.281	-7.058		1
	12,9%	8,2%	4,6%	1,4%	0,0%	0,0%	0,0%	12,9%	
e_m^*	-34.389	-34.540	-33.282	-30.378	-25.071	-17.281	-7.058		
λ =-0,5									
$U_{\mu,\sigma}(UA_k,\lambda)$	-44.202	-45.962	-46.358	-45.136	-42.030	-36.762	-29.038		1
	0,0%	0,0%	0,0%	0,0%	0,00%	0,0%	2,4%	2,4%	
$U_{\mu,\sigma}(ETÜ_k,\lambda)$	-52.214	-54.172	-54.667	-53.161	-49.355	-42.951	-33.654		4
	18,1%	17,9%	17,9%	17,8%	17,4%	16,8%	18,7%	18,7%	
$U_{\mu,\sigma}(PL_k,\lambda)$	-52.203	-54.225	-54.793	-53.382	-49.709	-43.486	-34.444		5
	18,1%	18,0%	18,2%	18,3%	18,3%	18,3%	21,5%	21,5%	
$U_{\mu,\sigma}(PL\text{-}NÜ_k,\lambda)$	-52.168	-54.145	-54.518	-52.909	-49.022	-42.565	-33.232		3
	18,0%	17,8%	17,6%	17,2%	16,6%	15,8%	17,2%	18,0%	
$U_{\mu,\sigma}(UL\text{-}NÜ_k,\lambda)$	-51.597	-51.422	-50.218	-47.654	-43.415	-37.114	-28.350		2
	16,7%	11,9%	8,3%	5,6%	3,3%	1,0%	0,0%	16,7%	
e_m^*	-44.202	-45.962	-46.358	-45.136	-42.030	-36.762	-28.350		

Tab. A11: Risikoaverse Entscheidung bei einer Variation der Übergangswahrscheinlichkeiten

(in T€)	40;40;20	30;50;20	30;40;30	Basis-fall	20;50;30	20;40;40	20;30;50	$U_R(A_k)$	Rang
λ =-0,1									
$U_{\mu,\sigma}(UA_k,\lambda)$	14.917	7.109	6.173	-275	-1.205	-2.135	-3.065		**5**
	41,0%	53,5%	56,6%	104,6%	124,9%	157,07%	215,5%	215,5%	
$U_{\mu,\sigma}(ETÜ_k,\lambda)$	25.076	15.225	14.144	5.930	4.841	3.741	2.632		**2**
	0,7%	0,5%	0,6%	0,0%	0,0%	0,0%	0,8%	0,8%	
$U_{\mu,\sigma}(PL_k,\lambda)$	24.823	15.066	13.996	5.867	4.795	3.720	2.638		**3**
	1,7%	1,5%	1,6%	1,1%	1,0%	0,6%	0,6%	1,7%	
$U_{\mu,\sigma}(PL\text{-}NÜ_k,\lambda)$	25.261	15.295	14.228	5.893	4.815	3.735	2.653		**1**
	0,0%	0,0%	0,0%	0,6%	0,6%	0,2%	0,0%	0,6%	
$U_{\mu,\sigma}(UL\text{-}NÜ_k,\lambda)$	20.280	12.344	11.434	4.733	3.797	2.857	1.911		**4**
	19,7%	19,3%	19,6%	20,2%	21,6%	23,6%	28,0%	28,0%	
e_m^*	25.261	15.295	14.228	5.930	4.841	3.741	2.653		
λ =-0,2									
$U_{\mu,\sigma}(UA_k,\lambda)$	-913	-6.728	-7.676	-11.696	-12.634	-13.571	-14.505		**5**
	120,2%	135,3%	94,7%	28,6%	24,0%	20,2%	17,2%	135,3%	
$U_{\mu,\sigma}(ETÜ_k,\lambda)$	4.260	-2.976	-4.071	-9.095	-10.191	-11.298	-12.413		**2**
	5,9%	4,1%	3,2%	0,0%	0,0%	0,1%	0,3%	5,9%	
$U_{\mu,\sigma}(PL_k,\lambda)$	4.019	-3.129	-4.213	-9.156	-10.235	-11.316	-12.405		**3**
	11,3%	9,4%	6,9%	0,7%	0,4%	0,2%	0,2%	11,3%	
$U_{\mu,\sigma}(PL\text{-}NÜ_k,\lambda)$	4.528	-2.860	-3.943	-9.117	-10.204	-11.292	-12.381		**1**
	0,0%	0,0%	0,0%	0,2%	0,1%	0,0%	0,0%	0,2%	
$U_{\mu,\sigma}(UL\text{-}NÜ_k,\lambda)$	2.512	-3.732	-4.700	-9.306	-10.326	-11.355	-12.395		**4**
	44,5%	30,5%	19,2%	2,3%	1,3%	0,6%	0,1%	44,5%	
e_m^*	4.528	-2.860	-3.943	-9.095	-10.191	-11.292	-12.381		
λ =-0,3									
$U_{\mu,\sigma}(UA_k,\lambda)$	-16.742	-20.565	-21.526	-23.118	-24.063	-25.006	-25.946		**4**
	9,7%	3,8%	3,3%	0,0%	0,0%	0,0%	0,0%	9,7%	
$U_{\mu,\sigma}(ETÜ_k,\lambda)$	-16.556	-21.177	-22.286	-24.121	-25.224	-26.337	-27.458		**3**
	8,5%	6,9%	7,0%	4,3%	4,8%	5,3%	5,8%	8,5%	
$U_{\mu,\sigma}(PL_k,\lambda)$	-16.786	-21.324	-22.422	-24.179	-25.266	-26.353	-27.447		**5**
	10,0%	7,7%	7,6%	4,6%	5,0%	5,4%	5,8%	10,0%	
$U_{\mu,\sigma}(PL\text{-}NÜ_k,\lambda)$	-16.204	-21.014	-22.114	-24.126	-25.222	-26.318	-27.414		**2**
	6,2%	6,1%	6,1%	4,4%	4,82%	5,3%	5,7%	6,2%	
$U_{\mu,\sigma}(UL\text{-}NÜ_k,\lambda)$	-15.256	-19.807	-20.834	-23.344	-24.449	-25.567	-26.701		**1**
	0,0%	0,0%	0,0%	1,0%	1,6%	2,3%	2,9%	2,9%	
e_m^*	-15.256	-19.807	-20.834	-23.118	-24.063	-25.006	-25.946		

(in T€)	40;40;20	30;50;20	30;40;30	Basis-fall	20;50;30	20;40;40	20;30;50	$U_R(A_k)$	Rang
λ =-0,4									
$U_{\mu,\sigma}(UA_k,\lambda)$	-32.571	-34.402	-35.376	-34.540	-35.492	-36.441	-37.387		1
	0,0%	0,0%	0,0%	0,0%	0,0%	0,0%	0,0%	0,0%	
$U_{\mu,\sigma}(ETÜ_k,\lambda)$	-37.372	-39.379	-40.501	-39.146	-40.257	-41.377	-42.504		4
	14,7%	14,5%	14,5%	13,3%	13,4%	13,5%	13,7%	14,7%	
$U_{\mu,\sigma}(PL_k,\lambda)$	-37.590	-39.518	-40.631	-39.202	-40.296	-41.390	-42.490		5
	15,4%	14,9%	14,9%	13,5%	13,5%	13,6%	13,7%	15,4%	
$U_{\mu,\sigma}(PL\text{-}NÜ_k,\lambda)$	-36.936	-39.169	-40.284	-39.136	-40.241	-41.345	-42.448		3
	13,4%	13,9%	13,9%	13,3%	13,4%	13,5%	13,5%	13,9%	
$U_{\mu,\sigma}(UL\text{-}NÜ_k,\lambda)$	-33.024	-35.882	-36.968	-37.383	-38.572	-39.779	-41.007		2
	1,4%	4,3%	4,5%	8,2%	8,7%	9,2%	9,7%	9,7%	
e_m^*	-32.571	-34.402	-35.376	-34.540	-35.492	-36.441	-37.387		

Tab. A12: Risikoaverse Entscheidung bei einer Variation der Szenariowahrscheinlichkeiten

(in T€)	8%	10%	12%	14%	16%	18%	20%	22%	24%	$U_R(A_k)$	
λ =-0,1											
$U_{\mu,\sigma}(UA_k,\lambda)$	-3.365	-275	2.804	5.876	8.943	12.009	15.073	18.135	21.196		5
	273%	104,6%	71,2%	56,8%	48,7%	43,6%	40,0%	37,3%	35,3%	273 %	
$U_{\mu,\sigma}(ETÜ_k,\lambda)$	1.915	5.930	9.731	13.519	17.304	21.086	24.860	28.633	32.405		2
	1,4%	0,0%	0,2%	0,5%	0,75%	0,9%	1,0%	1,0%	1,0%	1,4%	
$U_{\mu,\sigma}(PL_k,\lambda)$	1.926	5.867	9.611	13.348	17.080	20.807	24.528	28.248	31.967		3
	0,9%	1,1%	1,4%	1,8%	2,0%	2,2%	2,3%	2,3%	2,4%	2,4%	
$U_{\mu,\sigma}(PL\text{-}NÜ_k,\lambda)$	1.943	5.893	9.747	13.592	17.435	21.274	25.101	28.920	32.737		1
	0,0%	0,6%	0,0%	0,0%	0,0%	0,0%	0,0%	0,0%	0,0%	0,6%	
$U_{\mu,\sigma}(UL\text{-}NÜ_k,\lambda)$	1.699	4.733	7.754	10.768	13.778	16.784	19.790	22.793	25.796		4
	12,6%	20,2%	20,4%	20,8%	21,0%	21,1%	21,2%	21,2%	21,2%	21,2%	
e^*_m	1.943	5.930	9.747	13.592	17.435	21.274	25.101	28.920	32.737		
λ =-0,2											
$U_{\mu,\sigma}(UA_k,\lambda)$	-12.478	-11.696	-10.928	-10.167	-9.412	-8.658	-7.906	-7.157	-6.409		5
	24,3%	28,6%	31,8%	36,0%	41,2%	47,8%	56,3%	67,5%	83,9%	83,9%	
$U_{\mu,\sigma}(ETÜ_k,\lambda)$	-10.072	-9.095	-8.339	-7.596	-6.855	-6.118	-5.389	-4.661	-3.934		2
	0,3%	0,0%	0,6%	1,6%	2,8%	4,5%	6,5%	9,1%	12,9%	12,9%	
$U_{\mu,\sigma}(PL_k,\lambda)$	-10.059	-9.156	-8.454	-7.761	-7.071	-6.387	-5.709	-5.033	-4.357		4
	0,2%	0,7%	1,9%	3,8%	6,1%	9,1%	12,8%	17,8%	25,0%	25,0%	
$U_{\mu,\sigma}(PL\text{-}NÜ_k,\lambda)$	-10.039	-9.117	-8.293	-7.478	-6.665	-5.857	-5.059	-4.272	-3.486		1
	0,0%	0,2%	0,0%	0,0%	0,0%	0,0%	0,0%	0,0%	0,0%	0,2%	
$U_{\mu,\sigma}(UL\text{-}NÜ_k,\lambda)$	-10.072	-9.306	-8.551	-7.805	-7.062	-6.323	-5.585	-4.848	-4.112		3
	0,3%	2,3%	3,1%	4,4%	6,0%	8,0%	10,4%	13,5%	18,0%	18,0%	
e^*_m	-10.039	-9.095	-8.293	-7.478	-6.665	-5.857	-5.059	-4.272	-3.486		
λ =-0,3											
$U_{\mu,\sigma}(UA_k,\lambda)$	-21.590	-23.118	-24.660	-26.209	-27.766	-29.325	-30.886	-32.450	-34.014		1
	0,0%	0,0%	0,0%	0,0%	0,0%	0,0%	0,0%	0,0%	0,0%	0,0%	
$U_{\mu,\sigma}(ETÜ_k,\lambda)$	-22.058	-24.121	-26.409	-28.710	-31.014	-33.322	-35.638	-37.955	-40.273		4
	2,2%	4,3%	7,1%	9,5%	11,7%	13,6%	15,4%	17,0%	18,4%	18,4%	
$U_{\mu,\sigma}(PL_k,\lambda)$	-22.045	-24.179	-26.519	-28.869	-31.221	-33.581	-35.946	-38.313	-40.680		5
	2,1%	4,6%	7,5%	10,2%	12,4%	14,5%	16,4%	18,1%	19,6%	19,6%	
$U_{\mu,\sigma}(PL\text{-}NÜ_k,\lambda)$	-22.020	-24.126	-26.333	-28.548	-30.765	-32.987	-35.220	-37.464	-39.708		3
	2,0%	4,4%	6,8%	8,9%	10,8%	12,5%	14,0%	15,5%	16,7%	16,7%	
$U_{\mu,\sigma}(UL\text{-}NÜ_k,\lambda)$	-21.843	-23.344	-24.857	-26.378	-27.902	-29.430	-30.959	-32.489	-34.020		2
	1,2%	1,0%	0,8%	0,6%	0,5%	0,4%	0,2%	0,1%	0,0%	1,17%	
e^*_m	-21.590	-23.118	-24.660	-26.209	-27.766	-29.325	-30.886	-32.450	-34.014		
λ =-0,4											
$U_{\mu,\sigma}(UA_k,\lambda)$	-30.703	-34.540	-38.392	-42.252	-46.121	-49.992	-53.865	-57.742	-61.620		1
	0,0%	0,0%	0,0%	0,0%	0,0%	0,0%	0,0%	0,0%	0,0%	0,0%	
$U_{\mu,\sigma}(ETÜ_k,\lambda)$	-34.045	-39.146	-44.478	-49.824	-55.173	-60.526	-65.887	-71.249	-76.612		4
	10,9%	13,3%	15,9%	17,9%	19,6%	21,1%	22,3%	23,4%	24,3%	24,3%	
$U_{\mu,\sigma}(PL_k,\lambda)$	-34.031	-39.202	-44.584	-49.977	-55.372	-60.775	-66.183	-71.593	-77.003		5
	10,8%	13,5%	16,1%	18,3%	20,1%	21,6%	22,9%	24,0%	25,0%	25,0%	
$U_{\mu,\sigma}(PL\text{-}NÜ_k,\lambda)$	-34.002	-39.136	-44.372	-49.618	-54.866	-60.118	-65.381	-70.655	-75.930		3
	10,8%	13,3%	15,6%	17,4%	19,0%	20,3%	21,4%	22,4%	23,2%	23,2%	
$U_{\mu,\sigma}(UL\text{-}NÜ_k,\lambda)$	-33.615	-37.383	-41.163	-44.951	-48.742	-52.537	-56.333	-60.131	-63.928		2
	9,5%	8,2%	7,2%	6,4%	5,7%	5,1%	4,6%	4,1%	3,8%	9,5%	
e^*_m	-30.703	-34.540	-38.392	-42.252	-46.121	-49.992	-53.865	-57.742	-61.620		

Tab. A13: Risikoaverse Entscheidung bei einer Variation der Lizenzsätze

Verzeichnis der Gesetze, Verordnungen, Richtlinien und sonstigen Rechnungslegungs- und Bewertungsstandards

AEUV (2013): Vertrag über die Arbeitsweise der Europäischen Union vom 9. Mai 2008, in: ABl. Nr. C 115, S. 47, mit allen späteren Änderungen einschließlich der Änderung durch die Akte über die Bedingungen des Beitritts der Republik Kroatien und die Anpassungen des Vertrags über die Europäische Union, des Vertrags über die Arbeitsweise der Europäischen Union und des Vertrags zur Gründung der Europäischen Atomgemeinschaft vom 24. April 2012, in: ABl. Nr. L 112, S. 21.

AktG (2012): Aktiengesetz vom 6. September 1965, in: BGBl. I 1965, S. 1089, mit allen späteren Änderungen einschließlich der Änderung durch Art. 3 Kleinstkapitalgesellschaften-Bilanzrechtsänderungsgesetz vom 20. Dezember 2012, in: BGBl. I 2012, S. 2751.

AO (2013): Abgabenordnung vom 1. Oktober 2002, in: BGBl. I 2002, S. 3866, ber. BGBl. I 2003, S. 61, mit allen späteren Änderungen einschließlich der Änderung durch Art. 11 des Gesetzes zur Umsetzung der Amtshilferichtlinie sowie zur Änderung steuerlicher Vorschriften (Amtshilferichtlinie-Umsetzungsgesetz) vom 26. Juni 2013, in: BGBl. I 2013, S. 1809.

AStG (2013): Gesetz über die Besteuerung bei Auslandsbeziehungen (Außensteuergesetz) vom 8. September 1972, in: BGBl. I 1972, S. 1713, mit allen späteren Änderungen einschließlich der Änderung durch Art. 6 des Gesetzes zur Umsetzung der Amtshilferichtlinie sowie zur Änderung steuerlicher Vorschriften (Amtshilferichtlinie-Umsetzungsgesetz) vom 26. Juni 2013, in: BGBl. I 2013, S. 1809.

BGB (2013): Bürgerliches Gesetzbuch in der Fassung der Bekanntmachung vom 2. Januar 2002, in: BGBl. I 2002, S. 42, 2909, und BGBl. I 2003, S. 738, mit allen späteren Änderungen einschließlich der Änderung durch Art. 4 des Gesetzes zur Stärkung der Rechte von Opfern sexuellen Missbrauchs (StORMG) vom 26. Juni 2013, in: BGBl. I 2013, S. 1805.

BilMoG (2009): Gesetz zur Modernisierung des Bilanzrechts (Bilanzrechtsmodernisierungsgesetz – BilMoG) vom 26. Mai 2009, in: BGBl. I 2009, S. 1102.

BMF (Hrsg.) (2008): Entwurf der Verordnung zur Anwendung des Fremdvergleichsgrundsatzes nach § 1 Abs. 1 des Außensteuergesetzes in Fällen grenzüberschreitender Funktionsverlagerungen (Funktionsverlagerungsverordnung) vom 23. Mai 2008, in: BR-Drucks. 352/08.

Bundesregierung (Hrsg.) (1971): Entwurf eines Gesetzes zur Wahrung der steuerlichen Gleichmäßigkeit bei Auslandsbeziehungen und zur Verbesserung der steuerlichen Wettbewerbslage bei Auslandsinvestitionen vom 2. Dezember 1971, in: BT-Drucks. 6/2883.

Bundesregierung (Hrsg.) (2007): Entwurf eines Unternehmensteuerreformgesetzes vom 27. März 2007, in: BT-Drucks. 16/4841.

Bundesregierung (Hrsg.) (2008): Entwurf eines Gesetzes zur Modernisierung des Bilanzrechts (Bilanzrechtsmodernisierungsgesetz – BilMoG) vom 30. Juli 2008, in: BT-Drucks. 16/10067.

Bundesregierung (Hrsg.) (2010): Bericht des Finanzausschusses zu dem Gesetzentwurf der Bundesregierung – Drucks. 17/506, 17/813 – Entwurf eines Gesetzes zur Umsetzung steuerlicher EU-Vorgaben sowie zur Änderung steuerlicher Vorschriften vom 4. März 2010, in: BT-Drucks. 17/939.

BW 2 (2012): Burgerlijk Wetboek Boek 2 vom 22. Juli 1976, in: Stb. 1976, Nr. 395, mit allen späteren Änderungen einschließlich der letzten Änderung vom 20. Dezember 2012, in: Stb. 2012, Nr. 682.

BW 6 (2012): Burgerlijk Wetboek Boek 6 vom 4. Oktober 1980, in: Stb. 1980, Nr. 432, mit allen späteren Änderungen einschließlich der letzten Änderung vom 13. Dezember 2012, in: Stb. 2012, Nr. 647.

DBA-NL (1960): Abkommen zwischen der Bundesrepublik Deutschland und dem Königreich der Niederlande zur Vermeidung der Doppelbesteuerung auf dem Gebiete der Steuern vom Einkommen und vom Vermögen sowie verschiedener sonstiger Steuern und zur Regelung anderer Fragen auf steuerlichem Gebiete vom 16. Juni 1959, in: BGBl. II 1960, S. 1781, 2216.

DBA-NL (2012): Abkommen zwischen der Bundesrepublik Deutschland und dem Königreich der Niederlande zur Vermeidung der Doppelbesteuerung und zur

Verhinderung der Steuerverkürzung auf dem Gebiet der Steuern vom Einkommen vom 12. April 2012, in: BGBl. II 2012, S. 1415.

DRS 2 (2010): Deutscher Rechnungslegungs Standard Nr. 2 (DRS 2): Kapitalflussrechnung, Berlin.

EPÜ (2012): Europäisches Patentübereinkommen vom 5. Oktober 1973, in: BGBl. II 2007, S. 1082, 1129 mit allen späteren Änderungen einschließlich der letzten Änderung durch die Bekanntmachung der Änderung der Ausführungsordnung zum Europäischen Patentübereinkommen vom 21. November 2012, in: BGBl. II 2012, S. 1543.

EStG (2013): Einkommensteuergesetz vom 8. Oktober 2009, in: BGBl. I 2009, S. 3366, ber. 3862, mit allen späteren Änderungen einschließlich der Änderung durch Art. 2 des Gesetzes zur Umsetzung der Amtshilferichtlinie sowie zur Änderung steuerlicher Vorschriften (Amtshilferichtlinie-Umsetzungsgesetz) vom 26. Juni 2013, in: BGBl. I 2013, S. 1809.

EU-Schiedsverfahrenskonvention (1990): Übereinkommen über die Beseitigung der Doppelbesteuerung im Falle von Gewinnberichtigungen zwischen verbundenen Unternehmen (90/436/EWG) vom 20. August 1990, in: ABl. Nr. L 225, S. 10.

EUV (2011): Vertrag über die Europäische Union i. d. F. des Vertrags von Lissabon vom 13. Dezember 2007, in: ABl. Nr. C 306, S. 1, ber. ABl. 2008 Nr. C 111, S. 56, ABl. 2009 Nr. C 290, S. 1, ABl. 2011 Nr. C 378, S. 3, mit allen späteren Änderungen einschließlich der Änderung durch Art. 13, 14 Abs. 1 EU-Beitrittsakte 2013 vom 9. Dezember 2011, in: ABl. Nr. L 112, S. 21.

FVerlV (2008): Verordnung zur Anwendung des Fremdvergleichsgrundsatzes nach § 1 Abs. 1 des Außensteuergesetzes in Fällen grenzüberschreitender Funktionsverlagerungen (Funktionsverlagerungsverordnung – FVerlV) vom 12. August 2008, in BGBl. I 2008, S. 1680.

GAufzV (2013): Verordnung zu Art, Inhalt und Umfang von Aufzeichnungen im Sinne des § 90 Abs. 3 der Abgabenordnung (Gewinnabgrenzungsaufzeichnungsverordnung – GAufzV) vom 13. November 2003, in: BGBl. I 2003, S. 2296, mit allen späteren Änderungen einschließlich der Änderung durch Art. 7 des Gesetzes zur Umsetzung der Amtshilferichtlinie sowie zur Änderung steuerlicher Vorschriften (Amtshilferichtlinie-Umsetzungsgesetz) vom 26. Juni 2013, in: BGBl. I 2013, S. 1809.

GewStG (2013): Gewerbesteuergesetz (GewStG) vom 15. Oktober 2002, in: BGBl. I 2002, S. 4167, mit allen späteren Änderungen einschließlich der Änderung durch Art. 4 des Gesetzes zur Umsetzung der Amtshilferichtlinie sowie zur Änderung steuerlicher Vorschriften (Amtshilferichtlinie-Umsetzungsgesetz) vom 26. Juni 2013, in: BGBl. I 2013, S. 1809.

GG (2012): Grundgesetz für die Bundesrepublik Deutschland vom 23. Mai 1949, in: BGBl. I 1949, S. 1, mit allen späteren Änderungen einschließlich der Änderung durch Art. 1 des Gesetzes zur Änderung des Grundgesetzes (Art. 93) vom 11. Juli 2012, in: BGBl. I 2012, S. 1478.

GmbHG (2013): Gesetz betreffend die Gesellschaften mit beschränkter Haftung (GmbHG) vom 20. April 1892, in: RGBl. 1892, S. 477, mit allen späteren Änderungen einschließlich der Änderung durch das Gesetz zur Stärkung des Ehrenamtes (Ehrenamtsstärkungsgesetz) vom 21. März 2013, in: BGBl. I 2013, S. 556.

HGB (2013): Handelsgesetzbuch vom 10. Mai 1897, in: RGBl. 1897, S. 219, mit allen späteren Änderungen einschließlich der Änderung durch Art. 1 des Gesetzes zur Reform des Seehandelsrechts vom 20. April 2013, in: BGBl. I 2013, S. 831.

IDW S 1 (2008): IDW Standard: Grundsätze zur Durchführung von Unternehmensbewertungen (IDW S 1 i. d. F. 2008), Düsseldorf.

IDW S 5 (2011): IDW Standard: Grundsätze zur Bewertung immaterieller Vermögenswerte (IDW S 5), Düsseldorf.

KStG (2013): Körperschaftsteuergesetz vom 15. Oktober 2002, in: BGBl. I 2002, S. 4144, mit allen späteren Änderungen einschließlich der Änderung durch Art. 3 des Gesetzes zur Umsetzung der Amtshilferichtlinie sowie zur Änderung steuerlicher Vorschriften (Amtshilferichtlinie-Umsetzungsgesetz) vom 26. Juni 2013, in: BGBl. I 2013, S. 1809.

Ministerie van Economische Zaken, Landbouw en Innovatie (Hrsg.) (2011): Besluit houdende regels voor de aanvullende aftrek voor speur- en ontwikkelingswerk (Besluit RDA) vom 21. Dezember 2011, WJZ/11178390, in: Stb. 2011, Nr. 657.

Ministerie van Economische Zaken, Landbouw en Innovatie (Hrsg.) (2012): Vaststelling van de begrotingsstaten van het Ministerie van Economische Zaken, Landbouw en Innovatie (XIII) voor het jaar 2013 vom 16. Oktober 2012, 33 400 XIII, in: Stb. 2013, Nr. 5.

MwStSystRL (2011): Richtlinie 2006/112/EG des Rates vom 28. November 2006 über das gemeinsame Mehrwertsteuersystem, in: ABl. Nr. L 347, S. 1, ber. ABl. Nr. L 335, S. 60, mit allen späteren Änderungen einschließlich der Änderung durch Anhang III 6. 1. ÄndEU-BeitrAkt 2013 vom 9. Dezember 2011, in: ABl. Nr. L 112, S. 21.

OECD-MA (2010): OECD-Musterabkommen 2010 zur Vermeidung der Doppelbesteuerung auf dem Gebiet der Steuern vom Einkommen und vom Vermögen (OECD-MA 2010) vom 22. Juli 2010, Paris.

PatG (2011): Patentgesetz vom 16. Dezember 1980, in: BGBl. 1981 I, S. 1, mit allen späteren Änderungen einschließlich der Änderung durch Art. 13 des Gesetzes über den Rechtsschutz bei überlangen Gerichtsverfahren und strafrechtlichen Ermittlungsverfahren vom 24. November 2011, in: BGBl. I 2011, S. 2302.

Rat der EG (2009): Richtlinie des Rates über das gemeinsame Steuersystem für Fusionen, Spaltungen, die Einbringung von Unternehmensteilen und den Austausch von Anteilen, die Gesellschaften verschiedener Mitgliedstaaten betreffen (90/434/EWG) vom 20. August 1990, in: ABl. Nr. L 225/01, S. 1, mit allen späteren Änderungen einschließlich der Änderung durch die Richtlinie über das gemeinsame Steuersystem für Fusionen, Spaltungen, Abspaltungen, die Einbringung von Unternehmensteilen und den Austausch von Anteilen, die Gesellschaften verschiedener Mitgliedstaaten betreffen, sowie für die Verlegung des Sitzes einer Europäischen Gesellschaft oder einer Europäischen Genossenschaft von einem Mitgliedstaat in einen anderen Mitgliedstaat (2009/133/EG) vom 25. November 2009, in: ABl. Nr. L 310, S. 34.

Rat der EG (Hrsg.) (2006): Richtlinie des Rates über eine gemeinsame Steuerregelung für Zahlungen von Zinsen und Lizenzgebühren zwischen verbundenen Unternehmen verschiedener Mitgliedstaaten (2003/49/EG) vom 3. Juni 2003, in: ABl. Nr. L 157, S. 49, mit allen späteren Änderungen einschließlich der Änderung durch die Richtlinie des Rates zur Anpassung bestimmter Richtlinien im Bereich Steuerwesen anlässlich des Beitritts Bulgariens und Rumäniens (2006/98/EG) vom 20. November 2006, in ABl. Nr. L 363, S. 129.

Rat der EG (Hrsg.) (2011): Richtlinie des Rates über das gemeinsame Steuersystem der Mutter- und Tochtergesellschaften verschiedener Mitgliedstaaten (90/435/EWG) vom 23. Juli 1990, in: ABl. Nr. L 225, S. 6, mit allen späteren Änderungen einschließlich der Änderung durch die Richtlinie 2011/96/EU des Rates über das gemeinsame Steuersystem der Mutter- und Tochtergesellschaften verschiedener Mitgliedstaaten (Neufassung) vom 30. November 2011, in: ABl. Nr. L 345, S. 8.

Row (2010): Rijksoctrooiwet vom 15. Dezember 1994, in: Stb. 1995, Nr. 51 mit allen späteren Änderungen einschließlich der Änderung vom 7. Juli 2010, in: Stb. 2010, Nr. 339.

SolZG (2011): Solidaritätszuschlaggesetz in der Fassung der Bekanntmachung vom 15. Oktober 2002, in: BGBl. I 2002, S. 4130, mit allen späteren Änderungen einschließlich der Änderung durch Art. 6 des Gesetzes zur Umsetzung der Beitreibungsrichtlinie sowie zur Änderung steuerlicher Vorschriften (Beitreibungsrichtlinie-Umsetzungsgesetz – BeitrRLUmsG) vom 7. Dezember 2011, in: BGBl. I 2011, S. 2592.

UntStRefG (2008): Unternehmensteuerreformgesetz 2008 vom 14. August 2007, in: BGBl. I 2007, S. 1912.

Wet DB (2012): Wet op de dividendbelasting vom 23. Dezember 1965, in: Stb. 1965, Nr. 621, mit allen späteren Änderungen einschließlich der Änderung vom 20. Dezember 2012, in: Stb. 2012, Nr. 670.

Wet IB (2013): Wet inkomstenbelasting vom 11. Mai 2000, in: Stb. 2001, Nr. 1, mit allen späteren Änderungen einschließlich der Änderung vom 6. Dezember 2012, in: Stb. 2013, Nr. 72.

Wet Vpb (2012): Wet op de vennootschapsbelasting vom 8. Oktober 1969, in: Stb. 1969, Nr. 469, mit allen späteren Änderungen einschließlich der Änderung vom 21. Dezember 2012, in: Stcrt. 2012, Nr. 26314.

WVA (2012): Wet vermindering afdracht loonbelasting en premie voor de volksverzekeringen vom 15. Dezember 1995, in: Stb. 1995, Nr. 635, mit allen späteren Änderungen einschließlich der Änderung vom 21. Dezember 2012, in: Stcrt. 2012, Nr. 26314.

Verzeichnis der Verwaltungsvorschriften

Bayerisches Landesamt für Steuern (Hrsg.) (2013): Schreiben betr. Erbschaftsteuer und Bewertungsrecht; Bewertung des Unternehmensvermögens vom 4. Januar 2013, 34/31/33 – S 3102 – 0006 – 333/13, in: Zeitschrift für Erbrecht und Vermögensnachfolge, Heft 2, S. 104.

BMF (Hrsg.) (1971): Schreiben betr. ertragsteuerliche Behandlung von Leasing-Verträgen über bewegliche Wirtschaftsgüter vom 19. April 1971, IV B/2 – S 2170 – 31/71, in: BStBl. I 1971, S. 264.

BMF (Hrsg.) (1973): Schreiben betr. ertragsteuerliche Beurteilung von Finanzierungs-Leasing-Verträgen: Höhe des Zinssatzes bei Aufteilung der Leasingraten in einen Zins- und Kostenanteil sowie einen Tilgungsanteil vom 13. Dezember 1973, IV B 2 – S 2170 – 94/73, in: Finanz-Rundschau, Heft 1, S. 16.

BMF (Hrsg.) (1983): Schreiben betr. Grundsätze für die Prüfung der Einkunftsabgrenzung bei international verbundenen Unternehmen (Verwaltungsgrundsätze) vom 23. Februar 1983, IV C 5 – S 1341 – 4/83, in: BStBl. I 1983, S. 218.

BMF (Hrsg.) (1999): Schreiben betr. Grundsätze für die Prüfung der Einkunftsabgrenzung durch Umlageverträge zwischen international verbundenen Unternehmen vom 30. Dezember 1999, IV B 4 – S 1341 – 14/99, in: BStBl. I 1999, S. 1122.

BMF (Hrsg.) (2001): Schreiben betr. ertragsteuerrechtliche Behandlung von Film- und Fernsehfonds vom 23. Februar 2001, IV A 6 – S 2241 – 8/01, in: BStBl. I 2001, S. 175, zuletzt geändert durch Schreiben betr. ertragsteuerliche Behandlung von Film- und Fernsehfonds vom 5. August 2003, IV A 6 – S 2241 – 81/03, in: BStBl. I 2003, S. 406.

BMF (Hrsg.) (2002): Schreiben betr. Korrektur einer verdeckten Gewinnausschüttung innerhalb oder außerhalb der Steuerbilanz vom 28. Mai 2002, IV A 2 – S 2742 – 32/02, in: BStBl. I 2002, S. 603.

BMF (Hrsg.) (2003): Schreiben betr. steuerliches Einlagekonto (Anwendung der §§ 27 und 28 KStG 2002) vom 4. Juni 2003, IV A 2 – S 2836 – 2/03, in: BStBl. I 2003, S. 366.

BMF (Hrsg.) (2005): Schreiben betr. Grundsätze für die Prüfung der Einkunftsabgrenzung zwischen nahestehenden Personen mit grenzüberschreitenden Geschäftsbeziehungen in Bezug auf Ermittlungs- und Mitwirkungspflichten, Berichtigungen sowie auf Verständigungs- und EU-Schiedsverfahren (Verwaltungsgrundsätze-Verfahren) vom 12. April 2005, IV B 4 – S 1341 – 1/05, in: BStBl. I 2005, S. 570.

BMF (Hrsg.) (2010): Schreiben betr. Grundsätze für die Prüfung der Einkunftsabgrenzung zwischen nahe stehenden Personen in Fällen von grenzüberschreitenden Funktionsverlagerungen (Verwaltungsgrundsätze Funktionsverlagerung) vom 13. Oktober 2010, IV B 5 – S 1341/08/10003, in: BStBl. I 2010, S. 774.

EStR (2013): Einkommensteuer-Richtlinien 2012 vom 16. Dezember 2005, in: BStBl. I 2005, Sondernummer 1 mit allen späteren Änderungen einschließlich der Änderung durch das EStÄR 2012 vom 25. März 2013, in: BStBl. I 2013, S. 276.

GewStR (2009): Gewerbesteuer-Richtlinien 2009 vom 28. April 2010, in: BStBl. I 2010, Sondernummer 1, S. 2.

KStH (2008): Körperschaftsteuer-Hinweise 2008 vom 31. Dezember 2008 in: Amtliches Gewerbesteuer-Handbuch 2008, Stuttgart.

KStR (2004): Körperschaftsteuer-Richtlinien 2004 vom 13. Dezember 2004 (KStR 2004), in: BStBl. I 2004, Sondernummer 2, S. 2.

Ministerie van Financiën (Hrsg.) (1999): Mededeling 120. Leaseregeling vom 15. November 1999, AFZ 99/3262M, in: Stcrt. 1999, Nr. 225.

Ministerie van Financiën (Hrsg.) (2001): Besluit Verrekenprijzen, toepassing van het arm's-lengthbeginsel en de Transfer Pricing Guidelines for Multinational Enterprises and Tax Administrations (OESO-richtlijnen) vom 30. März 2001, IFZ 2001/295M, in: BNB 2001, S. 286.

Ministerie van Financiën (Hrsg.) (2004): Wijziging van het besluit Verrekenprijzen, toepassing van het arm's-lengthbeginsel en de Transfer Pricing Guidelines for Multinational Enterprises and Tax Administrations (OESO-richtlijnen), herzien besluit vom 21. August 2004, IFZ2004/680M, in: BNB 2004, S. 407.

Ministerie van Financiën (Hrsg.) (2007): Besluit vom 25. Januar 2007, CPP2006/2847M, in: Stcrt. 2007, Nr. 24.

Oberste Finanzbehörden der Länder (Hrsg.) (2012): Gleichlautender Erlass betr. Anwendungsfragen zur Hinzurechnung von Finanzierungsanteilen nach § 8 Nr. 1 GewStG in der Fassung des Unternehmensteuerreformgesetzes 2008 vom 14. August 2007 (BGBl. I, S. 1912, BStBl. I, S. 630) vom 2. Juli 2012, in: BStBl. I, S. 654.

Rechtsprechungsverzeichnis

BFH (1960)	v. 02.02.1960	I 194/59	BB 1960	S. 731.
BFH (1965)	v. 29.04.1965	IV 403/62 U	BStBl. III 1965	S. 414.
BFH (1966)	v. 28.03.1966	VI 320/64	BStBl. II 1966	S. 456.
BFH (1966)	v. 04.10.1966	I 1/64	BStBl. III 1966	S. 690.
BFH (1967)	v. 16.03.1967	I 261/63	BStBl. III 1967	S. 626.
BFH (1969)	v. 03.02.1969	GrS 2/68	BStBl. II 1969	S. 291.
BFH (1970)	v. 26.01.1970	IV R 144/66	BStBl. II 1970	S. 264.
BFH (1970)	v. 19.02.1970	I R 24/67	BStBl. II 1970	S. 442.
BFH (1971)	v. 15.01.1971	III R 125/69	BStBl. II 1971	S. 379.
BFH (1974)	v. 14.08.1974	I R 168/72	BStBl. II 1975	S. 123.
BFH (1974)	v. 27.11.1974	I R 250/72	BStBl. II 1975	S. 306.
BFH (1975)	v. 26.02.1975	I R 72/73	BStBl. II 1976	S. 13.
BFH (1977)	v. 17.03.1977	IV R 218/72	BStBl. II 1977	S. 595.
BFH (1977)	v. 28.04.1977	IV R 163/75	BStBl. II 1977	S. 553.
BFH (1979)	v. 25.01.1979	IV R 21/75	BStBl. II 1979	S. 369.
BFH (1979)	v. 28.05.1979	I R 1/76	BStBl. II 1979	S. 734.
BFH (1980)	v. 12.03.1980	I R 186/76	BStBl. II 1980	S. 531.
BFH (1981)	v. 21.01.1981	I R 153/77	BStBl. II 1981	S. 517.
BFH (1983)	v. 09.03.1983	I R 182/78	BStBl. II 1983	S. 744.
BFH (1984)	v. 14.11.1984	I R 50/80	BStBl. II 1985	S. 227.
BFH (1985)	v. 07.11.1985	IV R 7/83	BStBl. II 1986	S. 176.
BFH (1986)	v. 20.08.1986	I R 283/82	BFH/NV 1987	S. 63.
BFH (1987)	v. 26.10.1987	GrS 2/86	BStBl. II 1988	S. 348.
BFH (1988)	v. 20.04.1988	I R 219/82	BStBl. II 1990	S. 701.

BFH (1989)	v. 22.02.1989	I R 9/85	BStBl. II 1989	S. 631.
BFH (1989)	v. 14.03.1989	I R 8/85	BStBl. II 1989	S. 633.
BFH (1989)	v. 26.04.1989	I R 172/87	BStBl. II 1989	S. 673.
BFH (1990)	v. 28.02.1990	I R 83/87	BStBl. II 1990	S. 649.
BFH (1990)	v. 14.03.1990	I R 6/89	BStBl. II 1990	S. 795.
BFH (1990)	v. 30.05.1990	I R 97/88	BStBl. II 1990	S. 875.
BFH (1991)	v. 07.11.1991	IV R 43/90	BStBl. II 1992	S. 398.
BFH (1991)	v. 28.11.1991	I R 13/90	BStBl. II 1992	S. 359.
BFH (1991)	v. 11.12.1991	I R 49/90	BStBl. II 1992	S. 434.
BFH (1992)	v. 07.07.1992	VIII R 24/90	BStBl. II 1993	S. 333.
BFH (1992)	v. 20.05.1992	X R 49/89	BStBl. II 1992	S. 904.
BFH (1992)	v. 26.08.1992	I R 24/91	BStBl. II 1992	S. 977.
BFH (1993)	v. 18.02.1993	IV R 40/92	BStBl. II 1994	S. 224.
BFH (1994)	v. 19.01.1994	I R 93/93	BStBl. II 1994	S. 725.
BFH (1994)	v. 29.06.1994	I R 137/93	BStBl. II 2002	S. 366.
BFH (1994)	v. 05.10.1994	I R 50/94	BStBl. II 1995	S. 549.
BFH (1995)	v. 17.05.1995	I R 147/93	BStBl. II 1996	S. 204.
BFH (1995)	v. 03.07.1995	GrS 1/93	BStBl. II 1995	S. 617.
BFH (1996)	v. 13.02.1996	VIII R 39/92	BStBl. II 1996	S. 409.
BFH (1996)	v. 27.03.1996	I R 60/95	BStBl. II 1996	S. 576.
BFH (1997)	v. 09.06.1997	GrS 1/94	BStBl. II 1998	S. 307.
BFH (1997)	v. 19.06.1997	IV R 16/95	BStBl. II 1997	S. 808.
BFH (1997)	v. 23.06.1997	GrS 2/93	BStBl. II 1997	S. 735.
BFH (1997)	v. 30.07.1997	I R 65/96	BStBl. II 1998	S. 402.
BFH (1997)	v. 13.08.1997	I R 85/96	BStBl. II 1998	S. 161.

BFH (1998)	v. 18.06.1998	IV R 56/97	BStBl. II 1998	S. 735.
BFH (1999)	v. 18.10.1999	GrS 2/98	BStBl. II 2000	S. 123.
BFH (2000)	v. 19.01.2000	I R 24/99	BStBl. II 2000	S. 545.
BFH (2000)	v. 29.11.2000	I R 85/99	BStBl. II 2002	S. 720.
BFH (2001)	v. 27.03.2001	I R 42/00	BStBl. II 2001	S. 771.
BFH (2001)	v. 17.10.2001	I R 103/00	BStBl. II 2004	S. 171.
BFH (2002)	v. 14.05.2002	VIII R 8/01	BStBl. II 2002	S. 532.
BFH (2002)	v. 05.06.2002	I R 69/01	BStBl. II 2003	S. 329.
BFH (2002)	v. 07.08.2002	I R 2/02	BStBl. II 2004	S. 131.
BFH (2003)	v. 05.06.2003	IV R 18/02	BStBl. II 2003	S. 838.
BFH (2004)	v. 28.01.2004	I R 87/02	BFHE 205	S. 181.
BFH (2004)	v. 17.02.2004	VIII R 28/02	BStBl. II 2005	S. 46.
BFH (2004)	v. 25.02.2004	I R 42/02	BStBl. II 2005	S. 14.
BFH (2004)	v. 28.04.2004	I R 20/03	BFH/NV 2005	S. 19.
BFH (2004)	v. 14.07.2004	I R 16/03	BStBl. II 2004	S. 1010.
BFH (2004)	v. 28.07.2004	XI R 63/03	BStBl. II 2006	S. 866.
BFH (2005)	v. 23.02.2005	I R 70/04	BStBl. II 2005	S. 882.
BFH (2005)	v. 07.09.2005	VIII R 1/03	BStBl. II 2006	S. 298.
BFH (2005)	v. 19.10.2005	I R 40/04	BFH/NV 2006	S. 822.
BFH (2005)	v. 10.11.2005	IV R 13/04	BStBl. II 2006	S. 618.
BFH (2006)	v. 17.04.2006	I B 143/07	BFH/NV 2008	S. 1202.
BFH (2007)	v. 29.11.2007	IV R 62/05	BStBl. II 2008	S. 557.
BFH (2008)	v. 07.08.2008	IV R 86/05	BStBl. II 2012	S. 145.
BFH (2009)	v. 06.10.2009	I R 24/08	BFH/NV 2010	S. 248.
BFH (2009)	v. 26.11.2009	III R 40/07	BStBl. II 2010	S. 609.

BFH (2009)	v. 17.12.2009	III R 92/08	BFH/NV 2010	S. 757.
BFH (2010)	v. 10.08.2010	VIII R 44/07	BFH/NV 2011	S. 20.
BFH (2012)	v. 11.10.2012	I R 75/11	BFH/NV 2013	S. 324.
BGH (1957)	v. 28.05.1957	I ZR 46/56	GRUR 1957	S. 597.
BGH (2002)	v. 16.07.2002	X ZR 27/01	BGHZ 151	S. 330.
BVerfG (1958)	v. 05.03.1958	2 BvL 18/56	BVerfGE 7	S. 282.
BVerfG (1961)	v. 10.10.1961	2 BvL 1/59	BVerfGE 13	S. 153.
BVerfG (1963)	v. 24.07.1963	1 BvL 30/57, 1 BvL 11/61	BVerfGE 17	S. 1.
BVerfG (1965)	v. 14.12.1965	1 BvR 571/60	BVerfGE 19	S. 253.
BVerfG (1971)	v. 09.06.1971	2 BvR 255/69	BVerfGE 31	S. 145.
BVerfG (1978)	v. 12.10.1978	2 BvR 154/74	BVerfGE 49	S. 343.
BVerfG (1986)	v. 23.10.1986	2 BvL 7/84, 2 BvL 8/84	BVerfGE 73	S. 388.
BVerfG (1988)	v. 31.05.1988	1 BvR520/83	BVerfGE 78	S. 214.
BVerfG (1991)	v. 08.10.1991	1 BvL 50/86	BVerfGE 84	S. 348.
BVerfG (1992)	v. 28.01.1992	1 BvR 1025/82, 1 BvL 16/83, 1 BvL 10/91	BVerfGE 85	S. 191.
BVerfG (1995)	v. 22.03.1995	2 BvG 1/89	BVerfGE 92	S. 203.
BVerfG (2004)	v. 03.03.2004	1 BvF 3/92	BVerfGE 110	S. 33.
BVerfG (2005)	v. 27.07.2005	1 BvR 668/04	BVerfGE 113	S. 348.
BVerfG (2007)	v. 13.06.2007	1 BvR 1550/03, 1 BvR 2357/04, 1 BvR 603/05	BVerfGE 118	S. 168.
EuGH (1964)	v. 15.07.1964	C-6/64	Slg. 1964	S. 1251.
EuGH (1969)	v. 13.02.1969	C-14/68	Slg. 1969	S. 1.

EuGH (1970)	v. 17.12.1970	C-11/70	Slg. 1970	S. 1125.
EuGH (1972)	v. 13.07.1972	C-48/71	Slg. 1972	S. 529.
EuGH (1978)	v. 09.03.1978	C-106/77	Slg. 1978	S. 629.
EuGH (1999)	v. 21.09.1999	C-307/97	Slg. 1999	S. I-6161.
EuGH (2002)	v. 15.01.2002	C-55/00	Slg. 2002	S. I-413.
EuGH (2003)	v. 18.09.2003	C-168/01	Slg. 2003	S. I-9409.
EuGH (2006)	v. 14.11.2006	C-513/04	Slg. 2006	S. I-10967.
FG Münster (2006)	v. 16.03.2006	8 K 2348/02 E	EFG 2006	S. 1562.
Hoge Raad (1957)	v. 03.04.1957	AY1604	BNB 1957	S. 165.
Hoge Raad (1957)	v. 08.05.1957	AY2274	BNB 1957	S. 208.
Hoge Raad (1969)	v. 02.04.1969	AX5798	BNB 1969	S. 108.
Hoge Raad (1985)	v. 08.05.1985	AC0360	BNB 1986	S. 75.
Hoge Raad (1998)	v. 17.08.1998	AA2288	BNB 1998	S. 385.
OLG Düsseldorf (2010)	v. 19.05.2010	26 W 4/08	NZG 2010	S. 1355.

Literaturverzeichnis

Adam, D./Witte, T. (1979): Merkmale der Planung in gut- und schlechtstrukturierten Planungssituationen, in: Das Wirtschaftsstudium, Heft 8, S. 380-386.

ADS (Hrsg.) (1997a): § 275 HGB Gliederung, in: Rechnungslegung und Prüfung der Unternehmen, bearbeitet von Förster, K.-H./Goerdeler, R./Lanfermann, J./Müller, H.-P./Siepe, G./Stolberg, K., Teilband 5, 6. Aufl., Stuttgart.

ADS (Hrsg.) (1997b): § 277 HGB Vorschriften zu einzelnen Posten der Gewinn- und Verlustrechnung, in: Rechnungslegung und Prüfung der Unternehmen, bearbeitet von Förster, K.-H./Goerdeler, R./Lanfermann, J./Müller, H.-P./Siepe, G./Stolberg, K., Teilband 5, 6. Aufl., Stuttgart.

ADS (Hrsg.) (1998): § 248 HGB Bilanzierungsverbote, in: Rechnungslegung und Prüfung der Unternehmen, bearbeitet von Förster, K.-H./Goerdeler, R./Lanfermann, J./Müller, H.-P./Siepe, G./Stolberg, K., Teilband 6, 6. Aufl., Stuttgart.

Agentschap NL (Hrsg.) (2011a): Manual WBSO 2011, URL: http://www.agentschapnl.nl/sites/default/files/bijlagen/Manual%20WBSO%20201.pdf (30.06.2013).

Agentschap NL (Hrsg.) (2011b): Working on technological development? The WBSO is the easy way to reduce your wage costs!, URL: http://www.agentschapnl.nl/sites/default/files/bijlagen/General%20information%20about%20the%20WBSO%202011.pdf (30.06.2013).

Allen, B. (1991): Choosing R&D-Projects: An Informational Approach, in: American Economic Review, Jg. 81, Heft 2, S. 257-261.

Anzinger, H. M. (2013): Bilanzierungsvorschriften für immaterielle Wirtschaftsgüter – Erläuterungen zu § 5 Abs. 2 EStG, in: Hey, J./Wendt, M. (Hrsg.), Hermann/Heuer/Raupach – Einkommensteuer- und Körperschaftsteuergesetz Kommentar, Loseblattausgabe, Stand: Juni 2013.

Arbeitsgruppe „Steuerliche FuE-Förderung" (2009): Steuerliche Förderung von Forschung und Entwicklung in Deutschland – Ökonomische Begründung, Handlungsbedarf und Reformoptionen, in: Deutsches Steuerrecht, Heft 4, S. 179-182.

Arrow, K. J. (1962): Economic Welfare and the Allocation of Resources for Invention, in: National Bureau of Economic Research (Hrsg.), The Rate and Direction of Inventive Activity – Economic and Social Factors, New York, S. 609-626.

Baaijens, G. G./Breuer, A. (2010): Niederlande: Steuerliche Impulse für Forschung und Entwicklung: Die „Innovatiebox" und flankierende Regelungen, in: Betriebs-Berater, Heft 48, S. 2932-2939.

Baecker, P. N./Hommel, U. (2002): Realoptionen bei der Bewertung von Biotechnologie-Unternehmen, in: M&A-Review, Heft 10, S. 507-515.

Baetge, J./Niemeyer, K./Kümmel, J./Schulz, R. (2012): 3. Kapitel: Bewertungsverfahren, Teil B: Darstellung der Discounted-Cashflow-Verfahren (DCF-Verfahren) mit Beispiel, in: Peemöller, V. H. (Hrsg.), Praxishandbuch der Unternehmensbewertung – Grundlagen, Bewertungsverfahren, Besonderheiten bei der Bewertung, 5. Aufl., S. 349-498.

Ballwieser, W. (2008): § 248 HGB Bilanzierungsverbote, in: Schmidt, C. (Hrsg.), Münchener Kommentar zum Handelsgesetzbuch, Band 4, 2. Aufl., München.

Ballwieser, W. (2011): Unternehmensbewertung: Prozess, Methoden und Probleme, 3. Aufl., Stuttgart.

Bamberg, G. /Coenenberg, A. G. /Krapp, M. (2012): Betriebswirtschaftliche Entscheidungslehre, 15. Aufl., München.

Bär, U. (2009): Verständigungen über Verrechnungspreise verbundener Unternehmen im deutschen Steuerrecht, Berlin.

Bartenbach, K. (2007): Patentlizenz- und Know-how-Vertrag, 6. Aufl., Köln.

Baumhoff, H. (2003): Aktuelle Entwicklungen bei den internationalen Verrechnungspreisen, in: Internationales Steuerrecht, Heft 1, S. 1-6.

Baumhoff, H. (2010): Lizenzierung von Funktionsverlagerungen vs. Sofortversteuerung, in: Schaumburg, H./Piltz, D. (Hrsg.), Besteuerung von Funktionsverlagerungen – Neuausrichtung?, Köln, S. 149-161.

Baumhoff, H. (2012): Praxisprobleme bei der Besteuerung von Funktionsverlagerungen, in: Die Wirtschaftsprüfung, Heft 7, S. 396-404.

Baumhoff, H. (2013): § 1 AStG Berichtigung von Einkünften, in: Wassermeyer, F./ Baumhoff, H./Schönfeld, J. (Hrsg.), Flick/Wassermeyer/Baumhoff/Schönfeld – Außensteuerrecht Kommentar, Loseblattausgabe, Stand: März 2013.

Baumhoff, H./Bodenmüller, R. (2011): Teil 3: Internationale Steuerplanung im Konzern aus der Sicht einer deutschen Spitzeneinheit, D. Konzernverrechnungspreispolitik, 2. Die Besteuerung grenzüberschreitender Funktionsverlagerungen, in: Grotherr, S. (Hrsg.), Handbuch der internationalen Steuerplanung, 3. Aufl., Herne, S. 541-591.

Baumhoff, H./Ditz, X./Greinert, M. (2007a): Auswirkungen des Unternehmensteuerreformgesetzes 2008 auf die Ermittlung internationaler Verrechnungspreise, in: Deutsches Steuerrecht, Heft 34, S. 1461-1467.

Baumhoff, H./Ditz, X./Greinert, M. (2007b): Auswirkungen des Unternehmensteuerreformgesetzes 2008 auf die Besteuerung grenzüberschreitender Funktionsverlagerungen, in: Deutsches Steuerrecht, Heft 38, S. 1649-1655.

Baumhoff, H./Ditz, X./Greinert, M. (2008): Die Besteuerung von Funktionsverlagerungen nach der Funktionsverlagerungsverordnung vom 12.8.2008, in: Deutsches Steuerrecht, Heft 41, S. 1945-1952.

Baumhoff, H./Ditz, X./Greinert, M. (2010): Die Besteuerung von Funktionsverlagerungen nach den Änderungen des § 1 Abs. 3 AStG durch das EU-Umsetzungsgesetz, in: Deutsches Steuerrecht, Heft 26, S. 1309-1315.

Baumhoff, H./Ditz, X./Greinert, M. (2011): Die Besteuerung von Funktionsverlagerungen nach den Verwaltungsgrundsätzen Funktionsverlagerung vom 13.10.2010, in: Die Unternehmensbesteuerung, Heft 3, S. 161-171.

Baumhoff, H./Greinert, M. (2009): Angemessene Lizenzsätze bei grenzüberschreitenden Funktionsverlagerungen, in: Die Unternehmensbesteuerung, Heft 8, S. 544-548.

Baumhoff, H./Puls, M. (2009): Der OECD-Diskussionsentwurf zu Verrechnungspreisaspekten von „Business Restructurings" – Analyse und erster Vergleich mit den deutschen Funktionsverlagerungsregeln nach § 1 Abs. 3 AStG, in: Internationales Steuerrecht, Heft 3, S. 73-81.

Baums, T. (1993): Ergebnisabhängige Preisvereinbarungen in Unternehmenskaufverträgen („earn-outs"), in: Der Betrieb, Heft 2, S. 1273-1276.

Bayer, W. (2008): § 17 AktG Abhängige und herrschende Unternehmen, in: Goette, W./Habersack, M. (Hrsg.), Münchener Kommentar zum Aktiengesetz, Band 1, 3. Aufl., München.

Bea, F. X. (2009): Entscheidungen des Unternehmens, in: Bea, F. X./Schweitzer, M. (Hrsg.), Allgemeine Betriebswirtschaftslehre – Grundfragen, Band 1, 10. Aufl., Stuttgart, S. 332-437.

Becker, J.-A./Sandlos, D. (2013): Die Vereinbarkeit des § 1 Abs. 3 AStG mit den Prinzipien der steuerlichen Gewinnermittlung, in: Deutsches Steuerrecht, Heft 4, S. 154-159.

Becker, K. (2009): Art. 9 OECD-MA, in: Haase, F. (Hrsg.), Außensteuergesetz – Doppelbesteuerungsabkommen, Heidelberg.

Benkard, G./Ullmann, E. (2006): § 15 PatG Übertragung Lizenz, in: Beck`sche Kurzkommentare: Patentgesetz – Gebrauchsmustergesetz, bearbeitet von Asendorf, C. D./Bacher, K./Goebel, F. P./Grabinski, K./Melullis, K.-J./Rogge, R./Schä-fers, A./Scharen, U./Schmidt, C./Ullmann, E., Band 4, 10. Aufl., München.

Benz, S./Jetter, J. (2013): Die Neuregelung zur Steuerpflicht von Streubesitzdividenden, in: Deutsches Steuerrecht, Heft 11, S. 489-496.

Benz, S./Kroon, O. (2012): Die Besteuerung von Dividenden nach dem neuen DBA-Niederlande, in: Internationales Steuerrecht, Heft 20, S. 799-804.

Bernhardt, L./Ackerman, A./Schmischke, B. (2011): Die Kapitalverzinsung als Renditeziffer bei der Bestimmung steuerlich angemessener Verrechnungspreise, in: Betriebs-Berater, Heft 19, S. 1185-1189.

Bernhardt, L./Endres, D./Gregier, S./Hüllmann, M./Karges, M./Liebernickel, M./ Marx, C./ Mehl, L./Miles, A./Obermann, A./Schäfer, G./Voß-Gießwein, M./Werthmann-Feldhues, A./Wulf, S. (2010): Steueränderungen 2010, 8. Aufl., Freiburg et al.

Bernhardt, L./Ham, S. v. d./Kluge, S. (2007): Das Verhältnis von § 1 AStG n. F. und verdeckter Einlage – Können Wirtschaftsgüter grenzüberschreitend noch immer ausschließlich verdeckt eingelegt werden?, in: Internationales Steuerrecht, Heft 20, S. 717-720.

Bernhardt, L./Ham, S. v. d./Kluge, S. (2008): Die gesetzliche Preisanpassungsklausel im § 1 AStG – Bestimmung der Anpassungen der Höhe nach und weitere praktische Anwendungsprobleme, in: Internationales Steuerrecht, Heft 23, S. 844-849.

Bernhardt, L./Ham, S. v. d./Kluge, S. (2009): Verrechnungspreismethoden – Weitergehende Anwendungsbereiche des hypothetischen Fremdvergleichs, in: Die Unternehmensbesteuerung, Heft 4, S. 244-249.

Blumers, W. (2007): Funktionsverlagerung per Transferpaket, in: Betriebs-Berater, Heft 33, S. 1757-1763.

Blumers, W. (2010): Funktionsverlagerung und ihre Grenzen, in: Deutsches Steuerrecht, Heft 1, S. 17-21.

BMBF (Hrsg.) (2012): Bundesbericht Forschung und Innovation 2012, URL: http://www.bmbf.de/pub/bufi_2012.pdf (30.06.2013).

Bödefeld, A./Kuntschik, N. (2007): Kapitel IX: Funktionsverlagerung und Verrechnungspreise, in: Blumenberg, J./Benz, S. (Hrsg.), Die Unternehmenssteuerreform, Köln, S. 240-296.

Bodenmüller, R. (2004): Steuerplanung bei Funktionsverlagerungen ins Ausland – Ertragssteuerliche Folgen, Strategien und Modelle, Düsseldorf.

Bodenmüller, R./Hülster, T. (2010): Handlungsalternativen bei der Bewertung von Transferpaketen – Besonderheiten bei erzwungenen Funktionsverlagerungen und bei der Verlagerung von Verlustfunktionen, in: Internationales Steuerrecht, Heft 17, S. 650-658.

Boer, F. P. (2004): Technology Valuation Solutions, Hoboken (New Jersey).

Bone-Winkel, T. J. (1994): Internationale betriebswirtschaftliche Steuerbelastungsvergleiche – Stand, Methoden und Entwicklungsmöglichkeiten, Bielefeld.

Bordewin, A./Tonner, N. (2008): Leasing im Steuerrecht, 5. Aufl., Heidelberg et al.

Borshell, N./Dawkes, A. (2010): Pharmaceutical royalties in licensing deals: No place for the 25 per cent rule of thumb, in: Journal of Commercial Biotechnology, Jg. 16, Heft 1, S. 8-16.

Borstell, T. (2009): Funktionsverdoppelungen, in: Internationales Steuerrecht, Heft 10, S. 329-336.

Borstell, T. (2010): Die verunglückte Funktionsverdoppelung, in: Kessler, W./Förster, G./Watrin, C. (Hrsg.), Unternehmensbesteuerung: Festschrift für Norbert Herzig, München, S. 1001-1021.

Borstell, T. (2011a): 1. Teil: Rechtsquellen und Normengruppen zur Einkunftsabgrenzung, Kapitel B: Internationales Recht, II. OECD-Richtlinie 1995/96/97, in: Vögele, A./Borstell, T./Engler, G. (Hrsg.), Verrechnungspreise – Betriebswirtschaft – Steuerrecht, 3. Aufl., München, S. 148-181.

Borstell, T. (2011b): 2. Teil: Steuerliche Systematik der Prüfung und Dokumentation, Kapitel C: Grundsätze, in: Vögele, A./Borstell, T./Engler, G. (Hrsg.), Verrechnungspreise – Betriebswirtschaft – Steuerrecht, München, S. 193-234.

Borstell, T./Jamin, C. (2008): § 8 Konzernstruktur und Umstrukturierung – C. Grenzüberschreitende Verlagerung von Aktivitäten, in: Kessler, W./Kröner, M./Köhler, S. (Hrsg.), Konzernsteuerrecht National – International, 2. Aufl., München, S. 772-819.

Borstell, T./Schäperclaus, J. (2008): Was ist eigentlich eine Funktion?, in: Internationales Steuerrecht, Heft 8, 275-283.

Borstell, T./Wehnert, O. (2011): 5. Teil: Anwendungsbereiche, Kapitel Q: Funktions- und Geschäftsverlagerung, in: Vögele, A./Borstell, T./Engler, G. (Hrsg.), Verrechnungspreise – Betriebswirtschaft – Steuerrecht, München, S. 1607-1836.

Bossert, M./Manz, U. L. (1997): Externe Unternehmensrechnung – Grundlagen der Einzelrechnungslegung, Konzernrechnungslegung und internationalen Rechnungslegung, Heidelberg.

Bradtke, T. (2003): Grundlagen in Operations Research für Ökonomen, München/Wien.

Brähler, G. (2006): Steuerlich optimale Gestaltung von grenzüberschreitenden Umstrukturierungen, Wiesbaden.

Brähler, G. (2012): Internationales Steuerrecht – Grundlagen für Studium und Steuerberaterprüfung, 7. Aufl., Wiesbaden.

Brandis, P. (2013): § 7 EStG Absetzung für Abnutzung oder Substanzverringerung, in: Heuermann, B./Brandis, P. (Hrsg.), Blümich EStG – KStG – GewStG, Loseblattausgabe, Stand: Juni 2013.

Bredow, A. v. (2011): Reallokation von Funktionen in grenzüberschreitend tätigen Konzernen, Lohmar/Köln.

Bretzke, W.-R. (1980): Der Problembezug von Entscheidungsmodellen, Tübingen.

Brinkmann, J./Maier, A./Brandstätter, D. (2009): Forschung und Entwicklung – Steueroptimierung durch Nutzung ausländischer Steueranreize, in: Internationales Steuerrecht, Heft 16, S. 563-567.

Broemel, K. (2013): Konzerninterne Auftragsforschungsverhältnisse im Spannungsfeld aktueller Entwicklungen bei der Zurechnung von immateriellen Wirtschaftsgütern, in: Internationales Steuerrecht, Heft 7, S. 249-255.

Bruner, R. F. (2004): Applied Mergers and Acquisitions, Hoboken (New Jersey).

Brüninghaus, D. (2006): Verrechnungspreise und Verrechnungspreisdokumentation – Zweifelsfragen und Praxishinweise – 1. Funktionsverlagerung (einschließlich Produktionsverlagerung und Änderung der Vertriebsstrukturen), in: Die Wirtschaftsprüfung, Sonderheft, S. S131-S139.

Brüninghaus, D./Bodenmüller, R. (2009): Tatbestandsvoraussetzungen der Funktionsverlagerung, in: Deutsches Steuerrecht, Heft 26, S. 1285-1290.

Buciek, K. (2013): § 5 EStG Gewinn bei Kaufleuten und bei bestimmten anderen Gewerbetreibenden, in: Heuermann, B./Brandis, P. (Hrsg.), Blümich EStG – KStG – GewStG, Loseblattausgabe, Stand: Juni 2013.

Bühler, O. (1964): Prinzipien des internationalen Steuerrechts IStR – Ein systematischer Versuch, München/Berlin.

Bündnis 90/Die Grünen (Hrsg.) (2013): Zeit für den Grünen Wandel, URL: http://www.gruene.de/fileadmin/user_upload/Dokumente/Wahlprogramm/Wahlprogramm-barrierefrei.pdf (31.08.2013).

Busse, F.-J. (2003): Grundlagen der betrieblichen Finanzwirtschaft, 5. Aufl., München.

Busse von Colbe, W. (2013): § 297 HGB Inhalt, in: Schmidt, K. (Hrsg.), Münchener Kommentar zum Handelsgesetzbuch – §§ 238 bis 342e HGB, Band 4, 3. Aufl., München.

Busse von Colbe, W./Laßmann, G. (1990): Betriebswirtschaftstheorie – Investitionstheorie, Band 3, 3. Aufl., Berlin et al.

Cain, M. D./Denis, D. J./Denis, D. K. (2011): Earnouts: A study of financial contracting in acquisition agreements, in: Journal of Accounting and Economics, Jg. 51, Heft 1/2, S. 151-170.

CDU/CSU (Hrsg.) (2013): Gemeinsam erfolgreich für Deutschland – Regierungsprogramm 2013-2017, URL: http://www.cdu.de/sites/default/files/media/dokumente/cdu_regierungsprogramm_2013-2017.pdf (31.08.2013).

Clausius, E. H. J. (1993): Controlling in Forschung und Entwicklung: Forschungs- und Entwicklungs-Controlling als spezielle Controlling-Funktion in industriellen Unternehmen, Frankfurt am Main et al.

Cooper, R. G. (2011): Winning at New Products: Creating Value through Innovation, 4. Aufl., New York.

Crüger, A./Heggmair, M./Boehlke, N. (2010): Der Entwurf des BMF-Schreibens „Verwaltungsgrundsätze-Funktionsverlagerung", in: Internationales Steuerrecht, Heft 3, S. 86-88.

Datar, S./Frankel, R./Wolfson, M. (2001): Earnouts: The Effects of Adverse Selection and Agency Costs on Acquisition Techniques, in: Journal of Law, Economics & Organization, Jg. 17, Heft 1, S. 201-238.

Deloitte (Hrsg.) (2010): German Income Tax Audit – Survey on the experience of inbound investors, URL: http://www.deloitte.com/assets/Dcom-Germany/Local%20Assets/Documents/04_Steuerberatung/2010/Tax_German%20Income%20Tax%20Audits_en_s_201010.pdf (30.06.2013).

Deloitte (Hrsg.) (2011): Taxation and Investment in Netherlands 2011 – Reach, relevance and reliability, URL: http://www.deloitte.com/assets/Dcom-Global/Local%20Assets/Documents/Tax/Taxation%20and%20Investment%20Guides/2011/dttl_tax_guide_2011_Netherlands.pdf (30.06.2013).

Deutsche Bundesbank (Hrsg.) (2013a): Zinsstrukturkurve für börsennotierte Bundeswertpapiere mit einer Restlaufzeit von 30 Jahren zum 1.3.2013, URL: http://www.bundesbank.de/Navigation/DE/Statistiken/Zeitreihen_Datenbanken/Makrooekonomische_Zeitreihen/its_details_value_node.html?tsId=BBK01.WT3500&listId=www_s140_it03a (30.06.2013).

Deutsche Bundesbank (Hrsg.) (2013b): Bestandserhebung über Direktinvestitionen, April 2013, Statistische Sonderveröffentlichung 10, URL: http://www.bundesbank.de/Redaktion/DE/Downloads/Veroeffentlichungen/Statistische_Sonderveroeffentlichungen/Statso_10/statso_10_bestandserhebung_ueber_direktinvestitionen_2013.pdf?__blob=publicationFile (30.06.2013).

DiMasi, J. A./Feldmann, L./Seckler, A./Wilson, A. (2010): Trends in Risks associated With New Drug Development: Success Rates for Investigational Drugs, in: Clinical Pharmacology & Therapeutics, Jg. 87, Heft 4/5, S. 272-277.

DiMasi, J. A./Grabowski, H. G. (2007): The Cost of Biopharmaceutical R&D: Is Biotech Different?, in: Managerial and Decision Economics, Jg. 28, Heft 4/5, S. 469-479.

DiMasi, J. A./Hansen, R. W./Grabowski, H. G. (2003): The price of innovation: new estimates of drug development costs, in: Journal of Health Economics, Jg. 22, Heft 2, S. 151-185.

DiMasi, J. A./Hansen, R. W./Grabowski, H. G./Lasagna, L. (1991): Cost of Innovation in the Pharmaceutical Industry, in: Journal of Health Economic, Jg. 10, Heft 2, S. 107-142.

Dinkelbach, W. (1969): Sensitivitätsanalysen und parametrische Programmierung, Berlin et al.

Ditz, X. (2006): Übertragung von Geschäftschancen bei Funktionsverlagerungen ins Ausland – Darstellung an ausgewählten Beispielen, in: Deutsches Steuerrecht, Heft 37, S. 1625-1631.

Ditz, X. (2011): Praxisfall einer Funktionsverlagerung unter besonderer Berücksichtigung der VWG-Funktionsverlagerung vom 13.10.2010, in: Internationales Steuerrecht, Heft 4, S. 125-131.

Ditz, X./Liebchen, D. (2012): Bewertung von Transferpaketen im Rahmen von Funktionsverlagerungen – Gedanken zum Beitrag von Schilling/Kandels (DB 2012, S. 1065) aus Beratersicht, in: Der Betrieb, Heft 26/27, S. 1469-1472.

Dötsch, E. (2013): § 27 KStG Nicht in das Nennkapital geleistete Einlagen, in: Dötsch, E./Pung, A./Möhlenbrock, R. (Hrsg.), Die Körperschaftsteuer – Kommentar zum Körperschaftsteuergesetz, Umwandlungssteuergesetz und zu den einkommensteuerrechtlichen Vorschriften der Anteilseignerbesteuerung, Loseblattausgabe, Stand: April 2013.

Dötsch, E./Pung, A. (2013): § 8b KStG Beteiligung an anderen Körperschaften und Personenvereinigungen, in: Dötsch, E./Pung, A./Möhlenbrock, R. (Hrsg.), Die Körperschaftsteuer – Kommentar zum Körperschaftsteuergesetz, Umwandlungssteuergesetz und zu den einkommensteuerrechtlichen Vorschriften der Anteilseignerbesteuerung, Loseblattausgabe, Stand: April 2013.

Drukarczyk, J. (2008): Finanzierung – Eine Einführung, 10. Aufl., Stuttgart.

Drukarczyk, J./Schüler, A. (2009): Unternehmensbewertung, 6. Aufl., München.

Dürrfeld, A./Wingendorf, P. (2005): Lizenzierung von Markenrechten im Konzern, in: Internationales Steuerrecht, Heft 13, S. 464-468.

Dziadkowski, D. (1982): Die Entwicklung der betriebswirtschaftlichen Steuerlehre von einer Steuerbetriebslehre zu einer unternehmenstheoretisch orientierten Steuerwissenschaft, in: Der Betrieb, Heft 39, S. 2045-2050.

Ebering, A. (2011): Wann sind Preisanpassungsklauseln bei Funktionsverlagerungen i. S. v. § 1 Abs. 3 Satz 9 AStG fremdüblich?, in: Internationales Steuerrecht, Heft 11, S. 418-422.

Ebert, I. (2009): § 631 BGB Vertragstypische Pflichten beim Werkvertrag, in: Bürgerliches Gesetzbuch – Handkommentar, bearbeitet von Dörner, H./Ebert, I./ Hoeren, T./Kemper, R./Saenger, I./Schreiber, K./Schulte-Nölke, H./Schulze, R./Staudinger, A., 6. Aufl., Baden-Baden.

Eichmann, H. (2010): § 31 GeschMG Lizenz, in: Beck`sche Kurzkommentare: Geschmacksmustergesetz – Gesetz über den rechtlichen Schutz von Mustern und Modellen, bearbeitet von Eichmann, H. /Vogel von Fackelstein, R., Band 45, 4. Aufl., München.

Eigelshoven, A. (2008): Art. 9 OECD-MA, in: Vogel, K./Lehner, M. (Hrsg.), Doppelbesteuerungsabkommen, 5. Aufl., München.

Eisele, F. (2003): Grenzüberschreitende Funktionsverlagerung – Recht und Besteuerung im Einheitsunternehmen und Konzern, Herne/Berlin.

Eisenführ, F./Weber, M./Langer, T. (2012): Rational Decision Making, Heidelberg et al.

Endres, D. (1997): Die Neuordnung des Europageschäfts unter steuerlichen Aspekten, in: IDW (Hrsg.), Bericht über die Steuerfachtagung 1996 des Instituts der Wirtschaftsprüfer in Deutschland e. V., Globale Unternehmenstätigkeit und inländische Besteuerung, Düsseldorf, S. 91-102.

Endres, D./Rödl, C./Spengel, C./Scheffler, W. (2009): Konsequenzen der Internationalisierung der Steuerberatung für Forschung und Lehre im Fach „Betriebswirtschaftliche Steuerlehre“, in: Deutsches Steuerrecht, Heft 48, S. 2500-2506.

Engels, W. (1962): Betriebswirtschaftliche Bewertungslehre im Lichte der Entscheidungstheorie, Köln/Opladen.

Engler, G. (2011a): 5. Teil: Anwendungsbereiche, Kapitel N: Immaterielle Wirtschaftsgüter, II. Definition und Klassifizierung, in: Vögele, A./Borstell, T./Engler, G. (Hrsg.), Verrechnungspreise – Betriebswirtschaft – Steuerrecht, München, S. 1255-1283.

Engler, G. (2011b): 5. Teil: Anwendungsbereiche, Kapitel N: Immaterielle Wirtschaftsgüter, III. Wirtschaftliche Aspekte der Entwicklung und Nutzung immaterieller Wirtschaftsgüter, in: Vögele, A./Borstell, T./Engler, G. (Hrsg.), Verrechnungspreise – Betriebswirtschaft – Steuerrecht, München, S. 1283-1300.

Engler, G. (2011c): 5. Teil: Anwendungsbereiche, Kapitel N: Immaterielle Wirtschaftsgüter, IV. Auftragsforschung, in: Vögele, A./Borstell, T./Engler, G. (Hrsg.), Verrechnungspreise – Betriebswirtschaft – Steuerrecht, München, S. 1300-1329.

Engler, G. (2011d): 5. Teil: Anwendungsbereiche, Kapitel N: Immaterielle Wirtschaftsgüter, VI. Eigentumsübertragung, in: Vögele, A./Borstell, T./Engler, G. (Hrsg.), Verrechnungspreise – Betriebswirtschaft – Steuerrecht, München, S. 1371-1405.

Engler, G. (2011e): 5. Teil: Anwendungsbereiche, Kapitel N: Immaterielle Wirtschaftsgüter, VII. Lizenzverträge, in: Vögele, A./Borstell, T./Engler, G. (Hrsg.), Verrechnungspreise – Betriebswirtschaft – Steuerrecht, München, S. 1405-1517.

Enzinger, A./Kofler, P. (2011): DCF-Verfahren: Anpassung der Beta-Faktoren zur Erzielung konsistenter Bewertungsergebnisse, in: Zeitschrift für Recht und Rechnungswesen, Heft 2, S. 52-57.

Ernst, D./Schneider, S./Thielen, B. (2010): Unternehmensbewertungen erstellen und verstehen – Ein Praxisleitfaden, 4. Aufl., München.

Ernst & Young (Hrsg.) (2013): Worldwide corporate tax guide 2013, URL: http://www.ey.com/Publication/vwLUAssets/Worldwide_corporate_tax_guide_2013/$FILE/Worldwide_corporate_tax_guide_2013.pdf (30.06.2013).

Etzbach, M. (2006): Empirische Bausteine für eine Theorie der Konzerne – Betriebswirtschaftliche, institutionelle und rechtliche Merkmale von Konzernen, Dissertation, Universität der Bundeswehr München.

Europäische Kommission (Hrsg.) (2010): Mitteilung der Kommission: EUROPA 2020 – Eine Strategie für intelligentes, nachhaltiges und integratives Wachstum vom 3.3.2010, URL: http://eur-lex.europa.eu/LexUriServ/LexUriServ.do?uri=COM:2010:2020:FIN:DE:PDF (30.06.2013).

Fabian, R./Farle, V. (2009): § 39 Steuerliche Folgen bei Eintritt und Ausscheiden zu Lebzeiten, in: Gummert, H./Weipert, L. (Hrsg.), Münchener Handbuch des Gesellschaftsrechts – Kommanditgesellschaft – GmbH & Co. KG – Publikums-KG – Stille Gesellschaft, Band 2, 3. Aufl., München.

FAUB (Hrsg.) (2012): FAUB: Hinweise zur Berücksichtigung der Finanzmarktkrise bei der Ermittlung des Kapitalisierungszinssatzes, in: IDW-Fachnachrichten, Heft 10, S. 568-569.

Finsterwalder, O. (2004): Einführung von Dokumentationssystemen bei internationalen Verrechnungspreisen – Anlass zur Prüfung grenzüberschreitender Risiko- und Funktionsverlagerungen, in: Internationales Steuerrecht, Heft 21, S. 763-768.

Finsterwalder, O. (2005): Einkunftsabgrenzung bei grenzüberschreitenden Geschäftsbeziehungen: Das BMF-Schreiben „Verwaltungsgrundsätze-Verfahren“, in: Deutsches Steuerrecht, Heft 18, S. 765-770.

Fischer, D./Breitenbach, J. (Hrsg.) (2010): Die Pharmaindustrie – Einblick – Durchblick – Perspektiven, 3. Aufl., Heidelberg.

Fischer, E. (1999): Die Bewertung riskanter Investitionen mit dem risikolosen Zinssatz, in: Zeitschrift für Betriebswirtschaft, Ergänzungsheft 1, S. 25-42.

Fischer, L./Kleineidam, H.-J./Warneke, P. (2005): Internationale Betriebswirtschaftliche Steuerlehre, 5. Aufl., Berlin.

Fischer, L./Schneeloch, D./Sigloch, J. (1980): Betriebswirtschaftliche Steuerlehre und Steuerberatung – Gedanken zum 60jährigen „Jubiläum" der Betriebswirtschaftlichen Steuerlehre, in: Deutsches Steuerrecht, Heft 24, S. 699-705.

Fischer, W. W./Freudenberg, M. (2012): Berücksichtigung von Besteuerungseffekten bei der Verrechnungspreisermittlung im Rahmen von Funktionsverlagerungen, in: Internationales Steuerrecht, Heft 5, S. 168-173.

Fischer, W. W./Looks, C./Reese, M. (2008): Ermittlung von steuerlichen Verrechnungspreisen beim Global Development, in: Internationales Steuerrecht, Heft 7, S. 254-258.

Förster, G./Krauß, S. (2011): Der Richtlinienvorschlag der Europäischen Kommission zur Gemeinsamen konsolidierten Körperschaftsteuer-Bemessungsgrundlage (GKKB) vom 16.3.2011, in: Internationales Steuerrecht, Heft 16, S. 607-615.

Förster, H. (2011): Die allgemeinen Verrechnungspreisgrundsätze des § 1 Abs. 3 AStG – Vergleich mit den aktualisierten Verrechnungspreisrichtlinien der OECD, in: Internationales Steuerrecht, Heft 1, S. 20-26.

Franke, G./Hax, H. (2009): Finanzwirtschaft des Unternehmens und Kapitalmarkt, 6. Aufl., Berlin et al.

Freudenberg, M./Ludwig, C. (2010): Chancen für Gestaltungen aufgrund der geänderten Vorschriften zur Funktionsverlagerung, in: Betriebs-Berater, Heft 21, S. 1268-1271.

Freudenberg, M./Ludwig, C. (2011): Funktionsverlagerungen im Lichte des OECD Business Restructuring-Berichts, in: Betriebs-Berater, Heft 4, S. 215-220.

Freudenberg, M./Peters, H. M. (2008): Steuerliche Allokation von Restrukturierungsaufwendungen im Kontext von Funktionsverlagerungen, in: Betriebs-Berater, Heft 27, S. 1424-1430.

Freudenberg, M./Peters, H. M. (2009): Identifizierung von unbeabsichtigten Funktionsverlagerungen als Ergebnis operativer Geschäftsentwicklung, in: Betriebs-Berater, Heft 16, S. 822-826.

Frey, P. (2006): Assessment and Valuation of high growth companies, Bern et al.

Frischmuth, M. (2007a): Die Konzeption der Funktionsverlagerungsbesteuerung nach dem UntStRefG 2008, in: Unternehmensteuern und Bilanzen, Heft 10, S. 386-392.

Frischmuth, M. (2007b): Schuldrechtliche und bilanzielle Aspekte sowie Preisanpassungen bei Funktionsverlagerungen nach dem Unternehmensteuerreformgesetz 2008, in: Unternehmensteuern und Bilanzen, Heft 12, S. 459-464.

Frischmuth, M. (2007c): UntStRefG 2008 und Verrechnungspreise nach § 1 AStG n. F., in: Internationales Steuerrecht, Heft 14, S. 485-489.

Frischmuth, M. (2008): Wann genau liegt eine Funktionsverlagerung nach der FVerlV vor?, in: Unternehmensteuern und Bilanzen, Heft 22, S. 864-871.

Frischmuth, M. (2009a): Fragwürdigkeiten der Verrechnungspreisermittlung beim Transferpaket nach der FVerlV – Grundsätze und Beispielsfälle, in: Unternehmensteuern und Bilanzen, Heft 5, S. 174-182.

Frischmuth, M. (2009b): Die Leiden des jungen § 1 AStG aus Unternehmenssicht, in: Rödder, T./Spindler, W./Tipke, K. (Hrsg.), Steuerzentrierte Rechtsberatung, Festschrift für Harald Schaumburg, Köln, S. 647-685.

Frischmuth, M. (2009c): Lizenzverrechnungen nach dem § 1 Abs. 3 AStG – offene Unterscheidungsfragen, in: Internationale Wirtschaftsbriefe, Heft 15, S. 727-738.

Fröschle, G. (2012): § 275 HGB Gliederung, in: Ellrott, H./Fröschle, G./Grottel, B./ Kozikowski, M./Schmidt, S./Winkeljohann, N. (Hrsg.), Beck`scher Bilanz-Kommentar – Handels- und Steuerrecht §§ 238 bis 339, 342 bis 342e HGB mit IFRS-Abweichungen, 8. Aufl., München.

Fröschle, G./Usinger, R. (2012): § 248 HGB Bilanzierungsverbote und -wahlrechte, in: Ellrott, H./Fröschle, G./Grottel, B./Kozikowski, M./Schmidt, S./Winkeljohann, N. (Hrsg.), Beck`scher Bilanz-Kommentar – Handels- und Steuerrecht §§ 238 bis 339, 342 bis 342e HGB mit IFRS-Abweichungen, 8. Aufl., München.

Frotscher, G. (2008): Grundfragen der Funktionsverlagerung, in: Finanz-Rundschau, Heft 2, S. 49-57.

Fülbier, R. U. (2004): Wissenschaftstheorie und Betriebswirtschaftslehre, in: Wirtschaftswissenschaftliches Studium, Heft 5, S. 266-271.

Gaffron, F. G. (2009): Art. 10 OECD-MA, in: Haase, F. (Hrsg.), Außensteuergesetz – Doppelbesteuerungsabkommen, Heidelberg.

Galavazi, H./Moons, P. (1998): Allgemeine Grundsätze des niederländischen Steuerrechts, in: Internationales Steuerrecht, Heft 3, S. 70-76.

Gaßmann, J. (2009): Bilanzielle Abbildung von Preisanpassungsklauseln – Im Rahmen von Unternehmenszusammenschlüssen nach IFRS 3 (rev. 2008), Hamburg.

Gerybadze, A. (1997): Globalisierung von Forschung und wesentliche Veränderungen im F&E-Management internationaler Konzerne, in: Gerybadze, A./Meyer-Krahmer, F./Reger, G. (Hrsg.), Globales Management von Forschung und Innovation, Stuttgart.

Gillamariam, D./Binding, J. (2013): Base Erosion and Profit Shifting („BEPS") – Bericht der OECD zur Aushöhlung steuerlicher Bemessungsgrundlagen und Gewinnverlagerungen, in: Deutsches Steuerrecht, Heft 23, S. 1153-1158.

Gitter, W. (1988a): § 12 Lizenzvertrag, in: Gitter, W. (Hrsg.), Gebrauchsüberlassungsverträge, Tübingen.

Gitter, W. (1988b): § 13 Know-How-Verträge, in: Gitter, W. (Hrsg.), Gebrauchsüberlassungsverträge, Tübingen.

Göppl, H. (1980): Unternehmungsbewertung und Capital-Asset-Pricing-Theorie, in: Die Wirtschaftsprüfung, Heft 9, S. 237-245.

Gosch, D. (2009a): § 8 KStG Ermittlung des Einkommens, in: Gosch, D. (Hrsg.), Körperschaftsteuergesetz Kommentar, 2. Aufl., München.

Gosch, D. (2009b): § 8b KStG Beteiligung an anderen Körperschaften und Personenvereinigungen, in: Gosch, D. (Hrsg.), Körperschaftsteuergesetz Kommentar, 2. Aufl., München.

Gosch, D. (2013): § 9 GewStG Kürzungen, in: Heuermann, B./Brandis, P. (Hrsg.), Blümich EStG – KStG – GewStG, Loseblattausgabe, Stand: Juni 2013.

Grabowski, H. G./Vernon, J. M. (1990): A New Look at the Returns and Risks to Pharmaceutical R&D, in: Management Science, Jg. 38, Heft 7, S. 804-821.

Grabowski, H. G./Vernon, J. M. (1994): Returns to R&D on new drug introductions in the 1980s, in: Journal of Health Economics, Jg. 13, Heft 4, S. 383-406.

Grabowski, H. G./Vernon, J. M./DiMasi, J. A. (2002): Returns on Research and Development for 1990s New Drug Introductions, in: Pharmacoeconomics, Jg. 20, Supplement 3, S. 11-29.

Greil, S. (2009a): Die Funktionsverlagerung im Lichte des OECD-Diskussionspapiers über Business Restructurings, in: Internationale Wirtschaftsbriefe, Heft 2, S. 55-62.

Greil, S. (2009b): Die Preisanpassungsklausel nach § 1 Abs. 3 Satz 11 und 12 AStG i. V. m. der Funktionsverlagerungsverordnung, in: Internationales Steuerrecht, Heft 16, S. 567-573.

Greil, S. (2011): Die Berücksichtigung von Steuern bei der Transferpaketbewertung, in: Die Steuerberatung, Heft 4, S. 156-162.

Greinert, M. (2009): Maßgebende Überschussgröße zur Bewertung eines Transferpakts bei grenzüberschreitenden Funktionsverlagerungen, in: Der Betrieb, Heft 15, S. 755-758.

Greinert, M./Reichl, A. (2011): Einfluss von Besteuerungseffekten auf die Verrechnungspreisermittlung bei Funktionsverlagerungen, in: Der Betrieb, Heft 21, S. 1182-1187.

Griffith, R./Reeding, S./Reenen, J. v. (2004): Mapping the two Faces of R&D: Productivity Growth in a Panel of OECD Countries, in: Review of Economics and Statistics, Jg. 86, Heft 4, S. 883-895.

Groß, M. (2011): Der Lizenzvertrag, 10. Aufl., Frankfurt am Main.

Grotherr, S. (1995): Die Hauptaufgaben der Betriebswirtschaftlichen Steuerlehre, in: Steuer und Studium, Heft 3, S. 101-111.

Grotherr, S. (2011): Teil 1: Grundlagen der internationalen Steuerplanung, in: Grotherr, S. (Hrsg.), Handbuch der internationalen Steuerplanung, 3. Aufl., Herne, S. 3-28.

Günter, S. (2007): Die ertragsteuerliche Behandlung grenzüberschreitender Funktionsverlagerungen, in: Die Wirtschaftsprüfung, Heft 24, S. 1082-1089.

Günther, T./Ott, C. (2008): Behandlung immaterieller Ressourcen bei Purchase Price Allocations – Ergebnisse einer explorativen empirischen Studie, in: Die Wirtschaftsprüfung, Heft 19, S. 917-926.

Gutekunst, G. (2005): Steuerbelastungen und Steuerwirkungen bei nationaler und grenzüberschreitender Geschäftstätigkeit, Lohmar/Köln.

Haas, W. (2008): Funktionsverlagerungen nach dem Erlass der Funktionsverlagerungsverordnung, in: Die Unternehmensbesteuerung, Heft 9, S. 517-524.

Haas, W. (2009): Funktionsverlagerung – Verhältnis zu DBAs, in: Rödder, T./Spindler, W./Tipke, K. (Hrsg.), Steuerzentrierte Rechtsberatung, Festschrift für Harald Schaumburg, Köln, S. 715-740.

Haase, F. (2009): Einleitung zum OECD-Musterabkommen, in: Haase, F. (Hrsg.), Außensteuergesetz – Doppelbesteuerungsabkommen, Heidelberg.

Haberstock, L. (1984): Die steuerliche Planung der internationalen Unternehmung, in: Betriebswirtschaftliche Forschung und Praxis, Heft 3, S. 260-278.

Hachmeister, D. (1996): Die Abbildung der Finanzierung im Rahmen verschiedener Discounted Cash Flow-Verfahren, in: Schmalenbachs Zeitschrift für betriebswirtschaftliche Forschung, Heft 3, S. 251-277.

Hachmeister, D. (2000): Der Discounted Cash Flow als Maß der Unternehmenswertsteigerung, 4. Aufl., Frankfurt am Main et al.

Hagemann, T. (2012): Die Lizenzierung von Funktionsverlagerungen, in: Unternehmensteuern und Bilanzen, Heft 16, S. 628-632.

Hahn, D. (1985): Planungs- und Kontrollrechnung – PuK: Integrierte ergebnis- und liquiditätsorientierte Planungs- und Kontrollrechnung als Führungsinstrument in Industrieunternehmungen mit Massen- und Serienproduktion, 3. Aufl., Wiesbaden.

Hartmann, M. (2006): Realoptionen als Bewertungsinstrument für frühe Phasen der Forschung und Entwicklung in der pharmazeutischen Industrie, Dissertation, Technische Universität Berlin.

Healy, P. M./Myers, S. C./Howe, C. D. (2002): R&D Accounting and the Tradeoff Between Relevance and Objectivity, in: Journal of Accounting Research, Jg. 40, Heft 3, S. 677-710.

Heger, K. (2009): § 27 KStG Nicht in das Nennkapital geleistete Einlagen, in: Gosch, D. (Hrsg.), Körperschaftsteuergesetz Kommentar, 2. Aufl., München.

Heigl, A. (1970): Zur Betriebswirtschaftlichen Planung der Besitzsteuerbelastung (Teil I), in: Finanz-Rundschau, Heft 3, S. 53-60.

Heinen, E. (1971): Der entscheidungsorientierte Ansatz der Betriebswirtschaftslehre, in: Zeitschrift für Betriebswirtschaft, Heft 7, S. 429-444.

Heinen, E. (1976): Grundlagen betriebswirtschaftlicher Entscheidungen – Das Zielsystem der Unternehmung, 3. Aufl., Wiesbaden.

Heinhold, M. (1979): Betriebliche Steuerplanung mit quantitativen Methoden, München.

Heining, B. (2009): Funktionsverlagerung ins Ausland – Entscheidungsfindung aus investitionstheoretischer Sicht, Lohmar/Köln.

Henkel, U. (2012): Kapitel 7 Hinzurechnungsbesteuerung – A. Grundlagen, in: Mössner, J. M. (Hrsg.), Steuerrecht international tätiger Unternehmen, 4. Aufl., Köln.

Herbold, S. (2009): Steuerliche Anreize für Forschung und Entwicklung im internationalen Vergleich, Lohmar/Köln.

Herksen, M. v. (2004): The Netherlands in 2004: Audits, Foreign Investors Trigger Revised Regulations for APAs, Services, Compliance, and More, in: Tax Management Transfer Pricing Report, Jg. 13, Heft 9, S. 540-548.

Hervé, Y./Gericke, T./Gimmler, F. (2012): Lizenzgestaltungen im Rahmen der steuerlichen Behandlung von Funktionsverlagerungen, in: Betriebs Controller, Heft 12, S. 552-557.

Herzig, N. (2003): Gestaltung der Konzernsteuerquote – eine neue Herausforderung für die Steuerberatung?, in: Die Wirtschaftsprüfung, Sonderheft, S. S80-S92.

Hey, J. (2007): Verletzung fundamentaler Besteuerungsprinzipien durch die Gegenfinanzierungsmaßnahmen des Unternehmensteuerreformgesetzes 2008, in: Betriebs-Berater, Heft 24, S. 1303-1309.

Hofacker, M. (2009): § 1 AStG, in: Haase, F. (Hrsg.), Außensteuergesetz – Doppelbesteuerungsabkommen, Heidelberg.

Hofmann, M. (1968): Das Unternehmerische Element in der Betriebswirtschaft, Berlin.

Hofmeister, F. (2013): § 8 GewStG Hinzurechnungen, in: Heuermann, B./Brandis, P. (Hrsg.), Blümich EStG – KStG – GewStG, Loseblattausgabe, Stand: Juni 2013.

Höhn, E. (1977): Die Aufgaben des Juristen bei der Steuerplanung im internationalen Bereich, in: Steuer und Wirtschaft, Heft 2, S. 170-180.

Hosson, F. C. d. (2002): Codification of the Arm´s Length Principle in the Netherlands Corporate Income Tax Act, in: Intertax, Heft 5, S. 189-197.

Hottmann, J. (1982): Forschungs- und Entwicklungskosten in Handels- und Steuerbilanz, in: Die steuerliche Betriebsprüfung, Heft 12, S. 286-295.

Hüffer, U. (2010): Aktiengesetz, 9. Aufl., München.

Hughes, G. D./Chafin, D. C. (1996): Turning new product development into a continuous learning process, in: Journal of Product Innovation Management, Jg. 13, Heft 2, S. 89-104.

Hülshorst, J./Mank, K. (2013): Kapitel II – Teil II: Geschäftsfallbezogene Standardmethoden, in: Kroppen, H.-K. (Hrsg.), Handbuch internationale Verrechnungspreise, Band 2, Loseblattausgabe, Stand: Mai 2013.

Hundsdoerfer, J./Kiesewetter, D./Sureth, C. (2008): Forschungsergebnisse in der Betriebswirtschaftlichen Steuerlehre – eine Bestandsaufnahme, in: Zeitschrift für Betriebswirtschaft, Heft 1, S. 61-139.

Hurter, T. (2011): Steuervergünstigungen für Forschung und Entwicklung, in: Der Schweizer Treuhänder, Heft 8, S. 637-638.

Hussey, R. (1990): Earn-outs: Motivation and conflict, in: Accountancy, Heft 4, S. 104-107.

IDW (Hrsg.) (2010): IDW zur Änderung der Funktionsverlagerungsverordnung, in: IDW-Fachnachrichten, Heft 8, S. 325-327.

Ihlau, S./Gödecke, S. (2010): Earn-Out-Klauseln als Instrument für die erfolgreiche Umsetzung von Unternehmenstransaktionen, in: Betriebs-Berater, Heft 12, S. 867-691.

Imhof, M. (2012): Business Restructuring – Eine betriebswirtschaftliche und steuerrechtliche Analyse, Lohmar/Köln.

Jacobs, O. H. (1991): Einflussfaktoren der internationalen Steuerbelastung: Dargestellt am Vergleich Deutschland-USA, in: Herzig, N. (Hrsg.), Betriebswirtschaftliche Steuerlehre und Steuerberatung, Festschrift für Gerd Rose, Wiesbaden, S. 255-270.

Jacobs, O. H. (2004): Stand und Entwicklungstendenzen der Betriebswirtschaftlichen Steuerlehre, in: Steuer und Wirtschaft, Heft 3, S. 251-259.

Jacobs, O. H./Spengel, C. (1996): European Tax Analyser – EDV gestützter Vergleich der Steuerbelastung von Kapitalgesellschaften in Deutschland, Frankreich und Großbritannien, Schriftenreihe des ZEW, Band 11, Baden-Baden.

Jacobs, O. H./Spengel, C. (2000): Measurement and Development of the Effective Tax Burden of Companies – An Overview and International Comparison, in: Intertax, Heft 10, S. 334-351.

Jacobs, O. H./Spengel, C./Hermann, R./Stetter, T. (2003): Steueroptimale Rechtsformwahl: Personengesellschaften besser als Kapitalgesellschaften, in: Steuer und Wirtschaft, Heft 4, S. 308-325.

Jacobs, O. H./Endres, D./Spengel, C. (Hrsg.) (2011): Internationale Unternehmensbesteuerung – Deutsche Investitionen im Ausland – Ausländische Investitionen im Inland, 7. Aufl., München.

Jägle, A. J. (1999): Shareholder value, real options, and innovation in technology-intensive companies, in: R&D Management, Jg. 29, Heft 3, S. 271-287.

Jahndorf, C. (2008): Besteuerung der Funktionsverlagerung, in: Finanz-Rundschau, Heft 3, S. 101-110.

Jankie, S. (2008): Art. 8 Wet Vpb – Winstbepaling, in: Essers, P. H. J./Stevens, S. A. (Hrsg.), Vennootschapsbelasting – Fiscaal commentaar, 2. Aufl., Deventer, S. 146-222.

Jankowiak, I. (2009): Doppelte Nichtbesteuerung im internationalen Steuerrecht, Baden-Baden.

Jenzen, H. (2007): Internationale Funktionsverlagerungen – Die Besteuerung von Gewinnpotenzialen bei grenzüberschreitenden Funktionsverlagerungen im Konzern, in: Neue Wirtschafts-Briefe, Heft 36, S. 3117-3136.

Jung, H. (2007): Controlling, 2. Aufl., München.

Jung, H. (2010): Allgemeine Betriebswirtschaftslehre, 12. Aufl., München.

Kahle, E. (2001): Betriebliche Entscheidungen, 6. Aufl., München/Wien.

Kahle, H. (2007): Die Ertragsbesteuerung von Funktionsverlagerungen nach der Unternehmensteuerreform 2008, in: Der Konzern, Heft 10, S. 647-657.

Kahle, H. (2009a): Preisanpassungsklauseln bei der Ertragsbesteuerung von Funktionsverlagerungen, in: Unternehmensteuern und Bilanzen, Heft 10, S. 383-389.

Kahle, H. (2009b): Ertragsteuerliche Abgrenzung der Funktionsverlagerung, in: Unternehmensteuern und Bilanzen, Heft 15, S. 557-564.

Kahle, H./Dahlke, A. (2011): Richtlinienentwurf für eine Gemeinsame konsolidierte Körperschaftsteuer-Bemessungsgrundlage in der Europäischen Union: Regelungen zur Konsolidierung und Gewinnaufteilung, in: Unternehmensteuern und Bilanzen, Heft 12, S. 453-460.

Kalai, E. (1977): Nonsymmetric Nash Solutions and Replications of 2-Person Bargaining, in: Journal of Game Theory, Jg. 6, Heft 3, S. 129-133.

Kaminski, B. (2007): Änderungen im Bereich der internationalen Einkunftsabgrenzung durch die Unternehmensteuerreform 2008, in: Recht der Internationalen Wirtschaft, Heft 8, S. 594-603.

Kaminski, B. (2011): Neuerrichtung eines Auslandsengagements im Zeitalter der Funktionsverlagerungsbesteuerung, in: Der Betrieb, Heft 8, S. 435-441.

Kaminski, B./Strunk, G. (2008): Funktionsverlagerungen in und von ausländischen Betriebsstätten und Personengesellschaften: Überlegungen zur (Nicht-)Anwendbarkeit der Grundsätze zum sog. Transferpaket, in: Der Betrieb, Heft 46, S. 2501-2507.

Kaminski, B./Strunk, G. (2012): Einfluss von Steuern auf unternehmerische Entscheidungen, 2. Aufl., Wiesbaden.

Kasten, C. (2012): Die Besteuerung grenzüberschreitender Funktionsverlagerungen – Systematik und Handlungsalternativen, Hamburg.

Kaufmann, L./Ridder, C. (2003): Bewertung von Biotechnologie-Unternehmen – Der Individual Risk-adjusted Net Present Value – Ansatz und weitere Ansätze zur Verbesserung des DCF-Verfahrens, in: Finanz-Betrieb, Heft 7/8, S. 448-456.

Keeney, R. L. (1996): Value-focused thinking – A path to creative decisionmaking, Cambridge/London.

Kellogg, D./Charnes, J. M. (2000): Real-Options Valuation for a Biotechnology Company, in: Financial Analysts Journal, Jg. 56, Heft 3, S. 76-84.

Kemper, T./Ragu, B./Rüthers, T. (2012): Eigenkapitalkosten in der Finanzkrise, in: Der Betrieb, Heft 12, S. 645-650.

Kempf, A./Gelsdorf, F. (2012): Die EU-Schiedsverfahrenskonvention im Konkurrenzverhältnis zu Doppelbesteuerungsabkommen, in: Internationales Steuerrecht, Heft 9, S. 329-335.

Kempf, T./Walter-Yadegardjam, T. (2008): § 9 Sachkapitalüberlassung, in: Lüdicke, J./ Sistermann, C. (Hrsg.), Unternehmensteuerrecht – Gründung, Finanzierung, Umstrukturierung, Übertragung, Liquidation, München, S. 350-385.

Kern, W./Schröder, H.-H. (1977): Forschung und Entwicklung in der Unternehmung, Reinbek.

Kerzner, H. (2008): Projektmanagement: Ein systemorientierter Ansatz zur Planung und Steuerung, 2. Aufl., Hoboken (New Jersey).

Kessler, W. (2008): § 1 Rahmenbedingungen der Konzernbesteuerung, A. Konzernbesteuerung in Deutschland, in: Kessler, W./Kröner, M./Köhler, S. (Hrsg.), Konzernsteuerrecht National – International, 2. Aufl., München, S. 2-18.

Kessler, W./Eicke, R. (2008): The Emergence of R&D Tax Regimes in Europe, in: Tax Notes International, Jg. 50, Heft 10, S. 845-847.

Kessler, W./Naumann, S./Eicke, R./Otter, P. (2008): Steuerliche Anreize zur Stimulierung der Forschung und Entwicklung in Deutschland – Teil 2: Plädoyer für ein steuerliches F&E-Regime in Deutschland, in: Der Betrieb, Heft 23, S. 1237-1241.

Kiesewetter, D./Dietrich, M. (2007): Ein Standardmodell für Investitionsentscheidungen in Kapitalgesellschaften, in: Wirtschaftswissenschaftliches Studium, Heft 5, S. 235-245.

Kirchdörfer, R./Lorz, R. (2012): Abfindungsklauseln in Gesellschaftsverträgen von Familienunternehmen, in: Zeitschrift für Familienunternehmen und Stiftungen, Heft 5, S. 176-183.

Klein, R./Scholl, A. (2011): Planung und Entscheidung: Konzepte, Modelle und Methoden einer modernen betriebswirtschaftlichen Entscheidungsanalyse, 2. Aufl., München.

Kleineidam, H.-J. (1968): Die Internationale Betriebswirtschaftliche Steuerlehre – Ein Vorschlag zur Weiterentwicklung der Betriebswirtschaftlichen Steuerlehre, Augsburg.

Kleineidam, H.-J. (1970): Zur Weiterentwicklung der Betriebswirtschaftlichen Steuerlehre, in: Zeitschrift für Betriebswirtschaft, Heft 2, S. 105-118.

Kluge, V. (2000): Inländerbetätigung im Ausland: Einkünfte aus unternehmerischer Betätigung, in: Kluge, V. (Hrsg.), Das Internationale Steuerrecht – Gemeinschaftsrecht – Außensteuerrecht – Abkommensrecht, 4. Aufl., München.

Koenig, U. (2009): § 39 AO Zurechnung, in: Pahlke, A./Koenig, U. (Hrsg.), Abgabenordnung §§ 1 bis 368 – Kommentar, 2. Aufl., München.

Kollruss, T. (2007): Weiße und graue Einkünfte bei Outbound-Finanzierung einer ausländischen EU-Tochterkapitalgesellschaft nach Europarecht und dem JStG 2007, in: Betriebs-Berater, Heft 9, S. 467-477.

König, R. (2004): Theoriegestützte betriebswirtschaftliche Steuerwirkungs- und Steuerplanungslehre, in: Steuer und Wirtschaft, Heft 3, S. 260-266.

Kosiol, E. (1961): Erkenntnisgegenstand und methodologischer Standort der Betriebswirtschaftlichen Steuerlehre, in: Zeitschrift für Betriebswirtschaft, Heft 3, S. 129-136.

Kozikowski, M./Huber, F. (2012): § 247 HGB Inhalt der Bilanz, in: Ellrott, H./ Fröschle, G./Grottel, B./Kozikowski, M./Schmidt, S./Winkeljohann, N. (Hrsg.),

Beck`scher Bilanz-Kommentar – Handels- und Steuerrecht §§ 238 bis 339, 342 bis 342e HGB mit IFRS-Abweichungen, 8. Aufl., München.

Kozikowski, M./Schubert, W. J. (2012): § 247 HGB Inhalt der Bilanz, in: Ellrott, H./ Fröschle, G./Grottel, B./Kozikowski, M./Schmidt, S./Winkeljohann, N. (Hrsg.), Beck`scher Bilanz-Kommentar – Handels- und Steuerrecht §§ 238 bis 339, 342 bis 342e HGB mit IFRS-Abweichungen, 8. Aufl., München.

KPMG (Hrsg.) (2012): Kapitalkostenstudie 2011/2012 – Entwicklungen in volatilen Märkten, URL: http://www.kpmg.de/docs/20120124_Kapitalkostenstudie_ KPMG.pdf (30.06.2013).

Kraft, G. (2009): § 1 AStG Berichtigung von Einkünften, in: Kraft, G. (Hrsg.), Außensteuergesetz – Kommentar, München.

Krallmann, H./Frank, H./Gronau, N. (2002): Systemanalyse im Unternehmen, 4. Aufl., München.

KroeseWevers (Hrsg.) (2011): Niederländisches Steuerrecht 2011, URL: http://www.hollandbusinesshouse.de/media/bestanden/Niederl%C3%A4ndisches% 20Steuerrecht%202011.pdf (30.06.2013).

Kroppen, H.-K. (2009): Funktionsverlagerung nach dem neuen § 1 Abs. 3 AStG, in: Rödder, T./Spindler, W./Tipke, K. (Hrsg.), Steuerzentrierte Rechtsberatung, Festschrift für Harald Schaumburg, Köln, S. 857-877.

Kroppen, H.-K. (2013): Funktionsverlagerungsverordnung (FVerlV), in: Kroppen, H.-K. (Hrsg.), Handbuch Internationale Verrechnungspreise, Band 1, Loseblattausgabe, Stand: Mai 2013.

Kroppen, H.-K./Nientimp, A. (2008): Absonderlichkeiten bei der Funktionsverlagerung, in: Internationale Wirtschafts-Briefe, Heft 17, S. 845-850.

Kroppen, H.-K./Nientimp, A. (2011): Generalthema I: Funktionsverlagerung, in: Internationales Steuerrecht, Heft 17, S. 650-653.

Kroppen, H.-K./Rasch, S. (2001): Die neuen Verrechnungspreisbestimmungen der Niederlande, in: Internationale Wirtschafts-Briefe, Heft 14, S. 321-326.

Kroppen, H.-K./Rasch, S. (2002): Aktuelle Verrechnungspreisentwicklungen in den Niederlanden, in: Internationale Wirtschafts-Briefe, Heft 16, S. 351-360.

Kroppen, H.-K./Rasch, S. (2010): Ergänzung der Escapeklausel des § 1 Abs. 3 Satz 10 AStG, Funktionsverlagerung – der nächste Akt, in: Internationale Wirtschafts-Briefe, Heft 9, S. 316-324.

Kroppen, H.-K./Rasch, S./Eigelshoven, A. (2007): Die Behandlung der Funktionsverlagerungen im Rahmen der Unternehmensteuerreform 2008 und der zu erwartenden Verwaltungsgrundsätze-Funktionsverlagerung, in: Internationale Wirtschafts-Briefe, Heft 6, S. 301-330.

Krüger, R. (2008): Normenklarheit und Vertrauensschutz – Gesetzesbestimmtheit und Schutz gegen steuerverschärfende Urteile, in: Neue Wirtschafts-Briefe, Heft 27, S. 2519-2528.

Kruschwitz, L. (2011): Investitionsrechnung, 13. Aufl., München.

Kuebart, J. (1995): Verrechnungspreise im internationalen Lizenzgeschäft, Bielefeld.

Kuhner, C./Maltry, H. (2006): Unternehmensbewertung, Berlin et al.

Kußmaul, H. (1995): Die Betriebswirtschaftliche Steuerlehre als steuerliche Betriebswirtschaftslehre?, in: Steuer und Wirtschaft, Heft 1, S. 3-14.

Kußmaul, H. (2010): Betriebswirtschaftliche Steuerlehre, 6. Aufl., München.

Kußmaul, H./Ruiner, C. (2010a): Die sog. Standardmethoden zur Ermittlung fremdvergleichskonformer Verrechnungspreise – Einordnung und Arten der Vergleichbarkeit unter besonderer Berücksichtigung der Unternehmensteuerreform 2008, in: Internationales Steuerrecht, Heft 14, S. 497-500.

Kußmaul, H./Ruiner, C. (2010b): Die sog. Standardmethoden zur Ermittlung fremdvergleichskonformer Verrechnungspreise – Preisvergleichsmethode, Wiederverkaufspreismethode und Kostenaufschlagsmethode, in: Internationales Steuerrecht, Heft 16, S. 605-611.

Labbé, M. (2004): Earn-Out-Ansatz als Option zur preislichen Gestaltung von Unternehmenstransaktionen, in: Finanz-Betrieb, Heft 2, S. 117-121.

Lacher, J./Poppe, H. (1988): Unternehmenskauf nach der Methode des „realisierten" Ertragswerts, in: Der Betrieb, Heft 35, S. 1761-1764.

Lammersen, L. (2005): Steuerbelastungsvergleiche – Anwendungsfelder und Grenzen in der Steuerplanung und der Steuerwirkungslehre, Wiesbaden.

Lande, M. L. B. v. d. (2010): Innovatiebox – Art. 12b Wet Vpb, Deventer.

Lang, F. (2013): § 8 Abs. 3 KStG, Teil C: Die Grundregeln der verdeckten Gewinnausschüttung, in: Dötsch, E./Pung, A./Möhlenbrock, R. (Hrsg.), Die Körperschaftsteuer – Kommentar zum Körperschaftsteuergesetz, Umwandlungssteuergesetz und zu den einkommensteuerrechtlichen Vorschriften der Anteilseignerbesteuerung, Loseblattausgabe, Stand: April 2013.

Laux, H./Gillenkirch, R. M./Schenk-Mathes, H. Y. (2012): Entscheidungstheorie, 8. Aufl., Berlin/Heidelberg.

Lehmann, S. (2010): Steuerliche Anreize für Forschung und Entwicklung, in: Deutsches Steuerrecht, Heft 29, S. 1459-1464.

Lehner, M. (2008): Art. 25 OECD-MA Verständigungsverfahren, in: Vogel, K./Lehner, M. (Hrsg.), Doppelbesteuerungsabkommen, 5. Aufl., München.

Lenz, M./Rautenstrauch, G. (2010): Die neue Öffnungsklausel bei der Funktionsverlagerung in § 1 Abs. 3 Satz 10 Hs. 2 AStG, in: Der Betrieb, Heft 13, S. 696-699.

Levedag, C. (2010): Neuere Rechtsprechung zum Übergang des Geschäftswerts, in: Neue Wirtschafts-Briefe, Heft 2, S. 106-111.

Lindberg, K. (2013): § 43b EStG Bemessung der Kapitalertragsteuer bei bestimmten Gesellschaften, in: Heuermann, B./Brandis, P. (Hrsg.), Blümich EStG – KStG – GewStG, Loseblattausgabe, Stand: Juni 2013.

Lintner, J. (1965): The Valuation of Risk Assets and the Selection of Risky Investments in Stock Portfolios and Capital Budgets, in: The Review of Economics and Statistics, Jg. 47, Heft 1, S. 13-37.

Loewenheim, U./Nordemann, J. B. (2010): § 26 Entstehen und Erlöschen von Nutzungsrechten, in: Loewenheim, U. (Hrsg.), Handbuch des Urheberrechts, 2. Aufl. München.

Looks, C./Freudenberg, M. (2009): Zukünftige Konfliktfelder zwischen Finanzverwaltung und Steuerpflichtigen als Ergebnis des Entwurfs der Verwaltungsgrundsätze-Funktionsverlagerung, in: Betriebs-Berater, Heft 47, S. 2514-2519.

Looks, C./Köhler, H. (2009): Hypothetischer Fremdvergleich und Funktionsverlagerungen: Mittelwert des Einigungsbereichs und spieltheoretische Verhandlungsmodelle, in: Der Steuerberater, Heft 9, S. 317-325.

Looks, C./Scholz, C. M. (2007): Funktionsverlagerungen nach der Neufassung des § 1 Abs. 3 AStG, in: Betriebs-Berater, Heft 47, S. 2541-2545.

Looks, C./Steiner, R./Müller, R. (2009): Der Fremdvergleichsgrundsatz – Zur Frage der Maßgeblichkeit des § 1 Abs. 3 AStG für andere Berichtigungsvorschriften, in: Betriebs-Berater, Heft 44, S. 2348-2352.

Luckhaupt, H. (2010a): Einfluss der Preisanpassungsklausel auf die Grenzpreise der Unternehmen, in: Internationales Steuerrecht, Heft 24, S. 899-905.

Luckhaupt, H. (2010b): OECD Business Restructuring im Vergleich zur Funktionsverlagerung, in: Der Betrieb, Heft 37, S. 2016-2020.

Luckhaupt, H. (2013): Fremdkapital und Funktionsverlagerung ins Ausland, in: Der Betrieb, Heft 6, S. 255-259.

Luehrman, T. A. (1997): Using APV: A Better Tool for Valuing Operations, in: Harvard Business Review, Jg. 75, Heft 3, S. 145-154.

Luginbühl, S. (2013): Das europäische Patent mit einheitlicher Wirkung (Einheitspatent), in: Gewerblicher Rechtsschutz und Urheberrecht Internationaler Teil, Heft 4, S. 305-310.

Lühn, A. (2009): Quantitative internationale Konzernsteuerplanung – Gestaltungsinstrumente, steuerrechtliche Grundlagen und Entwicklung eines Simulationsmodells, Wiesbaden.

Magee, J. F. (1964): How to Use Decision Trees in Capital Investment, in: Harvard Business Review, Jg. 42, Heft 5, S. 79-96.

Mandl, G./Rabel, K. (1997): Unternehmensbewertung – Eine praxisorientierte Einführung, Wien/Frankfurt.

Martini, J. T. (2007): Verrechnungspreise zur Koordination und Erfolgsermittlung, Wiesbaden.

Mehta, A. (2005): International Taxation of Cross-border Leasing Income, Amsterdam.

Menck, T. (2012): Kapitel 1 – D. Direkte Besteuerung der international tätigen Unternehmen, in: Mössner, J. M. (Hrsg.), Steuerrecht international tätiger Unternehmen, 4. Aufl., Köln, S. 40-60.

Menninger, J./Wellens, L. (2012): Grundsätzliche Bewertungsfragen im Zusammenhang mit der Funktionsverlagerung gem. § 1 Abs. 3 Satz 9 AStG, in: Der Betrieb, Heft 1, S. 10-15.

Merkt, H. (2010): § 13 GmbHG Juristische Person; Handelsgesellschaft, in: Fleischer, H./Goette, W. (Hrsg.), Münchener Kommentar zum GmbHG, Band 1, München.

Merkt, H. (2012): § 277 HGB Vorschriften zu einzelnen Posten der Gewinn- und Verlustrechnung, in: Beck`sche Kurzkommentare – Handelsgesetzbuch mit GmbH & Co. KG, Handelsklauseln, Bank- und Börsenrecht, Transportrecht (ohne Seerecht), bearbeitet von Hopt, K. J./Merkt, H./Roth, M./Baumbach, A., Band 9, 35. Aufl., München.

Mick, M. (2013a): Niederlande Art. 6 Verbundene Unternehmen, in: Debatin, H./Wassermeyer, F. (Hrsg.), Doppelbesteuerung – Kommentar zu allen deutschen Doppelbesteuerungsabkommen, Loseblattausgabe, Stand: März 2013.

Mick, M. (2013b): Niederlande Art. 13 Dividenden, in: Debatin, H./Wassermeyer, F. (Hrsg.), Doppelbesteuerung – Kommentar zu allen deutschen Doppelbesteuerungsabkommen, Loseblattausgabe, Stand: März 2013.

Mick, M. (2013c): Niederlande Art. 14 Zinsen, in: Debatin, H./Wassermeyer, F. (Hrsg.), Doppelbesteuerung – Kommentar zu allen deutschen Doppelbesteuerungsabkommen, Loseblattausgabe, Stand: März 2013.

Mick, M. (2013d): Niederlande Art. 15 Lizenzgebühren, in: Debatin, H./Wassermeyer, F. (Hrsg.), Doppelbesteuerung – Kommentar zu allen deutschen Doppelbesteuerungsabkommen, Loseblattausgabe, Stand: März 2013.

Mick, M. (2013e): Niederlande Art. 22 Rechtsbehelfe; Verständigungsverfahren, in: Debatin, H./Wassermeyer, F. (Hrsg.), Doppelbesteuerung – Kommentar zu allen deutschen Doppelbesteuerungsabkommen, Loseblattausgabe, Stand: März 2013.

Micker, L. (2010): Verfassungsrechtliche Aspekte der Besteuerung von Funktionsverlagerungen, in: Internationales Steuerrecht, Heft 22, S. 829-834.

Mölls, S. H./Willershausen, T./Krag, J. (2005): Bewertung von Forschung und Entwicklung mithilfe eines Compound-Option-Phasenmodells, in: Zeitschrift für Betriebswirtschaft, Heft 7/8, S. 765-798.

Morris, P. A./Teisberg, E. O./Kolbe, A. L. (1991): When Choosing R&D Projects, Go With Long Shots, in: Research Technology Management, Jg. 34, Heft 1, S. 35-40.

Moser, U./Schieszl, S. (2001): Unternehmenswertanalysen auf der Basis von Simulationsrechnungen am Beispiel eines Biotech-Unternehmens, in: Finanz-Betrieb, Heft 10, S. 530-541.

Mossin, J. (1966): Equilibrium in a Capital Asset Market, in: Econometrica, Jg. 34, Heft 4, S. 768-783.

Mössner, J. M. (2012a): Kapitel 1: Unternehmen im internationalen Steuerrecht – F. Einfluss des Europarechts, in: Mössner, J. M. (Hrsg.), Steuerrecht international tätiger Unternehmen, 4. Aufl., Köln, S. 40-60.

Mössner, J. M. (2012b): Kapitel 2: Doppelbesteuerung und deren Beseitigung – C. Sachliche Anknüpfungskriterien der deutschen Steuerhoheit, in: Mössner, J. M. (Hrsg.), Steuerrecht international tätiger Unternehmen, 4. Aufl., Köln.

Moxter, A. (1983): Grundsätze ordnungsmäßiger Unternehmensbewertung, 2. Aufl., Wiesbaden.

Mrotzek, R. (1989): Bewertung direkter Auslandsinvestitionen mit Hilfe betrieblicher Investitionskalküle, Wiesbaden.

Müller, J. (2007): The Netherlands in International Tax Planning, 2. Aufl., Amsterdam.

Munting, W./Wal, J. v. d. (2011): The Dutch „Innovation Box": A sound alternative to existing IP Structuring, offering an ETR of 5 % on R&D Activities, URL: http://www.ohp.nl/fileadmin/Documenten/thomson_reuters_article_innovation_box.pdf (30.06.2013).

Musil, A./Schulz, J. (2013): Grenzüberschreitende Einkünfteverlagerungen in verbundenen Unternehmen und europarechtliche Handlungsspielräume der Mitgliedstaaten, in: Deutsches Steuerrecht, Heft 42, S. 2205-2211.

Myers, S. C./Howe, C. D. (1997): A Life-Cycle Financial Model of Pharmaceutical R&D, in: Sloan School of Management – Massachusetts Institute of Technology (Hrsg.), Program on the Pharmaceutical Industry, Massachusetts.

Nestler, A. (2008): Ermittlung von Lizenzentgelten, in: Betriebs-Berater, Heft 37, S. 2002-2006.

Nestler, A. (2013): Angemessene Lizenzbewertung anhand der Profit-Split-Methode: Was man von der Knoppe-Formel lernen kann, in: Betriebs-Berater, Heft 34, S. 2027-2029.

Nestler, A./Kupke, T. (2003): Die Bewertung von Unternehmen mit dem Discounted Cash Flow-Verfahren, in: Betriebswirtschaftliche Mandantenbetreuung, Heft 6, S. 163-170.

Nestler, A./Schaflitzl, A. (2011): Praktische Anwendungsfragen für die Bewertung bei Funktionsverlagerungen nach dem neuen BMF-Schreiben, in: Betriebs-Berater, Heft 4, S. 235-240.

Nielsen, N. H. (2010): Financial valuation methods for biotechnology, URL: http://biostrat.dk/financial-valuation-methods-for-biotechnology.pdf (30.06.2013).

Niemann, R./Bachmann, M./Knirsch, D. (2003): Was leisten die Effektivsteuersätze des European Tax Analyser?, in: Die Betriebswirtschaft, Heft 2, S. 123-137.

Nöll, B./Wiedemann, A. (2011): Investitionsrechnung unter Unsicherheit: Rendite- und Risikoanalysen von Investitionen, München.

Obluda, S. (1998): Das Steuerrecht der Niederlande, in: Internationale Wirtschafts-Briefe, Heft 2, S. 65-88.

OECD (Hrsg.) (2002): Experimental Frascati Manual 2002: Proposed Standard Practice for Surveys on Research and Experimental, 6. Aufl., Paris.

OECD (Hrsg.) (2010a): Model Tax Convention on Income and on Capital, 8. Aufl., Paris.

OECD (Hrsg.) (2010b): OECD Transfer Pricing Guidelines for Multinational Enterprises and Tax Administrations, Paris.

OECD (Hrsg.) (2013a): Action Plan on Base Erosion and Profit Shifting, Paris URL: http://www.oecd.org/ctp/BEPSActionPlan.pdf (30.06.2013).

OECD (Hrsg.) (2013b): Revised Discussion Draft on Transfer Pricing Aspects of Intangibles, Paris, URL: http://www.oecd.org/ctp/transfer-pricing/revised-discussion-draft-intangibles.pdf (01.11.2013).

Oesterle, B. (1998): Steuerliche Verlustvorträge in der Unternehmensbewertung, in: Betriebs-Berater, Heft 16, S. 835-840.

Oestreicher, A. (2000): Konzern-Gewinnabgrenzung – Gewinnabgrenzung – Gewinnermittlung – Gewinnaufteilung, München.

Oestreicher, A. (2009): Die (reformbedürftigen) Regelungen zur Ermittlung der Verrechnungspreise in Fällen der Funktionsverlagerung, in: Die Unternehmensbesteuerung, Heft 2, S. 80-95.

Oestreicher, A./Hundeshagen, C. (2008a): Bewertung von Transferpakten bei Funktionsverlagerungen – Teil 1, in: Der Betrieb, Heft 31, S. 1637-1643.

Oestreicher, A./Hundeshagen, C. (2008b): Bewertung von Transferpakten bei Funktionsverlagerungen – Teil 2, in: Der Betrieb, Heft 32, S. 1693-1700.

Oestreicher, A./Hundeshagen, C. (2009a): Weder Wirtschaftsgut noch Unternehmen – die Bewertung von Transferpaketen anlässlich der grenzüberschreitenden Verlagerung von Unternehmensfunktionen, in: Internationales Steuerrecht, Heft 5, S. 145-151.

Oestreicher, A./Hundeshagen, C. (2009b): Ertragswertorientierte Gesamtbewertung von Transferpaketen, in: Die Unternehmensbesteuerung, Heft 12, S. 830-843.

Oestreicher, A./Wilcke, D. (2010a): Die Einzelbewertung des Firmenwerts – Verrechnungspreise in Fällen einer Funktionsverlagerung nach dem Gesetz zur Umsetzung steuerlicher EU-Vorgaben sowie zur Änderung steuerlicher Vorschriften, in: Die Unternehmensbesteuerung, Heft 4, S. 225-324.

Oestreicher, A./Wilcke, D. (2010b): Die Berichtigung von Einkünften wegen abweichender Gewinne, in: Der Betrieb, Heft 9, S. 476-472.

Oestreicher, A./Wilcke, D. (2010c): Funktionsverlagerung, Grenzpreise und Preisanpassungsklauseln, in: Der Betrieb, Heft 32, S. 1713-1718.

Offermanns, R. (2011): Netherlands, in: Boeijen-Ostaszewska., O. v. (Hrsg.), European Tax Handbook 2011, Amsterdam.

Oosterhoff, D. (2001): Netherlands: Transfer Pricing Decree, in: International Transfer Pricing Journal, Jg. 8, Heft 5, S. 147-152.

Ossadnik, W. (2008): H. Planung und Entscheidung, in: Corsten, H./Reiß, M. (Hrsg.), Betriebswirtschaftslehre, Band 2, 4. Aufl., München, S. 1-80.

Osterrieth, C. (2010): B. Formularkommentar, Patentlizenzverträge, in: Pfaff, D./Osterrieth, C. (Hrsg.), Lizenzverträge – Formularkommentar –, 3. Aufl., München.

Pagenberg, J. (2012): Die EU-Patentrechtsreform – zurück auf Los?, in: Gewerblicher Rechtsschutz und Urheberrecht, Heft 6, S. 582-589.

Pankoke, T./Petersmeier, K. (2009): Der Zinssatz in der Unternehmensbewertung, in: Schacht, U./Fackler, M. (Hrsg.), Praxishandbuch der Unternehmensbewertung – Grundlagen, Methoden, Fallbeispiele, 2. Aufl., Wiesbaden, S. 107-138.

Pape, U. (2009): Kapitalmärkte, asymmetrische Informationsverteilung und unternehmerisches Finanzmanagement, in: Weber, L./Lubk, C./Mayer, A. (Hrsg.), Gesellschaft im Wandel: aktuelle ökonomische Herausforderungen, Wiesbaden, S. 149-167.

Paulus, H. J. (1978): Ziele, Phasen und organisatorische Probleme steuerlicher Entscheidungen in der Unternehmung, Berlin.

Peemöller, V. H./Kunowski, S. (2012): 3. Kapitel: Bewertungsverfahren, Teil A: Ertragswertverfahren nach IDW, in: Peemöller, V. H. (Hrsg.), Praxishandbuch der Unternehmensbewertung – Grundlagen, Bewertungsverfahren, Besonderheiten bei der Bewertung, 5. Aufl., S. 276-347.

Perridon, L./Steiner, M./Rathgeber, A. (2012): Finanzwirtschaft der Unternehmung, 16. Aufl., München.

Peter, M./Spohn, P./Hogg, R. (2008): Preisanpassungsklauseln bei Funktionsverlagerungen nach deutschem sowie US-amerikanischem Steuerrecht, in: Internationales Steuerrecht, Heft 24, S. 864-869.

Peter, M./Wehnert, O./Koch, M./Peter, S. (2011): Änderungen bei der Besteuerung von Funktionsverlagerungen durch das EU-Vorgaben-Umsetzungsgesetz – echte Erleichterung oder Fata Morgana in der Steuerwüste?, in: Internationales Steuerrecht, Heft 5, S. 180-184.

Pfaff, D./Nagel, S. (2010): A. Allgemeiner Teil, I. Einführung, in: Pfaff, D./Osterrieth, C. (Hrsg.), Lizenzverträge – Formularkommentar, 3. Aufl., München.

Pfaff, D./Nagel, S./Wittkowski, A. (2010): A. Allgemeiner Teil, VI. Steuerliche Wirkungen im Zusammenhang mit Lizenzrechten, in: Pfaff, D./Osterrieth, C. (Hrsg.), Lizenzverträge – Formularkommentar –, 3. Aufl., München.

Piehler, M./Schwetzler, B. (2010): Zum Wert ertragsteuerlicher Verlustvorträge, in: Schmalenbachs Zeitschrift für betriebswirtschaftliche Forschung, Heft 2, S. 60-100.

Piltz, D. J. (2008): Verrechnungspreise und Funktionsverlagerung, in: Grundmann, K./ Drüen, K.-D. (Hrsg.), Jahrbuch der Fachanwälte für Steuerrecht, Herne, S. 148-164.

Piltz, D. J. (2013): Base Erosion and Profit Shifting (BEPS): Die ganze Wahrheit?, in: Internationales Steuerrecht, Heft 18, S. 681-682.

Pohl, C. (2010a): Ergänzung der Funktionsverlagerungsregelungen durch das Gesetz zur Umsetzung steuerrechtlicher EU-Vorgaben sowie zur Änderung steuerrechtlicher Vorschriften – Boykott der Altregelung oder viel Lärm um Nichts?, in: Internationales Steuerrecht, Heft 10, S. 357-360.

Pohl, C. (2010b): Zur Anwendung der Preisanpassungsklausel (§ 1 Abs. 3 Satz 11 und 12 AStG) außerhalb der Funktionsverlagerungen, in: Internationales Steuerrecht, Heft 18, S. 690-692.

Pohl, C. (2013): Gesetz über die Besteuerung bei Auslandsbeziehungen – Außensteuergesetz (AStG) – Erster Teil: Internationale Verflechtungen (§ 1 AStG), in: Heuermann, B./Brandis, P. (Hrsg.), Blümich EStG – KStG – GewStG, Loseblattausgabe, Stand: Juni 2013.

Pöllath, R./Lohbeck, A. (2008): Art. 12 OECD MA Lizenzgebühren, in: Vogel, K./ Lehner, M. (Hrsg.), Doppelbesteuerungsabkommen, 5. Aufl., München.

PwC (Hrsg.) (2006): Mergers and Acquisitions: A Global Tax Guide, Hoboken (New Jersey).

PwC (Hrsg.) (2010): International Transfer Pricing 2011, URL: http://www.pwc.com/ en_GX/gx/international-transfer-pricing/assets/itp-2011.pdf (30.06.2013).

PwC (Hrsg.) (2011): Transfer Pricing Perspective Deutschland – Jahrbuch 2010/2011, URL: http://www.pwc.de/de/newsletter/steuern-und-recht/assets/Transfer-Pricing-Perspective-Jahrbuch-2010-11.pdf (30.06.2013).

Raad, K. v. (1992): Die Körperschaftsteuer in den Niederlanden, in: Die Aktiengesellschaft, Heft 4, S. 115-120.

Rasch, S./Schmidtke, R. (2009): Routinefunktionen, Gewinnverlagerungen und das Versagen des hypothetischen Fremdvergleichs, in: Internationales Steuerrecht, Heft 3, S. 92-97.

Ratschow, E. (2012): § 39 AO Zurechnung, in: Klein Abgabenordnung – Kommentar, bearbeitet von Brockmeyer, B./Gersch, E.-M./Jäger, M./Rätke, B./Ratschow, E./Rüsken, R., 11. Aufl., München.

Rayney, P. (1989): Making Earn-outs pay, in: Accountancy. Jg. 103, Heft 1149, S. 94-96.

Reese, R./Wiese, J. (2007): Die kapitalmarktorientierte Ermittlung des Basiszinssatzes für die Unternehmensbewertung, in: Zeitschrift für Bankrecht und Bankwirtschaft, Heft 1, S. 38-52.

Reger, G. (1999): I. Einleitung: Internationalisierung und Konzentration der Innovationsaktivitäten, in: Reger, G./Beise, M./Belitz, H. (Hrsg.), Innovationsstandorte multinationaler Unternehmen – Internationalisierung technologischer Kompetenzen in der Pharmazeutik, Halbleiter- und Telekommunikationstechnik, Heidelberg, S. 1-8.

Rehkugler, H./Schindel, V. (1990): Entscheidungstheorie – Erklärung und Gestaltung betrieblicher Entscheidungen, 5. Aufl., München.

Reichl, A. (2013): Verrechnung immaterieller Wirtschaftsgüter im internationalen Konzern, Lohmar/Köln.

Rengers, J. (2013): § 8b KStG Beteiligung an anderen Körperschaften und Personenvereinigungen, in: Heuermann, B./Brandis, P. (Hrsg.), Blümich EStG – KStG – GewStG, Loseblattausgabe, Stand: Juni 2013.

Richter, A./Welling, B. (2008): Tagungs- und Diskussionsbericht zum 25. Berliner Steuergespräch mit dem Thema Funktionsverlagerung, in: Finanz-Rundschau, Heft 2, S. 71-78.

Richter, F. (1998): Unternehmensbewertung bei variablem Verschuldungsgrad, in: Zeitschrift für Bankrecht und Bankwirtschaft, Heft 6, S. 379-389.

Richter, F./Drukarczyk, J. (2001): Wachstum, Kapitalkosten und Finanzierungseffekt, in: Die Betriebswirtschaft, Heft 6, S. 627-639.

Risse, R. (2008): § 2 Rechtsformen im Konzernverbund, B. Rechtsformen im Konzern, in: Kessler, W./Kröner, M./Köhler, S. (Hrsg.), Konzernsteuerrecht National – International, 2. Aufl., München, S. 87-138.

Rödder, T. (1988): Steuerplanungslehre und steuerliche Gestaltungsfindung, in: Betriebs-Berater, Beilage 19 zu Heft 34, S. 1-11.

Rödder, T. (2007): Unternehmensteuerreformgesetz 2008, in: Beihefter zu Deutsches Steuerrecht, Heft 40, S. 2-19.

Rödder, T. (2008): § 10 Finanzströme: A. Die Zinsschranke, in: Kessler, W./Kröner, M./ Köhler, S. (Hrsg.), Konzernsteuerrecht National – International, 2. Aufl., München, S. 869-882.

Rödder, T./Pinkernell, R. (2013): Zum Seminar F: 20 Thesen zur BEPS-Diskussion, in: Internationales Steuerrecht, Heft 16, S. 619-623.

Roeder, A. (2008): Ökonomische Aspekte des hypothetischen Fremdvergleichs, in: Die Unternehmensbesteuerung, Heft 4, S. 202-208.

Roeder, A. (2013): Funktionsverlagerungsverordnung (FVerlV), in: Kroppen, H.-K. (Hrsg.), Handbuch Internationale Verrechnungspreise, Band 1, Loseblattausgabe, Stand: Mai 2013.

Rose, G. (1992): Betriebswirtschaftliche Steuerlehre, 3. Aufl., Wiesbaden.

Roser, F. (2008): Konzeption(-slosigkeit) der Funktionsverlagerung – Widerspruch zu der gesetzlichen Zielsetzung, in: Der Ertrag-Steuer-Berater, Heft 1, S. 35-38.

Rouenhoff, A. (2012): Erste Analyse des OECD-Diskussionspapiers zur Berücksichtigung von Intangibles bei der Festlegung von Verrechnungspreisen, in: Internationales Steuerrecht, Heft 17, S. 654-659.

Saliger, E. (2003): Betriebswirtschaftliche Entscheidungstheorie, 5. Aufl., München.

Schaden, M./Käshammer, D. (2007): Die Neuregelung des § 8a KStG im Rahmen der Zinsschranke, in: Betriebs-Berater, Heft 42, S. 2259-2266.

Schäfer, H. (2005): Unternehmensinvestitionen: Grundzüge in Theorie und Management, 2. Aufl., Heidelberg.

Schall, A. (2010): § 17 AktG Abhängige und herrschende Unternehmen, in: Spindler, G./Stilz, E. (Hrsg.), Kommentar zum Aktiengesetz, Band 1, 2. Aufl., München.

Schaumburg, H. (2009): Anpassungsklausel, in: Internationales Steuerrecht, Heft 24, S. 877-882.

Schaumburg, H. (2011): Internationales Steuerrecht – Außensteuerrecht – Doppelbesteuerungsrecht, 3. Aufl., Köln.

Scheffler, W. (2009): Internationale betriebswirtschaftliche Steuerlehre, 3. Aufl., München.

Scheffler, W. (2013): Besteuerung von Unternehmen III – Steuerplanung, Band 3, 2. Aufl. Heidelberg et al.

Scheffler, W./Kusch, C. (1999): Steuerplanung durch Auslagerung der Forschung und Entwicklung auf eine Auslandsgesellschaft, in: Kleineidam, H.-J. (Hrsg.), Unternehmenspolitik und Internationale Besteuerung, Festschrift für Lutz Fischer, Berlin, S. 857-877.

Scheunemann, M. P./Dennisen, A. (2010): Steuerliche Strukturierung von Forschung und Entwicklung im internationalen Konzern, in: Der Betrieb, Heft 8, S. 408-413.

Schierenbeck, H./Wöhle, C. B. (2012): Grundzüge der Betriebswirtschaftslehre, 18. Aufl., München.

Schildbach, T. (2000): Ein fast problemloses DCF-Verfahren zur Unternehmensbewertung, in: Betriebswirtschaftliche Forschung und Praxis, Heft 12, S. 707-723.

Schildbach, T. (2008): Der Konzernabschluss nach HGB, IFRS und US-GAAP, 7. Aufl., München.

Schilling, D. (2011a): Die ganzheitliche Bewertung von Transferpaketen, in: Unternehmensteuern und Bilanzen, Heft 18, S. 708-715.

Schilling, D. (2011b): Bewertung von Transferpaketen – Ausgewählte Bewertungsfragen unter besonderer Berücksichtigung des BMF-Schreibens vom 13.10.2010, in: Der Betrieb, Heft 28, S. 1533-1539.

Schilling, D. (2012): Bewertung von Transferpaketen auf Basis von Einzelwerten: Firmenwert, quo vadis?, in: Betriebs-Berater, Heft 5, S. 307-311.

Schilling, D./Kandels, C. (2012a): Notwendige Anpassungen von Fremdvergleichswerten bei der Transferpaketbewertung – Darstellungen am Beispiel eines Share-Deals –, in: Der Betrieb, Heft 19, S. 1065-1069.

Schilling, D./Kandels, C. (2012b): Tatsächlicher Fremdvergleich bei Bewertung von Fremdvergleichspreisen – notwendige Anpassungen von Vergleichspreisen, in: Deutsches Steuerrecht, Heft 22, S. 1099-1105.

Schlie, I./Stetzelberger, A. (2008): Steuerliche Förderung von Forschung und Entwicklung, in: Internationales Steuerrecht, Heft 8, S. 269-275.

Schmeisser, W. (2010): Innovation Profitability Analysis in the Assessment of Pharmaceutical R&D Projects, in: Schmeisser, W./Mohnkopf, H./Hartmann, M./ Metze, G. (Hrsg.), Innovation Performance Accounting – Financing Decisions and Risk Assessment of Innovation Processes, Heidelberg et al., S. 63-110.

Schmiel, U. (2005): Rechtskritik als Aufgabe der Betriebswirtschaftlichen Steuerlehre, Berlin.

Schmiel, U. (2009): Forschungsziele der Betriebswirtschaftlichen Steuerlehre in der Kritik, in: Zeitschrift für Betriebswirtschaft, Heft 10, S. 1193-1214.

Schmiel, U. (2010): Betriebswirtschaftliche Steuerlehre und Wirtschafts-/Unternehmensethik, in: Die Unternehmung, Heft 4, S. 458-480.

Schneeloch, D. (2011): Betriebswirtschaftliche Steuerlehre – Band 2: Betriebliche Steuerpolitik, 3. Aufl., München.

Schneider, D. (1995): Betriebswirtschaftslehre Band 1: Grundlagen, 2. Aufl., München/Wien.

Scholl, A. (2001): Robuste Planung und Optimierung: Grundlagen – Konzepte und Methoden – Experimentelle Untersuchungen, Heidelberg.

Scholz, C. M. (2007): Die Fremdüblichkeit einer Preisanpassungsklausel nach dem Entwurf zu § 1 Abs. 3 AStG, in: Internationales Steuerrecht, Heft 15, S. 521-526.

Schotten, G./Schmellenkamp, C. (2007): § 2 Funktionsweise des IPR, in: Schotten, G./ Schmellenkamp, C. (Hrsg.), Das Internationale Privatrecht in der notariellen Praxis, 2. Aufl., München.

Schreiber, K. (2012): Titel 8: Dienstvertrag: § 611 BGB: Vertragstypische Pflichten beim Dienstvertrag, in: Bürgerliches Gesetzbuch – Handkommentar, bearbeitet von Dörner, H./Ebert, I./Hoeren, T./Kemper, R./Saenger, I./Schreiber, K./Schulte-Nölke, H./Schulze, R./Staudinger, A., 7. Aufl., Baden-Baden.

Schreiber, R. (2006): Verrechnungspreise und Verrechnungspreisdokumentation – Zweifelsfragen und Praxishinweise – 2. Dokumentation von Verrechnungspreisen – Allgemeiner Teil, in: Die Wirtschaftsprüfung, Sonderheft, S. S139-S145.

Schreiber, R. (2013): Funktionsverlagerungsverordnung (FVerlV), in: Kroppen, H.-K. (Hrsg.), Handbuch Internationale Verrechnungspreise, Band 1, Loseblattausgabe, Stand: Mai 2013.

Schreiber, U. (1987): Rechtsformabhängige Unternehmensbesteuerung? Eine Kritik des Verhältnisses von Einkommen- und Körperschaftsteuer auf der Grundlage eines Modells für mehrperiodige Steuerbelastungsvergleiche, Köln.

Schreiber, U. (2008): Besteuerung der Unternehmung – Eine Einführung in Steuerrecht und Steuerwirkung, 2. Aufl., Berlin/Heidelberg.

Schröder, H. (2012): Neues DBA mit den Niederlanden unterzeichnet, in: Internationales Steuerrecht-Länderbericht, Heft 9, S. 49-51.

Schröder, H.-H. (2008): L. Technologie- und Innovationsmanagement, in: Corsten, H./ Reiß, M. (Hrsg.), Betriebswirtschaftslehre, Band 2, 4. Aufl., München, S. 1-80.

Schultze, W. (2003): Methoden der Unternehmensbewertung – Gemeinsamkeiten, Unterschiede, Perspektiven, 2. Aufl., Düsseldorf.

Schwartz, E. S. (2004): Patents and R&D as Real Options, in: Economic Notes, Jg. 33, Heft 1, S. 23-54.

Schweitzer, M./Schweitzer, M. (2006): Erfolgsorientiertes Innovationsmanagement, in: Bea, F. X./Friedl, B./Schweitzer, M. (Hrsg.), Allgemeine Betriebswirtschaftslehre, Band 3: Leistungsprozesse, 9. Aufl., Stuttgart, S. 9-112.

Seiler, C. (2012): Art. 113 AEUV: Harmonisierung der indirekten Steuern, in: Grabitz, E./ Hilf, M./Nettesheim, M. (Hrsg.), Das Recht der Europäischen Union – EUV/AEUV, Band 2, Loseblattausgabe, Stand: November 2012.

Serg, O. (2006): Optimierung der Konzernsteuerquote durch internationale Funktionsverlagerungen, Lohmar/Köln.

Sharpe, W. F. (1964): Capital asset prices: A theory of market equilibrium under conditions of risk, in: The Journal of Finance, Jg. 19, Heft 3, S. 425-442.

Sherman, S. J./Janatka, D. A. (1992): Engineering Earn-Outs To Get Deals Done And Prevent Discord, in: Merger & Acquisitions, Jg. 27, Heft 2, S. 26-31.

Shockley Jr., R. L./Curtis, S./Jafari, J./Tibbs, K. (2003): The Option Value of an Early-Stage Biotechnology Investment, in: Journal of Applied Corporate Finance, Jg. 15, Heft 2, S. 44-55.

Sieker, K. (2013): Art. 9 OECD-MA, in: Debatin, H./Wassermeyer, F. (Hrsg.), Doppelbesteuerung – Kommentar zu allen deutschen Doppelbesteuerungsabkommen, Loseblattausgabe, Stand: März 2013.

SPD (Hrsg.) (2013): Das WIR entscheidet – Das Regierungsprogramm 2013-2017, URL: http://www.spd.de/linkableblob/96686/data/20130415_regierungsprogramm_2013_2017.pdf (31.08.2013).

Spengel, C. (1995): Quantifizierung der Steuerbelastung von Kapitalgesellschaften im internationalen Vergleich – dargestellt am Beispiel Deutschland, Frankreich und Großbritannien, Düsseldorf.

Spengel, C. (1996): Höhe und Struktur der Unternehmensbesteuerung in Europa – Ein Belastungsvergleich auf der Basis eines Unternehmensmodells, in: Jacobs, O. H./ Spengel, C. (Hrsg.), Aspekte der Unternehmensbesteuerung in Europa, ZEW Wirtschaftsanalysen, Band. 4, Baden-Baden, S. 37-84.

Spengel, C. (2003): Internationale Unternehmensbesteuerung in der Europäischen Union – Steuerwirkungsanalyse – Empirische Befunde – Reformüberlegungen, Düsseldorf.

Spengel, C./Elschner, C. (2010): Steuerliche Anreize für Forschung und Entwicklung – Empirische Befunde, internationaler Vergleich und Reformansätze für Deutschland, in: Zeitschrift für Betriebswirtschaft, Special Issue, Heft 2, S. 1-22.

Spengel, C./Müller-Rees, V./Endres, D./Harhoff, D./Heinemann, F./Hellwig, M./ Hüther, M./Regierer, C./Schön, W./Stein, K. (2009): Steuerliche Förderung von Forschung und Entwicklung (FuE) in Deutschland – Ökonomische Begründung, Handlungsbedarf und Reformbedarf, in: Draxel, J./Hilty, R. M./Schön, W./Straus, W. (Hrsg.), MPI Studies on Intellectual Property, Competition and Tax Law, Jg. 8, Berlin/Heidelberg.

Spengel, C./Oestreicher, A. (2009): Gemeinsame (konsolidierte) Körperschaftsteuerbemessungsgrundlage in der EU und Umsetzungsfragen, in: Deutsches Steuerrecht, Heft 16, S. 773-781.

Spoelder, E.-J./Bosch, M. (2004): Transfer Pricing Developments in the Netherlands, in: Bulletin for International Fiscal Documentation, Jg. 58, Heft 4, S. 158-164.

Sporken, E. (2001): Netherlands take further step towards arm`s-length principle, in: International Tax Review, Jg. 12, Heft 6, S. 27-31.

Stein, S./Ruh, W./Selg, M./Trost, M./Riedel, A. (2013): Transfer Pricing Aspects of Cross-Border Service Provisions, in: Keuper, F./Lueg, K.-E. (Hrsg.), Finance Bundling and Finance Transformation: Shared Services Next Level, Wiesbaden, S. 487-523.

Stein, V./Vitale, A. (2011): Teil 3: Internationale Steuerplanung im Konzern aus der Sicht einer deutschen Spitzeneinheit, A. Grundlagen der Konzernsteuerplanung, 1. Shareholder Value als Aufgabenstellung der betrieblichen Steuerplanung, in: Grotherr, S. (Hrsg.), Handbuch der internationalen Steuerplanung, 3. Aufl., Herne, S. 135-152.

Steiner, M./Wallmeier, M. (1999): Unternehmensbewertung mit Discounted Cash Flow-Methoden und dem Economic Value Added-Konzept, in: Finanz-Betrieb, Heft 5, S. 1-10.

Stewart, J. J./Allison, P. N./Johnson, R. S. (2001): Putting Price on biotechnology, in: Nature Biotechnology, Jg. 19, Heft 9, S. 813-817.

Strahl, M. (2008): Verrechnungspreise und Funktionsverlagerung nach der Unternehmenssteuerreform, in: Kölner Steuerdialog, Heft 1, S. 15861-15864.

Strebel, H. (1968): Die Bedeutung von Forschung und Entwicklung für das Wachstum industrieller Unternehmungen, Berlin.

Streinz, R./Ohler, C./Herrmann, C. (2010): Der Vertrag von Lissabon zur Reform der EU – Einführung mit Synopse, 3. Aufl., München.

Sturm A. (2007): Auswirkungen von Medikamentengenehmigungen auf die Bewertung von Biotech- und Pharmaunternehmen: Eine Ereignisstudie, Dissertation, Universität Regensburg.

Szyperski, N./Winand, U. (1974): Entscheidungstheorie, Stuttgart.

Tallau, C. (2009): Bewertung von Earn-Out-Klauseln im Rahmen von Unternehmenstransaktionen, in: Finanz-Betrieb, Heft 1, S. 8-14.

Tcherveniachki, V. (2007): Kapitalgesellschaften und Private Equity Fonds: Unternehmenskauf durch Leveraged Buyout, Berlin.

Thier, C. (2012): Die Rechtsfigur des doppelt ordentlichen und gewissenhaften Geschäftsleiters und deren Auswirkungen auf die Bestimmung des Verrechnungspreises in Verlagerungsfällen, in: Internationales Steuerrecht, Heft 13, S. 495-502.

Timmreck, C. (2003): Unternehmensbewertung bei Mergers & Acquisitions: Handbuch Fusionsmanagement, Band 93, Düsseldorf.

Tischbirek, W. (2008): Art. 10 OECD-MA Dividenden, in: Vogel, K./Lehner, M. (Hrsg.), Doppelbesteuerungsabkommen, 5. Aufl., München.

US Congress Congressional Budget Office (Hrsg.) (2006): Research and Development in the Pharmaceutical Industry, Washington DC.

US Congress Office of Technology Assessment (Hrsg.) (1993): Pharmaceutical R&D: Costs, Risks and Rewards, Washington DC.

Verband Forschender Arzneimittelhersteller e.V. (Hrsg.) (2011): Statistics 2011 – Die Arzneimittelindustrie in Deutschland, URL: www.vfa.de/download/statistics-2011.pdf (30.06.2013).

Villiger, R./Bogdan, B. (2005): Valuing Pharma R&D: The Catch-22 of DCF, in: Journal of Applied Corporate Finance, Jg. 17, Heft 2, S. 113-116.

Villiger, R./Nielsen, N. H. (2011): Discount rates in drug development, URL: http://biostrat.dk/discount_rates_in_drug_development.pdf (30.06.2013).

Vischer, M. (2002): Earn out-Klauseln in Unternehmenskaufverträgen, in: Schweizerische Juristen-Zeitung, Heft 21, S. 509-517.

Vogel, K. (2008): Einleitung des OECD-MA, I. Doppelbesteuerung und ihre Vermeidung, in: Vogel, K./Lehner, M. (Hrsg.), Doppelbesteuerungsabkommen, 5. Aufl., München.

Vögele, A. (2010): Bewertung von Transferpaketen bei der Funktionsverlagerung – Separierung des Transferpakets, Bewertungsmethoden und Zinssatz, in: Deutsches Steuerrecht, Heft 9, S. 418-423.

Vögele, A./Fischer, W. W. (2011): 1. Teil: Rechtsquellen und Normengruppen zur Einkunftsabgrenzung, Kapitel A: Nationales Recht, I. Einführung, in: Vögele, A./Bor-stell, T./Engler, G. (Hrsg.), Verrechnungspreise – Betriebswirtschaft – Steuerrecht, München, S. 41-44.

Vögele, A./Fügemann, H. (2011): 2. Teil: Steuerliche Systematik der Prüfung und Dokumentation, Kapitel E: Dokumentation der Verrechnungspreise, in: Vögele, A./ Borstell, T./Engler, G. (Hrsg.), Verrechnungspreise – Betriebswirtschaft – Steuerrecht, München, S. 361-422.

Vögele, A./Raab, J. (2011a): 1. Teil: Rechtsquellen und Normengruppen zur Einkunftsabgrenzung, Kapitel A: Nationales Recht, IV. § 1 Außensteuergesetz, in: Vögele, A./Borstell, T./Engler, G. (Hrsg.), Verrechnungspreise – Betriebswirtschaft – Steuerrecht, München, S. 73-105.

Vögele, A./Raab, J. (2011b): 2. Teil: Steuerliche Systematik der Prüfung und Dokumentation, Kapitel D: Methoden, II. Preisvergleichs-Methode (Comparable Uncontrolled Price Method), in: Vögele, A./Borstell, T./Engler, G. (Hrsg.), Verrechnungspreise – Betriebswirtschaft – Steuerrecht, München, S. 240-269.

Vögele, A./Raab, J. (2011c): 2. Teil: Steuerliche Systematik der Prüfung und Dokumentation, Kapitel D: Methoden, V. Gewinnvergleichs-Methode (Comparable Profits Method) und transaktionsbezogene Nettomargen-Methode (Transactional Net Margin Method), in: Vögele, A./Borstell, T./Engler, G. (Hrsg.), Verrechnungspreise – Betriebswirtschaft – Steuerrecht, München, S. 313-329.

Vögele, A./Raab, J./Diessner, C. (2011): 2. Teil: Steuerliche Systematik der Prüfung und Dokumentation, Kapitel D: Methoden, III. Wiederverkaufspreis-Methode (Resale Price Method), in: Vögele, A./Borstell, T./Engler, G. (Hrsg.), Verrechnungspreise – Betriebswirtschaft – Steuerrecht, München, S. 269-287.

Voß, R. (2013): J. Steuerrecht, in: Dauses, M. A. (Hrsg.), Handbuch des EU-Wirtschaftsrechts, Band 2, Loseblattausgabe, Stand: April 2013.

Wagner, F. W. (1984): Grundfragen und Entwicklungstendenzen der betriebswirtschaftlichen Steuerplanung, in: Betriebswirtschaftliche Forschung und Praxis, Heft 3, S. 201-222.

Wagner, F. W. (2004): Gegenstand und Methoden betriebswirtschaftlicher Steuerforschung, in: Steuer und Wirtschaft, Heft 3, S. 237-250.

Wagner, M. (2009): Art. 23A OECD-MA, in: Haase, F. (Hrsg.), Außensteuergesetz – Doppelbesteuerungsabkommen, Heidelberg.

Wahl, A./Preisser, H. (2008): Möglichkeiten und Grenzen von Datenbankanalysen zur Bestimmung von Verrechnungspreisen, in: Internationales Steuerrecht, Heft 2, S. 51-59.

Wallmeier, M. (1999): Kapitalkosten und Finanzierungsprämissen, in: Zeitschrift für Betriebswirtschaft, Heft 12, S. 1473-1489.

Wassermeyer, F. (2001): Einkünftekorrekturnormen im Steuersystem, in: Internationales Steuerrecht, Heft 20, S. 633-638.

Wassermeyer, F. (2007): Modernes Gesetzgebungsniveau am Beispiel des Entwurfs zu § 1 AStG, in: Der Betrieb, Heft 10, S. 535-539.

Wassermeyer, F. (2008): Funktionsverlagerung – Statement, in: Finanz-Rundschau, Heft 2, S. 67-69.

Wassermeyer, F. (2010): Der Ansatz verdeckter Gewinnausschüttungen innerhalb oder außerhalb der Steuerbilanz, in: Der Betrieb, Heft 36, S. 1959-1963.

Wassermeyer, F. (2013a): Vorbemerkung, in: Debatin, H./Wassermeyer, F. (Hrsg.), Doppelbesteuerung – Kommentar zu allen deutschen Doppelbesteuerungsabkommen, Loseblattausgabe, Stand: März 2013.

Wassermeyer, F. (2013b): Art. 9 OECD-MA, in: Debatin, H./Wassermeyer, F. (Hrsg.), Doppelbesteuerung – Kommentar zu allen deutschen Doppelbesteuerungsabkommen, Loseblattausgabe, Stand: März 2013.

Wassermeyer, F. (2013c): § 1 AStG Berichtigung von Einkünften, in: Wassermeyer, F./ Baumhoff, H./Schönfeld, J. (Hrsg.), Flick/Wassermeyer/Baumhoff/Schönfeld – Außensteuerrecht Kommentar, Loseblattausgabe, Stand: März 2013.

Wassermeyer, F./Baumhoff, H./Greinert, M. (2013): § 1 AStG Berichtigung von Einkünften, in: Wassermeyer, F./Baumhoff, H./Schönfeld, J. (Hrsg.), Flick/Wassermeyer/Baumhoff/Schönfeld – Außensteuerrecht Kommentar, Loseblattausgabe, Stand: März 2013.

Weber, D. (2003): Technologietransfer im internationalen Konzern – Die steuerliche Lizenz- und F&E-Umlageverrechnung, Berlin.

Weber-Grellet, H. (2001): Steuern im modernen Verfassungsstaat: Funktionen, Prinzipien und Strukturen des Steuerstaats und des Steuerrechts, Köln.

Wehnert, O./Sano, Y. (2010): Internationale Regelungen zu Funktionsverlagerungen, in: Internationales Steuerrecht, Heft 2, S. 53-57.

Weiser, F. (2004): Die Earnout-Methode zur Überwindung divergierender Werteinschätzungen im Rahmen von M&A-Transaktionen, in: M&A Review, Heft 12, S. 512-518.

Wellens, L. (2010): Fremdvergleichsgrundsatz nach OECD und nach deutschem Recht – Gleichzeitig Vorstellung des Diskussionsentwurfs der OECD hinsichtlich der Überarbeitung der Kapitel I und III der OECD-Verrechnungspreisrichtlinie, in: Internationales Steuerrecht, Heft 5, S. 153-157.

Welling, B. (2009): Die Funktionsverlagerungsbesteuerung im Licht der OECD-Äußerungen, in: Rödder, T./Spindler, W./Tipke, K. (Hrsg.), Steuerzentrierte Rechtsberatung, Festschrift für Harald Schaumburg, Köln, S. 985-994.

Welling, B./Tiemann, K. (2008): Funktionsverlagerungsverordnung im Widerstreit mit internationalen Grundsätzen, in: Finanz-Rundschau, Heft 2, S. 68-71.

Werning, U. (2013): § 27 KStG Nicht in das Nennkapital geleistete Einlagen, in: Heuermann, B./Brandis, P. (Hrsg.), Blümich EStG – KStG – GewStG, Loseblattausgabe, Stand: Juni 2013.

Werra, M. (2005): Zweifelsfragen bei der Dokumentation von Verrechnungspreisen – zum Entwurf der Verwaltungsgrundsätze-Verfahren zur Einkunftsabgrenzung zwischen internationalen Unternehmen, in: Internationales Steuerrecht, Heft 1, S. 19-23.

Werra, M. (2009): Verrechnungspreise bei der Restrukturierung internationaler Unternehmensgruppen – Zum Stand der Diskussion in der OECD –, in: Internationales Steuerrecht, Heft 3, S. 81-87.

Widdau, P. (1984): Die Quantifizierung der Steuerbelastung im internationalen Bereich, Frankfurt et al.

Wiedmann, H. (2008): § 277 HGB Vorschriften zu einzelnen Posten der Gewinn- und Verlustrechnung, in: Joost, D./Strohn, L. (Hrsg.), Handelsgesetzbuch, Band 1, München.

Wiese, G. T./Lay, H. (2013): Die Besteuerung sog. "Streubesitzdividenden" im Körperschaftsteuerrecht, in: GmbH-Rundschau, Heft 8, S. 404-410.

Winnefeld, R. (2006): Kapitel D: Ansatz der Aktiva und Passiva in Handels- und Steuerbilanz sowie IAS/IFRS- und US-GAAP-Rechnungslegung, in: Winnefeld, R. (Hrsg.), Bilanz-Handbuch – Handels- und Steuerbilanz, rechtsformspezifisches Bilanzrecht, bilanzielle Sonderfragen, Sonderbilanzen, IAS/US-GAAP, München.

Winzer, W. (2010): B. Formularkommentar Know-How-Lizenzverträge, III. License and Technical Assistance Agreement, in: Pfaff, D./Osterrieth, C. (Hrsg.), Lizenzverträge – Formularkommentar –, 3. Aufl., München.

Winzer, W. (2011): Teil 4: Der Entwicklungsauftrag, in: Winzer, W. (Hrsg.), Forschungs- und Entwicklungsverträge, 2. Aufl., München.

Wöhe, G. (1990): Entwicklungstendenzen der Allgemeinen Betriebswirtschaftlichen Steuerlehre im letzten Drittel unseres Jahrhunderts – Rückblick und Ausblick, in: Die Betriebswirtschaft, Heft 2, S. 223-235.

Wöhe, G./Döring, U. (2013): Einführung in die Allgemeine Betriebswirtschaftslehre, 25. Aufl., München.

Wolter, H./Pitzal, C. (2008): Der Begriff der „Funktion" in den neuen Regelungen zur Funktionsverlagerung in § 1 Absatz 3 AStG, in: Internationales Steuerrecht, Heft 22, S. 793-800.

Wördenweber, B./Wickord, W. (2004): Technologie- und Innovationsmanagement im Unternehmen: Methoden, Praxistipps und Softwaretools, 2. Aufl., Berlin et al.

Wortmann, P. (2011): Die steuerliche Behandlung grenzüberschreitender Funktionsverlagerungen zwischen nahe stehenden Personen – Eine kritische Analyse von Outbound- und Inbound-Transaktionen, Hamburg.

Wulf, M. (2007): Änderungen im Außensteuerrecht und Sonderregelungen zu Funktionsverlagerungen nach dem Unternehmensteuerreformgesetz 2008, in: Der Betrieb, Heft 42, S. 2280-2285.

Zech, T. (2009):Verrechnungspreise und Funktionsverlagerungen 2009: Die steuerliche Behandlung von Verrechnungspreisen, insbesondere bei Funktionsverlagerungen, nach der Unternehmenssteuerreform, Baden-Baden.

Zech, T. (2011): Funktionsverlagerung auf einen Eigenproduzenten und auf ein Routineunternehmen – Anmerkungen zum Beitrag von Ditz, in: Internationales Steuerrecht, Heft 4, S. 131-137.

Zimmermann, P. (2013): Die Entscheidung zur Funktionsverlagerung im Konzern – Eine Analyse des Zusammenwirkens der Preisgrenzen der beteiligten Entscheider, Wiesbaden.

STEUER, WIRTSCHAFT UND RECHT

Herausgegeben von vBP StB Prof. Dr. Johannes Georg Bischoff, Wuppertal, Dr. Alfred Kellermann, Vorsitzender Richter am BGH (a. D.), Karlsruhe, Prof. (em.) Dr. Günter Sieben, Köln, und WP StB Prof. Dr. Dr. h. c. Norbert Herzig, Köln

Band 334
Michael Tippelhofer
Subjektive Qualifikationskonflikte bei Direktinvestitionen in den USA
Lohmar – Köln 2013 • 272 S. • € 58,- (D) • ISBN 978-3-8441-0291-8

Band 335
Benjamin Markus Engel
Steueroptimale Strukturierung von Auslandsinvestitionen deutscher mittelständischer Unternehmen
Lohmar – Köln 2013 • 524 S. • € 74,- (D) • ISBN 978-3-8441-0293-2

Band 336
Volker Dudek
Rechtsformabhängige Ungleichbehandlungen beim gewerbesteuerlichen Verlustabzug nach § 10a GewStG
Lohmar – Köln 2013 • 328 S. • € 62,- (D) • ISBN 978-3-8441-0294-9

Band 337
Peter Christian Müller
Cash-Flow-Unternehmenssteuern und Europäisches Recht
Lohmar – Köln 2013 • 272 S. • € 58,- (D) • ISBN 978-3-8441-0295-6

Band 338
Janine v. Wolfersdorff
Steuerbilanzielle Gewinnermittlung – Stand und Entwicklungsperspektiven aus deutscher und europäischer Sicht
Lohmar – Köln 2014 • 360 S. • € 64,- (D) • ISBN 978-3-8441-0312-0

Band 339
Stefan Stein
Verlagerung von Forschungs- und Entwicklungsfunktionen in multinationalen Konzernen – Eine entscheidungstheoretische Untersuchung von Outbound-Verlagerungen in die Niederlande
Lohmar – Köln 2014 • 544 S. • € 75,- (D) • ISBN 978-3-8441-0325-0

JOSEF EUL VERLAG